中国互联网发展报告

2012

中 国 互 联 网 协 会
中国互联网络信息中心　编

電子工業出版社
Publishing House of Electronics Industry
北京·BEIJING

内 容 简 介

《中国互联网发展报告 2012》客观、忠实地记录了 2011 年以来中国互联网行业的发展状况，围绕 2011 年中国互联网领域的大事和要事，对中国互联网发展环境、资源、重点业务和应用、主要细分行业和重点领域的发展状况进行总结、分析和研究，既有宏观分析和综述，也有专项研究。整个《报告》内容丰富、重点突出、数据翔实、图文并茂，对政府部门、相关企业和单位及专家学者掌握互联网行业发展与前沿趋势有重要参考意义，是互联网领域具有重要参考和收藏价值的文献。

图书在版编目（CIP）数据

中国互联网发展报告. 2012/中国互联网协会，中国互联网络信息中心编. —北京：电子工业出版社，2012.6
ISBN 978-7-121-17316-5

Ⅰ. ①中… Ⅱ. ①中…②中… Ⅲ. ①互联网络—研究报告—中国—2012 Ⅳ. ①TP393.4

中国版本图书馆 CIP 数据核字（2012）第 121347 号

责任编辑：赵 娜 特约编辑：王 纲
印 刷：
装 订：涿州市京南印刷厂
出版发行：电子工业出版社
北京市海淀区万寿路 173 信箱 邮编 100036
开 本：787×1092 1/16 印张：35 字数：896 千字 彩插：1
印 次：2012 年 6 月第 1 次印刷
定 价：1280.00 元

凡所购买电子工业出版社图书有缺损问题，请向购买书店调换。若书店售缺，请与本社发行部联系，联系及邮购电话：（010）88254888。

质量投诉请发邮件至 zlts@phei.com.cn，盗版侵权举报请发邮件至 dbqq@phei.com.cn。

服务热线：（010）88258888。

朱　波　　华为技术有限公司互联网业务部总裁

吴建平　　中国教育和科研计算机网网络中心主任、中国互联网协会副理事长

沙跃家　　中国移动通信集团公司副总裁、中国互联网协会副理事长

张朝阳　　搜狐公司董事局主席兼首席执行官、中国互联网协会副理事长

李伍峰　　国务院新闻办网络局局长、中国互联网协会副理事长

李国杰　　中国工程院院士、中国科学院计算技术研究所所长

李彦宏　　百度公司董事长兼首席执行官、中国互联网协会副理事长

杨小伟　　中国电信集团公司副总经理、中国互联网协会副理事长

汪文斌　　央视国际网络有限公司总经理

赵　波　　工业和信息化部电子信息司副司长

赵小凡　　中国互联网协会常务理事

敖　然　　电子工业出版社社长

钱华林　　中国科学院计算机网络信息中心首席科学家、中国互联网协会副理事长

高卢麟　　中国互联网协会副理事长

寇晓伟　　新闻出版总署科技与数字出版司副司长

曹国伟　　新浪公司首席执行官兼总裁、中国互联网协会副理事长

曹淑敏　　工业和信息化部电信研究院院长

蒋　伟　　人民邮电出版社副社长、中国互联网协会常务理事

蒋林涛　　工业和信息化部电信研究院原总工程师

韩　夏　　工业和信息化部电信管理局局长、中国互联网协会副秘书长

雷震洲　　工业和信息化部电信研究院科技委副主任

熊四皓　　工业和信息化部通信保障局副局长、中国互联网协会副秘书长

廖　玒　　人民网总裁兼总编辑、中国互联网协会副理事长

总编辑

黄澄清

副总编辑

马　宁　黄向阳　侯自强　钱华林

执行主编

石现升　刘　冰

撰稿人（按章节排序）

侯自强　孙小宁　钟　睿　周　镇　马　迪　朱　妮　秦　晟　孟　蕊

乔青发　李　原　余周军　王存肃　马　栋　陈志强　敖　立　程　工

朱秀梅　周勇林　王明华　纪玉春　徐　娜　王营康　徐　原　李　佳

何世平　温森浩　赵　慧　韩　晟　李志辉　姚　力　张　洪　唐　力

朱芸茜　朱　天　周洪艳　郝智超　岳　莉　孟凡新　曹军波　刘大龙

沈　珅　刘　鑫　张　丽　左东旭　孙崇慧　张笑容　张　静　胡　欣

孙　锐　张　熵　朱晓航　李增海　胡　冰　王　朔　闫　伟　吴晨生

董晓晴　张志强　陈景国　何　伟　秘蓉新　张冬梅　顾洪文

前　言

《中国互联网发展报告》(2012)如期与读者见面了，我们感到由衷地高兴和欣慰，因为我们已经认真地坚持了十年。

自2002年开始，中国互联网协会联合中国互联网络信息中心(CNNIC)，每年组织编撰出版一卷《中国互联网发展报告》(以下简称《报告》)，真实记录每个年度中国互联网行业的发展状况，今年为第十卷。

回顾2011年全年，我国互联网基础设施建设投入持续规模增长，各项基础资源发展状况良好，各种网络应用继续稳步发展，新技术、新应用、新升级层出不穷，微博影响力令人刮目，网络文化建设稳步推进，各类专业网络信息服务持续发展，移动互联网发展突飞猛进，云计算和物联网等新兴领域从战略部署走向实施，互联网的影响力与日俱增。

《中国互联网发展报告》(2012)尽可能客观、忠实地记录和描绘2011年中国互联网行业的发展轨迹，期望能够为互联网管理部门、业内企业和有关单位及专家学者提供翔实的数据、专业的参考和借鉴。

结构上，本卷《报告》分为综述篇、资源与环境篇、应用与服务篇和附录篇，共31章，4个附录，力求保持《报告》结构的延续性。在第3～31章每章首页，都加入了该章的内容摘要，记录每章的主要内容和重要数据，便于读者阅读。

内容上，本卷《报告》主要对2011年中国互联网发展环境、资源、重点业务和应用、主要细分行业和重点领域的发展状况进行总结、分析和研究；既有对2011年全年互联网发展情况的宏观分析和综述，也有对互联网细分业务和典型应用发展状况的重点关注和研究，内容丰富、重点突出、数据翔实、图文并茂，是一本对互联网从业者具有重要参考价值的工具书。

本年度《报告》的编写工作继续得到了政府、科研机构、企业等社会各界的关心、支持和参与，来自工业和信息化部、农业部、中国科学院、中国科学技术协会、国家计算机网络应急技术处理协调中心、工业和信息化部电信规划研究院、工业和信息化部电信研究院通信标准研究所、中国电子信息产业发展研究院、艾瑞咨询集团、中国电信集团公司、中国互联网协会、中国互联网络信息中心(CNNIC)、互联网实验室、阿里云计算有限公司、北京中云天元网络科技有限公司等诸多部门和单位的专家和研究人员近70人参与了《报告》的撰写工作，编委会各位编委对《报告》内容进行了认真和严格的审核，一如既往地给予充分鼓励和支持，保障了《报告》的质量和水平。在此，编辑部谨向为本《报告》贡献了精彩篇章的各位撰稿人，向支持本《报告》编写出版工作的各有关单位和社会各界表示诚挚的谢意。

由于我们的力量和水平有限，本卷《报告》中难免会存在一些缺陷甚至错误，恳请广大专家和读者予以批评指正，以便在今后的编撰工作中及时改进，使《中国互联网发展报告》的质量和价值不断得到提升。

《中国互联网发展报告》（2012）编委会

2012年5月

目　录

第一篇　综　述　篇

第二篇 资源与环境篇

第三篇 应用与服务篇

第四篇 附 录 篇

第一篇

综述篇

第1章　2011年中国互联网发展综述

1.1　中国互联网发展概况

1.1.1　网民

2011年，我国网民规模继续稳步增长，根据中国互联网络信息中心（CNNIC）统计，截至2011年12月底，中国网民数量突破5亿，达到5.13亿，全年新增网民5580万。互联网普及率较2010年年底提升了4个百分点，达到38.3%，如图1.1所示。

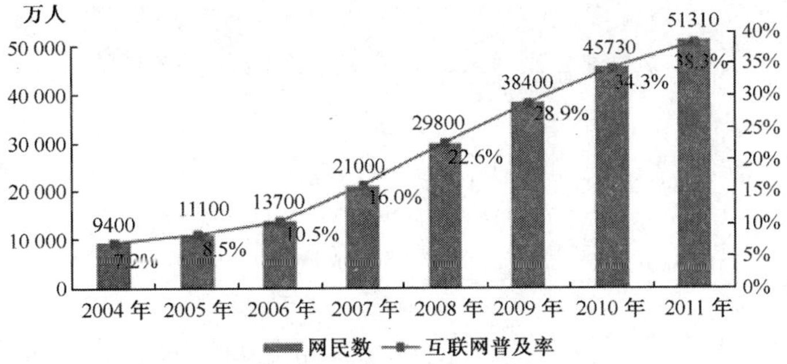

图1.1　中国网民规模与普及率

截至2011年12月底，我国家庭电脑上网宽带网民规模为3.92亿，宽带接入用户达到1.55亿户（截至2011年11月底）。我国手机网民规模达到3.56亿，同比增长17.5%，如图1.2所示。

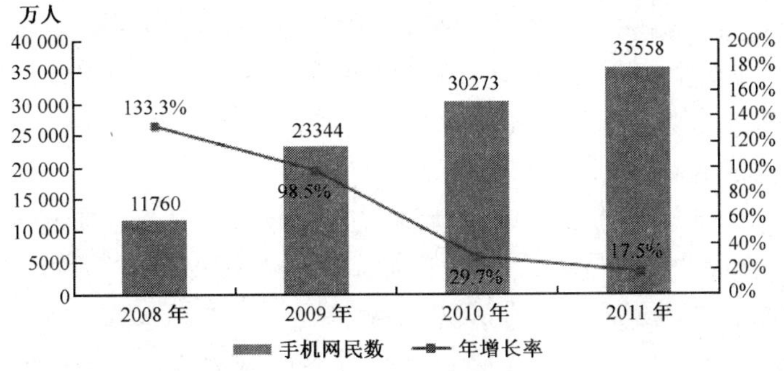

图1.2　手机网民规模

上网工具依然保持多元化的态势，与 2010 年相近，手机上网有所增加，台式机上网比例有所下降，如图 1.3 所示。

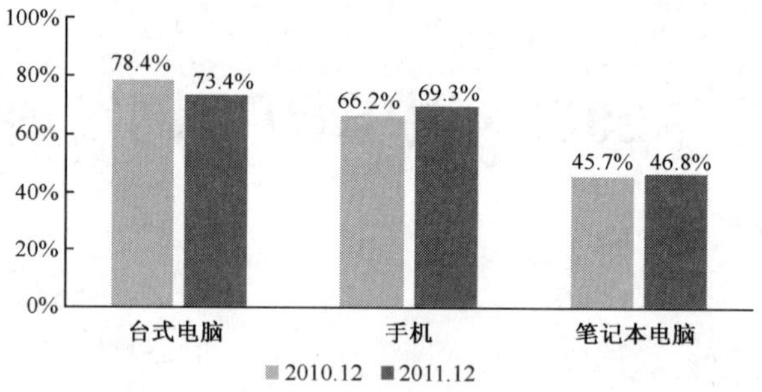

图 1.3　上网工具多元化

网民在家里和单位接入互联网的比例保持稳定，比例分别为 88.8%和 33.2%，与 2010 年基本持平，在学校和网吧上网的网民比例明显下降，如图 1.4 所示。

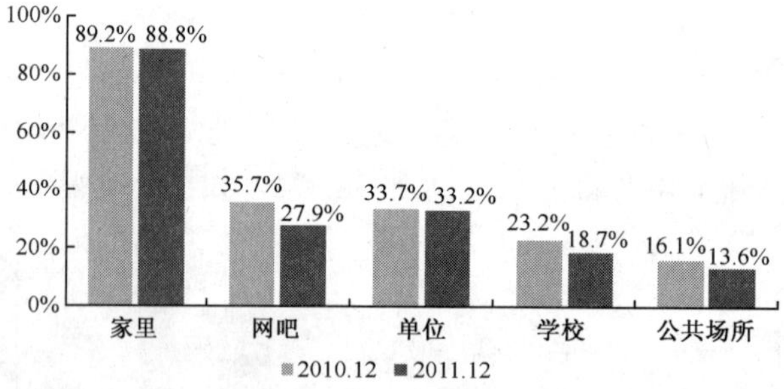

图 1.4　网民上网地点

1.1.2　基础资源

截至 2011 年 12 月底，我国 IPv4 地址数量为 3.30 亿，拥有 IPv6 地址 9398 块（/32）。

据 CNNIC 统计，我国域名总数为 775 万个，其中.CN 域名数止跌回升，达到 353 万个，较 2011 年 6 月上涨 0.7%。中国网站总数经历了 2010 年的大幅下降之后，目前也稳步回升至 230 万个。国际出口带宽为 1389Gbps，较 2011 年 6 月增加了 17.5%。

中国互联网宽带网络和基础资源建设发展较快，但仍然不能满足宽带网络快速发展的需求。目前，我国接入带宽偏低，平均名义带宽为 1.4Mbps（Akamai 数据），而世界平均为 2.7Mbps。尽管包月费在全球不算高，但单位带宽价格偏高。而就实际网速而言，全国互联网平均连接速度仅为 100.9Kbps（2010 年 12 月数据），也低于 230.4Kbps 的全球平均水平。因此上网带宽和价格成为 2011 年用户关注的焦点。

为此工业和信息化部提出了宽带中国计划，主要电信运营商也加速了光纤到户的建设，如中国电信于 2011 年 2 月 16 日正式启动“宽带中国•光网城市”工程，2011 年新增光纤入户（FTTH 带宽达到 100Mbps），达到 3000 万个家庭，是“十一五”期间的 3 倍，累计覆盖 4000 万个家庭；南方城市（含县城）实现 8Mbps 接入带宽全覆盖，20Mbps 覆盖率达到 70%。中国联通在北方也有类似的计划。

影响互联网实际连接速度的因素很多，其中最主要的是骨干网带宽容量和骨干网对接价格。由于体制和政策因素，我国的互联网骨干网市场没有形成开放竞争的格局，而是双寡头垄断。这就导致骨干网对接成本居高不下（远高于国际市场价格），以及南北方互联网连接不通畅。因此，国家发改委在 2011 年启动了互联网骨干网反垄断调查。

1.1.3　市场规模

据艾瑞咨询统计显示，2011 年第三季度中国网络经济[1]整体规模达到 716.1 亿元，环比上涨 17.1%，同比上涨 72.7%，如图 1.5 所示，预计到第四季度将达到 800 亿元，全年约为 2627 亿元。

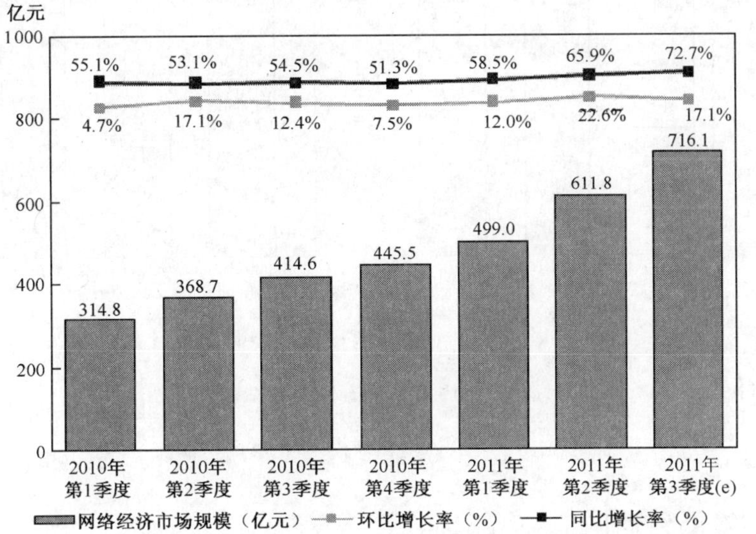

注：此处指广义网络经济，艾瑞将广义的网络经济定义为桌面网络经济与移动网络经济之和。

（数据来源：根据企业公开财报、行业访谈及艾瑞统计预测模型估算）

图 1.5　互联网经济规模及增长率

1.1.4　细分行业

图 1.6 给出了 2011 年互联网经济细分行业市场份额占比。

2011 年第三季度中国移动网络经济在整体网络经济的市场占比有了进一步的回升，由 2010 年第四季度的 11.8%增长至 15.1%。这主要是因为移动购物业务的增速非常快，而艾瑞的统计方法将移动购物交易额全部计入移动互联网经济规模。

从中国网络经济的结构来看，移动互联网和网络广告的占比均有小幅提升，电子商务的占比自 2010 年第一季度以来首次下降，但仍维持着 40%以上的占比。其中，移动互联网市场的增长主要源于传统电商企业快速拓展移动业务，以及移动支付的快速推进；电子商务市

[1] 网络经济：艾瑞沿用多年的互联网经济规模的统计方法是只计算互联网公司的服务收入，不包括电信运营商宽带接入费用，也不计电子商务的交易金额。但是最近艾瑞在计算移动互联网的经济规模时计入了移动电子商务交易额，这导致移动互联网经济规模增长非常快。而易观国际计算移动互联网经济规模是将运营商收入也计算在内的，其数字就更高。

场稳定态势的保持，主要源于网络购物和旅行预订市场的持续增长；网络广告市场继 2010 年第一季度淡季之后，第二季度、第三季度持续恢复上升，同时广告主网络广告投放比重持续增加，助推整体网络广告市场保持稳定上扬的态势；而网络游戏市场由于网游用户付费市场接近饱和，网络游戏市场规模增长逐步趋向平缓。

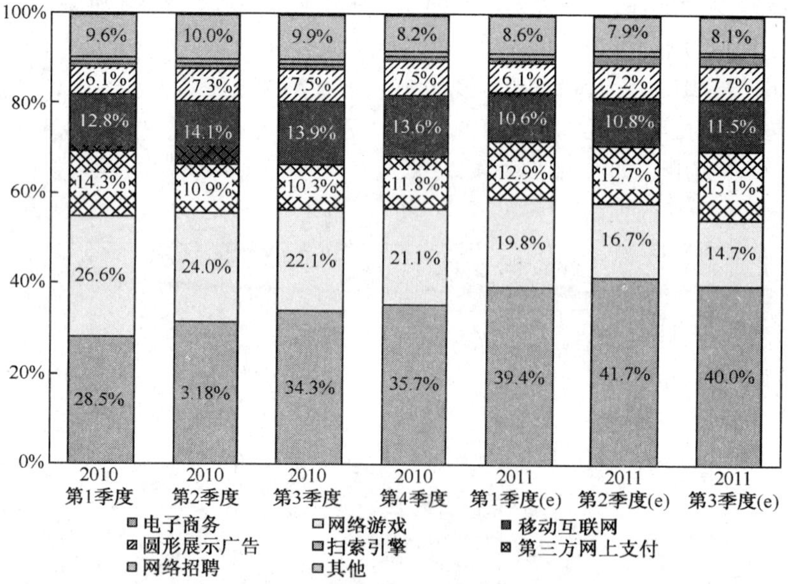

（数据来源：根据企业公开财报、行业访谈及艾瑞统计预测模型估算）

图 1.6 互联网经济细分行业市场份额

1.1.5 互联网发展新动向

2011 年我国互联网发展的三大热点是移动互联网、物联网和云计算。

1．移动互联网

据艾瑞咨询数据，2011 年中国移动互联网市场规模[2]达 393.1 亿元，同比增长 97.5%。2011 年移动电子商务占比 29.2%，而短信、彩信等传统增值业务下降至 46.5%。预计 2012 年相应的占比将达到 57.1%和 25%。这种快速增长得益于 3G 网络的大规模部署、移动互联网网络环境不断改善和各种措施助推智能手机用户规模的持续增长。

随着 3G 蜂窝移动通信网络的基本建成，移动上网资费逐步降低和千元智能手机的大量上市，我国移动互联网步入“应用”时代。此前我国移动互联网网民以使用功能手机主要以 WAP 网为主。2011 年 1～10 月，我国应用会晤（App Session）增长 870%，增速全球第一，应用会晤数量占全球 7%，位居第二。这种应用程序（客户端软件）运行在终端上的应用模式也被称为原生应用模式（Native App）。这种一键上网的应用模式，在某种程度上取代了传统的浏览器/服务器模式成为移动互联网上网的主要模式和入口，应用商店也大行其道。

原生应用模式的成功使得移动互联网“应用为王”的特征越来越明显。产业链上的各方都希望增加话语权，相继进入应用商店。手机厂商、芯片厂商、运营商、互联网公司、IT 公

[2] 此处移动互联网市场规模，是指移动互联网服务商收入和移动电子商务交易额之和，不包括电信运营商流量费收入。

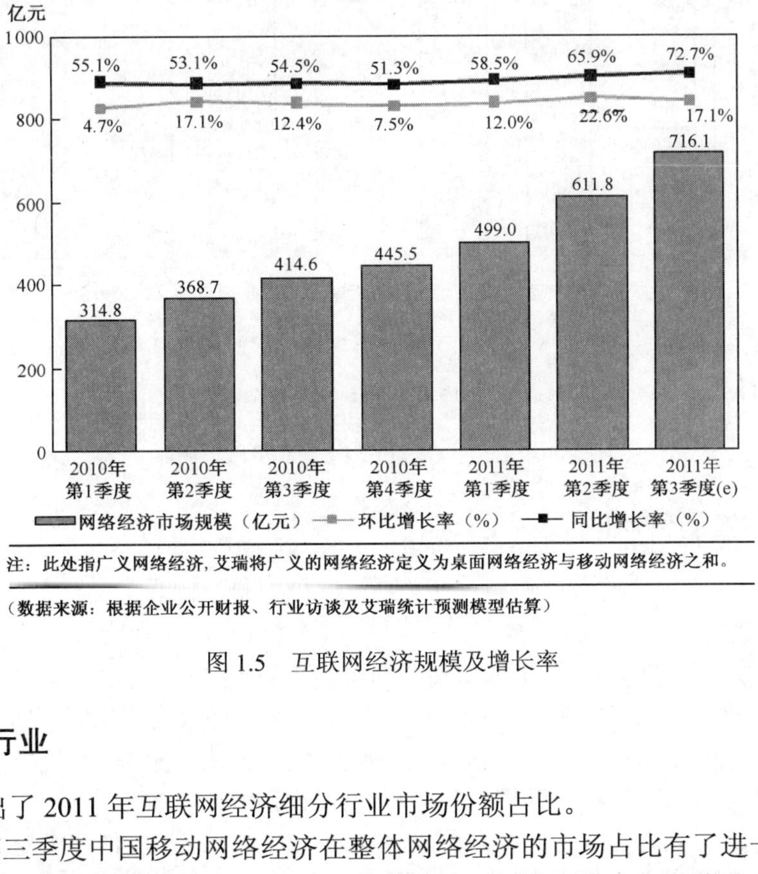

司和广告公司纷纷参与竞争。国内出现大量面向安卓应用程序的应用商店都具有点评、评价以及下载等功能。目前，国内有 30 多家应用商店，30 个移动广告联盟和一二十万名开发者。79%的安卓程序不是从谷歌应用市场下载。互联网巨头开始进入应用商店、百度应用平台和"腾讯应用中心"。2011 年互联网巨头通过并购或投资进入移动互联网的布局越发明显，应用商店、无线广告、移动 IM，以及部分内容市场对新进入者的市场空间已经不是很大。

在原生应用模式迅猛发展成为目前主要应用模式的同时，其局限性开始浮现，主要表现为以下几点：同一应用对于不同操作系统的客户端软件不同，给开发者带来了非常高的成本；在 App 的海洋中瞬间走红可以，得持续成功却很难。用户安装卸载频繁，如何留在桌面成为难题；较适合本地应用，如游戏和一些工具，对于需要网络侧、Web 支持的应用，如视频、阅读、社交、电子商务等领域的应用，原生应用模式带来的用户分步升级，给这些需要运营的服务商带来了巨大的困扰——其后台必须尽量支持各个版本的功能和服务，来等待所有用户完成升级。更大的问题是用户下载安装客户端软件，为大公司捆绑用户实现垄断提供了可能，将导致出现垄断、垂直、封闭、一体化的格局，这有悖于互联网开放、平等的竞争精神。

为了克服原生应用的局限性，Web 应用正在兴起。Web 应用使用浏览器/服务器（B/S）模式，应用程序运行在网站上，用户使用新一代浏览器可以进入应用，不必为每一个应用下载各自的客户端，也不必不断地升级客户端软件。Web 应用保留了 Web 的开放性，简化了应用软件的开发。充分发挥云计算的效能。新的页面描述语言 HTML 5 成为新一代浏览器的基础，可以支持各种应用。

我国主要的互联网公司都在尝试以各种方式支持 Web 应用。如奇虎推出 360 浏览器应用开发平台，开发者可以通过 360 浏览器的应用扩展接口，上传自己开发的浏览器应用插件，阿里推出云计算托管平台阿里云和阿里云 OS 手机，在国内率先提供云存储服务，提供 Cloud APP 模式业务，百度推出了一个可让用户通过百度网站使用应用程序的平台，通过该平台，用户可通过百度网站玩游戏、看视频、阅读电子书及使用其他软件。

Web 不是数字时代革命的终点，应用（App）的降温也不是终点，而洗心革面、重装上阵的 Web 则有可能是下一个数字时代革命的起点。今后可能会出现这两种模式并存，螺旋式交替上升的局面。

2．物联网和云计算

2011 年，云计算和物联网在国家政策大力扶持下，进入快速发展阶段。国家发改委在 10 月份联合工业和信息化部、财政部拨出 15 亿元，成立国家战略新兴产业云计算示范工程专项资金后，于 11 月底向相关企业下拨 6.6 亿元"扶持云计算首批专项资金"，包括阿里巴巴、百度、腾讯和金蝶软件等在内的十多家企业均获得千万元乃至上亿元的扶持资金。在国家政策扶持下，物联网得以快速推进，多个城市开展了一系列试点和示范项目，涉及电网、交通、物流、智能家居、节能环保、工业自动控制、医疗卫生、精细农牧业、金融服务业和公共安全等多个方面。

1.2　中国互联网应用发展情况

2011 年，我国网民的互联网应用习惯出现显著变化，包括新型即时通信和微博等在内的新兴互联网应用迅速扩散，与此同时，一些传统的网络应用使用率明显下滑。主要表现在：

沟通交流方式发生明显变化，即时通信使用率上升，电子邮件、社交等传统交流沟通类应用下滑；网络新闻使用率快速下滑，微博成为重要的信息获取渠道；娱乐类应用普遍走低，但网络视频用户增幅明显；电子商务类应用使用率保持上升态势。见表 1.1。

表 1.1　互联网应用使用率

	2011 年		2010 年		
应　用	用户规模（万户）	使用率	用户规模（万户）	使用率	年增长率
即时通信	41510	80.9%	35258	77.1%	17.7%
搜索引擎	40740	79.4%	37453	81.9%	8.8%
网络音乐	38585	75.2%	36218	79.2%	6.5%
网络新闻	36687	71.5%	35304	77.2%	3.9%
网络视频	32531	63.4%	28398	62.1%	14.6%
网络游戏	32428	63.2%	30410	66.5%	6.6%
博客/个人空间	31864	62.1%	29450	64.4%	8.2%
微博	24988	48.7%	6311	13.8%	296.0%
电子邮件	24577	47.9%	24969	54.6%	–1.6%
社交网站	24424	47.6%	23505	51.4%	3.9%
网络文学	20267	39.5%	19481	42.6%	4.0%
网络购物	19395	37.8%	16051	35.1%	20.8%
网上支付	166766	32.5%	13719	30.0%	21.6%
网上银行	16624	32.4%	13948	30.5%	19.2%
论坛/BBS	14469	28.2%	14817	32.4%	–2.3%
团购	6465	12.6%	1975	4.1%	244.8%
旅行预订	4207	8.2%	3613	7.9%	16.5%
网络炒股	4002	7.8%	7088	15.5%	–43.5%

表 1.2 给出了中国日均覆盖用户前 20 名网站。

表 1.2　中国日均覆盖用户前 20 名网站

排　名	网　站	类　型	2011-8	2010-8	年度增长率
1	qq.com [腾讯]	综合门户	14952	13810	8.3%
2	baidu.com [百度]	搜索引擎	12767	11329	12.7%
3	sina.com.cn [新浪]	综合门户	5775	5427	6.4%
4	sohu.com [搜狐]	综合门户	4083	3199	27.6%
5	taobao.com [淘宝网]	网上购物	4039	3329	21.3%
6	360.cn [360 安全中心]	网站导航	3845	2676	43.7%
7	hao 123.com [网址之家]	网站导航	3785	3389	11.7%
8	163.com [网易]	综合门户	3513	3861	–9.0%
9	youku.com [优酷]	在线视频	3145	2520	24.8%
10	soso.com [搜搜]	搜索引擎	2433	2527	–3.7%
11	weibo.com [新浪微博]	交友社区	2358	629	274.9%
12	pengyou.com [朋友网]	交友社区	2217	2033	9.1%
13	google.cn [Google 中文]	搜索引擎	1985	2703	–26.6%
14	tudou.com [土豆网]	在线视频	1983	1931	8.3%

续表

排　名	网　站	类　型	2011-8	2010-8	年度增长率
15	ifeng.com [凤凰网]	综合门户	1905	1055	80.5%
16	sogou.com [搜狗]	搜索引擎	1803	810	122.7%
17	renren.com [人人网]	交友社区	1597	1775	−10.1%
18	xunleu.com [迅雷看看]	在线视频	1247	1233	1.1%
19	10086.com [中国移动]	企业网站	1244	1142	8.9%
20	qiyi.com [奇艺]	在线视频	972	278	250.3%

（数据来源：IUser Tracker 2011.10，基于对 20 万个家庭及办公（不含公共上网地点）样本网络行为的长期监测数据获得）。

1.2.1　电子商务

2011 年中国电子商务继续保持高速发展的势头，市场交易规模达 7.0 万亿[3]元，同比增长 46.4%；B2B 电子商务营收规模达 131.0 亿元，同比增长 35.1%。2011 年中国网络购物用户规模达 1.87 亿人，占中国 PC 网民的 41.6%；网络购物交易规模超过 7700 亿元，同比增长 67.8%，各细分品类中，服装和数码家电占比过半；在线旅行预订市场交易规模近 1700 亿元，同比增长 61.3%；从总体上看，互联网巨头企业和风险投资对电商企业仍然保持极高的投资热情。各类型电商企业纷纷加速业务的纵向整合和横向扩展，传统企业进一步加大电商力度。

尽管受国际债务危机及人民币升值的影响 2011 年中小企业 B2B 外贸发展受阻，导致 B2B 的市场份额下降 1.7%。但由于 2011 年中国的内贸额和外贸额都有所增长，B2B 电子商务交易规模仍然有 35.1%增长。2011 年电商企业加强产业链及仓储物流支付体系建设，规范市场环境，推动网络购物市场交易额的快速增长。第三方预订代理商即 OTA 业绩的增长，及在线旅游产品的在线直销促进在线旅游行业 2011 年交易规模的高增长率。

2011 年网络购物也出现一些不健康现象，团购是比较典型的现象。上半年团购用户和服务商数量均迅猛增长，行业呈现持续高热状态，出现拼低价无序竞争、不计成本烧钱的现象。在遭遇资本市场整体转冷后，下半年大量团购网站倒闭潮开始显现，团购用户增长速度放缓，团购网站数量也大幅度下滑。这对团购发展产生了一定的冲击。但经过市场的自调整，其实有助于整体行业走上更为健康和可持续的发展道路。一些定位清晰或借助自身优势发展的团购网站往往脱颖而出，受到了资本市场和团购用户的青睐。

2011 年中国第三方网上支付行业持续保持强劲增长，交易额突破 2 万亿元大关。支付宝以 49.0%的市场份额大幅领先于其他支付企业。多项监管法规相继颁布，第三方支付行业全面进入监管时代。截至 2011 年底，101 家支付企业已相继获得支付业务许可，第三方支付迎来了包括互联网支付企业、移动支付企业、预付卡企业、银行卡收单企业在内的更多的运营主体，中国第三方支付行业迎来发展的黄金时代。

1.2.2　微博

微博促动社会媒体变革。据易观国际数据显示，截至 2011 年年底，中国微博运营商市场活跃账户规模为 2.54 亿，较 2010 年底的 1 亿增长了 150.7%。手机微博应用也成为亮点，

[3] 来自艾瑞咨询数据。

手机网民使用微博的比例从 2010 年末的 15.5%上升至 34.0%。艾瑞咨询数据显示，微博的月度浏览时长已超过新闻资讯大类服务，凸显媒体特性，成为主流信息资讯平台之一；而微博月度覆盖人数已超过社交网络，成为社会化媒体中最重要的组成之一。微博作为新的媒体形态，其快速的渗透力和巨大的影响力日益凸显，成为重要的社会监督力量。微博同时也成为微公益的平台，通过微博进行的社会捐赠、扶贫帮困、打拐救助，让公众的爱心和社会责任得以充分展现，微博所产生的影响得到更为广泛深入的关注。政府开微博成为 2011 年微博中的一个亮点。截至 2011 年 12 月底，通过新浪微博认证的政府机构官方微博已经接近 15 000 个。政务微博为政务公开、社会稳定、服务大众发挥了巨大的作用。目前，已有近 5000 家企业开设了新浪微博账号，企业微博成为产品宣传和服务监督的平台。

微博作为社会媒体具有重大的商业价值，更多的企业开始意识到这一点。在我国，微博主要是传统门户网站运营，他们开始尝试微博商业化之路。在门户网站首页、专题以及门户各产品之中嵌套的微博链接及微博内容，成为微博信息再次传播的有效途径。新版新浪微博增加了即时通信、相册、游戏等新应用，增添了更多的社区平台属性。游戏平台也已经全面纳入微博好友关系，推出微币和收费的“微号”业务。京东商城、淘宝商城等 B2C 先后入驻新浪微博“微商城”；腾讯推出“微卖场”，企业可通过腾讯微博直接向自己的粉丝销售商品，每转发一次微博，商品价格就会自动下降 0.1 元，而网友可自由选择不同价位购买直至商品售罄。

1.2.3 社交网站

2011 年，中国的社交网站覆盖人数达 2.5 亿，较 2010 年有少量增长。人人网、世纪佳缘等社交网站陆续成功上市。然而大量资金的介入并未给行业带来新的发展，反而出现了使用率下降，社交网站营收状况令人堪忧的局面。艾瑞数据显示，2011 年 10 月份社交网站的月度浏览时长同比减少了 50.6%，社交网站的用户黏性已开始下降。社交网站没有抓住用户需求的变化，创新力不强，在微博的强势冲击下出现用户流失的现象。中国社交网站面临如何融入新概念改变商业模式的问题。人人网和开心网已开始通过开放平台、拓展新模式的方式从服务内容和服务对象上寻求新的突破。腾讯战略投资开心网共同打造一站式开放社交平台，而第三方应用开发者将可在此平台上同步介入和运营其互联网应用；人人网与 MSN 合作，双方将实现账号互通和双方网站的高度集成；开心网力推移动社交，探索 SoLoMo 模式（So 社交化、Lo 本地化、Mo 移动化）。

1.2.4 在线视频

2011 年中国在线视频行业市场规模 62.7 亿元，同比增长 99.9%，迎来了在线视频行业发展的黄金期。一是在版权管理方面卓有成效，版权市场运营趋于规范化；二是广告主对视频行业认可度提高，特别是在广电总局出台了“限娱令”和“限广令”等一系列法令后，也促使广告主加大了在视频领域的投入，并且还将延续至 2012 年，这使视频行业有望于 2012 年实现盈利。2011 年是视频行业洗牌的一个序幕，高昂的版权费用和带宽成本迫使一部分中小型视频放弃了正版影视内容转向做 UGC 内容，甚至直接退出视频领域竞争，但同时，新浪、腾讯、百度等有雄厚资金基础的互联网巨头则加大了在视频领域的投入。这些企业有着众多广告主资源，将带动广告收入进一步增长。

1.2.5 搜索引擎

2011 年中国搜索引擎市场增长 70.2%，整体市场规模达 187.8 亿元。搜索引擎市场中百度占据了 76.4%的份额，较 2010 年上升 4.4%；同时，搜狗和搜搜的市场份额都较 2010 年有明显提升，分别为 2.3%和 1.4%。中国搜索引擎市场竞争格局更加多元化。2011 中国搜索引擎市场快速增长主要是：电商、团购等业务大幅度增加了其在搜索广告方面的投入；企业营销正在经历从线下到线上的转移，搜索是营销效果最直接的网络营销方式。

2011 年底互联网电视一体机数量超过了 IPTV 用户数量，加上机顶盒用户数约 300 万，互联网电视终端用户总数已经接近 2000 万。但使用互联网电视一体机收看网络视频的频率不高，没有形成热潮。在网络视频市场上网络电视台所占份额还不高，占主导地位的仍是商业视频网站。

1.2.6 即时通信

2011 年即时通信服务成为 Android 智能手机用户最主要的上网行为，主要原因是在 QQ、飞信、MSN 等传统移动即时通信软件继续保有大规模忠实用户的基础上，如米聊、微信等以语音对讲作为基础功能的新型移动即时通信软件风靡一时。从产品角度讲，新型移动即时通信的出现加剧了移动即时通信产品的竞争，各产品功能研发、升级加速，促进了移动 IM 市场的欣欣向荣；而从用户角度讲，语音对讲作为一种比文字聊天时髦，比语音通话省钱的聊天方式，大受青睐，并因此带动了整个移动即时通信市场需求的变化。

1.2.7 移动支付

移动支付[4]将成为新的发展热点。2011 年中国移动支付市场交易规模达 481.4 亿元，同比增长 149.4%。标准不统一阻碍了我国移动近场支付的发展，中国移动的 2.4GHz 标准与银联的 13.6MHzNFC 标准两者之间的竞争仍未有定论。

随着 NFC 技术[5]的成熟、国际标准的建立和成本的降低，NFC 正在成为智能手机的标配，并且得到 iOS 和 Android OS 支持；谷歌已经推出手机钱包，应用开发者可以方便使用 SDK 工具开发应用程序；不久将有大量电子商务和移动支付的应用程序出现在应用商店中；中国银联采用其 SWP-SD 卡为 NFC 支付提供安全保障，称为 SD-NFC 方案。

这种 OTT[6]应用模式将架空运营商。电信运营商将失去在手机近场支付上的主导地位。

---

[4] 移动支付：Mobile Payment，也称为手机支付，即允许用户使用其移动终端对所消费的商品或服务进行账务支付的一种服务方式。整个移动支付价值链包括移动运营商、支付服务商、应用提供商、设备提供商、系统集成商、商家和终端用户。移动支付的远程支付和网上支付均属于“网络支付”范畴。

[5] NFC 技术：Near Field Communication，近场通信，又称近距离无线通信，是一种短距离的高频无线通信技术，允许电子设备之间进行非接触式点对点数据传输（在 10cm 内）交换数据。

[6] OTT：Over The Top，是目前通信行业非常流行的一个词汇，这个词汇来源于足球等体育运动，是“过顶传球”之意，指的是球直接越过对方球员的头顶传至目的地。这个词汇目前也广泛地用在通信领域，指谷歌、苹果、Skype、Netflix 等利用其他运营商的宽带网发展自己的业务，以前的 Skype 和 QQ，现在的 Netflix 网络视频，以及各种移动应用商店里的应用都是 OTT。不少 OTT 服务商直接面向用户提供服务和计费，使运营商沦为单纯的“传输管道”，根本无法触及管道中传输的巨大价值。

为了夺回在手机近场支付上的主导地位，在国际上 GSMA 提出基于 SIM 卡的 NFC 解决方案，得到包括中国移动和联通在内的全球 45 个移动通信运营商的支持。该方案以 SIM 卡为支付提供安全保障。在全球 NFC 移动支付方案已经成为主流，我国电信运营商接受只是时间问题。今后的竞争将转移到是用 SD 卡还是 SIM 卡提供安全支持。而 2.4GHz 的 RF-SIM 方案可能会被用于一些专门的领域。

NFC 不仅是 RFID 卡，也具有读卡器和点对点通信功能。除了近程移动支付外，在物联网方面还有更广泛的应用。特别是在电子商务、社交网络和位置相关业务等方面。这些应用需求配合移动支付将促进 NFC 的更快普及，反过来 NFC 的普及为移动支付普及提供支撑环境。

1.3 中国互联网投融资并购情况

根据 ChinaVenture 投中集团旗下金融数据产品 CVSource 统计，2011 年全年披露创业投资（VC）案例 976 起，投资总额 89.47 亿美元，相比 2010 年分别增长了 15.9%和 50.4%。

互联网行业于 2011 年迎来融资高峰，在资本追捧下，单笔融资规模不断高企，尤其是走入“重型化”轨迹的电子商务企业，不断刷新互联网行业融资纪录。在融资最大的 10 起案例中，互联网企业融资案例达 8 起，具体见表 1.3。

表 1.3 2011 年中国创投投资规模案例前 10 名

企业	行业	融资时间	投资机构	融资轮次	金额（百万美元）
拉手网	互联网	2011-03-23	麦顿投资/Remgro/Reinet Investments/ 金沙江创投/NVP/特纳亚资本	Series C	111
多玩	互联网	2011-01-01	老虎基金/思伟投资	Series E	100
梦芭莎	互联网	2011-02-01	德同资本/崇德投资/金沙江创投	Series D	60
上澎太阳能	新能源	2011-10-19	青云创投/Capriom Venture Partners/IFC	Series A	50
豆瓣网	互联网	2011-09-13	贝塔斯曼/挚信资本/红杉中国	Series C	50
尚品网	互联网	2011-07-27	成为/晨兴创投/思伟投资	Series C	50
美团网	互联网	2011-07-07	红杉中国/阿里巴巴/华登国际/北极光创投	Series B	50
途牛旅游网	互联网	2011-04-12	红杉中国/DCM/高原资本	Series C	50
钻石小鸟	互联网	2011-02-01	方源资本/联创策源	Series C	50
优视科技	移动互联网	2011-01-11	纪源资本	Series D	50
CVSource.2012.01					www.China Venture.com.cn

互联网行业成为 2011 年中国创投市场投资的主导，共 236 起案例，披露投资总额 38.92 亿美元，占比达 43.5%。在互联网细分行业中，电子商务成为投资主流，全年披露案例 109 起、投资总额 19.83 亿美元，分别占互联网投资规模的 46.2%和 51.0%。

2011 年中国企业上市有所下滑，融资额与上市数量均较 2010 年降低。由于西方经济普遍疲软，加上欧债美债危机、中概股风波、VIE 迷局等不利影响，中国企业海外上市的数量和融资额均出现明显下滑。境内创业板受到二级市场影响而逐步下跌，市盈率走低，新股融资规模明显下降，2011 年全年的平均融资额不足 1 亿美元。在美国上市的互联网公司见表 1.4。

表 1.4　2011 年中国企业在美国主要交易所 IPO 上市案例

序　号	公司名称	交易所	交易代码	上市时间（月/日）	融资额（美元）
1	奇虎 360	纽交所	QIHU	3 月 30 日	1.75 亿
2	世纪互联	纳斯达克	VNET	4 月 21 日	1.9 亿
3	人人网	纽交所	RENN	5 月 4 日	7.4 亿
4	网秦	纽交所	NQ	5 月 5 日	8912.5 万
5	世纪佳缘	纳斯达克	DATE	5 月 11 日	7810 万
6	凤凰新媒体	纽交所	FENG	5 月 13 日	1.4 亿
7	淘米网	纽交所	TAOM	6 月 11	6469 万
8	土豆网	纳斯达克	TUDO	8 月 17 日	1.74 亿

2011 年 8 月，土豆网上市后就没有中国企业在美国上市，迅雷、盛大文学、拉手网等相继临门收手。2012 年中国企业对境外资本市场触底反弹的乐观预期开始回升。

1.4　中国互联网技术发展情况

1.4.1　手机操作系统

原生应用模式的巨大成功促进了对操作系统的争夺，控制操作系统就可以控制应用商店，控制移动互联网应用的入口。目前，国际上基本形成 ios，Android 和 Windows 8 三足鼎立的竞争格局。2010 年在重大科技专项支持下中国移动开发了基于 Android 的 Ophone 操作系统，中国联通基于 Linux 自主开发了沃 Phone 操作系统，都有一些在销售，但都没有成气候。原因是无法得到上下游各方面的支持形成一个产业链。2011 年仍然有一些公司在进行这方面的努力，不外乎是基于 Android 进行本土化的开发和基于 Linux 自主开发的两条路线。2011 年国家重大科技专项电子信息版块在这方面加大了支持力度，协同推进产学研自主发展，希望有所突破。

1.4.2　新一代浏览器

随着 Web 应用的兴起，移动互联网的入口也在发生变化。用户通过浏览器进入应用不必到应用商店去下载安装原生应用软件。与手机操作系统分裂成多种不同，新一代浏览器大都是基于 Webkit 和 HTML 5 的。

由于 web 应用和云计算的快速兴起，新一代浏览器的重要性凸显。支持 HTML 5 的新一代浏览器成为新的竞争焦点。

目前，在新一代浏览器方面用于 PC 的有谷歌的 Chrome、火狐、Opera 等浏览器，有较强的支持 HTML 5 的能力。在手机方面，Firefox 10，Sarfri，Opera mobile 和我国的 UCWeb 8.2 都有较强的支持 HTML 5 Web 应用的能力。而一些操作系统如 Windows 8，iOS 5 和 Android 4.0 也内置 HTML 5 以支持 Web 应用。应用开发商只要开发基于 HTML 5 的 Web 应用软件，无论哪种操作系统都可以用。

1.4.3 云计算

随着云/Web 平台技术的成熟，互联网上各种云应用开始发展。首先面世的是云手机和云电视。

在云手机领域，阿里巴巴的天语云智能手机 W700 采用了阿里云 OS，涉及邮箱、云应用、地图、浏览器及 IM 通信的多方面，整合阿里巴巴旗下电子商务服务；华为推出云服务平台和首款云手机 Vision（远见）；HTC 推出云服务 HTCSense.com；酷派推出云计算平台“酷云”。而在智能电视方面，从 2011 年 8 月中到 8 月底半个月内，海尔、海信、创维、康佳、长虹和 TCL 都相继推出了自己旗下的“云电视”。

云手机是一种趋势，但目前更多是基于概念的炒作，实质性能与普通的智能手机没有形成明显差异。功能方面，多是侧重于云存储功能，将云应用和云服务提前内置，交由单一的服务厂商运营，以方便用户使用一个账号进行管理使用，在服务的本质上并未带来革命性变化。云电视的情况也是类似。云手机和云电视推出后，市场反应冷淡，目前还没有形成新的消费热点。

尽管如此，互联网上的云应用已经有了一个开端，只有坚定不移地往前走才能到达到成功的彼岸。各种新的服务在试探中，如联想的乐云将提供 200GB 的个人免费存储空间，并提供跨 PC、平板电脑、智能手机和智能电视的服务。一些云手机支持用户从多个终端访问云空间，并实现跨屏操作，如用乐 Phone 访问存储在联想 PC 上的共享影音文件，并可以将它投放到智能电视或平板电脑上播放。还有一种功能是“任务迁移”，使移动应用在不同终端之间无缝切换，如玩游戏中间换终端可以在中断点继续玩。无论如何，只有 Web 应用大行其道时，云/Web 平台才能大展宏图，届时应用程序运行在云端的 Web 上而不是终端中。

在企业云计算方面的一个成功案例是虚拟桌面办公系统。华为上海研究中心上万人使用基于桌面云解决方案的虚拟桌面办公系统，工程覆盖所有的海外研究所和华为深圳总部的业务部门，共计有 6 万人左右。华为还为上海联通建立了拥有 2000 台虚拟桌面的“桌面云”系统，不但支持上海联通内部办公，还租给中国人寿做呼叫中心。这种桌面云解决方案，开创了一种前所未有的高效能、低消耗的绿色办公模式。

1.5 中国网络信息安全与治理情况

1.5.1 互联网安全

2011 年威胁国内互联网安全的因素主要包括三个方面：病毒和木马等恶意程序、钓鱼诈骗、黑客“拖库”攻击。与 2010 年相比，由黑客“拖库”因素带来的安全问题显著上升，包括 CSDN、天涯在内的一批互联网网站用户数据库被窃取，导致用户隐私大规模被泄露，这给整个互联网行业带来了巨大的安全风险。

据 360 数据显示，2011 年国内日均约 853.1 万台电脑遭到木马病毒等恶意程序攻击，占每天开机联网的电脑比例约为 5.7%，相比 2010 年增长 48.0%。其中，1%～3%的电脑终端实际感染木马病毒，主要原因为部分木马利用游戏外挂、盗版软件和视频等诱惑性网络资源伪装，欺骗用户关闭安全软件防护。在安全厂商的云安全体系下，绝大多数木马病毒刚刚出现就立刻失效，黑客只能使用自动化工具加快木马病毒的更新速度，间接导致新增恶意程序数量持续增多。2011 年国内流行度最高的恶意程序仍然以木马为主，带有篡改浏览器首页，劫持浏览器访问特定网址，创建桌面广告图标，欺骗安装推广软件等行为特征的广告木马占据绝大多数。

钓鱼网站是目前仅次于木马的第二大网络安全威胁，2011 年全年，仅 360 安全卫士一家就截获各类钓鱼网站 501 078 家，拦截钓鱼网站访问量 21.5 亿次，日均拦截量为 590.1 万次。2011 年 3 月是钓鱼网站最为活跃的时期，当月日均拦截量达到 792.6 万次。2011 年出现的钓鱼网站中，虚假购物类网站数量最多，占比达到 30.73%，包括假冒淘宝、手机充值欺诈网站、网游交易欺诈网站，以及模仿知名品牌的山寨购物网站等。随着电子商务应用普及，网购人群成为钓鱼网站主要欺诈目标。在虚假购物网站之后，虚假中奖钓鱼网站的数量排名第二，尤其是在微博应用兴起后，以微博活动、微博抽奖等名义欺骗用户的钓鱼网站数量也水涨船高。

此外，金融证券欺诈、假药网站、虚假招聘、假机票、假火车票等票务钓鱼网站等也在 2011 年大幅增加，涉及人们理财、医疗、工作和出行等生活中的各个环节，对不熟悉互联网的电脑用户极具威胁。目前，一些公司已经建立智能反钓鱼系统，再加上用户的实时举报和网址反馈，有可能及时有效拦截钓鱼网站。当然这也需要域名服务提供商、搜索引擎，以及网络广告运营者等相关厂商严格审核机制，共同为用户清除网络上的钓鱼欺诈信息。

2011 年针对大型互联网企业的“拖库”攻击愈演愈烈，12 月 21 日程序员网站 CSDN 的 600 余万个账号密码在网上公开，犹如多米诺骨牌，众多知名网站也随之爆出被黑客“拖库”的传闻，尽管其中部分消息被证实为谣言，中国网站不安全现状仍由此暴露在公众面前。黑客可以利用盗取的数据库，从中分析出用户的使用行为、购物习惯，有针对性地发动钓鱼攻击。据国家互联网应急中心（CNCERT）统计，截至 2011 年底，网上公开疑似泄露的网站数据库有 26 个，涉及账号密码 2.78 亿条。同期 360 网站安全检测平台发现，国内约 52%的网站存在不同程度的安全漏洞，从而使服务器数据暴露在黑客攻击面前，容易频繁发生数据库泄密或网页被篡改等安全事故。

随着智能手机的快速发展和普及，手机移动互联网安全问题提上日程。手机安全领域无论从手机木马种类、数量，还是感染手段的多样性与感染用户数上，都呈现出几十倍的大幅增长。360 手机云安全中心数据显示，随着 Android 手机用户量持续激增，Android 木马也呈现出爆发式增长态势，上半年该平台新增恶意软件及木马 968 个，被感染人数达 118 万人次。但超过 60%的手机木马仍活跃在老牌智能操作系统 Symbian 平台上，新增恶意软件及木马 1591 个，感染手机用户数更高达 1206 万人次。国内手机木马的恶意行为，正在由过去的系统破坏转向恶意扣费和窃取用户隐私。如之前闹得沸沸扬扬的“X 卧底”木马，其本质就是一款黑客间谍软件，不仅会回传受害者手机短信甚至还能任意监听其通话。

网络安全问题已经得到政府重视和政策支持。工业和信息化部于 2011 年 12 月份印发《移动互联网恶意程序监测与处置机制》，出台对恶意程序的认定、监测及惩治等措施、指导移动通信运营企业、安全企业、科研机构等相关方合力净化网络环境，保护移动用户利益。

1.5.2　互联网治理

2011 年 5 月 4 日，我国设立国家互联网信息办公室，这标志着互联网管理上了一个新的高度。同时，各部委积极制定并下发相关的法律法规和管理办法，以促进互联网健康发展。

文化部颁布了《网络游戏管理暂行办法》；国家工商总局出台了《网络商品交易及有关服务行为管理暂行办法》；人民银行发布了《非金融机构支付服务管理办法》；工业和信息化部开展了《互联网信息服务管理办法》、《电信业务分类目录》等规章或规范性文件的修订起草，加强了网站备案管理；商务部出台了《商务部“十二五”电子商务发展指导意见》；中央外宣办、工业和信息化部、公安部、国家工商总局四部门在全国范围内联合开展整治非法网络公关行为专项行动；1～6 月，全国持续开展打击侵犯知识产权和制售假冒伪劣商品专项行动（简称“双打”行动），对网上制假贩假行为、网络侵犯知识产权等行为给予有力打击。上述法律法规的出台和专项行动的开展，对整个互联网环境的治理效果明显。

中国互联网协会作为民间组织，成功举办了以“网络中国——责任与活力”为主题的 2011 中国互联大会，近 8000 人次出席会议，使大会成为了业界瞩目的交流平台；开展了寻找中国互联网责任与活力大型互动活动，倡导企业开放协作、尊重用户体验、投身社会公益、勇于创新、适应市场发展并带动行业发展，活动得到业界积极的响应；成功举办了以“网络至善、取信于民”为主题的第三届中国网民文化节，通过发掘和宣传感人至深的网络公益人物和事件，弘扬中国传统文化；继续组织会员单位开展行业自律，牵头发布《抵制非法网络公关行为自律公约》、《互联网终端软件服务行业自律公约》，对于推动会员单位公平竞争和文明办网发挥了积极引导作用。

（中国科学院　侯自强）

第 2 章　2011 年国际互联网发展综述

2011 年，欧债危机蔓延令经济复苏受到影响，全球经济面临二次探底的危险。在整体经济乏力的情况下，互联网行业依然呈现了稳定增长的态势。到 2011 年底，全球网民总数达到 22.67 亿，互联网普及率达到 32.7%；手机用户总量达到 59 亿，移动宽带用户达到近 12 亿；全球网站总量增至 5.55 亿个，同比增长 117.6%。互联网对经济发展的重要作用在全世界范围得到确认，以“数字经济”带动整体经济成为各国政府的战略目标之一，从政府到业界都在积极推动宽带及高速宽带网络的广泛部署。从资本市场来看，互联网领域投资仍是全年投资热点，2011 年比 2010 年大幅增长 68%，全球 IT 并购总额比 2010 年增长 41%，达到 1677 亿美元。在智能手机和平板电脑全球热销的带动下，移动互联网应用发展迅猛，移动设备已经成为桌面电脑的重要补充，互联网的“移动革命”渐露端倪。新通用顶级域计划启动，在为域名领域带来颠覆性革命的同时，其高昂的申请费用、知识产权保护等问题也引发持续关注。

2.1　国际互联网发展概况

国际电信联盟（ITU）发布的 2011 年终报告显示，到 2011 年底，在全球 70 亿人口中，约有 1/3 使用互联网，其中 45%不到 25 岁。互联网用户在发展中国家增长迅猛，2011 年在全球的占比达到 62%，而 2006 年仅为 44%。仅中国就占到全球网民总量的 25%。全球 18 亿家庭中约有 1/3 能上网，远高于 5 年前的 1/5。在发展中国家，有 25%的家庭拥有 PC，20%能上网。

2.1.1　网民

互联网数据统计机构 Internet World Stats 发布的数据显示，截至 2011 年 12 月 31 日，全球网民总数达到 22.67 亿，全球互联网普及率达到 32.7%，见表 2.1。从全球网民的地理分布来看，亚洲的网民总数达 10.17 亿，占全球总数的 44.8%，如图 2.1 所示。从各大洲的互联网普及率来看，北美洲（78.6 %）、大洋洲（67.5 %）和欧洲（61.3%）的普及率均超过 60%，而亚洲仅为 26.2 %，仍低于世界平均水平，如图 2.2 所示。

表 2.1　全球互联网应用情况统计（截至 2011 年 12 月 31 日）

各大地区	预计人口（2011 年）	网民数量	普及率（按人口计算）	互联网使用增长率（2000—2011 年）	占全球网民数量比例
非洲	1 037 524 058	139 875 242	13.5 %	2 988.4 %	6.2 %

续表

各 大 地 区	预计人口（2011 年）	网 民 数 量	普及率（按人口计算）	互联网使用增长率（2000－2011 年）	占全球网民数量比例
亚洲	3 879 740 877	1 016 799 076	26.2 %	789.6 %	44.8 %
欧洲	816 426 346	500 723 686	61.3 %	376.4 %	22.1 %
中东	216 258 843	77 020 995	35.6 %	2,244.8 %	3.4 %
北美洲	347 394 870	273 067 546	78.6 %	152.6 %	12.0 %
拉丁美洲/加勒比海	597 283 165	235 819 740	39.5 %	1,205.1 %	10.4 %
大洋洲/澳大利亚	35 426 995	23 927 457	67.5 %	214.0 %	1.1 %
全球合计	6 930 055 154	2 267 233 742	32.7 %	528.1 %	100.0 %

（数据来源：Internet World Stats）

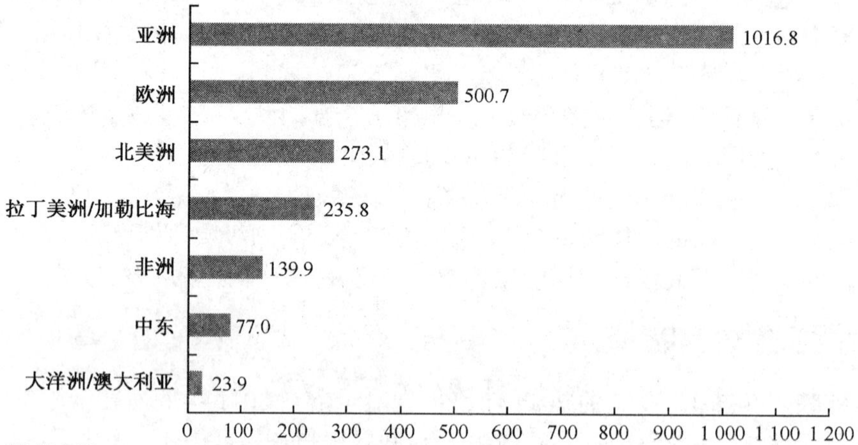

（数据来源：Internet World Stats）

图 2.1　2011 年全球网民地理分布（单位：百万）

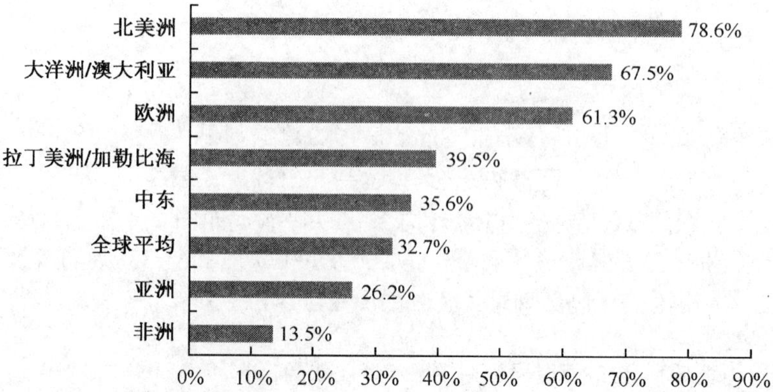

（数据来源：Internet World Stats）

图 2.2　2011 年全球各大洲互联网普及率（按人口计算）

2.1.2　基础资源

1．域名

瑞典互联网市场研究公司 Royal Pingdom 发布的《2011 年全球互联网产业发展状况报告》显示，到 2011 年 12 月底，全球网站总量从 2010 年 12 月的 2.55 亿个增至 5.55 亿个，同比增长 117.6%。到 2011 年第三季度，全球域名总注册量达到 2.2 亿个，其中，国家代码顶级域名（ccTLD）如.CN（中国），.UK（英国）等的数量达到 8690 万个。在主要的通用顶级域名（gTLD）中，到 2011 年底，“.COM”域名数量由 2010 年底时的 8880 万个增至 9 550 万个；“.NET”域名网站数量增至 1 380 万个，仅增长 60 万个；“.ORG”域名网站全年新增 130 万个，达到 930 万个；“.INFO”和“.BIZ”域名域名网站数量分别为 760 万个和 210 万个。

截至 2011 年底，美国、德国和中国的通用顶级域名（gTLD）注册量居全球前三位，见表 2.3。

表 2.3　全球主要国家和地区通用顶级域名注册数（2011-12-26）

排　名	国家/地区	gTLD 注册数量（个）	排　名	国家/地区	gTLD 注册数量（个）
1	美国	78 233 780	9	西班牙	1 585 244
2	德国	6 487 275	10	荷兰	1 367 329
3	中国	4 827 836	11	意大利	1 363 716
4	英国	4 614 156	12	开曼群岛	1 184 060
5	加拿大	3 853 361	13	土耳其	1 121 620
6	法国	3 256 816	14	中国香港地区	929 893
7	日本	2 487 559	15	韩国	854 927
8	澳大利亚	2 380 240			

（数据来源：http://www.webhosting.info/domains/）

2．IPv4 地址分配情况

截至 2011 年 12 月 29 日，中国大陆 IPv4 地址数量约为 3.30 亿个，居全球第二位，如表 2.4 所示。2011 年 2 月，互联网编号分配机构为地区互联网注册者分配最后一批 IPv4 地址空间。同年 4 月，亚洲区域注册机构 APNIC 为成立新网络运营商而储备的 IPv4 地址耗尽。

表 2.4　全球 IPv4 地址数量最多的 20 个国家/地区（2011 年 12 月）

排　名	国家/地区	IPv4 地址（个）	排　名	国家/地区	IPv4 地址（个）
1	美国	1 538 178 816	11	意大利	39 673 504
2	中国大陆	330 440 960	12	俄罗斯	38 682 056
3	日本	202 061 312	13	中国台湾	35 381 504
4	韩国	112 231 936	14	印度	34 669 312
5	德国	96 543 880	15	西班牙	25 778 848
6	法国	84 680 560	16	墨西哥	25 326 336
7	英国	84 527 248	17	荷兰	25 167 624
8	加拿大	80 302 592	18	瑞典	23 376 936
9	澳大利亚	47 496 448	19	南非	20 422 912
10	巴西	46 466 560	20	波兰	18 352 616

（数据来源：台湾网络信息中心（TWNIC））

3．IPv6 地址分配情况

2011 年是 IPv6 和互联网发展的关键一年。随着全球最后一批 IPv4 地址分配完毕，互联网向 IPv6 过渡已经开始进入实施阶段。6 月 8 日，国际互联网协会举办了“世界 IPv6 日”活动，包括谷歌、雅虎和脸谱在内的 1000 多个网站成功地对 IPv6 进行了 24 小时全球级别的测试。在 IPv6 地址申请方面，截至 2011 年底，全球拥有 IPv6 地址最多的前 5 个国家分别是巴西、美国、日本、德国和中国，如表 2.5 所示。中国累计持有 IPv6 地址 9399 块（/32），比 2010 年的 402 块（/32）有了突飞猛进的增长。

表 2.5　全球 IPv6 地址数量（/32）最多的 20 个国家/地区（2011 年 12 月）

排　名	国家/地区	IPv6 地址（个）	排　名	国家/地区	IPv6 地址（个）
1	巴西	65 728	11	波兰	2210
2	美国	17 745	12	英国	1718
3	日本	10 943	13	荷兰	934
4	德国	10 648	14	西班牙	717
5	中国大陆	9399	15	比利时	381
6	法国	8614	16	挪威	357
7	澳大利亚	8520	17	俄罗斯	334
8	韩国	5219	18	瑞典	335
9	意大利	4260	19	墨西哥	296
10	中国台湾地区	2328	20	委内瑞拉	278

（数据来源：台湾网络信息中心（TWNIC）http://trace.twnic.net.tw/ipstats/statsipv6.php）

2.1.3　互联网发展新动向

1．各国政府继续推动宽带普及

2011 年，普及宽带及高速宽带仍然是各国的政府的工作重点，宽带普及与经济增长之间的密切联系被广泛认可，欧盟委员会负责数字议程的副主席尼莉·克洛伊称：“宽带覆盖率增长 10%将为欧洲的 GDP 年增长率贡献 0.9%～1.5%。”爱立信、理特管理顾问公司和查尔姆斯理工大学共同开展的一项研究则对宽带速度的影响进行了量化。这项研究以 33 个经合组织成员国为对象，结果显示，宽带速度提升一倍可以将 GDP 提高 0.3%，在经合组织地区相当于 1260 亿美元。

3 月，英国政府宣布将对宽带基础设施投资 5000 万英镑，旨在使英国拥有欧洲速度最快的网络。英国财政大臣乔治·奥斯本称，这 5000 万英镑是英国 5.3 亿宽带网络投资基金的一部分。他表示，宽带对国家的经济发展至关重要，多达 80 万家庭和企业将从这 5000 万英镑的投资中受益。

5 月，加拿大广播电视和电信委员会（CRTC）发布新的《国家宽带计划》，力求在 2015 年为加拿大全体国民提供速度不低于 5Mbps 的宽带接入。CRTC 表示，该计划将依靠私人投资、有针对性的政府拨款和公私伙伴关系来共同实现，目前不打算建立用于补贴宽带部署的专项基金。

10 月，美国联邦通信委员会（FCC）通过了针对普遍服务基金（USF）和运营商间补偿制度的改革计划。这些改革将包括创立一个年度预算高达 45 亿美元的新的“连接美国基金”，将使超过 700 万居住在乡村地区的美国人享受到高速宽带接入。FCC 预测，未来 6 年内，这一宽带计划将为美国带来 500 亿美元的经济增长，创造约 50 万个就业机会。与此同时，欧盟委员会宣布计划，将融资 92 亿欧元，协助成员国向公民和企业提供超高速宽带连接。欧盟委员会希望，到 2020 年，每位欧盟公民都能接入网速至少为 30Mbps 的宽带连接。

2．ICANN 批准新顶级域名计划引发争议

2011 年 6 月 20 日，互联网名称与数字地址分配机构（ICANN）通过决议，将大幅增加通用顶级域名。新域名可以根据不同的主题进行分类，包括行业、地理位置和种族，而且还包括阿拉伯语、中文和其他语言。这意味着，在传统的.com 或.net 之外，公司和个人可以把他们喜欢的任何名称注册为网址，组织机构或公司可以用自己的组织名作为网址后缀结尾，如以.un（联合国）和.apple（苹果）等作为域名后缀。ICANN 的这一决定经过了 6 年的谈判，是自 26 年前推出.com 域名以来最大规模的一次变动。从 2012 年 1 月 12 日开始的 90 天内，ICANN 将接受新顶级域名的申请，费用为 18.5 万美元。

这一新顶级域名方案引发了业界对域名遭恶意抢注的担忧，为了保护品牌声誉和用户在互联网上的安全，企业可能将不得不投入额外的资源注册与其品牌相关的域名。美国甚至出现了反对新域名计划的组织“负责任的互联网域名监管联盟”（简称 Crido）。该组织向美国商务部递交了请愿书，呼吁其说服 ICANN 推迟新的顶级域名申请。此外，联合国（UN）、国际货币基金组织(IMF)和其他 26 个国际组织也向 ICANN 施加压力，要求其防止.un 或 .imf 这样的域名被抢注，进而导致欺诈事件增多。

尽管面临各方压力，ICANN 仍然坚持按原定计划开通新的顶级域名申请。ICANN 总裁兼首席执行官罗德·贝克斯特朗表示，“反对者并没有真正理解新顶级域名的申请流程。通用顶级域名体系本来就体现了对于品牌的保护，而且申请了通用顶级域名对于品牌的保护能够起到更安全、更好的效果”。

3．全球社交网站覆盖率持续增长

互联网流量监测机构 ComScore 发布的 2011 年全球社交报告显示，社交网站已覆盖了全球 82%的网民，总数约 12 亿人，在被调查的 43 个国家中，41 国的覆盖率到达了 85%以上，美国以 98%的覆盖率居第一位，中国的覆盖率达到 53%。

报告称，脸谱网（Facebook）在北美和西欧的市场已经饱和，新用户增长缓慢。而以推特网（Twitter）为首的其他社交网站正在全球蓬勃发展。过去一年，Twitter 增长了 59%，全球月独立访问用户达 1.6 亿；商务社交网站 LinkedIn 增长 55%，达到近 1 亿；轻博客 Tumblr 增扎根 172%，达到近 4000 万；中国的新浪微博更增长了 181%，增速最快。报告还显示，目前全球网民 1/5 的上网时间花在了社交网站上，而 2007 年时仅为 6%。其中，脸谱网在社交网站中独占鳌头，2011 年 10 月份时覆盖了全球 55%的网民，占据社交网站上网时长的 3/4，占上网总时长的 1/7。

4．平板电脑市场竞争加剧

2011 年，iPad 等平板电脑持续热销，正快速抢占个人电脑和笔记本电脑的市场占有率。市场调研公司 Strategy Analytics 公布的数据显示，2011 年第四季度全球平板电脑出货量从 2010 年同期的 1070 万台增长至 2700 万台。2011 年全球平板电脑出货量达到 6700 万台，远超 2010 年的 1860 万台。

2011 年的平板电脑市场不再是苹果 iPad 一支独秀，联想、戴尔、三星、摩托罗拉、惠普、华硕、宏碁等国际一线品牌均纷纷推出了各自的平板电脑产品。值得注意的是，苹果 iPad 在在平板电脑市场的主导地位并未被动摇，iPad 市场份额达到 58%，iPad 销量达到约 1543 万部。而惠普 TouchPad 和 RIM 黑莓 PlayBook 则遭遇滑铁卢，上市后几乎无人问津，不得不展开大规模降价。惠普在宣布停止 TouchPad 平板电脑业务后，将原价 499 美元的 TouchPad 以 99 美元的亏本价抛售。

2011 年平板电脑市场的最大惊喜无疑来自亚马逊的 Kindle Fire。这款定价仅为 199 美元的 Android 系统平板电脑自 2011 年 11 月中旬上市后，立场受到市场追捧。在谷歌发布的 2011 年度的全球热门搜索关键词排行榜上，美国地区关注度增长最快的电子设备榜单中，Kindle Fire 排名第一。

与苹果 iPad 相比，Kindle Fire 体积更小，重量更轻，但功能有限，甚至存在一些问题。尽管如此，与 500 美元的入门级 iPad 相比，其低廉的价格仍然是消费者无法抗拒的，IHS iSuppli 发布的研究报告预测，2011 年第四季度，亚马逊 Kindle Fire 平板电脑的出货量将达到 390 万台，在全球平板电脑市场的份额为 13.8%，排名第二，超过三星的 4.8%。除了价格诱人，Kindle Fire 还预装了大量的多媒体服务，允许用户直接访问超过 1800 万部电影、电视剧、歌曲、书籍、应用和游戏。同时还提供对于亚马逊云和同步服务的支持。有专家指出，Kindle Fire 将推动廉价平板电脑时代的来临，未来厂商可能将以较低的硬件价格换取用户对软件及内容的购买。

2.2　国际互联网应用发展情况

2011 年，社交网站和微博客的热度不减，仍然是全球最受网民欢迎的互联网应用，并继续向全球渗透。美国的亚马逊、谷歌、脸谱网等互联网公司仍然在各自的领域占据垄断地位，但在一些新兴地区，本地的互联网公司也在崛起，中国的新浪微博和百度搜索，俄罗斯的搜索引擎网站 Yandex 和社交网站 Vkontakte 等 2011 年均取得了不俗的成绩。

2.2.1　电子商务

摩根大通报告指出，2011 年全球电子商务营收在 2010 年的基础上增长 18.9%至 6800 亿美元。仅美国网络零售业销售额就增长 13.2%至 1870 亿美元。摩根大通预计，2013 年全球电子商务营收将达到 9630 亿美元。

报告称，通过网络购物的用户在不断增长，其中 38%的用户至少每月网购一次。不网购的人口比例由 2007 年的 20%下滑至 12%。收入越高，网购的频率越高，在年收入不低于 10 万美元的人群中，34%的用户每月网购至少三次。移动商务的增长会对实体零售业产生负面影响，可能影响电子商务增长的一个因素是征收互联网销售税。摩根大通还预测，随着智能手机和平板电脑的普及，以及社交及本地服务的流行，电子商务营收 2012 年将实现进一步增长。

2.2.2　社交网站及微博

社交网络已经成为一种全球流行现象，超越了国界。互联网流量监测机构 ComScore 2011 年底发布的《2011 年社交网络调研报告》指出，目前全球网民 1/5 的上网时间花在了社交网站上，而 2007 年时仅为 6%。社交网站已覆盖了全球 82%的网民，总数约 12 亿人，在被调查的

43 个国家中，41 国的覆盖率到达了 85%以上，美国以 98%高居第一，中国的覆盖率达到 53%。

从地区差异来看，拉美、欧洲、美国社交用户的使用程度较高，亚太地区使用程度仍然偏低。拉丁美洲网民 28%的上网时间花在社交网站上，月均 7.6 小时。亚洲则为 11%，平均每月不到 3 小时。

脸谱网在社交网站中独占鳌头，2011 年 10 月份时覆盖了全球 55%的网民，占据社交网站上网时长的 3/4，占上网总时长的 1/7。目前脸谱网和推特网有 80%的用户均来自海外。不过，脸谱网在北美和西欧的市场已经饱和，新用户增长缓慢。

同时，以推特网为首的其他社交网站正在全球蓬勃发展。过去一年，推特网增长了 59%，全球月独立访问用户达 1.6 亿；商务社交网站 LinkedIn 增长 55%达到近 1 亿；轻博客 Tumblr 增长 172%，达到近 4000 万；中国的新浪微博更增长了 181%，增速最快。

2.2.3 搜索引擎

据 netmarketshare 统计数据显示，2011 年 1 至 12 月，谷歌则继续领跑全球搜索引擎市场，全年所占份额平均高达 82.99%，其他主要搜索引擎的全球市场分额分别为：雅虎全球 6.12%，百度 4.89%，必应 3.92%，如表 2.6 所示。

表 2.6 2011 年全球主要搜索引擎的市场分额

主流搜索引擎	占全球市场份额
谷歌全球	82.99%
雅虎全球	6.12%
百度	4.89%
必应	3.92%
Ask Global	0.56%
AOL Global	0.40%
Excite Global	0.03%
Lycos Global	0.01%

（数据来源：netmarketshare）

总体来看，2011 年，谷歌继续垄断全球绝大多数搜索引擎市场，雅虎、百度和必应三大搜索引擎所占市场份额之和仅为 15%，挑战谷歌尚需假以时日[7]。

2.2.4 网络视频

comScore 发布的 2011 年 10 月全球视频网站排行显示，谷歌旗下网站仍是全球网络视频浏览量最高的网站，10 月份的网络视频浏览量达到 883 亿次，占全球网络视频浏览总量的 43.8%。在谷歌旗下网络中，YouTube 的网络视频浏览量最高，所占比例超过了 99%。优酷在全球在线视频网站中名列第二，当月的网络视频浏览量为 46 亿次，成为全球最大的中文视频网站。榜单后三位依次由美国音乐服务网站 VEVO、社交服务网站脸谱网及日本视频网站 Dwango 夺得，如表 2.7 所示。

[7] 以上数字仅为桌面搜索，不包括移动搜索和平板电脑搜索。

表 2.7　2011 年 10 月全球网络视频浏览量前五名

视 频 网 站	视　频　数（千个）	占视频总数百分比
总计	201 420 689	100%
谷歌网站	88 278 970	43.8%
优酷	4 644 727	2.3%
VEVO	3 697 229	1.8%
脸谱网	2 590 812	1.3%
Dwango	2 458 180	1.2%

（数据来源：comScore Video Metrix）

从国家的角度来说，加拿大和美国的人均网络视频浏览量最高，它们 10 月份的人均网络视频浏览量分别为 304 个和 286 个。英国 10 月份的人均网络视频浏览量为 269 个，土耳其和德国的人均网络视频浏览量均为 251 个。

数据显示，在 2011 年 10 月，将近 12 亿互联网家庭用户和工作用户（15 岁以上）浏览了在线视频，所观看视频总计达 2014 亿次。Comscore 视频产品负责人 Dan Piech 表示，随着全球宽带不断普及，在线视频迅速走红，视频观看已经成为数字内容领域不可或缺的组成部分。

2.3　国际移动互联网发展与应用情况

移动互联网的发展离不开手机等移动终端的普及。国际电信联盟发布的统计报告显示，截至 2011 年底，全球的手机用户总量已达 59 亿，全球移动通信渗透率已达 87%，所有发展中国家的渗透率也高达 79%。在全球所有手机用户中，移动宽带用户将近 12 亿。过去四年，全球移动宽带用户以每年 45%的速度增长，到 2011 年底，移动宽带与固话宽带用户量比率已达 2:1。

2.3.1　总体发展情况

目前，移动互联网尚处于起步阶段。IDC 预计，到 2015 年，通过移动设备无线上网的用户将超过通过有线以太网方式上网的用户。移动设备正在造福人类，特别是固定宽带普及程度低的发展中国家。Analysys Mason 的研究就显示，印度移动宽带普及率对国民经济效益贡献显著：到 2015 年，移动宽带普及率每增长一个百分点将对印度国内生产总值（GDP）贡献约 1620 亿印度卢比。2011 年，从政府到业界都加大了对移动宽带相关的技术和资金投入。

1．各国政府重视移动宽带部署

由于偏远地区人员稀少、地形崎岖且电信公司提供服务成本过高，各国政府都面临着农村地区宽带互联网接入不足的问题。而通过移动互联网则可以有效地弥合这一数字鸿沟，进而改善偏远及农村地区的经济和教育状况。

2011 年，美国联邦通信委员会（FCC）对普遍服务基金（USF）进行了改革计划。作为改革计划的一部分，FCC 首次将移动宽带定位为独立的普遍服务目标，并将设立一个新的“移动基金（Mobility Fund）”专门为其提供支持。

10 月，英国宣布计划投资 1.5 亿英镑发展英国移动宽带网络，以实现 99%的人口覆盖率，特别是帮助“5%～10%的生活和工作在移动信号覆盖较差或者没有信号覆盖的地区的消费者和企业”。这项工作将于 2012 年启动。

2．发达国家迈进 4G 时代，LTE 技术获得业界青睐

无线网络行业正在从语音和简单数据传输时代跨入成熟的可以随时随地通过智能手机和平板电脑接入移动宽带的时代。HSPA.，HSPA+和 LTE 等无线技术为整个行业提供了巨大的机会和广阔的前景。下一代 4G 无线标准——4G LTE 技术能够满足下一代移动服务所需的带宽需要，从高速音乐下载到高清流媒体视频，再到多玩家游戏。由于得到全行业的普遍支持，4G LET 技术有望成为提供上述服务和其他优质内容产品的标准选择。

IHS iSuppli 公司的研究显示，由于美国和欧洲的许多运营商计划在未来三年内将其网络转向 4G 技术，大规模 LTE 无线基础设施部署工作已经于 2011 年全面展开。在此期间，全球用于 LTE 基础设施设备的开支将增至 279 亿美元，较 2010 年的 15 亿美元大幅飙升。另据德勤研究报告显示，在 2012—2016 年，美国移动运营商可能投入 250～530 亿美元建设和发展 4G 移动网络，相关举措将使美国的 GDP 增加 730～1510 亿美元，并创造出 37～77 万个就业机会。

3．智能终端普及有望助力移动宽带采用

近几年，智能手机和平板电脑的全球流行不断推动着移动宽带的普及，iPhone、iPad、Android 手机等移动设备已经带来了一场革命，移动互联网即将进入快速发展阶段。在美国与欧洲市场，智能机的出货量已经超越了功能手机。

市场研究公司 Canalys 发布的报告显示，由于价格的下降、功能的增强，以及运营商推出更便宜的数据服务套餐，2011 年，全球智能手机的出货量达到 4.877 亿部，首次超过 PC 机的出货量（4.146 亿台，包括笔记本电脑、台式机、上网本和平板电脑），比 2010 年增长了 14.8%。同时，平板电脑的出货量增长更加惊人，比 2010 年足足增长了 274.2%，达到 6320 万台。

2.3.2　移动互联网应用情况

随着智能手机逐步取代个人电脑占据主导地位和全球移动宽带的广泛部署，在不久的将来，从娱乐到商务，从社交到本地信息搜索，人们绝大多数需要使用网络的工作都可以通过手机来完成，而且最关键的是，信号几乎无处不在。

1．移动支付和移动商务

Gartner 的研究报告指出，尽管新兴市场发展缓慢，移动付款市场仍在稳定增长中。2011 年全球移动支付用户数将超过 1.411 亿，与 2010 年的 1.021 亿用户相比将增长 38.2%，全球移动付款交易金额也将增长至 861 亿美元，较 2010 年的 489 亿美元增长约 76%。

随着越来越多用户通过智能手机购物和支付，移动电子商务业务将获得强劲的增长。在发达国家市场，随着移动软件商店的成功，以及亚马逊、eBay 对手机营销渠道的扩展，购买商品成为北美跟西欧使用移动付款最主要的应用，2011 年购物将店北美与西欧移动交易的 90%与 77%。eMarketer 研究数据也显示，2011 年美国移动电子商务零售市场规模达到 67 亿美元，相比 2010 年增长率高达 91.4%，强劲的增长势头预计将一直持续到 2015 年，移动电子商务市场销售额将达到 310 亿美元。

2．移动社交

移动社交网络已经成为了许多市场当中不可或缺的服务，并且正在持续发展中，但是在社交网络的整体使用当中依旧算是小众。西方市场中，1/4～1/3 的用户会每月至少一次用移动设备登录社交网站。

comScore 的数据显示，2011 年 8 月访问移动社交网络美国用户数增长了 37%，一半的用户在他们的移动设备上阅读过来自组织、品牌的信息或新闻。而脸谱网、推特网和 LinkedIn 等主流社交网站在过去一年中的移动用户数量都增长了 50%以上，脸谱网的移动用户增长了 50%到 5700 万人，而推特网增长了 75%到 1340 万人，LinkedIn 的移动用户则增长了 69%到 550 万人。

此外，随着团购类网站、位置服务社交网站的走红，提供基于位置的电子商务服务为企业和品牌与用户在社交媒体上互动提供了越来越值得关注的平台。结合了移动、社交和本地信息服务三要素的应用将迎来爆发期，更多的社交应用会集成本地购物或团购功能。

3．移动搜索

移动搜索是互联网搜索领域中正在兴起且快速发展的市场。近年来，越来越多的查询来自移动设备。麦格理证券研究公司预计，目前所有互联网搜索流量中有 10%～15%是来自移动设备，2012 年这一数字还将增长至 25%～30%。谷歌公司也表示，在特定搜索类别中，如餐馆，几乎 30%的搜索是来自移动设备。

Siri 语音搜索服务无疑是 2011 年最引人关注的搜索应用。Siri 是苹果公司在其产品 iPhone 4S 上应用的一项语音控制搜索功能，其核心是基于语音识别和智能语义搜索技术。利用 Siri 用户可以通过手机读短信、介绍餐厅、询问天气、语音设置闹钟等。Siri 可以支持自然语言输入，还能够不断学习新的声音和语调，提供对话式的应答。目前，Siri 语音系统仅支持英语、法语和德语。

有专家表示，2012 年，谷歌和微软都将瞄准移动搜索市场。搜索功能将会以各种方式被集成到任何可以想象出的智能手机应用中，包括对视频、照片和音乐的搜索。图片搜索预计将会出现较大的发展，这将推动购物、地图，甚至餐厅评论等服务的发展。

2.4 国际互联网投融资并购情况

2011 年，尽管全球经济持续萧条，全球风险投资金额仍然高达 284 亿美元，投资案数量达 3673 件，分别比 2010 年增长 22%和 4%。其中大部分资金流向软件和生物科技行业。同时，全球 IT 并购总额也比 2010 年大幅上涨 41%，达到 1677 亿美元。

2.4.1 互联网产业风险投资情况

美国 MoneyTree 2011 年第四季度风险投资报告[8]指出，2011 年软件行业是最大赢家，而互联网领域投资额较 2010 年增长 68%。

报告指出，2011 年，针对互联网公司的风险投资额达到 69 亿美元，投资案为 997 件，

[8] 该报告由普华永道会计事务所与美国国家风险投资协会（NVCA）联合发布，报告中数据来源于汤姆斯路透集团。

较 2010 年的 41 亿美元与 807 件投资案分别增长 68%与 24%，见表 2.8。2011 年标志着过去 10 年间互联网领域投资的最高峰，而 2011 年第二季度更是以 24 亿美元创下了 10 年来的季度新高，如图 2.3 所示。“互联网公司”是一个独立的企业分类，无论原始业务属于哪个类别，只要公司业务模式依赖于互联网，该公司就属于这一分类。2011 年，互联网企业的投资额占全部风险投资金额的 24%，而 2010 年的占比为 18%。

表 2.8　2011 年投向互联网公司的风险投资金额及数量

2011 年	投资额（亿美元）	投资案数量（件）
Q1	15	209
Q2	24	292
Q3	17	257
Q4	13	239
全年总计	69	997

（数据来源：MoneyTree 2011 年风投报告）

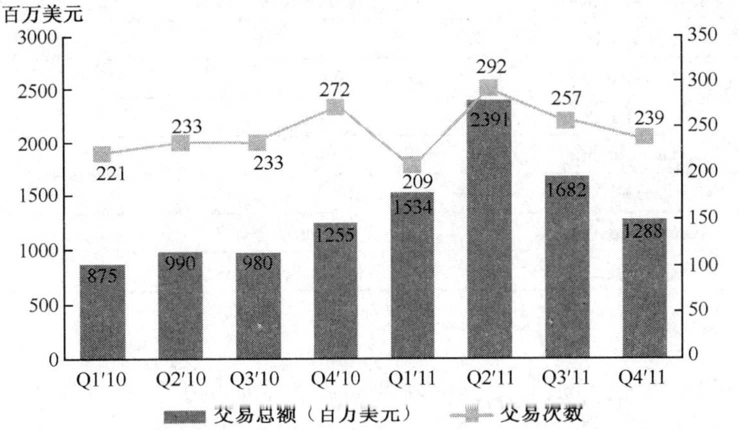

图 2.3　2010—2011 年投向互联网公司的风险投资额

报告显示，2011 年，软件行业仍是风险投资中的第一大赢家，行业风险投资金额较 2010 年增长 38%，增至 67 亿美元，同时，软件行业投资案达到 1 004 件，规模较上年增长 7%。不过，在第四季度，软件行业投资势头减弱，投资额为 18 亿美元，投资案只有 238 件。

2.4.2　IT 产业并购情况

2011 年，IT 业巨头不断加快行业收购和资源整合步伐。根据安永（Ernst &Young）会计师事务所发布的最新全球科技并购报告，2011 年包括软件、半导体、互联网、IT 服务、通信设备、计算机硬件及电子产品在内的全球 IT 并购总额比 2010 年的 1190 亿美元大幅上涨 41%，达 1677 亿美元。全年并购交易 3006 笔，增长 13%，其中 10 亿美元以上的 IT 并购达 34 笔，1 亿美元以上的并购为 228 笔。平均单笔 IT 并购额为 1.67 亿美元，比 2010 年增长 27%。2011 年 IT 并购榜的前三位分别为：谷歌 118.8 亿美元收购摩托罗拉移动；惠普 102.2 亿美元收购 Autonomy；微软 85.5 亿美元收购 Skype，见表 2.9。

表 2.9　2011 年 IT 并购排行榜

排　　名	收　购　方	被 并 购 方	并 购 金 额（亿美元）
1	谷歌	摩托罗拉移动	118.78
2	惠普	Autonomy	102.22
3	微软	Skype Technologies	85.54
4	德州仪器	国家半导体	60.71
5	Applied Materials	维利安半导体	47.51
6	西部数据	日立全球存储	42.50
7	泛林半导体	诺发系统	36.78
8	博通	Net Logic	34.50
9	SAP	Success Factors	33.68
10	高能	创锐讯	32.21
11	东芝	Landis+Gyr	22.89
12	Century Link	SAVVIS	22.78
13	KKR、银湖和 TCV	The Go Daddy Group	22.50
14	黑石集团	Emdeon	22.01
15	eBay	GSI Commerce	19.63
16	CVC Capital Partners	Converg Ex Group	19.00
17	GGC 和 lnfir	罗盛软件	18.41
18	普罗维登斯资本	SRA International	18.26
19	Advent International	Oberthur 部分资产	16.28
20	普罗维登斯资本	Blackboard	15.76

（数据来源：安永事务所）

纵观 2011 全年，与云计算、社交网络和移动业务密切相关的商业智能和业务分析是 2011 年并购增长的重要动力，此外信息安全、医疗 IT、社交网络和在线移动游戏、网络视频和存储等业务也是 2011 年并购的重点。

2011 年并购的软件公司总额达 490 亿美元，占总并购额的 30%。虽然总额和 2010 年相比略有下滑，但依然占据最大份额。除了惠普收购 Autonomy 外，SAP 公司 33.7 亿美元收购 SuccessFactors，黑石 22 亿美元收购 Emdeon，GGC 和 Infor18.4 亿美元收购罗盛软件，甲骨文 14.3 亿美元收购 RightNow，都是年度知名的大手笔收购。

2011 年来自半导体企业的并购金额达 316.55 亿美元，比 2010 年猛增 187%。前 10 名并购中有 5 笔并购来自半导体领域：德州仪器 60.7 亿美元收购国家半导体，Applied Materials47.5 亿美元收购维利安半导体，泛林半导体 36.8 亿美元收购诺发系统，博通 34.5 亿美元收购 NetLogic，高通 32.2 亿美元收购创锐讯。

值得关注的是私募基金（PE）在 2011 年的并购金额中高达 330 亿美元，占整体 IT 并购额的 20%，比 2010 年增长了 3 个百分点，这说明 IT 企业已经走出了 2008 年第四季度以来的低谷，在资本市场逐年升温。

2.5　国际互联网安全发展情况

进入 21 世纪，互联网已成为国家关键基础设施的重要组成部分，与能源供应和供水系统一样不可或缺。人类社会的各个方面依赖互联网的正常运转，网络一旦瘫痪，其后果对于国防安全、经济安全的影响都将是不可估量的。

2.5.1　网络安全关注点

2011 年，全球网络安全形势依旧严峻，从网络攻击的数量、类型、范围和复杂程度来看都更胜以往；随着网络安全面临的挑战越来越大，各国政府日益关注网络安全问题。美国、英国、德国等世界强国更是从国家安全的高度制定了网络安全战略。

1．西方多国出台国家网络安全战略

2 月，德国政府通过了《德国网络安全战略》，旨在加强保护德国关键的基础设施、信息技术系统免受网络攻击，并在欧洲和全球开展有效合作。其核心内容是成立一个国家网络防御中心。同年 6 月，德国国家网络防御中心正式成立，用于识别来自网络世界的威胁并做出相应的反应。

2 月，荷兰推出《国家网络安全战略》，根据该战略，荷兰将成立全国网络安全中心（NCSC），其具体职责为分析网络威胁和趋势，为网络安全事件响应和危机管理提供支持。该中心于 2012 年 1 月 1 日起开始运作。

5 月，美国白宫发布《网络空间国际战略》，集中阐述了美国政府有关网络空间的国家战略计划，宣称美国将使用一切必要手段防御至关重要的网络资产。该战略标志着美国互联网政策第一次有了顶层设计，对全球互联网发展形势将会产生深远影响。该战略也是美国政府针对全球互联网推出的首份国际战略与政策报告，其内容与目标已从美国自身的网络空间范围扩展到全球网络空间。同年 7 月，美国国防部发布首份《网络空间行动战略》，该战略将网络空间列为与陆、海、空及太空并列的第五大“作战领域”。11 月，美国国防部发布报告称，国防部保有运用武力响应针对网络空间以及其他领域的攻击的能力，并且正在发展这种能力。

6 月，新西兰政府发布《新西兰网络安全战略》，同年 9 月新西兰国家网络安全中心（NCSC）正式成立，旨在帮助政府各机构和关键基础设施供应商抵御网络威胁。

11 月，英国政府公布新版的《网络安全战略》，表示将建立更加可信和适应性更强的数字环境，“将英国打造成为全球最安全的商业地区之一”。在 2010 年版的《网络安全战略》基础上，新战略具体阐述了如何打击网络威胁以实现经济繁荣，保护国家安全及公众的生活所需。根据该战略，英国政府将拨款 6.5 亿英镑（约 10 亿美元），用 4 年时间提升该国的网络安全水平，维护网上交易安全。

2．移动设备和社交媒体加剧网络安全威胁

2011 年，针对安卓系统移动设备的恶意软件和社交媒体网站诈骗呈上升趋势。一方面，安卓系统恶意软件数量激增。市场占有率增长迅速、大量免费的关于该平台的技术资料以及谷歌安卓电子市场的应用筛选不严格，使得在这个平台上传恶意程序非常容易。3 月，当谷歌发现 50 个 Android 应用程序为恶意程序时，被迫从其 Android Market 中删除了这些应用程序。12 月，谷歌再次撤下 22 款被发现包含欺诈软件的应用。另一方面，社交媒体上的诈骗行为日益猖獗，包括脸谱网上的点击劫持（click-jacking）和通过推特网发送恶意链接等，这些安全威胁正引发新的，以及更严重的来自数据入侵、盗窃和丢失等方面的企业漏洞。随着社交媒体已经变成工作生活的一部分，员工使用企业网络登录网络增加了企业网络的脆弱性。

3．黑客行动主义崛起

2011 年，以国际性黑客组织 Anonymous，Lulz Security 为代表的黑客行动主义者表现活跃。黑客行动主义（Hacktivism）泛指因政治或社团目的而产生的黑客行为，独立完成这种行为的个人被称为黑客行动主义者（hacktivist）。黑客行动主义者与黑客采用同样的技术及手段，但与黑客不同的是，他们的目的在于借助黑客行动到网上宣泄思想，以一种激进的手段发表他们的观点，或引起政治或社会等方面的关注。他们惯常采取的方式是发动分布式拒绝服务攻击（DDoS），即通过非法流量使受攻击的网络超载，进而瘫痪网络。此外，他们还会窃取政府、组织和商业机构的机密文件或数据资料并效仿维基解密向外界披露。

4．“云攻击”成为现实

2011 年，“云攻击（Threats to Cloud）”正在变成现实，存储了大量用户资料和行为的“云提供商”，例如微博、社交网站、网络存储，甚至包括传统的电信运营商和酒店业者，正在面临前所未有的安全风险。2011 年发生了多起针对“云”的攻击，比较知名的有针对索尼 PSN 的系列黑客攻击、针对 WordPress 的黑客攻击、新浪微博蠕虫病毒攻击，以及多家国内网站遭到“拖库”事件等。“拖库”是安全行业术语，指黑客入侵企业网络并把服务器上的用户数据库、财务数据库等复制下来。

5．企业数据泄露引发巨额经济损失和个人隐私担忧

根据美国数据隐私研究公司波耐蒙研究所的一份研究显示，2011 年，美国企业用于处理数据泄漏的花费将超过 1300 亿美元。每家企业数据泄露的平均代价为 450 万美元，包括安全检测、告知、提高安全性和业务流失。2011 年 4 月份发生的“索尼被黑”事件导致 7 700 万客户的信息外泄，包括信用卡账号。2011 年 6 月，银行业巨头花旗集团承认，黑客入侵了该行的北美网络，并获得了约 20 万信用卡客户的资料。不明黑客侵入银行系统，盗取了大批信用卡持有者的信息，包括用户的姓名、账号以及电子邮箱地址等联系方式。2011 年末，中国公众也经历了一次大规模个人信息泄露事件，CSDN、天涯等众多互联网公司的账户密码信息被公开下载。截至 12 月 29 日，CNCERT 通过公开渠道获得疑似泄露的数据库有 26 个，涉及帐号、密码 2.78 亿条。

2.5.2 网络安全重大事件

2011 年可说是“黑客之年”，一年中攻击事件频传，入侵政府机关、全球知名公司电脑及服务器等消息不断。

1．“索尼被黑”事件

2011 年 4 月，索尼公司旗下游戏站网络（Play Station Network，PSN）遭到黑客攻击，波及包括美国、日本、欧洲等地几乎全球各地的所有 PSN 用户，PSN 几乎陷入彻底的瘫痪。几轮攻击中，黑客入侵者窃取了大约 7700 万份 PSN 个人信息以及 2700 万个 Qriocity（云音乐服务）账户。被窃的 PSN 个人信息中包括 1000 多万个信用卡账户，涉及 57 个国家和地区。而 2700 万个 Qriocity 账户中，也同时包含了用户的姓名、地址和密码。索尼数据遭窃案受影响的用户可能超过 1 亿人，堪称史上规模最大的用户数据失窃案。此次的黑客攻击使得索尼

玩家在数周时间内都无法访问该服务，而这一平台直到 2011 年 6 月末才全面恢复。索尼公司表示，此次攻击事件导致其损失 1.7 亿美元。

2．伊朗称连续遭受针对性网络攻击

2011 年 4 月，伊朗迈赫尔通信社报道称，伊朗再次遭到一种名为“繁星”的蠕虫袭击。伊朗科学家已经识别出“繁星”（Stars）蠕虫的某些特征。他说，这种恶意软件可与被锁定的系统兼容，而且可能会被误认为政府的执行文档。伊朗官员表示，“繁星”蠕虫是专门针对伊朗开发，但没有透露其攻击的具体目标。

同年 11 月，伊朗官方宣称，伊朗国防计算机系统遭到名为 Duqu 的“超级病毒”感染，这是针对伊朗核设施的第三次大规模网络攻击行动。这种电脑病毒这种新发现的病毒 Duqu 与 2010 年攻击伊朗核设施电脑的“震网（Stuxnet）”病毒类似，已被及时控制并清除。Duqu 据信是专为破坏伊朗的核设施而制造的。赛门铁克公司分析，这种病毒的设计理念是搜集工业信息，以进一步攻击工业控制系统。病毒程序写手可能是 Stuxnet 病毒的制造者，或掌握 Stuxnet 病毒源代码。

针对性攻击是指向特定个人、特定人群或组织的网络攻击，而一般意义的恶意软件攻击则旨在影响尽可能多个体。安全专家认为，传播 Duqu 恶意软件的攻击正是此类型的攻击。

3．黑客团体 LulzSec 和 Anonymous 表现活跃

2011 年也是黑客组织 Lulz Security（LulzSec）和 Anonymous（匿名者）异常活跃的一年。这些组织通常以全球的商业和政府机构为攻击目标，他们窃取数据后并对外公布，或是发动攻击迫使网站下线。在 5～6 月的 50 天里，LulzSec 曾先后攻破索尼、任天堂、国际货币基金组织、EMC 旗下的 RSA、美国参议院、中央情报局和英国有组织犯罪重案局（SOCA）的网站。而 Anonymous 据信领导了对美国科氏工业集团、美国银行和北约的攻击，以及对纽交所的分布式拒绝服务攻击（DDoS）攻击。Anonymous 在“占领华尔街”和旧金山湾区疾速交通网（BART）的抗议运动中非常活跃。

此后尽管多国政府积极采取行动，西班牙、土耳其、美国先后逮捕了数十名涉嫌参与 Anonymous 对政府网络及商业系统的攻击的黑客成员。LulzSec 在压力下于 2011 年 6 月 25 日宣布解散。但 Anonymous 则表示会采取报复行动，并将继续对政府、与政府合作获得数十亿美元合同的企业进行攻击。2011 年底，Anonymous 宣布为期一周的圣诞攻击计划 LulzXmas，主要针对全球金融、军方和政府机构。

4．RSA 遭遇 APT 攻击事件

2011 年 3 月，国际顶级安全厂商 RSA（注：众多大型公司和政府机构采用 RSA SecureID 作为认证凭据）遭到高级持续性威胁（Advanced Persistent Threat）攻击，部分 SecurID 技术信息及客户资料被窃取，随后很多使用 SecurID 作为认证凭据建立 VPN 网络的公司——包括洛克希德马丁公司、诺斯罗普公司等美国国防外包商先后遭到攻击，重要资料遭窃取。RSA 的数据泄露为其母公司 EMC 带来了 5500 万美元的损失。

本次 RSA 所遭遇的攻击属于高级持续性威胁（APT）的一种。2010 年著名的伊朗核设施被攻击事件也属于 APT 攻击。APT 是黑客入侵系统的一种新方法，在 2011 年全面爆发，这种攻击具有持续性，甚至可能长达数年。攻击者不断尝试各种攻击手段，以及在渗透到网络内部后长期蛰伏，不断收集各种信息，直到收集到重要情报。由于其强大的破坏性，甚至有人已经将之上升到国家网络战争的高度。

2.6 国际互联网治理大事件

2.6.1 互联网治理论坛

2011 年 9 月 27 日至 30 日，第六届联合国互联网治理论坛（以下简称“IGF 论坛”）在肯尼亚首都内罗毕召开。本届论坛主题是“互联网——改变的催化剂：接入、发展、自由、创新”，旨在探讨如何对日益发展的互联网实施有效治理。论坛下设六个议题，分别是“互联网治理促进发展”、“新兴问题”、“互联网关键资源管理”、“互联网安全、开放和隐私”、“互联网接入及多样性”及“互联网治理回顾与展望”。

本届 IGF 论坛是第二个五年会议任务的第一届，从开幕式起，各方皆对 IGF 论坛的延续给予支持和肯定。大会主流意见认为，IGF 论坛为全球探讨解决互联网的治理相关问题提供了一个多方参与、多方对话的平台，可供各利益攸关方相互交流和共享互联网治理工作所取得的经验和成果。开放、透明以及多方参与模式是互联网治理的重要原则。各国政府部门应融入和加大参与全球互联网治理的力度，毕竟全球互联网治理问题不是某一个政府能独力解决的。

当前人们的关注重点正逐渐从互联网基础设施建设和接入转向互联网应用相关问题。在几个大议题的讨论上，都提及了移动互联网和宽带对未来互联网发展的影响。同时值得注意的是，本次大会很多场合都提及了网络言论自由和信息自由流动问题。

在互联网治理促进发展问题上，大会着重探讨全球互联网治理对于推动社会发展的作用。有意见认为应加强能力建设，尤其是要适应发展中国家的需要，应协助解决发展中国家在开展互联网治理过程中遇到的难题，同时要考虑政策制定对发展的影响。同时，许多发展中国家代表认为，解决好财政支持、商业模式和自然灾害多发地区的信息通信建设是促进互联网产业发展的关键问题。

在互联网新兴问题方面，移动互联网成为讨论的主题。与会人员一致认为，移动互联网是未来互联网发展的方向。美国如今已在部署 LTE 网络并预计在 2013 年完成全国覆盖。另一方面，正因为移动互联网与人们的日常生活密不可分，其网络中断后的及时恢复能力应予以重点关注。

在互联网安全、开放和隐私方面，与会人员就三者之间的关系进行了热烈讨论，并认为三者是相互作用和影响的，应予以必要的平衡。应通过立法手段解决网络安全问题，但应注意尺度以避免影响行业创新。国家安全和网络个人隐私之间的平衡屡被提及，许多用户信息都掌握在大公司手中，但政府可以通过行政命令获取相关数据。同样对于公司来说，如果用户信息全部加密，将可能无法开展针对用户的信息挖掘和推广工作，如何保障个人信息或隐私安全是面临的难题。当前许多个人信息和数据都存储在云端，跨境信息和数据如何管理也增加了管理的难度，因此，大会呼吁制定普遍认可的治理准则，同时加大跨境协同合作。此外，会上还探讨了在什么情况下应切断社交网络甚至是互联网，既有意见反对过滤和干涉信息自由流动，也有意见提出要加强多边合作、相互理解。

在谈到回顾与展望时，大会总结当前发展中国家参与 IGF 论坛的程度已有所提高，虽然会上已有许多发展中国家的代表进行发言，但未来还应加强在相关方面多样性及多利益攸关方面的参与。有意见认为，政策制定者应多参与和了解 IGF 论坛，这对于本国的互联网政策制定很有积极意义。此外，许多国家或组织已经把互联网治理问题提上重要议程，如巴西继去年发布“互联网治理十条原则”后，今年拟将在此基础上把“原则”上升到立法基础的高度；肯尼亚出台了关于未来互联网发展的行动指导纲要；欧洲理事会成员国共同制定了“互联网治理原则”，并提出了“权利最大化，限制最小化”的口号。

2.6.2　伦敦网络空间会议

2011 年 11 月 1 日，英国外交部在伦敦主办了为期 2 天的“伦敦网络空间会议”，议题包括网络空间的机遇与挑战、互联网自由、网络犯罪立法、网络时代的政策制定、网络空间的社会利益、网络空间的儿童保护等。我国政府派出包括外交部、公安部、工业和信息化部、安全部等部门组成的代表团出席会议。

来自全球 60 多个国家的政府官员、互联网企业领袖、民间机构的代表出席会议。与会各方在打击网络犯罪、保护青少年、网络立法与治理方面的立场比较一致，但在其他方面存在明显分歧，如大部分西方国家在互联网自由表达、信息自由流通、反封堵或过滤措施等方面的立场和观点与其他国家存在差异，甚至是针锋相对。纵观此次会议，是英国政府旨在国际场合大力推行或宣扬互联网自由表达、信息自由流通、反对互联网专制等观点的一次展示会，并取得了美国、日本、欧盟等国家和地区的大力支持和配合。在未来，关于争夺制定网络空间国际规则主导权的竞争将日渐激烈。

（互联网协会　孙小宁、钟睿）

第二篇

资源与环境篇

2011 年中国互联网基础资源发展情况

2011 年中国互联网络基础设施建设情况

2011 年中国互联网设备市场情况

2011 年互联网数据中心（IDC）建设与服务发展情况

2011 年中国三网融合发展情况

2011 年中国网络资本发展情况

2011 年中国网络版权保护发展情况

2011 年中国互联网政策法规建设情况

2011 年中国计算机网络与信息安全情况

2011 年中国互联网治理情况

第3章　2011年中国互联网基础资源发展情况

- 网民的快速增长、移动互联网、物联网及云计算等新兴互联网业务模式的泛在开展，引发了海量的地址需求。
- 截至2011年12月底，我国IPv4地址数量为3.3亿，较2010年年底上升19.0%；我国已经拥有9400块/32尺寸的IPv6地址段，而2010年只有402块。
- 截至2011年12月底，我国域名总数下降为775万个，其中，.COM域名数量为364万个，占我国域总数比例为47.0%，.CN域名为353万个，占比为45.5%。
- 截至2011年12月底，中国网站数量共计230万个，较2010年年底的191万个增长了20.3%。中国网页数量为866亿个，比2010年同期增长44.3%。
- 政府积极推动制定IPv6相关战略。2011年12月23日，国务院常务会议研究部署加快发展我国下一代互联网产业，明确今后一个时期我国发展下一代互联网的路线图和主要目标。

3.1　IP地址

IP地址作为支撑互联网"互联互通"内涵的基础资源，对我国互联网健康有序的发展有重要影响。在目前IPv4地址逐步耗尽的大背景下，互联网产业链的IP地址需求却有增无减。网民的快速增长、移动互联网、物联网以及云计算等新兴互联网业务模式的泛在开展，引发了海量的地址需求，IPv6地址资源空间将是因应这一问题的关键。

根据中国互联网络信息中心（CNNIC）发布的《第29次中国互联网络发展状况调查统计报告》中的相关数据，截至2011年12月底，我国IPv4地址数量为3.3亿，较2010年底上升19.0%，依然保持了较快的增长。在IPv6地址资源方面，截至2011年12月底，我国拥有9400块/32尺寸的IPv6地址段，而2010年我国只拥有402块。

在IP地址资源分配政策领域，2011年亚太互联网络信息中心（APNIC）关于"地址转让"的政策最值得关注。IPv4地址逐渐分配完毕，但互联网向IPv6的演进却非朝夕可就。IPv4和IPv6的共存将是互联网产业界向IPv6过渡进程中的重要特征。出于市场因素和技术因素，IPv4地址资源在过渡期尤其是过渡的早期阶段，仍不可或缺。由于IPv4地址的分配现状在全球呈现不平衡性，"地址转让"成为因应这种情况的对策。考虑到地址转让的潜在市场，APNIC于2011年通过了一项关于地址转让的政策提案（prop-096）并正式生效，该政策提案面向最后一个A的IPv4地址分配完毕之后的时期，对"地址转让"需求申请进行规范。此外，在2011年，两个由CNNIC工作人员作为联合作者的提案（prop-093和prop-094）在第

31 次 APNIC 会议上通过，系 APNIC 历史上首次通过中国作者的提案，中国在互联网上的话语权得到进一步的提升。这两个提案主要面向最后一个 A 地址块的 IPv4 地址分配，其中，prop-093 建议在最后一个 A 地址块的 IPv4 地址分配中，最小分配单位降低到 1 个 C，并允许关键基础设施（Critical Infrastructure）等终端用户的分配（Assignment），该提案的通过将为通用顶级域（gTLD）、国家代码顶级域（ccTLD）运营商申请 IPv4 地址提供便利。prop-094 建议在最后一个 A 地址块的 IPv4 地址分配中，取消之前“renumber”的要求，该提案的通过将为互联网服务商从 APNIC 申请地址提供更多的便利。

在 IPv6 产业领域，我国 IPv6 在 2011 年的发展势头良好。“互联网网民规模巨大、互联网产业发展速度快，但人均 IP 地址数量少”的现实逐渐为我国互联网产业界所认知，来自我国的 IPv6 地址资源申请力度逐渐加大。尽管 2011 年底中国 IPv6 地址数量有了较大攀升，但我国互联网产业对 IP 地址资源的需求将是持续且巨大的，具有前瞻性的 IP 地址资源需求规划在当前很有必要。

在全球互联网产业向 IPv6 过渡的大潮中，我国政府极为重视并积极推动相关战略的制定。2011 年 12 月 23 日，国务院常务会议研究部署加快发展我国下一代互联网产业，明确了今后一个时期我国发展下一代互联网的路线图和主要目标：2013 年年底前，开展 IPv6 网络小规模商用试点，形成成熟的商业模式和技术演进路线；2014 — 2015 年，开展大规模部署和商用，实现 IPv4 与 IPv6 主流业务互通。在此过程中，形成一批具有较强国际影响力的下一代互联网研究机构和骨干企业，全面增强互联网产业对消费、投资、出口和就业的拉动作用，增强对信息产业、高技术服务业、经济社会发展的辐射带动作用。会议确定了以下重点任务：（1）加强资源共建共享，建设宽带、融合、安全、泛在的下一代国家信息基础设施，推动网站系统升级改造。（2）重点研发下一代互联网关键芯片、设备、软件和系统，加快产业化及现网装备。（3）推动下一代互联网商用进程，促进新型业务研发、现网试验和在线应用。建设基于国际互联网协议第 6 版的三网融合基础业务平台，加快发展融合类业务应用。支持物联网、云计算、移动互联网发展。（4）加强网络与信息安全保障，强化网络地址及域名系统的规划和管理，全面提升下一代互联网安全性和可信性。（5）完善技术和产业标准体系，加强关键理论和核心技术研究。会议要求加强部门间协调配合，建立健全推进产业发展的体制机制。通过加大财政投入，引导和鼓励社会资金投入。鼓励产学研结合，提升创新能力。加强知识产权保护，优化市场环境。深化国际合作，用好国际优势资源。

在 IP 地址管理层面，过渡期的 IP 地址使用情况将变得复杂：同时拥有 IPv4 地址和 IPv6 地址的双栈主机将大量出现，面向 IPv4 和 IPv6 互联网互通的地址转换也将普遍存在。IPv4 地址、IPv6 地址，以及用户身份信息之间映射关系的“关联”将更加复杂，但却是支撑互联网管理的基础，需要相关机构开展面向实现技术、操作标准以及实施方案的研究工作。

3.2 域名

截至 2011 年 12 月底，我国域名总数下降为 775 万个，其中，.COM 域名数量为 364 万个，占我国域总数比例为 47.0%；.CN 域名为 353 万个，占比为 45.5%，见表 3.1。

表 3.1　中国分类域名数

	域名数量（个）	占域名总数比例
COM	3 644 147	47.0%
CN	3 528 511	45.5%
NET	467 939	6.0%
ORG	107 862	1.4%
合计	7 748 459	100.0%

3.2.1　CN 域名

CN 域名是以 CN 作为域名后缀的域名形式，是在全球互联网上代表中国的英文国家顶级域名。2011 年，CN 域名以加强“域名注册信息真实、准确和完整”为管理中心，采取有力措施提升 CN 域名整体注册信息真实性水平，积极促进 CN 域名的健康可持续发展。

1．CN 域名概况

2011 年，CN 域名基本保持平稳发展。截至 2011 年年底，“.CN”域名注册量达到 353 万，如图 3.1 所示。

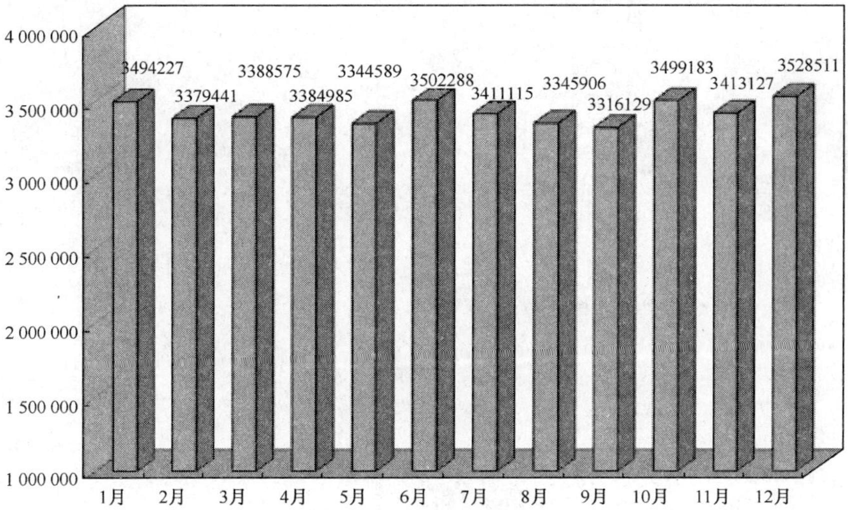

图3.1　2011年CN域名数月度统计

2．CN 域名管理

截至 2011 年 12 月底，CN 域名实名率从 2010 年底的 97.2%稳步上升到 99.08%，CN 域名新注册实名率达到 100%。经过一年治理，CN 域名下不良应用举报比例逐步下降。

CN 域名下钓鱼网站持续下降。根据《2011 年中国反钓鱼网站联盟工作报告》，联盟认定并停止域名解析的 CN 域名下钓鱼网站已经由 2010 年 12 月的 30 个降低到 2011 年 12 月的 12 个，如图 3.2 所示。

3．CN 域名应用

从总体应用情况看，CN 域名是我国网民注册和网站使用的主流域名。据不完全统计，我国金融、保险、交通、电力、证券等国家重要行业和企业，CN 域名占据主流应用地位。

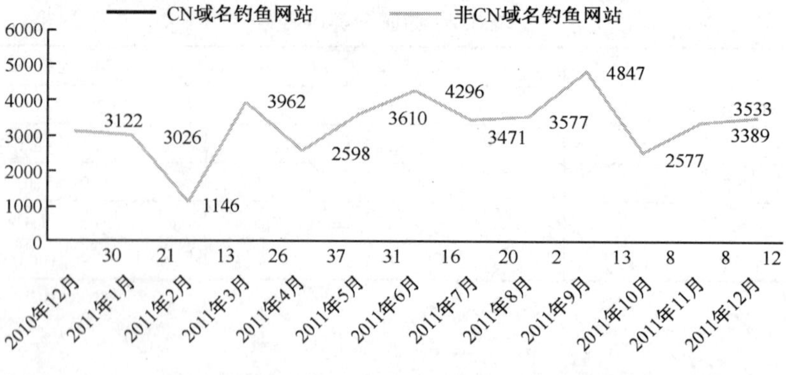

图3.2　域名与非CN域名下钓鱼网站数变化（单位：个）

4．CN 域名运维

2011 年，CN 域名的运行管理机构——中国互联网络信息中心进一步完善 CN 域名全球服务平台规划，新增 15 个节点，目前 CN 域名的全球节点已经达到 25 个，增强了 CN 域名解析运行系统的稳定性。截至 2011 年 12 月 31 日，“.CN”域名注册、解析和 Whois 三大服务连续 850 天实现 SLA[9]100%的可用性指标，如图 3.3 所示。

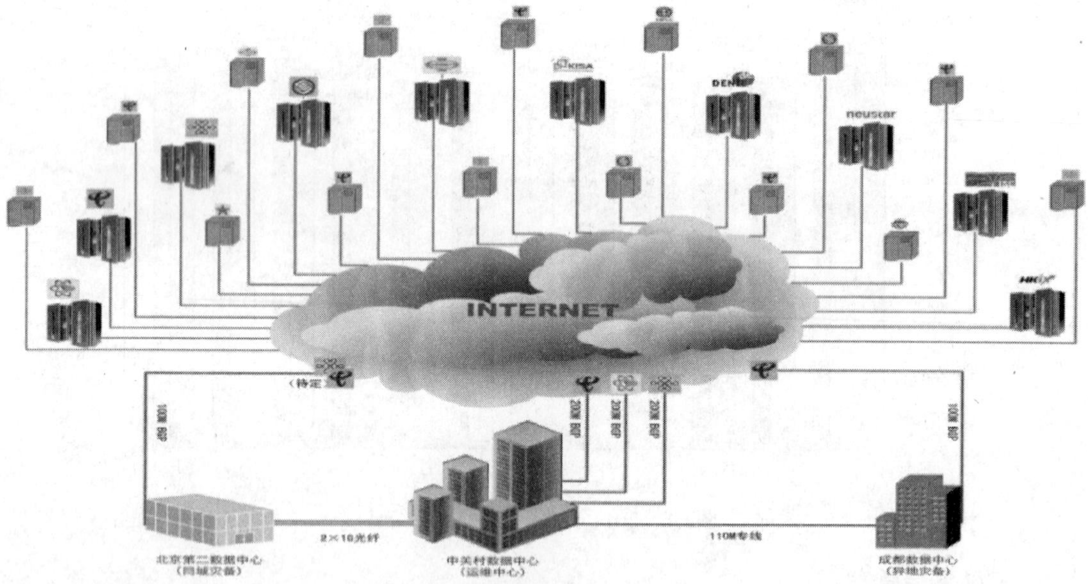

图3.3　NNIC国家域名全球服务平台

3.2.2　中文域名

中文域名是指含有中文的域名，同英文域名一样，是互联网上的门牌号码。中文域名在技术上符合 2003 年 3 月份 IETF 发布的多语种域名国际标准（RFC3454，RFC3490，RFC3491，RFC3492）。

[9] SLA：Service Level Agreement，服务水平协议。

其中，“.中国”域名是中文域名的一种，特指以“.中国”为域名后缀的中文国家顶级域名。与.CN 结尾的英文域名一样，同为我国域名体系和全球互联网域名体系的组成部分。“.中国”域名是在全球互联网上代表中国的中文顶级域名，全球通用，具有唯一性，是用户在互联网上的中文门牌号码和身份标识。

2010 年 6 月 25 日，互联网名称与数字地址分配机构（ICANN）在第 38 届布鲁塞尔理事会上通过决议：“.中国”域名顺利通过 ICANN 全部审核流程，正式成为新的全球顶级域名，也是世界首个纯中文后缀的全球顶级域名。同年 7 月 10 日，ICANN 授权互联网号码分配机构（IANA）正式将“.中国”域名写入全球互联网根域名系统。“.中国”域名的全球启用对于中华文化软实力的建设具有促进作用，伴随着“.中国”域名的广泛应用，以商标（商号）、企业名称、重大赛事、赛会等中文名称命名的域名得以在全球华语网民中实现快捷访问和推广。

“.中国”域名全球启用后，其品牌优势和广阔发展前景逐渐被互联网相关应用行业所认同，“.中国”域名的全球应用环境也日臻完善。截至目前，包括 Chrome、Firefox、Netscape、遨游、Safari、Opera 及微软 IE7 及以上版本的浏览器均支持“.中国”域名访问。移动设备（手机、平板电脑等）浏览器中的 Opera/Opera Mini 浏览器、Safari（iOS 浏览器，如 iPhone、iPad、iPod 均可使用 Safari 浏览器实现中文域名访问）、IE Mobile7 及以上版本浏览器、Midori（Ubuntu 系统）浏览器也对“.中国”域名有所完善。

据一项针对网民访问互联网途径的调查显示，90%以上的被访者表示更愿意使用母语接入互联网，认为使用中文域名访问网站更加便捷。90%国家省部级政府机构，95%传统媒体网站，90%以上“211”工程大学，超过五成的中国百强企业，超过四成的中国 500 强企业都已经注册使用“.中国”域名。95.35%的网民表示更愿意使用“.中国”域名访问网站。

“.中国”域名受到中国企业青睐的同时，也以其广泛的华语受众、便捷的本土化应用等方面的优势，受到众多外资企业的广泛关注。包括麦当劳、肯德基、法兴银行、永亨银行等众多外资企业启用了“.中国”域名。

此外，随着 Web 2.0 时代的到来，“.中国”域名进入到了包括微博在内的社交媒体新领域。一些企业及政务微博相继启用了“.中国”域名。“.中国”域名为企业及机构打开了更为广阔的营销思路。

3.3　网站

截至 2011 年 12 月底，中国互联网络信息中心（CNNIC）发布的《第 29 次中国互联网络发展状况统计报告》中显示，中国网站[10]数量共计 230 万个，较 2010 年底的 191 万个增长了 20.3%，如图 3.4 所示。

从中国互联网络信息中心发布的历年网站数量可以看出，由于国家在 2010 年加大了互联网领域的安全治理力度，中国网站数量下降，而整体质量得以提高，在此基础上，2011 年网站数量重新开始稳步回升。在网站分类上，CN 网站数在整体网站总数中的占比较 2010 年有所下降，如表 3.2 所示。

[10] 中国网站：指域名注册者在中国境内、包括在境内接入和境外接入的网站。

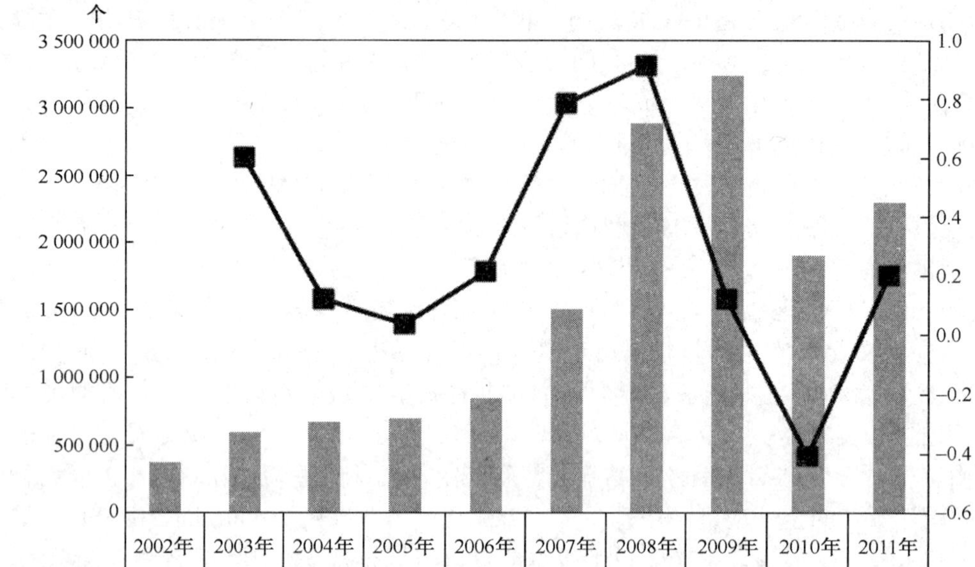

	2002年	2003年	2004年	2005年	2006年	2007年	2008年	2009年	2010年	2011年
网站数（个）	371600	595550	668900	694200	843000	1504000	2878053	3231838	1908122	2295562
增长率（%）		60.3%	12.3%	3.8%	21.4%	78.4%	91.4%	12.3%	−41.0%	20.3%

（数据来源：CNNIC）

图3.4　2002—2011年中国网站数

表 3.2　分类网站数量及比例

	CN 网站数		gTLD 网站	
	数量（个）	占网站总数比例	数量（个）	占网站总数比例
2005 年	299 530	43.20%	394 670	56.80%
2006 年	367 418	43.60%	475 582	53.70%
2007 年	1 006 000	66.90%	498 000	33.10%
2008 年	2 216 437	77.00%	661 616	23.00%
2009 年	2 501 308	77.40%	730 530	22.60%
2010 年	1 134 379	59.45%	773 743	40.55%
2011 年	951 609	41.45%	1 343 953	58.55%

（数据来源：CNNIC）

从分省网站数来看，与 2010 年底相比，网站分省数据前十位顺序发生了变动，北京网站数量占网站总数的 16.8%，位居各省市网站排名第一位；广东网站数量略低于北京，占整体的 16.7%，位居第二位；另外 8 个省份排名也存在变动，见表 3.3。前十位网站数量之间差距较 2010 年仍未出现缩小状况，网站在各省的分布不均匀问题未得到改善。

表 3.3　2011 年我国网站分省数据（前十位）

	网站数量（个）	占网站总数比例
北京	384 881	16.8%
广东	383 928	16.7%
上海	237 680	10.4%
浙江	216 855	9.4%
福建	151 096	6.6%

续表

	网站数量（个）	占网站总数比例
江苏	126 298	5.5%
山东	109 402	4.8%
四川	71 724	3.1%
河北	65 749	2.9%
河南	63 128	2.8%

（数据来源：CNNIC）

网站作为互联网基础资源之一，对互联网的发展起着重要作用。我国网站在治理后得到了稳步扩建，网站安全、健康的发展将助推中国互联网产业的进程，保障我国网民互联网使用良性，并带动网民数量的提升。

3.4　网页

截至 2011 年 12 月底，中国网页数量为 866 亿个，比 2010 年同期增长 44.3%，如图 3.5 所示。

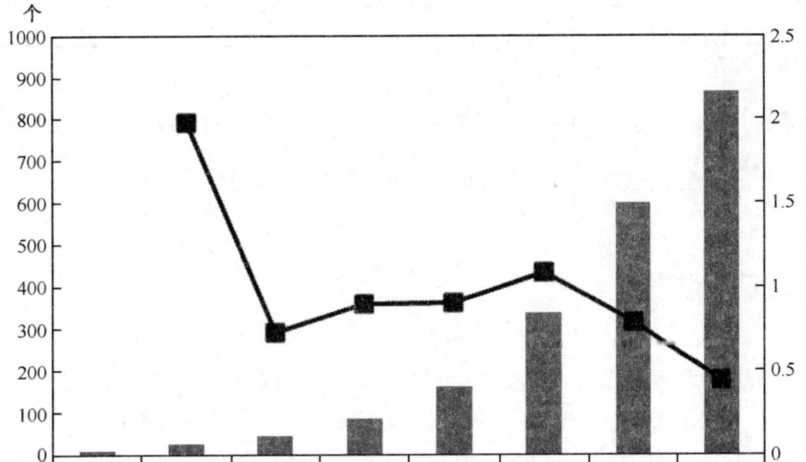

	2004年	2005年	2006年	2007年	2008年	2009年	2010年	2011年
网页数(亿)	8.7	25.9	44.7	84.7	160.9	336	600	866
增长率(%)		197.7%	72.6%	89.5%	90.0%	108.8%	78.6%	44.3%

（数据来源：CNNIC）

图3.5　2004～2011年中国网页规模变化

2011 年我国网页数量较往年尽管增长率有所下降，但网页总数仍保持上涨态势，网页总字节数、平均每个网站的网页数和平均每个网页的字节数均不断增长。网页数量表和网页更新情况表分别如表 3.4 和表 3.5 所示。

表 3.4　网页数量表

	网页数（个）	平均每个网站的网页数（个）	网页总字节数（KB）	平均每个网页的字节数（KB）
2006 年 12 月	4 472 577 939	5057	122 305 737 000	27.3

续表

	网页数（个）	平均每个网站的网页数（个）	网页总字节数（KB）	平均每个网页的字节数（KB）
2007 年 12 月	8 471 084 566	5633	198 348 224 198	23.4
2008 年 12 月	16 086 370 233	5588	460 217 386 099	28.6
2009 年 12 月	33 601 732 128	10 397	1 059 950 881 533	31.5
2010 年 12 月	60 008 060 093	31 414	1 922 538 540 426	32
2011 年 12 月	86 582 298 393	37 717	3 313 529 625 009	38

（数据来源：CNNIC）

表 3.5　网页更新情况表

	1 周以内（%）	1 周至 1 个月（%）	1~3 个月（%）	3~6 个月（%）	半年以上（%）
2006 年 12 月	7.4	26.4	32.3	17.8	16.1
2007 年 12 月	12.1	17.4	14.5	41.0	15.0
2008 年 12 月	12.5	24.1	29.1	14.4	20.0
2009 年 12 月	7.7	21.2	28.1	18.8	24.3
2010 年 12 月	4.8	21.0	6.1	5.0	63.0
2011 年 12 月	3.4	20.0	4.3	8.5	63.8

（数据来源：CNNIC）

网页规模反映着互联网内容的丰富程度，我国网页规模的日益扩大，体现了我国互联网内容正在不断充实中。随着网页内容的丰富，网络服务日渐成熟，可以更好地满足中国网民的上网需求，互联网普及率将得到进一步提升。

3.5　通用网址

经过数年的发展，通用网址增加了创新的功能，注册通用网址的企业，能够获得通用网址+商家网（shangjia.cn）+可信电子商务联盟这种组合的网络营销平台推广服务。

2011 年有不少知名企业通过争议仲裁夺回了自己的通用网址。“安徽皖酒集团”通用网址便被安徽蚌皖酒酿造有限公司恶意抢注，直到 2011 年 9 月，安徽皖酒集团才经域名争议解决中心裁决，历时 3 年仲裁将这一通用网址仲裁夺回。10 月，“蓝月亮”通用网址也经域名争议解决中心裁决，判归广州蓝月亮实业有限公司所有，而自然人胡巧仙注册“蓝月亮”的时间早在 2009 年。这两起著名的通用网址争夺战不仅耗费时间漫长，其高昂的人力和物力成本也不言而喻。

通用网址是基于国家标准的网络地址资源，具备稀缺性、独占性、唯一性等特性，是企业无形品牌资产不可分割的一部分，因此也被称为企业的“网络标识”。注册遵循原则先注先得的国际惯例，像“蓝月亮”、“皖酒集团”这类的企业品牌关键词一旦被抢注，夺回的时间成本高昂，企业应该及早加以保护。建议企业应当以品牌关键字为核心，从企业品牌相关词汇、企业产品、服务、股票代码等多方面梳理品牌资产，全面构建立体的品牌保护体系，阻止品牌资产流失。

2012 年是完成国家“十二五”规划的重要一年，在国家新一代互联网发展政策支持下，通用网址这种网络营销利器也将迎来更大的发展，相信随着更多企业的逐步参与，通用网址的价值也将全面显现，其性价比与营销优势将为更多的企业所关注。

3.6　无线网址

目前，无线网址已经在银行、制造、医疗、家电、服装和日化等多个行业获得了广泛注册，类似“稻香村”等老字号也已经注册无线网址，目前已有多家世界 500 强企业、中国 500 强企业注册了无线网址，提前布阵移动商务。

由于具有唯一性、稀缺性的特点，无线网址不仅仅是企业移动营销利器，更是当前企事业单位在移动互联网上专属的品牌标识，成为企业重要的品牌资产。当前，越来越多的企业意识到保护无线资产是迫在眉睫的事情，开始转化品牌意识，将自己对于品牌的保护防线延伸至移动互联网络领域。比如，世界四大会计师事务所之一的毕马威注册了毕马威、毕马威华振事务所等无线网址。国际知名咖啡连锁品牌星巴克，在收购了国际顶级果汁品牌“Evolution Fresh”之后，迅速注册了这一品牌关键词的通用网址和无线网址。以“愤怒的小鸟”游戏闻名全球的 Rovio 公司也于最近注册了无线网址。同样的品牌保护情况，也在中国银行、工商银行、招商银行、东方航空等金融机构和大型企业中上演。

随着移动互联网的应用逐步成熟，移动网络电子商务也将开始显现前景，企业也将面临着新的网络应用年代，相信随着众多企业的逐步参与，将促使整个移动互联网进入多元发展时代，无线网址的价值将全面显现。伴随对无线网址市场的深入培育，未来，企业的无线注册意识也将更加强烈。

（中国互联网络信息中心　周镇、马迪 朱妮、秦晟、孟蕊；
北龙中网（北京）科技有限责任公司　乔青发）

第 4 章　2011 年中国互联网络基础设施建设情况

- 2011 年，我国互联网基础设施发展势头良好。1～11 月，我国共完成信息通信基础设施固定资产投资 2655.7 亿元，较 2010 年同期增长 6.9%。
- 我国国际互联网出口带宽保持快速增长。北京、上海两地增长约 409Gbps，增长率达 51.2%。
- 2011 年，我国 3G 用户达到 1.28 亿户，比年初新增 8137 万户，其中 TD 用户 5121 万户，新增 3051 万户。
- 截至 2011 年底，我国已经基本搭建了覆盖大多互联网发达国家和地区的国际通信网络，与 20 多个国家和地区的多个网络相互链接。
- 互联网发达国家的国际出入口带宽总量和增长量仍高于我国，美国带宽总量为我国的 5.8 倍，表明我国互联网的国际化和发展程度仍然不高。
- 2011 年底，我国制定了国家“宽带中国”战略，未来一年，我国“宽带中国”战略有望落地，将全面构建宽带、泛在、融合、安全的国家下一代信息基础设施。三大基础电信运营企业将进一步加快宽带网络建设。

4.1　基础设施建设概况

2011 年，我国互联网基础设施发展势头良好。根据工业和信息化部统计，2011 年 1～11 月，我国共完成信息通信基础设施固定资产投资 2655.7 亿元，较 2010 年同期增长 6.9%。在政策和资金的支持下，我国互联网规模和覆盖范围持续扩大，带宽迅速增长，接入手段日益丰富便捷，基础设施能力不断完善，服务能力大幅提升。截至 2011 年底，我国拥有覆盖全国的多张骨干互联网，网间以直联为主、国家级交换中心为辅的方式互联互通，骨干互联网通过 3 个国际互联网通信出入口和 40 多个海外骨干网络海外延伸节点（POP 点）等基础设施，与 20 多个国家和地区的多个网络相互链接，总体架构清晰简单、合理高效。骨干网带宽增长迅速，基本能够满足我国日益增长的业务和网络发展需求。网络基础设施水平的不断提高和技术创新能力的持续提升，直接带动了我国设备制造业和网络信息服务的发展，成为推动社会信息化和经济社会建设的新抓手。

4.2　互联网骨干网络建设情况

1. 网络流量增长推动我国骨干网快速优化、改造和扩容

近年来，我国互联网骨干网流量年增长率达 40%～50%，为了保障互联网各项业务的顺利开展，改善网络质量，满足用户的业务需求，提升用户感知，在工业和信息化部的督促和协调下，各基础网络运营企业广泛采用网络链路容量扩展、节点容量扩展、骨干网络架构优化、网间互联互通调整、透明化、网状化和双平台传输架构等多种手段开展骨干网络的更新改造。

宽带网络是国家经济社会发展的重要基础，是国家工业化与信息化融合的重要纽带。2011 年，我国基础电信运营企业继续投入了大量资金、人力和物力，积极推动宽带网络的建设，大力实施带宽扩容，优化资源配置。截至 2011 年中期，中国电信的 IP 骨干互联网带宽达到 26Tbps，中国联通 China169 网的跨省电路总带宽近 11.6Tbps。虽然我国骨干网带宽持续增长，但为了适应网络流量的快速发展需求，提升骨干网带宽仍将是较长一段时期内的重要任务。

为了缓解我国互联网用户和流量快速增长对互联网网间互联互通带来的压力，长期以来，各互联单位实施骨干网网间扩容，持续改善互联网骨干网的互联互通服务质量。2011 年，中国电信与中国联通之间的长途互联带宽达到 240Gbps，本地互联带宽为 16Gbps。目前，我国当前以京、沪、穗三地长途直联为主、交换中心为辅的骨干网互联互通架构基本合理，网间带宽持续增长。但由于互联互通节点和国际出口偏少，压力大；用户和信源的集中分布；交换中心接入单位少，业务模式单一，设备陈旧等多方面原因，我国网间互联互通仍存在着局部效率不高、性能低下等问题，未来我国互联互通建设将根据我国的流量和流向特点进行不断优化和调整，持续增强骨干网网间互联能力，提升网间性能。

互联网骨干网络架构持续优化完善，2011 年，基础网络运营企业通过层级结构简化来减少互联网的物理级联级数，通过路由策略调整来减少逻辑级联级数，推动网络架构的扁平化，提升网络效率。为了提高流量疏通能力，骨干互联网非核心节点向核心节点逐渐演变，各核心节点间的直连增加，网络架构从简单的双星型汇接结构向网状网演进。

2. 国际互联网通信能力持续提高

我国的国际互联网通信出入口局点布局合理，运行安全情况良好。截至 2011 年年底，我国已经基本搭建了覆盖大多互联网发达国家和地区的国际通信网络，与 20 多个国家和地区的多个网络相互链接。

我国国际互联网出口带宽保持快速增长。北京、上海两地增长约 409Gbps，增长率达 51.2%。截至 2011 年中期，我国国际互联网出口带宽达 1.18Tbps，增长率连续几年超过 100%。根据 TELEGEOGRAPHY 统计，2011 年我国互联网出口（含港澳）全球排名第八位，比 2010 年提升 1 位，2011 年年增长率达 50%，2002—2011 年十年间的年均复合增长率达 73%。

我国海外 POP 点增长迅速，并已初具规模。在我国通信业做大做强和走出去的战略指引下，我国的通信运营企业在北美、欧洲和亚洲数十个城市布设了几十个海外 POP 点，与国际出口进行直接连接。2011 年，中国联通海外 POP 点从 2010 年的 16 个增加到 82 个（含 VPOP），覆盖全球近 50 个国家和地区。海外 POP 点的广泛设立不但解决了国际互联网业务落地问题，

而且扩展了我国的国际互联网网络的覆盖范围，网络能力得到大大提升。如图 4.1 所示为国际互联网出口国家/地区排名情况。

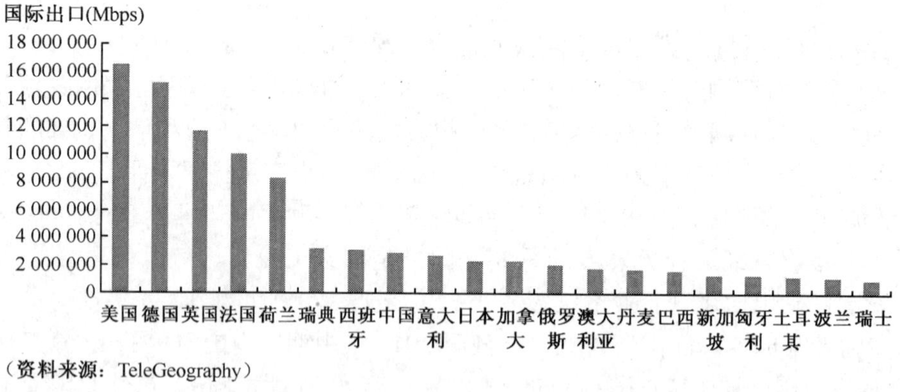

图4.1 国际互联网出口国家/地区排名

由于我国国际互联网业务和流量快速增长，现有互联网国际出口业务量分布不均，存在局部压力偏大的状况。为了解决服务外包城市和新技术开发区等地区的互联网需求，部分地区还建设了国际互联网通信高速通道，提高了国际互联网的访问速度。

3．骨干网络运营商着力打造智能网络管道

互联网应用服务商的快速发展对我国基础网络运营商的数据业务造成了较大冲击，基础网络运营商的数据流量增速、用户渗透率、用户规模增长等显现疲态。而与此同时，我国骨干网运营商也存在着资源配置和流量价值不匹配的现象，表现在管道化流量占用了大量资源、少量用户占用大量带宽、高收益自有业务无高资源保证等，骨干网络有面临管道化的趋势。基于上述原因，2011 年，我国骨干网络运营商着力于打造智能网络管道，希望通过部署管控技术来提升网络管控能力，包括资源调度能力、边缘控制能力、安全保障能力等，辅以多样化、精细化的计费模式，优化数据流量承载结构和合理流向，重塑商业模式，提升流量价值。

基于 PCC 管控[11]是实现智能管道的重要技术之一，国外电信运营商 Vodafone、Verizon LTE、Telenor 挪威、Telesonia 等已实现 PCC 商用，我国数据流量经营系统部署和试验也在加快。2011 年，中国电信进行了 PCC 规范的研究和需求分析，中国联通已部署 PCC 试验网络，中国移动已完成试点并助力网络改造建设。

4．应用网络基础设施及互联快速发展

2011 年，国际内容服务商网络互联需求旺盛。全球中小区域性网络、内容服务商网络和 CDN 网络间的对等互联明显增加。Google 等内容服务商网络与区域性网络之间建立广泛互联，积极寻求对等互联的运营商比例达 72%。在国际应用网络基础设施飞速发展的同时，我国自建网络的需求也在不断增加。2011 年，我国互联网自治系统号码 ASN 资源增长了 26%，从 1010 年的全球第 17 位上升到第 14 位，其中 CNNIC 拥有的 ASN 的年增长率达 30%，这一定程度上表明我国网络服务商和应用服务商自建中小区域性网络的进程加快，网间互联需求增长。

[11] PCC：Policy Control and Charging，策略控制和计费。

2011 年 4 月，腾讯天津数据中心一期工程建成，进入试运营阶段，二期工程也在年内完成。当 2012 年三期工程完成后，服务器总容量将达到 20 万台，成为亚洲最大的数据储备处理服务中心，为全国的互联网用户以及第三方企业提供云平台综合服务。同时，2011 年腾讯计划在重庆投建容量为 30 万台服务器的云计算中心，并研究自建应用骨干网络，与基础网络运营企业实现互联互通。而世纪互联在 2011 年 4 月上市后，也计划在全国范围内自建 1.5 万千米的光纤网络，整体流量为 160Gbps，与骨干网络间互联互通，为其客户提供更为优质的服务质量。盛大网络等也计划建设新一代最高端的数据中心。

与此同时，面对应用服务企业自建网络和广泛互联带来的压力，运营商也在积极地启用以内容分发网络（CDN）、互联网数据中心（IDC）、云计算中心等为代表的互联网应用平台，运用自身良好的网络条件，提升用户感知和网络服务能力，提高竞争能力。

4.3　中国下一代互联网（CNGI）建设与应用状况

在全球互联网产业向 IPv6 过渡的大潮中，我国政府极为重视并积极推动相关战略的制定。2011 年 12 月 23 日，国务院常务会议研究部署加快发展我国下一代互联网产业，明确了今后一个时期我国发展下一代互联网的路线图和主要目标：2013 年年底前，开展 IPv6 网络小规模商用试点，形成成熟的商业模式和技术演进路线；2014—2015 年，开展大规模部署和商用，实现 IPv4 与 IPv6 主流业务互通。在此过程中，形成一批具有较强国际影响力的下一代互联网研究机构和骨干企业，全面增强互联网产业对消费、投资、出口和就业的拉动作用，增强对信息产业、高技术服务业、经济社会发展的辐射带动作用。会议确定了以下重点任务：①加强资源共建共享，建设宽带、融合、安全、泛在的下一代国家信息基础设施，推动网站系统升级改造。②重点研发下一代互联网关键芯片、设备、软件和系统，加快产业化及现网装备。③推动下一代互联网商用进程，促进新型业务研发、现网试验和在线应用。建设基于国际互联网协议第 6 版的三网融合基础业务平台，加快发展融合类业务应用。支持物联网、云计算、移动互联网发展。④加强网络与信息安全保障，强化网络地址及域名系统的规划和管理，全面提升下一代互联网安全性和可信性。⑤完善技术和产业标准体系，加强关键理论和核心技术研究。会议要求加强部门间协调配合，建立健全推进产业发展的体制机制。通过加大财政投入，引导和鼓励社会资金投入。鼓励产学研结合，提升创新能力。加强知识产权保护，优化市场环境。深化国际合作，用好国际优势资源。

CNGI 是我国下一代互联网 IPv6 技术试验和创新发展的重要平台，得到了政府和行业的广泛重视。由各方专家成立的 CNGI 第二届专家委，自 2010 年 5 月份成立以来，在下一代互联网产业发展路线图和时间表、发展重点、政策措施等方面提出了具有可操作性的建议，为下一代互联网重大问题研究、重大决策制定、重大事项推进等工作提供了支撑作用。

作为 CNGI 的重要参与者，运营商 2011 年将关注重点从 2010 年广泛开展的双栈方案试验，转向 DS-lite、NAT444 等过渡技术、配套运营支撑相关系统改造，以及无线、VPN、IDC 等 IPv6 业务的双栈网络试验等，IPv6 网络建设将继续全面落地。如 2011 年国家高技术产业发展项目中国移动国家 CNGI 专项，在 2011 年开始搭建试商用网络，完成各专业网络建设的方案可行性研究和建设方案制定。项目以宽带接入为主体，大力拓展 IPv6 相关应用，推动基于 IPv6 的多种技术的成熟，加速基于 IPv6 业务的试商用。

在我国 CNGI 的发展探索中，高校一直走在前列，早在 2003 年，我国高校就建设了 CERNET2，成为中国下一代互联网示范工程 CNGI 最大的核心网和唯一的全国性学术网，也是目前所知世界上规模最大的纯 IPv6 下一代互联网主干网。CERNET2 发展迅速，2011 年 10 月，CNGI-CERNET2 入流量为 30 848Mbps，相比 2010 年同期增长达 56%；出流量均值为 30 793Mbps，同比增长达 55%。

在由国家发改委组织实施、于 2008 年 12 月启动的下一代互联网业务试商用及设备产业化专项“教育科研基础设施 IPv6 技术升级和应用示范”项目的带动下，截至 2011 年 7 月，我国各参与高校基本完成了 100 个校园网的 IPv4/IPv6 双栈建设，其中，92 所学校 IPv6 覆盖率大于 60%，培育的 IPv6 用户超过 100 万个，有 81 所学校达到 1 万个以上，建成并投入使用的校园 IPv6 信息资源和应用系统合计达到 1283 个，并完成了 10 个重要教育科研网络信息资源和应用系统的 IPv6 升级和 10 个下一代互联网教育科研重大应用示范。校园网 IPv6 技术升级项目带动了 6 个 IPv6 网络支撑技术试商用系统，CERNET2 成员单位与国内厂商合作开发，在 100 个 IPv6 校园网和 CNGI-CERNET2 主干网部署基于真实源地址的身份标识和认证、IPv4/IPv6 过渡、可控大规模组播服务、主干网运行管理与安全监控、支持全网漫游的校园网接入业务管理、校园网网络管理与安全监控等系统。中国互联网服务商联盟也依托于 CNGI-IPv6 网络基础设施，为联盟会员提供了 IPv6 试验接入服务、IPv6 内容访问、IPv6 实施咨询等。通过联盟成员资源整合，大力发展 IPv6 驻地网试商用。

CNGI 作为中国国家级的 IPv6 的试验网络平台，在网络和应用发展的同时，也为国内企业 IPv6 产品走向成熟创造了机会。如 2011 年中国移动 CNGI 试商用项目推动近十家企业多款设备、软件开展针对性的 IPv6 改造，中国联通 CNGI IPV6 引入试点工程新增 S-CNGI 路由器等。这种实践机遇极大地促进了我国互联网 IPv6 产业链的发展，为 2012 年我国 CNGI IPv6 网络试验进一步落地，IPv6 应用试点从无线宽带、IDC、IPTV 等向多业务进一步拓展，为我国下一代互联网过渡技术选择与演进策略的明确，以及可规模部署的私有地址方案和关键过渡技术方案制定积累宝贵的知识与经验，提供重要支撑。

4.4 移动互联网建设情况

4.4.1 2G 网络建设情况

目前，2G 网络仍是我国移动互联网的重要基础设施。作为我国最大的 2G 网络运营商，中国移动现有用户大量数据流量仍运行在 2G 网络上，截至 2011 年 10 月，中国移动的数据卡用户已有 321 万，不过，有 54%的数据卡用户只使用 2G 网络，导致 GSM 网频率资源紧张。因此，2011 年，中国移动继续对 2G 网络保持高价值投入，以满足业务需要，保持网络质量领先。2011 年中国移动在 2G 网络扩容升级中，大力推进多载波基站、分布式基站、C-RAN、MSC Pool 等新技术的应用，保持 GSM 网络技术先进性和网络演进能力。在边远地区，挖掘现有基站潜力，利用现有站址，采用“分布式基站拉远覆盖”、“多载波功率合并”、“基站上塔”、“更换高增益天线”、“超远覆盖技术”和“高塔覆盖”等多种技术手段开展边际网建设，减少新选站址。在业务热点区域新建基站时，同步进行网络结构优化，降低高配置基站比例，在 2011 年新建基站中，中国移动要求分布式基站应用比例不低于 60%。对于老旧载频替换设备，优先采用分布式基站，在替换过程中新增站址时，采用分布式基站。严格控制宽频直放站的使用位，消灭天线挂高过高的基站，有效控制网内干扰。除电梯、停车场等容量需求较小且相对封闭的信号盲区外，原则上在城区不使用直放站作为信源。

中国联通和中国电信继续贯彻持续性移动网络优化工作。中国联通开展深度覆盖、京沪高铁优化等专项优化，使 2G 网络路面的无线环境得到进一步改善，提升了 2G 网络质量和客户感知。通过京沪高铁专项优化工作，京沪高铁 2G 网络的覆盖质量得到大幅改善，网络覆盖率从 75.32%提升到 98.21%。中国电信经过了四期的网络建设后，截至 2011 年年底，CDMA 1X 2G 网络基站数量达 21.9 万个。

4.4.2　3G 网络发展情况

在政府相关政策的支持下，2011 年，我国 3G 进入规模化发展阶段。各电信企业落实工业和信息化部、发改委等八部委制定的《关于推进第三代移动通信网络建设的意见》等 3G 发展规划，按照国家有关规定和技术规范开展 3G 网络建设，加大加深 3G 网络覆盖，积极开展网络优化，改善网络性能，确保网络与信息安全。在 3G 网络建设过程中，各电信企业统筹协调 3G 与 2G 以及未来网络演进的关系，充分利用 2G 已有网络资源，发挥已有投资效益，逐步引入增强型技术，在网络建设中考虑与未来演进的结合，保障网络的平滑升级。通过电信基础设施共建共享加快网络建设，节约了建设成本，减少了重复建设。

2011 年 1～11 月，中国电信、中国移动和中国联通三家基础电信企业共完成 3G 专用设施投资 941 亿元。3G 基站规模达到 79.2 万个，其中 TD 基站 22 万个，基本实现地级市、县级市和县城主要区域连续覆盖；WCDMA 基站 31.2 万个，覆盖 339 个城市、1911 个县城；CDMA2000 基站 26 万个，覆盖 342 个城市、2055 个县城、2 万多个乡镇。

中国电信实现了全球规模最大的 CDMA 网络的收购、迁移、建设和运行，以最快的速度建成了国内规模最大、商用最早的 3G 网络，成为全球规模最大的 CDMA2000 EVDO 网络。CDMA2000 网络经过优化调整网络格局，电路域 99%实现软交换扁平化，实现了基站数目翻番，网络容量翻两番。截至 2011 年 5 月，中国联通在全国 56 个城市建设 HSPA+，系统设备仅需软件升级和小量的硬件升级即可支持 HSPA+的技术，实现从 WCDMA 到 HSPA+技术演进的平滑过渡。传输速率从 7.2Mbps 提升到 20Mbps 以上，原有的网络架构和投资会得到很好的保障，且能以最小的成本同时支持使用原有技术的用户和使用更新技术的用户在同一个网络中，保证终端用户的利益。中国移动 TD 网络经过近几年的建设，TD 现网规模庞大，网络建设容量达近 1.5 个亿用户。

在快速建设 3G 网络的同时，各运营商也着眼于提高 3G 网络的纵深服务质量。一方面通过卫星通信、光纤宽带、移动网络等多种技术加强 3G 网络的全方位覆盖，尤其是特殊环境和边远地区的网络覆盖，如中国电信率先实现 3G 在全国高铁线路的无缝深度覆盖，并实现对大部分的近海海域，甚至部分海拔 5000 米以上高原的覆盖；中国联通将完善城区、县城、交通干线、机场、高速公路、重要高速铁路客运专线、重要城际客运铁路以及室内的 3G 覆盖作为 2011 年 3G 网络建设的重点任务之一。另一方面，加强网络的监测评估和优化。中国电信定期组织实施全国范围的网络测评工作，以保证网络质量，包括每次抽取全国 65 个重点城市，对约 5 万千米的城区道路、1400 个用户热点场所、1.5 万千米高速公路和 432 个行政村实行无线网络质量测试等；中国移动携手中兴、华为、大唐、普天等网络设备企业，先后对深圳、石家庄、武汉、哈尔滨等多个城市的 TD 设备进行了一系列技术试验，配合发射功率提升和 2G/3G 互操作机制优化等措施，各城市 TD-SCDMA 网络覆盖质量显著提升。

截至 2011 年底，我国 3G 用户达到 1.28 亿户，比年初新增 8137 万户[12]，其中 TD、WCDMA 和 CDMA2000 的用户分别为 5 121 万（占 39.9%）、4002 万（占 31.2%）和 3 719 万（占 29.0%）[13]。3G 用户增长的同时，户均流量也持续增长，如中国联通 3G 用户户均流量 11 月末迅速增长至 300Mbps，是 2010 年同期的 2 倍。预计 2012 年，我国用户和流量仍将保持快速增长，这将进一步带动我国 3G 网络建设的需求，各电信运营企业将进一步加快 3G 网络深度和广度覆盖，继续推进 3G 精品网络建设，强力推动 3G 网络竞争力，使之成为我国宽带产业发展的主要拉动力之一，大力实施产品和应用拉动。

4.4.3 LTE 网络试验与建设情况

截至2011年底，来自全球81个国家近218个运营商在投资建设LTE网络（含TD和FDD），较 2010 年的 98 家呈现大幅增长趋势。截至 2011 年底， 91 个 LTE 网络投入商用，LTE 全球网络发展大势已定。TD-LTE 与 LTEFDD 逐步实现了从产品到网络多个层次的融合，大量同时拥有对称及非对称频谱的运营商正积极探索 LTETDD/FDD 融合组网的方法，两大制式的 LTE 技术正在向同一方向快速发展。中国电信和中国联通的 LTE 演进路线分别是从 CDMA2000 和 WCDMA 到 FDD-LTE。2011 年，中国电信和中国联通均对 LTE 业务进行了深入研究，并积极部署了 LTE 试验网，开展 3G 演进试验。

TD-LTE 的国际影响力逐渐走强，继沙特运营商 Mobily、波兰运营商 Aero2 之后，日本软银承建的目前全球最大的 TD-LTE 商用网络也已商用放号。截至 2011 年 11 月底，全球各地已经建设了 32 个 TD-LTE 试验网，日本、印度、沙特、瑞典、澳大利亚等国家的 10 余家运营商已有明确的 TD-LTE 商用计划并部分开始了商用网络建设。经过中国移动的大力推动，TD-LTE 已从 2010 年的技术验证期进入技术成熟期。中国移动自 2010 年 3 月起承担的国家重大专项重点项目“TD-LTE 规模技术试验”取得实质性进展，项目第一阶段的上海、南京、杭州、广州、深圳、厦门六大城市已建设了超过 850 个基站的 TD-LTE 规模试验网络，来自全球的 11 家系统设备厂商和 10 家芯片厂商参与了测试。第二阶段多模测试将于 2012 年 6 月结束，目前北京 TD-LTE 示范网建设已启动。截至 2011 年 12 月，中国移动已建成 25 万个 TD-SCDMA 基站，其中 50%可平滑过渡到 TD-LTE。在二期试验中，中国移动 2012 年上半年或将部署 10 000～20 000 个 TD-LTE 基站，网络试验进一步扩大。2011 年底，中国移动与深圳市签署框架协议，把深圳作为 TD-LTE 业务发展的先发地区和重点城市，计划投入逾 6 亿元加快 TD-LTE 网络建设，推动包括 TD-LTE 系统设备、终端、芯片、研发、测试、应用、平台等各环节在内的完整产业链的形成和产业项目落地。到 2011 年底，在现有 TD-LTE 规模技术试验网基础上，实现道路连续覆盖，并建立 2～3 个行业应用示范。

2011 年，TD-LTE 大步跨越取得进展，但在组网方面，TD-LTE 仍面临着 2.6GHz 频段覆盖性能、同频组网性能、多天线选择、TD-SCDMA 设备向 TD-LTE 升级、TD-LTE 和 TD-SCDMA

[12] 数据来源：工业和信息化部。

[13] 数据来源：中国移动。

共天馈方案等技术问题，且需要解决商用频谱、产业推进等多重因素。未来一年，有必要加快 TD-LTE 部署计划，扩大试验网城市规模，推动产业完善，为商业化打下坚实基础。

4.5　互联网带宽发展情况

4.5.1　国际出入口带宽

我国互联网网络国际出口带宽近年来维持高速增长，根据 TeleGeography 统计，2011 年我国互联网出口（含港澳）超过意大利，全球排名比上年提升 1 位，上升到第八位，如图 4.2 所示。2011 年增长率达 50%，2002—2011 年十年间的年均复合增长率达 73%，如图 4.3 所示。

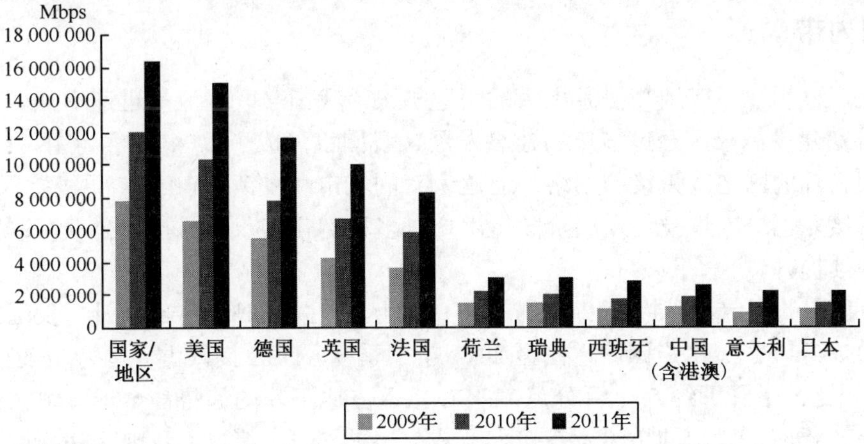

（资料来源：TeleGeography）

图4.2　近三年来国际出口带宽统计

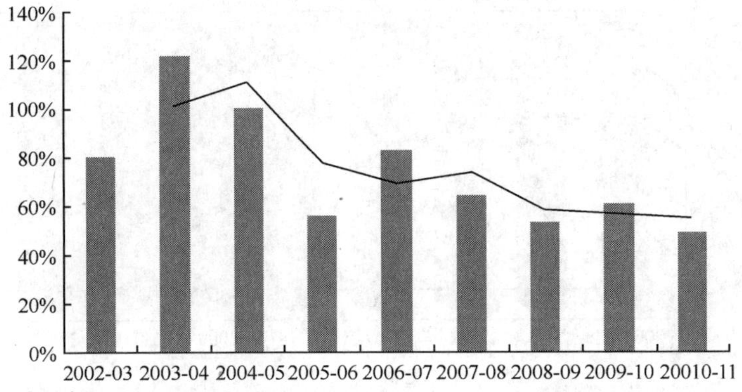

（资料来源：TeleGeography）

图4.3　中国（含港澳）国际出口带宽年增长率

互联网发达国家的国际出入口带宽总量和增长量仍高于我国，尤其是人均带宽更是远远高于我国，美国带宽总量为我国的 5.8 倍。这表明我国互联网的国际化和发展程度仍然不高，而国际带宽的多寡是反映网络价值的重要因素之一，这也表明我国网络在国际互联网架构中的地位仍显得相对较低。

另外，我国国际出口带宽近年来的年增长率有所减缓，这表明我国国际互联网信源的依赖性有所削弱。总体来说，我国主要是通过北京、上海和广州三个国际互联网业务出入口与国际互联网发达国家和周边邻国/地区开展互联网国际互联，但为了解决服务外包城市和新技术开发区等地区的互联网需求，部分地区还建设了国际通信高速通道，提高了国际互联网的访问速度。

中国电信、中国联通和中国移动三家基础运营商开展国际互联网业务，其中租线业务是我国互联网国际业务的重要组成部分。从用户角度看，我国国际租线业务主要由两部分构成：一是大的国际企业租用国际专线以实现企业内部的通信，二是信道出入口资源少或没有信道出入口的企业和互联网 ISP 大量租用国际专线。目前中国移动和教育网等都是租用 2.5Gbps 以上的国际专线电路作为互联网的出口。

4.5.2 国内带宽

随着互联网用户、应用和信源规模的快速扩大，我国互联网流量迅速增加，带来了强劲的互联网带宽建设需求，经过多年的建设发展，我国已形成了以 xDSL 为主，LAN、Cable 等其他手段为辅的固定宽带接入网络，通达所有的城市和乡镇，WLAN 无线接入和 3G 移动互联网宽带接入也进入规模化发展阶段，用户以多种宽带接入方式接入公众互联网，互联网服务能力持续提升。

目前，我国的固定宽带接入以 DSL 和 FTTx 为主，据 Point-Topic 统计，我国仍然是世界上最大的 DSL 和 FTTx 用户国家，截至 2011 年 3 季度，DSL 接入占我国宽带连接的 75.4%。与 2010 年相比，下降了约 5 个百分点，DSL 接入占比下降的趋势与全球一致，但在今后较长时期，DSL 仍将是我国的主流宽带接入方式。根据 DCCI 统计，我国互联网用户上网接入方式以相对低速的 ADSL 方式的比例近六成，如图 4.4 所示。

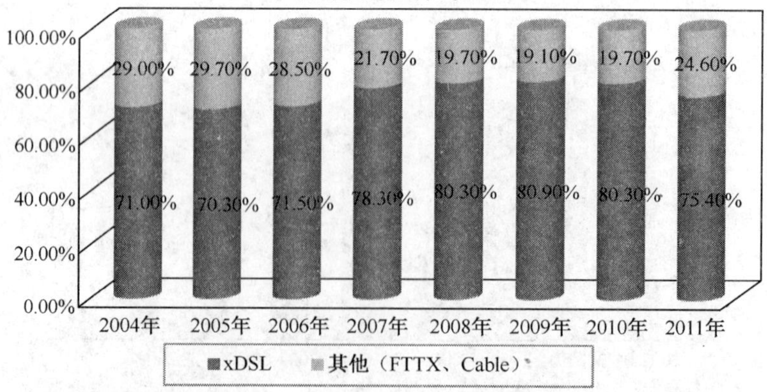

（资料来源：Point-Topic）

图4.4 中国固定宽带接入技术使用比例

从运营企业角度看，中国电信与中国联通采用的固定宽带接入技术比例相当，DSL 比例均约为 71%，FTTx 和 LAN 占比近 30%，如图 4.5 所示。中国移动铁通公司几乎所有的接入都采用了 DSL 方式，这表明中国电信和中国联通在固定宽带接入技术方面仍然走在我国前列。运营企业通过技术革新不断地提高接入速率，2011 年城市光纤化的网络宽带建设加速，中国电信 2011 年启动“宽带中国·光网城市”工程，上半年，80%以上用户接入速率超过 2Mbps。

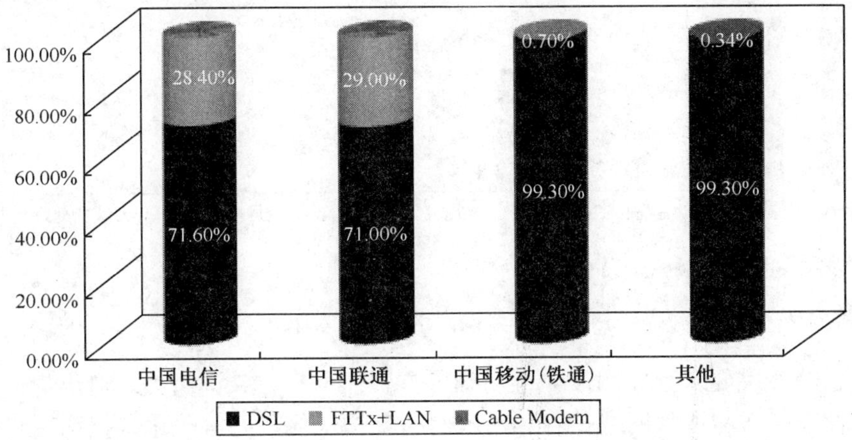

（资料来源：Point-Topic）

图4.5　运营商固定接入技术使用比例

移动宽带和无线宽带成为我国宽带的重要组成部分，尤其是城市无线成为我国带宽建设的排头兵。依托无线城市、智慧城市等计划，城市公益无线网络建设发展迅速，北京、上海发展尤其迅猛。2011 年上半年，北京的电信运营商新建了无线局域网接入点 2.9 万个，比以前建成的接入点总数还要多。10 月，北京拥有了 4.8 万个无线局域网接入点，覆盖了 6 000 多个热点地区，已经建成了国内最大、国际一流的无线局域网，为七大区域公益性提供多种终端免费 WLAN 接入试点。上海移动的“无线金融城”计划，已在部分公交车、电话亭、陆家嘴南北滨江绿地、中心绿地及部分商业楼宇实现了无线网络覆盖，并将在 2012 年年底实现陆家嘴金融城的全覆盖。

我国宽带接入的普及水平也在不断提高，尤其是农村宽带通信服务水平得到了切实提高。据工业和信息化部统计，2011 年 1～11 月，我国新增农村地区宽带用户 789 万户，累计达到 3265 万户，占全部宽带用户的 22%。电信基础设施普遍服务范围持续扩大，100%的行政村和 94.5%的 20 户以上自然村通电话，99.7%的乡镇通宽带，100%的乡镇、95%的行政村通互联网。

虽然各互联网运营商在网络建设上投入了巨大的财力和物力，但是总体来看，与国际互联网发达国家相比，我国宽带基础设施建设仍相对滞后，无论是骨干网还是接入网的带宽仍难以满足以数倍速率增长的网络流量的需求，迅速增长的网内流量为有限的网络带宽和网络设备带来了巨大的压力，也降低了网络性能和用户体验。据 Akamai 统计，我国用户平均接入速率为 1.4Mbps，这一数据与向用户宣传的理论接入带宽相差较大，且远低于国际发达国家，仅位于全球第 90 位，约为全球平均水平的 51.8%和排名第一位韩国的 8.4%，如图 4.6 所示。造成我国用户平均网速低于理论接入带宽的原因是多方面的，通信开销、共享接入方式、终端软硬件、互联网信源的架构与软硬件配置、数据中心带宽等，甚至我国骨干网络长途通信和网间互联互通架构等都可能导致用户网速和网络感知下降。

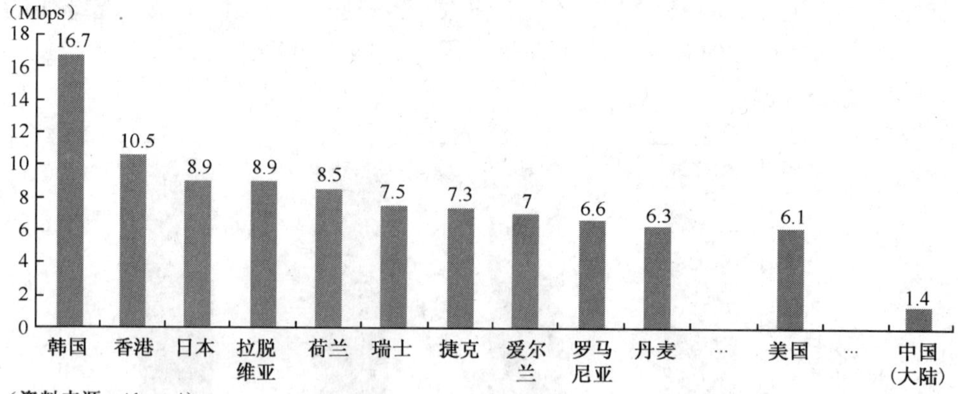

(资料来源:Akamai)

图4.6　各国网络平均接入速率

上述问题的解决要求互联网产业链明确各方责任，多方共同努力。对于骨干网络运营商来说，开展骨干网络和接入网络扩容、网内网间架构优化调整等是未来提高用户网络体验的重要举措。2011年底，我国制定了国家“宽带中国”战略，未来一年，我国“宽带中国”战略有望落地，将全面构建宽带、泛在、融合、安全的国家下一代信息基础设施。在“宽带中国”战略的推动下，三大基础电信运营企业将进一步加快宽带网络建设。

4.6　互联网交换中心

国家交换中心（NAP）是我国各互联网络单位骨干网之间开展互联互通的关键基础设施，通过交换中心实现互联是当前我国骨干互联网单位直联为主方式下的必要补充，起到疏通流量和指导结算价格等作用。2000年，为了解决我国公众互联网需要绕道国外进行网间互通的问题，我国在北京、上海和广州建立国家互联网交换中心疏导互联网骨干网间流量，北京互联网交换中心负责华北、东北、西北地区；上海互联网交换中心负责华东地区；广州互联网交换中心负责华南、西南地区。经过十多年的发展，国家互联网交换中心发挥了缓解各家网络互联互通问题、改善骨干网网间互联服务质量、指导网间结算价格等作用。

交换中心网络系统交换通常分为核心层、接入层两个部分。核心层负责高速数据交换和路由交换服务，接入层负责接入参与交换的各会员单位的网络，同时还接入相关部门的网络，实现交换数据共享、VPN 连接、路由策略、跨网信息访问、网间结算、信息访问加速、信息交换的监测和流量的统计发布等功能。上海国家交换平台网络系统拓扑如图 4.7 所示。目前，上海国家交换中心会员已全部覆盖了上海本地基础电信运营商的互联网络，共有 16 家会员单位加盟。总交换的 IPv4 地址已达到 44 个 B 类，进入交换中心机房的光纤数量达到 400 多芯。

总体来看，交换中心在疏导骨干和本地流量，以及为运营商互联互通进行政策和策略导向等方面的作用仍显得相当有限，重视交换中心的建设，加强交换中心监管，充分发挥交换中心的“交换”和“指导”作用，仍将是未来交换中心的重要任务。

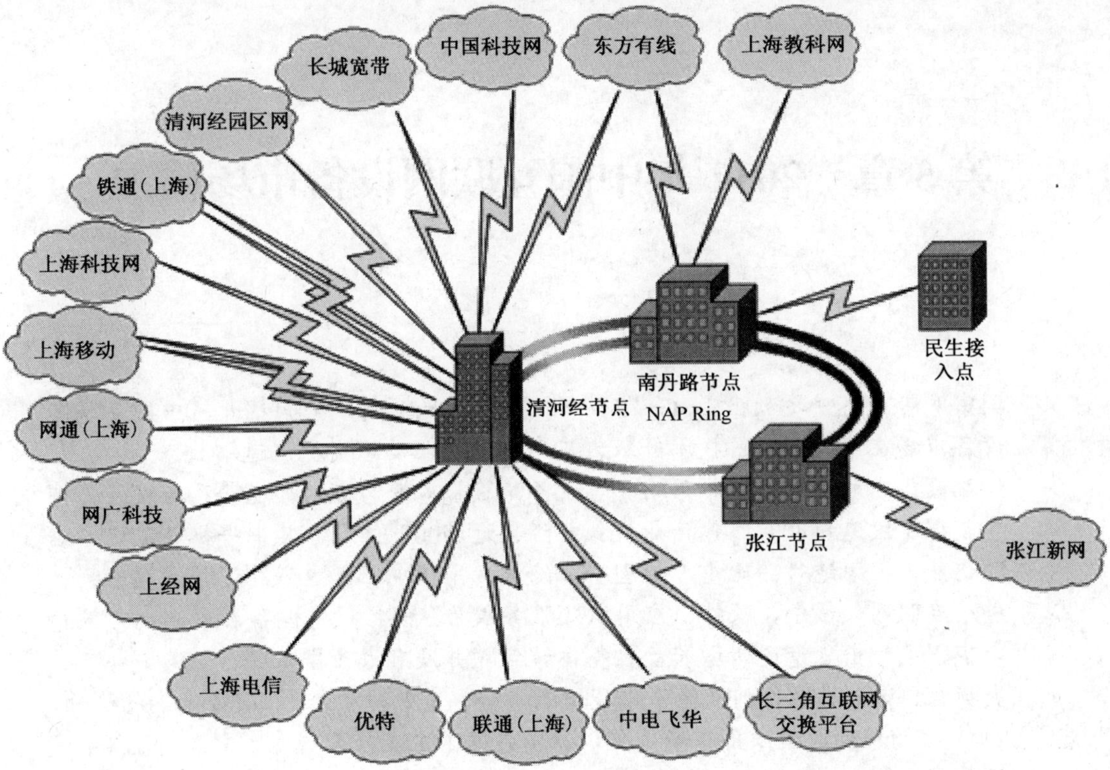

图4.7　上海交换中心

（工业和信息化部电信研究院　李原）

第 5 章　2011 年中国互联网设备市场情况

- 国家宽带战略呼之欲出，3G 发展渐入佳境，光纤到户全面铺开，中国互联网设备市场在用户增长、技术升级、应用创新的驱动下实现快速增长。
- 终端设备、尤其是手机等移动终端设备，随着宽带网络的加速普及与发展支持下获得了快速发展，整体产业规模已经接近 9000 亿元，其中手机与笔记本电脑仍然占据了绝对的比重，新型融合终端（平板电脑）也获得了快速增长。
- 整个互联网领域中，软件、应用以及服务成为焦点，硬件设备在激烈的市场竞争下，尽管出货量逐步增长，但整体销售额并没有太多增长。
- 交换机、路由器设备则保持了平稳增长态势。受中移动大量 GSM 采购的影响，2011 年的移动通信设备市场则仍以 2G 占据了主流，无线城市引发 WLAN 建设异军突起。整体市场规模接近 1000 亿元。这里，我们首次将 WLAN 设备从接入网设备划出到网络设备中。

5.1　市场情况分析

5.1.1　市场动力

互联网流量的快速增长不断推动着互联网设备市场的发展。根据思科最新发布的《2011—2016 年全球移动数据流量预测报告》显示，截至 2016 年，每月移动数据流量为 10.8Ebps[14]，平均年复合增长率（CAGR）为 78%，如图 5.1 所示。该报告还指出，亚洲地区的人口优势使得亚洲地区成为全球互联网流量增速最快的区域，到 2016 年互联网流量将占据 40%的份额。此外，移动互联网的发展使得移动终端产生的数据流量份额将迅速提升，到 2016 年份额将接近 50%。

中国互联网设备市场在用户增长、技术升级、应用创新的驱动下实现了快速增长。2011 年中国互联网设备市场进入了一个新的阶段，其动力主要来自：

---

[14] 1EB==1000PB，1PB=1000TB，1TB=1000GB。

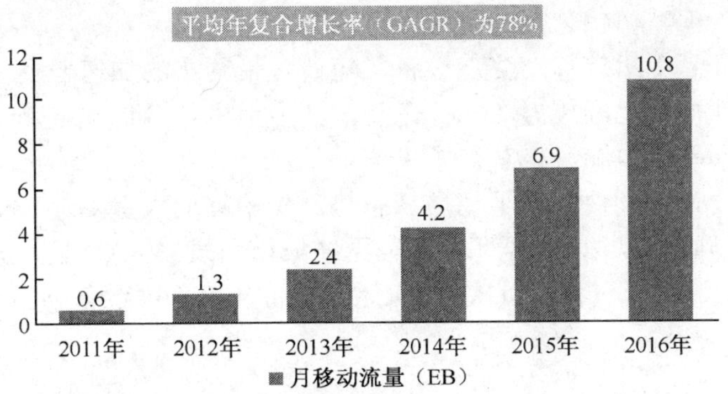

图5.1　全球互联网流量增长预测

（1）国家宽带战略呼之欲出

根据相关统计，宽带普及率每增加 1%，就业率上升 0.2%～0.3%；在宽带上每投入 1 美元，能给全社会带来 10 倍的回报；宽带能够加速信息传递，提高社会经济运转效率，帮助制造业提高 5%、服务业提高 10%的劳动生产率。我国自 2010 年起，国家层面支持宽带发展的政策力度在不断加强，带动了互联网设备行业，尤其是网络设备的发展。

（2）3G 发展渐入佳境

中国 3G 已进入良性发展期。2011 年中国新增 3G 用户超过 8 000 万，其中 WCDMA 用户新增约 2 600 万，CDMA2000 用户新增 2 400 万，TD-SCDMA 用户新增 3 000 万，在整个手机用户中渗透率已经超过 10%。随着智能终端价格的进一步下降，整体向移动数据时代的迁移将进一步加速，促进运营商的 3G 网络建设。

（3）光纤到户全面铺开

2011 年中国电信、中国联通纷纷启动了更大规模的城市光网建设，尤其是中国电信，固网、移动业务融合的发展需求，直接刺激了中国电信在南方城市区域的光网城市建设。随着光纤到户的薄覆盖初步完成，运营商的光纤入户建设将逐步深化，中国在城市区域将出现一波宽带提速的浪潮。

（4）三网融合初步启动

2010 年中国提出国家层面的三网融合战略，并在十地市展开试点。在 2011 年末试点规模进一步扩大。业界普遍认为电视屏幕将是下一轮技术创新和业务创新的重点领域。互联网电视、智能电视的产品也逐步面世。省级有线网络公司整合逐步推进，国家层面的有线公司也在日程上，三网融合将推动更深层次的发展和设备需求。

（5）技术创新推动持续发展

2011 年一系列新技术逐步落地。云计算开始逐步实践，从私有云到公有云，新一代数据中心建设逐步展开。业务与应用层面上，3G 用户增长带动数据流量与智能终端快速成长，互联网电视、智能电视开始起步。应用牵引下的数据流量开始快速增长，并成为整个互联网设备的驱动因素。

5.1.2　市场规模

整个互联网领域中，软件、应用以及服务成为焦点，硬件设备在激烈的市场竞争下，尽管出货量逐步增长，但整体销售额并没有太多增长。

终端设备、尤其是手机等移动终端设备，随着宽带网络的加速普及与发展支持下获得了快速发展，整体产业规模已经接近 9000 亿元，其中手机与笔记本电脑仍然占据了绝对的比重，新型融合终端（平板电脑）也获得了快速增长。

交换机、路由器设备则保持了平稳增长态势。受中移动大量 GSM 采购的影响，2011 年的移动通信设备市场则仍以 2G 占据了主流，无线城市引发 WLAN 建设异军突起。整体市场规模接近 1 000 亿元。这里，我们首次将 WLAN 设备从接入网设备划出到网络设备中。

5.2 网络设备

2011 年，三大运营商在整体 CAPEX[15]支出上达到了一个新的高峰，全年在 3300 亿元左右，同比增幅超过 10%，如图 5.2 所示。光纤到户网络建设，WLAN 建设成为运营商网络设备的亮点。企业网市场在行业信息化不断深化的推动下，整体解决方案成为未来的趋势。

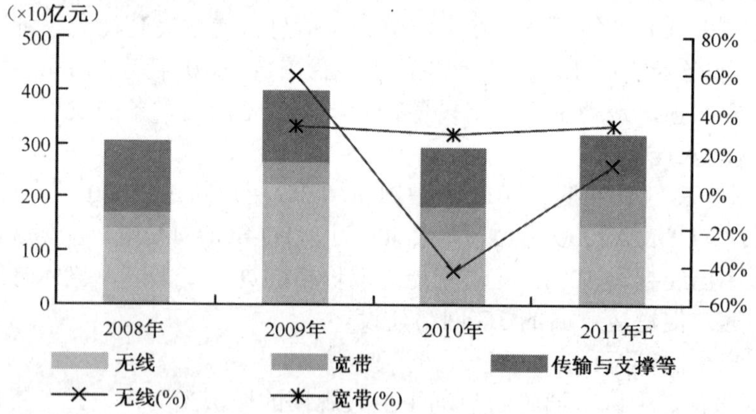

（资料来源：中国电信、中国移动、中国联通财报）

图5.2 中国运营商固定资本开支

5.2.1 移动网络设备

2009 年初下发 3G 牌照后，3G 网络经历 2009 年的建设高峰后，在 2010 年出现了急剧下滑，而在 2011 年则出现了恢复性增长，全年在移动设备的总体市场规模为 390 亿元左右，同比增幅 12%左右。

（1）2G 构成移动网络设备的主要增量。2011 年中国移动开始实施 GSM、WLAN、TD-SCDMA、TDD-LTE 的四网协同发展战略，并认为现阶段 2G 网络仍然是中国移动的生命线。在这样的基调下，中国移动实施了近年来罕见的大规模 2G 网络设备采购和部署，并对整个移动网络设备形成了最大的增量。

（2）3G 网络发展平稳。中国电信与中国联通则在有条不紊地发展其 3G 网络，其原因在于中国 3G 用户渗透率仍然较低，数据业务使用习惯也有待培养。随着 3G 用户的加速发展，

[15] CAPEX： Capital Expenditure，一般是指资金、固定资产的投入。对电信运营商来说，有关的网络设备、计算机、仪器等一次性支出的项目都属于 CAPEX，其中网络设备占最大的部分。

在下半年 3G 网络建设开始有追加。2011 年 3G 网络的最大事件是联通对主要城市 WCDMA 网络升级到 HSPA+，网络优势显露无疑。但中国移动对 TD-SCDMA 网络设备的集采在年尾才展开，最终规模尚未确定。

（3）WLAN 重要性凸显。在年初中移动高调宣布 3 年 100 万 WLAN 热点建设之后，中电信与中联通也宣布了各自的建设计划。2011 年预计三大运营商在 WLAN 上的设备投资将在 32 亿元左右。从运营商的应用状况来看，WLAN 对移动网络的数据分流效果显著。

对后续的移动网络设备市场发展有如下判断：

（1）3G 网络建设将加速。从现有三大运营商的竞争格局来说，中国联通、中国电信要在有限的时间窗口中尽量多地争取 3G 用户，在用户数据业务使用习惯逐步得到培养的背景下，做更好的网络覆盖成为当务之急。预计在 2012 年，中国联通将重点加强 3G 网络建设，并构成最大的增量。

（2）WLAN 重要性更加提升。从目前的技术发展来看，WiFi 已经与 LTE 技术开始齐头并进。WiFi 设备向电信级靠拢，而用户选择的习惯使得运营商更加重视 WLAN 网络建设。WLAN 网络目前面临的最大问题仍然是商业模式问题，但随着移动互联网的发展，这一问题也将得到不断突破。对运营商而言，网络的融合与互操作将是下一阶段的发展重点。

（3）LTE 开始起步。2011 年中移动已经开展了在 6+1 城市的 TD-LTE 试点，在 2012 年将实现更大规模的试点，中国 LTE 逐步开展。从全球的 LTE 发展来看，FDD-LTE 制式将是主流，北美运营商展开了较大规模的建设和试点，TDD-LTE 的发展则相对滞后。根据技术发展的特点，TDD-LTE 的成熟仍有待时日，乐观估计在 2014 年将出现较大规模商用。而中国联通与中国电信，现有的 3G/HSPA 网络足够，短期内难以对市场形成较大的增量贡献。

5.2.2　光通信设备

2011 年运营商在光网络建设方面的整体投资在 710 亿元左右。2011 年的光通信设备市场有如下特征：

（1）运营商竞争引发光网大建设。固网和移动的 FMC 融合业务是未来的业务发展方向之一。从三大运营商的资源禀赋来看，中国电信在南方 21 省具备较好的固定宽带网络基础，以此做捆绑，加快移动业务发展成为其最佳的战略选择。2010 年下半年起，中国电信开始了大规模的城市光网建设，以强化宽带领域的优势地位，并带动移动用户快速增长。长远来看，中国电信的固网基础也为以后的宽带网络发展奠定了坚实的基础。

（2）光网建设重在“薄覆盖”[16]。现有的城市光网建设，主要完成的仍然是覆盖，即主要先完成了城域网到小区光节点的光纤覆盖问题，最后一公里的宽带接入覆盖仍然是按照原有宽带用户发展而来的。从投资结构来看，2011 年的光网络投资重点在 ODN[17]上，在传输和光终端方面的投入比重相对较小。

后续的光通信设备市场发展有如下趋势：

---

[16] 薄覆盖：是相对全覆盖的一个名词，一直都是 FTTH 建设的难点，在 ODN 网络的规划中常使用。“全覆盖”是指 ODN 网络建设工程的交割界面在用户室内，也就是说入户光缆在用户报装之前就已经完成了建设。而“薄覆盖”的工程交割界面在单元楼的楼道或者各楼层，入户线光缆是在用户报装后，由装维人员完成的。

[17] ODN：是基于 PON 设备的 FTTH 光缆网络。

（1）随着前一阶段的薄覆盖完成，下一阶段的光通信设备投资将转向“接入网+宽带升级”，即解决最终的一公里接入问题，并伴随着一系列的宽带网速升级。在这一过程中，光通信投资重点将转向光网络设备，重点在 PON 设备上。

（2）光通信设备升级加速。随着 3G/LTE/WiFi 等宽带无线网络建设和光纤入户的深入部署，接入层面的带宽将逐步解决，随之而来的将是巨大的数据承载需求，这将带来光承载的加速发展。在设备层面主要体现在光通信设备的加速升级上，具体来说，10G 已经普及，40G 将深入应用，100G 将开始大规模应用。

5.2.3 路由器和交换机

在数据网层面，2011 年，路由器与交换机市场保持了稳定的增长态势。运营商、企业网、个人用户层面均有不同程度的增长。据初步测算，路由器与交换机市场规模在 224 亿元左右。

路由器与交换机的市场发展相对平缓。主要特征有：

（1）运营商市场中，接入层面路由器与交换机持续融合，核心网高端路由器市场稳定。靠近用户的交换机普遍成为第三层交换机，拥有部分的路由功能。另一方面，由于复杂的网络环境加剧了网络管理的难度，边缘路由器/交换机的智能化也不断加深，简化了管理步骤，还降低了部署和维护的成本。

（2）企业市场中，路由器/交换机产品与业务流程关系进一步紧密。企业用户在部署路由器/交换机设备时，越来越多地注重了网络设备与业务流程之间的融合，在产品层面上的表现则是更多地针对用户需求而实施的定制开发。随着信息化应用水平的不断提升，网络设备越来越多地将作为企业信息化解决方案的一部分，结合到云计算技术的发展，这将深远影响未来的企业网市场。

后续的网络设备市场发展有如下趋势：

（1）数据与传输设备边界进一步融合。在运营商市场，随着数据业务的发展，特别是 VoIP、LTE、移动互联网等发展，网络 IP 化不断深化。在接入层面，交换、路由、传输设备不断融合，以 PTN 设备为例，即同时提供了多项功能（IP RAN 设备也是如此）。数据与传输将逐步走向融合。

（2）移动数据回传成为重要需求。从用户数据需求来看，移动互联网的发展，移动数据流量具备远远超过固网互联网流量增长，并将在一段时间内超越的能力。移动数据回传将是未来一段时期的主要需求，并成为运营商数据设备市场的重点部署设备。

（3）IPv6 逐步开展应用。过去几十年互联网的发展，使得 IPv4 地址逐步耗尽。尤其是 IPv4 地址分配的不均衡，加重了 IPv4 地址的紧张。另一方面，互联网的发展，特别是移动互联网的发展，以及随后逐步发展的物联网，对地址需求日益迫切。从现阶段状况来看，IPv6 应用逐步兴起，将引发整个 IPv6 设备的加速发展，从而形成良性循环。

5.3 网络终端设备

互联网用户持续发展，特别是移动互联网的发展，使得接入到网络中的终端设备不断增多，应用也日益丰富。一方面，云计算逐步从概念转入到实际应用，更多数据中心的建设带动了服务器市场的发展；另一方面，智能手机普及成为了整个 2011 年终端市场的首要事件，平板电脑等融合型终端也开始异军突起，终端市场精彩纷呈。

5.3.1　服务器

2011 年中国通用服务器市场规模达到 101.22 万台，同比增长 25.3%，3 倍于全球平均水平，成为全球服务器市场增长的火车头。从各厂商的表现看，惠普、戴尔、IBM 分列市场前三甲，惠普保持份额第一，戴尔超过 IBM，跃居第二；国产品牌中，华为凭借在运营商市场中的捆绑销售，在全球服务器市场中开始崭露头角，而浪潮继续保持国产销量第一，产业地位进一步巩固[18]。整体而言，2011 年中国服务器市场有如下特征：

（1）4 路以上大型服务器的高速增长成为市场的最大亮点。由于云计算应用的不断深入，以及对大数据处理需求的不断扩大，用户对性能强大，可用性高的 4 路、8 路服务器需求出现明显提速，这一细分产品同比增速超过 200%。

（2）互联网和政府两个领域贡献了市场的主要增量。网络视频、网络游戏和电子商务等互联网领域的采购强力增长，受其拉动，电信以 59%的增速成为 2011 年增长最快的行业。产品定制化趋势在互联网采购中越发明显，超密度服务器、存储服务器等行业专属产品呈现井喷态势，戴尔、浪潮等厂商收益颇丰。市场增长的另一个核心动力来源于政府支持，国产品牌在该市场中充分成长。

（3）创新技术应用普及推动市场发展。2011 年随着行业云计算和政府主导的区域云计算的发展，各个厂商大规模跑马圈地，国内企业正积极把握契机，如浪潮相继推出卫生云、广电云、电力云、文化云等系列行业云方案，并与全国十多个省、地市建立云计算战略合作。新技术逐步落地，开始引领服务器市场的发展。

后续的服务器市场发展有如下趋势：

（1）新技术应用成为市场绝对驱动力。三网融合、电信增值、云计算等深化推进，智能电网建设步伐加快，电信、卫生、电力、交通等行业将呈现较快发展势头，能效计算、下一代数据中心等随着国家节能减排工作的落实，市场空间会得到进一步拓展。

（2）整体解决方案决定市场份额。软件、服务、应用是整个 IT 行业的发展方向，服务器市场将首当其冲。相对于单纯的销售服务器，提供行业应用的整体解决方案更符合客户的需求，云计算即是在更低成本下提供整体应用方案的一个选择。在服务器产品规格之外，注重行业客户需求的解决方案将决定未来市场份额的分布。

5.3.2　手机

2011 年，中国手机行业迎来了一次大转折，全年手机市场的整体规模超过 2.6 亿部，同比增长 25%。智能手机和移动互联网的发展使整个手机行业呈现以下特点：

（1）智能手机与 3G 手机销售量稳定增长。据捷孚凯（GfK 中国）零售监测数据显示，2011 年 10 月，3G 手机的销售量占比达到 51.1%，首次超过 2G 手机；第 3 季度智能手机销售量占比为 32.3%，销售额占比为 58.8%，10 月，智能手机的销售量和销售额占比分别提高到 37.7%和 63.9%。智能手机价格持续下滑成为了手机份额持续上升最重要的原因，并以此促进了数据业务消费的浪潮，反过来促进了智能手机的销售，形成正反馈。

---

[18] 数据来源：工业和信息化部国家电子信息产业发展研究院赛迪顾问（CCID）《2011—2012 年度中国服务器市场研究报告》。

（2）运营商定制份额显著提升。3G 时代中，运营商的竞争格局使得手机补贴成为发展用户的重要方式。据统计，全年运营商对手机终端的话费补贴总额接近 700 亿元。用户的数据使用习惯使得运营商也倾向于采购手机，并内置应用，以发展自有应用。从手机厂商的竞争格局来看，运营商渠道的地位日益重要，也促进了运营商定制份额的提升。

（3）行业集中度不断提升。促进行业集中度的提升有如下因素：一方面山寨机在智能手机时代难以得到 2G 时代 MTK 手机系统的全面支持，另一方面智能机千机一面，差异化不足。智能手机在硬件上陷入了规格比拼的境地。在行业利润分配上，苹果一家独占了整个行业 70%的利润，三星则凭借核心硬件配件的优势占据 20%的利润，手机行业的利润不断变薄，使得行业集中度不断提升。中兴和华为凭借运营商渠道的优势，在智能机发展前期获得了超乎寻常的增长，成为手机行业的重要力量。

（4）互联网厂商试水手机行业。2011 年雷军的小米手机成为行业中的一股新生力量。事实上，除小米之外，腾讯、阿里、百度等互联网厂商纷纷进军手机行业，腾讯与 HTC、中国电信推出 qq phone，阿里收购天语手机，百度也推出了自己的手机操作系统。但总体来说，互联网厂商进入手机领域并未形成清晰的商业模式，小米是其中最大规模的试水，后续发展还有待观察。

后续的手机市场发展有如下趋势：

（1）智能手机继续挤占市场空间。从目前终端芯片的进展来看，今年普及型智能手机的价位将降至 100 美元以下，对低价功能机的替代将进一步延伸。智能手机在销量和销售额的比重将持续提升。

（2）渠道变革进一步加剧。山寨机的沉沦、手机行业竞争加剧以及行业整体利润率下滑，使得传统的社会零售利润急剧下滑，且难以支撑。曾经期待的手机服务也难以获得足够的利益支撑。而运营商获得了更多的手机厂商支持，电子商务渠道和运营商渠道占比将继续提升。

（3）行业竞合激发商业模式创新。从现有的发展来看，苹果、谷歌、微软在移动互联网平台中“三足鼎立”，中国的互联网厂商则主导了应用平台的建设，硬件厂商被边缘化，运营商被管道化。在行业的竞合过程中，硬件将是其中的一个焦点。2011 年互联网厂商试水手机行业仅仅是开端。

5.3.3 PC

2011 年全球 PC 市场逐步走向平稳。乔布斯在发布 iPad II 产品时宣称进入了后 PC 时代，平板电脑和智能手机等对 PC 产品形成替代作用。然而，中国仍然有着广大的市场空间。根据 IDC 相关数据，2011 年，中国各类 PC 销量超过 7000 万台，达到 7240 万台。

（1）四到六级市场[19]仍为市场重点。中国的一级市场 PC 覆盖率已高达 96.5%，但五六级市场仅为 45.4%，而六级以下市场仅有 7.5%。中国沉睡着的潜在消费者正在慢慢“觉醒”。各大 PC 厂商纷纷加强了渠道下沉，争夺这一最后的增量市场。

（2）PC 行业集中度进一步提升。高产量、低需求、低利润的 PC 业务，已不再是世界级

[19] 四到六级市场：一级市场指京沪广深等大都市，二级市场指省会城市或经济较发达大城市，三级市场是指一般地级市，四级到六级基本上是欠发达地区城市和广大农村。

高科技企业所追求的对象，全球最大的 PC 厂商惠普在 2011 年曾一度考虑剥离 PC 业务，全力专注软件与服务行业。PC 行业更加注重渠道和品牌，利润不断变薄，行业集中度有可能进一步上升。

后续的 PC 市场发展有如下趋势：

（1）中国 PC 市场仍具备较好的增长能力。从全球来看，PC 市场的增长已经陷入低潮。同时，智能手机与平板电脑等在侵蚀移动 PC 的市场份额。然而，中国的 PC 普及率仍然比较低，在四到六级市场仍有广阔的空间。中国将取代美国成为全球最大的 PC 消费国。

（2）规模效应是厂商的追求目标。PC 行业已经成为名副其实的红海。2011 年宏基收购了方正就是追求规模效应的做法。另一方面，PC 产品同质化，使得电子渠道逐步成为 PC 销售的主渠道。这些都直接使得 PC 厂商都在寻求更大的规模效应，以确保生存。

5.3.4　机顶盒

2011 年是中国三网融合元年。在广电总局的推动下，省一级的有线网络整合开始加速，双向网络改造在发达区域普遍推开，机顶盒产品更新换代加速。中国电信大力发展 IPTV 业务，IP 机顶盒也获得快速发展。此外，直播星的发展将引发卫星机顶盒发展。2011 年，中国机顶盒市场出货量接近 3500 万部。

（1）双向高清机顶盒市场开始启动。2011 年，多个发达省市开展了深度的双向网络改造，直接引发了双向高清机顶盒的快速增长。北京、深圳、上海、杭州、重庆、广西、山东济南和浙江金华等地运营商都在大规模发展高清交互业务并已经取得良好成绩，在这些城市或省份有线运营商的带领下，全国其他城市有线运营商也在逐渐启动本地高清交互业务。随着各地运营商加大对高清交互增值业务的推广力度，高清交互机顶盒出货量将大幅度增加。主流机顶盒厂商基本都完成了对应市场的产品准备，为 2012—2013 年的上量做好准备。

（2）市场集中度开始提升。在以往单向标清的机顶盒市场中，市场区域壁垒较大，小厂商众多。随着双向高清机顶盒市场的逐步推广，机顶盒市场的集中度开始提升。一线品牌由于积累了丰富经验，资金实力雄厚，依然占据 70%左右的市场份额，市场份额稳步提升。

（3）数字电视一体机市场启动。数字电视一体机是数字电视中内置了机顶盒功能。数字电视一体机可以省去机顶盒的位置，是未来的发展趋势。对机顶盒厂商而言，可以从面向百亿级市场的机顶盒市场到面向千亿级的数字电视市场。同时，通过一体机的方式可以进入电视增值业务领域。众多大厂均进入或试图进入一体机市场。

后续的机顶盒市场发展有如下趋势：

（1）机顶盒市场进入新的发展阶段。2012 年的机顶盒出货量不会有较大增长，但在结构上有新的变化。高清机顶盒进入了高速发展阶段，IP 机顶盒在运营商的促进下，也将有较好的增长。未来几年机顶盒市场的增量将体现在卫星机顶盒上。直播星的运营逐步成熟，今后 5 年将带来超过 6000 万台的卫星机顶盒市场增量。

（2）行业集中度将进一步提升。随着省一级网络公司整合的推进，广电网络运营商下一阶段的重点在于如何开展基于电视屏幕的增值应用。在硬件上的准备将集中在中间件系统与终端系统上，整个市场的标准化程度将得到提升。在这一过程中，大厂商在技术创新和服务能力上将能对广电运营商形成全方位的支撑，小厂商将逐步退出。

（3）中间件和 OTT 模式成为下一阶段的竞争重点。电视屏幕是下一阶段信息行业的创新重点，苹果、谷歌等领先厂商均部署了新的 TV 产品。中国同样如此。这其中的重点在于中间件平台和未来的 OTT 运营模式。把握用户需求，掌控中间件平台将成为电视屏幕上的赢家。

5.3.5 其他移动上网设备

移动上网设备的种类包括上网本、数据卡和平板电脑等。2010 年一年中，上网本已经衰落下去，市场规模快速萎缩，而平板电脑则出现了快速增长。

2011 年苹果公司在平板电脑上的巨大成功引发了所有厂商的热情。PC 厂商（惠普、戴尔、联想）、手机厂商（三星等）、数码产品公司（汉王、爱国者）等各类厂商纷纷进入该领域。2011 年全年中国平板电脑出货量超过 600 万台。

从市场结构来看，苹果的 iPad 在市场上占据绝对优势地位，市场份额超过 70%，而其他厂商的市场份额则相对均衡，远远不能与苹果相比较。其原因在于苹果在平板电脑产品上采取了激进的价格策略，同时又具备最好的品牌美誉度，因此其他品牌难以采用价格战的方法来抢夺市场份额。这一局面在短期内难以得到改变。

事实上，移动上网设备还处于较为混沌的状态，甚至在苹果推出平板电脑后的产品市场定位也并不是十分明晰。移动上网设备的发展还在初期。但可以预见，未来的发展中，除了消费市场，在行业应用市场中，平板电脑也将有广阔的发展空间。

5.4 网络安全设备

5.4.1 市场概况

2011 年中国网络安全设备市场规模约 92.8 亿元，持续保持较为平稳的增长态势。从网络安全产品来看，主要包括防杀毒软件、防火墙、入侵检测系统、信息加密以及安全认证等产品。其中，市场应用较广泛的是防火墙产品，目前占据市场的 40%，防杀毒软件市场占据约 30%的市场，而入侵检测系统目前占据 10%，其他类网络安全产品约占 20%。

5.4.2 发展特点

（1）整体网络安全解决方案加速发展。随着用户应用系统和网络环境的日益复杂，网络安全威胁也日益严重，众多攻击手段让传统的各自为战的安全产品破绽百出，单一的产品已经无法满足用户的全面网络安全需求，因此只有将不同安全侧重点的安全技术有效融合起来，形成整体的安全解决方案，才能真正抵御威胁入侵。融合的整体解决方案逐步协同发挥效能，成为市场的主流。

（2）安全产品价格逐渐稳定。随着众多厂商进入网络安全市场，网络安全市场的竞争也日趋激烈。各个厂家经过了一系列降价后，网络安全产品价格逐渐稳定，降价空间不断缩小。另一方面，网络安全的整体解决方案也提升了产品的价值体系，单纯的价格战手段不再成为最为重要的竞争手段。

（3）渠道扁平化、融合化和多元化日趋明显。随着市场竞争的加剧，厂商为了缩短用户之间的层次，减少中间交易环节，降低用户购买价格，不断对其销售渠道进行扁平化改造。另外，针对用户群的不同以及各细分用户群需求特点的不同，厂商对其渠道按照不同用户群进行融合或多元化。如多元化就根据客户不同可分为个人用户、集成商、行业集团用户等组建不同的渠道模式。

5.4.3 发展趋势

（1）专业安全服务更受重视。整体的网络安全解决方案成为趋势，产品体系更为复杂，专业的服务更加受到重视。用户需要的是务实有效的安全整体解决方案，因此安全整体解决方案需要产品更加集成化、智能化，以便于集中管理，而且有配套的全面网络安全服务。因此安全应急服务越来越受到重视。

（2）主动防御理念及产品持续发展。主动防御的理念经过多年的发展，开始逐步走向市场。以程序自动监控、自动分析、自动响应为主要功能的主动防御型产品将与传统网络安全设备相结合。尤其是随着云计算的推进，借助云模式的平台，主动防御的理念和技术会进一步深化，高效准确地对病毒、蠕虫、木马等恶意攻击行为的主动防御产品将逐步发展成熟并推向市场。

（3）移动领域安全问题日益严重。移动互联网加速发展，其中的网络安全问题也日益严重，尤其是越来越多的重要信息开始在手机终端上部署，用户也日益重视移动安全问题。云计算的发展也使得用户的数据安全问题日益明显。目前，移动领域安全问题已经得到了足够的重视，但相关的解决方案还在发展中。

（中国电子信息产业发展研究院　余周军、王存肃）

第 6 章　2011 年互联网数据中心（IDC）建设与服务发展情况

- 2011 年随着光网的迅速部署和 3G 大规模增长，网上越来越多的应用激发了 IDC 业务需求。2011 年中国 IDC 市场规模超过 140 亿元，增速超过 35%。
- 2011 年是中国 IDC 行业的“云应用”之年。各大 IDC 厂商已纷纷把脚步迈进“云”产品应用研发中。云主机、云邮箱、云建站平台和云解决方案等产品，彻底改变了传统 IDC 依靠资源批发的销售模式。
- 2011 年国内 IDC 服务商数量达 1614 家，其中具有一定规模的达 100 多家，主要包括基础电信运营商、ISP 转型公司、互联网服务提供商、系统集成商以及大型企业。与 2010 年相比，IDC 服务商增速下滑，主要原因是行业监管加强导致多数服务商退出市场，另一方面行业整合和兼并使得 IDC 服务商高度集中。
- 在 IDC 服务市场，基础电信运营商仍占市场主要地位，三大运营商用户份额达 70%，尽管专业 IDC 服务商市场占有率较 2010 年有所提升，但仍然较低。
- 随着互联网数据服务的高速发展，未来 IDC 将向着融合化、集中化的方向推进，云计算将依托并促进 IDC 发展。

6.1　国内 IDC 发展基本情况

6.1.1　市场规模与增长

2011 年，随着欧债危机的蔓延，全球经济更加动荡。尽管服务器市场逐步回升，但数据中心增长步伐仍然缓慢。从全球范围来看，增长仍然不均衡，亚洲市场随着互联网，尤其是移动互联网的发展而高速增长。2011 年，全球整体 IDC 市场规模超过 222.6 亿美元，增速为 21.5%，增速比 2010 年下滑约 3 个百分点，如图 6.1 所示。

2011 年，受全球经济低迷、欧洲主权债务危机蔓延，以及国内货币政策回调、房地产调控等多重因素影响，中国经济复苏步伐整体放缓。但整个通信行业和 IT 行业仍保持较高增长，增速超过了 GDP 增速。一方面，宽带业务发展迅速，用户迅速提升。另一方面，随着光网的迅速部署和 3G 大规模增长，网上越来越多的应用激发了 IDC 业务需求。2011 年中国 IDC 市场规模达到 170.8 亿元，同比增长 67.1%，如图 6.2 所示。

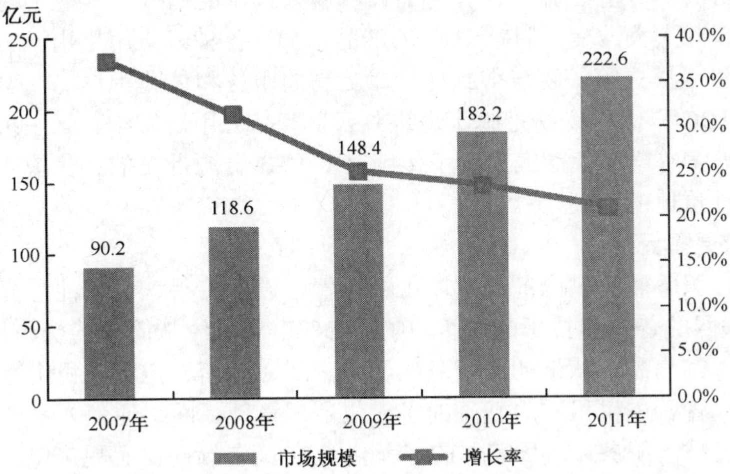

图6.1　2007—2011年全球IDC市场规模和增长率

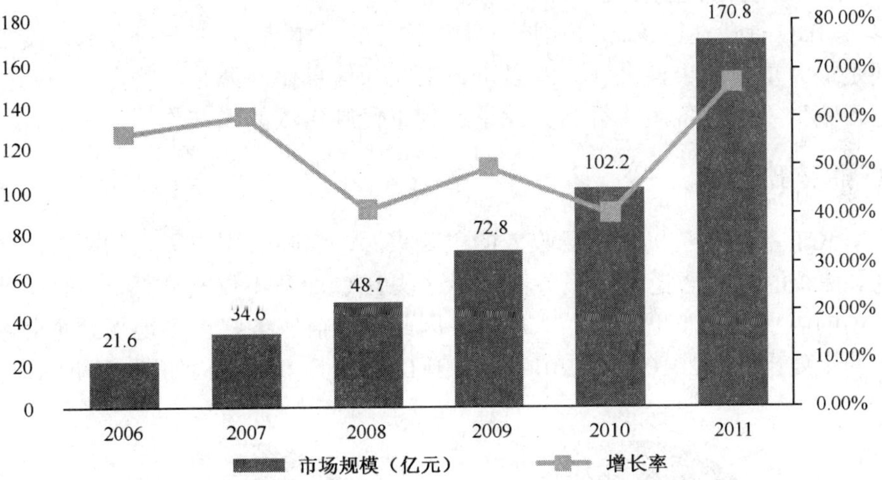

图6.2　2005—2011年中国IDC市场规模和增长率

6.1.2　市场基本特点

1. 云计算发展引领 IDC 产业变革

2011 年是中国 IDC 行业的“云应用”之年。云计算正在悄然改变着 IDC 产业的商业模式，首当其冲的便是传统的 IDC 数据中心。传统的数据中心已越来越难以满足云计算和虚拟化技术带来的，对机房基础设施（电力、制冷等）的动态响应及按需分配的需求，无法缓解因业务的快速发展而给企业、政府带来的巨大能耗与成本压力，构建云计算数据中心已成为一种趋势。

我国频频传出各地建设大型、甚至超大型数据中心的消息。2011 年年底，万国数据上海外高桥旗舰数据中心一期正式运营，其建筑面积为 2.4 万平方米。不久，鹏博士电信传媒集团股份有限公司也宣布正式启用北京酒仙桥新一代数据中心，该中心总建筑面积超过 3 万平方米，可容纳 6000 个以上的标准机柜，设计服务器装机容量超过 8 万台，是目前国内已建成的亚洲最大的单体数据中心。

随着集群、分布式计算、弹性计算等云计算新兴技术的植入，实现了动态分配、降低成本等多项功能，因此大大改变了目前 IDC 的产品格局，各种云应用层出不穷，如云主机颠覆传统服务器托管租用模式等，客户得到性价比更高的服务和体验。

目前，各大 IDC 厂商已纷纷把脚步迈进“云”产品应用研发中。云主机、云邮箱、云建站平台、云解决方案等产品，彻底改变了传统 IDC 依靠资源批发的销售模式，为企业提供了更高品质、更优性价比的 IT 服务。

2. 市场需求更多元化

前几年，IDC 服务商提供的产品都以主机托管、设备出租、一般性运营维护为主，产品线单一。随着互联网的普及和技术的进步，国内 IDC 市场已经从简单的资源型需求转向技术、服务多元化需求。客户需求从最初的域名注册、空间、邮箱、托管、租用等基础业务，发展到现在的以主机托管、主机租赁为基础的多元化数据管理、网络通信、系统集成、网络安全和应用外包等各类技术服务。市场需求的多元化为 IDC 市场提供了更广阔的发展空间，同时也对 IDC 服务提供商的技术水平和服务意识提出了更高的要求。

3. 逐渐步入正规化、规模化

2011 年是 IDC 行业在国家政策调控下非常重要的一年，特别考验企业的应变能力。其中，网站备案便是最为重要的事件之一。2 月份，工业和信息化部公布，将在全国范围内严查并打击“快速备案”、“虚假备案”行为。此举起到了优胜劣汰的调节作用。

6.1.3 业务结构情况

2011 年，ICT 基础业务仍是市场收入的主要来源，但随着用户需求的提升，增值服务比重有所提高。传统的服务器托管和服务器租用这些 IDC 业务不仅利润低，而且不能很好地满足用户和市场的需求，不能更好地服务用户，因此，增值服务将更多地受到企业的重视，成为运营收入的主要来源。2010 年和 2011 年中国 IDC 业务市场结构如图 6.3 所示。

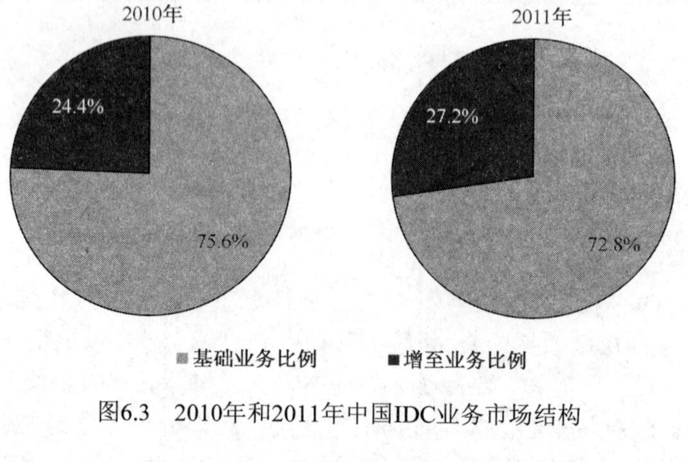

图6.3　2010年和2011年中国IDC业务市场结构

6.1.4 服务发展情况

2011 年国内 IDC 服务商数量达 1614 家，其中具有一定规模的有 100 多家，主要包括基础电信运营商、ISP 转型公司、互联网服务提供商、系统集成商以及大型企业，与 2010 年相比，尽管 IDC 服务商数量有所增加，但增速明显下滑，如图 6.4 所示。增速下滑的原因主要是，一方面行业监管加强，导致多数服务商退出市场，另一方面行业整合和兼并使得 IDC 服务商高度集中。

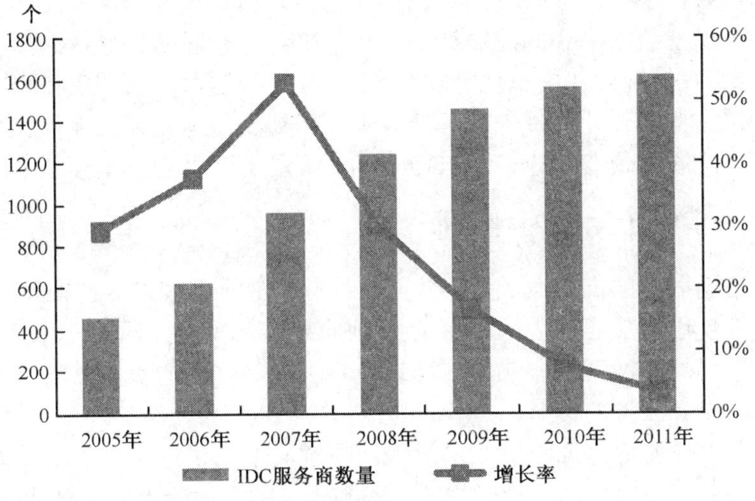

图6.4　2005—2011年中国IDC服务商数量和增长率

在 IDC 服务市场，基础电信运营商仍占市场主要地位，三大运营商用户份额达 70%，尽管专业 IDC 服务商市场占有率较 2010 年有所提升，但仍然较低，如图 6.5 所示。

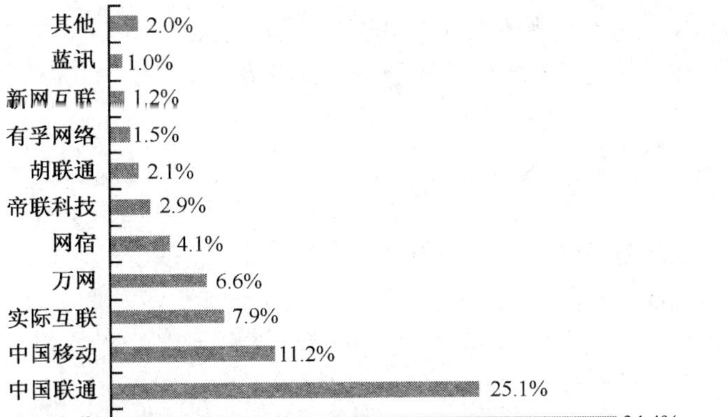

图6.5　主要IDC服务商市场份额

6.2　IDC 的发展趋势

6.2.1　数据中心升级改造加快

据 Gartner 统计，我国数据中心数量接近 46 万个，但其中超过 45 万个是小于 $100m^2$ 的小型数据中心和微型机房；超过 500 个机架和 5000 台服务器的大型数据中心有 47 个，集中在电信、金融、政府、制造、能源等几个领域；大型数据中心数量占总量的 0.1‰，低于日本的 0.27‰的比例，更远低于美国的 0.6‰的比例。

未来几年，我国 IDC 市场将呈现大规模数据中心投资热潮和传统数据中心升级改造的两大特点。过去几年内，百度、腾讯、盛大等互联网公司业务量的高速增长，尤其是视频内容的爆炸式增长的需要，使互联网企业对数据中心的需求每年增长 100%，所以腾讯、盛大等企业均已开始部署大型数据中心的建设计划。从未来看，物联网（海量的监控和指令数据）、三网融合（视频）、两化融合（信息化需求）、云计算等新技术、新需求将极大地推动数据中心市场的需求增长。考虑云计算带来的降低成本、提高利用率和绿色环保优势，包括地方政府、电信运营商、互联网企业和众多的 IDC 都开始积极推动大型云计算数据中心的建设。

6.2.2 高速化、集中化发展趋势明显

随着互联网数据服务的高速发展，各类企业对于带宽的要求将会越来越高，各类高带宽、大容量的应用广泛使用，从而催生 IDC 中心必须向高速化发展。同时，作为数据流通中心，IDC 在数据流转上也能够做到快速响应和处理，各类功能强大的服务器将更好地引入到 IDC 机房建设，推动性能和服务的提升。

在此基础上，IDC 服务将面临更大的挑战，通过简单的设备租用和维护难以满足高速化的要求，拥有功能强大的服务器、管理规范、资本雄厚的大型的 IDC 企业将会在此浪潮中发展壮大，从而更进一步地压制小型的 IDC 企业的生存空间，更多的大型服务器将会集中在大型 IDC 机房之中。IDC 的集中化能够更好地整合资源，发挥 IDC 的带宽和业务优势，推动技术和服务创新。各类业务的快速发展给 IDC 的管理也带来了一定的冲击，大型 IDC 企业将会承担更多的业务关联管理托管工作，集中化推进的趋势更加明显。

在未来，更多低附加值的业务将以附属的形式进行管理和推广，实现分层次、多元化的管理，造成行业内部资源的有效整合、在集中化的趋势带动下，IDC 产业发展将进入一个竞争激烈的时期。

6.2.3 智能化托管和产业链合作应运而生

在目前全业务发展的趋势下，全业务和用户的需求导致互联网数据中心已经越来越向多元化服务推进，目前普通 IDC 可以为用户提供服务器负载均衡、网站加速和网络安全等具体的服务项目。随着 IDC 数据中心功能的不断增多，处理涵盖的服务也越来越多，提升 IDC 的业务服务层次就显得尤为重要，需要能够更多地进行各种智能化处理，智能化托管应运而生。

越来越多的传统 IDC 服务在不能满足要求的基础上，采用智能化的手段，拓展 IDC 数据中心的增值提供，提供差异化服务和一体化解决方案，能够解决电信运营商和 IDC 企业都有可能面临的“管道化”问题，是 IDC 未来发展的驱动力之一。在处理更多、更复杂数据的基础上，采用智能化应用还能够更大地节省成本，控制质量，做好分析和输出工作，是未来 IDC 发展的重点趋势。

6.2.4 云计算将依托并促进 IDC 发展

当前各国政府均高度重视数据中心的发展。美国政府和军方在 2011 年发布的《联邦云计算战略》和国防部《云计算战略》中，首次明确了云计算在国家政策中的战略地位，实施

“云优先”政策，并投资 800 亿美元，以云计算技术整合政府数据中心。欧盟于 2011 年初提供价值 2140 万美元的资助给 IBM 与 15 个欧洲合作伙伴，启动名为“Vision Cloud——面向未来互联网的虚拟化存储服务”的项目。韩国政府为全面推进 2009 年公布的《云计算全面振兴计划》，于 2011 年将电子政府中使用的 1970 台利用率较低的服务器虚拟化，并于 2011 年 1 月开设政府通用云计算数据中心来提供云平台，为企业提供开发与测试所需的云计算资源。日本经济产业省在 2010 年 8 月发布的《云计算与日本竞争力研究》报告，将提升数据中心节能环保指标等基础设施建设视为核心内容之一。新加坡于 2011 年初制定了一整套绿色数据中心标准作为落实 iGov2010 计划中电子政府的目标的主要措施。

IT 企业、互联网企业和电信企业从自身业务支撑和拓展出发大力建设云数据中心。谷歌是最早提倡和实践云计算技术的企业之一，其服务于全球的互联网搜索服务就建立在全球部署的大型云计算数据中心之上，2010—2011 年相继在包括日本、中国香港等地投资建设大型数据中心。谷歌还在不断开发和探索云服务的商业和产品模式，提供了 Google App 等一系列云服务。

在所有相关传统转型行业中 IDC 与云计算产业关系最为亲密，因为该行业具有较多的云计算发展基础设施，基于节能减排、提高资源利用率、拓展收益路径等不同原因，该行业对云计算的发展期望值很高。云计算的发展对 IDC 服务商的影响主要集中在：云计算为 IDC 引入资源池技术，降低 IDC 服务商的管理成本；云计算使 IDC 具有跨地区多数据中心的管理能力，降低 IDC 服务商的能源消耗；云计算平台可以使 IDC 实现增值业务，IDC 服务商可以获得更多的价值增值；云计算可以促进 IDC 价值链各方的和谐发展，IDC 服务商避免恶性竞争；云计算有助于整合 IDC 产业链各方利益，构建起良好的市场环境。

1．国外主要云计算

（1）Google“云计算”。Google 是云计算的最大实践者，也是第一个拥有云计算基础架构——云平台-云应用整套云计算系统整合完备的企业，Google 大力提倡公有云服务，但其本身却是建立在私有云体系之上，由 Google 发起的云计算在开放其部分应用程序接口情况下为众多的 IT 企业打开了云平台的视窗，云计算开始进入 IT 视野。Google 的云计算基础架构模式包括 4 个相互独立又紧密结合在一起的系统：Google File Systemt 分布式文件系统、针对 Google 应用程序的特点提出的 MapReduce 编程模式、分布式的锁机制 Chubby 以及 Google 开发的模型简化的大规模分布式数据库 BigTable。

Google 这些系统的提出都是自身的实际需求，针对自身内部网络数据规模超大的特点，急需解决提升服务器解析和处理数据的能力，如何利用软件来解决集群中常发生的节点失效问题。

（2）IBM 的 Blue Cloud 平台。IBM 主要提供云计算的基础架构建设，在全球范围内建立云计算数据中心。2011 年全球 IT 总投资中 IBM 占了 10%，有 650 亿元投往了云计算，到 2015 年还会翻 3 番。IBM 以其强大的硬件设备构建云基础架构平台，2011 年推出的基于 Power7 指挥系统上的 Waston Box、Cloud Box、Mason Box 三大宝盒构建 IBM 云基础架构，实现大规模数据整合以实现智能分析。

IBM 的 Power Cloud 是基础设施服务的一个资源共享的服务平台，结合 Power VM 虚拟化、Systems Director、VMcontrol、Cloud Starter 软件实现了智能的服务交付模式，可以提供计费功能、服务质量管理、用户自服务等。Power Cloud 整合了 IBM 的一切资源，而且突出灵活性和可靠性，Power 强大的性能可以满足大型企业的需求。

值得关注的是 IBM 以云计算为噱头，同时还关注物联网发展。作为全球最大的 IT 服务公司，IBM 并没有提供外部可访问的云应用程序，而是为 IT 企业提供不同需求的云计算解决方案，以云计算、云服务、物联网打造智慧生活。

2．国内云计算

（1）阿里软件的“阿里云”。阿里巴巴在国内率先宣布了自己的云规划战略，阿里云来势汹汹，2011 年对外宣称投资 1 亿元来打造电子商务云平台，特别针对于中国的各类电商服务，阿里云有着 Google 和 IBM 等不具有的优势。阿里巴巴第一个推出阿里云手机作为移动云服务的企业，虽然阿里云手机存在很多争议，如山寨之类，但确实是国内第一款实现了能够直接享用 100GB 云空间里的所有应用，无须下载，还可以使用由阿里云提供的各种云服务，如地图和电子邮件等。

（2）华为“云帆计划”。在阿里推出阿里云手机不足 2 个月的时间内，华为正式推出了自己的“cloud+”云手机，这也是在比拼云计算中华为不得不做出的战略。

华为已经将云计算提升到公司战略高度，云计算投入达到 6000 人，占到华为研发人员的 10%。华为的桌面云已经成功落地服务，节省了企业 40%投资，降低了电力消耗 71%，设备 CPU 利用率也从 5%提升到 60%。

华为也成为了国内屈指可数的云计算解决方案供应商，华为依靠其庞大的基础设备供应能力与 IBM 合作，成功为政府和企业架设云基础架构，提供云存储服务，搭建云平台，媒体云应用等系列云服务。

华为在国内扮演的角色相当于 IBM 在全球扮演的角色，大部分云计算服务是奔着分布式计算系统、开放存储、数据库、海量数据分析等全套云计算核心技术而去，而在搭建云平台和云应用的领域则交由其他云服务商完成。

公有云和私有云体系中，华为都有涉及，公有云体系属于电信运营商级别的服务，而私有云体系主要为企业服务，并且华为已经投入 5.3 亿元打造企业级市场业务，展示了华为在云计算的巨大转型。

（3）中国移动“大云”。中国移动在移动云方面做出了突出贡献，先后推出了 OPhone 手机平台和 Mobile Market 应用程序商场，可以看出中国移动是想在移动云中建立一个移动云平台，在平台上提供商用云服务，“大云”计划就是建立在此基础之上的。

中国移动预计投入 120 亿元在 2012 年建立数据中心，吸收云计算人才，在电信运营商移动云领域展开全面战争，移动推出的 Hadoop 分布式文件系统（HDFS）是一种可以运行在各种通用硬件上的分布式文件系统。HDFS 拥有高度的容错性，同时能满足高吞吐量的数据访问，可以在廉价的机器上运行，非常适合在大规模数据集上的云计算应用。

令人产生无限遐想的移动 TD-LTE 系统的平均下载速度达到 60Mbps，这个速度是目前主流 3G 网络平均下载速度的 20～30 倍，由此一鸣惊人，被誉为是最近接 4G 的标准。这也是基于 Hadoop 版本上的突出成果。

基于移动云，中国移动不再做单一的网络运营商，而是希望为个人和企业提供云平台和云应用的综合企业，也希望通过云计算来提供办公自动化的解决方案。在中国智能终端覆盖过亿的用户身上，移动看到了新的市场前景，也看到了移动办公的希望。

6.2.5　绿色低碳是设计遵循的原则

绿色数据中心在机械、照明、用电和计算机系统等方面的设计是为了最大程度提升能源利用效率和最小程度造成对环境的污染和影响。建设和运行一个绿色数据中心需要采用先进的技术和优秀的策略。

目前 IT 设备的能源消耗，只占整个数据中心能耗的 30%，而制冷设备的能源消耗要占到 50%～60%，其他如灯光照明将占到 10%。

快速的能源增长给数据中心在环境控制、电源与冷却和空间管理等方面造成了巨大的压力。此外，在多数情况下，不动产成本上的因素也限制了 IT 占地面积的扩展（服务器机架占用的地面空间）。因此，各公司都力求在低密度机架和发热量及功耗极高的高密度机架之间寻求一种平衡。

（中国电信　马栋、陈志强）

第 7 章　2011 年中国三网融合发展情况

- 2011 年是三网融合试点工作承前启后的一年。第二批试点地区申报，首批各试点地区工作有了实质推进。宽带网络的建设改造是 2011 年的重点。
- 融合业务的发展是 2011 年关注的焦点。通信、广电、消费电子、软件等领域企业加强对融合领域技术的研发力度，在 IPTV、手机视频、CMMB、网络视频、互联网电视和双向有线电视（互动电视）等方面都取得了进展。
- 三网融合试点工作进程和先前预期比较存在差距，体制问题还需进一步深入，行业间思维模式的差异需要逐步消除，资金缺口困扰、市场需求不明确使三网融合急需增加推进力。

7.1　政策进展

2011 年可以说是三网融合试点工作承前启后的一年，从 2010 年 1 月国务院办公厅下发《国务院关于印发推进三网融合总体方案的通知》（国发〔2010〕5 号）至今，国内三网融合试点工作已开展近两年的时间。虽然在体制和机制方面存在的问题还未得到完全解决，但产业各方一直在加大对三网融合各项工作的投入，第二批试点地区的申报进一步明确了国家坚定不移地推进三网融合工作的决心，这给了产业界极大的鼓励。

同时，首批各试点地区的相关工作有了实质推进，产业界对产业融合价值的认识进一步加深，宽带网络飞速发展，新业务和新产品层出不穷，新的商业模式开始取得突破，三网融合工作的推进已经形成不可逆转的趋势。在 2011 年的工作中，从中央到地方各级政府先后针对三网融合试点工作发布了一系列政策，对实际的工作进度和产业发展规模都产生了实际影响；这些政策的可行性也在试点工作中得到了实际检验，对今后国家建立完整的融合产业管理机制和体制将起到重要的作用。

7.1.1　国家对三网融合试点继续加大政策引导

国家在 2011 年发布的一系列文件中继续明确了对三网融合工作的大力支持。温家宝总理在政府工作报告中明确提出："积极发展新一代信息技术产业，建设高性能宽带信息网，加快实现三网融合。"而在 2011 年编制的《中华人民共和国国民经济和社会发展第十二个五年规划纲要》中也提出"实现电信网、广播电视网、互联网'三网融合'，构建宽带、融合、安全的下一代国家信息基础设施。”

为使得三网融合试点能按计划推进，2011 年 5 月上旬，国务院三网融合工作协调小组办公室到 12 个试点城市调研，对之前下发的《关于三网融合实施方案的复函》进行了政策解读，也听取了各地政府和试点企业的反馈。根据调研的情况，国务院领导专门督促了电信与广电的工作进度。目前北京市的试点方案已经获得原则性批复，这对第一批三网融合试点地区是一个明显的鼓励，为其他试点地区的后续方案的审批、业务双向进入的开展带来了突破的可能。

为进一步加强三网融合的实施力度，国务院在 2011 年还专门就扩大第二批三网融合试点的工作进行了部署，这对加速各试点地区工作的开展、增强产业界发展三网融合领域投入的信心起到了重要的作用。

7.1.2　行业政策对三网融合试点工作产生多方面影响

1．通信行业重点关注宽带网络的提速

通信行业在 2011 年的工作中没有单独发布新的政策，更多的是将工作集中在行业内对三网融合试点方案的宣贯、电信业务市场准入方案的修订及行业标准制定等方面。

但随着三网融合工作的开展，目前国内宽带网络速度慢、资费较高等问题日益突出。国家发改委的宽带反垄断调查，部分媒体报道“假宽带”等也与此相关。为此，工业和信息化部在 2011 年酝酿制定宽带提速实施方案，通过宽带战略、宽带专项资金、普遍服务基金和投融资政策等推进宽带发展。

2．广电行业实施全面的政策部署

广电总局很早就启动了面向三网融合市场的政策制定工作，在试点工作后加快了各项政策的发布速度，包括全国有线网络整合、下一代广播电视网的研发和建设、各地电视播出机构整合、台网联动、各类集成播控平台等各个方面，形成了越来越完整的政策布局。

在 2011 年的工作中，除了进一步落实 2010 年发布的 344 号文《广电总局关于三网融合试点地区 IPTV 集成播控平台建设有关问题的通知》、357 号文《关于三网融合试点地区 IPTV 监管平台建设要求的通知》、74 号文《广电总局关于手机电视集成播控平台建设和运营管理有关问题的通知》、《有线电视网络三网融合试点总体技术要求和框架》和《有线电视网络三网融合试点业务指导和总体技术要求》等政策，还对互联网电视等新业务形式以及广播电视中各类内容的管理发布了新的政策。

2011 年 7 月 14 日，广电总局下发一则新的内部通知，明确通过互联网经机顶盒（DVD 机等）向电视机终端提供视听节目服务的，均须按照国务院关于推进三网融合的有关要求，在经批准的试点城市，由广电部门另行组织。目前，国家广电总局没有批准任何一家单位可以通过互联网经机顶盒（或 DVD 机等）向电视机终端提供视听节目服务。

广电总局在 2011 年 10 月下旬，下发了《关于进一步加强电视上星综合频道节目管理的意见》，提出从 2012 年 1 月 1 日起，34 个电视上星综合频道要提高新闻类节目播出量，同时对部分类型节目播出实施调控，以防止过度娱乐化和低俗化倾向，满足广大观众多样化、多层次、高品位的收视需求。2011 年 10 月 11 日，广电总局下发了《关于进一步加强广播电视广告播出管理的通知》；11 月 28 日，又下发了《〈广播电视广告播出管理办法〉的补充规定》，决定自 2012 年 1 月 1 日起，全国各电视台播出电视剧时，每集电视剧中间不得再以任何形式插播广告。这些政策对广告等资源向互联网视频等新媒体渠道分流起到了一定的作用。

广电总局在 2011 年还在酝酿对互联网视频和智能电视等新的管控措施，筹建相应的管理机构，一些新的举措在 2012 年将会逐步明晰。

7.1.3 地方政策对三网融合试点开展起到推动作用

试点城市的地方党委和政府对于推进三网融合工作多给予了高度重视，发布了一系列地方政策。由于 12 个试点城市在技术研发、信息服务、网络发展和数字内容产业方面的优势各不相同，为此各试点城市的政策倾向也存在差异，但共同的思路都是借此次三网融合试点工作，巩固和提升本地优势产业的竞争实力。

上海、南京、深圳等地属于国内三网融合启动较早的地区，在三网融合试点启动后立即推出了一系列更有利于三网融合工作推进的措施，2011 年主要是继续推动这些政策的进一步落实。

北京市政府比较注重对北京本地信息产业和数字内容产业的拉动作用，在获得国家对北京三网融合试点方案的批复后，积极贯彻了国家和广电总局的各项政策要求，提出利用本市重大项目绿色审批通道机制和双进入工作机制，加快三网融合相关项目审批环节的工作效率。

青岛市在先期成立的三网融合工作协调小组办公室等举措基础上，在 2011 年的工作中继续安排一定额度的专项资金，用于引导和扶持三网融合技术研发。鼓励和支持在青岛设立符合条件的产业研究中心、重点实验室、产业技术创新联盟等以加快三网融合工作的推进。

其他地方政府自 2011 年起，在工作中也不同程度对三网融合工作给予了一定的支持。

7.2 三网融合的产业发展情况

7.2.1 宽带网络的建设改造是 2011 年的重点

国务院的《推进三网融合的总体方案》中把“加强网络建设改造”作为重点工作之一，电信运营商和广电有线部门也都将宽带网络建设作为目前三网融合工作的重中之重。

广电部门主要是推进有线电视网络数字化和双向化升级改造，提高业务承载和支撑能力，同时整合有线电视网络资源，培育全国市场主体来加快广电网络的改造和升级。而电信行业重点放在加快电信宽带网络建设，推进城镇光纤到户，扩大农村地区宽带网络覆盖范围来提升电信网整体服务水平。

在双方加强网络建设工作的同时，两行业进一步实现网络统筹规划和共建共享，在最大程度提升基础设施能力的同时，避免重复建设的问题日益突出。

1. 电信运营商的宽带提速

三网融合试点工作开展以来，为了支持三网融合业务发展的需要及应对未来在宽带领域的竞争，电信运营商调整了网络部署策略，在城市地区从早期的光纤到小区到楼改变为光纤直接入户；在农村地区推进光纤下乡进村。据统计，截至 2011 年年底，目前我国基础电信运营商的光纤宽带端口已经达到 6000 万个，光纤到户的覆盖用户达到 4000 万户，光纤到户的实际用户突破 500 万个。3～5 年内，我国光纤到户的覆盖将超过 2 亿户，实际用户将达到 4000 万户。

在带宽提速的同时，电信运营商还致力于提升网络的深度服务能力：中国电信启动了智能管道的研发和建设工作，将管道服务面向不同用户和业务不断精细化和智能化；而下一代 CDN 网络的研发和建设工作更是为今后电信运营商直接面向内容运营商开展传输、分发、存储、检索和计算的综合服务奠定了基础。

2．广电运营商的双向改造和网络资源整合

国内广电有线网络已经具备相当的规模，总用户数已经超过 2 亿户，数字化用户超过 1 亿户。但这些用户分散在上百个相对独立的网络中，且大部分只能实现单向服务。面向三网融合的发展目标，国内有线网络面临较大的压力，急需通过双向改造和网络资源整合等措施来提升自身竞争力。

广电总局在三网融合试点开始时提出到 2010 年底实现“一省一网”的要求，在 2011 年仅有 19 个省基本完成省市县网络整合；这些整合完成的省网还存在一些问题，比较突出的是“行政明整，资产和管理暗不整”，“体制整合，技术和网络不整”；广电总局原定的第二项任务是以中国广播电视网络公司为主体完成全国网络资源的整合，建立全国宣传文化传播总平台、总枢纽、总开关，通过该公司来盘活广电内容资源，发挥广电内容和网络结合的优势，确立在三网融合中的主导地位。但目前还没有确定明确的时间表，其中存在两个较大的挑战，一是如何实现全国的互联互通，二是如何完成全国资产整合。

国内有条件的有线运营商正在试点地区加快了网络双向改造和 NGB 新网络试验等工作。截至 2011 年第三季度，双向改造后的网络可覆盖 6000 万户，开通双向业务的用户近 1100 万户，其中开通有线宽带接入业务的用户则相对较少，有线网络在实现双向改造的同时还需解决“双向能力闲置”的问题。

整体而言，有线网络在完成原先两项预定目标时都还存在较大的挑战。

3．网络资源共享工作亟待解决

在宽带网络发展不断加速的情况下，各方实现网络资源共享问题，避免重复建设和恶性竞争的问题日益突出。

一些试点地区已经通过资本整合或行政命令的方式来解决最后 100 米的资源共享问题，但要在整个融合产业实现这一目标，还需要在国家网络整体规划和驻地网的管理方面采取切实有效的措施，否则网络资源共享就不可能得到根本性解决。

7.2.2　融合业务在一些领域取得新突破

融合业务的发展是产业各方在 2011 年关注的另一焦点。一方面是要解决好传统业务的双向进入问题，另一方面就是要实现各方协作共同推动新业务发展的目标。国内的通信、广电、消费电子，软件等领域的企业加强了对融合领域技术的研发力度，在 IPTV、手机视频、CMMB、网络视频、互联网电视和双向有线电视（互动电视）等方面都取得了一定的进展。

1．IPTV 业务取得了飞跃式发展

2011 年三网融合用户数量有了较大增长。截至 2011 年年底，中国的 IPTV 用户数超过 1350 万户，较 2010 年增加 495.5 万户，同比增长 58%，如图 7.1 所示。而在 2012 年年初预计的 IPTV 装机容量已经接近 1700 万户。IPTV 业务在 2011 年取得了跨越式发展。2011 年我国 IPTV 用户数超 1350 万户，手机电视用户数超 5900 万户。

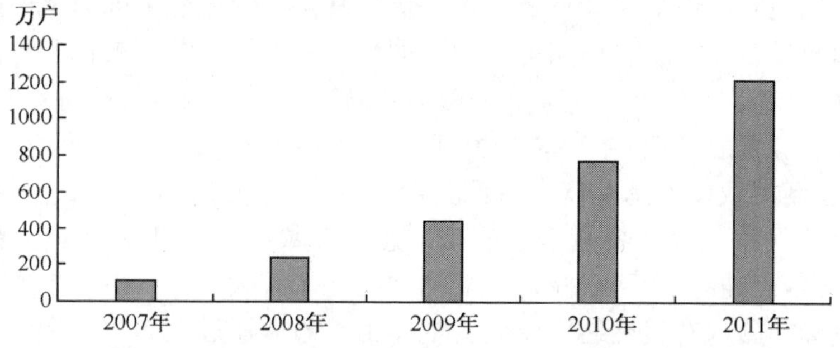

图7.1　2007—2011年IPTV用户规模

中国电信的 IPTV 用户在 2011 年底已经接近 1200 万户，拥有国内大部分的用户，业务渗透率达到 6.4%，并可能在两年内突破 3000 万户；中国联通在 2010 年 8 月重新开始 IPTV 产品选型后，在国内多个试点地区开展了宽带视频业务的尝试；而中国移动在山西等地也开展了农村宽带光纤网络建设和 IPTV 的业务试验。

从 2011 年 IPTV 业务在国内的发展情况分析，长期制约 IPTV 业务发展的三大制约因素都发生了改变，其中政策和发展成本问题正随着产业规模的扩大逐渐在消除或缓解；随着 IPTV 用户规模增加带动盈利能力增强，商业模式问题的解决也出现希望。

电信运营商对 IPTV 业务该如何发展还是存在多种意见，主要是因为仅具备融合初期形态的 IPTV 业务盈利能力不足，现有平台的技术有待改进，如何在夹缝中寻找突破之路是电信运营商面临的挑战。但 IPTV 业务在现阶段对于宽带网络无可替代的拉动作用已经得到各方认同，在 2011 年达到一定用户规模后，IPTV 盈利能力逐步增强的趋势也给电信运营商增强了信心。如何把握 IPTV 业务的发展节奏和演进策略已经成为国内电信业亟待解决的问题。

对于广电播出机构而言，IPTV 集成业务已经成为其重要的收入增长点，如何在 IPTV 发展中占据更大的市场份额是全国和省级广电播出机构都关注的热点。上海文广百视通公司通过灵活的市场经营占据了国内 80%以上的市场份额，还借此布局“一云多屏”的新战略，以形成全终端覆盖；中国网络电视台（CNTV）虽然是广电总局指定的全国集成播控总服务商，而且得到很多政策的倾斜支持，但目前业务范围局限在云南、北京、山东等地；广电总局目前正在通过政策手段来调整 IPTV 集成业务的市场格局，两家最大的播出机构在 2012 年已经完成初步合并。

2．数字电视业务逐步向全业务方向发展

从广电总局获悉，2011 年我国数字电视用户数达 1.15 亿户，首次突破 1 亿户，增幅达到 29.15%。全国有线广播电视用户达到 2.02 亿户，首次突破 2 亿户，增幅也达到了 6.79%，如图 7.2 所示。截至 2011 年年底，广电运营商的双向网络覆盖用户超过 6000 万户。

不断增加的用户和逐步提升的网络服务能力为有线电视网络开展更丰富的业务提供了可能。建立依托互动高清电视为核心的有线数字电视业务体系，在传统的广播电视直播业务和数据广播等业务外，通过双向系统提供包括视频点播、信息服务、电子商务、智能家居、在线支付等在内的互动高清业务是有线电视运营商在 2011 年的努力目标。

有线电视运营商还在尝试打破传统的单一包月收费模式，逐步建立了包含互动点播服务费、信息服务费、增值业务功能费、广告费和平台使用费在内的多元多向收费体系；在有线网络基础上，开通有线宽带接入业务，通过进入盈利能力高的宽带接入市场提高自身网络的ARUP 值，通过自主经营和合作经营等不同方式不断提高自身市场占有率。

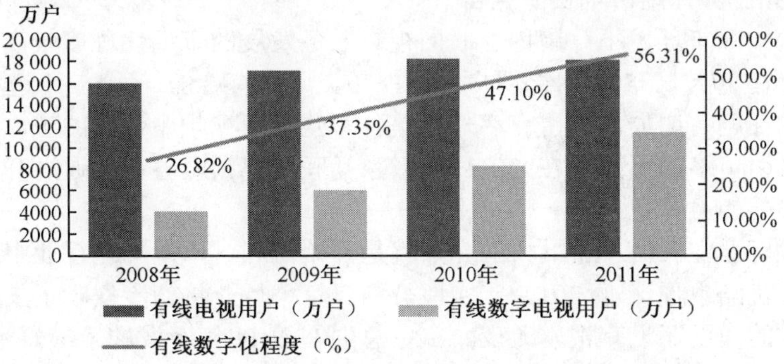

图7.2　2008—2011年我国有线电视用户和数字电视用户发展情况

但从 2011 年各地实际的业务开展情况看，由于业务双向进入不顺利，改造资金不足，网络资源整合不到位，使得一度被广电运营商寄予厚望的互动电视业务没有达到原定发展的目标，甚至在各地广电运营商投入巨资推进有线网络双向改造后，却出现了大量改造后的网络“双向闲置”的局面。如何突破业务发展的瓶颈是有线电视运营商在 2012 年继续要努力解决的问题。

3．移动视频业务稳步推进

国内 3G 用户 2011 年已突破 1 亿户，其中使用过手机视频的用户超过 4000 万户；2011 年中国手机视频用户中 77.5%的用户使用的是中国移动的网络，中国联通占 18.2%，中国电信仅有 4.3%。

在手机视频业务中，真正依托 3G 网络开展的移动流媒体业务覆盖的用户还比较有限，电信运营商在通过拓展合作伙伴的方式不断增大业务对用户的吸引力，中央电视台、中央人民广播电台、中国国际广播电台和上海广播电视台等牌照机构，激动网、土豆网、我乐网和优酷网等一批增值服务商都积极加入到该市场开拓中。

广电运营商也在希望通过自建宽带无线接入网络来开展热点地区的移动视频业务，通过在热点地区 WIFI 的建设，北京歌华有线等推出了无线宽带电视业务——面向 iPad、智能手机提供高码流视频服务；这也是广电播出机构在三网融合试点中不断探索新发展模式的体现。

4．CMMB 业务寻求新的发展基础

CMMB（中国移动多媒体广播）是广电行业推出的新业务。2011 年 CMMB 已经完成遍布全国的 2200 多个大功率单频网发射站点和 5000 余个中小功率发射站的建设，网络覆盖 336 个地级以上城市（除青海玉树）、850 多个区县，城市信号覆盖率达到 98.22%，覆盖人口近 8 亿。

而目前 CMMB 支持的终端类型已超过千款，付费终端用户超过 3500 万户，付费用户达到 1600 万户。现在中广传播已为 CMMB 配备了大量电视节目，其中包括 CCTV1 等全国节目，省级睛彩节目和 331 个地方节目。除直播电视外，中广传播还提供了睛彩报纸、睛彩广播、睛彩杂志、睛彩资讯、睛彩生活、睛彩排行榜、睛彩导航和应急广播等媒体业务。

CMMB 业务开展依托最大的用户群就是中国移动的 TD 网络， 2009 年中广传播与中国移动签订合作协议，协议明确规定三年内中国电信和中国联通的 3G 制式手机将不能介入

CMMB 领域。随着 2012 年协议即将到期，CMMB 业务势必将面临着新的选择，确定今后一段时期的基础载体。

5．网络视频业务开始市场资源整合

在相对宽松的政策环境下，国内互联网视频业务发展的市场化程度较高，用户规模取得了较快的增长。在全国 4.85 亿网络用户中，视频类用户有 3.01 亿个，渗透率达到 90%。随着近年来竞争的加剧，增加市场占有率一直是各家互联网视频服务商的工作重点；不仅通过宣传和热点片吸引更多的用户，在 2011 年多家互联网视频服务商还通过开展多屏业务，实现对渠道和多终端的占有。

互联网视频行业在 2011 年最大的亮点就是开始盈利，乐视网在行业中最早实现盈利，迅雷紧随其后，优酷也预计于 2012 年实现盈利；整个行业将初步摆脱了长期亏损的局面，但资金链不稳定的问题还没有根本改变。广电总局在 2011 年下发的“限娱令”和“限广令”使得广告从传统电视部分转移至互联网视频，整个行业收入在 2012 年可能突破 100 亿元。

专业的互联网视频服务商目前形成以优酷、土豆为代表的“免费+广告”阵营；以乐视网为代表的高清付费阵营；以搜狐、腾迅、百度为代表的门户网站阵营； 版权销售、广告和发行是目前各方关注的焦点。

广电媒体早已进军网络视频行业，中国网络电视台使央视 20 个频道的节目全部实现实时网络直播，并加入点播、搜索、下载及互动评论等功能；其他地方电视台也先后推出了自己网络视频网站；广电类网络电视台主要收入来源为广告收入和版权分销，相应的市场规模和份额在缓步增长。

随着 2010 年，上海、广东、新疆等几家电信公司获准从事网络视听节目服务，长期以来电信部门无法获得“信息网络传播视听节目许可证”的僵局被打破；通信背景的网络视听节目服务商目前主要收入来源为广告和用户付费，缺乏足够的内容源和运营经验是其难以快速发展的最大瓶颈。

6．互联网电视业务在向智能电视业务转变

在政策限制和产业链环节缺失的双重影响下，国内互联网电视的销量正在缓慢地下行。来自奥维咨询的数据统计，2011 年 5 月互联网电视的渗透率在销售的电视机接收机中已下降为 16.1%，而最高时曾经达到 25%以上。

作为终端厂商新的主推方向，智能电视[20]则在 2011 年开始逐步扩大市场占有率，据奥维咨询月报监测数据显示，2011 年 8 月智能电视销量 13.9 万台，环比增长 11.1%，渗透率 10.4%，如图 7.3 所示。国内智能电视产业的参与主体也在快速扩大；2010 年智能电视刚兴起时，国内围绕智能电视配套的芯片厂商、软件厂商和内容厂商不足 500 家，但到 2011 年下半年，这个数据已经变成了 2000 多家。为突出智能电视新的卖点，国内终端厂商将智能电视终端和云计算概念结合包装出云电视产品，并且将智能电视和平板电脑等相组合推出多屏互动服务。

智能电视的管理政策还在酝酿中，这是后续业务发展过程中最大的不确定因素，鉴于电视的特殊性，智能电视在政策方面有可能遇到和互联网电视同样的情况。

---

[20] 智能电视：是对像智能手机一样，具有全开放式平台，搭载了操作系统，可以由用户自行安装和卸载软件、游戏等第三方服务商提供的程序，通过此类程序来不断对彩电的功能进行扩充，并可以通过网线、无线网络来实现上网冲浪的这样一类彩电的总称。

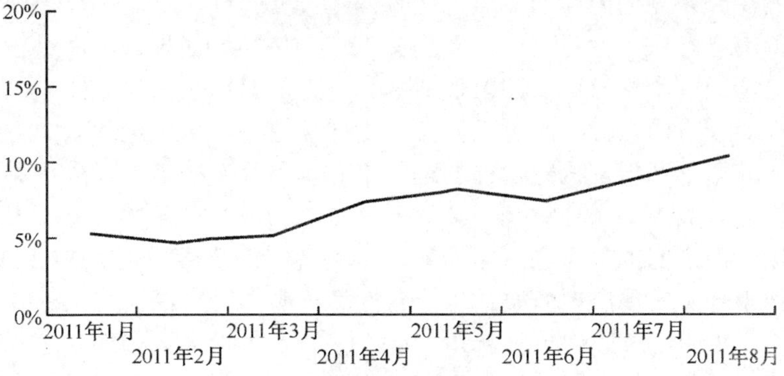

图7.3　智能电视市场渗透率

7．内容集成播控权的设置

在三网融合试点工作推进中，各方对集成播控权的划分界限一直存在分歧。国家的三网融合试点方案确定“广电播出部门负责 IPTV 集成播控平台建设管理”，但同时也指出“其中，用户端、计费管理由合作方协商确定，电信企业可提供节目和 EPG（Electronic Program Guide，电子节目菜单）条目，经广播电视播出机构审查后统一纳入节目源和 EPG。在确保播出安全的前提下，广播电视播出机构与电信企业可以探索多种合资、合作经营模式。”但在实际试点工作推进中，此要求如何落实始终处于磨合中。

随着互联网和移动通信业务迅速增长，用户不会再满足于单一的业务形式和单一的内容来源，需求结构发生了重大的变化，越来越多的用户提出了服务综合化和个性化的需求。继续延续原有传统电视的集成播控管理方式已经难以适应新时代下内容、网络和用户的需要，使得三网融合工作的整体效果大打折扣。

2011 年的部分试点地区已经在尝试摸索更能为产业各方接受的集成播控工作机制和方式，广电总局也在整合现有的平台资源，加强对更多新媒体集成播控平台的建设，相信产业发展的需要最终会形成一种更为合理的方式，建立真正有利于三网融合工作更好开展的方式来解决集成播控落地的问题。

7.2.3　企业之间竞合出现日益复杂的局面

国内三网融合工作的推进对传统行业组织形式和产业架构已经产生了实质性冲击，每个企业已经很难完全再按照传统行业归属选择自己的发展道路，越来越多的企业都是根据自身的要求选择合作的对象以求得更好的发展。从 2011 年的实际工作开展情况来看，各方的行业界限和归属已经出现模糊化，合作方式和合作界面也是多种多样的，传统的产业阵营已经打破，产业链和产业竞合关系更加复杂。

网络运营商之间还是以竞争关系为主，三网融合还没有从根本上改变目前三大电信基础企业的竞争格局，但随着新业务的发展，有可能对未来各方的市场份额产生比较大的影响。中国电信的 IPTV 业务发展迅速；中国联通也在选择合适的地区和广电行业开展合作，但整体进展不大；中国移动除了 CMMB 业务还没有真正进入三网融合市场，但在宽带接入市场上和中国电信有一定竞争。广电有线运营商在努力保护好现有的市场份额，同时也通过彼此之间相互合作寻找新的发展机会。网络运营商和内容运营商关系整体上属于合作为主的，但局部也有一些利益关系划分方面的竞争。

而终端厂商首先在融合业务平台和新型终端产品中得到了发展，大量新型终端的出现和普及在改变着市场经营和用户消费的习惯，也给终端厂商通过 OTT 方式进入服务和运营领域的机会。终端厂商一方面在 2011 年积极参加电信运营商、广电运营商的各类招标，推销自己的产品；另一方面不断尝试构建自己的运营平台，寻找突破点。形成了和其他产业环节既合作，又竞争的复杂局面。

广电内容运营商之间的关系在不断调整，上海文广百视通公司于 2011 年 12 月成功挂牌上市，成为国内第一家实现广电新媒体可经营性资产整体上市的公司；这其中也伴生着上海文广在前期 IPTV 业务推广过程中不断和 CNTV、以及各地电视台之间的合作与竞争。目前广电内容运营商之间更多倾向于逐步建立以合作为主的关系：稍早时候，由中国网络电视台和华数传媒网络有限公司共同出资成立的“浙江爱上网络科技有限公司”正式挂牌成立，在浙江省构建 IPTV 内容服务平台并与播控平台对接；到 2011 年年底，在国家广电总局的支持下，央视国际和百视通将正式成立 IPTV 业务运营合资公司，双方共同负责 IPTV 播控平台及全国 IPTV 业务的运营。

7.3 2011 年遗留问题

虽然三网融合试点工作在 2011 年取得了一些成绩，但工作进程和先前预期比较还是有一定差距，还有一些遗留问题有待解决。

1. 体制问题已经获得初步协调，但还要进一步深入探讨

2011 年 7 月，温家宝总理在《求是》杂志发表《关于科技工作的几个问题》一文中直言：“推进三网融合是党中央、国务院作出的重大战略，体制问题是影响战略性新兴产业发展的一大障碍。”目前，三网融合试点工作一直采取电信和广电分业监管的管理体制，由于双方所处的发展阶段不同，导致了管理思路、发展目标和监管体系等方面存在较大差异，必然衍生出很多问题。而广电行业所特有的业务形态属性使三网融合体制问题更加复杂。如果不能在体制上突破，那么国内三网融合推进之路就不会顺畅。

2. 行业间思维模式的差异需要逐步消除

在三网融合发展思路上，广电与电信运营商的发展思路存在明显差异，这也是由双方发展阶段不同造成的。

广电运营商由于以政策宣传为主要任务，市场化程度较低，历史上形成了股权结构复杂、市场主体分散的格局，在缺乏倾斜政策支持下对电信业务市场的进入积极性并不高。

而电信运营商由于市场化程度较高，则更希望在保证网络信息和文化安全的前提下，更多借助自身市场实力，有更多的灵活性开展多种商业模式的探索。

双方在行业发展思路上的差异直接增加了双方融合的工作难度，这在 2011 年三网融合工作中很多层面都得到了体现；需要正视这一问题，在今后工作中继续加强双方的彼此磨合。

3. 资金缺口困扰三网融合推进

三网融合推进需要大量资金的投入，特别是对广电行业来说，双向网改、省网整合、国家级网络公司组建都需要大量资金消耗。据国务院三网融合领导小组专家组组长、中国工程院副院长邬贺铨估算，广电双向网络改造、机顶盒更新及基于音视频内容的信息服务系统的投资需求，约为 2490 亿元；而和三网融合紧密相关的下一代宽带网（NGB）的投资需求则为 3000 亿元。而目前各地有线电视网络公司收入来源主要依靠有线电视网络收视维护费、落地费等，收入十分有限，是难以独自支撑这么大的建设投入的。

电信运营商的宽带扩容和融合业务发展也一直受到资金缺乏的困扰，急需国家在政策上或融资模式上给予支持。

4．市场需求不明确使三网融合急需增加推进力

目前三网融合产业进步的核心推动力依然在于市场，目前大部分试点地区取得的成果主要也是来自前期市场推动的阶段。所以是否能挖掘出用户的需要是三网融合能否成功推进的关键。

就目前的情况而言，许多融合型服务还处在初级阶段，虽能满足部分消费者需求，但难产生强大的吸引力。特别是对国内习惯了免费服务模式的普通用户很难接收很多吸引力一般的收费业务。企业如何在用户消费基础尚不充分的情况下，推出具有更强黏着力的融合型服务，并快速积累用户规模成为企业在 2011 年普遍遇到的问题，这是 2012 年工作中必须重视的问题。

7.4　三网融合发展趋势展望

2012 年 1 月 4 日，国务院办公厅印发了《关于三网融合第二阶段试点地区（城市）名单的通知》，包括全国 22 个省会、首府城市，2 个直辖市，1 个计划单列市，17 个其他城市入围。

而 2012 年工业和信息化部提出将推动实施“宽带中国”战略，争取到“十二五”末，城市家庭带宽达到 20 Mbps 以上，农村家庭达到 4 Mbps 以上，东部发达地区的省会城市家庭达到 100 Mbps。三大运营商 2012 年度工作会议均将宽带建设纳入今年重点工作，FTTH 建设力度加大。

广电总局则提出要在 2012 年加快 IPTV、手机电视、互联网电视集成播控平台建设，抓紧建设全国有线电视网络互联互通平台。

所有这些都表明国家坚定推动三网融合工作的决心，说明阻碍三网融合大规模普及的因素极大削弱，预计 2012 年中国三网融合产业规模及用户数量将有更大幅度的提升，见表 7.1。

表 7.1　2012 年中国三网融合产业规模及用户数量预测

2012 年	三网融合产业规模（亿元）	IPTV 用户数（万户）	有线宽带用户数（万户）
规模	2000	1917.8	567.3
同比增长率	25.0%	57.7%	18.9%

预计在 2012 年的工作中，宽带提速将继续是运营商的工作重点，一批重点城市的带宽将进入 10Mbps 时代；而业务双向进入将取得更大的突破，广电运营商会进入电信业务经营领域；广电播出机构、有线网络运营商、电信运营商、互联网服务商和终端厂商之间的竞合将会加剧，一批新的跨行业合资公司将出现；融合业务和运营模式的创新预计将有新的突破，并带动相关技术研发和制造产业的极大发展。

（工业和信息化部电信研究院通信标准研究所　敖立）

第 8 章　2011 年中国网络资本发展情况

- 2011 年中国全年披露创业投资（VC）案例 976 起，投资总额 89.47 亿美元。
- 2011 年中国创投市场行业投资共涉及 18 个行业，其中，互联网、制造业、IT 依然是融资最为活跃的三个行业，分别披露案例 236 起、165 起和 133 起。互联网行业崛起，相比 2010 年占比增长 10 个百分点。
- 在融资金额方面，互联网、制造业和 IT 同样居于前三位，互联网行业成为 2011 年中国创投市场投资的主导，披露投资总额 38.92 亿美元，占比达 43.5%，相比 2010 年占比增长 12 个百分点。
- 互联网行业企业依然领衔中国创投市场融资交易，在公开披露金额的案例中，拉手网凭借 1.11 亿美元融资规模居于首位，而在融资最大的 10 起案例中，互联网企业融资案例达 8 起。
- 互联网行业在 2011 年共为 VC/PE 机构带来 278.3 亿元的账面回报，居各行业之首，其 9.90 倍的平均账面回报率也排在所有行业的第三位。

8.1　中国互联网创业投资及私募股权投资市场概况

8.1.1　中国创业投资及私募股权投资（VC/PE）市场概况

据投中集团 ChinaVenture CVSource 统计，2011 年中国全年披露创业投资（VC）案例 976 起，投资总额 89.47 亿美元，如图 8.1 所示，相比 2010 年分别增长 15.9%和 50.4%。继 2008—2009 年因全球金融危机影响而出现下滑后，我国创投市场规模已连续两年增长。进入 2011 年下半年，境内外二级市场持续低迷，投资者退出渠道收窄；趋于饱和的投资空间及激烈市场竞争也抑制了投资机构的积极性，第二季度至第四季度，国内创投市场投资案例及投资规模均持续下滑。2011 下半年开始中国 VC 市场出现明显的降温态势。

2011 年平均单笔投资金额为 917 万美元，环比上升 29.8%，如图 8.2 所示，同样达到历史最高水平。究其原因，一方面，因 2010 年中国创投市场爆发式增长带来的示范效应，2011 年创投机构继续保持激进策略，加上大量资本投入市场，激烈竞争也推高了企业估值；另一方面，互联网行业于 2011 年迎来融资高峰，在资本追捧下，单笔融资规模不断高企，尤其是走入“重量级”轨迹的电子商务企业，不断刷新互联网行业融资纪录。

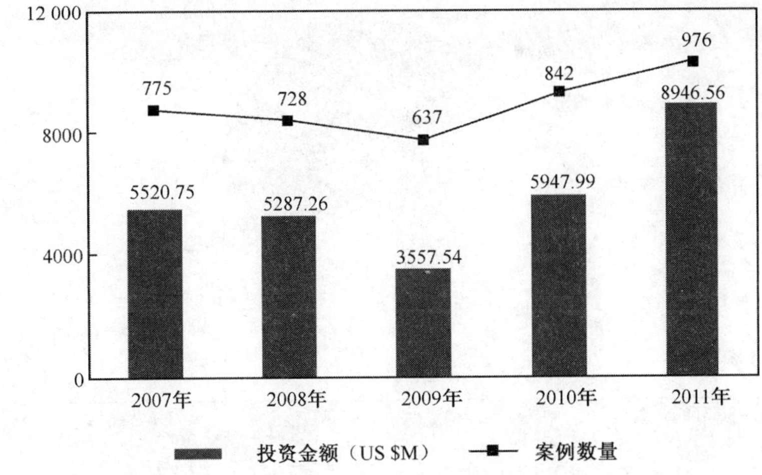

CVSource.2012.01　　www.ChinaVenture.com.cn

图8.1　2007—2011年中国创投市场投资规模

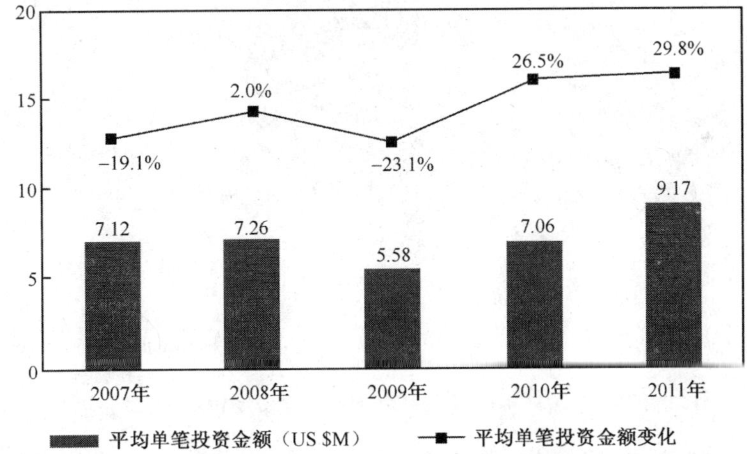

CVSource.2012.01　　www.ChinaVenture.com.cn

图8.2　2007—2011年中国创投市场平均单笔投资规模

2011 年中国创投市场行业投资共涉及 18 个行业，其中，互联网、制造业、IT 依然是融资最为活跃的三个行业，分别披露案例 236 起、165 起和 133 起，占比均达到 10%以上。相比 2010 年，2011 年行业分布最大的改变就是互联网行业的崛起，共 236 起案例占比达 24.2%，相比 2010 年占比增长 10 个百分点，如图 8.3 所示。此外，电信及增值行业融资案例数量占比也出现较快增长，主要原因就是移动互联网行业融资的活跃——随着智能手机的普及，移动互联网已逐渐从概念走向商业应用，预计未来该领域投资将继续保持高速增长。

在融资金额方面，互联网、制造业和 IT 同样居于前三位，互联网行业成为 2011 年中国创投市场投资的主导，披露投资总额 38.92 亿美元，占比达 43.5%，相比 2010 年占比增长 12 个百分点，如图 8.4 所示。在互联网细分行业中，电子商务成为投资主流，全年披露案例 109 起、投资总额 19.83 亿美元，分别占互联网投资规模的 46.2%和 51.0%。

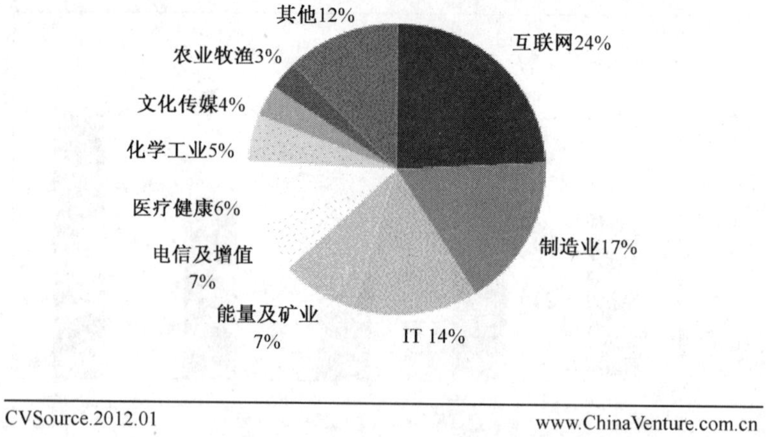

图8.3　2011年中国创投市场行业投资案例数量比例

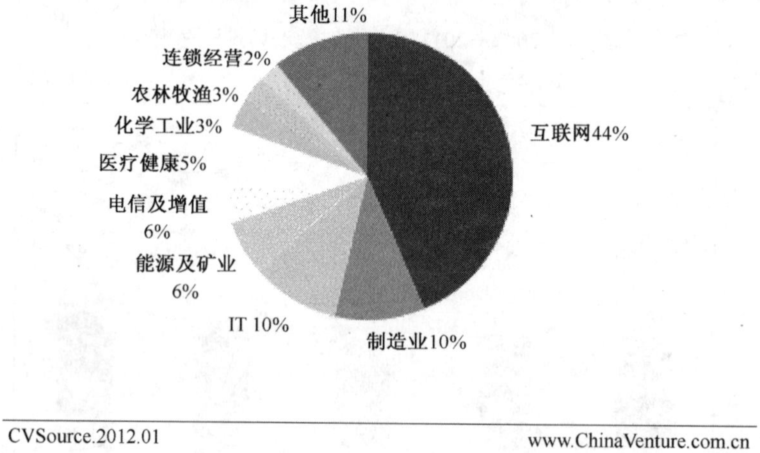

图8.4　2011年中国创投市场行业投资案例金额比例

总体来看，2011 年创业投资依然青睐 TMT（含互联网、IT、电信增值及传媒娱乐）、消费服务（农林牧渔、连锁经营）、制造业、能源（新能源及节能环保）及医疗健康等几大领域。2011 年年底，国家发改委、商务部发布《外商投资产业指导目录（2011 年修订）》，新版《目录》重点强调优化外资结构，推动科技创新、产业升级，服务业条目在鼓励类中的比重也进一步增加。

新版《目录》鼓励外商投资节能环保、新一代信息技术、生物、高端装备制造、新能源、新材料、新能源汽车等战略性新兴产业。新版《目录》进一步推进服务业开放进程，支持面向民生的服务业扩大利用外资，首次将外商投资医疗机构从限制类调整为允许类。此前，在医疗改革及消费需求增长的推动下，医疗机构受到投资者普遍关注，投资活跃度快速增长；此次政策的开闸，将极大提高外资机构投资医疗机构的积极性。

互联网投资带动美元基金崛起，创业投资青睐北上广。

以 2011 年创业投资的资金币种分析，以人民币基金进行投资的案例为 733 起，投资总额为 41.57 亿美元，分别占比 75.1%和 46.4%；其余案例均为美元基金投资，披露 243

起，投资总额 47.89 亿美元。人民币基金投资案例在数量上占有较大优势，但是相比美元基金，其单笔投资规模则普遍较小，因此在投资规模方面，再次落后于美元基金，如图 8.5 所示。

以 2011 年获得创业投资企业的地区分布来看，东部沿海地区仍是创投机构最为关注的地区。

据 CVSource 统计，2011 年中国创业投资及私募股权投资（以下简称 VC/PE 投资）市场基金募集活动保持活跃态势，披露募资完成（含首轮募资完成）基金 503 支，募集完成规模达到 494.06 亿美元，相比 2010 年分别增长 10.5%和 28.7%；披露新成立（开始募集）基金 185 支，总目标规模 470.69 亿美元，相比 2010 年基金数量增长 28.5%，但目标规模下降 5%，见表 8.1 和图 8.6。

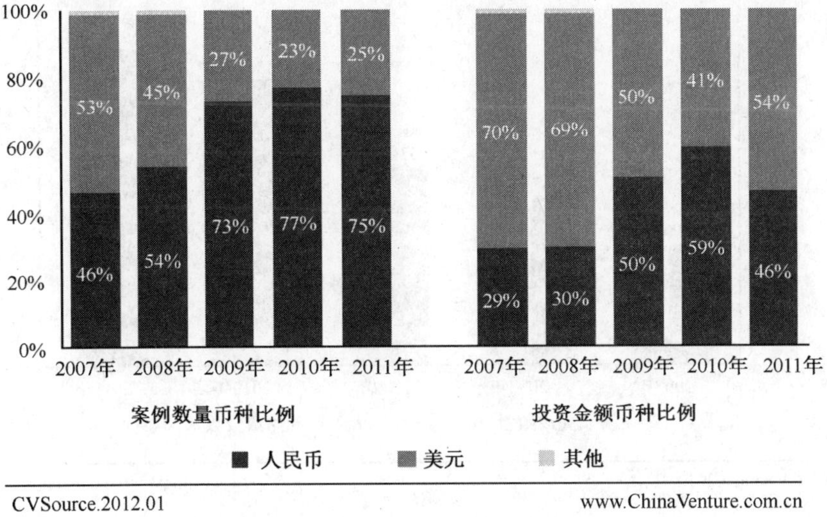

图8.5　2007—2011年中国创投市场不同币种投资比较

表 8.1　2007—2011 年中国创业投资及私募股权投资市场募资基金数量

券　商	管 理 公 司	基　金	开始募集时间	目标规模（亿元）
海通证券	未披露	西安航天新能源产业基金	2011-02	10
东方证券	上海诚毅投资	上海诚毅新能源创业投资基金	2011-02	8
国元证券	国元股权基金	安徽省战略性新兴产业投资基金	2011-03	50
中信证券	中信产业基金	CPEChina Fund, L.P.	2011-05	64.4
中金公司	中金佳成	中金佳泰产业整合基金	2011-06	50
海通证券	未披露	上海文化产业股权投资基金	筹备中	未披露
中信建投	未披露	中信建投产业基金	筹备中	未披露
中信证券	金石投资	金石投资基金	筹备中	100+

CVSource.2010.01　　www.China Venture.com.cn

在 2010 年中国 VC/PE 市场投资及退出环节均出现爆发式增长的态势下，2011 年基金募资规模继续增长，不过，由于二级市场持续低迷对基金退出的不利影响，以及 VC/PE 行业日趋激烈的市场竞争，自 2011 年下半年开始，基金募资已经呈现出降温态势。整体来看，2011 年基金募资规模增长幅度明显低于 2010 年超过 100%的增速。这一趋势在新成立基金方面表现更为明显——尽管开始募资基金数量依然出现增长，但目标规模已有所下降，显示出基金管理者对未来市场状况的谨慎态势。

从 2011 年完成募资（含首轮完成）基金的类型来看，成长型（Growth）基金数量为 255 支，占据总量的半数以上，其次为创投（Venture）基金，数量为 219 支，占比为 43%；募资规模方面，成长型基金完成募资 320.01 亿美元，占比达 64%；创投基金募资 140.37 亿美元，占比为 28%。相比 2009 年以前创投基金占主流的情况，成长型基金已从 2010 年开始成为中国 VC/PE 市场的主流基金类型。

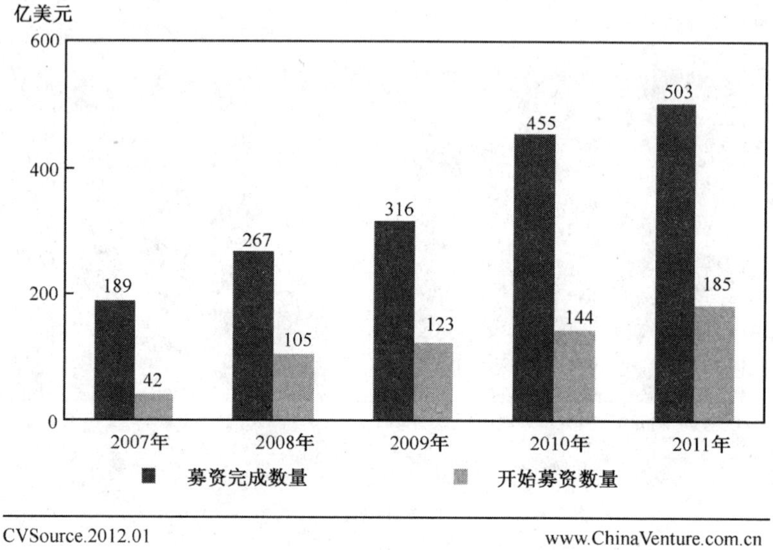

图8.6 2007—2011年中国创业投资及私募股权投资市场募资基金规模

从募资完成基金币种分析，人民币基金无论数量还是完成规模依然领先于外币基金。2011 年中国 VC/PE 市场募集完成（含首轮完成）人民币基金 463 支，募集规模 2204.48 亿元（约合 347.71 亿美元），分别占比 90.0%和 70.4%；募集完成美元基金 38 支，完成规模 143.70 亿美元，分别占比 7.6%和 29.1%。

随着人民币基金市场的活跃，外资机构纷纷进入国内设立人民币基金，创投机构如红杉资本、IDG 资本、软银赛富等，国际 PE 巨头如凯雷、黑石、TPG 等，均已成立人民币基金，2011 年，合格境外有限合伙人（QFLP）试点工作取得实质进展，进一步促进了外资人民币基金的兴起。

2011 年 1 月，上海市发布《关于本市开展外商投资股权投资企业试点工作的实施办法》，开始试行 QFLP。11 月，天津市发布《关于本市开展外商投资股权投资企业及其管理机构试点工作的暂行办法》，开启了天津版的 QFLP 试点。此外，北京、重庆的 QFLP 试点工作也均在低调进行。据上海金融办透露，截至 2011 年 12 月份，上海市已批出 15 亿美元的额度，凯雷复星、黑石、德同资本、弘毅资本、3i 集团等多家投资机构取得 QFLP 试点资格。高盛、摩根大通在北京筹备的新基金均获 QFLP 试点资格，英飞尼迪也在重庆成立一支获得 QFLP 试点资格的双币基金。

2011 年相关政策的出台，也对国内基金募资产生重要影响。2011 年 7 月，证监会发布《证券公司直接投资业务监管指引》，证券公司直接投资业务纳入常规监管，且券商直投公司可作为管理公司募集基金。此前，中金直投公司中金佳成作为证监会首个募集基金试点，已成立 50 亿元人民币基金——中金佳泰产业整合基金，并于 2011 年 6 月份完成募资。

券商直投有望通过独立募集基金转型专业化 PE 管理机构，进而全面介入 PE 市场，预计未来中国 VC/PE 市场格局将因此发生重大变革。

此外，在 VC/PE 行业的制度化建设方面，2011 年也出现新的进展。11 月，发改委发布《关于促进股权投资企业规范发展的通知》，将 PE 备案制推向全国，并首次明确集合信托、合伙企业充当 LP[21]的基金应“核查最终自然人和机构法人是否合格，并打通计算投资者总数”。此前，为拓展募资渠道，一些 GP[22]开始联合第三方理财机构、私人银行、信托机构等进行募资，并出现了一些资金信托、合伙企业嵌套合伙制基金的募集方式，进而导致法律模糊地带的出现。

发改委新规对上述“嵌套”募资形式进行了明确界定，一方面使得基金募集有了明确的政策依据，促进 PE 行业规范发展；另一方面，也进一步提高了 PE 基金的投资门槛，对于目前正在“降温”的基金募集，或起到雪上加霜的效果。对于未来中国 VC/PE 基金募资情况，ChinaVenture 投中集团预测，2012 年基金募资活跃度将下滑，其募资完成规模或大幅下降，将有一大批小型基金管理机构面临募资困境。

8.1.2　中国互联网行业创投 VC 投资市场概况

互联网行业企业依然领衔中国创投市场融资交易，在公开披露金额的案例中，拉手网凭借 1.11 亿美元融资规模居于首位，而在融资最大的 10 起案例中，互联网企业融资案例达 8 起，见表 8.2。

表 8.2　2011 年中国创业投资（VC）市场投资规模 TOP10

企　业	行　业	融资时间	投资机构	融资轮次	金额（US$ M）
拉手网	互联网	2011-03-23	麦顿投资/Remgro/Reinet Investments/ 金沙江创投/NVP/特纳亚资本	Series C	111
多玩	互联网	2011-01-01	老虎基金/思伟投资	Series E	100
梦芭莎	互联网	2011-02-01	德同资本/崇德投资/金沙江创投	Series D	60
上澎太阳能	新能源	2011-10-19	青云创投/Capriom Venture Partners/IFC	Series A	50
豆瓣网	互联网	2011-09-13	贝塔斯曼/挚信资本/红杉中国	Series C	50
尚品网	互联网	2011-07-27	成为/晨兴创投/思伟投资	Series C	50
美团网	互联网	2011-07-07	红杉中国/阿里巴巴/华登国际/北极光创投	Series B	50
途牛旅游网	互联网	2011-04-12	红杉中国/DCM/高原资本	Series C	50
钻石小鸟	互联网	2011-02-01	方源资本/联创策源	Series C	50
优视科技	移动互联网	2011-01-11	纪源资本	Series D	50

CVSource.2012.01　　www.China Venture.com.cn

[21] LP：Limited Partner，有限合伙人。

[22] GP：General Partner，普通合伙人。

8.1.3 中国互联网行业私募股权 PE 投资市场概述

2011 年中国私募股权投资市场继续保持活跃，尽管下半年投资热度有所下降，但全年投资规模仍有望超过 2010 年，达到新的历史高峰。2011 年披露多起巨额投资案例，尤其是电子商务领域，在“重量级”热潮下出现多起开创性投资；移动互联网行业也从“概念”走向商业化运作，整体投资活跃度明显提高；此外，二级市场的持续低迷，也使得更多 PE 机构参与企业私有化交易。

8.2 中国互联网投资概况

互联网行业成为 2011 年中国创投市场投资的主导，融资披露案例 236 起，披露投资总额 38.92 亿美元，占比达 43.5%，相比 2010 年占比增长 12 个百分点。在互联网细分行业中，电子商务成为投资主流，全年披露案例 109 起、投资总额 19.83 亿美元。主要融资事件有：

- 京东商城 C 轮融资 15 亿美元，电商走向重型化。融资总金额 15 亿美元，投资人包括俄罗斯 DST、老虎基金等共六家基金及个人。
- 拉手网 C 轮融资 1.1 亿美元，继续领先于多数团购网站。下半年，整个团购行业投融资迅速“降温”，除少数市场领先网站获后续融资外，几乎不再有新的团购网站获资本青睐。
- 小米科技引入多家机构，先后获 Morningside、启明、IDG 及小米团队等 9000 万美元投资，是目前移动互联网领域投资额最大的案例之一。
- PE 收购阿里巴巴集团股份。云锋基金、银湖资本及俄罗斯 DST 等机构 16 亿美元购买阿里巴巴集团员工持股。涉及阿里巴巴集团股权约 5%。

表 8.3 为 2011 年中国互联网企业融资一览表，详细列举了 2011 年中国互联网行业融资案例。

表 8.3　2011 年中国互联网企业融资一览表

企业名称	行业	金额	投资机构	时间	消息源
知乎	互联网	不详	启明创投	2011-12-30	腾讯科技
花瓣网	互联网	不详	凯鹏华盈中国基金	2011-12-21	创业邦
磊友科技	互联网	未公开	美国中经合集团、创新工场	2011-12-20	ChinaVenture
小米科技	通信/无线	9 000 万美元	IDG 资本、淡马锡控股公司、高通	2011-12-20	创业邦
航班管家	通信/无线	2 000 万美元	华兴资本	2011-12-13	创业邦
91 博远无线	互联网	2 000 万美元	祥峰投资控股有限公司、IDG 资本	2011-12-09	投资界
知我网	互联网	不详	IDG	2011-12-05	DoNews
有啊	互联网	不详	IDG、启明创投	2011-11-30	腾讯科技
24 券	互联网	不详	不详	2011-11-30	腾讯科技

续表

企业名称	行业	金额	投资机构	时间	消息源
租房宝	软件/硬件/半导体	不详	浙江华瓯创投投资	2011-11-29	IT168
115 网盘	通信/无线	不详	不详	2011-11-25	TechWeb.com.cn
Zinio	传媒/新媒体	2 000 万美元	不详	2011-11-24	网易科技
酷运动	互联网	3 000 万美元	Acquity Group	2011-11-24	ChinaVenture
乐年	互联网	2 000 万人民币	杭州好望角投资管理有限公司	2011-11-23	新浪科技
新浪微博	互联网	20 万美元	DST 机构	2011-11-23	动点科技
[a]list	互联网	930 万美元	AyzenbergGroup	2011-11-22	gamelook
Klip	互联网	800 万美元	不详	2011-11-22	tech2ipo
商顺网	互联网	1.3 亿元	腾讯	2011-11-17	腾讯科技
酒仙网	互联网	5000 万美元	红杉资本、东方富海	2011-11-16	南方日报
BrightRoll	传媒/新媒体	3000 万美元	TridentCapital，TrueVentures，ScaleVenturePartners，AdamsStreetPartners，ComericaBank	2011-11-16	腾讯科技
美丽说	互联网	2000 万美元	纪源资本、红杉资本、蓝驰创投、清科创投	2011-11-16	北京商报
悠哉旅游网	互联网	2000 万美元	今日资本	2011-11-14	解放牛网
唯礼网	互联网	不详	好望角启航电商	2011-11-14	新浪科技
图吧	互联网	3000 万美元	人人公司	2011-11-14	新浪科技
票虫网	互联网	1000 万元	不详	2011-11-14	TechWeb
无墙网	互联网	2000 万美元	不详	2011-11-09	第一财经日报
广禾堂	互联网	5000 万元	云峰基金、经纬中国	2011-11-03	每日经济新闻
走秀网	互联网	1 亿美元	华平创投等	2011-11-02	环球企业家
神聊	通信/无线	3000 万美元	不详	2011-11-02	DoNews
鲜果网	互联网	800 万美元	凯鹏华盈中国基金	2011-11-01	投资界
布丁	软件/硬件/半导体	不详	清科创投	2011-10-27	网易科技报道
酷盘	软件/硬件/半导体	2000 万美元	DCM 资本管理公司	2011-10-25	创业邦
派瑞威行	传媒/新媒体	8000 万元	好望角启航基金、九鼎投资	2011-10-25	创业邦
乐元素	互联网	3000 万美元	联想投资、DCM	2011-10-17	新浪科技
优士网	互联网	300 万美元	美国格理集团	2011-10-14	创业邦
酒店达人	互联网	不详	创新工场	2011-10-12	创业邦
佐卡伊	互联网	2 亿元	浙江创业产业基金、凯泰资本	2011-09-27	网易科技
看书网	互联网	2700 万元	红杉资本	2011-09-25	成都商报
米奇网	互联网	不详	德同资本	2011-09-19	Donews
新华旅行网	互联网	2300 万美元	麦顿投资	2011-09-19	网易科技
易积网络	互联网	2000 万美元	挚信资本、IDG 资本、BIG PROFIT	2011-09-19	亿邦动力网
酒美网	互联网	8000 万元	深圳创新投资、北京临空创业投资	2011-09-19	网易科技

续表

企业名称	行业	金额	投资机构	时间	消息源
驴妈妈旅游网	互联网	不详	江南资本、红杉资本	2011-09-15	网易科技
今世良缘	互联网	1000万美元	红杉中国资本、龙泽资本	2011-09-14	中国商报网
豆瓣	互联网	5000万美元	挚信资本、红杉资本、贝塔斯曼亚洲投资基金	2011-09-13	新浪科技
贝瓦网	互联网	不详	启明创投	2011-09-05	GameLook
佳品网	互联网	2000万美元	英特尔投资、金沙江创投、嘉丰资本	2011-09-05	投资界
创新工场	金融与投资	1.8亿美元	中经合、富士康、新东方、美国硅谷银行、红杉资本、IDG、中华电信、联发科、台北工研院、美国退休基金、奇虎360、加拿大退休基金、Baillie Gifford、Foundation Capital、SAP、贝塔斯曼、摩托罗拉、Autodesk公司、新加坡电信、硅谷投资教父罗恩·康威以及俄罗斯著名投资人尤里·米尔纳	2011-09-01	创业邦
涂鸦移动	互联网	不详	KPCB、创新工场、清科创投	2011-08-29	网易科技
耀点100	互联网	不详	英特尔投资	2011-08-25	搜狐IT
CC视频	互联网	2000万美元	IDG资本思伟投资江苏高科技投资集团	2011-08-18	创业邦
走秀网	互联网	1亿美元	华平投资	2011-08-17	一财网
鲜果网	互联网	800万美元	未公布	2011-08-16	投资界
Plimus	互联网	1.5亿元不详	Great Hill Partners	2011-08-11	
易到用车网	互联网	不详	晨兴创投	2011-08-10	投资界
清货网	互联网	2000万元	江苏威豪创投	2011-08-10	中国电子商务研究中心
Bagcheck	互联网	不详	Twitter	2011-08-09	
Hipcricket	通信/无线	4450万美元	Augme Technologies	2011-08-06	
易盟网络	互联网	5000万元	天图创投	2011-08-03	投资界
九众互动	互联网	2000万元	不详	2011-08-03	BiaNews
博雅互动	互联网	600万美元	红杉资本	2011-08-02	网易科技报道
维棉	互联网	2亿元	江南春	2011-08-01	Donews
友盟	互联网	1000万美元	经纬中国	2011-07-28	新浪科技
尚品网	互联网	5000万美元	成为基金、成为资本晨兴创投思伟投资	2011-07-28	新浪时尚
Moonpig	互联网	1.2亿英镑	Photobox	2011-07-26	
大街网	互联网	不详	富达新东方和通	2011-07-25	新浪科技
寺库集团	互联网	不详	IDG资本	2011-07-20	清科集团
百纳信息（MoboTap）	通信/无线	不详	红杉资本、经纬中国	2011-07-19	DoNews
亿玛在线	传媒/新媒体	不详	兰馨亚洲	2011-07-15	TechWeb
立华公司	农业	3000万美元	联想投资九州投资	2011-07-14	投资界
西街网	互联网	8000万元	中兴合创中金资本	2011-07-07	新浪科技
力美	通信/无线	1000万美元	IDG资本	2011-07-05	腾讯科技

续表

企业名称	行业	金额	投资机构	时间	消息源
美团网	互联网	5000 万美元	红杉资本、阿里巴巴	2011-07-05	搜狐 IT
米游	互联网	2 亿元	中友集团	2011-06-30	21 世纪网
RockMelt	互联网	3000 万美元	Accel Partners Khosla PartnersAndreesen Horowitz	2011-06-29	新浪科技
满座网	互联网	8000 万美元	凯鹏华盈	2011-06-28	新浪科技
豆果网	互联网	不详	盛大	2011-06-24	新京报
Shazam	通信/无线	3200 万美元	KPCBIVP 风投 DN Capital	2011-06-24	搜狐 IT
Encore	互联网	1500 万美元	InterWest PartnersGranite Ventures	2011-06-24	搜狐 IT
去哪儿	互联网	3.06 亿美元	百度	2011-06-24	新浪科技
维阅	通信/无线	不详	新浪	2011-06-22	techweb
品尚红酒	互联网	2500 万元	同创伟业	2011-06-21	投资界
珂兰钻石	互联网	不详	腾讯	2011-06-21	新浪科技
妈妈网	互联网	5000 万元	腾讯	2011-06-19	新京报
盛景网联	其他	9000 万元	达晨创投、用友集团汉能投资分享投资	2011-06-16	上海证券报
SnapGuide	互联网	200 万美元	Atlas Ventures 迈克尔·阿灵顿迈克·沃尔潘	2011-06-09	搜狐 IT
创新工场	互联网	7 亿元	腾讯	2011-06-08	新闻晨报
yoopay	互联网	不详	原点资本	2011-06-07	创业邦
Dealissime.com、Socialmedia.com	互联网	不详	LivingSocial	2011-06-02	
个信	通信/无线	未公开	中经合	2011-05-25	创业邦
赶集网	互联网	7000 万美元	红杉资本、今日资本	2011-05-06	TechWeb
58 同城	互联网	未公开	日本 Recruit	2011-05-06	TechWeb
熙浪信息技术有限公司	互联网	不详		2011-05-03	DoNews
我的百分之一	互联网	不详	IDG 资本	2011-05-03	长江日报
乐途旅游网	互联网	3000 万元	中视金桥国际传媒	2011-01-20	互联网周刊
九九淘金	互联网	5000 万元	云锋基金	2011-01-19	千龙网
佳品网	互联网	不详	金沙江创投、松禾资本、泰山天使创业基金	2011-01-18	新浪科技
椰子网	互联网	500 万美元	Koolanoo 集团	2011-01-18	千龙网
同程网	互联网	5000 万元	腾讯	2011-01-14	重庆商报
玛萨玛索	互联网	未公开	红杉资本、北极光创投	2011-01-14	新浪科技
订餐小秘书	互联网	不详	携程	2011-01-13	新浪科技
饭否网	互联网	不详	松禾资本	2011-01-06	TechWeb
浙江盘石	互联网	2000 万美元	上海联创投资	2011-01-04	中国新闻网
华人酷动	互联网	1000 万美元	ACQUITY GROUP	2011-01-03	中国经营报

8.3 中国互联网公司上市情况

8.3.1 IPO 市场规模

2011 年中国互联网企业上市 IPO 情况如表 8.4 所示。

表 8.4　2011 年中国互联网企业上市 IPO 一览表

公　司	行　业	融 资 额	交 易 所	上 市 日 期
凤凰传媒	传媒/新媒体	19.79 亿元	SZSE	2011-11-21
中国水电	互联网	135 亿元	SSE	2011-10-18
佳创视讯	传媒/新媒体	不详	SZSE	2011-08-26
土豆网	互联网	1.74 亿美元	NASDQ	2011-08-17
光线传媒	传媒/新媒体	14.38 亿元	SZSE	2011-08-03
我的钢铁网	互联网	2.3 亿元	SZSE	2011-06-08
淘米网	软件/硬件/半导体	6470 万美元	NYSE	2011-05-18
凤凰新媒体	传媒/新媒体	1.7 亿美元	NYSE	2011-05-12
世纪佳缘	互联网	8520 万美元	NASDQ	2011-05-11
网秦	互联网	9 万美元	NYSE	2011-05-05
人人网	互联网	7.4 亿美元	NYSE	2011-05-04
世纪互联	通信/无线	2 亿美元	NASDQ	2011-04-21
奇虎 360	互联网	1.8 亿美元	NYSE	2011-03-30
天晟新材	互联网	不详	SZSE	2011-01-26
华中数控	互联网	7.02 亿元	SZSE	2011-01-13

8.3.2　VC/PE 背景中国企业 IPO 统计分析

根据投中集团旗下 CVSource 统计，2011 年共有 165 家 VC/PE 背景中国企业在全球资本市场实现上市，总计融资金额达到 1796.7 亿元，分别占中国企业全年 IPO 融资总量的 42.7% 与 43.9%。

凭借人人（RENN）、奇虎 360（QIHU）等企业在纽交所的良好的 IPO 融资表现，互联网行业在 2011 年共为 VC/PE 机构带来 278.3 亿元的账面回报，居各行业之首，其 9.90 倍的平均账面回报率也排名所有行业中的第三位。

2011 年 VC/PE 机构 IPO 退出各行业账面回报情况如表 8.5 所示。

表 8.5　2011 年 VC/PE 机构 IPO 退出各行业账面回报

行业分类	IPO 退出案例数量	IPO 退出账面回报（亿元）	平均单笔 IPO 退出账面回报（亿元）	IPO 退出平均账面回报率（倍）
互联网	36	278.3	7.7	9.90
制造业	114	214.6	1.9	7.07
能源及矿业	45	175.1	3.9	11.96
金融	12	100.7	8.4	4.71
IT	62	77.9	1.3	5.39
化学工业	22	53.2	2.4	10.25
建筑建材	25	44.1	1.8	5.96
医疗健康	19	34.0	1.8	6.48
电信及增值	13	20.6	1.6	5.29

续表

行业分类	IPO 退出案例数量	IPO 退出账面回报（亿元）	平均单笔 IPO 退出账面回报（亿元）	IPO 退出平均账面回报率（倍）
农林牧渔	8	16.6	2.0	5.18
汽车行业	19	14.7	0.8	3.68
文化传媒	2	14.1	7.1	1.26
食品饮料	9	13.9	1.5	3.55
旅游业	4	3.6	0.9	4.48
综合	2	3.2	1.6	4.58
交通运输	1	0.8	0.8	5.41
CVSource.2012.01			www.China Venture.com.cn	

8.3.3　境外上市互联网公司回归本土问题

2012 年年初，人民网即将在上交所上市带给互联网公司更多的信心：只要资格足够，在中国 A 股市场同样可以上市。这也可能会带动更多的互联网公司回归 A 股，这将打破互联网公司扎堆赴境外上市的局面，有助于缓解中国互联网公司海外上市控股权旁落的隐忧。

2011 年支付宝的股权争夺风波，引爆了针对 VIE 的争论。在中国，VIE 的出现是源自牌照管制。当外资无法进入中国一些被管制的行业时，才不得不采取 VIE 这样的变通方式。VIE（Variable Interest Entity），即可变利益实体，又称协议控制。这些协议控制一般是一组合同，签订双方是境内的外商独资公司和纯内资公司。过去十余年间，中国最优秀的互联网公司新浪、搜狐、网易、百度、腾讯和阿里巴巴等皆为 VIE 结构。

支付宝事件后，我国政府有关部门在考虑调整政策加强监管 VIE。顺应 VIE 的调整，体制内力量可能顺势进入互联网行业。人民币基金趁势接盘，体制内力量趁势接盘，国内 A 股趁势接盘。我国资本市场的迅速发展，尤其是人民币股权投资基金行业的快速发展，已经为高科技企业回归 A 股市场创造了条件。鼓励已经在海外上市的互联网龙头企业逐步回归 A 股的问题已经提上日程。

8.4　中国互联网企业并购情况

8.4.1　并购市场规模及统计分析

2011 年，中国并购市场共完成 1157 起并购交易，披露价格的 985 起并购交易总金额达到 669.18 亿美元。其中，中国企业共完成 110 起海外并购交易，与 2010 年海外并购 57 起相比，同比增长 93.0%；披露的并购金额达到 280.99 亿美元，同比增长达 112.9%。2011 年中国互联网并购事件 37 起占比，披露金额 19 起共 6.16 亿美元占比 0.9%。

VC/PE 相关企业并购共完成 194 起，其中 176 起披露价格的并购交易总金额达 119.68 亿美元。从行业来看，生物技术/医疗健康成为 VC/PE 相关并购最为活跃的行业。互联网企业并购 15 起占比 7.7%，其中披露金额 7 起共 3.07 亿美元占比 2.6%。

8.4.2 重大并购事件

2011 年主要并购事件如表 8.6 所示。

表 8.6 2012 年主要并购事件

被并购企业	行　业	金　额	并 购 企 业	时　间
易卡互动	互联网	不详	易车	2011-12-05
17173.com	互联网	1.625 亿美元	畅游	2011-11-30
魔图精灵	互联网	未公开	百度	2011-11-04
多米音乐、酷狗	互联网	4208 万元	A8 音乐	2011-11-04
安卡支付	金融与投资	不详	支付宝	2011-09-05
Crypti	互联网	4980 万美元	完美世界	2011-08-11
番薯网	互联网	不详	百度	2011-08-05
一听音乐	互联网	1000 万美元	巨鲸	2011-07-18
机客网	互联网	不详	人民网	2011-06-16
火车网	互联网	不详	艺龙	2011-06-14
Cryptic	互联网	3500 万欧元	完美世界	2011-05-31
海报网，闺蜜网，51 解梦网	互联网	未公开	CBSi	2011-01-14

（中国科学院　侯自强）

第 9 章　2011 年中国网络版权保护发展情况

- 2011 年，有关网络知识产权的法律体系得到进一步的完善。1 月 10 日，最高人民法院、最高人民检察院、公安部联合印发了《关于办理侵犯知识产权刑事案件适用法律若干问题的意见》，对通过信息网络侵犯网络版权犯罪的定罪量刑标准做出可操作规定。
- 网络知识产权的处置和保护机制有所创新。最高人民法院知识产权审判庭与中国互联网协会签署《互联网知识产权纠纷调解机制备忘录》，创新和发展了诉讼与非诉讼相衔接的纠纷解决机制。
- 2011 年我国软件著作权登记量达到 109 342 件，首次突破十万件，同比增长 33.40%，较 2006 年的 21 495 件增长 4.1 倍。
- 3 月 16 日，贾平凹、韩寒等近 50 位作家联名发表《三一五中国作家讨百度书》，称“百度文库”提供文档作品免费下载，对中国原创文学造成了伤害。

9.1　中国网络知识产权发展概况

2011 年，中国的知识产权保护工作，紧紧围绕科学发展和转变发展方式的主线，深入贯彻落实国家知识产权战略，知识产权工作取得新成就，为“十二五”时期知识产权事业发展的奠定了良好的开端。

9.1.1　法律法规

2011 年，有关网络知识产权的法律体系得到进一步的完善。2011 年 10 月 14 日，国家知识产权局、国家发展改革委、科技部、工业和信息化部等十部委联合发布了《国家知识产权事业发展“十二五”规划》。《规划》在回顾“十一五”时期知识产权工作成绩的基础上，分析了知识产权工作未来面临的挑战和机遇，明确提出“十二五”期间知识产权工作的发展思路和整体部署。

知识产权立法工作稳步推进。最高人民法院、最高人民检察院、公安部和司法部联合发布《关于办理侵犯知识产权刑事案件适用法律若干问题的意见》，对于办理侵犯知识产权刑事案件相关的规范再次做出修改，加大了知识产权司法保护的力度。为了让法律制度更好地适应网络环境发展，新一轮的《著作权法》再次修订。修改稿将对互联网作品的著作权适用范围做出限制，国家版权局也将加大著作权登记制度的建设和加强建立作品数据库。

9.1.2 处置和保护机制

2011 年网络知识产权的处置和保护机制有所创新。在知识产权“三审合一”方面，知识产权审判业务庭集中审理知识产权民事、行政和刑事案件的试点工作得到进一步推广，基层法院、中级法院知识产权案件管辖布局得到进一步优化。在探索新的审判制度方面，最高人民法院知识产权审判庭与中国互联网协会签署《互联网知识产权纠纷调解机制备忘录》，旨在充分发挥行业协会在知识产权纠纷中的调解作用，促进诉讼调解与行业调解相互配合、相互协调和相互衔接，为当事人提供更多可供选择的纠纷解决方式。这一处置方式创新和发展了诉讼与非诉讼相衔接的纠纷解决机制；上海、江苏、河北、浙江、广西、青海等地高级法院积极探索建立和完善案件技术事实查明机制，建立技术专家咨询库，试行专家陪审员和专家证人制度。为应对网络游戏版权保护中出现的问题，在国家新闻出版总署科技与数字出版司和中国版权保护中心指导下，16 家网游企业联合倡议成立“中国网络游戏版权保护联盟”，联盟紧密围绕新闻出版总署在互联网出版管理工作的重点和决策部署开展各项工作。

9.1.3 著作权交易保护

由中国人民大学国家版权贸易基地创办的国家版权交易网，自 2010 年 11 月 19 日开通上线一年多来，在网站上挂牌交易的项目达到 5000 多项。初步估算，挂牌交易额已经超过 15 亿元，注册人数超过 1.4 万多人，用户遍布全球 30 多个国家和地区。

2011 年，作为国家设立的综合性著作权社会管理和社会服务机构，中国版权保护中心积极开展著作权保护工作，在网络著作权保护方面做了大量有成效的工作。11 月，发布了《中国版权保护中心网络视频音频版权监测及调查取证服务规则》，明确规范网络视频音频版权监测及调查取证服务平台的服务和工作流程。中国版权保护中心网络视频音频版权监测及调查取证服务平台在国内外权利人和权利人组织的委托下，已累计监测出侵权盗版链接逾 41 万条，并为权利人发送删除通知函 2400 余封，删除侵权链接 40 余万条，有效地维护了权利人的合法权益。

9.2 中国网络版权发展概况

9.2.1 总体情况

据中国版权保护中心统计，2011 年我国软件著作权登记量达到 10 9342 件，首次突破 10 万件，同比增长 33.40%，较 2006 年的 21 495 件增长 4.1 倍。

国务院颁布了关于《进一步鼓励软件产业和集成电路产业发展的若干政策》，在软件行业有效实施了一系列相关的金融、财税优惠政策。不断加大软件的知识产权保护力度，政府和企业软件正版化工作全面推进，有力促进了我国软件产业的发展，激发了企业创新软件的积极性，开发软件数量不断增加，软件著作权登记量再创历史新高。

2011 软件著作权登记量按地区排名，第一名依旧是北京市，登记量 30 036 件，占全国登记总量的 27.47%；第二名广东省，登记量 19 572 件，占全国登记总量的近 17.90%；排名第三的是上海，登记量 10 181 件，占登记总量的 9.31%，位于第四位和第五位的是江苏和浙江，登记量分别是 8719 件和 8522 件。排名前五位的地区软件著作权登记量共计为 77 030 件，占全国登记总量的 70.45%。

版权和动漫游戏产业界定不清楚，和网络游戏有些内容重复，数据来源也不同，需要调整。

在国家动漫游戏产业相关政策和资金的推动下，游戏类软件持续高速发展。我国网络游戏市场年销售收入达到 428.5 亿元，同比增长 32.4%，其中民族原创网络游戏占 63.4%；手机游戏市场销售收入达到 17 亿元，同比增长 86.8%。一些优秀的游戏软件走出国门，34 家中国企业自主研发的 131 款网络游戏进入海外市场，销售收入 3.6 亿美元，同比增长 56.5%。据中国版权保护中心统计，2011 年游戏类软件著作权登记 5447 件，同比增长 106.09%。在 2011 年游戏类软件著作权登记中，北京市、广东省和上海市登记量位列全国前三，共占全国游戏软件登记量的 66.84%，北京以 1848 件的登记量排名第一，占全国游戏软件登记总量的 3.93%。2011 年，全国专利权质押融资金额达 90 亿元（涉及专利 1953 件），同比增长 28%，创近三年来的新高。

9.2.2　法制建设情况

2011 年 1 月 10 日，最高人民法院、最高人民检察院、公安部联合印发了《关于办理侵犯知识产权刑事案件适用法律若干问题的意见》。《意见》中的相关条款，对通过信息网络侵犯网络版权犯罪的定罪量刑标准做出了具有可操作性的规定，从非法经营数额、传播他人作品数量、作品被点击的次数和注册会员人数等方面明确了通过信息网络传播侵权作品行为的定罪量刑标准。

《意见》第十条规定，通过信息网络传播他人作品，或利用他人上传的侵权作品，在网站或网页上提供刊登收费广告服务，直接或间接收取费用的，可以认定为以营利为目的。而按照《意见》规定：以营利为目的，未经著作权人许可，通过信息网络向公众传播他人文字作品、音乐、电影、电视、美术、摄影、录像作品、录音录像制品、计算机软件及其他作品，具有下列情形之一的，属于刑法第二百一十七条规定的“其他严重情节”：（1）非法经营数额在五万元以上的；（2）传播他人作品的数量合计在五百件（部）以上的；（3）传播他人作品的实际被点击数达到五万次以上的；（4）以会员制方式传播他人作品，注册会员达到一千人以上的；（5）数额或者数量虽未达到第（1）～（4）项规定标准，但分别达到其中两项以上标准一半以上的；（6）其他严重情节的情形。

对于网络侵权的定罪处罚标准，《意见》给出了详细的量化规定。据《刑法》第 217 条对侵犯相关著作权的规定，以营利为目的，违法所得数额较大或有其他严重情节的，处三年以下有期徒刑或拘役，并处或单处罚金；违法所得数额巨大或者有其他特别严重情节的，处三年以上七年以下有期徒刑，并处罚金。

2011 年 4 月 19 日，最高人民法院召开新闻发布会，称 2011 年启动网络著作权保护的司法解释起草工作，这一司法解释稿将会涉及“避风港原则”如何适用，“红旗”标准如何把握的问题。

针对百度“侵权门”等问题，2011 年 5 月 10 日，北京市版权局发布《信息网络传播权保护指导意见（试行）》（以下简称《意见》），并于 8 月 1 日实施。《意见》明确要求，资源分享网站要在网站首页的显著位置提示上传者不得未经授权上传他人作品，并鼓励网站推行实名注册制度，登记上传者的信息。《意见》在《信息网络传播权保护条例》的基础上，做了针对性的细化、专业化，尤其是对广泛滥用的“避风港原则”做出了更明确的区分。

9.2.3 公共服务情况

2011 年，党的十七届六中全会提出了深化文化体制改革，推动社会主义文化大发展大繁荣，努力建设社会主义文化强国的战略部署，要求加快发展文化产业，推动文化产业成为国民经济支柱性产业。版权界贯彻落实六中全会精神，使作品的文化价值和财富属性得到更充分的彰显，使更多创作主体、更多的社会资源和市场要素积极主动地为文化繁荣服务。

为强化版权公共服务功能，完善作品登记制度，国家版权局下发《关于进一步规范作品登记程序等有关工作通知》，对作品登记申请受理、审查、时限等方面做出详细规定。此举表明，今后国家版权局在全国作品登记工作中将统一登记程序，统一作品登记证书格式内容，及时统计作品登记信息，建立全国作品登记信息数据库。

中国版权保护中心通过对国内外互联网版权保护模式的研究与探索，提出了以自主创新的 DCI（Digital Copyright Identifier，数字版权唯一标识符）体系为核心的数字版权公共服务新模式。通过数字作品版权登记，为每件数字作品赋予唯一的 DCI，使互联网上所有数字作品都具有一个唯一的身份标识，并以此开展国内外数字版权登记、交易及费用结算、版权监测取证、知识产权管理等服务，明确数字作品的版权归属和流转状态，实现真正意义上的数字作品版权的网上自动监测、跟踪、取证及证据保全等嵌入式版权服务。

9.2.4 专项行动情况

1．新闻出版总署发布“双打行动”阶段性成果

2011 年 8 月 31 日，新闻出版总署对外发布了打击侵犯知识产权和制售假冒伪劣商品专项行动阶段性成果：在打击侵权盗版方面，截至 2011 年 6 月，各地依法做出行政处罚 2696 起，移送司法机关追究刑事责任 179 起，涉案金额 2.83 亿元，捣毁窝点 1548 个，罚没物品 313.3 万件；在推进政府软件正版化检查整改工作方面，135 家中央国家机关已经按照国务院要求于 2011 年 5 月底前全部完成。在集中查破大案要案方面，新闻出版总署、国家版权局、全国“扫黄打非”办公室对 63 起案件进行挂牌督办，其中有 29 起案件被列为国务院重点督办案件。严厉打击侵权盗版非法活动，集中督办大要案，追究一批侵权盗版分子的刑事责任，对侵权盗版活动形成了有效震慑，遏制了部分地区或领域侵权盗版高发势头，出版物市场环境得到净化。同时开展的第七次打击网络侵权盗版专项治理“剑网行动”，有效规范了视频网站行业的版权经营秩序。

2．“剑网行动”取得阶段性成果

2011 年 6 月 21 日，国家版权局、公安部、工业和信息化部联合召开新闻通气会，公布了三部门自 2010 年 7 月启动的打击网络侵权盗版专项治理“剑网行动”以来，联合最高人民检察院、最高人民法院和各地职能部门，查处一大批侵权盗版案件成果。截至 2011 年 6 月，全国版权执法部门及公安、工信等部门共查处网络侵权盗版案件 1148 起，其中已做出行政处罚 466 起；通过“两法衔接”机制移送司法机关追究刑事责任 66 起；安徽滁州“骑士音乐网”侵权案等 17 起重大网络侵权案，由国家版权局联合全国“扫黄打非”办公室、公安部、最高人民法院、最高人民检察院实行五部门联合挂牌督办，并联合开展实地督导，刑事打击力度前所未有。在“剑网行动”中，版权执法十大案件包括安徽滁州“骑士音乐网”

侵犯著作权案，江苏“9CAX 网站”非法提供软件案，徐州万松网文字作品侵权案等侵犯著作权案，天津何震宇、刘冰销售盗版光盘案，上海盛大网络《冒险岛》游戏“外挂”等侵权案。

9.2.5　行业自律情况

2011 年，18 家视频网站主动监管工作取得重大成果。1 月 28 日，国家版权局、公安部、工业和信息化部联合召开“打击网络侵权盗版专项治理‘剑网行动’视频网站主动监管工作会议”，通报了自 2010 年 9 月起，国家版权局通过技术手段对 18 家网站上 300 部作品的传播情况予以重点监控的成果。悠视网、新浪网、乐视网、优酷网、搜狐网、天线视频、百度视频、酷 6 网、激动网、PPS 网络电视、verycd 网、土豆网、腾讯网、56 视频和迅雷看看等 18 家视频网站纳入国家版权局主动监管名单后，开展了自查自纠，健全规章制度、规范工作流程，依法妥善处理侵权投诉和权利人的通知，核查本单位使用作品的授权情况，以及对于未取得授权或权利状况不明的作品进行及时删除或断开链接。通过对 18 家视频网站的主动监管，切实提高了重点视频网站在传播影视作品时对“先授权后使用”的认识水平，引导重点视频网站切实按照《信息网络传播权保护条例》的规则合法经营，进 步探索可持续发展的经营理念，有效规范了网络版权经营秩序，促进了行业规范有序发展。

9.3　典型案例

9.3.1　百度“侵权门”事件

2011 年 3 月 16 日，贾平凹、刘心武、韩寒、郭敬明、当年明月等近 50 位作家联名发表《三一五中国作家讨百度书》，称百度公司所属的“百度文库”提供文档作品免费下载，对中国原创文学造成了伤害，“长久下去，必将无书可读”。

2011 年 3 月 17 日，中国音像协会唱片工作委员会发表抗议百度的公开信，信中称：“百度一意孤行，为一己私利，至今仍在为盗版网站提供深度链接，担任盗版的帮凶，损害音乐权利人的权益。”

最终陷入舆论旋涡的百度，从解释到有所行动，承诺三天内彻底删除百度文库内未获授权的作品。截至“最终期限”3 月 29 日中午，“百度文库文档分享平台”上显示，当前文档已从 3 月 21 日的 20 409 963 份，下降至 17 946 811 份，其中文学作品仅剩 525 份。若搜索余华、贾平凹等中国知名作家的小说，页面显示没有可下载的内容。

50 位作家与百度文库之争，引发了网络版权保护与文学繁荣如何反应的思考。尽管“文库式”的集纳方式，提供了一种便捷的文本搜索工具，这种门槛较低的“网上图书馆”查阅方便，其存在有一定的合理性。但毕竟未经授权使用他人拥有版权等作品，并以此牟利是违法的。仅仅删除曾经发布过的未授权文本不足以彻底解决“百度文库式”版权之困，关键还是在于原创者和网络平台之间如何达成合理的版权交易。

百度应对版权纠纷，总是引用《信息网络传播权保护条例》中的“避风港原则”，为自己开脱责任。在《条例》中，没有对“合理注意”、“明知应知”等进行明确界定，造成了资源分享网站曲解和滥用“避风港原则”的现象普遍发生。但 2011 年却出现了“突破性”格局。5 月 10 日，北京市版权局发布《信息网络传播权保护指导意见（试行）》（以下简称《意见》)，明确要求资源分享网站要在网站首页的显著位置提示上传者不得未经授权上传他人作品，并鼓励网站推行实名注册制度，登记上传者的信息。《意见》在《条例》的基础上，做了针对性的细化、专业化，尤其是对广泛滥用的“避风港原则”做出了更明确的区分。

9.3.2 国内首例地级市网络著作权纠纷案

2010 年 1 月，优朋普乐、网乐互联、乐视网三公司统一委托北京东卫律师事务所，以肇庆数字文化网旗下二级网站“肇庆数字影院”的《神枪手》等 6 部影视资源链接侵犯其著作权为由，起诉肇庆市文化广电新闻出版局及肇庆市图书馆。该三案经肇庆市中级人民法院 2010 年 4 月 28 日一审判决，广东省高级人民法院 2010 年 9 月 28 日二审判决，两级法院均以三原告起诉请求缺乏事实和法律依据为由，驳回了三公司的诉讼请求。2011 年 5 月 5 日，三公司中的北京优朋普乐科技有限公司不服判决，单方面向最高人民法院申请再审。2011 年 7 月 25 日，肇庆市图书馆收到最高人民法院民事裁定书，最高人民法院终审驳回北京优朋普乐科技有限公司的再审请求。该案是中国内地首例地级市数字文化网著作权纠纷案，一度引起图书馆界和版权界专家的热议。

9.3.3 500 字博文系列维权案

2006 年 4 月，郑锋在博客上发表了一篇名为《郑锋哲思：女人成就男人》的博文。2011 年 4 月 18 日他在网上发现该博文被抄袭了上百万次，并将题目改成《聪明的女人不做糊涂事》。为了维护自己的权利，郑锋从 6 月中旬开始，先后向京、沪两地的相关法院提起诉讼。从 2011 年 7 月中旬至 11 月中旬，经京、沪两地法院调解，这起 500 字博文系列维权案，获赔金额达 1.1 万元。该案是国内博客著作权短文诉讼赔偿额最高案例。此案也提醒更多的博主，博客虽然是个人日志，但上网就是发布在公共领域，对于在网上发布个人日志而产生的后续情况，是可预见的。

（中国互联网协会　程工）

第 10 章 2011 年中国互联网政策法规建设情况

10.1 我国互联网政策法规建设情况概述

2011 年是“十二五”开局之年，政府出台了“十二五”规划纲要和一些领域的专项规划、指导意见，对互联网发展给予高度关注和政策支持。同时，网络文化建设被提高到“网上思想文化阵地建设”的高度，并明确了发展健康向上的网络文化、培育文明理性的网络环境的重点和要求。在制度建设领域，国家进一步完善了对网络诈骗、侵犯信息网络传播权及危害计算机信息系统安全等犯罪行为的刑罚规定，强化了对互联网信息服务提供者的行为规范，针对出版、金融保险等互联网应用领域健全了监督管理及责任追究制度，并通过建立多部门联合执法的机制，加大对网络传销、网上虚假广告及违法信息等综合治理力度，规范市场秩序，保护用户合法权益，保障互联网的持续健康发展。

10.2 我国互联网主要政策及内容

10.2.1 宏观发展政策方面

为推动宽带普及提速，提高综合国力、改善人民生活及促进产业腾飞，工业和信息化部、国家发展和改革委员会、财政部、住房和城乡建设部等 8 部门正在共同酝酿促进宽带提速工程尽快实施的相关指导意见。

2011 年 3 月 14 日，第十一届全国人民代表大会第四次会议通过了《中华人民共和国国民经济和社会发展第十二个五年规划纲要》，重申了培育发展“新一代信息技术”产业的要求，重点是发展新一代移动通信、下一代互联网、三网融合、物联网、云计算、集成电路、新型显示、高端软件、高端服务器和信息服务。《纲要》提出统筹布局新一代移动通信网、下一代互联网、数字广播电视网、卫星通信等设施建设，形成超高速、大容量、高智能国家干线传输网络；引导建设宽带无线城市，推进城市光纤入户，加快农村地区宽带网络建设，全面提高宽带普及率和接入带宽；推动物联网关键技术研发和在重点领域的应用示范。加强云计算服务平台建设；以广电和电信业务双向进入为重点，建立健全法律法规和标准，实现电信网、广电网、互联网三网融合，促进网络互联互通和业务融合。《纲要》还提出继续推动经济社会各领域信息化，积极发展电子商务，完善面向中小企业的电子商务服务，推动面向全社会的信用服务、网上支付、物流配送等支撑体系建设；大力推进国家电子政务建设，推动重要政务信息系统互联互通、信息共享和业务协同，建设和完善网络行政审批、信息公开、网上信访、电子监察和审计体系；加强市场监管、社会保障、医疗卫生等重要信息系统建设，完善地理、人口、法人、金融、税收、统计等基础信息资源体系，强化信息资源的整合，规范采集和发布，加强社会化综合开发利用；加强网络与信息安全保障。同时，健全网络与信息安全法律法规，完善信息安全标准体系和认证认可体系，实施信息安全等级保护、风险评估等制度；加快推进安全可控关键软硬件应用试点示范和推广，加强信息网络监测、管控能力建设，确保基础信息网络和重点信息系统安全；推进信息安全保密基础设施建设，构建信息安全保密防护体系；加强互联网管理，确保国家网络与信息安全。

2011 年 10 月 18 日，党的十七届六中全会通过了《中共中央关于深化文化体制改革 推动社会主义文化大发展大繁荣若干重大问题的决定》，明确提出“发展健康向上的网络文化”的要求，规定要认真贯彻积极利用、科学发展、依法管理、确保安全的方针，加强和改进网络文化建设和管理，加强网上舆论引导，唱响网上思想文化主旋律。为此，实施网络内容建设工程，制作适合互联网和手机等新兴媒体传播的精品佳作；支持重点新闻网站加快发展，打造一批在国内外有较强影响力的综合性网站和特色网站；发展网络新技术新业态，占领网络信息传播制高点；广泛开展文明网站创建，不为有害信息提供传播渠道；加强网络法制建设，加快形成法律规范、行政监管、行业自律、技术保障、公众监督、社会教育相结合的互联网管理体系；加强对社交网络和即时通信工具等的引导和管理，培育文明理性的网络环境；依法惩处传播有害信息行为，加大网上个人信息保护力度，建立网络安全评估机制，维护公共利益和国家信息安全。

2011 年 12 月 12 日，《国务院办公厅关于加快发展高技术服务业的指导意见》公布，要求各地区、各部门要从加快转变经济发展方式出发，把发展高技术服务业放在突出位置，加强组织领导，创新工作思路，完善体制机制，营造良好环境，推进高技术服务业快速健康发展。对此，《意见》提出要重点推进的领域，其中包括：

（1）信息技术服务。充分发挥现有信息网络基础设施的作用，依托宽带光纤、新一代移动通信网、下一代互联网、数字电视网等信息基础设施建设，大力发展网络信息服务和三网融合业务，着力推进网络技术和业务创新，培育基于移动互联网、云计算、物联网等新技术、新模式、新业态的信息服务。

（2）数字内容服务。加强数字文化教育产品开发和公共信息资源深化利用，构建便捷、安全、低成本的数字内容服务体系。促进数字内容和信息网络技术融合创新，拓展数字影音、数字动漫、健康游戏、网络文学和数字学习等服务，大力推动数字虚拟等技术在生产经营领域的应用。

（3）电子商务服务。重点完善面向中小企业的电子商务服务体系，鼓励相关机构建立可信交易服务平台。加快促进集交易、电子认证、在线支付、物流、信用评估等服务于一体的第三方电子商务综合服务平台建设，培育一批骨干电子商务服务企业。《意见》还要求国务院各有关部门和地方各级人民政府从加大财税支持，拓展融资渠道，完善市场环境，培育市场需求，增强创新能力，加强人才培养，深化对外合作及引导集聚发展八个方面，制定和完善相关政策措施。

10.2.2　推进网络设施建设方面

2011 年 2 月 14 日，《工业和信息化部关于实施 2011 年通信村村通工程的意见》出台，提出要进一步加强农村通信基础设施建设，提升农村信息服务能力，推进通信基本公共服务均等化。其中，目标之一是全国新增近 1.7 万个行政村具备宽带接入能力，行政村通宽带比例由 80%提高到 83%。为此，要求因地制宜建设行政村宽带网络。利用有线网络开通电话的行政村，可结合当地“光进铜退”计划，采用 XDSL 等适用技术开通宽带；利用移动网络开通电话的行政村，可采用 WLAN、3G 等手段开通宽带；目标之二是全国 70%以上乡镇开展信息下乡活动，并要求中国电信、中国移动、中国联通等已建成的农村综合信息服务平台，要加大与信息服务商、技术开发商、各级涉农部门的协作，推进农村物联网应用，提升和完善平台的服务能力。

同时，我国更加关注残疾人、儿童等特殊群体的网络设施建设。5 月 16 日《国务院关于批转中国残疾人事业“十二五”发展纲要的通知》明确要求：加强信息无障碍建设，公共服务信息方便残疾人使用。为此，提出了将信息无障碍纳入信息化相关规划，制定信息无障碍技术标准，推进通用产品、技术信息无障碍。推进互联网和手机、电脑、可视设备等信息无障碍实用技术、产品研发和推广，推动互联网网站无障碍设计，各级政府和有关部门采取无障碍方式发布政务信息等政策措施。7 月 30 日，国务院印发的《中国儿童发展纲要（2011—2020 年）》提出：全面推进教育现代化和信息化。把教育信息化纳入国家信息化发展整体战略，提高农村中小学校接入互联网的比例，扩大农村现代远程教育网络覆盖面，基本建成覆盖城乡各级各类学校的教育信息化体系。为儿童健康上网创造条件。在公益性文化场所和儿童活动场所建设公共电子阅览室，为儿童提供公益性上网服务。社区公益性互联网上网服务设施，对儿童免费或优惠开放等。

10.2.3　构建可信网络空间方面

2011 年 11 月，工业和信息化部公布了《电子认证服务业“十二五”发展规划》，提出了发展电子认证业的指导思想、发展目标、重点任务、重大工程和保障措施。其中，发展目标是：到“十二五”末期，形成覆盖全国的网络身份认证服务体系，基本形成可靠电子签名认证体系，并在数据电文可靠性认证服务模式探索方面取得积极进展，电子认证服务市场规模突破 80 亿元。重点任务包括：一是健全政策法规，完善电子认证服务发展环境；二是规范认证服务，突破重点领域电子认证服务瓶颈；三是拓展应用市场，发展壮大电子认证服务业；四是开展试点示范，推动电子认证服务创新发展；五是完善标准规范，加强电子签名技术检测与认证服务监督。《规划》还提出将“数字证书交叉认证及应用试点工程”和“可靠电子签名与数据电文应用试点工程”作为重大工程。

10.2.4　推进电子政务方面

2011 年 9 月 13 日，《国务院办公厅转发全国政务公开领导小组关于开展依托电子政务平台加强县级政府政务公开和政务服务试点工作意见的通知》指出：深化政务公开、加强政务服务的重点在基层，难点在基层。县级政府依托电子政务平台开展有关工作，涉及面广，情况复杂，工作难度大，需要通过试点积累经验，循序渐进地推开。对此，《通知》明确了相关目标任务，即在全国选择100个县（市、区）开展试点工作，用一年左右时间，建立和完善统一的电子政务平台，充分利用平台全面、准确发布政府信息公开事项，实时、规范办理主要行政职权和便民服务事项，并实现电子监察全覆盖，为在全国全面推行奠定基础、积累经验。同时，要求试点县（市、区）要建立、使用统一的电子政务平台，平台由电子政务网络、政府网站、业务管理系统、应用及数据服务中心和信息安全保障体系等组成；实施步骤包括确定试点县（市、区）、规范政务公开和政务服务事项、建立和完善统一的电子政务平台、加强电子政务平台的应用、总结评估试点工作效果五个方面。

10.2.5 发展电子商务方面

2011年3月7日，国家发展改革委、商务部、中国人民银行、国家税务总局和国家工商行政管理总局联合发布了《关于开展国家电子商务示范城市创建工作的指导意见》，要求深刻认识创建电子商务示范城市在增强城市竞争优势，促进战略性新兴产业发展，推进现代市场体系现代化建设，促进电子商务健康快速发展方面的重要意义，提出了下列总体目标：创建一批具有典型带动作用的国家电子商务示范城市，推动电子商务的规制与政策在局部地区取得突破性进展；网上信用、电子认证、在线支付和物流配送等支撑体系及相关基础设施基本满足电子商务的发展需求；电子商务在拓展国际国内两个市场、促进经济发展方式转变、方便百姓生活、改善民生、提高政府管理与服务能力等方面取得明显成效。为此，明确了五项主要任务：一是完善电子商务政策环境；二是健全电子商务支撑体系；三是加强电子商务基础设施和交易保障设施建设；四是积极培育电子商务服务；五是深化电子商务应用。

10月，《商务部“十二五”电子商务发展指导意见》出台，提出了“十二五”电子商务发展目标，即到2015年，电子商务法规标准体系基本形成，协同、高效的电子商务管理与服务体制基本建立，规范、诚信的电子商务交易环境逐步完善；电子商务成为企业拓展市场、推动“中国制造”转型升级的有效手段、消费者方便安全消费的重要渠道；电子商务服务业规模化、规范化发展，成为我国现代商贸流通体系建设的重要组成部分。为此，明确了三项主要任务：一是完善电子商务发展环境；二是重点鼓励发展电子商务服务业；三是深化普及电子商务应用。

10.2.6 深化互联网其他社会应用方面

2011年8月15日，《国土资源部关于开展国有建设用地使用权网上交易试点工作的意见》发布，规定在部分地方探索推行国有建设用地使用权网上交易的基础上，国土资源部决定开展网上交易试点，认为这是运用科技信息手段提高国有土地出让市场管理和监督水平的重要举措。《意见》规定网上交易试点期限定为1年，范围是已经推行网上交易的地区，并要求各省（区、市）国土资源主管部门可统一组织，积极支持土地管理工作基础较好、信息化管理水平较高、有相对成熟的网上交易系统、网上交易有第三方监管、有较强的改革创新意识和工作积极性的市、县，开展网上交易试点。承担试点任务的地方，应当建立国有建设用地使用权拍卖和挂牌网上交易系统，应用互联网技术，实现竞买人网上报名、竞价，并实时确认成交结果。同时，要求分析研究实现网上竞买申请、报价、竞价、成交确认及资格审查等环节信息化技术和方法，确定网上交易指标体系；制定网上交易规范；建立网络运行安全和风险防范机制；研究建立网上交易监管机制等。

10.3 我国互联网法制建设总体情况

10.3.1 法律、行政法规层面

《国务院 2011 年立法工作计划》将《电信法》（工业和信息化部起草）、《互联网信息服务管理办法》（修订）（新闻办起草）列为“需要抓紧工作、适时提出的项目”，将《互联网上网服务营业场所管理条例》（修订）（文化部起草）列为“需要积极研究论证的项目”。

2011 年 3 月 19 日，国务院公布了修订后的《出版管理条例》，其中增加了对通过互联网等信息网络从事出版物发行业务的法律规范。

10.3.2 部门规章层面

2011 年 2 月 17 日，文化部公布了修订后的《互联网文化管理暂行规定》（文化部令第 51 号），重新界定了“互联网文化产品”，增加了申请设立经营性互联网文化单位的条件，并进一步完善了对经营进口互联网文化产品的监管及对相关违法行为的行政处罚。

3 月 25 日，新闻出版总署、商务部联合公布了《出版物市场管理规定》（新闻出版总署、商务部令第 52 号），对出版物发行活动及其监督管理进行了规范，其中明确了通过互联网等信息网络从事出版物发行业务应当遵守的规定。

12 月 29 日，工业和信息化部公布了《规范互联网信息服务市场秩序若干规定》（工业和信息化部令第 20 号），对我国境内的“互联网信息服务”及与之相关的软件等产品的安装、卸载、评测等行为和用户个人信息保护等活动进行了规范，这也是对“3Q 事件”等反映出的互联网信息服务市场恶性竞争、损害用户权益等问题做出的立法回应。

另外，为促进微博等交互性互联网服务模式健康发展，各级政府部门积极开展互联网真实身份认证政策和服务手段的研究工作，如 12 月 16 日，北京市人民政府新闻办公室、市公安局、市通信管理局和市互联网信息办公室共同制定的《北京市微博客发展管理若干规定》（下称《规定》）出台，规定微博用户必须进行真实身份信息注册后，才能使用发言功能。

10.3.3 其他规范性文件层面

立足于自身的行政管理职能，相关政府部门单独或联合发布了一些有关互联网的规范性文件，内容主要涉及以下方面：一是针对移动互联网快速发展反映出的安全问题，工业和信息化部出台了《移动互联网恶意程序监测与处置机制》，建立对移动互联网恶意程序的捕获、认定、处置等机制，保护用户权益；二是继续推进网络游戏治理工作，文化部、公安部等部门联合印发了《“网络游戏未成年人家长监护工程”实施方案》的通知，新闻出版总署、教育部等部门出台了《关于启动网络游戏防沉迷实名验证工作的通知》等，不断完善未成年人保护的治理机制；三是加强对网上银行个人结售汇业务、互联网保险业务等互联网应用的监督管理，如国家外汇管理局发布了《电子银行个人结售汇业务管理暂行办法》，中国保险监督管理委员会印发了《保险代理、经纪公司互联网保险业务监管办法（试行）》等文件，解决传统业务在互联网应用时产生的新问题；四是进一步加大对互联网热点、难点问题的综合治理，如商务部、工业和信息化部、公安部、人民银行、海关总署、工商总局、质检总局、

新闻出版总署（版权局）、知识产权局联合发布的《关于进一步推进网络购物领域打击侵犯知识产权和制售假冒伪劣商品行动的通知》，国家食品药品监督管理局、工业和信息化部、公安部、国家工商行政管理总局联合印发了《关于进一步严厉打击利用互联网发布虚假药品信息非法销售药品的通知》等，努力形成管理合力，遏制、监管和处罚相关违法行为。

10.3.4 相关司法解释

2011 年 1 月 10 日，最高人民法院、最高人民检察院、公安部印发了《关于办理侵犯知识产权刑事案件适用法律若干问题的意见》，对通过信息网络传播侵权作品行为的定罪处罚标准等事项做了进一步规定。

3 月 1 日，《最高人民法院、最高人民检察院关于办理诈骗刑事案件具体应用法律若干问题的解释》出台，其中规定了对利用互联网等发布虚假信息，对不特定多数人实施诈骗的行为定罪量刑的内容。

8 月 1 日，《最高人民法院、最高人民检察院关于办理危害计算机信息系统安全刑事案件应用法律若干问题的解释》公布，进一步明确了《刑法》第 285 条规定的“情节严重”、“专门用于侵入、非法控制计算机信息系统的程序、工具”，以及第 286 条规定的“后果严重”、“计算机病毒等破坏性程序”等认定标准。

10.4 我国互联网制度建设的主要内容

10.4.1 继续完善对利用互联网实施犯罪的刑罚规定

2011 年 1 月 10 日，最高人民法院、最高人民检察院、公安部印发了《关于办理侵犯知识产权刑事案件适用法律若干问题的意见》，进一步明确了有关通过信息网络传播侵权作品行为的定罪处罚标准问题，即以营利为目的，未经著作权人许可，通过信息网络向公众传播他人文字作品、音乐、电影、电视、美术、摄影、录像作品、录音录像制品、计算机软件及其他作品，具有下列情形之一的，属于《刑法》第 217 条规定的“其他严重情节”：一是非法经营数额在五万元以上；二是传播他人作品的数量合计在五百件（部）以上的；三是传播他人作品的实际被点击数达到五万次以上的；四是以会员制方式传播他人作品，注册会员达到一千人以上的；五是数额或数量虽未达到第一项至第四项规定标准，但分别达到其中两项以上标准一半以上的；六是其他严重情节的情形。同时，实施前款规定的行为，数额或者数量达到前款第一项至第五项规定标准五倍以上的，属于《刑法》第 217 条规定的“其他特别严重情节”。对于如何认定“以营利为目的”《意见》规定了四种情形：一是以在他人作品中刊登收费广告、捆绑第三方作品等方式直接或者间接收取费用的；二是通过信息网络传播他人作品，或者利用他人上传的侵权作品，在网站或者网页上提供刊登收费广告服务，直接或间接收取费用的；三是以会员制方式通过信息网络传播他人作品，收取会员注册费或其他费用的；四是其他利用他人作品牟利的情形。此外，明知他人实施侵犯知识产权犯罪，而为其提供互联网接入、服务器托管、网络存储空间、通信传输通道、代收费、费用结算等服务的，以侵犯知识产权犯罪的共犯论处。

3 月 1 日，《最高人民法院、最高人民检察院关于办理诈骗刑事案件具体应用法律若干问题的解释》出台，其中对利用互联网实施诈骗的行为做了特殊规定，即通过发送短信、拨打电话或利用互联网、广播电视、报刊杂志等发布虚假信息，对不特定多数人实施诈骗，财物价值达到三千元以上的，可以依照刑法第 266 条的规定酌情从严惩处；诈骗数额难以查证，但具有“发送诈骗信息五千条以上”等情形之一的，应当认定为刑法第 266 条规定的“其他严重情节”，以诈骗罪（未遂）定罪处罚。同时，规定明知他人实施诈骗犯罪，为其提供信用卡、手机卡、通信工具、通信传输通道、网络技术支持、费用结算等帮助的，以共同犯罪论处。

8 月 1 日，《最高人民法院、最高人民检察院关于办理危害计算机信息系统安全刑事案件应用法律若干问题的解释》公布，主要内容有：①刑法第 285 条第二款规定的非法获取计算机信息系统数据或者非法控制计算机信息系统，“情节严重”及“情节特别严重”的认定标准。如“情节严重”是指获取支付结算、证券交易、期货交易等网络金融服务的身份认证信息 10 组以上的、非法控制计算机信息系统 20 台以上等 5 种情形；②刑法第 285 条第三款规定的“专门用于侵入、非法控制计算机信息系统的程序、工具”及提供侵入、非法控制计算机信息系统的程序、工具，“情节严重”、“情节特别严重”的认定标准。例如，具有避开或者突破计算机信息系统安全保护措施，未经授权或者超越授权获取计算机信息系统数据的功能等三种程序、工具，属于“专门用于侵入、非法控制计算机信息系统的程序、工具”；具有提供能够用于非法获取支付结算、证券交易、期货交易等网络金融服务身份认证信息的专门性程序、工具五人次以上等情形，构成“情节严重”等；③刑法第 286 条第一款和第二款规定的破坏计算机信息系统功能、数据或者应用程序，“后果严重”、“后果特别严重”的认定标准。如造成 10 台以上计算机信息系统的主要软件或者硬件不能正常运行的，或者对 20 台以上计算机信息系统中存储、处理或者传输的数据进行删除、修改、增加操作等情形，构成“后果严重”；破坏国家机关或者金融、电信、交通、教育、医疗、能源等领域提供公共服务的计算机信息系统的功能、数据或者应用程序，致使生产、生活受到严重影响或造成恶劣社会影响等情形，构成“后果特别严重”等；④刑法第 286 条第三款规定的“计算机病毒等破坏性程序”，以及故意制作、传播计算机病毒等破坏性程序，影响计算机系统正常运行，“后果严重”、“后果特别严重”的认定标准。如具有下列情形之一的程序属于“计算机病毒等破坏性程序”，一是能够通过网络、存储介质、文件等媒介，将自身的部分、全部或者变种进行复制、传播，并破坏计算机系统功能、数据或应用程序的；二是能够在预先设定条件下自动触发，并破坏计算机系统功能、数据或者应用程序的；三是其他专门设计用于破坏计算机系统功能、数据或者应用程序的程序。提供计算机病毒等破坏性程序十人次以上的，或者违法所得五千元以上或者造成经济损失一万元以上等五种情形，构成“后果严重”；⑤关于单位犯罪。以单位名义或者单位形式实施危害计算机信息系统安全犯罪，达到本解释规定的定罪量刑标准的，应当依照刑法第 285 条、第 286 条的规定追究直接负责的主管人员和其他直接责任人员的刑事责任；⑥关于共同犯罪。明知他人实施刑法第 285 条、第 286 条规定的行为，为其提供用于破坏计算机信息系统功能、数据或应用程序的程序、工具，违法所得五千元以上或提供十人次以上，或者为其提供互联网接入、服务器托管、网络存储空间、通信传输通道、费用结算、交易服务、广告服务、技术培训、技术支持等帮助，违法所得五千元以上的，或通过委托推广软件、投放广告等方式向其提供资金五千元以上的，应当认定为共同犯罪，依照刑法第 285 条、第 286 条的规定处罚。

10.4.2 加强移动互联网网络安全管理

2011 年 12 月 9 日，工业和信息化部出台了《移动互联网恶意程序监测与处置机制》，旨在遏制移动互联网恶意程序泛滥的趋势，保护用户权益，维护网络安全。《机制》首先界定了“移动互联网恶意程序”，即运行于包括智能手机在内的具有移动通信功能的移动终端之上，存在窃听用户通话、窃取用户信息、破坏用户数据、擅自使用付费业务、发送垃圾信息、推送广告或欺诈信息、影响移动终端运行、危害互联网网络安全等恶意行为的计算机程序。在此基础上，《机制》规定了以下事项：一是适用范围。本机制适用于移动互联网恶意程序及其传播服务器、控制服务器的监测和处置；二是管理部门及其职责。工业和信息化部指导、组织、监督全国移动互联网恶意程序的监测和处置工作；各省、自治区、直辖市通信管理局（以下简称通信管理局）指导、组织、监督本行政区域内移动互联网恶意程序的监测和处置工作；三是相关主体的责任。国家计算机网络应急技术处理协调中心（以下简称 CNCERT）负责对移动互联网恶意程序样本进行认定命名，对移动互联网恶意程序进行监测、分析、通报，协调处置传播服务器、控制服务器和攻击源；移动通信运营企业负责报送移动互联网恶意程序疑似样本，对 CNCERT 认定通报的移动互联网恶意程序进行监测、处置和反馈，为本单位所服务的用户提供信息提示和查杀技术咨询；互联网域名注册管理机构和注册服务机构负责对 CNCERT 通报的由自身管理的恶意域名进行处置；四是移动互联网恶意程序事件分级。分为特别重大、重大、较大、一般四级，重大事件是指单个移动互联网恶意程序造成用户通信费用损失累计超过 500 万元，或 24 小时内受感染用户规模超过五万个手机号码，对社会造成重大影响等；五是恶意程序认定命名。要求依据《移动互联网恶意程序描述格式》进行分析、认定和命名，将认定结果和处置建议在 5 个工作日内反馈各样本报送单位和相关通信管理局；六是事件监测、处置与通报。移动通信运营企业负责本企业网内恶意程序的样本捕获、监测处置和事件通报，CNCERT 负责恶意程序跨网监测、汇总通报和验证企业处置结果，对移动互联网恶意程序进行监测；七是违法行为处置。对于涉嫌制作、传播恶意程序或利用恶意程序牟利的移动互联网服务提供商及其他合作伙伴等，移动通信运营企业应依据双方签订的合同进行处理，并报当地通信管理局依法处罚。对于涉嫌犯罪的事件，应报请公安机关依法调查处理。

10.4.3 细化互联网信息服务规则

2011 年 12 月 29 日，工业和信息化部公布了《规范互联网信息服务市场秩序若干规定》（工业和信息化部令第 20 号），进一步明确了互联网信息服务规则和行为边界，这也是对“3Q”事件做出的法律制度反应，其主要内容有：（1）规范了互联网信息服务提供者之间的市场行为，明确禁止下列行为：一是恶意干扰用户终端上其他互联网信息服务提供者的服务，或者恶意干扰与互联网信息服务相关的软件等产品的下载、安装、运行和升级；二是捏造、散布虚假事实损害其他互联网信息服务提供者的合法权益，或者诋毁其他互联网信息服务提供者的服务或者产品；三是恶意对其他互联网信息服务提供者的服务或者产品实施不兼容；四是欺骗、误导或者强迫用户使用或者不使用其他互联网信息服务提供者的服务或者产品；五是恶意修改或者欺骗、误导、强迫用户修改其他互联网信息服务提供者的服务或者产品参数；六是其他违反国家法律规定，侵犯其他互联网信息服务提供者合法权益的行为。（2）规范了互联网信息服务提供者与用户之间的关系，明确禁止下列行为：一是无正当理由拒绝、拖延或中止向用户提供互联网信息服务或者产品；二是无正当理由限定用户使用或者不使用其指定的互联网信息服务或者产品；三是以欺骗、误导或者强迫等方式向用户提供互联网信息服务或者产品；四是提供的互联网信息服务或者产品与其向用户所作的宣传或者承诺不符；五是擅自改变服务协议或者业务规程，降低服务质量或者加重用户责任；六是与其他互联网信息服务提供者的服务或者产品不兼容时，未主动向用户提示和说明；七是未经提示并由用户主动选择同意，修改用户浏览器配置或者其他设置；八是其他违反国家法律规定，侵犯用户合法权益的行为。（3）规范了互联网信息服务或者产品评测行为，明确了评测双方的权利义务：评测方公开或者向用户提供评测结果的，应当同时提供评测实施者、评测方法、数据来源、用户原始评价、评测手段和评测环境等与评测活动相关的信息，不得利用评测结果，欺骗、误导、强迫用户对被评测方的服务或者产品做出处置；被评测方对评测结果有异议的，可以自行或者委托第三方就评测结果进行再评测，评测方应当予以配合。（4）规范了互联网信息服务提供者在用户终端上进行软件下载、安装、运行、升级、卸载等操作的行为，要求提供明确、完整的软件功能等信息，并事先征得用户同意，不得实施以下行为：一是欺骗、误导或者强迫用户下载、安装、运行、升级、卸载软件；二是未提供与软件安装方式同等或者更便捷的卸载方式；三是在未受其他软件影响和人为破坏的情况下，未经用户主动选择同意，软件卸载后有可执行代码或者其他不必要的文件驻留在用户终端。（5）建立了用户个人信息保护规则：一是未经用户同意，互联网信息服务提供者不得收集与用户相关、能够单独或者与其他信息结合识别用户的信息（以下简称“用户个人信息”），不得将用户个人信息提供给他人，但是法律、行政法规另有规定的除外；二是互联网信息服务提供者经用户同意收集用户个人信息的，应当明确告知用户收集和处理用户个人信息的方式、内容和用途，不得收集其提供服务所必需以外的信息，不得将用户个人信息用于其提供服务之外的目的；三是互联网信息服务提供者应当妥善保管用户个人信息；保管的用户个人信息泄露或可能泄露时，应当立即采取补救措施；造成或可能造成严重后果的，应当立即向准予其互联网信息服务许可或者备案的电信管理机构报告，并配合相关部门进行的调查处理。此外，《规定》还细化了对相关信息安全保障制度，设立了违法行为报告机制，一并对捆绑软件、弹出广告等用户反映强烈的相关行为进行了规范。

10.4.4　深化互联网文化领域的政府管理

1．继续推进网络游戏管理

2011 年 1 月 15 日，文化部、中央文明办、教育部、工业和信息化部、公安部、卫生部、共青团中央、全国妇联联合印发了《“网络游戏未成年人家长监护工程”实施方案》的通知，要求进一步扩大“网络游戏未成年人家长监护工程”覆盖面，巩固和深化企业与社会、家长与未成年人的互动机制，决定自 2011 年 3 月 1 日起在网络游戏行业全面实施“家长监护工程”，并进一步明确相关部门的监管责任。

7 月 1 日，新闻出版总署、中央文明办、教育部、公安部、工业和信息化部、共青团中央、中华全国妇女联合会、中国关心下一代工作委员会《关于启动网络游戏防沉迷实名验证工作的通知》指出：推动网络游戏防沉迷系统实施工作取得更大成效，实施防沉迷实名验证是至关重要的一环，有利于防止未成年人盗用或者使用虚假成年人身份信息，规避网络游戏防沉迷系统的限制，决定在全国范围内启动这项工作。《通知》明确公安部所属全国公民身份证号码查询服务中心（以下简称“身份查询中心”）承担全国网络游戏防沉迷实名验证工作，具体要求是：“身份查询中心”应向网络游戏运营企业说明实名验证具体工作要求，按《网络游戏防沉迷实名验证流程》及时有效地验证网络游戏运营企业报送的身份信息，并反馈验证结果；网络游戏运营企业要按规定要求，认真做好本企业应承担的网络游戏用户注册信息识别等工作，按流程及时报送需验证的用户身份信息，严格将经实名验证为提供了虚假身份信息的用户纳入网络游戏防沉迷系统。

2．完善互联网文化产品管理

2011 年 2 月 17 日，文化部公布了修订后的《互联网文化管理暂行规定》，进一步完善了相关管理制度，主要有：（1）完善了“互联网文化产品”和“互联网文化活动”的定义。互联网文化产品是指通过互联网生产、传播和流通的文化产品，主要包括专门为互联网而生产的网络音乐娱乐、网络游戏、网络演出剧（节）目、网络表演、网络艺术品、网络动漫等互联网文化产品，以及将音乐娱乐、游戏、演出剧（节）目、表演、艺术品、动漫等文化产品以一定的技术手段制作、复制到互联网上传播的互联网文化产品两类。（2）修改了申请设立互联网文化单位的许可条件，删除了对相关人员数量和注册资本额的具体要求，如将“不低于 100 万元的注册资金，其中申请从事网络游戏经营活动的应当具备不低于 1000 万元的注册资金”，修改为“有适应互联网文化活动需要的资金”等。（3）加强了对非经营性互联网文化单位的行为监管，规定非经营性互联网文化单位自取得批准文件之日起满 180 日未开展互联网文化活动的，由原审核的省、自治区、直辖市人民政府文化行政部门注销批准文件，同时通知相关省、自治区、直辖市电信管理机构。（4）细化了有关进口互联网文化产品的管理要求，规定经营进口互联网文化产品的活动应当由取得文化行政部门核发的《网络文化经营许可证》的经营性互联网文化单位实施，进口互联网文化产品应当报文化部进行内容审查，并规定了内容审查时限、结果及审查批准后的要求，如经批准的进口互联网文化产品应当在其显著位置标明文化部的批准文号，不得擅自变更产品名称或者增删产品内容等。（5）按照惯例体制改革的情况，在行政处罚内容中增加文化市场综合执法机构为执法主体，同时明确了违法案件的管辖原则，即文化行政部门或者文化市场综合执法机构查处违法经营活动，依照实施违法经营行为的企业注册地或者企业实际经营地进行管辖；企业注册地和实际经营地无法确定的，由从事违法经营活动网站的信息服务许可地或者备案地进行管辖；没有许可或者备案的，由该网站服务器所在地管辖；网站服务器设置在境外的，由违法行为发生地进行管辖。

3．强化对通过互联网从事出版物发行业务的管理

2011 年 3 月 19 日，国务院修订的《出版管理条例》第 36 条明确规定：通过互联网等信息网络从事出版物发行业务的单位或者个体工商户，应当依照本条例规定取得《出版物经营许可证》；提供网络交易平台服务的经营者应当对申请通过网络交易平台从事出版物发行业务的单位或个体工商户的经营主体身份进行审查，验证其《出版物经营许可证》。

3 月 25 日，新闻出版总署、商务部联合公布了《出版物市场管理规定》，其中涉及互联网的相关内容有：（1）通过互联网等信息网络从事出版物发行业务的单位或者个人应当遵守的要求。《规定》第 17 条明确：通过互联网等信息网络从事出版物发行业务的单位或个人应当依照本规定取得《出版物经营许可证》，外商投资企业还应按照相关规定办理外商投资审批手续；已经取得《出版物经营许可证》的出版物发行单位在批准的经营范围内通过互联网等信息网络从事出版物发行业务，应自开展网络出版物发行业务 15 日内到原批准的新闻出版行政部门备案。《规定》第 24 条还规定：利用信息网络从事出版物发行业务的单位和个人，应在其网站主页面或者从事经营活动的网页醒目位置公开《出版物经营许可证》和营业执照登载的有关信息或链接标识。（2）提供出版物发行网络交易平台服务的经营者的义务。《规定》第 27 条明确：提供出版物发行网络交易平台服务的经营者应当对申请通过网络交易平台从事出版物发行的经营主体身份进行审查，核实经营主体的营业执照、《出版物经营许可证》，并留存证照复印件备查。不得向无证无照、证照不齐的经营者提供网络交易平台服务；发现在网络交易平台内从事各类违法活动的，应当采取有效措施予以制止，并及时向所在地新闻出版行政部门报告。此外，建立发行出版物的网络交易平台应向所在地省、自治区、直辖市新闻出版行政部门备案，接受新闻出版行政部门的指导与监督管理。

10.4.5　加强对互联网其他社会应用的管理

组织通信行业改为相关互联网企业，对发布虚假药品信息，虚假药品网站。

1．规范网上银行业务管理

2011 年 1 月 19 日，国家外汇管理局印发了《电子银行个人结售汇业务管理暂行办法》的通知，规范电子银行个人结售汇业务管理，其中包括通过网上银行等银行非柜台渠道办理的个人结售汇业务，相关内容有：一是开办电子银行个人结售汇业务的资格要求，规定具有个人结售汇业务经营资格，近 2 年内无重大违反个人外汇管理规定行为，并符合本办法相关规定及《电子银行系统接入个人结售汇系统的技术要求》的银行，可申请开办电子银行个人结售汇业务；二是可通过电子银行办理的个人结售汇业务范围，即限于境内个人年度总额以内经常项目非经营性结售汇和境外个人年度总额以内经常项目非经营性结汇，法规另有规定的除外；三是办理电子银行个人结售汇业务的银行应当遵守的相关规定，如应当实时访问个人结售汇系统，并确保相关交易信息真实、完整、准确地录入个人结售汇系统；应当建立有效的内部核对和纠错机制，每日核对电子银行个人结售汇业务数据，确保录入个人结售汇系统的信息及时、准确和完整，并留存相关材料 5 年备查等，以保障相关网上银行业务的交易安全。

2．加强对互联网保险业务的监督管理

2011 年 9 月 20 日，中国保险监督管理委员会印发了《保险代理、经纪公司互联网保险业务监管办法（试行）》，旨在促进保险代理、经纪公司互联网保险业务的规范健康有序发展，切实保护投保人、被保险人和受益人的合法权益。《办法》规定：保险代理、经纪公司应当在具备下列条件的互联网站上开展保险业务：一是依法取得互联网行业主管部门颁发的互联网信息服务增值电信业务经营许可证或者在互联网行业主管部门完成网站备案；二是网站接入地在中华人民共和国境内；三是有与开展互联网保险业务相适应的电子商务系统，能实现投保人的全部投保信息与保险公司核心业务系统的实时对接；四是具备健全的网络信息安全管理体系及安全技术，具有防火墙、入侵检测、加密、第三方电子认证、数据备份等功能；五是中国保监会规定的其他条件。同时，《办法》还规定了保险代理、经纪公司开展互联网保险业务应当履行的相关义务《办法》还规定：中国保监会应当在其互联网站上建立信息披露专栏，及时对符合本办法要求、开展互联网保险业务的保险代理、经纪公司名称及相关互联网站名称、网址等信息进行披露，便于社会公众查询和监督。

3．加大对互联网地图服务的规范力度

2011 年 12 月 23 日，国家测绘地理信息局法规与行业管理司公布了《关于进一步加强互联网地图服务资质管理工作的通知》，就规范互联网地图服务市场秩序提出以下要求：一是互联网地图服务资质单位应当使用经省级以上测绘地理信息行政主管部门审核批准的地图提供服务，并将地图审图号、测绘资质证书编号、互联网信息服务增值电信业务经营许可证编号共同标注在网站显著位置；二是测绘资质年度注册时，互联网地图服务资质单位应当依据有关规定，提供省级以上测绘地理信息主管部门认可的互联网地图新增内容备案的证明材料；三是有外资进入的互联网地图服务资质单位，应当及时向测绘地理信息行政主管部门报告，并按照《外国的组织或者个人来华测绘管理暂行办法》重新申请资质审查；四是互联网地图服务资质单位不得提供境外互联网地图服务的链接；五是互联网地图服务资质单位在互联网上登载实景影像地图，应当按照地图审核相关规定送审。未经审核批准的实景影像地图，一律不得在互联网上公开登载。同时，明确自 2012 年 2 月 1 日起，未申请互联网地图服务资质的单位一律不得从事互联网地图服务；已提出申请、在审批过程中的单位，在取得互联网地图服务资质前，不得提供新的互联网地图服务。对于无资质继续从事互联网地图服务的，测绘地理信息行政主管部门要予以约谈、曝光，并依法给予限期整改直至停止互联网地图服务等处罚。

10.4.6 继续开展网上违法行为的综合治理

1．对网络购物领域的违法行为实施综合治理

2011 年 4 月 21 日，商务部、工业和信息化部、公安部、人民银行、海关总署、工商总局、质检总局、新闻出版总署（版权局）、知识产权局联合发布了《关于进一步推进网络购物领域打击侵犯知识产权和制售假冒伪劣商品行动的通知》，要求加大对网络购物领域侵犯知识产权和制售假冒伪劣商品行为的打击力度。具体工作包括：一是各地工商、通信、公安、人民银行、海关、质检、新闻出版（版权）、知识产权主管部门要积极开展网上巡查，利用本部门投诉举报电话等多种渠道收集网络购物领域侵犯知识产权和制售假冒伪劣商品违法犯罪案件线索，抓紧确定一批网络购物领域重点案件并限时办结；二是各地商务、通信、海关、工商、新闻出版（版权）、知识产权主管部门要督促网络购物平台立即开展自查自纠，加强对涉嫌销售侵权和假冒伪劣商品网店的查处整改工作。对侵犯知识产权情节严重的网络购物平台，商务、工商、通信、新闻出版（版权）等部门要依法采取约谈、警告、限期整改等多种方式督促其健康规范发展，限期整改不到位且情节严重的要依法从严处理，直至停止其网站接入服务和域名解析服务；三是相关部门要立即督导网络购物平台承担市场主办方责任，加强自律机制建设，并将其作为相关考核奖惩的重要依据，包括严格经营者主体和交易商品市场准入制度，建立商标、专利查询系统，采取技术手段屏蔽侵犯知识产权和制售假冒伪劣商品信息，健全信息发布、身份认证、交易、支付、物流、售后服务、纠纷处理、先行赔付、过程监控等保障机制，建立每日 24 小时网上巡查制度，及时排查隐患，处理违法违规行为等。

2．继续推进虚假违法广告专项整治

2011 年 2 月 26 日，国家工商行政管理总局、中央宣传部、国务院新闻办公室、公安部、监察部、国务院纠风办、工业和信息化部、卫生部、国家广播电影电视总局、新闻出版总署、

国家食品药品监督管理局、国家中医药管理局联合印发了《2011 年虚假违法广告专项整治工作实施意见》，要求进一步深入治理损害消费者权益的虚假违法广告，并提出了四个需要突出整治的重点：一是直接关系人民群众健康安全的医疗、药品、保健食品广告，危害未成年人身心健康的非法涉性、低俗不良广告，以及扰乱公共秩序、影响社会稳定的严重虚假违法广告；二是加大对省级电视台卫视频道、大中城市电视台经济频道、都市类报纸媒体广告的监测检查力度，严格监管电视购物广告，严厉查处各类媒体以新闻报道形式和健康资讯节（栏）目名义变相发布广告的行为；三是深入清理网上非法“性药品”广告、性病治疗广告和低俗不良广告，做好整治互联网和手机媒体传播淫秽色情及低俗信息工作；四是加大群众投诉举报集中、广告违法率居高不下的地区的治理力度，对部分地区、部分媒体虚假违法广告屡禁不止、屡罚屡犯的现象，实施综合治理。《意见》还同时明确了相关部门的分工协作要求，其中，通信管理部门要配合工商等部门规范互联网广告，对未取得互联网信息服务经营许可证或者未履行非经营性互联网信息服务备案手续，擅自从事互联网信息服务的互联网站，责令当事人关闭网站，同时通知相关互联网接入服务提供商停止为其提供接入服务，并依法追究相关互联网接入服务提供商的责任。

3．持续打击利用互联网发布虚假药品信息非法销售药品的行为

2011 年 5 月 18 日，国家食品药品监督管理局、工业和信息化部、公安部、国家工商行政管理总局联合印发了《关于进一步严厉打击利用互联网发布虚假药品信息非法销售药品的通知》，明确了持续打击利用互联网发布虚假药品信息和非法销售药品行为的工作重点、分工和要求。工作重点包括：一是加强对已审批的互联网药品信息服务和交易服务网站的日常监管；二是加强对互联网上发布虚假药品信息、广告和非法销售药品的动态监测。监测内容集中针对发布治疗糖尿病、高血压、肾病、风湿、痛风、性功能障碍、皮肤病等疑难杂症的信息、广告以及冠名“中国”、“全国”、“中华”、“军队番号”等网站；监测重点集中针对搜索引擎和大门户网站；对投诉举报以及监督检查发现问题严重的网站进行追踪监测；三是严厉打击利用互联网销售假药违法犯罪行为。《通知》进一步明确了相关部门的工作任务：一是食品药品监督管理部门要积极会同有关部门对违法网站进行重点治理；二是通信管理部门要组织相关互联网企业，配合有关部门对发布虚假药品信息和销售假劣药品的网站依法予以处理，对违规接入未备案网站的互联网接入服务商依法追究责任；对严重违法的境内网站，根据相关部门的认定意见和要求纳入黑名单管理；三是公安机关要加强对利用互联网销售假劣药品犯罪行为的立案侦查，深挖犯罪源头，摧毁产供销犯罪网络；四是工商行政管理部门要加强对利用互联网发布药品广告的监督检查，依法查处利用互联网发布的违法药品广告，对涉嫌违法犯罪的移送公安机关查处。

10 月 11 日，国家食品药品监督管理局印发了《医疗机构药品监督管理办法（试行）》的通知，其中明确禁止医疗机构采用互联网交易等方式直接向公众销售处方药，违反该规定的，将按照《药品流通监督管理办法》第 42 条规定处罚。

4．集中打击网络传销违法犯罪行为

2011 年 6 月 27 日，国家工商行政管理总局、公安部、工业和信息化部、国家互联网信息办公室、中国人民银行、中国银行业监督管理委员会联合印发了《关于开展打击网络传销违法犯罪专项行动的通知》，决定自 2011 年 7 月至 12 月，分三个阶段在全国组织开展打击网络传销违法犯罪专项行动，目标是查处侦破一批网络传销违法犯罪大要案件，严惩网络传销组织者、领导者，净化网络环境，提高群众抵制和防范传销能力，遏制网络传销违法犯罪活动发展蔓延的势头，建立打击和防范网络传销违法犯罪活动长效机制。《通知》要求各级工商、公安、通信、互联网信息内容主管、人民银行和银监部门要组织力量，深入开展调查摸底，通过群众举报、网上巡查、可疑资金交易分析等方式，发现和确定涉嫌从事传销违法犯罪活动的网站、网页，获取涉及的单位、人员、银行账户、活动范围、活动地点、服务器及网站所在地及在本地区活动情况等信息。对涉嫌从事传销违法犯罪活动的网站、网页，要积极开展线索经营，综合运用网络侦查、可疑资金交易分析等手段，追根溯源，全力查明组织者和领导者，集中力量予以打击。对涉嫌从事传销活动的网站、网页，由工商机关、通信管理部门、互联网信息内容主管部门或公安机关依法处理。对散播传销内容和信息的网页，要依法查处；对传播传销内容和信息或公开销售传销制度定制版本及网络传销平台源代码的网站，要在深挖线索、确定嫌疑对象、获取证据后及时查处；对涉嫌从事传销违法犯罪活动的网站要根据案件调查进展情况适时予以查处。同时，充分宣传网络传销的危害、特点和手法，揭露其本质，提高群众自觉抵制和防范传销的意识和能力；密切关注舆情动态，开展打击、取缔传销网站行动前要充分考虑可能会产生的影响，做好风险评估，制定应急预案，防止群体性事件的发生。

10.5 小结

2011 年，国家互联网信息办公室宣布成立，负责落实互联网信息传播方针政策和推动互联网信息传播法制建设，指导、协调、监督有关部门加强互联网信息内容管理等职能，进一步整合了互联网信息管理机制，也将影响互联网、尤其是网络文化领域的政策法规建设格局。同时，历经多年的探索和积累，互联网领域的制度建设正在向纵深推进，《规范互联网信息服务市场秩序若干规定》即是对社会反应强烈的不当评测、强制捆绑软件、滥用用户信息等行为作出的立法规制。随着互联网服务市场的发展变化，相关法律规则还将不断建立和完善，如《北京市微博客发展管理若干规定》的出台，把互联网（微博）真实身份认证从研究争论推进到实际管理的层面；国家发展和改革委员会对中国电信、联通发起反垄断调查案后，加强对互联网接入服务的规范也将进入立法视野。在法律制度的价值选择上，除了关注市场秩序、公共安全和未成年人保护等价值目标外，CSDN 用户数据库、天涯网用户信息外泄等事件，使得用户信息保护问题越来越成为产业可持续发展的障碍，通过立法加强网上用户信息、尤其是个人信息保护势在必行。此外，移动互联网的迅速发展和普及应用，用户数据安全问题、产业链融合带来的监管挑战也日益凸显，需要政策法规适时跟进与调整，为互联网深度应用和健康发展提供制度保障。

（工业和信息化部政策法规司　朱秀梅）

第 11 章　2011 年中国计算机网络与信息安全情况

- 2011 年对广大互联网用户构成较为严重威胁的仍然是恶意代码的疯狂传播，恶意代码事件、漏洞事件、网页挂马事件是威胁互联网用户安全上网的三大要素。
- 2011 年发现境外有近 4.7 万个 IP 地址作为木马或僵尸网络控制服务器参与控制我国境内主机，虽然其数量较 2010 年的 22.1 万大幅降低，但其控制的境内主机数量却由 2010 年的近 500 万增加至近 890 万，呈现大规模化趋势。其中位于日本（22.8%）、美国（20.4%）和韩国（7.1%）的控制服务器 IP 数量居前三位。
- CSDN、天涯等网站发生用户信息泄露事件引起社会广泛关注，被公开的疑似泄露数据库 26 个，涉及账号、密码信息 2.78 亿条。我国部分网站的用户信息仍采用明文的方式存储，相关漏洞修补不及时，安全防护水平较低。
- 11 月 18 日，工业和信息化部印发《移动互联网恶意程序监测与处置机制》（工业和信息化部保[2011]545 号）文件。这是工业和信息化部首次出台移动互联网网络安全管理规范性文件。

11.1　网络安全概况

2011 年，在政府相关部门、互联网服务机构、网络安全企业和网民的共同努力下，我国互联网网络安全状况继续保持平稳，未发生重大网络安全事件，基础信息网络防护水平明显提升，政府网站安全事件显著减少，网络安全事件处置速度明显加快，但以用户信息泄露为代表的事件，引起公众对网络安全的广泛关注。

11.1.1　我国互联网网络安全形势

（1）基础网络防护能力明显提升，但安全隐患不容忽视。根据工业和信息化部组织开展的 2011 年通信网络安全防护检查情况，基础电信运营企业的网络安全防护意识和水平较 2010 年均有所提高，网络安全防护管理水平明显提升，各企业网络安全防护措施总体达标率为 98.78%，较 2010 年的 92.25%，2009 年的 78.61%呈逐年稳步上升趋势。但基础电信运营企业的部分网络单元仍存在比较高的风险。域名解析系统（DNS）、移动通信网和 IP 承载网的网络单元存在风险的百分比分别为 6.8%，17.3%和 0.6%。涉及基础电信运营企业的信息安全漏洞数量较多。据国家信息安全漏洞共享平台（CNVD）收录的漏洞统计，2011 年发现涉及电信运营企业网络设备（如路由器、交换机等）的漏洞 203 个，其中高危漏洞 73 个；发现直接面向公众服务的零日 DNS 漏洞 23 个，应用广泛的域名解析服务器软件 Bind9 漏洞 7 个。涉及基础电信运营企业的攻击形势严峻。据国家计算机网络应急技术处理协调中心（CNCERT）监测，2011 年每天发生的分布式拒绝服务攻击（DDoS）事件中平均约有 7%的事件涉及到基础电信运营企业的域名系统或服务。7 月 15 日域名注册服务机构三五互联 DNS 服务器遭受 DDoS 攻击，导致其负责解析的大运会官网域名在部分地区无法解析。8 月 18 日晚和 19 日晚，新疆某运营商 DNS 服务器也连续两次遭到拒绝服务攻击，造成局部用户无法正常使用互联网。

（2）政府网站篡改类安全事件显著减少，网站用户信息泄漏引发社会高度关注。据 CNCERT 监测，2011 年中国大陆被篡改的政府网站为 2807 个，比 2010 年大幅下降 39.4%；从 CNCERT 专门面向国务院部门门户网站的安全监测结果来看，国务院部门门户网站存在低级别安全风险的比例从 2010 年的 60%进一步降低为 50%。但从整体来看，2011 年网站安全情况有一定恶化趋势。在 CNCERT 接收的网络安全事件（不含漏洞）中，网站安全类事件占到 61.7%；境内被篡改网站数量为 36 612 个，较 2010 年增加 5.1%；4～12 月被植入网站后门的境内网站为 12 513 个。CNVD 接收的漏洞中，涉及网站相关的漏洞占 22.7%，较 2010 年大幅上升，排名由第三位上升至第二位。网站安全问题进一步引发网站用户信息和数据的安全问题。2011 年底，CSDN、天涯等网站发生用户信息泄露事件引起社会广泛关注，被公开的疑似泄露数据库 26 个，涉及账号、密码信息 2.78 亿条，严重威胁了互联网用户的合法权益和互联网安全。根据调查和研究发现，我国部分网站的用户信息仍采用明文的方式存储，相关漏洞修补不及时，安全防护水平较低。

（3）我国遭受境外的网络攻击持续增多。2011 年，CNCERT 抽样监测发现，境外有近 4.7 万个 IP 地址作为木马或僵尸网络控制服务器参与控制我国境内主机，虽然其数量较 2010 年的 22.1 万大幅降低，但其控制的境内主机数量却由 2010 年的近 500 万增加至近 890 万，呈现大规模化趋势。其中位于日本（22.8%）、美国（20.4%）和韩国（7.1%）的控制服务器 IP 数量居前三位，美国继 2009 年和 2010 年两度位居榜首后，2011 年其控制服务器 IP 数量下降至第二，以 9528 个 IP 控制着我国境内近 885 万台主机，控制我国境内主机数仍然高居榜首。在网站安全方面，境外黑客对境内 1116 个网站实施了网页篡改；境外 11 851 个 IP 通过植入后门对境内 10 593 个网站实施远程控制，其中美国有 3328 个 IP（占 28.1%）控制着境内 3437 个网站，位居第一，源于韩国（占 8.0%）和尼日利亚（占 5.8%）的 IP 位居第二、三位；仿冒境内银行网站的服务器 IP 有 95.8%位于境外，其中美国仍然排名首位——共有 481 个 IP（占 72.1%）仿冒了境内 2943 个银行网站的站点，中国香港（占 17.8%）和韩国（占 2.7%）分列二、三位。总体来看，2011 年位于美国、日本和韩国的恶意 IP 地址对我国的威胁最为严重。另据工业和信息化部互联网网络安全信息通报成员单位报送的数据，2011 年在我国实施网页挂马、网络钓鱼等不法行为所利用的恶意域名约有 65%在境外注册。此外，CNCERT 在 2011 年还监测并处理多起境外 IP 对我国网站和系统的拒绝服务攻击事件。这些情况表明我国面临的境外网络攻击和安全威胁越来越严重。

（4）网上银行面临的钓鱼威胁愈演愈烈。随着我国网上银行的蓬勃发展，广大网银用户成为黑客实施网络攻击的主要目标。2011 年初，全国范围大面积爆发了假冒中国银行网银口令卡升级的骗局，此次事件中有客户损失超过百万元。据 CNCERT 监测，2011 年针对网银用户名和密码、网银口令卡的网银大盗、Zeus 等恶意程序较往年更加活跃，3～12 月发现针对我国网银的钓鱼网站域名 3841 个。CNCERT 全年共接收网络钓鱼事件举报 5459 件，较 2010 年增长近 2.5 倍，占总接收事件的 35.5%；重点处理网页钓鱼事件 1833 件，较 2010 年增长近两倍。

（5）工业控制系统安全事件呈现增长态势。继 2010 年伊朗布舍尔核电站遭到 Stuxnet 病毒攻击后，2011 年美国伊利诺伊州一家水厂的工业控制系统遭受黑客入侵导致其水泵被烧毁并停止运作，11 月 Stuxnet 病毒转变为专门窃取工业控制系统信息的 Duqu 木马。2011 年 CNVD 收录了 100 余个对我国影响广泛的工业控制系统软件安全漏洞，较 2010 年大幅增长近 10 倍，涉及西门子、北京亚控和北京三维力控等国内外知名工业控制系统制造商的产品。相关企业虽然能够积极配合 CNCERT 处置安全漏洞，但在处置过程中部分企业也表现出产品安全开发能力不足的问题。

（6）手机恶意程序现多发态势。随着移动互联网生机勃勃的发展，黑客也将其视为攫取经济利益的重要目标。2011 年 CNCERT 捕获移动互联网恶意程序 6249 个，较 2010 年增加超过两倍。其中，恶意扣费类恶意程序数量最多，为 1317 个，占 21.08%，其次是恶意传播类、信息窃取类、流氓行为类和远程控制类。从手机平台来看，约有 60.7%的恶意程序针对 Symbian 平台，该比例较 2010 年有所下降，针对 Android 平台的恶意程序较 2010 年大幅增加。2011 年境内约 712 万个上网的智能手机曾感染手机恶意程序，严重威胁和损害手机用户的权益。

（7）木马和僵尸网络活动越发猖獗。2011 年，CNCERT 全年共发现近 890 万余个境内主机 IP 地址感染了木马或僵尸程序，较 2010 年大幅增加 78.5%。其中，感染窃密类木马的境内主机 IP 地址为 5.6 万余个，国家、企业以及网民的信息安全面临严重威胁。根据工业和信息化部互联网网络安全信息通报成员单位报告，2011 年截获的恶意程序样本数量较 2010 年增加 26.1%，位于较高水平。黑客在疯狂制造新的恶意程序的同时，也在想方设法逃避监测和打击，越来越多的黑客采用在境外注册域名、频繁更换域名指向 IP 等手段规避安全机构的监测和处置。

（8）应用软件漏洞呈现迅猛增长趋势。2011 年，CNVD 共收集整理并公开发布信息安全漏洞 5547 个，较 2010 年大幅增加 60.9%。其中，高危漏洞有 2164 个，较 2010 年增加约 2.3 倍。在所有漏洞中，涉及各种应用程序的最多，占 62.6%，涉及各类网站系统的漏洞位居第二，占 22.7%，而涉及各种操作系统的漏洞则排到第三位，占 8.8%。除发布预警外，CNVD 还重点协调处置了大量威胁严重的漏洞，涵盖网站内容管理系统、电子邮件系统、工业控制系统、网络设备、网页浏览器、手机应用软件等类型以及政务、电信、银行、民航等重要部门。上述事件暴露了厂商在产品研发阶段对安全问题重视不够，质量控制不严格，发生安全事件后应急处置能力薄弱等问题。由于相关产品用户群体较大，因此一旦某个产品被黑客发现存在漏洞，将导致大量用户和单位的信息系统面临威胁。这种规模效应也吸引黑客加强了对软件和网站漏洞的挖掘和攻击活动。

（9）DDoS 攻击仍然呈现频率高、规模大和转嫁攻击的特点。2011 年，DDoS 仍然是影响互联网安全的主要因素之一，表现出三个特点。一是 DDoS 攻击事件发生频率高，且多采用虚假源 IP 地址。据 CNCERT 抽样监测发现，我国境内日均发生攻击总流量超过 1G 的较大规模的 DDoS 攻击事件 365 起。其中，TCP SYN FLOOD 和 UDP FLOOD 等常见虚假源 IP 地址攻击事件约占 70%，对其溯源和处置难度较大。二是在经济利益驱使下的有组织的 DDoS 攻击规模十分巨大，难以防范。例如 2011 年针对浙江某游戏网站的攻击持续了数月，综合采用了 DNS 请求攻击、UDP FLOOD、TCP SYN FLOOD 和 HTTP 请求攻击等多种方式，攻击峰值流量达数十 Gbps。三是受攻击方恶意将流量转嫁给无辜者的情况屡见不鲜。2011 年多家省部级政府网站都遭受过流量转嫁攻击，且这些流量转嫁事件多数是由游戏私服网站争斗引起的。

11.1.2 国内网络安全应对措施

（1）互联网主管部门加大网络安全行政监管力度，坚决打击境内网络攻击行为。针对工业控制系统安全事件愈发频繁的情况，工业和信息化部在 2011 年 9 月专门印发了《关于加强工业控制系统信息安全管理的通知》，对重点领域工业控制系统信息安全管理提出了明确要求。2011 年年底，工业和信息化部印发了《移动互联网恶意程序监测与处置机制》，开展治理试点，加强能力建设。6 月起，工业和信息化部组织开展 2011 年网络安全防护检查工作，积极将防护工作向域名服务和增值电信领域延伸。另外还组织通信行业开展网络安全实战演练，指导相关单位妥善处置网络安全应急事件等。公安部门积极开展网络犯罪打击行动，破获了 12 月底 CSDN、天涯社区等数据泄漏案等大量网络攻击案件；国家网络与信息安全信息通报中心积极发挥网络安全信息共享平台作用，有力支撑各部门做好网络安全工作。

（2）通信行业积极行动，采取技术措施净化公共网络环境。面对木马和僵尸程序在网上的横行和肆虐，在工业和信息化部的指导下，2011 年 CNCERT 会同基础电信运营企业、域名从业机构开展 14 次木马和僵尸网络专项打击行动，次数比 2010 年增加近一倍。成功处置境内外 5078 个规模较大的木马和僵尸网络控制端和恶意程序传播源。此外，CNCERT 全国各分中心在当地通信管理局的指导下，协调当地基础电信运营企业分公司合计处置木马和僵尸网络控制端 6.5 万个、受控端 93.9 万个。根据监测，在中国网民数和主机数量大幅增加的背景下，控制端数量相对 2010 年下降 4.6%，专项治理工作取得初步成效。

（3）互联网企业和安全厂商联合行动，有效开展网络安全行业自律。2011 年 CNVD 收集整理并发布漏洞信息，重点协调国内外知名软件商处置了 53 起影响我国政府和重要信息系统部门的高危漏洞。中国反网络病毒联盟（ANVA）启动联盟内恶意代码共享和分析平台试点工作，联合 20 余家网络安全企业、互联网企业签订遵守《移动互联网恶意程序描述规范》，规范了移动互联网恶意代码样本的认定命名，促进了对其的分析和处置工作。中国互联网协会于 8 月组织包括奇虎 360 和腾讯公司在内的 38 个单位签署了《互联网终端软件服务行业自律公约》，该公约提倡公平竞争和禁止软件排斥，一定程度上规范了终端软件市场的秩序；在部分网站发生用户信息泄露事件后，中国互联网协会立即召开了“网站用户信息保护研讨会”，提出安全防范措施建议。

（4）深化网络安全国际合作，切实推动跨境网络安全事件有效处理。作为我国互联网网络安全应急体系对外合作窗口，2011 年 CNCERT 积极推动“国际合作伙伴计划”，已与 40 个国家、79 个组织建立了联系机制，全年共协调国外安全组织处理境内网络安全事件 1033 起，协助境外机构处理跨境事件 568 起。其中包括针对境内的 DDoS 攻击和网络钓鱼等网络安全事件，也包括针对境外苏格兰皇家银行网站、德国邮政银行网站、美国金融机构 Wells Fargo 网站、希腊国家银行网站和韩国农协银行网站等金融机构，加拿大税务总局网站、韩国政府网站等政府机构的事件。另外 CNCERT 再次与微软公司联手，继 2010 年打击 Waledac 僵尸网络后，2011 年又成功清除了 Rustock 僵尸网络，积极推动跨境网络安全事件的处理。2011 年，CNCERT 圆满完成了与美国东西方研究所（EWI）开展的为期两年的中美网络安全对话机制反垃圾邮件专题研讨，并在英国伦敦和我国大连举办的国际会议上正式发布了中文版和英文版的成果报告“抵御垃圾邮件 建立互信机制”，增进了中美双方在网络安全问题上的相互了解，为进一步合作打下基础。

11.2　恶意代码监测情况

11.2.1　木马和僵尸程序

2011 年 CNCERT 抽样监测结果显示，在利用木马或僵尸程序控制服务器对主机进行控制的事件中，控制服务器 IP 总数为 30 0407 个，较 2010 年下降 39.1%，受控主机 IP 总数为 27 275 399 个，较 2010 年大幅增长 71.1%。

1. 木马和僵尸程序控制服务器分析

2011 年，境内木马或僵尸程序控制服务器 IP 数量为 253 684 个，境外木马或僵尸程序控制服务器 IP 数量为 46 723 个，较 2010 年均有所下降，降幅分别为 4.6%和 79.5%，具体如图 11.1 所示。

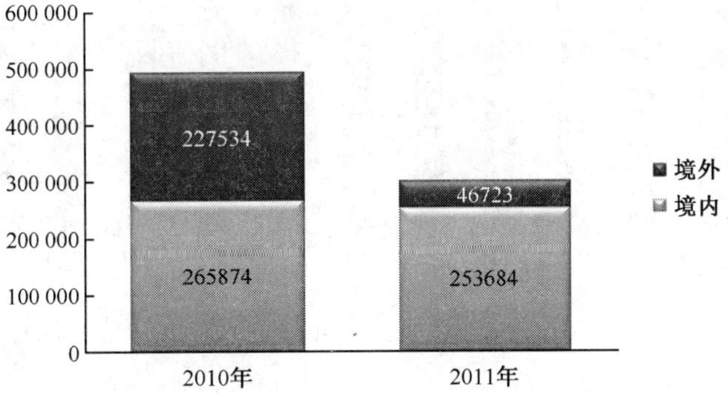

图11.1　2011年与2010年木马或僵尸程序控制服务器数据对比

在发现的因感染木马或僵尸程序而形成的僵尸网络[23]中，规模在 100～1000 的占 80.6%以上。控制规模在 1000～5000、5000～20000、2～5 万、5～10 万及 10 万以上的主机 IP 地址的僵尸网络数量与 2010 年相比分别增加了 1386，355，90，23 和 30 个，分布情况如图 11.2 所示。

木马或僵尸程序控制服务器 IP 数量的月度统计分别如图 11.3 所示。全年呈波动态势，12 月达到最高值 39 167 个，2 月为最低值 21 637 个。

境内木马或僵尸程序控制服务器 IP 绝对数量和相对数量（即各地区木马或僵尸程序控制服务器 IP 绝对数量占其活跃 IP 数量的比例）前 10 位地区分布如图 11.4 所示，其中：广东

[23] 统计的是受控主机 IP 数量在 100 个以上的僵尸网络。

省、江苏省、浙江省居于木马或僵尸程序控制服务器 IP 绝对数量前 3 位，云南省、新疆维吾尔自治区、海南省居于木马或僵尸程序控制服务器 IP 相对数量的前 3 位。

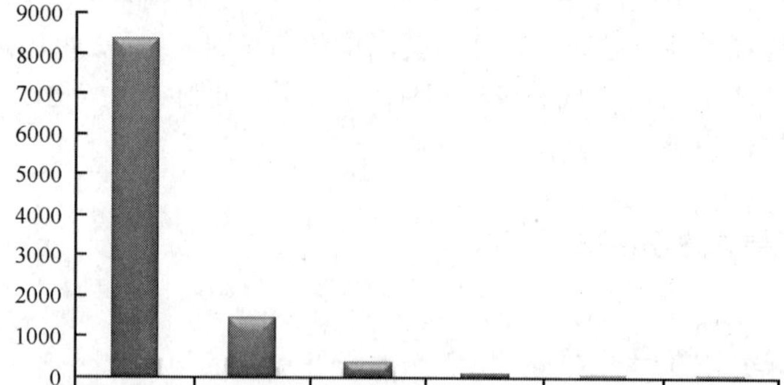

	100～1000	1000～5000	5000～20000	2～5万	5～10万	>10万
■ 僵尸网络的数目	8353	1468	383	95	24	36

图11.2　2011年僵尸网络规模分布

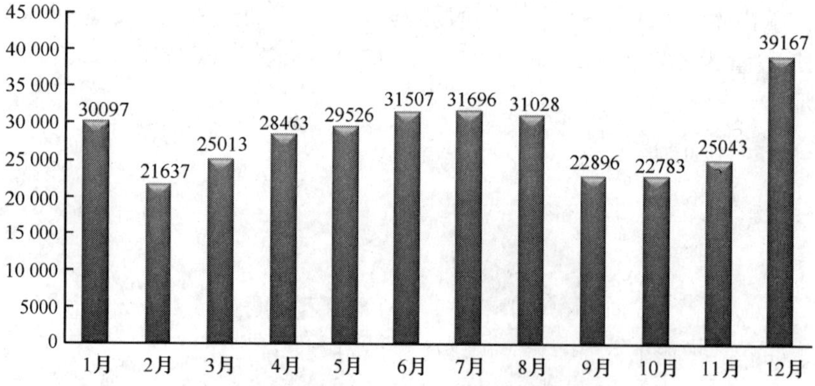

图11.3　2011年木马或僵尸程序控制服务器IP数量月度统计

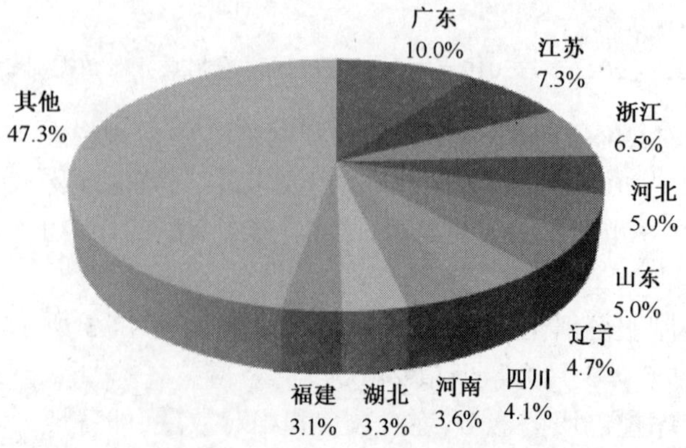

图11.4　2011年境内木马或僵尸程序控制服务器IP按地区分布

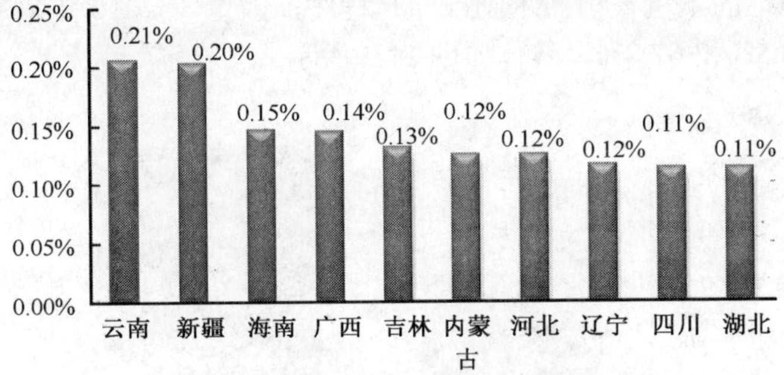

图11.4　2011年境内木马或僵尸程序控制服务器IP按地区分布（续）

图 11.5 所示为 2011 年境内木马或僵尸程序控制服务器 IP 数量按运营商分布及所占比例，木马或僵尸程序控制服务器 IP 数量无论是绝对数量，还是相对数量[24]，位于中国电信网内的数量均排名第一。

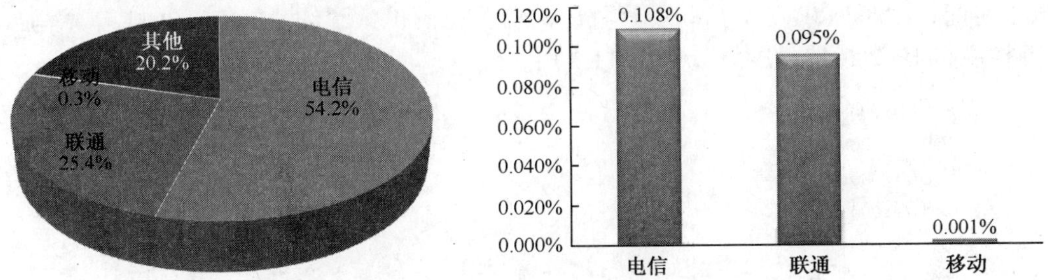

图11.5　2011年境内木马或僵尸程序控制服务器IP按运营商分布

境外木马或僵尸程序控制服务器 IP 数量前 10 位按国家和地区分布如图 11.6 所示，其中：日本、美国、韩国居于木马或僵尸程序控制服务器 IP 数量前 3 位。

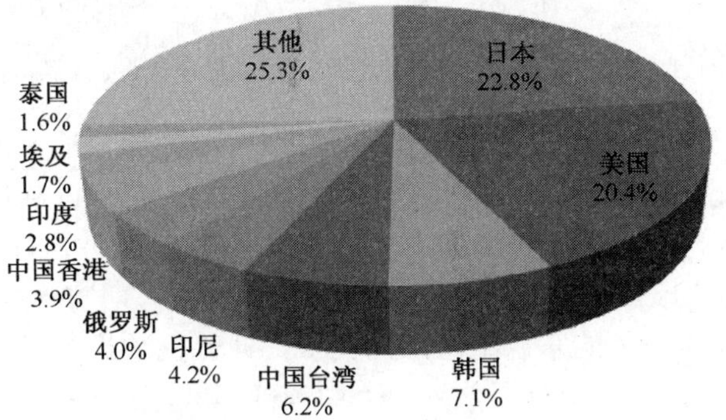

图11.6　2011年境外木马或僵尸程序控制服务器IP按国家和地区分布

2．木马或僵尸程序受控主机分析

2011 年，境内共有 8 895 123 个 IP 地址的主机被植入木马或僵尸程序，境外共有

[24] 相对数量，即各运营商网内木马或僵尸程序控制服务器 IP 绝对数量占其活跃 IP 数量的比例。

18 380 276 个 IP 地址的主机被植入木马或僵尸程序，数量较 2010 年均有较为明显的增长，增幅分别达到了 78.5%和 67.8%，具体如图 11.7 所示。

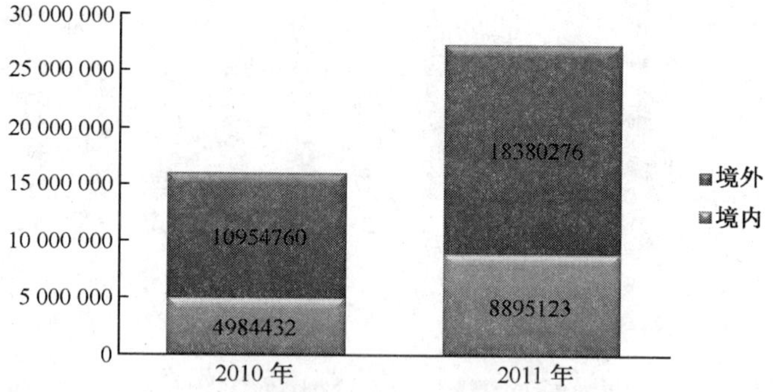

图11.7　2011年与2010年木马或僵尸程序受控主机数据对比

木马或僵尸程序受控主机 IP 数量呈现增长趋势，并在 11 月和 12 月出现激增现象，原因是自 11 月起，CNCERT 对木马和僵尸程序的监测范围扩大了约 1/3 倍。2011 年木马或僵尸程序受控主机 IP 数量按月度统计如图 11.8 所示。

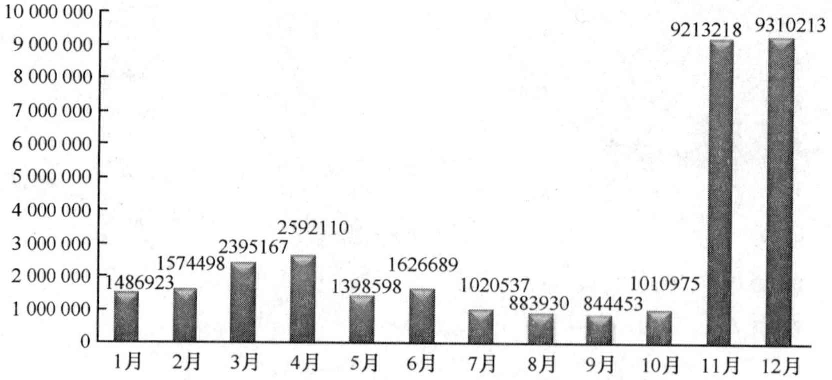

图11.8　2011年木马或僵尸程序受控主机IP数量月度统计

境内木马或僵尸程序受控主机 IP 绝对数量和相对数量（即各地区木马或僵尸程序受控主机 IP 绝对数量占其活跃 IP 数量的比例）前 10 位地区分布如图 11.9 所示，其中：广东省、江苏省、浙江省居于木马或僵尸程序受控主机 IP 绝对数量前 3 位，新疆维吾尔自治区、黑龙江省、海南省居于木马或僵尸程序受控主机 IP 相对数量的前 3 位，这在一定程度上反映出经济较为发达、互联网较为普及的东部地区因网民多、计算机数量多，使得该地区的木马或僵尸程序受控主机 IP 绝对数量处于全国前列，而中西部地区因经济欠发达，虽网民相对较少、计算机总数较少，但相应计算机安全防护措施也较为薄弱，导致该地区木马或僵尸程序受控主机 IP 占该地区活跃 IP 数量的比例较高。

图 11.10 所示为 2011 年境内木马或僵尸程序受控主机 IP 数量按运营商分布及所占比例，木马或僵尸程序受控主机 IP 数量无论是绝对数量，还是相对数量（即各运营商网内木马或僵尸程序受控主机 IP 绝对数量占其活跃 IP 数量的比例），位于中国电信网内的数量均排名第一。此外，在 CNCERT 监测到的木马或僵尸程序受控主机 IP 中，有相当一部分 IP 属于动态

IP 地址或是虚拟主机地址，据此可以判断，终端用户（如拨号上网用户）或虚拟主机托管用户由于安全防护措施较弱，易成为黑客攻击的目标；当黑客攻击成功取得控制权后，其可成为黑客发动新的攻击行为的跳板。

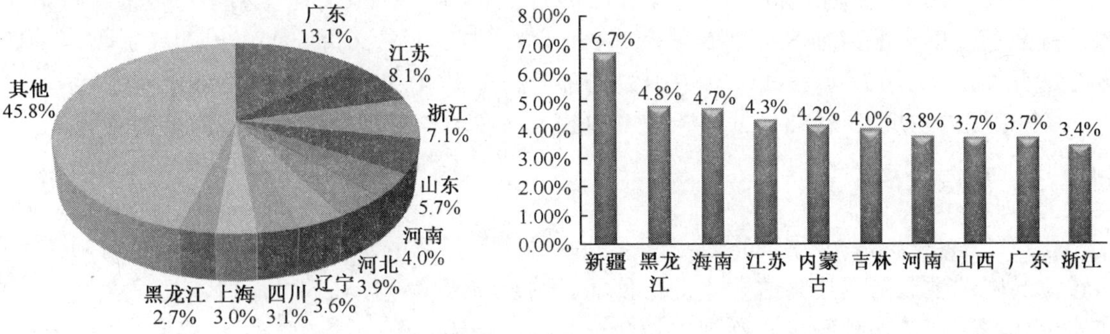

图11.9　2011年境内木马或僵尸程序受控主机IP按地区分布

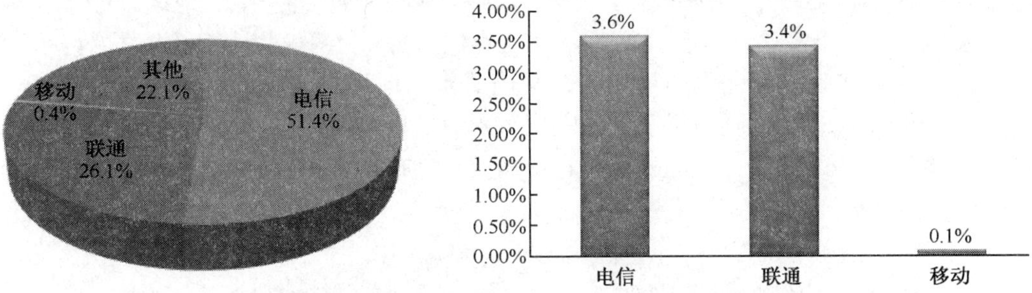

图11.10　2011年境内木马或僵尸程序受控主机IP按运营商分布

境外木马或僵尸程序受控主机 IP 数量按国家和地区分布前 10 位如图 11.11 所示，其中：印度、俄罗斯、泰国居于木马或僵尸程序受控主机 IP 数量前 3 位。

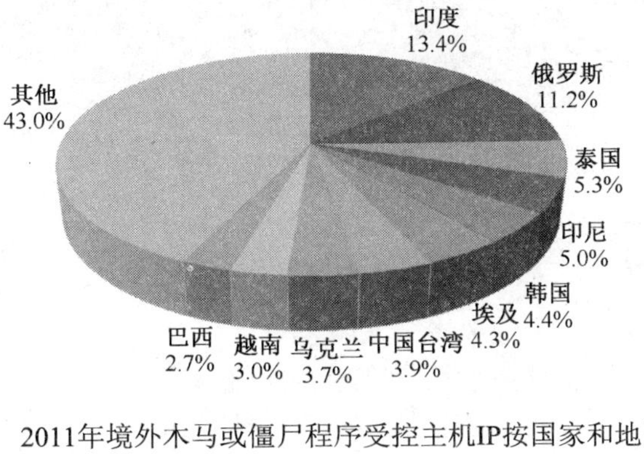

图11.11　2011年境外木马或僵尸程序受控主机IP按国家和地区分布

11.2.2　“飞客”蠕虫

“飞客”蠕虫最早出现在 2008 年 11 月，其利用 Windows 操作系统的 RPC 远程连接调用服务存在的高危漏洞来入侵互联网上未能进行有效防护的主机，并通过局域网和 U 盘等方式快速传播。截至目前，“飞客”蠕虫已繁衍出 5 个变种（A，B，B++，C 和 E），分别出现在 2008 年 11 月 21 日、2008 年 12 月 29 日、2009 年 2 月 20 日、2009 年 3 月 4 日和 2009 年 4 月 7 日。其中，变种 E 于 2009 年 5 月 3 日自我清除，并在感染主机上保留变种 C 的恶意程序。

根据 CNCERT 监测，2011 年全球互联网月均有超过 3500 万个主机 IP 感染“飞客”蠕虫，排名前三的国家或地区分别是美国（16.1%）、中国大陆（11.6%）、巴西（7.4%），具体分布情况如图 11.10 所示。其中，中国大陆感染的主机 IP 数量月均超过 400 万个。图 11.13 为 2011 年境内主机 IP 感染“飞客”蠕虫的数量和占全球感染数量比例的月度统计。

11.2.3 恶意代码

恶意代码是攻击者开展网络攻击活动的基本工具，其主要针对一些防护比较薄弱、访问量较大的网站通过网页挂马的方式进行传播。用户在浏览被挂马的页面时，如果主机程序存在安全漏洞并被成功触发，恶意脚本就会被执行，在用户不知情的条件下，跳转到攻击者存放恶意代码的网络地址（称为“放马站点”），下载并执行恶意代码。为传播恶意代码，攻击者通常会为“放马站点”注册域名，也有的“放马站点”直接使用 IP 地址。同时，CNCERT 还监测发现，网络下载站点、各类网盘等在线存储资源中由于对用户上传的文件缺少必要的安全检查，也会成为恶意代码的传播源，从而导致访问用户感染恶意代码。2011 年全年，CNCERT 监测发现恶意代码传播事件 35 821 698 次，其中恶意代码下载链接 785 388 个，“放马站点”域名 67 468 个，“放马站点”IP 地址 55 673 个。

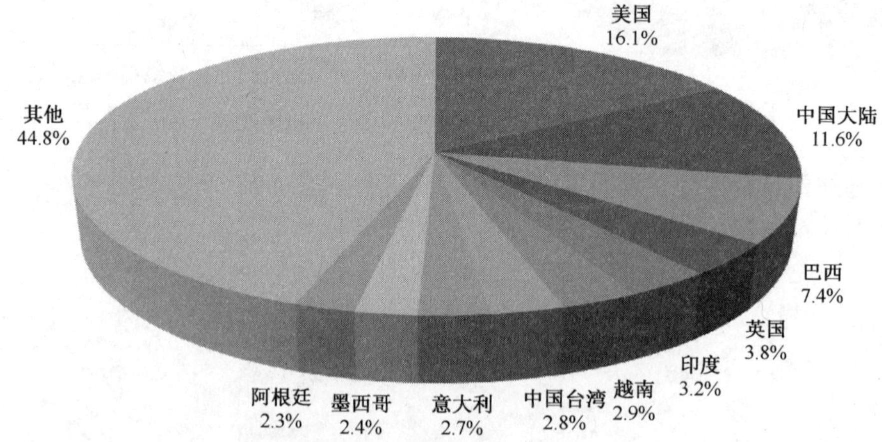

图11.12　2011年全球互联网感染“飞客”蠕虫的主机IP数量按国家和地区分布

恶意代码传播事件的月度统计如图 11.14 所示，其中 4～8 月恶意代码传播活动频次相对较低，9 月后恶意代码传播事件数量维持在较高水平。

恶意代码传播源域名和 IP 数量的月度统计如图 11.15 所示，可以看出 9 月后恶意代码传播使用的域名和 IP 数量较前几个月有明显增长，恶意代码传播活动更加频繁，用户上网面临感染恶意代码的风险也更高，除了加大对恶意代码传播源的清理工作外，提高广大用户的安全意识也显得十分重要。

监测还发现，恶意代码传播除了极少数是通过攻击者自定义的端口外，绝大部分都是通过 HTTP 协议端口，即 80 和 8080。用户上网一般都会在本机开放对远程主机 80 和 8080 端口的访问权限，这样恶意代码的下载传播过程就不会受到防火墙设备的阻断，对用户来说防范的难度更高。2011 年 CNCERT 监测到的恶意代码传播源端口分布统计如图 11.16 所示。

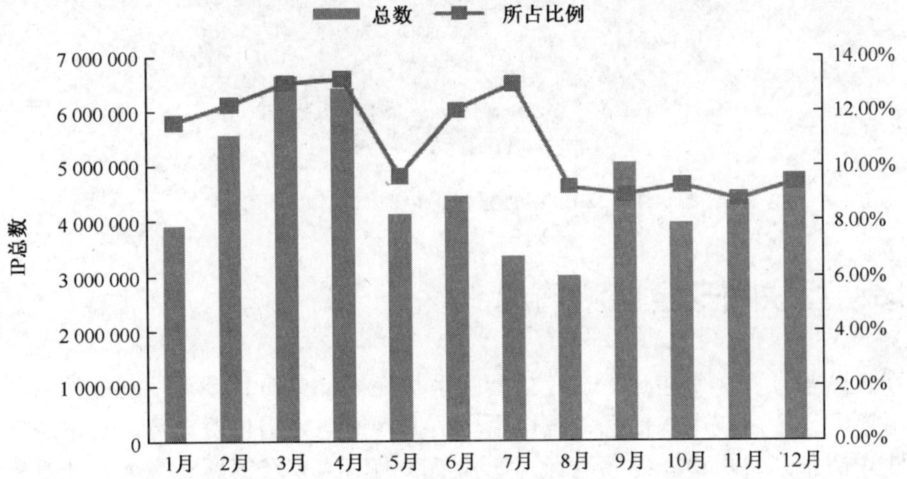

图11.13　2011年境内感染“飞客”蠕虫的主机IP数量和占全球感染数量比例的月度统计

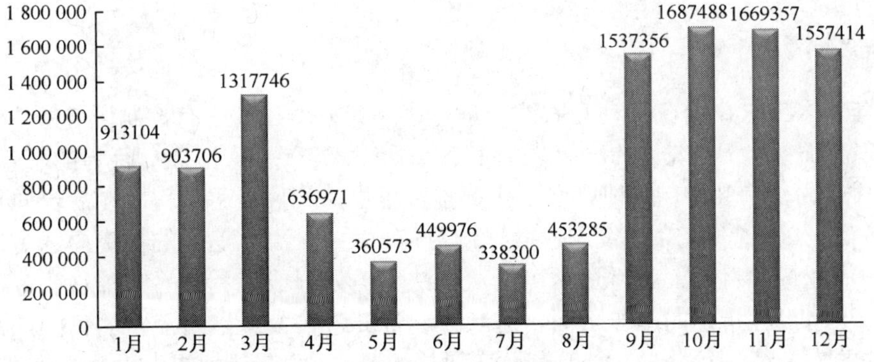

图11.14　2011年恶意代码传播事件次数月度统计

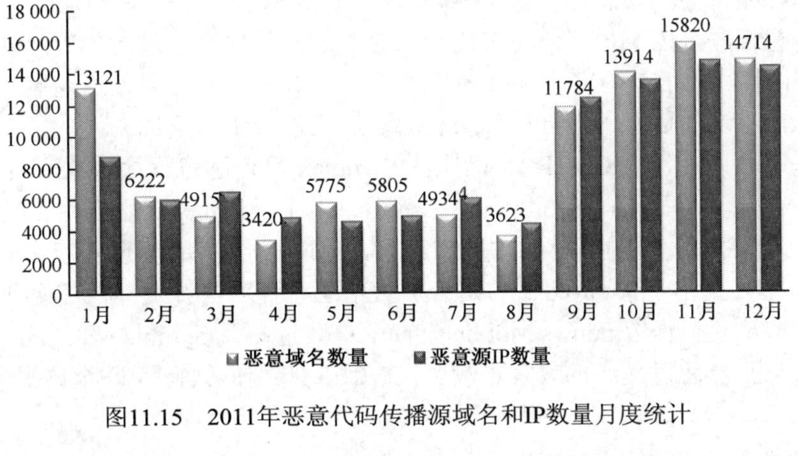

图11.15　2011年恶意代码传播源域名和IP数量月度统计

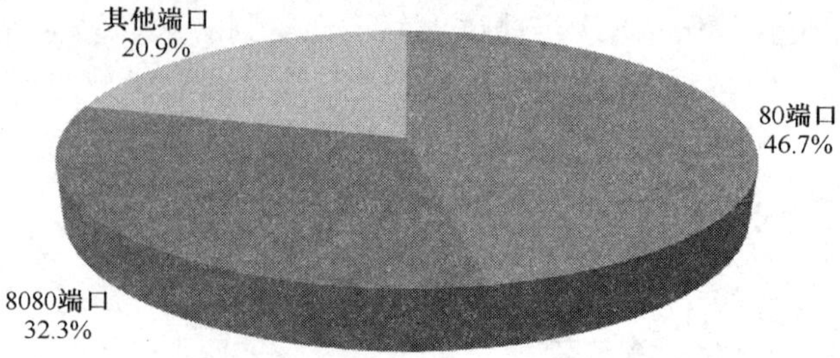

图11.16　2011年恶意代码传播源端口分布统计

11.3　移动互联网安全监测情况

移动互联网恶意程序是指运行在包括智能手机在内的具有移动通信功能的移动终端上，存在窃听用户电话，窃取用户信息，破坏用户数据，擅自使用付费业务，发送垃圾信息，推送广告或欺诈信息，影响移动终端运行，危害互联网网络安全等恶意行为的计算机程序。移动互联网恶意程序的内涵比手机病毒广泛得多，如手机吸费软件不属于手机病毒，但属于移动互联网恶意程序。

11.3.1　总体情况

2011 年 CNCERT 捕获移动互联网恶意程序 6249 个，其中有控制域名的 3060 个，占 48.97%。按行为属性分类统计的结果如图 11.17 所示。具有恶意扣费[25]行为的恶意程序最多，达到 1317 个，占 21.1%。有两种典型的恶意扣费程序，一种是恶意程序在后台向某些移动增值业务服务商（以下简称 SP）发送业务订购短信，并拦截 SP 返回的扣费提示短信，达到替用户订购增值业务的目的，黑客通常可以从不法 SP 处分成获利；另一种是恶意程序定期在后台联网，访问黑客指定的广告页面，达到为广告商带去大量点击流量的目的，黑客也可以与这些不法的广告商进行分成。由于有经济利益的诱惑，大量黑客参与此类恶意程序的开发，为广大移动互联网用户造成巨大的经济损失，危害特别严重。

具有恶意传播行为的恶意程序为 1235 个，占 19.8%，排名第二；排名第三的是具有信息窃取行为的恶意程序，达 1180 个，占 18.9%。这类恶意程序会将被感染用户的手机号码、手机型号、短信内容、通信录内容、用户所在位置的 GPS 坐标等信息发送到黑客手里，严重侵犯了用户隐私，且这些信息可能会被恶意利用，造成进一步的损失。

按操作系统统计，目前 CNCERT 已捕获 Symbian 平台恶意程序 3792 个；Android 平台恶意程序 2456 个；Windows Mobile 平台恶意程序 1 个。Symbian 平台由于当前有大量用户使用，感染该平台的恶意程序最多，占 60.7%。Android 平台上的恶意程序增长迅速，目前已经占到 39.3%，主要是由于 Android 平台的开放性给恶意程序的开发提供了便利，同时 Android 用户也在迅速增长。由于 Windows Mobile 平台用户数量不及 Symbian 和 Android 平台，开发 Windows Mobile 平台恶意程序的黑客也较少，CNCERT 目前只捕获到 1 个该平台的恶意程序，

[25] 恶意扣费是指在用户不知情或未授权的情况下，通过隐蔽执行、欺骗用户点击等手段，订购各类收费业务或使用移动终端支付，导致用户经济损失的恶意行为。

但这并不能说明 Windows Mobile 平台的安全性高于其他平台。此外，苹果公司的 IOS 平台由于其封闭管理的特性，在苹果官方的 App Store 中目前尚未发现恶意程序。但“越狱”用户从其他渠道下载的应用程序也可能存在安全问题。2011 年 CNCERT 捕获的移动互联网恶意程序数量按操作系统统计如图 11.18 所示：

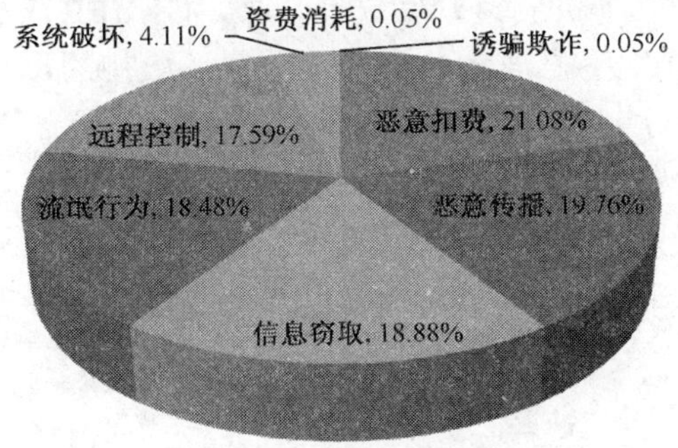

图11.17　2011年CNCERT捕获移动互联网恶意程序数量按行为属性统计

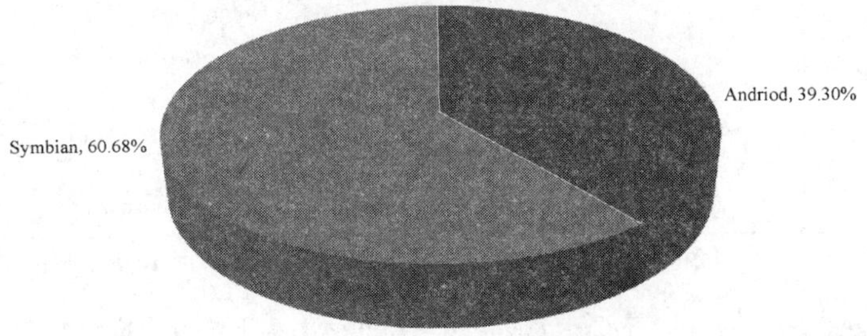

图11.18　2011年CNCERT捕获移动互联网恶意程序数量按操作系统统计

如图 11.19 所示，按危害等级统计，2011 年 CNCERT 捕获高危移动互联网恶意程序 2544 个，占 40.7%；中危移动互联网恶意程序 2445 个，占 39.1%；低危移动互联网恶意程序 1260 个，占 20.2%。可以看出，大部分移动互联网恶意程序都具有较严重的危害性。

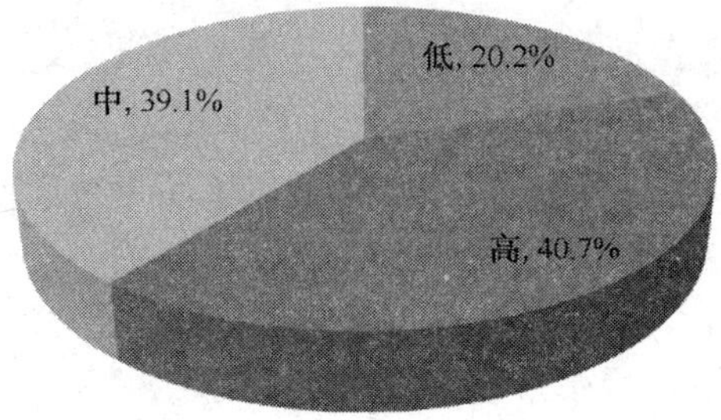

图11.19　2011年CNCERT捕获移动互联网恶意程序数量按危害等级统计

11 月 18 日，工业和信息化部印发《移动互联网恶意程序监测与处置机制》（工业和信息化部保[2011]545 号）文件。这是工业和信息化部首次出台移动互联网网络安全管理方面的规范性文件，引起了业界的广泛关注。《移动互联网恶意程序监测与处置机制》规定，依据《移动互联网恶意程序描述格式》行业标准开展移动互联网恶意程序的认定和命名工作，由各单位对恶意程序样本进行初步分析，并将信息汇总到 CNCERT，由 CNCERT 统一认定和命名。移动通信运营企业负责本企业网内恶意程序的样本捕获、监测处置和事件通报，CNCERT 负责恶意程序跨网监测、汇总通报和验证企业处置结果。

11.3.2 "毒媒"手机病毒监测情况

2010 年 9 月，"毒媒"手机病毒开始大肆传播，CNCERT 对其进行了持续的监测和处置。经过多次打击，"毒媒"手机病毒感染用户数量从最初的每月 100 多万个，降到 2010 年底约 40 万个，2011 年 3 月以后被感染用户数均维持在每月 5 万个左右，治理工作取得了一定的效果。2011 年 5 月初，大量被"毒媒"手机病毒控制的移动终端向某运营商分公司业务网站发起拒绝服务攻击，造成该网站一度瘫痪。由于黑客仍在不断变换控制域名和升级病毒以逃避打击，2011 年全年仍有 666 396 个用户感染"毒媒"手机病毒，感染用户数按月度统计如图 11.20 所示。

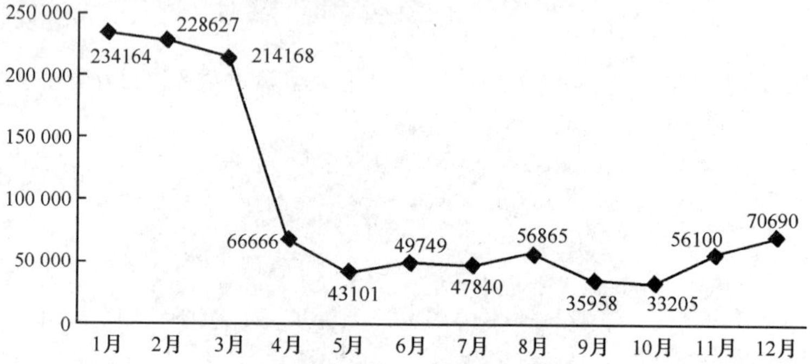

图11.20　2011年CNCERT捕获移动互联网恶意程序数量按月度统计

11.4 网站安全监测情况

11.4.1 网页篡改情况

1. 中国大陆地区网站被篡改总体情况

2011 年，CNCERT 监测到的中国大陆地区被篡改网站各月累计为 36 612 个，与 2010 年的 34 858 个相比略增 5.1%，月度统计情况如图 11.21 所示，总体呈现下降趋势。2011 年，中国大陆地区被篡改网站按域名去重后为 15 443 个。

根据域名类型进行统计，如图 11.22 所示，2011 年中国大陆地区被篡改网站中，被篡改最多的是.com 和.com.cn 等域名网站，多为企业、公司网站。不过值得注意的是，.gov.cn 域名网站所占比例达到 9.6%，.org.cn 所占比例达到 1.9%，.edu.cn 域名网站所占比例达到 1.0%。在 CNCERT 监测的网站数量中，上述三类域名网站的占比例分别为 2.94%，0.54%，0.18%，量化后的被篡改概率指数分别为：3.27，3.44 和 9.9[26]，这说明政府部门、公益组织、教育机

[26] CNCERT 定义的网站被篡改概率指数=CNCERT 监测发现的该类网站被篡改数量比例/CNCERT 对该类网站监测的数量比例。概率指数越大，则该类网站相对被篡改的概率就越大。概率指数主要用于反映黑客攻击时的目标选择喜好，同时一定程度上反映了某类网站的整体安全状况。

构网站成为网页篡改的重点目标。

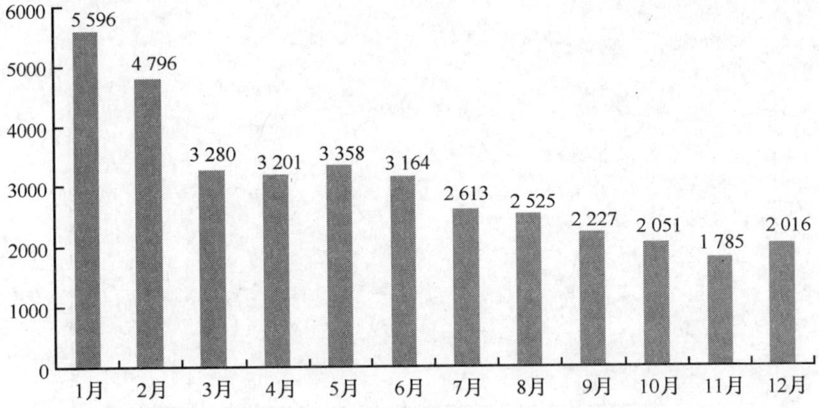

图11.21　2011年中国大陆地区被篡改网站数量月度统计

如图 11.23 所示，2011 年中国大陆地区被篡改网站按地域进行统计，排行前十位的省份分别是：北京、江苏、广东、福建、上海、河南、浙江、四川、安徽和湖北，均为我国互联网发展状况较好的地区。

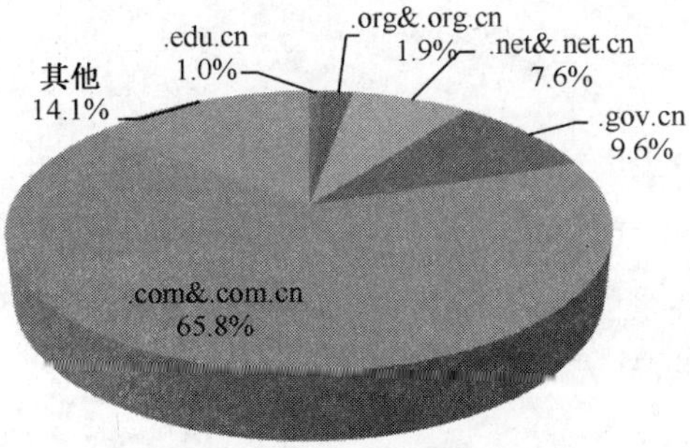

图11.22　2011年中国大陆地区被篡改网站按域名类型分布

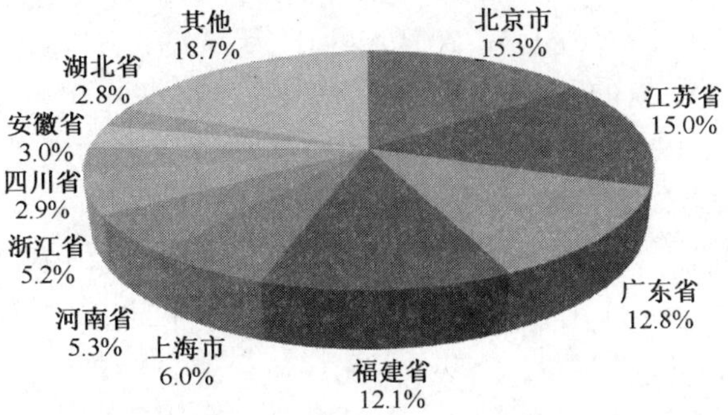

图11.23　2011年中国大陆地区被篡改网站按地域分布

2．中国大陆地区政府网站被篡改情况

中国大陆地区政府网站被篡改数量各月累计为 2807 个，与 2010 年的 4635 个相比下降

39.4%，按域名去重后为 1484 个，在 CNCERT 监测的政府网站列表中所占比例达到 3.4%，如图 11.24 所示。

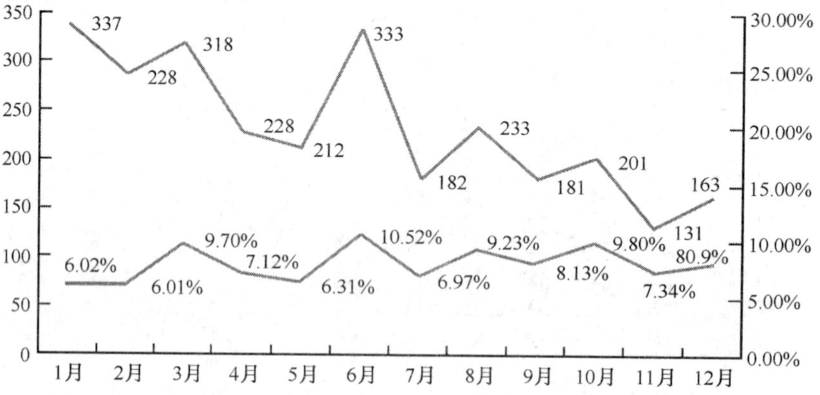

图11.24　2011年中国大陆被篡改的网站中政府网站的数量和比例月度统计

政府网站易被篡改的主要原因是网站整体安全性差，缺乏必要的经常性维护，某些政府网站被篡改后长期无人过问，还有些网站虽然在接到报告后能够恢复，但并没有根除安全隐患，从而遭到多次篡改。

11.4.2　网页挂马情况

网页挂马是目前互联网黑色地下产业中进行最为猖獗的，对互联网安全危害较为严重的非法活动。一些针对新披露的信息安全漏洞制造的新型恶意代码往往会借网页挂马的方式进行大规模传播；网络中一些搜索热词或社会热点事件的出现引发网民大量搜索和点击，相关页面也容易被黑客利用来挂马，达到快速传播恶意代码并控制大量用户主机的目的。

1．挂马网站监测情况

在通信行业互联网网络安全信息通报工作中，有多家安全企业定期向 CNCERT 报告网页挂马监测情况[27]，与 CNCERT 建立了良好的协作关系。根据安全企业报送的监测数据，2011 年中国大陆地区网页挂马较 2010 年相比活跃度呈下降趋势。随着互联网行业主管部门对传播恶意代码行为的不断治理和打击，网页挂马在黑色地下产业链中的运作成本日益增强，黑色地下产业从业者逐步转向其他趋利性更强的活动。如图 11.25、图 11.26 和图 11.27 所示，分别为知道创宇、奇虎 360、安天公司监测的挂马网站数量趋势图。此外，根据知道创宇公司对全国 200 余万个网站的监测结果，如图 11.28 所示，中国大陆地区挂马网站数量按地域统计前十位分别是北京、江苏、广东、上海、福建、浙江、四川、山东、湖北、安徽。

[27] 每月或每周定期向 CNCERT 报送网页挂马信息的安全企业有：北京神州绿盟科技有限公司、北京网御星云信息技术有限公司、奇虎 360 软件（北京）有限公司、华为技术有限公司、北京知道创宇信息技术有限公司、哈尔滨安天信息技术有限公司、沈阳东软软件股份有限公司、北京安信华科技有限公司、北京江民新科技术有限公司、微软公司。

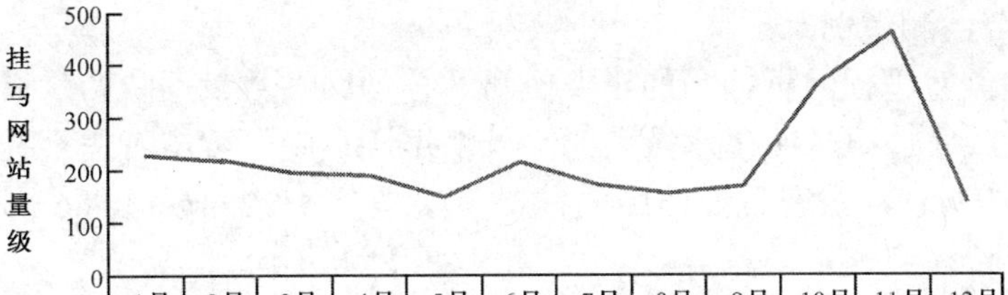

	1月	2月	3月	4月	5月	6月	7月	8月	9月	10月	11月	12月
—— 数量	226	218	196	188	150	214	174	156	168	367	464	137

（资料来源：知道创宇）

图11.25　2011年中国大陆地区挂马网站趋势图（来源：知道创宇）

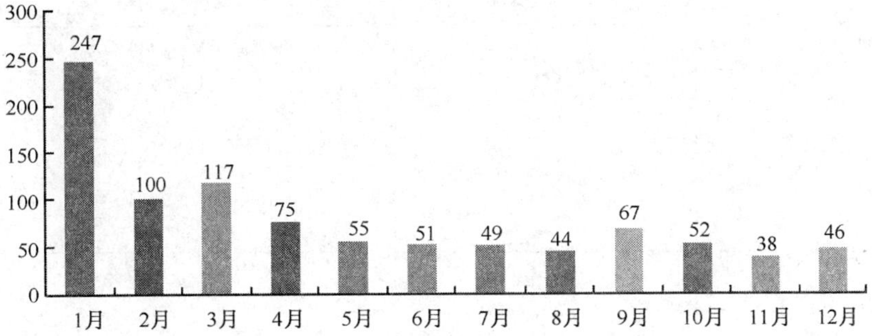

（资料来源：奇虎360）

图11.26　2011年监测被挂马页面数量月度统计

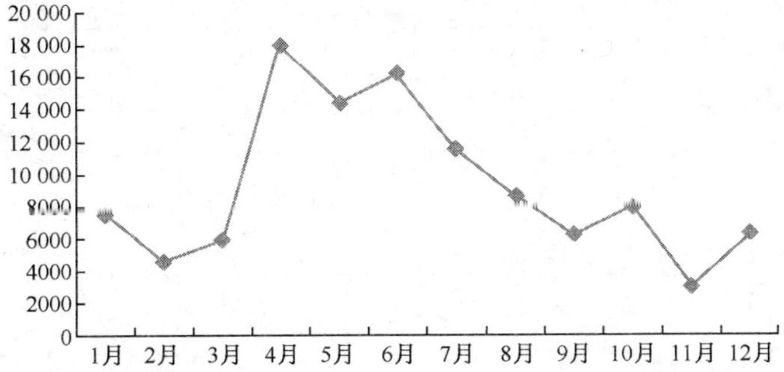

（资料来源：安天公司）

图11.27　2011年中国大陆挂马网站数量月度统计

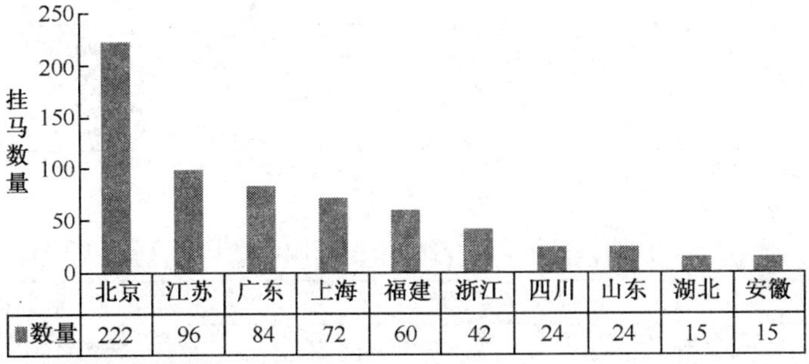

	北京	江苏	广东	上海	福建	浙江	四川	山东	湖北	安徽
■数量	222	96	84	72	60	42	24	24	15	15

（资料来源：知道创宇）

图11.28　2011年中国大陆地区挂马网站按地域TOP10

2．恶意域名监测情况

恶意域名是黑客进行网页挂马的重要资源，挂马网站数量反映的是黑客对网站的侵害情况以及对用户的威胁情况，而恶意域名的活跃情况则反映了攻击者进行挂马攻击的能力。如表 11.1 和表 11.2 所示，黑客目前惯用的挂马手法是在 3322.org 和 8866.org 等动态域名中注册大量域名用于传播网页木马。

表 11.1　用于网页挂马的恶意域名 TOP10

挂马网站域名	相关挂马子域名数	部分挂马子域名举例
3322.org	3261	qqaazz48.3322.org ty02dngf1f.3322.org 123qwer2.3322.org
8866.org	855	360se.aq33ff.8866.org tgb1.8866.org aaahsgz11.8866.org
3-a.net	696	bdj.3-a.net anj.3-a.net ane.3-a.net
isgre.at	631	bur.isgre.at ccv.isgre.at die.isgre.at
2288.org	627	emb.2288.org dgr.2288.org epq.2288.org
0303.in	610	qqqq51.0303.in qqqq388.0303.in qqqq55.0303.in
6600.org	531	444setrj7jh5eh67k7tj.6600.org hengsan001.6600.org guangxi003.6600.org
7766.org	259	xrgth.7766.org dewe.7766.org 360sd.chunan001.7766.org
8800.org	227	bug4.8800.org aiwo225.8800.org vava12.8800.org
ns02.us	218	evb.ns02.us dyq.ns02.us eil.ns02.us

（资料来源：奇虎 360）

表 11.2　挂马网站（恶意域名）按子域名数排行 TOP 10）

挂马网站域名	相关挂马子域名数	部分挂马子域名举例
3322.org	3732	y568.3322.org y65f.3322.org y6tg.3322.org

续表

挂马网站域名	相关挂马子域名数	部分挂马子域名举例
8866.org	1064	xiao1.8866.org xiao2.8866.org xiao3.8866.org
6600.org	800	zhongsanji001.6600.org zhongsanji002.6600.org zhongsanji004.6600.org
8800.org	404	ads1.8800.org ads2.8800.org ads3.8800.org
2288.org	398	eod.2288.org eog.2288.org eow.2288.org
cncshj.com	351	1a.cncshj.com 1b.cncshj.com 1c.cncshj.com
cgwx.info	300	lt.cgwx.info nk.cgwx.info nt.cgwx.info
09466.net	282	1c.09466.net 1d.09466.net 1e.09466.net
nshl.in	266	sd4.nshl.in tr4.nshl.in u6n.nshl.in
thesswws.com	155	kxkx.thesswws.com qvod.thesswws.com

（资料来源：安天公司）

11.4.3　网页仿冒情况

网页仿冒俗称网络钓鱼，这类事件是社会工程学欺骗原理结合网络技术的典型应用。3 月 12 月，CNCERT 共监测到仿冒境内银行网站的域名 3841 个，这些域名分别解析到境内外 667 个 IP 地址，平均每个 IP 地址承载 5.8 个仿冒网站域名。其中 95.8%位于境外，美国（72.1%）、中国香港（17.8%）和韩国（2.7%）居前三位，分别仿冒了 2943 个、766 个和 85 个境内银行网站，如图 11.29 和图 11.30 所示。

11.4.4　网站后门情况

网站后门是黑客成功入侵网站服务器后留下的后门程序。通过网站后门，黑客可以上传、查看、修改、删除网站服务器上的文件，可以读取并修改网站数据库的数据，甚至可以直接在网站服务器上运行系统命令。

2011 年 4～12 月，CNCERT 共监测到境内 12 513 个网站被植入网站后门，其中政府网站有 1167 个。位于境外的攻击 IP 有 11 851 个，主要位于美国（28.1%）、韩国（8.0%）和尼日利亚（5.8%）等国家或地区。其中，位于美国的 IP 地址共向我国境内 3437 个网站植入了后门程序，侵入网站数量居首位，其次是位于韩国和位于中国香港的 IP 地址，分别向我国境内 2255 个和 1408 个网站植入了后门程序，如图 11.31 和图 11.32 所示。

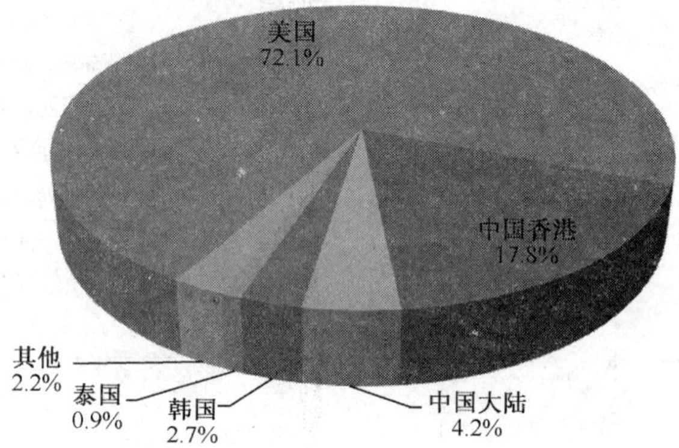

图11.29　2011年仿冒网站服务器IP地址分布

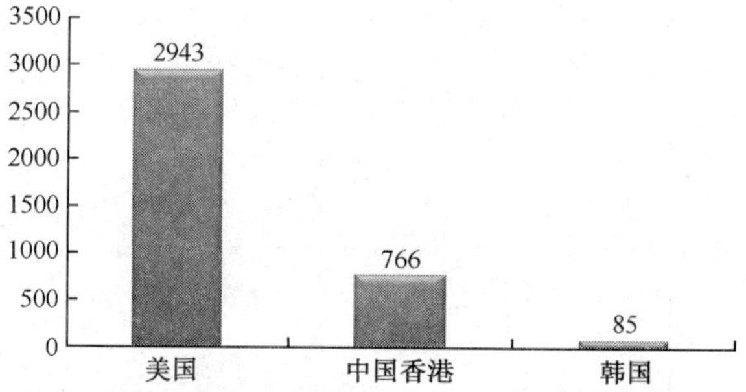

图11.30　2011年境外仿冒境内银行网站数量TOP3

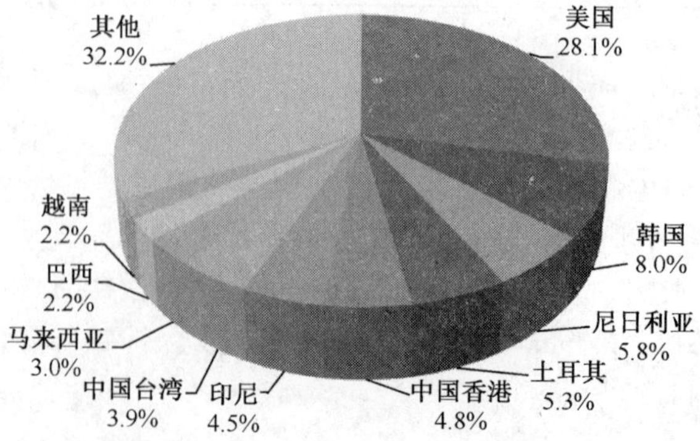

图11.31　2011年向中国境内网站植入后门的境外IP地址分布

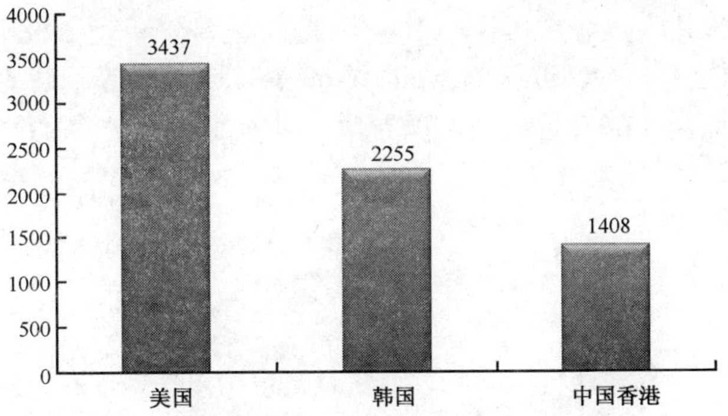

图11.32 2011年境外通过植入后门控制我国境内网站数量TOP3

11.5 信息安全漏洞公告与处置情况

11.5.1 CNVD 漏洞收录情况

2011 年，国家信息安全漏洞共享平台（CNVD）收集新增漏洞 5547 个，包括高危漏洞 2164 个（占 39%）、中危漏洞 2529 个（占 46%）、低危漏洞 854 个（占 15%）。各级比例分布与月度数量统计如图 11.33 和图 11.34 所示。在所收录的上述漏洞中，可用于实施远程网络攻击的漏洞有 4692 个，可用于实施本地攻击的漏洞有 559 个。

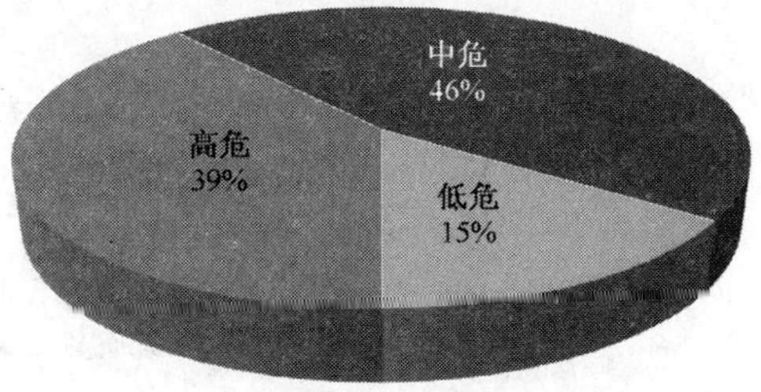

图11.33 2011年CNVD收录漏洞按威胁级别分布

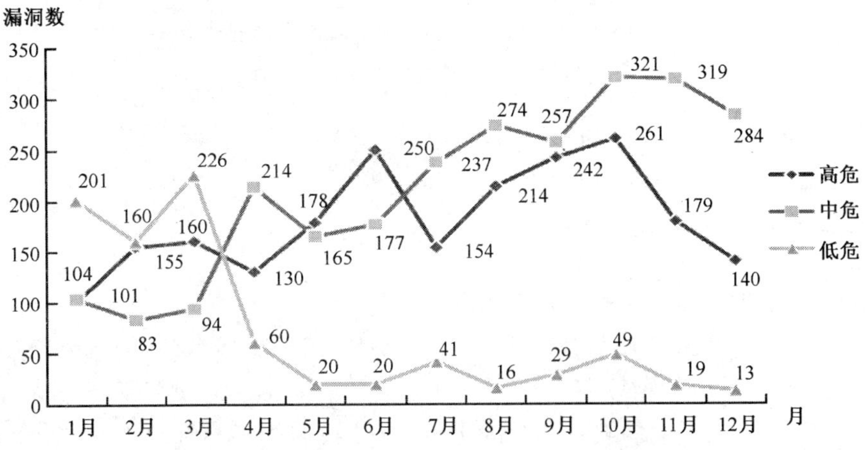

图11.34 2011年CNVD收录漏洞数量月度统计

2011 年，CNVD 共收集、整理了 2164 个高危漏洞，涵盖 Microsoft，IBM，Apple，WordPress，Adobe，Cisco，Mozilla，Novell，Google，Oracle 等厂商的产品。各厂商产品中高危漏洞的分布情况如图 11.35 所示，可以看出，涉及 Apple 产品的高危漏洞最多，占全部高危漏洞的 7.6%。

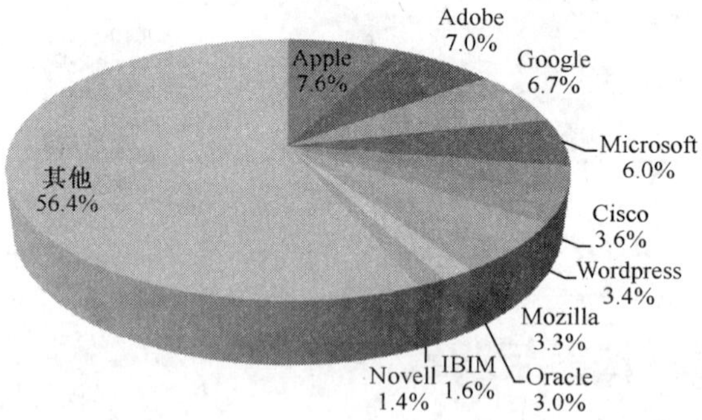

图11.35　2011年CNVD收录高危漏洞按厂商分布

根据影响对象的类型，漏洞可分为：操作系统漏洞、应用程序漏洞、Web 应用漏洞、数据库漏洞、网络设备漏洞（如路由器、交换机等）和安全产品漏洞（如防火墙、入侵检测系统等）。如图 11.36 所示，在 CNVD 2011 年度收集整理的漏洞信息中，操作系统漏洞占 9%，应用程序漏洞占 62%，Web 应用漏洞占 23%，数据库漏洞 1%，网络设备漏洞占 4%，安全产品漏洞占 1%。

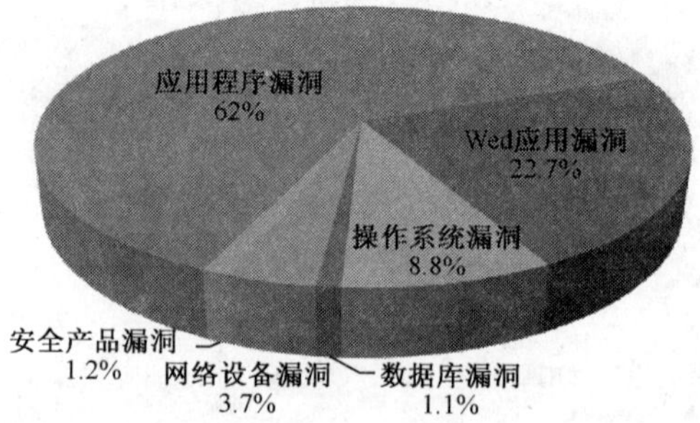

图11.36　2011年CNVD收录漏洞按影响对象类型分类统计

2011 年，CNVD 共收录漏洞补丁 3707 个，并为大部分漏洞提供了可参考的解决方案，提醒相关用户注意做好系统加固和安全防范工作。CNVD 发布的漏洞补丁数量按月度统计如图 11.37 所示。

11.5.2　高危漏洞典型案例

1. 亚控公司工业系统监控软件高危漏洞

2011 年 1 月初，北京亚控科技有限公司（简称亚控公司）发布的 HMI/SCADA 系列产品中的 Kingview 6.5.3 组态软件被披露存在一个安全漏洞。该软件主要用于工业自动化的过程控制和管理监控。根据亚控公司提供的客户列表，该软件目前主要应用于国内机械、机电、电力和水处理等行业企业。根据 CNVD 技术分析结果，Kingview 6.5.3 部署在

Windows 操作系统平台上，开启了一个服务端口，用于历史数据同步。由于其服务端口监听进程在处理数据过程中未做好安全控制，攻击者能通过向服务端口发送特定构造的数据包导致服务崩溃或实现溢出，从而获得操作系统主机管理权限。受该漏洞影响的产品运行操作系统有：Windows XP SP1，SP2，SP3 和 Server 2003。3 月初，CNVD 获知该软件存在另一高危漏洞，受影响的软件版本包括 Kingview 6.5.2 和 6.5.3。CNVD 第一时间对漏洞的真实性进行了验证，并将相关情况通报亚控公司，督促其做好国内外客户的漏洞修复工作。3 月 9 日，亚控公司完成了对漏洞的技术分析，并于 3 月 10 日发布了官方补丁程序。

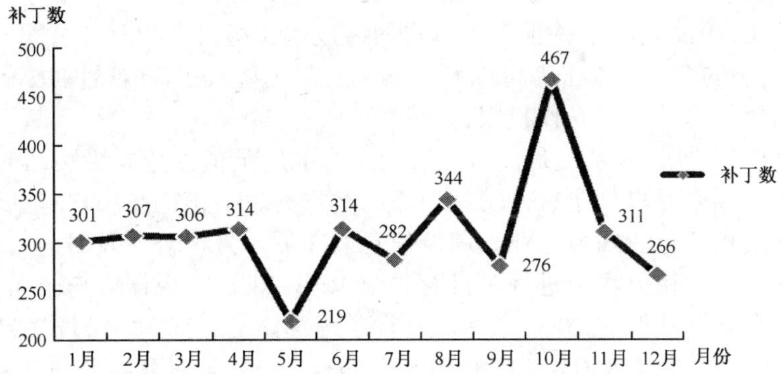

图11.37　2011年CNVD收录漏洞补丁数量按月度统计

2．域名系统软件 ISC BIND 高危漏洞

2011 年 2 月 23 日，ISC 发布了域名解析服务器软件 BIND 存在的一个高危漏洞，该漏洞可被利用发起远程拒绝服务攻击。CNVD 在漏洞公布之前获知了相关情况，并对漏洞进行了跟踪分析。CNVD 认为该漏洞可能对国内众多采用相应版本软件的域名服务器构成较为严重的威胁，综合评级为“高危”。经分析，BIND 9.7.1、9.7.2 在处理 IXFR（Incremental Zone Transfer，增量区域传输）时会在一个小的时间窗口内将其区域内存数据库（In-Memory Zone Database）锁定。如果在该时间窗口内 BIND 服务器再次收到查询请求，则会引起死锁，导致服务器无法响应正常的请求，从而造成拒绝服务。向 BIND 服务器发起的查询请求速率和更新频率越高，则发生拒绝服务的可能性越大。

4 月初，根据中国互联网络信息中心（CNNIC）报告，BIND 9.6-ESV-R3 及之前版本存在一个零日拒绝服务漏洞，该漏洞主要涉及递归服务器对.com 域名的普通查询（非 DNSSEC，即查询的 CD 位＝0）的情形。查询结果可能导致返回 SERVFAIL 应答（即服务错误），根据相关测试出现错误的比例约为 50%。但该漏洞对于.com 域名的 DNSSEC 查询（即查询的 CD 位＝1）没有影响。在 BIND 软件缺省配置开启 DNSSEC 验证功能的情况下，由于大多数 DNS 查询为非 DNSSEC 查询，因此该漏洞对国内使用 BIND 软件提供的递归解析服务有可能造成影响。为此，CNCERT 发布了紧急安全公告和信息通报，提醒 BIND 用户注意采取防护措施，并给出了在官方补丁方案发布前的临时防范措施。

6 月下旬，CNVD 获知域名解析服务器软件 BIND 9 存在一个安全漏洞，在特定条件下会导致采用 BIND 9 软件的递归解析服务器拒绝服务。根据 CNNIC 验证情况，由于采用 BIND 9 相关版本软件的递归服务器不能正确处理带有大 RRSIG 资源记录集合的否定应答并进行缓存，当攻击者掌握一台开启 DNSSEC 签名功能的权威服务器，在其区域文件中设置较大的 RRSIG 资源记录集合，然后向递归服务器发送可引发指定权威服务器返回否定应答的 DNSSEC 查询请求，会导致用于递归服务的 BIND 软件 named 进程出错，无法提供正常解析服务。受影响的 BIND 9 版本包括 9.4-ESV-R3 及之后版本、9.6-ESV-R2 及之后版本、9.6.3、9.7.1 及之后版本、9.8.0 及之后版本，其中 9.6.2-P3 不受影响。此外，漏洞与递归服务器是否启用 DNSSEC 查询和验证功能无关。CNVD 获知相关漏洞信息并验证后，及时发布了紧急安全公告和信息通报，提醒相关用户注意采取防护措施，及时升级软件，避免受到安全影响。

3．万户公司网站内容管理系统 WanHu ezEIP 注入漏洞

6 月 30 日，CNVD 发布了关于广州万户网络技术公司（简称万户公司）ezEIP 2.0 软件存在 SQL 注入漏洞的公告，攻击者可以利用漏洞发起远程攻击，取得网站管理员口令，并通过后台管理界面执行网站管理操作权限。

ezEIP 2.0 网站内容管理系统是由万户公司生产的用于搭建企业级网站的 CMS 软件（即内容管理系统），根据万户公司官方网站公布的客户列表，该产品用户包括境内外多个政府部门、中央企业及相关行业知名企业。漏洞信息发布后，万户公司及时与 CNVD 取得联系，提出了解决方案，并对相关客户进行了排查。至 9 月 30 日，根据万户公司反馈的情况，万户公司对采用存在漏洞软件的 20 余家客户进行了跟踪修复。10 月 8 日，CNVD 发布了关于“WanHu ezEIP 注入漏洞（CNVD-2011-06105）”的补丁公告，对万户公司产品 ezEIP 2.0 网站内容管理系统的漏洞修复情况进行了更新。由于漏洞修复涉及软件配置及代码文件更新，需要厂商提供较多的技术支持，CNVD 提醒相关用户及时联系万户公司，做好修复工作，同时注意加强访问控制，禁止外部 IP 访问默认后台管理页面，对有上传文件功能的页面进行目录读写权限控制或进行服务端验证。

4．信达证券“牵牛花”网上交易系统多个安全漏洞

2011 年 8 月初，CNVD 收录了信达证券股份有限公司（简称信达证券）牵牛花网上交易系统（简称牵牛花系统）存在的四个安全漏洞（CNVD-2011-06304，CNVD-2011-06305，CNVD-2011-06308，CNVD-2011-06309）。其中，部分漏洞可被利用获得证券用户的账号和口令以及个人私密信息，并可执行对用户信息的修改操作，威胁到信达证券用户网上交易和财产安全。

牵牛花系统是由信达证券提供给其证券用户的网上服务平台，为用户提供了预约开户、行情浏览、快速交易、持仓管理、研究资讯分析和模拟炒股等功能。此次发现的四个安全漏洞分别为 SQL 注入漏洞、跨站脚本漏洞、跨站请求伪造漏洞和信息修改漏洞。其中，SQL 注入漏洞存在于牵牛花系统的多处页面中，使用普通用户权限即可完成注入攻击，取得后台数据库的敏感信息，进而有可能取得系统管理控制权限；跨站脚本漏洞为反射型跨站脚本漏洞，攻击者可利用发起网页仿冒（即网络钓鱼）或网页挂马攻击；针对跨站请求伪造漏洞，攻击者可构造含有查询语句或嵌入恶意链接的 URL，轻则窃取用户私密信息或进行跳转攻击，严重的可导致服务器拒绝服务；针对信息修改漏洞，攻击者可通过重新组包方式发送编辑请求，可以对任意用户的个人信息进行篡改。

“牵牛花”网上交易系统采用的是 Web 访问模式（B/S），使用该套系统的用户均受到影响。CNVD 及时发布了安全公告和信息通报，提醒相关用户注意检查登录和使用日志，如发现异常情况及时联系信达证券公司。

11.6　网络安全事件接收与处理

11.6.1　事件接收情况

2011 年，CNCERT 共接收国内外报告网络安全事件 15 366 起，较 2010 年增加了 47.28%；其中，国外报告的网络安全事件数量为 2100 起，较 2010 年下降了 58.58%，如图 11.38 所示。由图可见，3 月起，每月接收事件报告数量均超过 1 千起，并在 8 月份达到全年最大值 1785 起。

2011 年，CNCERT 接收到的网络安全事件报告主要来自于政府部门、金融机构、电信运营商、互联网企业、域名服务机构、IDC、安全厂商、网络安全组织以及普通网民等。CNCERT 接收到的网络安全事件类型主要包括信息系统漏洞、网页仿冒、恶意代码、网页篡改和网页挂马等，具体分布如图 11.39 所示。

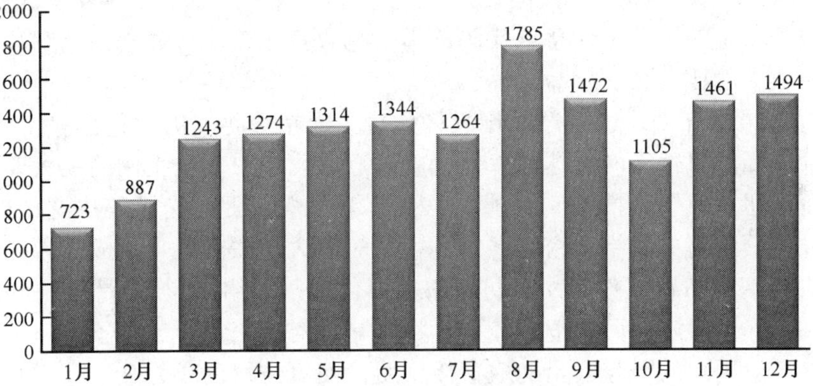

图11.38　2011年CNCERT网络安全事件接收月趋势图

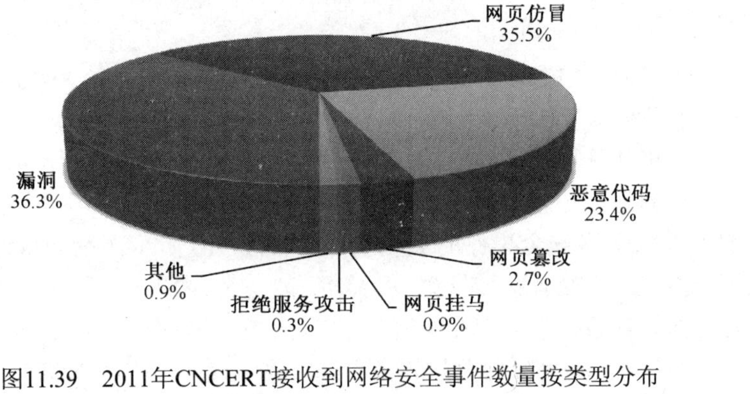

图11.39　2011年CNCERT接收到网络安全事件数量按类型分布

2010 年，CNCERT 接收到的事件数量排在前 3 位分别是信息安全漏洞、恶意代码和网页挂马事件；2011 年，CNCERT 接收的事件数量排在前 3 位的事件类型发生变化，分别是信息安全漏洞、网页仿冒和恶意代码事件。对比可见，信息安全漏洞仍是接收的重点事件，排名第一位；网页仿冒事件数量随着互联网支付和应用的普及而出现显著增长，从 2010 年的第四位跃居到 2011 年的第二位，并且与位于第一位的漏洞事件数量差距不大；恶意代码事件数量虽然排名下降了一位，但事件数高于 2010 年，仍然是对互联网用户构成严重威胁的安全事件之一。

信息系统漏洞事件数量最多，共 5583 起，较 2010 年的 3447 起增加了 61.97%，占所有接收事件的 36.3%。漏洞事件数量在各类投诉事件中居于首位主要是因为在启明星辰、神州绿盟、恒安嘉新、安天科技、安氏领信、知道创宇和奇虎 360 等 20 余家共建单位的大力协助下，CNVD 漏洞信息库新增信息安全漏洞数量在 2011 年继续保持了平稳增长势头。

网页仿冒事件数量为 5459 起，较 2010 年的 1566 起增加了 248.6%，跃居总体排名的第二位，占所有接收事件的比例为 35.5%。正如前述，网页仿冒事件数量随着互联网支付、互联网增值服务等各类互联网应用的普及和增多而不断增加，并有不断增长之势。在 CNCERT 接收的网页仿冒事件中，银行类仿冒事件数量最多。

恶意代码类事件的数量为 3593 起，较 2010 年的 3089 起有所增长，增长幅度约为 16.3%。在中国反网络病毒联盟（ANVA）行业自律框架下，CNCERT 团结行业力量共同开展网络恶意代码信息的收集工作。2011 年，在安天、奇虎 360、瑞星、金山、网秦、江民、洋浦科技、华为等联盟成员单位的协助下，恶意代码样本信息收集工作成效显著，恶意代码类事件数量在接收事件总数中的比例为 23.4%。

总体来看，2011 年对广大互联网用户构成较为严重威胁的仍然是恶意代码的疯狂传播，恶意代码事件、漏洞事件、网页挂马事件是威胁互联网用户安全上网的三大要素。其中信息系统存在漏洞是恶意代码传播、感染的重要内因，网页挂马是恶意代码广泛传播的重要手段，恶意代码事件则最终造成网络泄密等严重危害。对广大互联网用户构成较为严重威胁的另一类安全事件则是网页仿冒事件。网页仿冒事件（俗称“网络钓鱼”）是传统欺诈活动在网络时代新的表现形式，对广大网民危害较大，特别是针对网上银行、电子支付等金融类应用的网页仿冒事件，对用户的财产安全构成直接威胁。网页仿冒已成为金融行业及网络安全组织向 CNCERT 报告的重点事件类型，也是 CNCERT 重点处置的事件类型。

11.6.2 事件处理情况

2011 年，CNCERT 共成功处理各类网络安全事件 10924 件，较 2010 年的 6683 件[28]增长 63.5%。针对互联网恶意代码及网络仿冒事件日益猖獗的发展趋势，CNCERT 加大事件处置工作的力度，全年共开展 14 次针对木马和僵尸网络的专项清理行动，并重点加强了针对银行类的仿冒事件的处置工作。

CNCERT 处理的网络安全事件的类型构成如图 11.40 所示，漏洞事件最多，共 5568 件，占 51.0%。漏洞事件的处置情况详见第 5 章。

恶意代码事件处置数量排名第二，2011 年共处置 2495 件，占 22.8%，较 2010 年的 1463 件增长了 70.5%。恶意代码是威胁互联网安全的重要因素，所以 CNCERT 将恶意代码事件列为日常处置的重点工作，意在通过清理恶意代码传播和控制的源头来降低互联网的安全风险，尽可能消除上网用户被恶意代码感染或远程控制的隐患。

[28] 2011 年 CNCERT 将漏洞事件的处理也纳入事件处理总数中进行统计，因此也与 2010 年包括漏洞事件的处置总数 6683 件作比较。

2011 年，CNCERT 处理网页仿冒事件 1833 件，较 2010 年的 631 件增长了 190.5%，境内重点处理的仿冒事件主要涉及中国农业银行、中国工商银行、中国银行、中国邮政储蓄银行和淘宝等境内著名金融机构和大型电子商务网站。在这类事件中，黑客通过仿冒页面诱骗用户网银、信用卡等账号密码信息，进而窃取用户帐户中的现金。同时，还处理了大量由中国互联网协会 12312 举报中心接收用户投诉的涉及央视网、湖南卫视、腾讯、新浪、搜狐等知名媒体网站的仿冒事件，这类事件通过仿冒知名网站开展网络欺诈活动，CNCERT 通过及时处理有效避免了更多普通用户由于防范意识薄弱而导致的可能的经济损失。

此外，CNCERT 继续开展对涉及境内政府机构和重要信息系统部门的网页篡改事件的处置，全年共处置事件 642 起，较 2010 年的 410 起增加了 56.6%。在其他类型事件中，针对政府部门和重要信息系统的拒绝服务攻击事件、信息系统漏洞事件、网页挂马事件也是 2011 年 CNCERT 事件处理的重点。

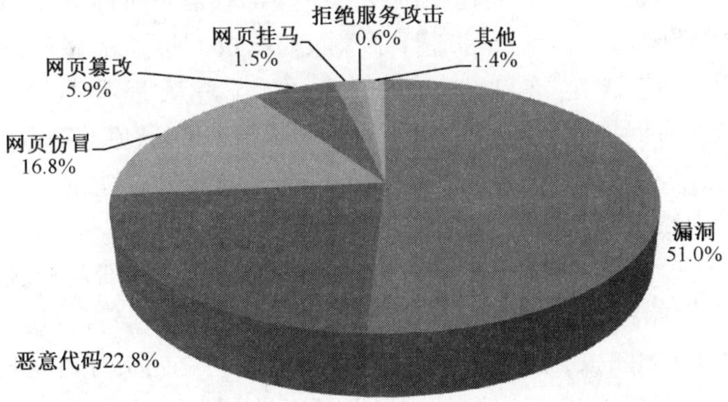

图11.40　2011年CNCERT处理的网络安全事件按类型分布

11.6.3　事件处理典型案例

1. 与微软公司联手清除 Rustock 僵尸网络

2011 年 3 月，CNCERT 接到美国微软公司举报，请求协助其联合打击名为 Rustock 的全球大型僵尸网络。据微软公司等多方监测数据，Rustock 僵尸网络在 2010 年发展成为全球规模最大范围最广的僵尸网络之一，至 2011 年初，发现其已感染 130 多万个 IP 地址，并且能够每天发送超过 300 亿封垃圾邮件，被公认为全球最大的垃圾邮件制造者。

由于 Rustock 僵尸网络危害严重，微软公司除在美国通过法律诉讼途径暂时切断该僵尸网络控制服务器有关 IP 的互联网通信外，还协调其他国家和地区的网络安全机构也进行同步处置。微软公司向 CNCERT 提供了 2010 年 9 月至 2013 年 6 月可能在.CN 顶级域下注册并用于控制 Rustock 僵尸网络的一万多个域名，希望 CNCERT 能够对这些域名进行有效监测和处置。在接到该请求后，CNCERT 积极与微软公司交流合作，并立即运用自身技术手段展开调查。在了解和验证相关情况后，CNCERT 依据我国应急处置体系的工作机制和相关管理办法，协调 CNNIC 迅速采取行动，将 Rustock 僵尸网络可能在.CN 顶级域下注册的全部控制端域名都指向黑洞地址，从而进一步切断了黑客对僵尸网络的控制信道。

微软公司对 CNCERT 的配合行动高度赞赏，多次来邮件表示感谢，并在其发布的安全报告专刊《Battling the Rustock Threat》中提及了与 CNCERT 的相关合作情况。此次针对全球大型僵尸网络的国际化联合处置行动，积极净化了全球互联网环境，有效保护了广大网络用户的利益。

2．监测发现并预警 Carrier IQ 软件收集手机用户隐私信息

2011 年 11 月，CNCERT 获悉移动智能服务厂商 Carrier IQ 的产品存在严重的隐私搜集行为。Carrier IQ 是一款无线网络测试诊断软件，主要被各移动运营商和手机制造商用来诊断电话掉线、电池续航等问题。11 月，CNCERT 注意到有国外研究人员披露该软件除记录网络测试诊断所需的必要信息外，还记录了按键、位置、语音、视频等用户隐私信息。从 2011 年下半年开始，国外多个第三方定制 ROM 提供商开始有计划地从提供的所有 ROM 中移除 Carrier IQ 软件相关的组件。12 月 3 日，Carrier IQ、HTC、三星三家公司已经收到美国密苏里州、伊利诺伊州等多个地区用户的集体诉讼。

CNCERT 对此事件高度重视，委托中国反网络病毒联盟（简称 ANVA）成员单位安天公司对 Carrier IQ 样本及国内传播情况等进行了深入的分析。按照《移动互联网恶意程序描述规范》，CNCERT 最终认定该软件为信息窃取类恶意程序，相关样本的命名为 a.privacy.CarrierIQ.a。为保护我国广大手机用户的个人隐私信息免遭窃取，CNCERT 及时向公众发布信息安全通报，向普通手机用户提供了详细易懂的处置建议。

3．监测发现境内域名放大攻击事件并及时预警

2011 年 12 月 7～9 日，CNCERT 先后接到境外多家域名注册商和域名服务机构投诉，称从 11 月 28 日左右开始接收到大量源自我国 IP 地址的异常域名查询请求。除收到上述域名服务商的投诉邮件外，CNCERT 还进一步调查发现从 12 月 2 日开始在 Dyn 博客和 OARC 邮件列表的域名技术讨论区中，有多家境外域名服务商的技术维护人员反映在同期都接收到了大量类似的异常域名查询请求。

CNCERT 立即对境外域名服务商反映的情况展开调查，发现确实有很多源自境内的异常域名查询请求发往境外的域名解析服务器。经综合分析调查，CNCERT 判断该事件是境内攻击者采用伪造源地址方式，借助域名系统放大攻击流量，实现针对多家游戏私服网站的拒绝服务攻击。攻击者通过将源地址伪造为攻击目标（即游戏私服网站），向众多境外域名解析器发送大量 ANY 类型的 DNS 请求，导致境外域名服务器将各类应答报文回送给攻击目标，由于应答流量远大于请求流量，从而实现利用域名系统放大攻击效果。该攻击方式属于典型的域名放大攻击。

CNCERT 及时将该事件的投诉情况和调查结果向通信行业主管部门进行汇报，并协助召开互联网网络安全应急专家组会议，就该事件的严重程度、潜在危害和影响、后续处置和防范措施等问题展开讨论。专家组根据 CNCERT 汇报的情况形成以下主要结论：该事件中的攻击方法为典型的域名放大攻击，攻击目标为游戏私服网站，事件的现有影响和危害有限，但潜在安全风险值得引起各方重视；为长远消除众多伪造源地址的网络攻击隐患，需加快推动运营商全面部署和实施源地址认证，并借鉴垃圾邮件处置经验，探索为运营商域名服务器建立白名单等技术方案。

4．协调处理网站用户信息泄露事件

从 2011 年 12 月 21 日开始，互联网上陆续披露并流传 CSDN 中文社区、天涯社区等多家网站发生用户信息泄露事件。CNCERT 一方面密切关注事态发展，于 12 月 22 日通过网站向公众通报了 CSDN 中文社区大量用户账号和明文密码遭泄露的情况，提出防范措施建议，一方面及时向通信行业主管部门汇报情况。

在通信行业主管部门的指导下，CNCERT 紧急联系协调相关网站和论坛开展应急处置，并协助召开了互联网网络安全应急专家组会议。会议同时邀请了 CSDN 中文社区、开心网、天涯社区、网易、人人网、百度、新浪、搜狐、腾讯、阿里巴巴、卓越亚马逊等互联网企业的代表参会。会上，各互联网企业分别介绍了各自关注事件发展及自身防范用户信息泄露的技术措施。通信行业主管部门表示将以加强网络安全防护为工作重点，进一步做好互联网网络安全监管工作，并针对一系列用户信息泄漏事件提出以下意见：各企业要高度重视用户信息安全，明确保障用户信息安全是应尽的义务；各企业要做好事件的善后工作；通信行业主管部门将加大对相关企业用户数据安全、日志留存和审计等方面的检查力度，落实安全责任，推动增值电信运营企业网站加强内部管理，做好信息系统的安全防护工作；各方将合作加强对互联网用户的宣传教育，提醒用户养成良好的上网习惯，防范重要信息泄露。

截至 12 月 29 日，CNCERT 通过公开渠道获得疑似泄露的数据库 26 个，涉及账号、密码 2.78 亿条。经抽查核实，并与相关网站、论坛联系核对后，CNCERT 确认 CSDN 社区、天涯社区两家网站发生了用户数据泄漏事件，但泄漏原因还有待进一步分析；对于其他网站、论坛，虽然曝光数据中个别条目有效，但不能判定发生了网站、论坛用户数据泄漏事件。此次事件给互联网用户带来了严重的个人信息安全威胁，引起社会广泛关注，也再一次给互联网企业和互联网用户敲响了安全警钟。

5．协调处置近千起境内、外网络仿冒事件

针对犯罪分子越来越普遍使用跨境注册域名构建仿冒网站以逃避打击的现象，CNCERT 特别加强了与国际网络安全应急处置机构、境外运营商、域名注册商和国际网络安全组织等的合作，显著提高了对跨境网络仿冒事件的处置和打击能力。

2011 年，CNCERT 监测发现或接投诉举报后，协调境外域名注册商，处理在境外注册、被用于仿冒我国重要金融网站的恶意域名的典型案例有：仿冒中国农业银行、中国银行、中国邮政储蓄银行、中国光大银行、深圳发展银行、中国建设银行、中国人民银行征信中心、中国工商银行、台州银行等银行或重要金融机构网站等的众多事件。同时，CNCERT 接到境外投诉请求，协调境内域名注册商，处理在境内注册、被用于仿冒境外政府等权威信息发布机构网站的恶意域名的典型案例有：应加拿大网络事件响应中心（CCIRC）请求协助处置仿冒加拿大税务总局网站、应 KrCERT 请求协助处置仿冒韩国政府网站；协助处置被用于仿冒境外银行等重要金融机构网站的恶意域名的典型案例有：仿冒苏格兰皇家银行网站、多起仿冒德国邮政银行网站、仿冒美国金融机构 Wells Fargo 网站、仿冒希腊国家银行网站、仿冒韩国农协银行网站等的多起事件。

通过监测发现和协调处置以上述典型事件为代表的众多仿冒我国或他国政府网站或重要信息系统、以及仿冒境内外银行或重要金融机构的网络安全事件，CNCERT 有效打击了不法分子进行网络钓鱼的猖獗势头，净化了网络环境，保护广大互联网用户能够更可靠、更方便地利用互联网获取权威信息和处理经济事务。

11.7 网络安全信息通报情况

1. 互联网网络安全信息通报

2011 年 CNCERT 作为通信行业内的通报中心，协调组织各地通信管理局、中国互联网协会、基础电信运营企业、域名注册管理和服务机构、非经营性互联单位、增值电信业务经营企业以及网络安全企业开展通信行业网络安全信息通报工作。

按照《互联网网络安全信息通报实施办法》规定，各信息通报工作单位每月前五个工作日向 CNCERT 报送前一个月的月度汇总信息；对于监测和掌握的其他重要事件信息和预警信息则需及时报送。2011 年，CNCERT 共收到各单位报送的月度信息 619 份，事件信息和预警信息 962 份。经过全面汇总、整理各类上报信息，结合 CNCERT 网络安全监测和事件处置情况，对网络安全态势和影响较大的网络安全事件进行综合分析研判，全年共编制并向各单位发送《互联网网络安全信息通报》46 期，内容涵盖基础 IP 网络、IP 业务、域名系统、相关单位自有业务系统和公共互联网环境等多方面，为我国政府和重要信息系统、电信运营企业、互联网企业和广大互联网用户进一步提升网络安全工作水平，加强网络安全意识，提供了及时有效的预警和指导。

除每月汇总和发布月度情况通报外，对于报送的重要事件信息和预警信息，CNCERT 会通过通报增刊和漏洞通报专刊的方式向信息通报工作单位发布。对于一些涉及政府和重要信息系统部门以及威胁广大互联网用户的信息，CNCERT 还会定向通报给有关单位或通过广播电视、新闻媒体、官方网站等多种形式广而告之。

2. 行业外互联网网络安全信息发布

2011 年，CNCERT 通过发布网络安全专报、周报、月报、年报和在期刊杂志上发表文章等多种形式面向行业外发布报告 139 份。其中通过印刷品向有关部门发布月度网络安全专报和简报各 12 期、简报增刊 2 期；通过邮件推送、CNCERT 网站发布《网络安全信息与动态周报》52 期、英文版《网络安全信息与动态周报》18 期、《CNCERT 互联网安全威胁报告》12 期、《2010 年互联网网络安全态势报告》1 份；通过期刊杂志发布网络安全数据分析文章 29 篇；出版发行了《2010 年中国互联网网络安全报告》。其中，英文版《网络安全信息与动态周报》自 2011 年 8 月起开始公开发布，主要面向国际组织机构和用户，以进一步促进国内外网络安全信息共享与交流。

2011 年，CNCERT 周报、年报等公开信息被多家权威媒体转载，相关数据被大量论文引用。中央电视台、新华社、中国日报等国内主流媒体纷纷来我中心挖掘新闻类节目或新闻稿素材，在 CCTV 新闻频道、CCTV 财经频道、新华网、人民网、中国日报英文版、参考消息、凤凰网、腾讯网、新浪网等二十余家媒体栏目或频道上播报，引起各级政府部门及公众的高度重视。代表性的文章主要有：《国家互联网应急中心发布网络安全态势报告》、《国家互联网应急中心：手机恶意程序正在快速蔓延》、《中国网络安全形势严峻政府网站隐患多》、《2.78 亿数据泄露 CNCERT 发布信息泄露事件的通报》、《中美网络安全对话机制重点探讨反垃圾邮件》、《部分跨境网络安全事件回顾》和《反网络病毒联盟制定我国首个手机病毒技术规范》等。

11.8　国内互联网行业安全组织发展情况

11.8.1　网络安全信息通报成员发展情况

2011 年，CNCERT 作为通信行业网络安全信息通报中心，积极贯彻落实工业和信息化部颁布的《互联网网络安全信息通报实施办法》，协调和组织各地通信管理局、中国互联网协会、基础电信运营企业、域名注册管理和服务机构、非经营性互联单位、增值电信业务经营企业以及安全企业开展通信行业网络安全信息通报工作。CNCERT 及各分中心积极拓展信息通报工作单位，努力规范各通报单位报送的数据。

截至 2011 年 12 月，全国共有 282 家信息通报工作单位，形成了较稳定的信息通报工作体系。与 2010 年相比，新拓展安全企业、增值电信运营企业、域名注册服务机构等 20 家单位成为信息通报工作单位，信息报送来源得到丰富和拓展。自 2011 年 1 月起，CNCERT 启用网络安全协作平台试行开展电子化信息报送工作，规范信息报送流程，有效提高了信息报送工作效率。表 11.3 所示为全国 282 家信息通报工作单位列表。

表 11.3　通信行业互联网网络安全信息通报工作单位（按拼音字母排序）

通信行业互联网网络安全信息通报工作单位	
各地通信管理局（31 家）	全国 31 个省、自治区、直辖市通信管理局
基础电信运营企业（119 家）	中国电信集团公司及各省分公司、中国联合网络通信集团有限公司及各省分公司、中国移动通信集团公司及各省分司
域名注册管理和服务机构（19 家）	北京新网互联科技有限公司、北京新网数码信息技术有限公司、北京万网志成科技有限公司、广东金万邦科技投资有限公司、广东时代互联科技有限公司、广州名扬信息科技有限公司、广东互易科技有限公司、广州网尊信息科技有限公司、杭州创业互联科技有限公司、厦门东南融通在线科技有限公司、厦门华融盛世网络有限公司、厦门精通科技实业有限公司（35 互联）、厦门市纳网科技有限公司、厦门易名网络科技有限公司、厦门易名网络科技有限公司（北京）、厦门市中资源网络服务有限公司、政务和公益域名注册管理中心、中国互联网络信息中心、江苏网路神电子商务技术有限公司
增值电信业务经营企业（42 家）	263 网络通信股份有限公司、东北新闻网、广东世纪龙信息网络科技有限公司、广东天盈信息技术有限公司、广东茂名市群英网络有限公司、广西英拓网络信息技术有限公司、广西博联信息通信技术有限责任公司、杭州阿里巴巴网络有限公司、杭州世导科技有限公司、华数网通信息港有限公司、淮安三全网络科技有限公司、济南舜网传媒有限公司、江苏邦宁科技有限公司、江阴欧维网络科技有限公司、辽宁鸿联九五信息产业有限公司、南京创网科技有限公司、山东大众传媒股份有限公司、山东新潮信息技术有限公司、山东维平信息安全测试有限公司汕头市恒信科技有限公司、深圳市互联时空科技有限公司、沈阳数据中心、深圳市腾讯计算机系统有限公司、世纪互联数据中心有限公司、厦门蓝芒科技有限公司、厦门数字引擎网络技术有限公司、厦门鑫飞扬信息系统工程有限公司、厦门翼讯科技有限公司、厦门优通互联科技开发有限公司、泉州商博科技有限公司、厦门达腾网络科技有限公司、福州哈唐网络科技有限公司、厦门市世纪网通网络服务有限公司、上海长城宽带网络服务有限公司、上海东方有线网络有限公司、上海科技网络通信有限公司、上海乾万网络科技有限公司、上海世纪互联信息系统有限公司、苏州中网科技有限公司、徐州枫信科技有限公司、徐州迅腾科技有限公司、漳州市比比网络服务有限公司

续表

通信行业互联网网络安全信息通报工作单位	
非经营性互联单位 （4 家）	中国长城互联网、中国国际电子商务中心（经贸网）、中国教育和科研计算机网、中国科技网
安全企业 （59 家）	北京安信华科技有限公司、北京安氏领信科技发展有限公司、北京互联通网络科技有限公司华南分公司、北京启明星辰信息安全技术有限公司、北京启明星辰信息安全技术有限公司广州分公司、北京启明星辰信息安全技术有限公司黑龙江分公司、北京启明星辰信息安全技术有限公司上海分公司、北京启明星辰信息安全技术有限公司沈阳分公司、北京瑞星信息技术有限公司、北京神州绿盟科技有限公司、北京神州绿盟科技有限公司广州分公司、北京神州绿盟科技有限公司河南办事处、北京神州绿盟科技有限公司沈阳分公司、北京神州绿盟科技有限公司上海分公司、北京天融信科技有限公司、北京天融信科技有限公司成都分公司、北京天融信科技有限公司广州分公司、北京天融信科技有限公司上海分公司、北京天融信科技有限公司郑州分公司、北京网秦天下科技有限公司、北京知道创宇信息技术有限公司、北京知道创宇信息技术有限公司（沈阳）、东软系统集成工程有限公司、东软系统集成工程有限公司广州分公司、东软系统集成工程有限公司华北大区、
安全企业 （59 家）	广东科达信息技术有限公司、广东蓝盾信息安全技术股份有限公司、广东天讯瑞达通信技术有限公司、广州江南科友科技有限公司、广州三零盛安信息安全有限公司、哈尔滨安天信息技术有限公司、哈尔滨安天信息技术有限公司（黑龙江）、河南山谷创新网络科技有限公司、河南郑州景安计算机网络技术有限公司、华为技术有限公司、金山网络科技有限公司、浪潮集团有限公司、北京网御星云信息技术有限公司、奇虎 360 软件（北京）有限公司、青海网联电子信息有限公司、青海源创科技有限责任公司、上海三零卫士信息安全有限公司、上海金电网安科技有限公司、上海谐润网络信息技术有限公司、上海中科网威信息技术有限公司、深圳安络科技有限公司、深圳任子行网络技术股份有限公司、网御神州科技有限公司、福建富士通信息软件有限公司、福建伊时代信息科技股份有限公司、北京瑞星信息技术有限公司（江苏）、任子行网络技术股份有限公司（江苏）、亚信联创科技（中国）有限公司、趋势科技中国有限公司、南京南谷信息系统有限公司、南京青苜信息技术有限公司、南京翰海源信息技术有限公司、江苏天创科技有限公司、南京铱迅信息技术有限公司
其他 （8 家）	甘肃省互联网协会、广州市信息化办公室、国家计算机网络应急技术处理协调中心、辽宁省互联网协会、陕西省信息总公司、陕西省省广电公司、中国互联网协会、中国南方电网有限责任公司信息中心

11.8.2 国家信息安全漏洞共享平台（CNVD）成员发展情况

国家信息安全漏洞共享平台（China National Vulnerability Database，CNVD）是由 CNCERT 联合国内重要信息系统单位、基础电信运营企业、网络安全厂商、软件厂商和互联网企业建立的信息安全漏洞信息共享知识库。旨在团结行业和社会的力量，共同开展漏洞信息的收集、汇总、整理和发布工作，建立漏洞统一收集验证、预警发布及应急处置体系，切实提升我国在安全漏洞方面的整体研究水平和及时预防能力，有效应对安全漏洞带来的网络信息安全威胁。

2011 年，CNVD 的工作成效显著，影响力逐渐增强。全年新增信息安全漏洞 5547 个，较 2010 年增加 60.9%，其中高危漏洞 2529 个，漏洞收录总数和高危漏洞收录数量在国内漏洞库组织中位居前列。全年发布周报 50 期、月报 12 期，发布《互联网网络安全信息通报》漏洞通报专刊 21 期，积极做好漏洞相关行业的预警工作。CNVD 重点加强了涉及国内厂商产品、国内政府和重要信息系统部门以及通信行业应用的漏洞处置工作，多次组织开展涉及国产工业控制系统软件、国产网站内容管理系统软件、国产网络产品、国产浏览器软件等产品漏洞的专项协调处置，研究发布相关技术解决方案，降低了漏洞引起的安全风险。CNVD 门户网站（www.cnvd.org.cn）进行了全面改版，着重突出平台成员单位以及漏洞报送者的贡献，营造共建共享的社区氛围。此外，CNVD 与国内外多家安全组织和企业建立了密切的协作关系。

截至 2011 年 12 月底，CNVD 平台体系的成员单位情况如表 11.4 所示。

表 11.4　CNVD 成员单位列表（排名不分先后）

CNVD 工作委员会（8 家）	国家互联网应急中心
	国家信息技术安全研究中心
	北京神州绿盟科技有限公司
	北京启明星辰信息安全技术有限公司
	沈阳东软系统集成工程有限公司
	奇虎 360 软件（北京）有限公司
	恒安嘉新（北京）科技有限公司
	北京安氏领信科技发展有限公司
CNVD 技术合作单位（10 家）	中国人民解放军信息安全测评认证中心
	北京网御星云信息技术有限公司
	北京安天电子设备有限公司
	北京焜安信息技术有限公司
	北京知道创宇信息技术有限公司
	华为技术有限公司
	深圳市腾讯计算机系统有限公司
	北京暴风网际科技有限公司
	看雪安全网站
	杭州安恒信息技术有限公司
	百度在线网络技术（北京）有限公司
CNVD 用户支持组（7 家）	新浪网技术（中国）有限公司
	北京搜狐互联网信息服务有限公司
	网之易信息技术（北京）有限公司
	上海盛大网络发展有限公司
	北京雷霆万钧网络科技有限责任公司
	上海巨人网络科技有限公司

11.8.3　中国反网络病毒联盟（ANVA）成员发展情况

2009 年 7 月，中国互联网协会网络与信息安全工作委员会发起成立了中国反网络病毒联盟（Anti Network-Virus Alliance of China，ANVA），由 CNCERT 负责具体运营管理。联盟旨在广泛联合基础电信运营企业、互联网内容和服务提供商、网络安全企业等行业机构，积极动员社会力量，通过行业自律机制共同开展互联网网络病毒信息收集、样本分析、技术交流、防范治理、宣传教育等工作，以净化公共互联网网络环境，提升互联网网络安全水平。

2011 年，在联盟成员单位的大力协助下，ANVA 工作稳步推进，取得了一些实质性成果。全年共新增中国软件测评中心等 9 家成员单位，成员单位总数达到 31 家。在 5 月 24 日召开的联盟全体工作会议上，确立了推进手机病毒共享分析、计算机病毒共享分析、恶意地址共享发布三个技术支撑平台建设的运行思路。在工信息部和中国互联网协会的指导下，率先在业内发布并在成员单位中启用《移动互联网恶意代码描述规范》。积极推动安天、趋势科技、网秦、瑞星、奇虎、华为、腾讯、金山、江民、洋浦科技等成员单位开展手机病毒样本、计算机病毒样本、恶意地址的共享和分析工作。ANVA 门户网站（www.anva.org.cn）进行了全新改版，在网站上定期发布周期、试行发布恶意地址黑名单，为政府部门、企业和个人用户提供预警和技术支持。ANVA 逐渐成为协助政府主管部门、CNCERT 加强恶意代码治理工作的重要支撑平台。

截至 2011 年 12 月，ANVA 成员单位情况如表 11.5 所示。

表 11.5 ANVA 成员单位列表（排名不分先后）

国家互联网应急中心
中国电信集团公司
中国移动通信集团公司
中国联合网络通信集团有限公司
中国互联网络信息中心
中国软件测评中心
北京百度网讯科技有限公司
深圳市腾讯计算机系统有限公司
北京启明星辰信息安全技术有限公司
北京神州绿盟科技有限公司
奇虎 360 软件(北京)有限公司
阿里巴巴（中国）有限公司
金山网络科技有限公司
北京江民新科技术有限公司
北京搜狐互联网信息服务有限公司
新浪网技术（中国）有限公司
网之易信息技术（北京）有限公司
北京万网志成科技有限公司
北京世纪互联宽带数据中心有限公司
北京天融信科技有限公司
北京瑞星信息技术有限公司
哈尔滨安天科技股份有限公司
北京网秦天下科技有限公司
华为技术有限公司
西门子（中国）有限公司
优视科技有限公司
北京西塔网络科技股份有限公司
北京知道创宇信息技术有限公司
北京洋浦伟业科技发展有限公司
趋势科技（中国）有限公司
恒安嘉新（北京）科技有限公司

11.9　2012 年网络安全挑战与工作展望

1．2012 年值得关注的网络安全热点问题

随着我国互联网新技术、新应用的快速发展，2012 年的网络安全形势将更加复杂，尤其需要重点关注如下几方面问题：

（1）网站安全面临的形势可能更加严峻，网站中集中存储的用户信息将成为黑客窃取的重点。由于很多社交网站、论坛等网站的安全性差，其中存储的用户信息极易被窃取，黑客在得手之后会进一步研究利用所窃取的个人信息，结合社会工程学攻击网上交易等重要系统，可能导致更严重的财产损失。

（2）随着移动互联网应用的丰富和 3G、wifi 网络的快速发展，针对移动互联网智能终端的恶意程序也将继续增加，智能终端将成为黑客攻击的重点目标。由于 Android 手机用户群的快速增长和 Android 应用平台允许第三方应用发布的特点，运行 Android 操作系统的智能移动终端将成为黑客关注的重点。

（3）随着我国电子商务的普及，网民的理财习惯正逐步向网上交易转移，针对网上银行、证券机构和第三方支付的攻击将急剧增加。针对金融机构的恶意程序将更加专业化、复杂化，可能集网络钓鱼、网银恶意程序和信息窃取等多种攻击方式为一体，实施更具威胁的攻击。

（4）APT[29]攻击将更加盛行，网络窃密风险加大。APT 攻击具有极强的隐蔽能力和针对性，传统的安全防护系统很难防御。美国等西方发达国家已将 APT 攻击列入国家网络安全防御战略的重要环节，2012 年 APT 攻击将更加系统化和成熟化，针对重要和敏感信息的窃取，有可能成为我国政府和企业等重要部门的严重威胁。

（5）随着 2012 年 ICANN 正式启动新通用顶级域名（gTLD）业务，新增的大量 gTLD 及其多语言域名资源，将给域名滥用者或欺诈者带来更大的操作空间。

（6）随着宽带中国战略开始实施，国家下一代互联网启动商用试点，以及无线城市的大规模推进和云计算大范围投入应用，IPv6 网络安全、无线网安全和云计算系统及数据安全等方面的问题将会越来越多地呈现出来。

2．对策建议

随着 2012 年下一代互联网和宽带中国战略的推进，为保障国家网络空间安全，维护互联网的健康环境，保护网民权益，我国政府主管部门、互联网企业和互联网用户应进一步重视网络安全问题，共同提高网络安全水平。建议政府部门尽快制定出台我国的国家网络安全战略，为各部门开展网络安全工作指明方向。建议立法和执法部门加大网络犯罪立法、惩治和量刑力度，形成有效震慑。建议互联网主管部门加大网络安全行政监管力度，增强对互联网信息和增值业务服务商的管理。建议互联网相关产品厂商加强对产品安全性的管理和规范，及时发布漏洞补丁和更新版本。建议网站和信息系统强化系统的安全防护，提高网络安

[29] APT 即高级可持续威胁（Advanced Persistent Threat），也称为定向威胁，指某组织对某一特定对象展开的持续有效的攻击活动和威胁。这种攻击活动具有极强的隐蔽性和针对性，通常会运用受感染的各种介质、供应链和社会工程学等多种手段实施先进的、持久的且有效的威胁和攻击。黑客个人的行为一般不能构成 APT 攻击，因为通常情况下没有足够的资源来开展这种先进且复杂的攻击活动。

全监测和应急处理能力，并加强相关人员队伍的建设。建议电信运营企业完善网络安全监测和应急体系建设，提高网络攻击发现和溯源处置能力。建议广大网民要提高对网络安全威胁的认识及网络安全防护意识，做好漏洞修补和恶意程序查杀等防护措施。

（国家计算机网络应急技术处理协调中心　周勇林、王明华、纪玉春、徐娜、王营康、徐原、李佳、何世平、温森浩、赵慧、韩晟、李志辉、姚力、张洪、唐力、朱芸茜、朱天）

第 12 章　2011 年中国互联网治理情况

- 2011 年，中国政府高度重视互联网的建设和发展，坚持“积极利用、科学发展、依法管理、确保安全”的原则，推动我国互联网持续繁荣稳定发展。
- 2011 年 5 月，国务院设立国家互联网信息办公室，进一步加强建设、发展和管理，落实互联网信息传播方针政策和推动互联网信息传播法制建设，指导、协调、督促有关部门加强互联网信息内容管理。
- 北京市 2011 年 12 月推出《北京市微博客发展管理若干规定》，要求微博用户在注册时必须使用真实身份信息为标志，互联网（微博）真实身份认证进入试点运行阶段。
- 2011 年，四部委在全国范围内联合开展为期两个月的整治非法网络公关行为专项行动，坚决打击非法网络公关行为，遏制非法网络公关猖獗势头，维护互联网正常传播秩序和市场经济秩序。
- 3Q 之争促使互联网行业进一步加强自律，中国互联网协会组织企业代表和相关法律专家共同研究制定《互联网终端软件服务行业自律公约》，38 家企业率先签署《公约》。
- 12321 网络不良与垃圾信息举报受理中心继续承担垃圾邮件和垃圾短信等网络不良信息的举报受理工作，利用平台优势继续为行业监管提供支撑服务。

12.1　互联网治理概况

2011 年，中国政府高度重视互联网的建设和发展，坚持“积极利用、科学发展、依法管理、确保安全”的原则，推动我国互联网持续繁荣稳定发展。2011 年 5 月，国务院设立国家互联网信息办公室，进一步加强建设、发展和管理，落实互联网信息传播方针政策和推动互联网信息传播法制建设，指导、协调、督促有关部门加强互联网信息内容管理。2011 年 10 月召开了中共十七届六中全会。全会《决定》指出，“能否建设好、运用好、管理好互联网，形成积极健康的网络文化环境，事关文化改革发展大局，事关中国特色社会主义事业全局。“加强网上思想文化阵地建设，是社会主义文化建设的迫切任务”，要求加强网上舆论引导，推进网络法制建设，抓住重点管理环节，切实维护网络安全，构建网络文化管理新格局，发展健康向上的网络文化。互联网（微博）真实身份认证进入试点运行阶段，向创建真实可信的互联网环境，又迈进了一步。互联网企业积极加强自律，与互联网相关机构、协会共同努力，带动互联网治理工作再上一个台阶。

12.2 互联网行业管理情况

12.2.1 指导政策陆续出台

2011 年，各级互联网行业监管的政策性指导文件密集出台，这些文件包括：1 月 14 日工业和信息化部发布《互联网信息服务市场秩序监督管理暂行办法（征求意见稿）》；2 月 10 日工业和信息化部发布《信息安全技术个人信息保护指南》意见稿，对个人信息主体的权利、信息管理者使用个人信息的要求等多方面做出了规定；2 月 17 日文化部公布《互联网文化管理暂行规定》，加强对互联网文化的管理，保障互联网文化单位的合法权益；3 月 31 日新闻出版总署公布《出版物市场管理规定》，对通过互联网等信息网络从事出版物发行业务的单位或个人提出了明确要求；4 月 12 日商务部发布《第三方电子商务交易平台服务规范》，倡导诚信规范的经营服务理念，完善电子商务发展环境，促进电子商务健康发展；4 月 18 日保监部门发布《互联网保险业务监管规定（征求意见稿）》，对保险机构开展互联网保险业务做出“新规”；7 月 27 日工业和信息化部发布《互联网信息服务管理规定（征求意见稿）》；8 月 29 日最高人民法院和最高人民检察院联合发布《关于办理危害计算机信息系统安全刑事案件应用法律若干问题的解释》，明确了危害计算机信息系统安全犯罪的法律适用问题；10 月 26 日工业和信息化部有关领导表示，正会同有关部门制订《移动智能终端管理办法》，以完善移动智能终端的个人信息安全管理；10 月 18 日商务部发布《商务部“十二五”电子商务发展指导意见》，加强对第三方电子商务交易平台的引导和规范，营造公平、诚信、安全的交易环境；10 月 20 日国家工商总局牵头商讨出台政策对网络团购行业进行监管；11 月 21 日 十一届全国人大常委会第二十三次会议初次审议了民事诉讼法修正案（草案）。这次民诉法在修订过程中的“证据”类别里，新增加了“电子数据”的内容。

10 月 18 日，党的十七届六中全会通过了《中共中央关于深化文化体制改革 推动社会主义文化大发展大繁荣若干重大问题的决定》，明确提出“发展健康向上的网络文化”的要求，规定要认真贯彻积极利用、科学发展、依法管理、确保安全的方针，加强和改进网络文化建设和管理，加强网上舆论引导，唱响网上思想文化主旋律。为此，加强网络法制建设，加快形成法律规范、行政监管、行业自律、技术保障、公众监督、社会教育相结合的互联网管理体系；加强对社交网络和即时通信工具等的引导和管理，培育文明理性的网络环境；依法惩处传播有害信息行为，加大网上个人信息保护力度，建立网络安全评估机制，维护公共利益和国家信息安全。

12.2.2 行政管理方式创新

2011 年 5 月 4 日，国务院办公厅发出通知，设立国家互联网信息办公室。国家互联网信息办公室的主要职责包括落实互联网信息传播方针政策和推动互联网信息传播法制建设，指导、协调、督促有关部门加强互联网信息内容管理，依法查处违法违规网站等。国家互联网信息办公室不另设新的机构，在国务院新闻办公室加挂国家互联网信息办公室牌子。国务院新闻办公室主任王晨任国家互联网信息办公室主任。国家互联网信息办公室的挂牌，结束长期以来我国互联网存在的多头管理现象，通过一定程度的整合统一了管理权限和部门，更加有利于统筹协调，对互联网的信息管理也更加合理有效。

12.2.3　网络空间真实身份认证进入试点阶段

以北京市 2011 年 12 月推出《北京市微博客发展管理若干规定》，要求微博用户在注册时必须使用真实身份信息为标志，互联网（微博）真实身份认证进入试点运行阶段。根据《规定》要求，真实身份认证采取“后台实名，前台自愿”的原则，新浪、搜狐、网易等各大网站微博都将在 2012 年 3 月 16 日全部实行真实身份认证。微博企业也采取适当措施推进真实身份认证。新浪推出“身份通”认证服务，用户可自愿选择填写姓名、身份证号、手机号等，取得“身份通勋章”，有效预防恶意假冒身份行为。广州也开始互联网真实身份认证试点工作。广州、深圳市的腾讯网、金羊网、大洋网、深圳新闻网、奥一网及嘀咕网、饭否网等 7 家开展微博客业务的主要网站作为试点，从 2011 年 12 月 22 日起，实行微博用户使用真实身份信息注册。

12.2.4　专项行动取得实效

2011 年，为了整治互联网高速发展衍生的非法公关滋生、不良信息泛滥、网络传销猖獗等现象，国务院新闻办、工业和信息化部、公安部、工商总局等多部委联合开展了有声有色的整治专项行动。

1．整治非法网络公关行为专项行动

从 2011 年 4 月起，国务院新闻办、工业和信息化部、公安部和国家工商总局四部委在全国范围内联合开展了为期两个月整治非法网络公关行为专项行动，坚决打击非法网络公关行为，遏制非法网络公关猖獗势头，维护互联网正常传播秩序和市场经济秩序。专项整治行动期间，各地工商机关通过加强对互联网广告信息、论坛、贴吧和 BBS 等的日常查检工作，确保专项行动取得实效。据不完全统计，各地工商机关共受理案件举报线索 144 条，巡查互联网网站 72 110 个，实地检查经营者 10 772 个，召开网站经营者座谈会 156 次，向有关部门通报违法信息 34 条，责成网站删除违法信息 133 条，提请电信部门关闭网站 2 起，查获案件 150 起，罚没金额 113.07 万元。在专项行动中，包括“百姓挖掘网”等 55 家非法网络公关网站被查处并关闭。这些非法网站，有借刊载负面信息进行敲诈勒索的维权网站，有声称代理删除负面帖文的“删帖公司”，有招募、推介“网络水军”、“代理刷票”的“水军网站”和“刷票公司”，有从事“网络炒作”的所谓“网络推手”，均从事非法网络公关活动，且大多没有登记备案，已被有关部门依法予以关闭。这次专项行动得到各界的积极支持和热烈响应，有力打击了非法网络公关行为，净化了互联网环境。

2．整治互联网和手机媒体淫秽色情和低俗信息专项行动

2011 年 4 月，由国务院新闻办牵头，九部门联合开展了 2011 年深入整治互联网和手机媒体淫秽色情和低俗信息专项行动。专项行动确定了三大工作目标，即广大人民群众对网络环境更加满意，维护良好网络环境的基础更加巩固，打击网络淫秽色情信息的长效机制更加完善；确定了五项工作重点，即贯彻“抓源头、打基础、切断利益链”的要求，加强源头管理，多管齐下，打压淫秽色情网站生存空间；严厉打击将淫秽色情网站向境外转移行为；斩断淫秽色情传播利益链，严查非法广告联盟及任何为淫秽色情网站“输血送电”行为；进一步完善网站接入服务、域名注册等基础管理，落实网络信息安全责任制度；建立健全涉黄网站跨地区、跨部门、跨行业协同处置机制，强化责任追究机制，进一步形成工作合力。专项行动共封堵淫秽色情网站 51.6 万余个，关闭违规网站 643 家，清理网上淫秽色情和低俗信息 180 余万条，其中淫秽色情和低俗图片 13 万余张，涉性用品药品信息 7300 余条，网络电视棒等非法网络共享设备信息 4500 余条。破获了一批传播网络淫秽色情的大案要案，如公安部联合美国警方破获了拥有千万会员的全球最大的中文淫秽色情网站联盟“阳光娱乐联盟”。中国互联网协会积极配合专项行动，共组织核查各类网站 8.2 万余次，经过初查、分类移交主管部门处理，并完成专项报告 44 期。

3．打击网络传销专项行动

2011 年 7 月至 12 月，国家工商总局、公安部、工业和信息化部、国家互联网信息办公室、中国人民银行、中国银监会联合在全国组织开展打击网络传销违法犯罪专项行动。专项行动分为三个阶段：动员部署阶段，各地对专项行动进行动员部署，成立协调领导机构，制定工作方案，全面开展调查摸底，掌握当地网络传销违法犯罪的态势，查明打击对象的底数等情况；7 月下旬至 11 月为集中打击阶段，各地采取集中行动和专案经营相结合的方式，清理一批窝点，摧毁一批传销组织网络，查处一批大要案件；12 月为总结阶段，各地对案件查办情况、典型案例、经验做法等专项行动情况进行认真总结。国家工商总局、公安部、工业和信息化部负责打击网络传销违法犯罪专项行动的组织、协调工作；工商、公安机关负责监控发现传销网站和服务器，获取线索和信息，共同做好网上取证、立案查处等工作；通信管理部门根据工商、公安机关对传销网站的认定、处罚意见，依据《互联网信息服务管理办法》、《互联网站管理协调工作方案》等对相关违法违规传销境内网站进行处理；互联网信息内容主管部门负责加强对论坛、博客、微博客、社交网站等的监管，做好对传销网站、网页内容的查处工作，根据工商、公安机关的认定和处置意见对传销网站依法进行处理；人民银行负责协调有关商业银行依法做好对涉嫌传销的银行账户往来账目、资金进行查询、暂停结算、冻结等工作，银监部门对发现有涉嫌非法集资等犯罪的，按照国务院确定的打击和处置非法集资工作机制查处。目前，这一专项工作正在各地深入开展。

12.3 互联网行业自律情况

2011 年，互联网行业组织和互联网企业加强行业自律，为营造文明健康、公平竞争、规范发展的行业生态环境做出了多方面努力，进一步丰富和完善了法律规范、行业监管、行业自律、公众监督、社会教育相结合的互联网管理体系。

12.3.1 抵制非法网络公关行为自律

为响应中央外宣办、工业和信息化部、公安部、国家工商总局四部门整治非法网络公关行为专项行动要求，进一步规范网络传播秩序，打击非法网络公关行为，营造文明健康的网络环境，4 月 15 日，中国互联网协会组织召开抵制非法网络公关行为自律工作座谈会，新浪、搜狐、网易、腾讯、百度、360、天涯等与会企业交流了应对非法网络公关的做法和经验；4

月 22 日，中国互联网协会再次组织召开抵制非法网络公关行为行业自律工作动员会，动员广大互联网企业坚决抵制非法网络公关行为。

5 月 16 日，在国家互联网信息办公室、工业和信息化部等有关部门的支持和指导下，中国互联网协会研究制定的《抵制非法网络公关行为自律公约》正式发布，《公约》共十条，倡导文明守法、诚信自律、公平竞争、和谐发展的理念，号召互联网企业自觉抵制不正当竞争、操纵网络舆论非法牟利、恶意炒作等各种非法网络公关行为，提高防范非法网络公关的能力，自觉接受社会监督，维护互联网行业形象和声誉，努力营造安全可信的网络环境；并倡导网民理性思考、文明发言、有序参与，营造积极健康的网络舆论环境。人民网、新华网、中国网络电视台、新浪、搜狐、网易、百度和腾讯等 140 家网站共同签署了《公约》，广东、江西、青海、河南等省级互联网协会也召开签约大会组织会员单位签署公约，共同谴责非法网络公关行为；对于规范企业竞争行为、营造文明诚信的网络环境、推动互联网行业的健康发展起到了积极的引导和推动作用。

12.3.2　互联网终端软件服务行业自律

2010 年底发生的 3Q 之争促使互联网行业进一步加强自律，研究制定共同遵守的行业规范，维护公平竞争、和谐发展的行业秩序，推动互联网行业健康发展。为此，中国互联网协会组织新浪、搜狐、腾讯、百度、第一视频、优视科技、360、瑞星、金山、暴风影音和 PPLive 等互联网企业代表及相关法律专家共同研究制定了《互联网终端软件服务行业自律规范》，并于 2011 年 1 月 14 日公布《规范》（征求意见稿），广泛征求行业内外及社会公众的意见。

《规范》（征求意见稿）的发布受到了业界的广泛关注，业界代表、法律专家、社会公众等多方人士相继提出意见和建议，对于《规范》的修改和完善起到了重要的参考和推动作用。2011 年 2～6 月，结合各方意见及建议，中国互联网协会组织企业代表对《规范》进行了严谨细致的修改工作，并采纳有关专家的建议，将《规范》更名为《互联网终端软件服务行业自律公约》，统一纳入《中国互联网行业自律公约》框架体系。

《互联网终端软件服务行业自律公约》共 8 章 33 条，倡导遵规守法、诚实守信、合法经营、公平竞争，鼓励自主创新，尊重和保护终端软件知识产权，从保护用户合法权益、禁止强制捆绑、禁止软件排斥和恶意拦截、反对不正当竞争等关键方面对互联网终端软件服务进行规范，并明确提出了安全软件不得滥用安全服务功能、应该尊重用户的自主选择等要求。《公约》得到了业界企业的支持和认可，2011 年 7 月，新浪、搜狗、腾讯、百度、360 等 38 家企业率先签署《公约》。2011 年 8 月 1 日，中国互联网协会正式发布《互联网终端软件服务行业自律公约》，成为互联网企业提供规范终端软件服务的重要参考。

12.3.3　微博客服务自律

2011 年，伴随微博迅客服务迅猛发展出现的谣言、虚假信息等问题，不仅引起了管理部门的重视，而且促使了互联网行业加强自律研究，探索健康发展之策。

中国互联网协会自 2009 年即关注微博的发展和自律研究，在开展调研的基础上，组织互联网代表企业研究制定了《微博客服务自律公约》，得到了业界的认可，2011 年 3 月，新浪、搜狐、网易、腾讯、人民网、凤凰网和 139 说客等网站共同签署《微博客服务自律公约》。为进一步促进微博规范健康发展，2011 年 3 月 11 日，中国互联网协会在北京召开加强微博行业自律经验交流会，新浪微博、搜狐微博、网易微博、腾讯微博、人民微博、凤凰微博、139 说客等代表企业分别介绍了本单位加强微博自我管理的规章制度、技术手段等相应措施，围绕如何做好自我管理，促进微博规范健康发展进行了经验交流。

自 2010 年 9 月微博自律专员监督机制试点运行，新浪、搜狐等网站继续扩大自律专员规模，加强内部监督。经过一年多的研究和经验积累，2011 年 9 月 23 日，搜狐微博发布了首个微博行业《自律专员行为准则》，从多方面确立并完善了自律专员的工作流程和工作规范，为整个微博行业自律专员的工作提供了规范化标准，对网络环境的健康有序发展起到了推动作用。

12.3.4 实施“可信网站”验证

当前我国互联网诚信形势非常严峻，病毒、木马及虚假钓鱼网站已经成为危害互联网发展的一大隐患。根据中国互联网络信息中心（CNNIC）发布的报告显示，2011 年上半年，遇到过病毒或木马攻击的网民达 2.17 亿人，比例为 44.7%；有过账号或密码被盗经历的网民达到 1.21 亿人，占 24.9%。而以欺诈为目的的虚假钓鱼网站也日益泛滥，仅 2011 年上半年，就有 3880 万网民在网上遇到过消费欺诈，约占网络购物网民规模的 22.4%，相当于每 5 个网上购物网民中就有 1 个曾遭遇过网络消费欺诈。假冒钓鱼网站的泛滥不仅危害广大网民切身利益，而且已经成为制约网站健康运营最大阻力。

根据主管部门要求，2009 年 11 月，中国科学院计算机网络信息中心（中国互联网络信息中心）出资组建北龙中网（北京）科技有限责任公司（以下简称中网 knet），并将中国互联网络信息中心（CNNIC）经营性业务予以剥离注入中网。

中网负有将科技创新成果产业化的职责，是互联网基础服务领域重要的科技创新产业化平台。目前，中网主要业务包括通用网址、无线网址、可信网站验证、ZDNS 域名云服务和设备、B2B 电子商务营销平台商家网。公司不仅与 400 多家国内互联网服务机构保持着良好的合作关系，业务合作也已覆盖北美、欧洲、东南亚等地区。

为防范和降低网络安全问题，打击虚假钓鱼网站，构建可信网络环境，中网推出了“可信网站”验证服务，该服务不仅得到了中国互联网络信息中心的技术支持和中国反钓鱼网站联盟的鼎力推荐，还得到了中国互联网协会和中国电子商务协会等两大协会的监督和指导。

“可信网站”验证是第三方网站真实身份验证服务，它通过对域名、网站、工商登记或组织机构信息进行严格交互审核来验证网站真实身份，致力于以最简单的方式让网民轻松核验网站的真实身份、帮助网站赢得网民信任。对网站而言，“可信网站”验证能帮助网站健全网络钓鱼防范措施，拓宽网站可信品牌的展示和推广力度；对网民而言，“可信网站”验证能有效提高亿万网民辨别网站真伪和识破网络诈骗的能力。目前，累计已有数十万正规网站实施了“可信网站”验证，并在其官网悬挂了“可信网站”标识，每天有数千万网民通过“可信网站”标识核验网站真实身份，如图 12.1、图 12.2 和图 12.3 所示。

图12.1 “可信网站”验证标识

图12.2　淘宝网首页下方悬挂“可信网站”标识

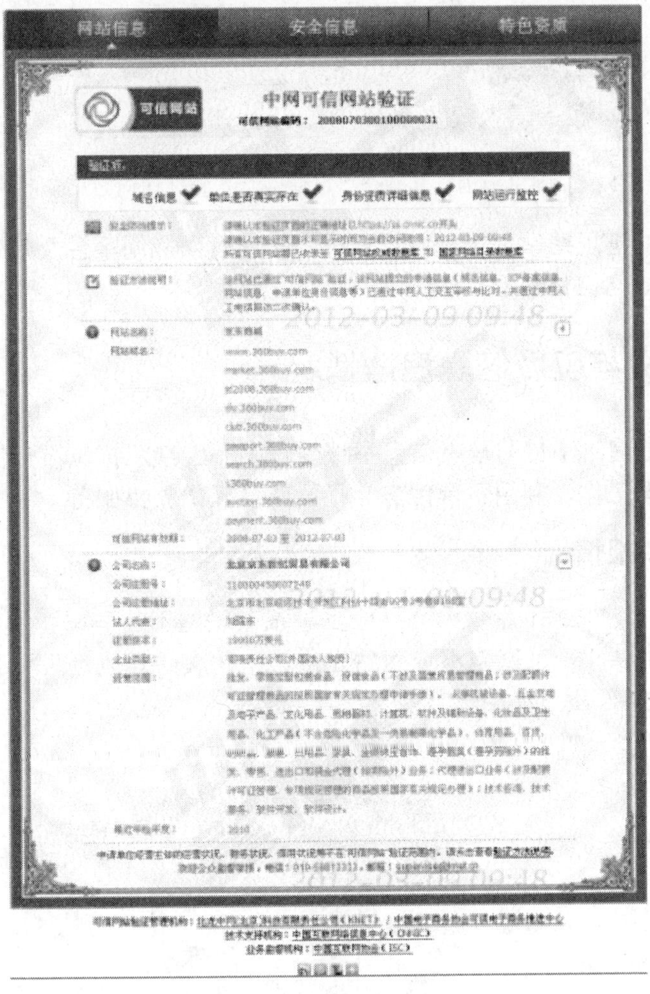

图12.3　“可信网站”验证页面首页

此外，为了有效打击钓鱼网站、切实维护网民利益，中网开放了迄今为止全国最大的可信网站数据库开放平台。该平台自 2012 年 11 月正式对外开放以来，凭借权威、海量的验证服务基础，免费向互联网多领域开放，吸引了包括浏览器、搜索引擎、电子商务、微博等诸多领域的合作。目前阿里云浏览器、腾讯浏览器、新浪企业微博都已成为可信网站数据库平台的首批战略合作伙伴。图 12.4 阿里云浏览器融合“可信网站”验证访问效果示意图。

今后，随着“可信网站”验证的普及应用及可信浏览器、可信微博、可信搜索等互联网更多应用领域的开放实施，网民将可以更加方便的辨识网站真伪和网络骗局，正规官网也将能够方便快捷的展现可信身份，快速赢得网民信赖。

图12.4　阿里云浏览器融合“可信网站”验证访问效果示意图

至此，由网民、正规网站、第三方管理机构、互联网应用平台及政府、协会等机构组成的可信互联网生态链已初具雏形。

12.4　网络不良与垃圾信息治理情况

2011 年，12321 网络不良与垃圾信息举报受理中心继续承担垃圾邮件和垃圾短信等网络不良信息的举报受理工作，利用平台优势为行业监管提供支撑服务。

12.4.1　互联网举报情况

2011 年 1～12 月，12321 举报中心共收到举报互联网不良与垃圾信息 257 560 件次。其中垃圾邮件 149 575 件次；互联网不良网站 100 628 件次；其他互联网不良与垃圾信息（博客、论坛等）共 7357 件次，如图 12.5 所示。

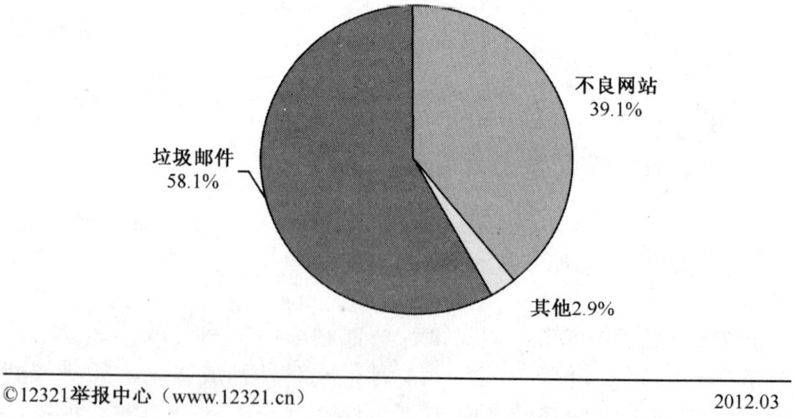

图12.5　2011年互联网各类不良与垃圾信息举报情况

1．垃圾邮件举报情况

2011 年 1～12 月共收到垃圾邮件的举报 149 575 件次，通过对中文邮件内容进行分析，排在前五位的内容分别为：违法出售票、证类 38 247 件次，占 33.5%；会展类 14 581 件次，占 12.8%；个人教育类 14 319 件次，占 12.5%；零售业推销类 10 620 件次，占 9.3%；涉嫌欺诈类 8431 件次，占 7.4%。，如图 12.6 所示。

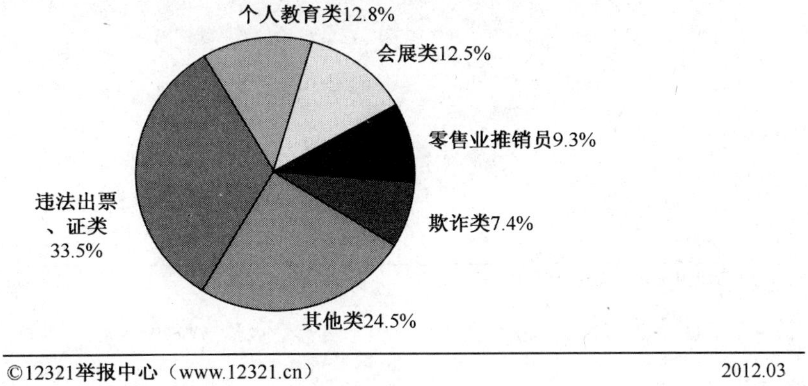

图12.6 2011年中文垃圾邮件举报情况

2．互联网不良网站举报情况

2011 年全年共收到举报不良网站共 100 628 件次。去除重复和无效举报后，共收到有效网站数量 60 749 件次，其中网站内容涉及淫秽信息类的 42 108 件次，占 69.3%；其次是诈骗类 7807 件次，占 12.9%；钓鱼类 2249 件次，占 3.7%，如图 12.7 所示。

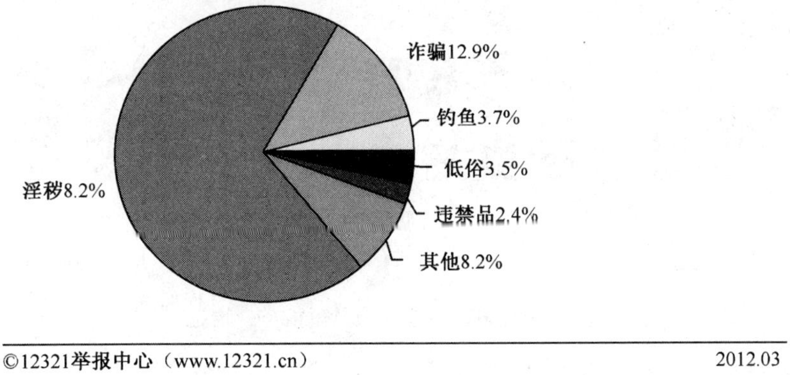

图12.7 2011年互联网不良网站举报情况

3．其他互联网不良信息举报情况

2011 年 1～12 月举报其他互联网不良与垃圾信息共 7357 件次。举报恶意软件 1023 件次；举报通过论坛传播不良与垃圾信息 2516 件次，通过博客传播的 1106 件次，通过即时消息等方式传播不良与垃圾信息共 2712 件次。

12.4.2 移动电话网举报情况

2011 年 1～12 月 12321 举报中心共收到移动电话网各类举报 584 736 件次，其中短信 561 652 件次；骚扰电话 18 905 件次；其他移动不良信息（IVR、彩铃等）共 4179 件次，如图 12.8 所示。

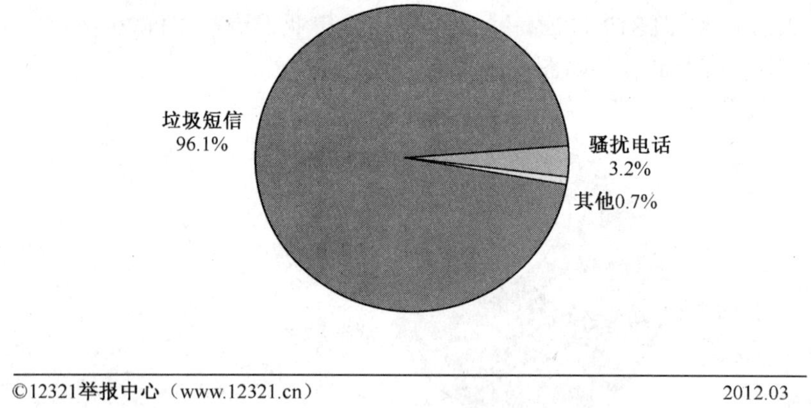

图12.8　2011年移动电话网各类不良与垃圾信息举报情况

1．垃圾短信举报情况

2011 年，共接到用户举报不良与垃圾短信息 561 652 件次，占网络不良与垃圾信息举报总量的 65.27%，如图 12.9 所示。

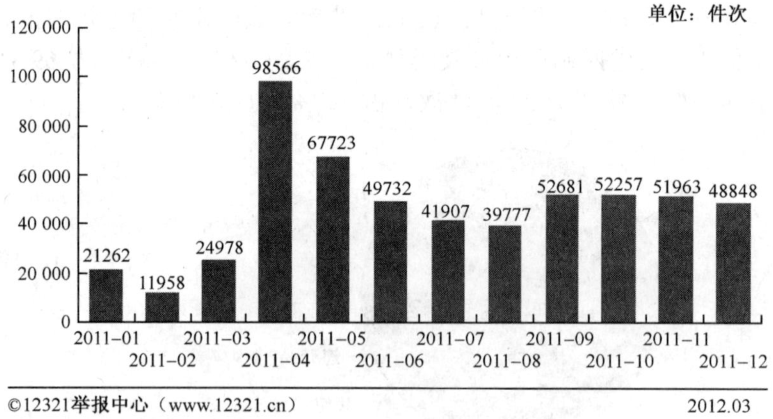

图12.9　2011年各月垃圾短信举报情况

2．移动电话网骚扰电话举报情况

2011 年共收到举报移动电话网骚扰电话 18 905 件次，其中内容为涉嫌欺诈类、涉嫌诽谤污蔑他人和金融保险业推销的举报信息居前三位，占比分别为 32.7%，19.3%和 11.3%。

12.4.3　固定电话网举报情况

2011 年，12321 举报中心共收到举报固定电话网 15 009 件次。其中举报固定电话网骚扰电话 12 702 件次；举报垃圾传真 1070 件次；举报不良声讯台 235 件次；其他举报 1002 件次。

12.4.4　各类举报处理情况

对各类不良与垃圾信息举报，12321 举报中心做了如下处理：

（1）督促电信运营企业履行监管责任。全年要求基础运营商处理的端口类垃圾短信数据共 44 036 起，其中，中国移动 34 185 起、中国联通 7473 起、中国电信 2352 起，处理率均为 100%；处理的点对点网间数据共 29 4591 起，包括中国移动 4385 起；中国联通 139 658 起；中国电信 15 0548 起。

（2）监督邮件服务提供商强化企业社会责任。全年共向电子邮件服务提供商发出《垃圾邮件举报处理函》61 份。下发需处理垃圾邮件样本 1507 个，已处理涉嫌发送垃圾邮件的邮箱账户 1129 个。涉及国外公司账户，已转国外处理。

（3）加大与中国反钓鱼网站联盟 APAC、中国反网络病毒联盟 ANVA 及违法不良信息举报中心的协调沟通。共对发现并核实的 963 个钓鱼网站做出停止域名解析、删除域名及对应 URL 链接推送第三方合作单位提示屏蔽的处理；将 14 689 个违法不良网站推送至违法和不良信息中心处置。

（4）加强与公安部门的沟通协调。累计向公安部门提供违法、不良短信息线索 8993 件次，共对 464 个电话号码依法采取了停机、停止通信服务等措施。

12.5 互联网治理手段建设

12.5.1 反垃圾邮件综合处理平台

反垃圾邮件综合处理平台是由中国互联网协会牵头，联合邮件服务提供商、相关的研究机构、管理机构共同研制的针对垃圾邮件处理的综合平台。该平台利用多种技术手段对垃圾邮件数据进行采集、统计、分析，形成垃圾邮件信息特征库、IP 地址实时黑名单数据库、邮件服务器 IP 地址白名单数据库、邮件服务器 IP 地址备案库、国内动态 IP 地址库等一系列数据分析报告，实时发布垃圾邮件预警信息。平台还可以通过多种渠道方便地接受互联网用户对垃圾邮件的举报，并将举报数据纳入系统统一处理。

平台于 2006 年投入使用以来，我国互联网用户收到的垃圾邮件占其邮件总量的比例逐年递减，从 2006 年初的 63.97%下降到 2010 年底的 37.6%。根据英国网络安全公司 Sophos 公布的调查显示，中国在全球所占垃圾邮件比例排名在 2006 年初时位于第二位，而在 2011 年，中国一直未出现在前十二的名单列表中。11 月，反垃圾邮件综合处理平台荣获中国通信学会科学技术奖二等奖。

我国通过行业协会联合业界企业的反垃圾邮件综合处理工作模式得到国外的高度认可。2011 年，美国东西方研究所与中国互联网协会在英国伦敦和中国大连分别发布了中英文版本的垃圾邮件公报：《抵御垃圾邮件 建立互信机制》。在公报中，美方专家承认，“中国在反垃圾邮件方面正处在一个成功的轨道上，在应对垃圾邮件方面中国正在成为一个好邻居。中国并未主要经过政府干预，而是由行业协会联合业界企业通过技术手段来解决垃圾邮件问题，做法之高明，成效之显著，让许多美国专家赞叹不已。”

12.5.2 国家信息安全漏洞共享平台

国家信息安全漏洞共享平台（China National Vulnerability Database，CNVD）是由国家计算机网络应急技术处理协调中心联合国内重要信息系统单位、基础电信运营商、网络安全厂商、软件厂商和互联网企业建立的信息安全漏洞信息共享知识库。

建立 CNVD 的主要目标即与国家政府部门、重要信息系统用户、运营商、主要安全厂商、软件厂商、科研机构、公共互联网用户等共同建立软件安全漏洞统一收集验证、预警发布及应急处置体系，切实提升我国在安全漏洞方面的整体研究水平和及时预防能力，进而提高我国信息系统及国产软件的安全性，带动国内相关安全产品的发展。

2009 年 10 月 22 日，在湖南长沙召开的 2009 年中国计算机网络安全年会上举行成立仪式，成员单位共计 23 家；2009 年 12 月，召开第一次工作会议。2010 年 4 月，召开 CNVD2010 年工作会议，表彰有突出贡献成员单位。2010 年 4 月 20 日，CNVD 官方网站正式开通。2011 年 CNVD 新增漏洞 5547 个，包括高危漏洞 2164 个（占 39%）、中危漏洞 2529 个（占 46%）、低危漏洞 854 个（占 15%）。2011 年，CNVD 共收集、整理了 2164 个高危漏洞，涵盖 Microsoft，IBM，Apple，WordPress，Adobe，Cisco，Mozilla，Novell，Google，Oracle 等厂商的产品。

（中国互联网协会 周洪艳、郝智超、程工；
北龙中网（北京）科技有限责任公司 岳莉）

第三篇

应用与服务

- 2011 年中国电子商务发展情况
- 2011 年中国网络广告发展情况
- 2011 年中国网络视频发展情况
- 2011 年中国网络游戏发展情况
- 2011 年中国网络音乐发展情况
- 2011 年中国博客、微博发展情况
- 2011 年中国社交网站（SNS）发展情况

第13章　2011年中国电子商务发展情况

- 2011年，电子商务在我国工业、农业、商贸流通、交通运输、金融、旅游和城乡消费等各个领域的应用不断得到拓展，应用水平不断提高，形成与实体经济深入融合的发展态势。
- 我国传统零售企业开展电子商务呈现加快发展的态势。与此同时，电子商务衍生服务企业数量持续增长。截至2011年底，中国电子商务服务企业达到15万家，电子商务服务业收入达到1200亿元。
- 2011年全年电子商务市场整体交易规模达到6万亿元，其中，B2B电子商务交易总额为5.3万亿元。我国网络购物市场交易金额达到7700亿元，较2010年增长47.2%。网络购物市场交易总量持续增大，但增长率明显减缓。
- 截至2011年底，我国网络购物用户规模达到1.94亿，网民使用网络购物的比例提升至37.8%。但与2010年相比，网络购物用户的增长速度明显减缓。用户消费金额和频次继续增长，网购应用继续向更广泛的网民群体渗透。
- 中国团购用户数从2010年底的1875万增长至2011年6465万，年增长率达到244.8%，成为用户增长比例最高的网络应用之一。网民中使用团购的比例也从4.1%上升到12.6%。
- 从B2C市场来看，淘宝商城在含平台式B2C市场中占比过半，达53.5%；京东商城在自主销售为主B2C市场保持领先优势，2011年交易额突破300亿元，占比36.8%。预计未来领先B2C网站将在货源渠道、仓储物流、用户资源和人才资源等方面展开进一步竞争。
- 2011年中国第三方网上支付行业持续保持强劲增长，中国第三方网上支付整体交易规模达到22 038亿元。
- 2011年10月，爆发淘宝商城被围攻事件，暴露了电子商务监管法律缺失和机制缺陷。

13.1　电子商务发展概况

2011年，中国电子商务发展环境积极向好。网络技术环境不断改善，电子商务支撑行业水平快速提升，国家层面的政策法律监管扶持进一步加强。2011年中国电子商务交易金额连续创出新高，电子商务企业数量较快增长，电子商务在中小企业生产、经营和销售等多个环节得到广泛应用。

13.1.1 发展环境

2011 年，电子商务在我国工业、农业、商贸流通、交通运输、金融、旅游和城乡消费等各个领域的应用不断得到拓展，应用水平不断提高，正在形成与实体经济深入融合的发展态势。全社会电子商务应用意识不断增强，应用技能得到有效提高，网络基础设施和支撑水平发展迅速，相关扶持规范政策不断出台，电子商务发展的整体环境更加向好。

1．电子商务发展的网络技术环境不断改善

2011 年互联网普及率达 38.3%，网民规模达到 5.13 亿。网络服务能力不断提升，资费水平不断降低。2011 年，国家主管部门积极推进 3G 和宽带网络基础设施建设，大力发展移动互联网和增值电信业务，持续优化市场竞争格局，不断推动经济社会信息化应用水平提升，全行业继续保持健康平稳运行。3G 进入规模化发展阶段，3G 基站规模达到 79.2 万个，其中 TD 基站 22 万个，3G 网络已覆盖所有城市和县城及部分乡镇。2011 年 11 月末，3G 用户达到 11 873 万户，比年初新增 7168 万户，其中 TD 用户 4801 万户，新增 2731 万户。在移动电话净增用户中，3G 用户所占比重从年初的 43.7%上升到 72.5%。此外，宽带、融合、安全和泛在的下一代国家信息基础设施加快建设，新一代移动通信网、下一代互联网和数字广播电视网加快布局，三网融合全面推进。以云计算和物联网为代表的新一轮信息技术变革正在兴起，重点领域酝酿着新的突破。

2．电子商务支撑行业水平快速提升

2011 年，电子商务平台服务、信用服务、电子支付、现代物流和电子认证等支撑体系加快完善。围绕电子商务信息、交易和技术等的服务企业不断涌现。据阿里研究中心数据，截至 2011 年底，中国电子商务服务企业突破 15 万家，电子商务服务业收入将达到 1200 亿元，支撑超过 3 万亿元的电子商务交易规模。中国电子商务及电子商务服务业随着互联网用户和网购用户规模的扩张，呈现出快速增长的势头。专注于电子商务物流的服务商开始兴起，服务范围不再限于运输、配送服务、仓储业务，还涉及生产经营的销售计划、库存管理、订货计划、生产计划及大型促销活动等市场活动，同时在客户服务端也提供增值服务。网上支付、移动支付、电话支付等新兴支付服务发展迅猛，2011 年中国第三方网上支付行业持续保持强劲增长，整体交易规模将达到 22 038 亿元。现代物流业快速发展，对电子商务的支撑能力不断增强，特别是网络零售带动了快递服务的迅速发展，2011 年中国规模以上快递企业（年经营额 200 万元人民币以上）的业务收入将达到 700 亿元，快递业务量将达到 30 亿件；加上其他快递物流实体的经营业绩，全年快递市场经营额将达 850 亿元，快递业务总量将达到 32 亿件左右。

3．国家层面的政策法律监管扶持进一步加强

相关部门协同推进电子商务发展的工作机制初步建立，围绕促进发展、电子认证、网络购物、网上交易和支付服务等主题，出台了一系列政策、规章和标准规范，为构建适合国情和发展规律的电子商务制度环境进行了积极探索。2011 年，政府对流通领域的电子商务的管理力度进一步加大，网购管理条例和意见密集推出，法律文本也即将出炉。中央部委出台的政策监管的重点放在了物流服务提升、网上交易平台、信用体系和网上侵权等方面。2011 年 2 月，国家邮政局审议通过了《关于做好快递业务旺季服务保障工作的意见》，核心内容是建立健全快递服务保障应急机制，提高快递业务旺季应对能力。4 月，商务部、工业和信息化部、公安部、人民银行、海关总署、工商总局、质检总局、新闻出版总署（版权局）、知识产权局九个部门联合下发《关于进一步推进网络购物领域打击侵犯知识产权和制售假冒伪劣商品行动的通知》，要求进一步严厉打击网络购物领域侵权假冒行为。《通知》规定对侵犯知识产权情节严重的网络购物平台，要依法采取约谈、警告、限期整改等多种方式督促其健康规范发展，限期整改不到位且情节严重的要依法从严处理，直至停止其网站接入服务和域名解析服务。4 月，商务部公布了《第三方电子商务交易平台服务规范》，明确了鼓励平台经营者设立冷静期制度，允许消费者一段时间内无理由取消订单；鼓励网络第三方交易平台和平台经营者向消费者提供“卖家保证金”服务，保证金用于消费者交易损失赔付等一系列交易纠纷解决机制。6 月，中国人民银行公布《非金融机构支付服务业务系统检测认证管理规定》，明确将对因认证问题造成不良后果的机构给予处罚。7 月，工业和信息化部发布《互联网信息服务管理规定（征求意见稿）》，再次明确要求互联网信息服务提供者之间不得有不正当竞争，同时不得违规弹出广告，不得未经用户选择捆绑安装软件，违规者最高罚款 3 万元。

如表 13.1 所示为中央部委 2011 年出台网络购物领域相关政策第一货表。

表 13.1　中央部委 2011 年出台网络购物领域相关政策一览表

部　　委	政　　策	主 要 内 容
国家邮政局	《关于做好快递业务旺季服务保障工作的意见》	建立健全快递服务保障应急机制，提高快递业务旺季应对能力
商务部、工业和信息化部、公安部、人民银行、海关总署、工商总局、质检总局、新闻出版总署（版权局）、知识产权局九部委	《关于进一步推进网络购物领域打击侵犯知识产权和制售假冒伪劣商品行动的通知》	进一步严厉打击网络购物领域侵权假冒行为
商务部	《第三方电子商务交易平台服务规范》	规范第三方平台交易，设立“冷静期”
中国人民银行	《非金融机构支付服务业务系统检测认证管理规定》	非金融机构因认证问题造成不良后果的处罚规定
工业和信息化部	《互联网信息服务管理规定（征求意见稿）》	互联网信息服务从业管理
国家工商总局	将建设“全国网络商品交易监管信息化平台”	全国联网的交易信用系统平台
国家版权局	《著作权法》第三次修改	解决互联网侵权问题

但是，我国电子商务发展的制度环境还不完善，综合化、体系化的法律法规建设较为滞后，公共服务和市场监管有待增强，信用体系发展亟待加强，网上侵犯知识产权和制售假冒伪劣商品、恶意欺诈、违法犯罪等问题不断发生，网络交易纠纷处理难度较大，在一定程度上影响了电子商务的健康发展。

13.1.2　产业规模

2011 年全年电子商务市场整体交易规模达到 6 万亿元[30]，其中，B2B 电子商务交易总额为 5.3 万亿元，如图 13.1 所示。

[30] 数据来源：CNNIC、商务部《中国电子商务报告》2008—2009 年。

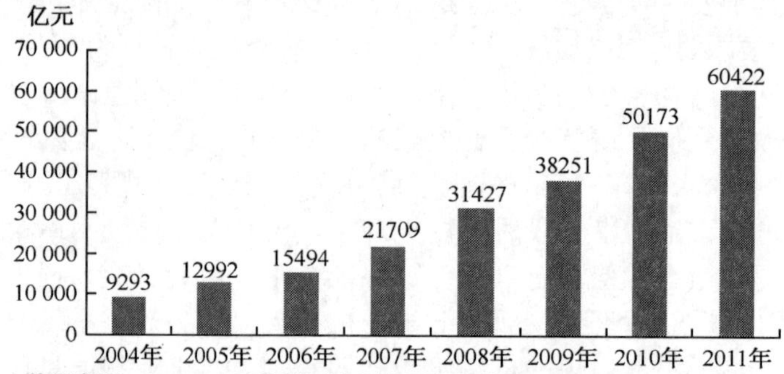

（数据来源：CNNIC、商务部《中国电子商务报告》2008—2009年）

图13.1　2004—2011年中国电子商务市场交易规模

2011 年，我国网络购物市场交易金额达到 7700 亿元，较 2010 年增长 47.2%。网络购物市场交易总量持续增大，但增长率明显减缓。2011 年网络零售市场交易总额占社会消费品零售总额比例达到 4.2%，如图 13.2 所示。

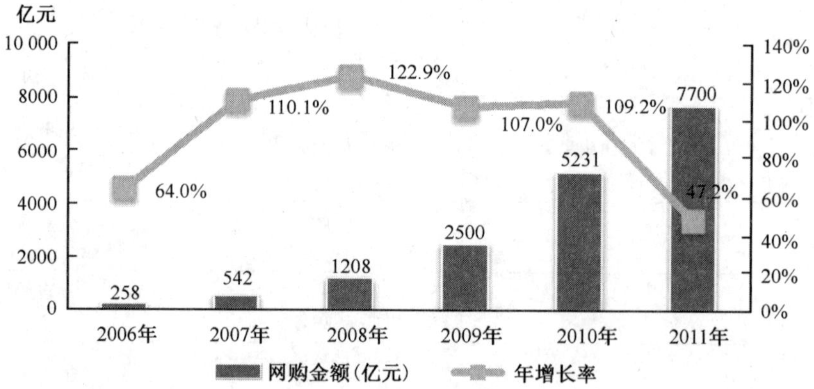

（数据来源：CNNIC）

图13.2　2006—2011年中国网购交易金额及增长率

随着 B2B 电子商务和流通领域电子商务的迅速发展，电子商务衍生的服务企业也呈现迅速爆发的态势。据阿里研究中心数据，截至 2011 年底，中国电子商务服务企业达到 15 万家，电子商务服务业收入达到 1200 亿元。其中电子商务交易服务 410 亿元，电子商务支撑服务 550 亿元，电子商务衍生服务 240 亿元。

13.1.3　行业站点

截止到 2011 年 12 月，我国 B2B 电子商务服务企业达 10 500 家，同比增长 14.1%，如图 13.3 所示。国内电子商务网站数量呈现出高速增长。随着国内互联网快速发展，互联网的发展也在一定程度上促进了电子商务的发展。受金融危机的影响，更多的企业对电子商务认识提升，越来越多的中小企业选择电子商务网站实现和促进销售。

2011 年，国内 B2C、C2C 与其他电商模式企业数已达 20 750 家，较 2010 年增长 31.3%，如图 13.4 所示。

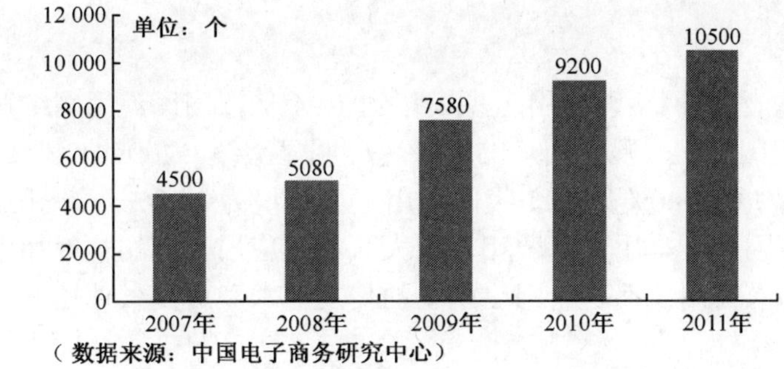

图13.3　中国B2B电子商务企业数量

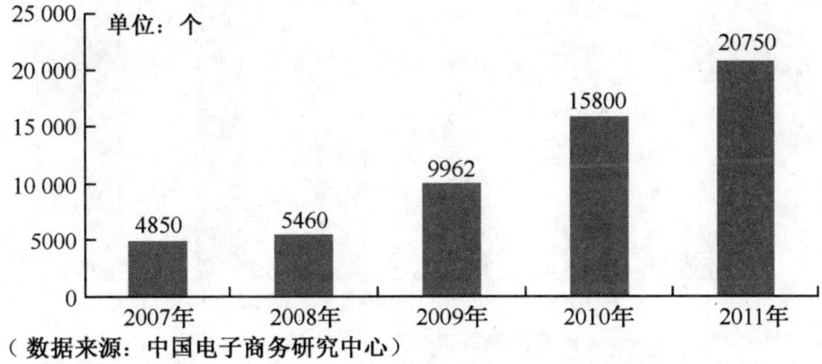

图13.4　中国B2C、C2C电子商务企业规模

我国传统零售企业开展电子商务呈现加快发展的势头。2011 年传统零售企业开展电子商务的步伐明显加快，大型传统商贸企业（如北京王府井、武汉中百、上海百联等）和大型渠道商（如国美、苏宁）积极发展自身电子商务系统，推动网络购物平台建设呈现迅速发展的态势。在这些流通大企业的带动下，包括零售企业、批发企业在内的传统流通业已经进入网络零售加快发展的新时期。据中国互联网络信息中心数据，2011 年上半年，在经营批发和零售的传统中小企业中，有 30.8%的企业有在线销售活动。大型企业网上采购和销售的比重逐年上升，部分企业的电子商务正在向与研发设计、生产制造和经营管理等业务集成协同的方向发展。

与发达国家相比，我国传统零售企业开展电子商务的水平还较低，发展空间较大。以美国为例，2009 年美国网络零售市场排名前 20 的企业，绝大多数是线下传统企业；而中国 2009 年网络零售排名前 20 的企业中，传统企业开拓互联网销售的只有苏宁和国美两家。随着网络购物在消费者中的逐步渗透，网络零售在社会消费品零售总额的比例进一步增大，开展电子商务业务，提供网络零售服务将是中国传统零售企业发展的必然趋势。

13.2　用户分析

2011 年，中国流通领域电子商务用户覆盖面进一步扩大，消费者数量接近 2 亿。我国网上零售商品类别与线下平齐，甚至超过了部分地区线下商品的品类。网络团购的发展带动了本地服务（餐饮、美容、娱乐）的线上销售，用户网上采购的商品种类从实物性商品向餐饮、票务服务渗透。用户消费金额和频次继续增长，网购应用继续向更广泛的网民群体渗透。

13.2.1 用户规模

截至 2011 年底，我国网络购物用户规模达到 1.94 亿，网民使用网络购物的比例提升至 37.8%。与 2010 年相比，网络购物用户的增长速度明显减缓。2009 年和 2010 年，网络购物用户数分别增长 45.9%和 48.6%，2011 年网购用户增长仅为 20.8%，如图 13.5 所示。网购用户规模增幅放缓的原因，一是用户基数相对庞大，二是应用渗透的难度加大。对于老网民中广大的中高龄群体和农村网民而言，网络购物的使用需求和应用条件还不充足。

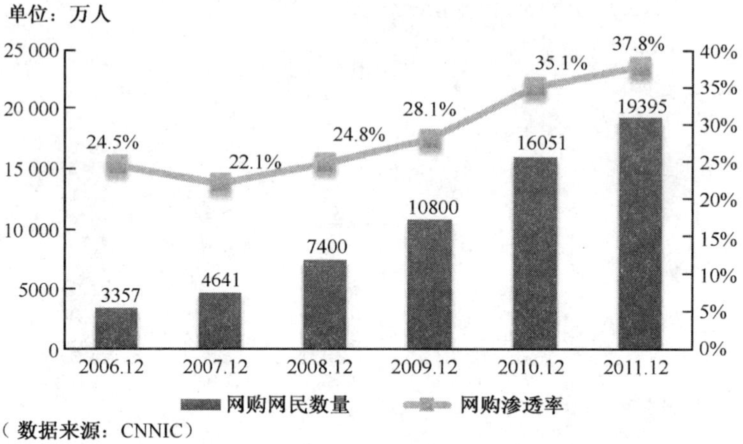

图13.5　2006.12—2011.12年网购用户数量及渗透率

13.2.2 商品类别

当前，我国网上零售商品类别与线下平齐，甚至超过了部分地区线下商品的品类。CNNIC 数据显示，用户网上购买最多的商品类型是服装鞋帽，68.1%的用户最近半年在网上购买过服装鞋帽。排第二位的是日用百货，用户购买的比例达到 39.3%。第三位的是充值卡、游戏卡等虚拟卡，用户购买的比例为 38.6%。购买电脑、通信数码产品及配件的用户也有 37.4%。另据淘宝网数据，与 2010 年同期相比，2011 年上半年淘宝网总体网络交易实物量上涨 71.4%。

网络团购的发展带动了本地服务（餐饮、美容、娱乐）的线上销售，用户网上采购的商品种类从实物性商品向餐饮、票务服务渗透。2011 年，在网上购买餐饮美食服务的用户已经达到了 16.7%，购买电影、演出票的用户也有 13.1%。服务型商品销售已经成为网上零售市场的重要组成成分，如图 13.6 所示。

13.2.3 消费能力

2011 年，我国网购用户人均年网购消费金额达到 3901 元，与 2010 年相比增加 642 元，增长 19.7%。用户网购消费能力旺盛，58.6%的用户年网购消费金额都超过了 1000 元；年网购花费 2001～5000 元的用户最多，占到 23.1%；年网购消费 501～1000 元和 1001～2000 元的也分别占到了 18.5%和 16.2%。随着网络购物商品类型的丰富化，用户更多地将大家电、珠宝首饰等较贵重的物品采购从线下转移到线上。数据显示有 7.3%的用户年网购消费在 10 000 元以上，如图 13.7 所示。

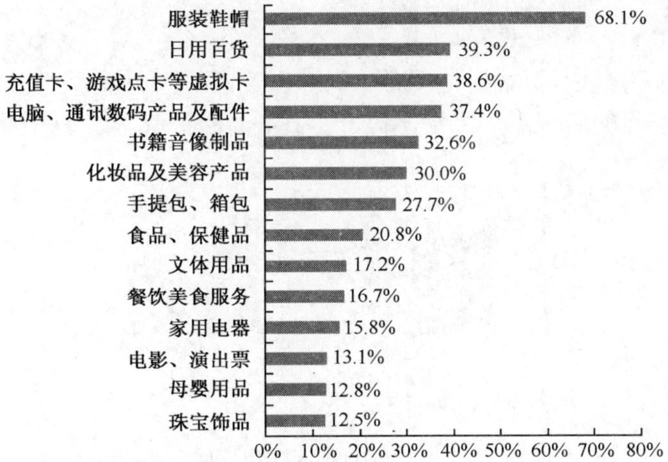

（数据来源：CNNIC）

图13.6　2011年网购用户中购买各类商品的比例

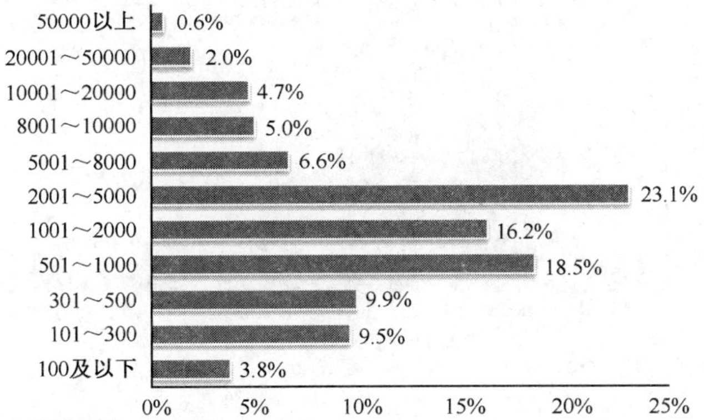

（数据来源：CNNIC）

图13.7　2011年网购用户人均年网购金额（元）

13.2.4　网购频次

2011 年，用户网购频次有了显著的提升，用户半年平均网购次数达到 14.5 次，较 2010 年增加 4.5 次。同时，半年网购 5～10 次和 10 次以上的用户比例提升较快，分别增加了 2.4 和 8.6 个百分点，达到 31.9%和 30.7%，如图 13.8 所示。

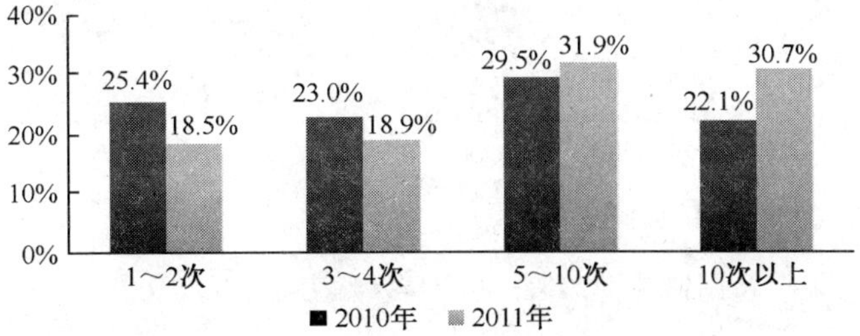

（数据来源：CNNIC）

图13.8　2010—2011年网民半年网购次数

13.2.5 用户特点

网络购物用户中男性比例偏高，2011 年男性占到 60.9%，女性用户为 39.1%。与 2010 年相比，男性占比偏高的情况更加突出，提升了 6.4 个百分点，如图 13.9 所示。

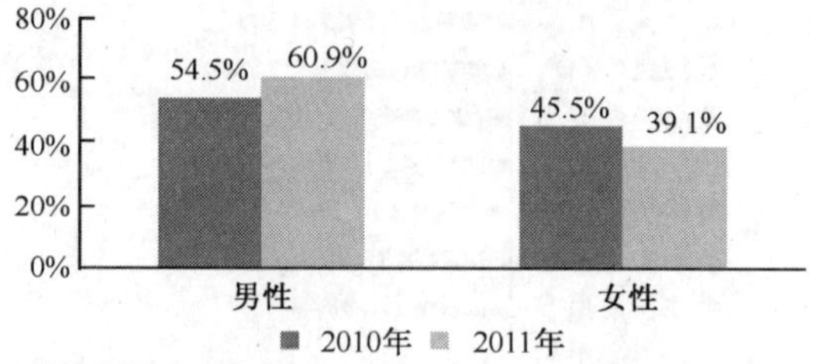

（数据来源：CNNIC）

图13.9 2010—2011年网购用户性别结构

网络购物用户年龄分布依然偏年轻化，71.9%的用户年龄在 18～30 岁，与 2010 年相比这一群体的占比增加了 5.9 个百分点。31～35 岁的用户占比为 14.9%，如图 13.10 所示。

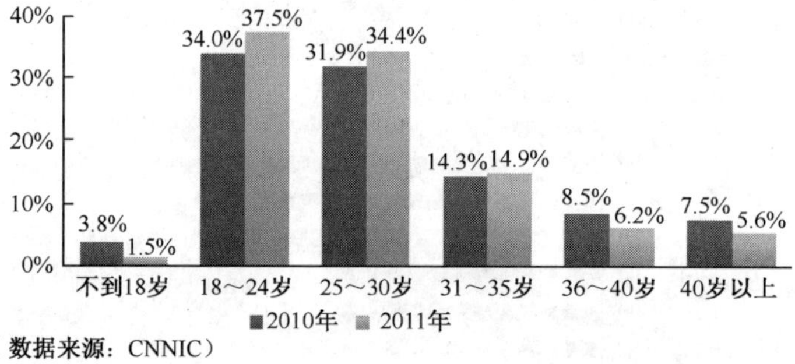

（数据来源：CNNIC）

图13.10 2010—2011年网购用户年龄结构

与整体网民相比，较低和较高学历的网购用户占比在增大。2011 年，大学本科及以上的网购用户占到了 44.8%，较 2010 年提升 4.4 个百分点。初中及以下的占比提升至 7.8%，如图 13.1 所示。

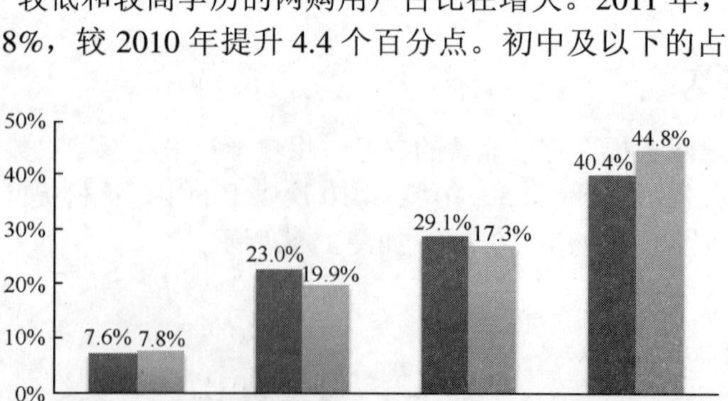

（数据来源：CNNIC）

图13.11 2010—2011年网购用户学历结构

2011 年网购用户中企业公司人员占比最多，达到 41%，较 2010 年提升 5.2 个百分点。个体户和自由职业者占 16.2%，学生群体为 13.2%。党政机关事业单位占 9.9%，如图 13.12 所示。

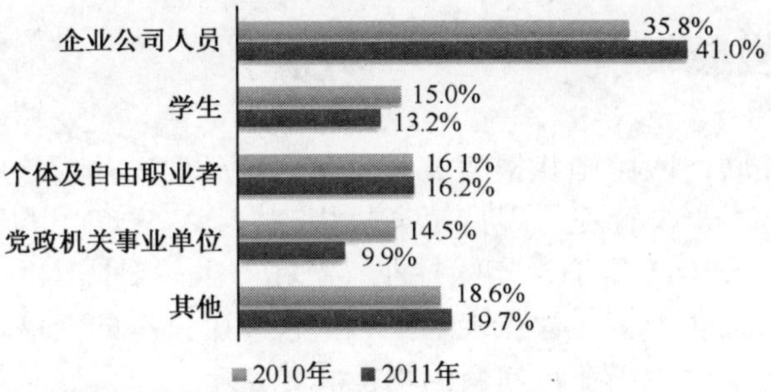

（数据来源：CNNIC）

图13.12　2010—2011年网购用户职业结构

网购用户的收入结构继续向中高端发展。68.3%的网购用户月收入在 2000 元以上，其中月收入在 3001～5000 元的比例最大，占到了 26.3%。2001～3000 元的 22%。月收入在 5000 元以上的 20%，如图 13.13 所示。

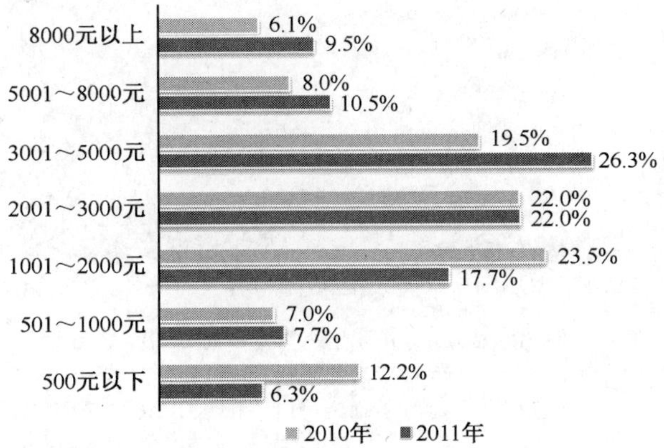

（数据来源：CNNIC）

图13.13　2010—2011年网购用户收入结构

网购用户主要集中在城市，有 91.6%的人居住在城镇，只有 8.4%的网购用户居住在农村，如图 13.14 所示。

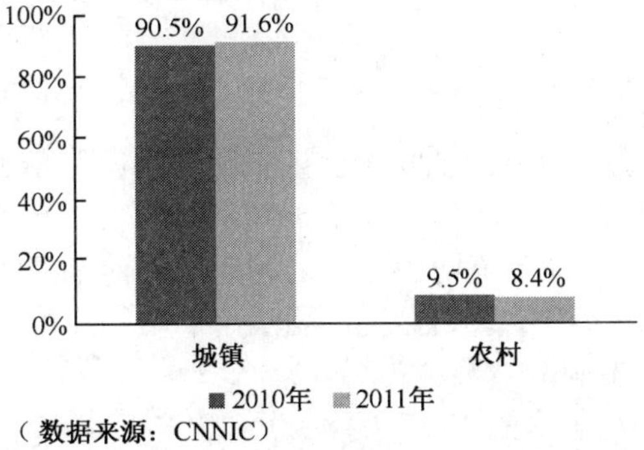

（数据来源：CNNIC）

图13.14　2010—2011年网购用户城乡分布

13.3 团购网站发展情况

团购服务在网民互联网应用中扎根发展，团购市场呈现先热后冷的局面。上半年团购用户和服务商数量均迅猛增长，行业呈现持续高热状态。第三季度团购服务商数量出现大幅下降，随后市场转入稳定。2011 年下半年的行业“洗礼”虽然对团购发展产生了一定的冲击，但经过市场的自调整，有助于整体行业走上更为健康和可持续的发展道路。部分服务商通过定位调整弱化市场风险，行业正在转向新的均衡和稳定。

13.3.1 市场规模

2011 年，中国网络团购交易金额总计达 110 亿元，是 2010 年的 5.5 倍。超过 3 亿人次在团购网站购买了商品或服务，平均每人次消费金额约为 35 元，如图 13.15 所示。

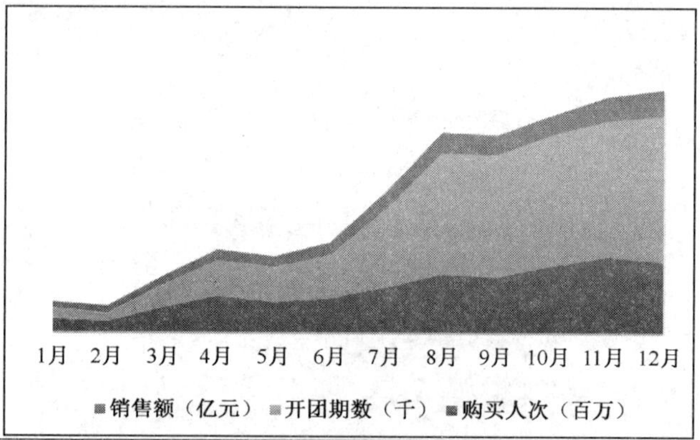

	1月	2月	3月	4月	5月	6月	7月	8月	9月	10月	11月	12月
销售额（亿元）	3.8	4.5	5.2	6.5	6.5	7.6	10.2	12.5	11.7	12.2	14.5	15.8
购买人次（百万）	7.9	6.5	14.8	21.9	18.1	20.5	27.1	35	33.2	40.5	45.7	42.8
开团期数（千）	6.2	4.4	13.3	21.2	21	26.1	47.6	73.2	74.1	78.9	82.3	88.3

（数据来源：团800）

图13.15 2011年1～12月中国团购网站销售情况

2011 年，网络团购呈现先热后冷的局面。由于团购的服务形式迎合了一、二线城市白领群体的消费需求，上半年团购用户和服务商数量均迅猛增长，行业呈现持续高热状态。但团购服务本身存在的低门槛、弱约束等问题，加之团购网站前期投入资金较大，遭遇资本市场整体转冷，市场负面因素在下半年开始显现，团购用户增长速度放缓，团购网站数量也大幅度下滑。截至 2011 年底，团购网站数量为 3897 家。

中国团购用户数从 2010 年底的 1875 万增长至 2011 年 6465 万，年增长率达到 244.8%，成为用户增长比例最高的网络应用之一。网民中使用团购的比例也从 4.1%上升到 12.6%，如图 13.16 所示。

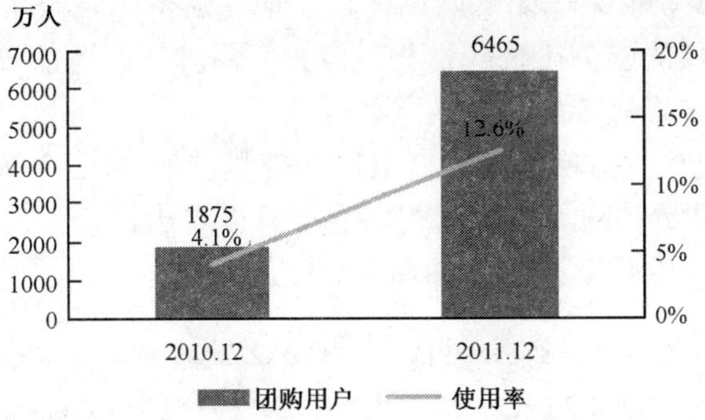

（数据来源：CNNIC）

图13.16　2010.12—2011.12团购用户数及使用率

13.3.2　竞争格局

由于团购入冬的大环境导致中小型网站市场份额萎缩，到 9 月已大批出局，一线网站不论是开团期数还是销售份额都明显增加，到 12 月份 10 家一线网站销售额占比已经超过 90%。

从销售份额上看，拉手网、美团网和窝窝团目前呈三强鼎立的态势，份额占全国总额之比依次为 14%、13%和 11%，如图 13.17 所示。

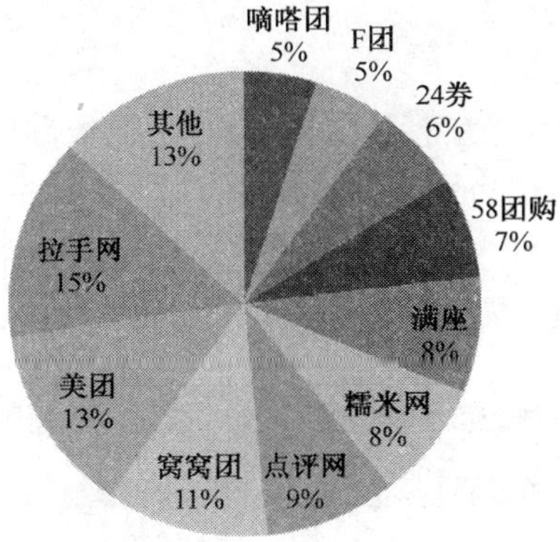

（数据来源：团800）

图13.17　2011年中国团购市场份额

从团购网站的均单利润[31]上看，领先的网站依次是大众点评团 10 207.8 元、糯米网 4312.1 元、满座网 3611.1 元。

13.3.3　用户行为分析

1．团购信息查询

团购导航网站已经成为用户团购最重要的信息来源，68.5%的用户直接登录团购导航网站，将纷杂的团购信息汇总的方式得到更多用户的偏爱。

[31] 均单利润，指平均每期团购所获佣金，并非佣金率。将佣金率统一计为 10%的话，根据公式“客单价×10%×均单销量”，即可计算出均单利润。均单销量，指平均每期团购购买人次。

52.2%的用户会直接登录某一团购网站，这说明团购网站自身也形成了一定的用户忠诚度。但团购网站目前提供的服务可替代性相对较强，品牌塑造还需要时间，直接登录团购网站的方式还没有成为用户最重要的团购方式。

32.4%的用户是通过邮件订阅的形式获取团购信息，30%的用户从常用的购物网站上获取团购信息，25.1%的用户是在网上搜索团购信息。可以看出，邮件、网络广告、搜索广告也成为用户获取购团购信息的重要来源，如图 13.18 所示。

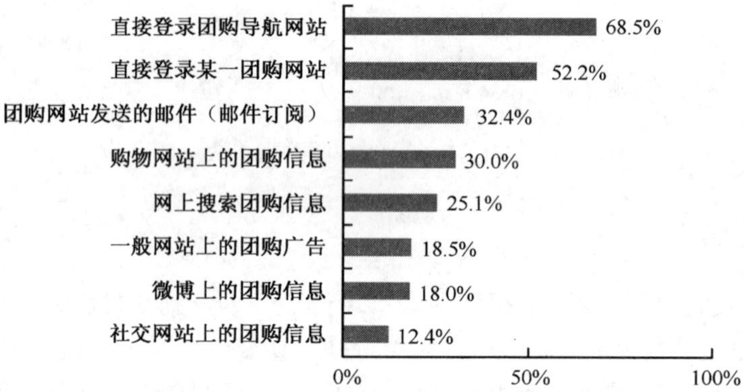

（数据来源：CNNIC）

图13.18　用户团购信息的获取方式

2．团购商品/服务

我国网民团购最多的商品集中在餐饮、娱乐、百货和数码产品方面。73.5%的用户团购过餐饮美食服务/产品，58.5%的用户团购过休闲娱乐服务/产品，43%的用户团购过家具百货，28.4%的用户团购过数码产品，27.2%的用户团购过美容健身服务/产品，15.3%的用户团购过酒店旅行服务/产品，10.8%的用户团购过户外运动设施，如图 13.19 所示。

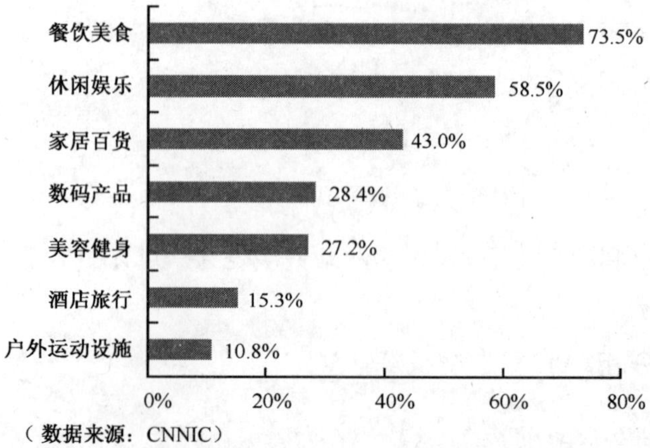

（数据来源：CNNIC）

图13.19　用户团购的服务/商品类别

整体来看，虽然餐饮、娱乐服务依然是团购的主流产品，但实物团购已经呈现比例和份额增加的趋势，目前团购实物产品的用户已经达到了 59.9%。实物商品最开始是作为团购服务的补充产品，可以全国包邮的实物商品在一定程度上能弥补线下商户资源的不足，满足用户多样化的选择。但我国大部分团购网站已经将实物商品作为必不可少的产品，通过“网购精品”、“商品”等频道将实物销售作为了团购网站的日常业务，通过实物商品辅助地方团购业务的开展，满足用户多样化的商品需求。

在团购商品类型的差异上，男性和女性团购用户的差异显著。女性在餐饮美食、休闲娱乐、美容健身和家具百货的团购比例上都高于男性，男性在酒店旅行、数码产品和户外运动设施上的团购比例大于女性，如图 13.20 所示。

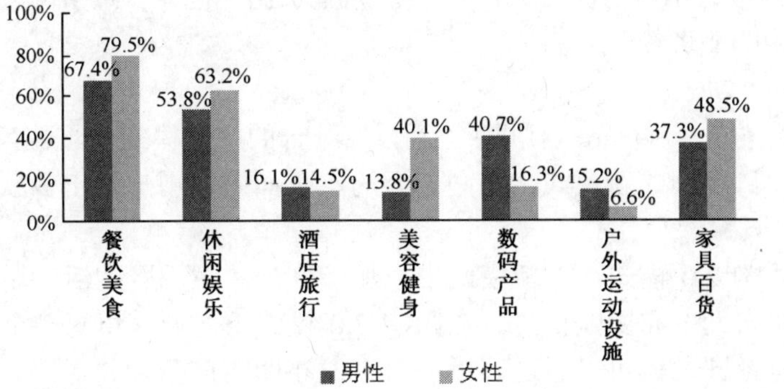

（数据来源：CNNIC）

图13.20　用户团购服务/商品的性别差异

3．团购影响因素

用户参与团购最重要的影响因素，排名第一的是价格折扣，85.4%的用户认为价格折扣是其参与团购最重要的影响因素。排名第二的是需要程度，57.9%的用户认为，虽然团购额度打折扣会吸引用户的非理性消费，但大部分用户还是会根据需要进行购买。第三位的是服务提供的地理位置，52.5%的用户认为，地理位置是用户参与团购最重要的影响因素。

服务提供商品牌、消费时间期限、其他用户评价和自身以往使用经历的选择比例都在30%以上，说明这些因素都是用户较为关注的方面，如图 13.21 所示。但对于团购网站本身的品牌，用户的关注度相对不够多，这也显示用户对于团购服务的评价与团购网站的品牌塑造还不稳固，用户在参与团购与信任团购网站之间还没有建立紧密而直接的联系。

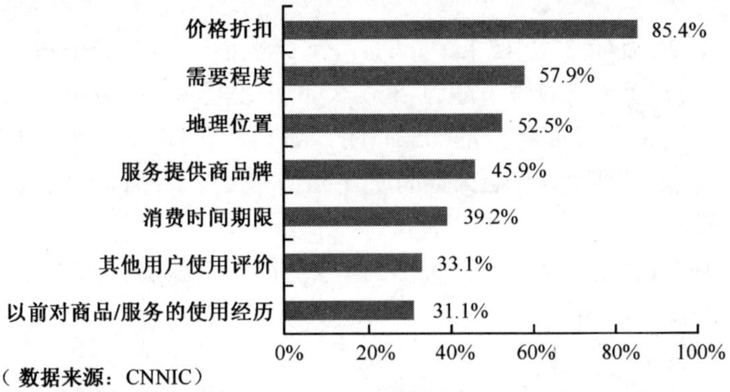

（数据来源：CNNIC）

图13.21　影响用户团购的因素

13.3.4 典型网站

1．Groupon 类独立团购网站

（1）拉手网

拉手网 2010 年 3 月 18 日在北京正式上线。从 2010 年 3 月 18 日成立至 2011 年 1 月 20 日，拉手注册用户数量已经突破 300 万，月均访问量突破 3000 万，开通服务城市超过 400 座。2010 年交易额接近 10 亿元，2011 年交易金额为 16.3 亿元。拉手网采取了“一日多团”、“产品+服务”等团购服务模式。

G+F 模式

采用 Groupon 与 Foursquare（团购+签到）相结合的团购模式，通过互相带动，增加用户黏性。同时采取一日多团的新模式，在同一天的主页面中向用户推出多款团购活动。

团购 2.0

拉手网推出团购 2.0 模式，在新模式中添加了名为“拉手网生活广场”的功能版块，商户可以通过该版块自助发布团购信息。在团购 2.0 模式下，商家填写一个详细的介绍，随后通过拉手网的质量考评，就可以通过该板块自主发布团购信息。

物流建设

拉手网计划在国内 100 个城市开设同城物流，并在 30 个城市开出体验店。与此同时，呼叫中心的坐席数，也将由年初的 318 个扩容至 1000 个。

（2）美团网

美团网成立于 2010 年 3 月 4 日，是中国成立较早的团购网站。目前拥有近两千五百名员工，在全国近一百个城市开通了分站。每日页面访问量 750 万，累积参与消费用户量超过 600 万。2011 年交易金额达到 14.5 亿元。

口碑宣传

美团网的口碑传播效果在各大团购网站中较为突出。美团网 70%以上的新用户来自于老用户的推荐。2011 年 3 月 4 日，美团网推出“过期包退”保障措施，与“7 天内未消费无条件退款”、“消费不满意美团就买单”共同构成了美团网“团购无忧”消费者保障体系。

（3）窝窝团

窝窝团成立于 2010 年 3 月 15 日。目前，窝窝团的全国注册用户数量已超过 360 万，日均页面访问量达 600 万，开通城市超过 500 个，并在全国 20 多个重点省会城市和当地最强的团购公司成立合资企业（如济南的 0531 团、厦门的闪团、沈阳的 19 团等），全面服务当地的团购用户和商家。窝窝团在全国拥有员工近 5000 人。2011 年交易金额达到 12.1 亿元。

一站式团购

与现有的团购导航及团购业务有所不同，55 商城定位为“一站式”团购，主要为消费者提供生活服务类的团购业务。

开设官方专卖店

窝窝团在团购产品上进行差异性尝试，推出专卖店模式。目前，已经有兰会所、都王烤鸭等数千家美食餐厅、婚纱摄影、旅游酒店、温泉洗浴等生活服务类商家集体进驻窝窝团，开设官方专卖店。并商家可以在商城出售全部商品或服务，实现电子商务化，达到促销和分销的双重目的。

2．实物类团购网站

（1）聚划算

淘宝聚划算是阿里巴巴集团旗下的团购网站，2010 年 3 月 21 日由淘宝推出，每天为消费者带来 3 款巨划算的团购宝贝。淘宝会员都可以参加淘宝聚划算团购活动。

与其他团购网站相比，聚划算特点鲜明。聚划算主要依托于淘宝上的大量商家，团购的大多是实物商品，与其他主要团购地域性美食娱乐等服务性消费的团购网站竞争关系不明显。但随着本地电子商务的兴起，淘宝网也将从专注于网络商品团购调整为线下区域化的团购。

（2）QQ 团购

QQ 团购是腾讯公司推出的团购服务，腾讯已开始通过 QQ 弹窗推广 QQ 商城团购，主要侧重于深圳、重庆、成都、上海、广州等城市。

QQ 团购自 2010 年 7 月 9 日正式上线以来，经历多次产品业务形态的调整，于 2011 年 1 月正式宣布定位于团购开放平台，这一举措被认为是腾讯布局电子商务以及实行开放战略的重要组成部分。QQ 团购并不自建销售团队，而是通过开放 API 接入其他团购网站或与本地化具备相应资质的销售团队进行合作的方式来开展团购业务。截至 2011 年 6 月，QQ 团购已经接入了 100 多个合作伙伴。目前，QQ 团购平台已经开设了美食、娱乐、生活服务、商品、旅游、酒店、品牌特卖和活动八个垂直类目。

3．依托较大平台的服务团购网站

（1）58 团购

58 团购是 58 同城（北京五八信息技术有限公司）创办的团购模式在线生活服务消费网站，成立于 2010 年 6 月 6 日。目前已在全国开通 339 家分站，分布全国一线城市和主要的二、三线城市，形成地域性、服务性全覆盖。

58 同城将团购业务独立分拆，并新增数百人团购队伍。分拆后的 58 团购，盈利模式除了之前的和商家分成之外，还收取佣金。2011 年 58 团根据产品和服务城市分类进行网站优化，以满足用户体验的多方需求。相继增加了化妆品频道和网络购物频道，与国内各大知名电商合作，提高实物团购服务比例，提升团购产品的丰富性。

（2）大众点评团

大众点评团是大众点评网旗下团购网站，成立于 2010 年 6 月 8 日，以餐饮为切入点，覆盖购物、休闲娱乐、生活服务、活动优惠等城市消费领域。餐饮点评是大众点评网的优势，大众点评网的团购服务具有商户和用户两方面的优势。

截至 2011 年第四季度，大众点评网月活跃用户数超过 4200 万，点评数量近 2000 万条，收录的商户数量超过 150 万家，覆盖全国近 2300 多个城市。大众点评网月浏览量超过 6 亿，其中手机客户端的月浏览量已经占到网站月浏览量的 80%以上，手机独立用户数超过 1800 万。目前，大众点评网已经在 20 余个城市设立分支机构。2011 年交易金额达到 10.1 亿元。

（3）糯米团网

糯米网于 2010 年 6 月 23 日正式上线。2011 年 5 月，糯米网随人人公司一起打包在美国纽交所上市，是目前国内团购市场上唯一的上市公司。上线一周年时，糯米网正式宣布与人人网账号打通，并同时推出基于商业谱图的商户主页系统和实时团购系统，将自身升级成一个完整的社交化团购平台。

糯米网 2011 年第一季度、第二季度的营收分别为 90 万美元和 110 万美元。第三季度糯米网总营收 170 万美元，营收成本为 14.1 万美元，运营开支为 810 万美元，这两项开支合计为 824.1 万美元，糯米网运营亏损 654.1 万美元。

13.4 市场细分情况

2011 年，B2B 平台的市场集中度进一步提高。品牌企业和平台商城（B2C）已经成为了流通领域电子商务市场的绝对主体，传统制造商和渠道商在网购市场中的份额明显增大，网购交易促进的衍生企业繁荣发展，在线交易的商品和服务类型更加丰富，带动了用户网络购物频次和金额的显著提升。

13.4.1 B2B 电子商务

尽管受国际债务危机及人民币升值的影响 2011 年中小企业 B2B 外贸发展受阻，导致 B2B 的市场份额下降 1.7%。但由于 2011 年中国的内贸额和外贸额都有增长，B2B 电子商务营收规模达 131.0 亿元，同比增长 35.1%。

2011 年中国中小企业发力电子商务，带动 B2B 电子商务迅速发展，B2B 平台的市场集中度进一步提高。中小企业 B2B 电子商务前 8 家企业合计营收份额占 74.8%，较 2010 年同期下降了 8.7 个百分点；其中阿里巴巴仍然处于行业垄断地位，占 48.9%，环球资源、慧聪网、中国制造网、敦煌网分别占到市场营收规模的 11.1%、3.5%、3.4%和 3.3%，如图 13.22 所示。

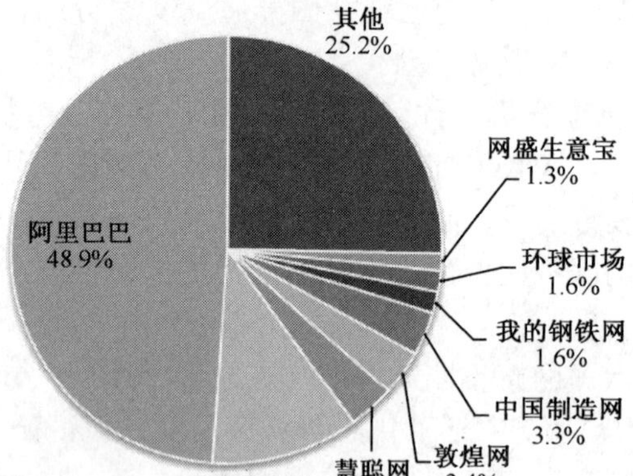

（数据来源：www.iresearch.com.cn）

图13.22　中国中小企业使用B2B电子商务平台网站渗透率

13.4.2 B2C 电子商务

从 B2C 市场来看，淘宝商城凭借自身平台优势和双十一、双十二等节日取得快速发展，全年在含平台式 B2C 市场中占比过半，达 53.5%；京东商城在自主销售为主 B2C 市场保持领先优势，2011 年交易额突破 300 亿元，占比 36.8%，如图 13.23 所示。预计未来领先 B2C 网站将在货源渠道和仓储物流、用户资源、人才资源等方面展开进一步竞争。

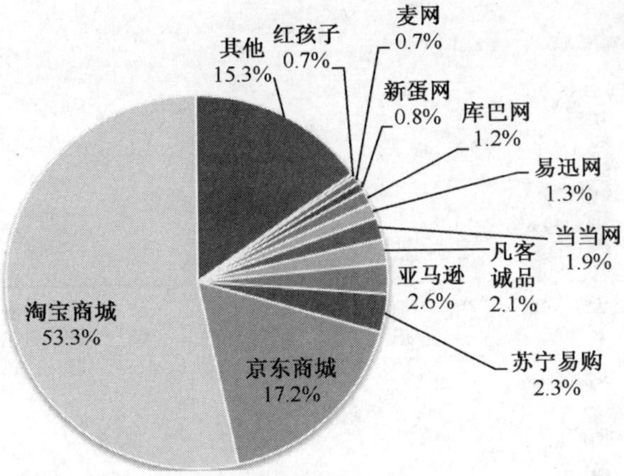

（数据来源：www.iresearch.com.cn）

图13.23　2011年中国B2C购物网站市场份额（含平台式B2C）

13.4.3 C2C 电子商务

从 C2C 市场来看，淘宝网一家独大，市场份额占到九成以上；拍拍网次之，占比为 9.0%，如图 13.24 所示。C2C 市场整体发展变化不大，格局稳定。

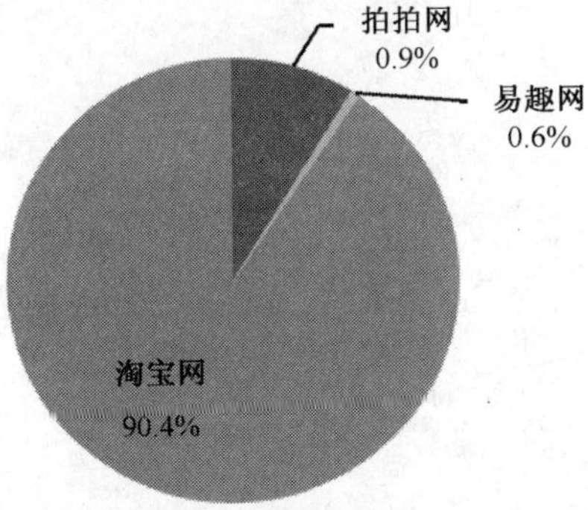

（数据来源：www.iresearch.com.cn）

图13.24　2011年中国C2C（不含C2C推出B2C商城）购物网站市场份额

13.4.4 在线购物

1．购物网站渗透率

从在各类购物网站中，淘宝网的用户规模依然高居首位，用户渗透率达到 80.7%；第二是天猫（淘宝商城），有 54.2%的用户比例；其三是京东商城，用户渗透率为 14.8%；第四是当当网，用户渗透率为 11.4%；第五位是拍拍网，用户占比为 10.4%，如图 13.25 所示。

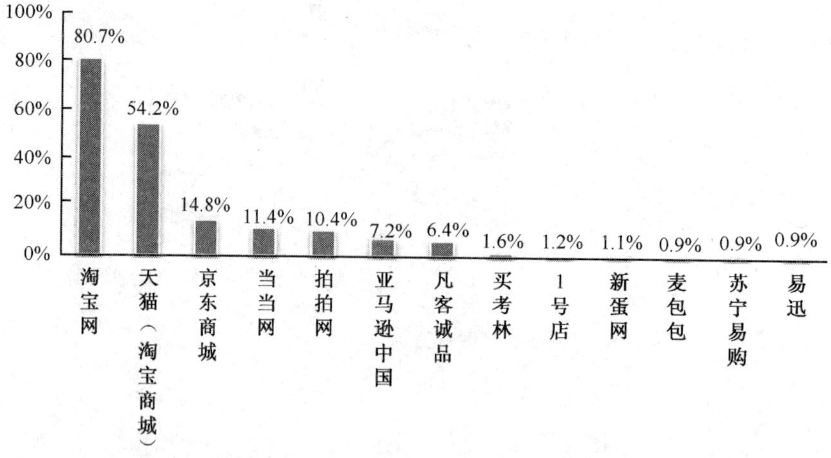

图13.25　2011年主要购物网站用户渗透率

2．购物网站用户新增状况

网购用户中，2011 年有 20.2%的用户最近半年开始使用新的购物网站。这些购物网站新增用户[32]中，有 28.4%的用户最近半年开始使用淘宝网，分别有 12.2%和 12.1%的用户最近半年开始使用天猫（淘宝商城）和京东商城，8.8%的用户开始使用凡客诚品，如图 13.26 所示。

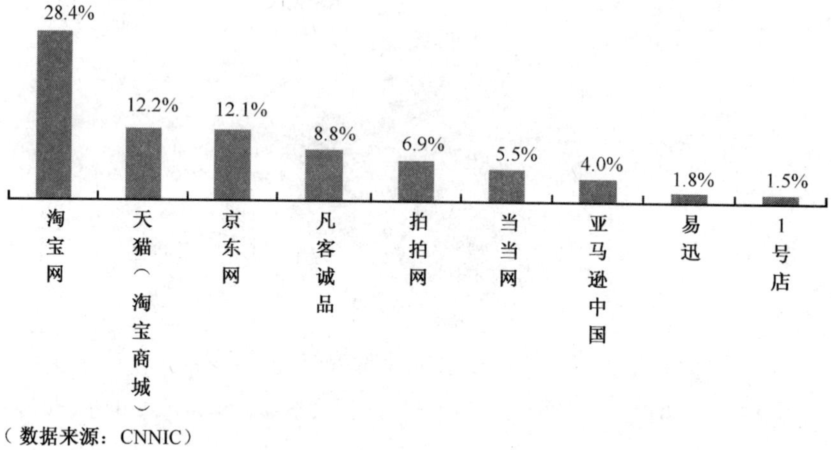

（数据来源：CNNIC）

图13.26　2011年购物网站新增用户新增使用各网站的比例

对比主要网站的新增用户。1 号店的用户新增率[33]最高，达到 25.7%。其次是凡客诚品，有 20.4%的新增用户。京东商城排名第三，有 13.5%的用户新增率。麦考林和拍拍网用户新增比例也相对较高，分别有 12.8%和 10.3%的比例，如图 13.27 所示。

[32] 购物网站新增用户是半年前没有使用，最近半年才开始使用该网站购物的用户。

[33] 购物网站用户新增率=半年新增用户/目前用户数。

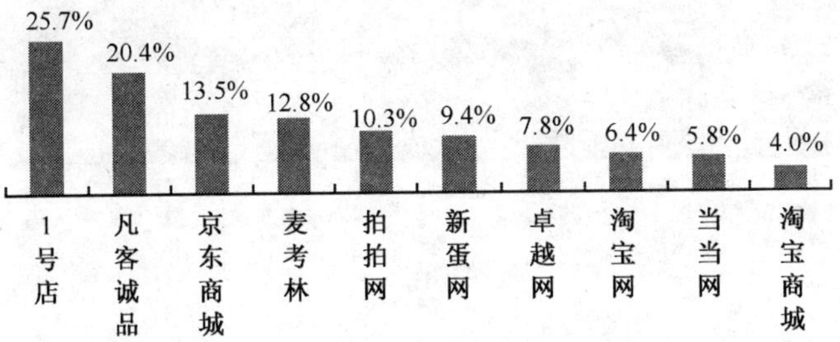

（数据来源：CNNIC）

图13.27　2011年主要购物网站用户新增率

3．购物网站用户流失状况

网络购物用户中，2011 年有 10%的用户放弃过半年前使用的购物网站。这些购物网站流失用户[34]中有 17.4%是淘宝网流失的用户，10.7%为拍拍网流失的用户，10%是当当网流失的用户。流失用户占比与网站用户群体大小有关，也与用户对网站服务的满意程度有关，如图 13.28 所示。

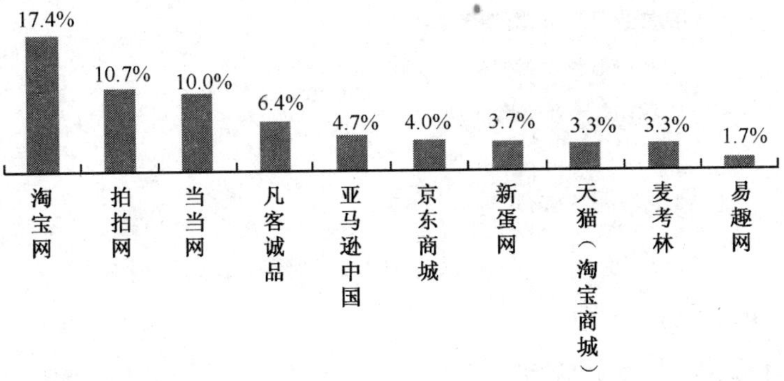

（数据来源：CNNIC）

图13.28　2011年主要购物网站流失用户占总流失用户的比例

与 2010 年相比，购物网站用户流失率[35]明显减少，但网站之间的差异也较大。流失用户比例最大的是拍拍网，流失用户为 9.7%，其次是凡客诚品和当当网，分别是 9.2%和 8.3%。亚马逊中国和京东商城也有 6.2%和 2.6%的流失用户。淘宝网和天猫（淘宝商城）用户流失较少，分别为 2.0%和 0.6%，如图 13.29 所示。

4．购物网站用户流失原因分析

网购用户放弃使用某一购物网站，最主要的原因是找不到需要的商品，占流失用户的 50.2%，因为商品质量不好和商品价格太高的用户有 32.4%和 19.1%，由于售后服务不到位和快递服务差的均为 14.7%，存在网站欺骗消费者的也有 10%，如图 13.30 所示。

[34] 购物网站流失用户是半年前使用，最近半年放弃使用该网站购物的用户。

[35] 购物网站用户流失率=半年流失用户数/半年前总用户数。

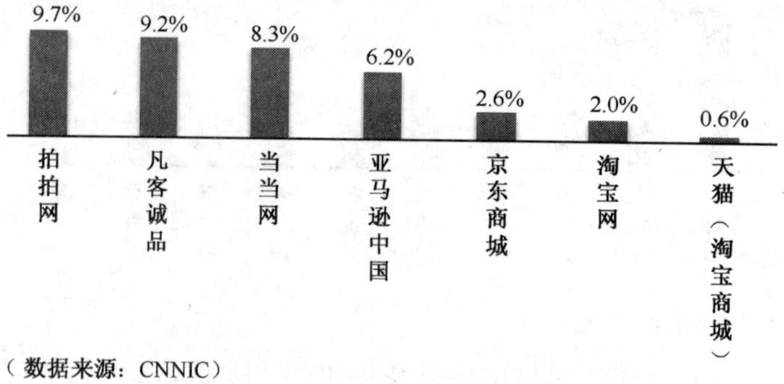

图13.29　2011年主要购物网站用户流失率

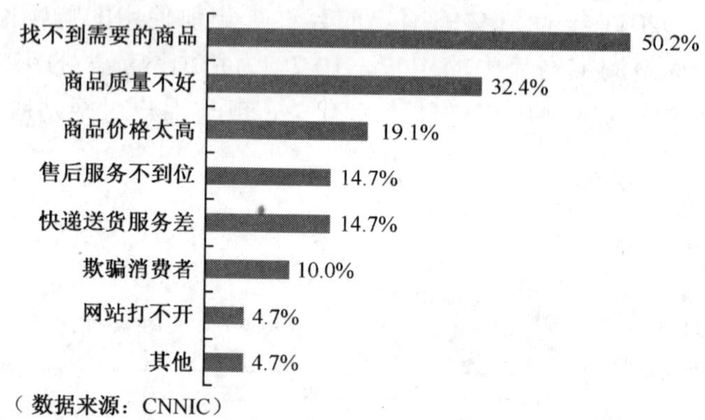

图13.30　用户放弃使用某购物网站的原因

13.5　第三方支付发展情况

13.5.1　行业概况

中国第三方网上支付行业持续保持强劲增长，2011 年中国第三方网上支付整体交易规模达到 22 038 亿元。

2011 年，中国人民银行先后向三批服务企业发放《支付业务许可证》，覆盖了主要的第三方支付服务企业，第三方支付行业地位得到充分认可。同时，由于多项监管法规相继颁布，第三方支付行业全面进入监管时代。截至 2011 年年底，101 家支付企业已相继获得支付业务许可，第三方支付迎来了包括互联网支付企业、移动支付企业、预付卡企业、银行卡收单企业在内的更多的运营主体。

支付牌照解决了长期以来支付企业对其服务资质的后续担忧，也为其赢得了较为广阔的市场发展空间，企业通过多样化的合作形式不断拓宽其服务领域，如在快捷支付领域的大力推进，推动创新支付方式发展等，将支付服务覆盖扩大到更多类别的线下交易，带动了更多“边缘人群”向网上支付用户的转化。与此同时，网络购物和团购的快速发展，也带动了网上支付用户的持续增长，尤其是团购的预付费方式和高频交易特点极大地带动了用户网上支付的使用。

13.5.2　用户规模

CNNIC 调查数据显示，2011 年我国使用网上支付的用户规模达到 1.67 亿，使用率提升至 32.5%。与 2010 年相比，用户增长 2957 万，增长率为 21.6%，如图 13.31 所示。

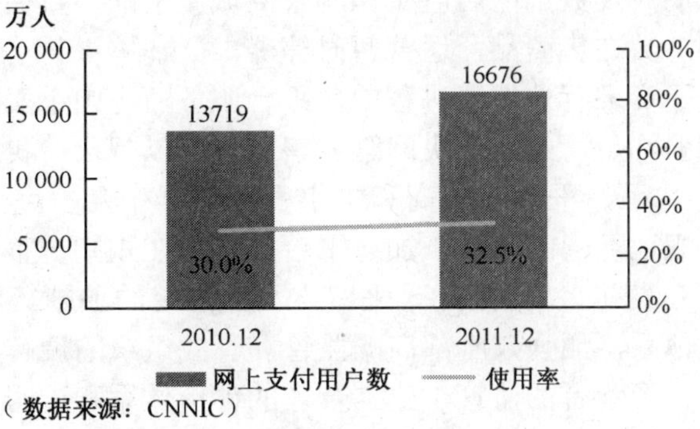

图13.31　2010—2011年网上支付用户数及使用率

支付企业在手机支付的全面布局，也带动了手机在线支付用户的增长，截至 2011 年底，手机在线支付用户达到 3058 万，占手机网民的 8.6%。除第三方支付企业外，运营商和银行在网上支付领域的大力推进，以及支付的技术革新和服务模式创新等，都将推动手机支付业务未来实现快速发展。

13.5.3　竞争状况

2011 年中国第三方支付核心企业中，支付宝依然占据半壁江山，市场份额达到 49%；其次是财付通，市场份额为 20.4%；银联在线、快钱和汇付天下分别为 8.4%、7.5%和 7.4%，市场份额相对处于第三梯队；易宝和环迅相对滞后，分别为 3%和 2.7%，如图 13.32 所示。

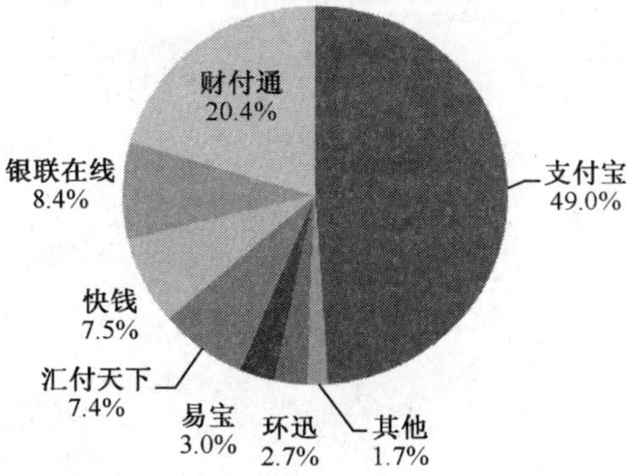

图13.32　2011年中国第三方支付核心企业互联网支付交易规模市场份额

13.6　淘宝被围事件暴露网络零售监管机制缺陷

2011 年 10 月 10 日，淘宝商城发布了《2012 年招商续签及规则调整公告》，将技术服务年费从以往的6000元提高到3万元和6万元两个档次，涨幅5倍到10倍。同时，商铺违约保证金数额全线提升，由以往的1万元涨至5万元、10万元、15万元不等。10月11日，由于对淘宝商城突然变更招商规则不满，经营户们发起集体行动，以买空、退货等形式向淘宝商城多家大网店发起“攻击”，通过恶意拍下大卖家商品后全部打低分/差评，然后申请退款扰乱运营秩序。集体行动波及数十网店巨头和淘宝商城旗下的“直通车”、“聚划算”两大板块，造成多家大店下架多数在售商品，运营暂时停滞。

此次事件代表了电子商务行业发展进程中，平台服务商与中小卖家的矛盾日益激化，也凸显我国网络零售监管的不足，急需加快网络零售立法予以规范。我国的网络零售发展缺乏完善的市场规范和监管体系，平台服务商和中小卖家在一个几乎完全自由的环境下迅速壮大，随着社会各方面对规范经营的呼唤，加之平台服务商在规则调整中过于强调自身利益，中小卖家更不愿放弃“免费午餐”，因此带来双方利益冲突的加剧。要从根本上解决这些问题，还需完善现有法规体系，加强政府部门的监管和行业组织的调解。着力加强对网络零售第三方平及其上网络零售经营者的监管，建立合理的评价体系和透明、公开、公平的评价制度，创造公平、有序的市场环境，维护网络零售产业链各方的合理利益。

（中国互联网络信息中心　孟凡新）

第 14 章　2011 年中国网络广告发展情况

- 2011 年，网民规模增长使得网络流量增加，网络营销模式变化导致营销效果的提高，网络营销重要性提升引起广告主投放量迅速增长。
- 2011 年中国网络广告市场整体规模达到 512.9 亿元，较 2010 年增长 57.6%。手机广告规模达到 24.2 亿元，较 2010 年翻了一番。
- 2011 年，展示类广告份额减少，搜索类广告增长迅速，导航等其他形式的网络广告也发展迅速。随着搜索引擎市场的发展，关键字搜索广告的市场份额逐年增加，未来将会超过展示类广告。
- 2011 年网络广告市场的快速发展，得益于大量企业广告营收的快速增长，从企业广告营收排名 TOP20 来看，分为 3 个梯队，百度、淘宝、谷歌分别以 145 亿元、87.9 亿元、36.5 亿元的广告营收占据第一梯队。
- 从主要行业品牌网络广告媒体投放分析，交通类广告主以 20.4%的比重成为第一大广告主，网络服务类广告主和房产类广告主的比重分别提升到 16.1%和 13.3%，IT 产品类广告主一直处于下降趋势；传统行业对网络营销手段越来越了解，预算比重也越来越大。

14.1　市场发展概述

2011 年中国的互联网发展进入了一个新的阶段，网络营销的规模增长到一个更高的水平。网络广告市场的快速增长主要在于三个因素：网民规模增长使得网络流量增加，网络营销模式变化导致营销效果的提高，以及网络营销重要性提升引起广告主投放量增长。

14.1.1　市场热点回顾及点评

1．新兴媒体冲击传统格局，传统门户纷纷寻求变革

门户作为互联网最早出现的商业模式，十几年的发展已经遇到了瓶颈，作为门户网站的鼻祖，创造了这一模式的雅虎已陷入危机之中。2011 年 9 月 7 日，雅虎免去卡罗尔·巴茨的 CEO 职务，由公司 CFO 临时接任；与此同时，雅虎再次陷入被收购的传闻中，包括微软、阿里巴巴、Google、AOL 等公司以及一些私募基金纷纷被报道有意收购雅虎，而雅虎也在努力扭转颓势，包括出售部分公司资产、收购一些团购网站。微博应用爆发，用户数量急速增长，社会影响力迅速扩大，与 SNS 网站一起对传统的互联网媒体模式产生了冲击。面对新媒体的崛起，国内互联网公司反应很迅速，纷纷拓展业务领域，推出微博、轻博客、网络视频等业务。搜狐、网易、凤凰网等门户以及人民网等官方媒体对微博持续发力，意在挑战市场领先者。目前看来这些大公司在新领域发展得比较好，在门户品牌广告营销之外开始挖掘微博营销、SNS 营销等盈利模式。

2．搜索引擎拓展业务边界，市场差异化竞争显现

自 2010 年 Google 中文服务器迁至中国香港后，中国搜索市场出现了比较大的变化。据艾瑞咨询数据显示，2011 年搜索引擎行业同比增速保持在 60%以上，虽然 Google 中文的营收在稳步增长，但是已经跟不上竞争对手，其市场份额在一步步被蚕食；百度的市场地位更加强大，市场份额进一步攀升，三季度市场份额已经达到 77.3%，并且在尝试进入搜索以外的领域。而 Google 中文发展相对稳健，但营收、流量等市场份额却在逐渐下降。搜索营销是将流量转化成收入的成功模式，搜狗、搜搜等经过长期的积累已经进入了一个爆发期，规模增速非常快。而新浪、360、优酷、一淘等也纷纷涌入，在不同侧面发力搜索市场，目前市场发展到了一个新的阶段。

3．广告网络平台整合，网络广告长尾正在被发掘

网络广告的投放趋势必然越来越智能化、精准化，而广告平台对于网络广告的发展有很大助力。以淘宝、百度、Google 等为代表的媒体拥有巨大的流量和众多广告主，在广告网络、交换平台上不断发力。2011 年 3 月 7 日，Google 收购广告比价公司 BeatThatQuote.com；6 月 9 日，收购发行商广告优化平台 AdMeld；至此，Google 用于收购网络广告服务相关公司的金额已超过 46.2 亿美元，并对收购的公司展开整合。9 月 1 日，淘宝推出 TANX 展示营销平台，为 DSP、代理商等提供针对每次展示进行实时竞价的推广交换平台；11 月，百度推广迎来十周年，首次披露其中小企业客户超过 40 万，仅占全国中小企业数量的 1%。而诸多网络广告代理公司，也利用资源不断发展。广告平台的发展将会帮助越来越多中小网站实现价值，另外也会对中小企业展开网络营销提供很大帮助。

4．移动广告潜力巨大，互联网公司纷纷渗透云端

面对快速发展的移动互联网，新生势力快速成长，互联网巨头也纷纷进入寻求新的发展机遇。与桌面互联网相比，移动互联网没有强势的媒体聚集流量，呈去中心化趋势。移动网络广告的投放借助于广告平台能获得比较好的投放效果，在这方面平台很多，传统互联网巨头也纷纷渗透进来。2011 年 9 月 27 日，腾讯发布移动广告平台 MobWIN 配合其手机应用中心；11 月，九城发布橘子平台，进军移动广告平台领域；Google 将 AdMob 与 AdSense 业务重新划分，分别专注于 IN-APP 广告和网站广告。市场看好移动广告的潜力，所以尽管市场还不是很大，但竞争者众多，竞争激烈。而苹果公司 Siri[36]的出现使得移动搜索不必非要通过文字形式呈现，对于现在的搜索广告模式是个很大的挑战。

5．视频广告效果看好，市场各方全力投入

网络视频市场上竞争者众多，并且投入都很大。在视频营销方面，病毒视频[37]、自制剧

[36] Siri：苹果公司在其产品 iPhone 4S 上应用的一项语音控制功能。

[37] 病毒视频："病毒视频"可以被视为"病毒传播"的最新形态。借助电子邮件、视频博客以及 YouTube 这样的视频托管网站，视频片段在互联网上得到大面积的传播。从制作风格上看，"病毒视频"通常十分诙谐幽默，除了一些精彩的原创剧本，还包括为数众多的"改编"作品——从对知名视频片段的戏谑模仿到某部影视作品的巧妙改造。

等方式涌现，吸引了用户大量点击。例如，2011 年 6 月，优酷自制剧《老男孩》发布，掀起新的自制剧热潮。网络视频相对电视可以提供精准的广告投放，广告效果被看好，而各个视频网站也在不断推进技术进步，以提供更好的视频营销服务。2011 年 10 月，Google 针对 YouTube 对 AdWords 广告系统进行了改进，使得广告主可以动态基于拍卖投放视频广告。同年 10 月，百度旗下视频网站奇艺推出“视链”功能，识别视频内人物面孔，推送相关链接。由于广电总局禁止电视台在电视剧中间插播广告，未来广告主对视频广告的关注度将会进一步提高。

14.1.2　网络广告发展趋势展望

2012 年伊始，网络媒体就出现了较大变动，广告代理也有了新的动作，全年网络广告的收入增长比较乐观。

1．网络视频领域整合提前到来

2012 年年初优酷与土豆的合并引起市场强力反响，视频领域的竞争过于激烈，门户网站、搜索引擎向视频领域的渗透对独立视频网站造成了较大压力，市场前两名的合并是为适应市场竞争的必然手段，加上之前人人网收购 56.com，对于较小的独立视频网站来说面临的压力更大，视频领域的整合将会越来越多。

2．网络广告产业链的变化

美国网络广告的交换平台（AdExchange）、需求方平台（DSP）等更精准的基于受众的广告投放模式正在逐渐成熟，并引起了国内相应的变化，将会有越来越多的参与者涌入这个领域、完成角色转化，并将开始影响国内广告主的投放决策和媒体的发展变化。

3．社交媒体商业化

2011 年微博竞争激烈，用户量迅速增长，但没有明确的盈利模式。2012 年，微博商业化的进程将加速，将会对网络营销产生较大影响；同时一些拥有众多网络服务的企业将会进一步整合其服务，融合微博或 SNS 等，拓展社交媒体的商业价值。

4．电子商务平台的营销

随着国内几家电子商务平台的发展，平台上的商家的营销需求会越来越强烈，电子商务平台的营销价值将会进一步被挖掘，相关的垂直搜索将得到进一步发展。

5．移动广告产业发展

目前移动广告产业集中度很低、产业链复杂，这种情况还将持续一段时间，产业各方的合作将会加强，在数据挖掘上的进步将会帮助移动广告进一步发展。

14.2　市场发展分析

14.2.1　市场规模

1．2011 年中国网络广告市场规模超过 500 亿元

2011 年中国网络广告市场整体规模突破 500 亿元，达到 512.9 亿元，较 2010 年增长 57.6%，达到一个新的量级。2004—2011 年，除去 2009 年受金融危机影响，市场增长率基本保持在 55%以上，一直处于高速发展期；今后几年市场量级将会逐步增长并达到千亿元级别，预计 2012 年之后市场增速会逐年下降，在未来更长的时期里进入成熟发展阶段，如图 14.1 所示。

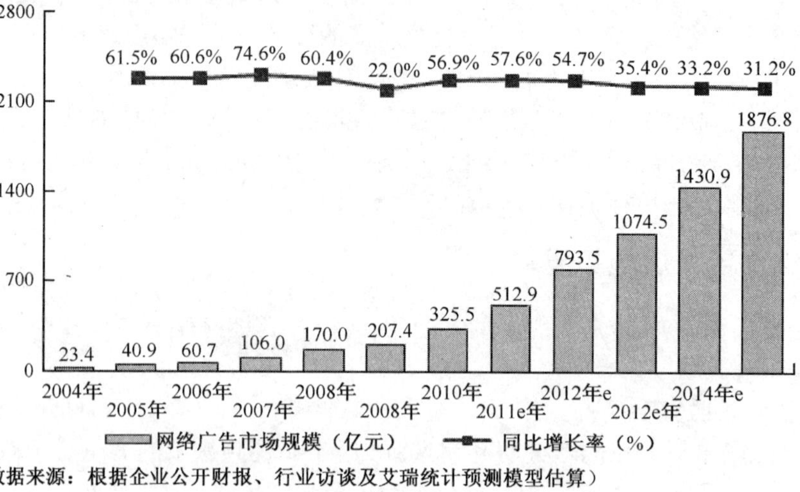

图14.1 2004—2015年中国网络广告市场规模

2. 中国网络广告市场季度同比增长呈加速态势

四个季度网络广告规模连续攀升，发展态势良好；网络广告发展呈现出季节性的周期变化，一季度受春节假日的影响，市场规模环比下跌了 6.6%，同比增长了 47.0%；四季度市场规模同比增长 70.5%，达到 162.2 亿元，全年各季度同比增长都保持在 40%以上，如图 14.2 所示。

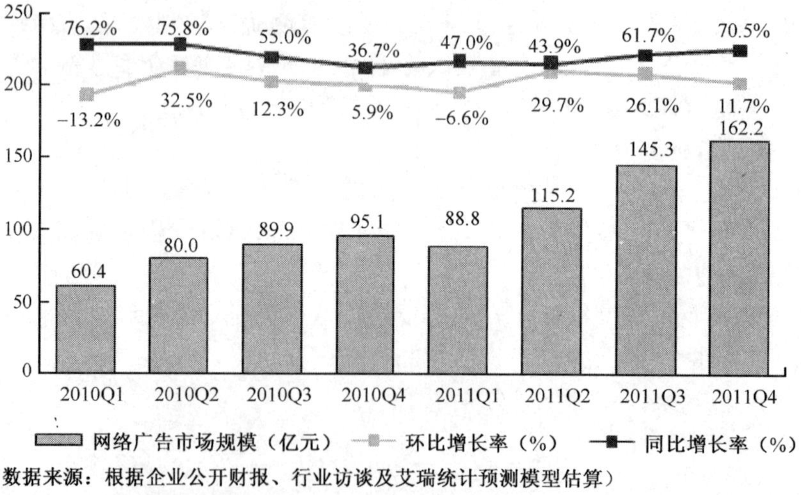

图14.2 2010—2011年各季度中国网络广告市场规模

3. 全球广告市场平稳恢复，未来增长加速

艾瑞整理实力传播的数据发现，在 2009 年全球广告市场出现较大下滑之后，市场正在逐渐恢复，2011 年市场规模增长到 4643.0 亿美元，较 2010 年增长 3.5%，增速明显加快，随着金融风暴余波平息、经济形势逐渐好转，尤其是新兴市场的带动，未来几年全球广告市场的增长速度会有所加快，逐渐回到并超过 2008 年金融危机前的水平，如图 14.3 所示。

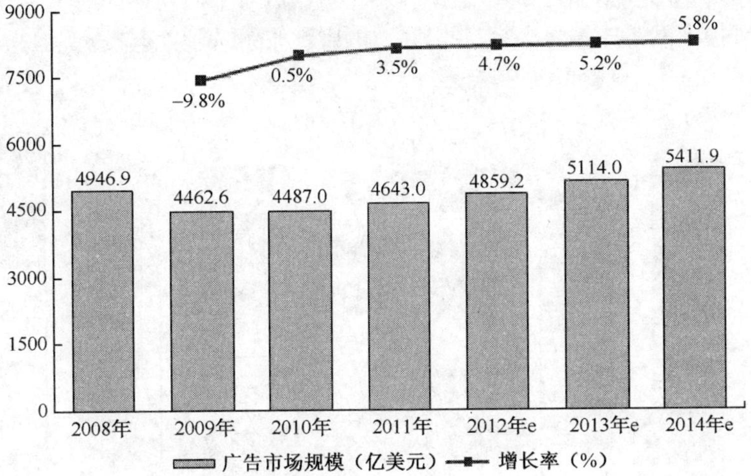

（数据来源：ZenithOptimedia（实力传播），2012.2）

图14.3　2008—2014年全球广告市场规模

4．全球网络广告增长平稳，规模达到 728.4 亿美元

艾瑞整理实力传播的数据发现，2011 年全球网络广告同比增长 13.9%，规模达到 728.4 亿美元，增长平稳，并且预计未来几年将会保持 16%左右的增长速度，如图 14.4 所示。网络媒体在全球范围内正处于蓬勃的发展阶段，以美国、中国等为代表的国家，新媒体不断涌现，网络广告产业不断进化，相对于传统媒体更加有活力，增长速度相对更快。

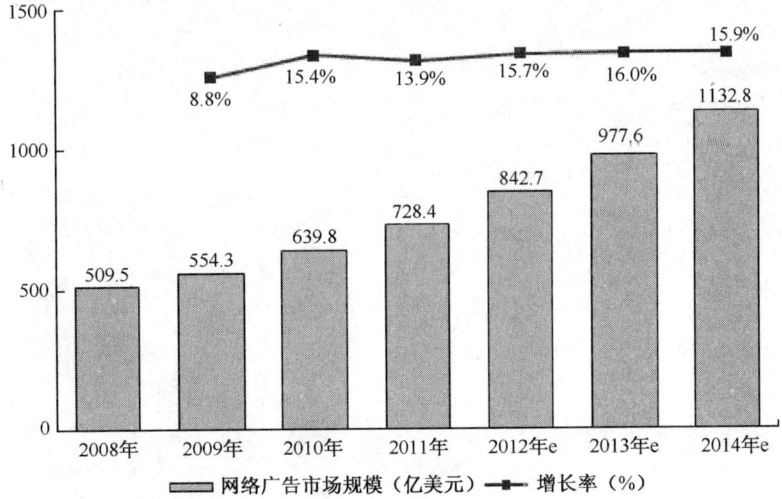

（数据来源：ZenithOptimedia（实力传播），2012.2）

图14.4　2008—2014年全球网络广告市场规模

14.2.2　市场结构

1．全球广告市场中网络广告增长较快，传统媒体市场萎缩

尽管全球广告市场整体增长已经较为缓慢，但网络广告增长相对较快，与此同时报纸、杂志、

户外等媒体广告市场则出现萎缩，如图 14.5 所示。互联网对平面媒体的冲击更大，预计未来两年内，在全球整体规模上网络广告将会超过报纸；电视受到的影响相对较小，但增长相对缓慢。

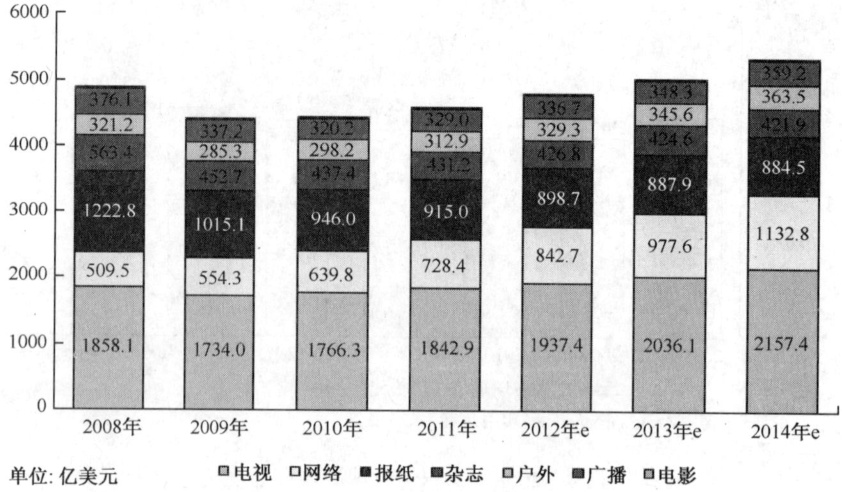

注：部分国家的媒体广告数据缺失导各媒体加总的数据可能小于市场总规模。

（数据来源：ZenithOptimedia（实力传播）；2012.2）

图14.5 2008—2014年全球各媒体广告市场规模

2．中国网络广告规模超过报纸

相比于全球市场，2011 年中国电视、报纸、网络、广播、杂志的广告营收保持着较快增长，其中以网络广告市场增速最快，增速远远高于其他传统媒体：2011 年网络广告的规模为 512.9 亿元，比报纸高出 59.3 亿元，但如果将报纸、杂志等平面媒体看做一个整体，则其规模为合计 552.6 亿元，网络广告与之尚有一定的差距；预计 2012 年网络广告规模会接近 800 亿元，超过平面媒体并且逼近电视广告规模，如图 14.6 所示。

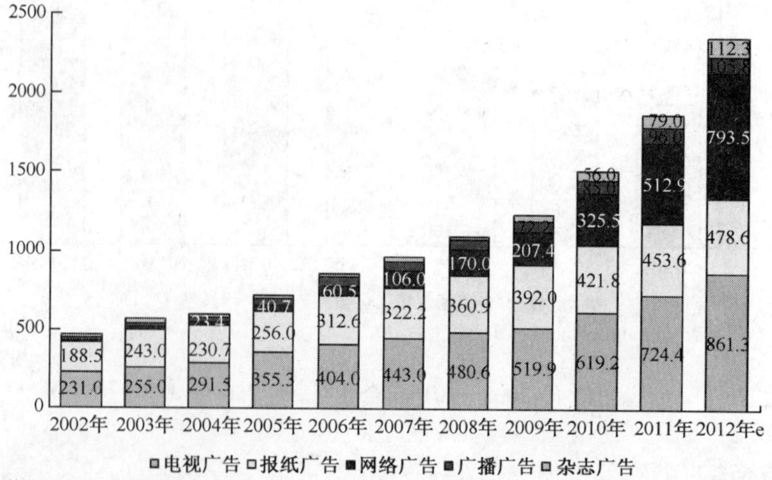

单位：亿元

（数据来源：传统媒体市场规模数据依据中国广告协会、《中国传媒产业发展报告》数据推算，网络广告市场根据企业公开财报、行业访谈及艾瑞统计预测模型估算）

图14.6 2002—2012年中国五大媒体广告市场规模

3. 日本广告市场发展平缓，报纸广告规模下跌

2011 年日本广告市场发展平缓，总体规模增长较小，其中报纸的广告市场规模从 2010 年的 79.3 亿美元下降到 2011 年的 77.9 亿美元，而电视、户外、网络等媒体的广告市场规模则有不同程度的增长，但增长也较为缓慢，如图 14.7 所示。这主要是由于日本广告市场已经是高度成熟的市场，市场整体规模庞大；同时，网络等新媒体对传统媒体的冲击较为明显，使得部分传统平面媒体市场规模下降。

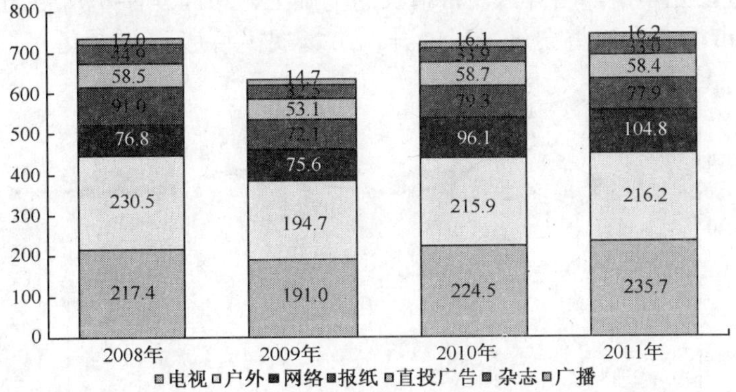

单位：亿美元

注：直投广告包括直邮广告、电话直销广告、免费杂志、免费报纸、传单等，户外广告包括户外广告牌、户外大屏幕、展览、车体广告等。

（数据来源：日本电通（Dentsu），2012）

图14.7　2008—2011年日本各媒体广告市场规模

4. 美国网络广告领跑广告市场，电视广告规模依然庞大

美国广告市场整体增长较缓慢，除了网络和电视，对于其他传统媒体广告市场规模的预期是未来几年增长缓慢，有的甚至是持续负增长。美国广告市场中，电视广告依然保持着平稳增长，同时规模较其他媒体大很多，未来几年不会被新媒体超越；而网络广告的增速较高，2010 年其规模超过了报纸，但是相对电视而言还有很大差距，如图 14.8 所示。

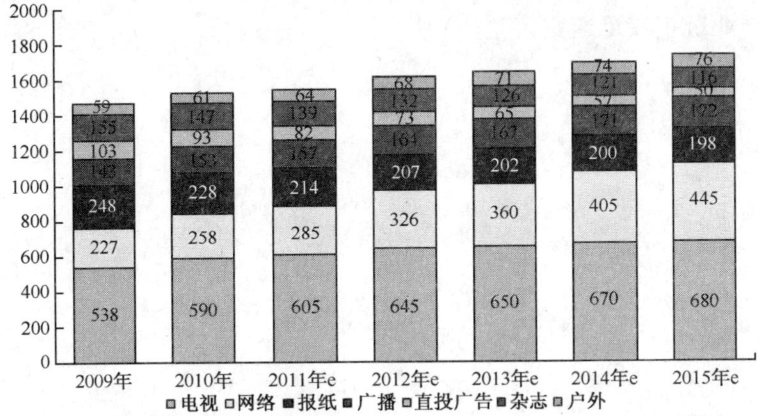

单位：亿美元

注：电视媒体包括电网、有线电视等。

（数据来源：eMarketer, 2011）

图14.8　2008—2015年美国各媒体广告市场规模

14.2.3 手机广告

1. 2011 年我国手机广告增长加速，规模达 24.2 亿元

2011 年手机广告规模达到 24.2 亿元，较 2010 年翻了一番，并且比网络广告整体增速高出不少；移动媒体发展迅速，用户量快速增长，网民行为向移动端迁移推动了移动网络广告市场的发展；移动营销产业链上的投放工具、优化工具、检测工具等不断涌现，但尚未成熟，有很大发展空间；在过去几年用户培养、设备增长的基础上，2011 年手机广告的增长加速，而预计 2012 年手机广告市场的增速将会进一步提升，市场规模将达到 63.2 亿元，如图 14.9 所示。

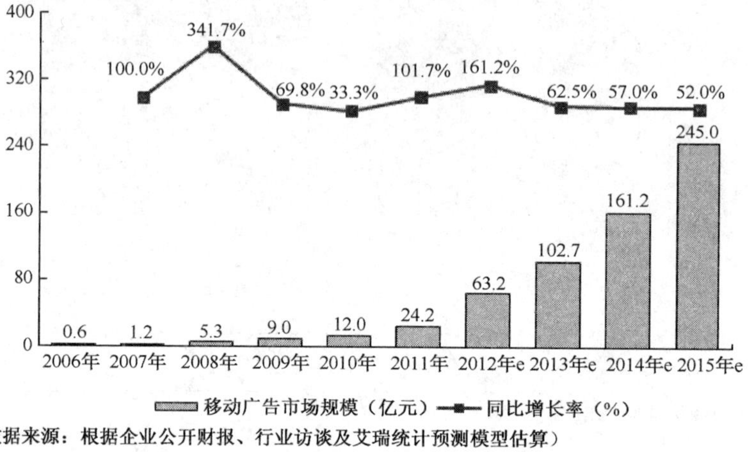

图14.9 2006—2015年中国手机广告市场规模

2. 手机广告在整体中占比快速提升

相比于网络广告整体 57.6%的增速，手机广告 2011 年规模翻番，相对于网络广告的比重也越来越大；2011 年手机广告为网络广告的 4.7%，预计 2012 年比重会达到 8.0%，预计未来几年比重将会进一步提升，如图 14.10 所示。手机广告已经成为互联网一个重要的增长点，无论是大公司还是创业者都纷纷涌入，参与者众多，并且吸收了美国等国家移动互联网广告发展的经验，产业链正在迅速完善。

图14.10 2006—2015年中国手机广告在网络广告中的占比

3. 中国手机广告季度环比持续增长

手机广告从 2010 年第一季度以来保持着连续的季度环比增长，并且增速呈逐渐上升态势，显示出市场强劲的增长性，如图 14.11 所示；2011 年第四季度手机广告规模达到了 8.6 亿元，同比增长高达 132.4%，虽然市场总体规模还小，但是未来发展空间很大。

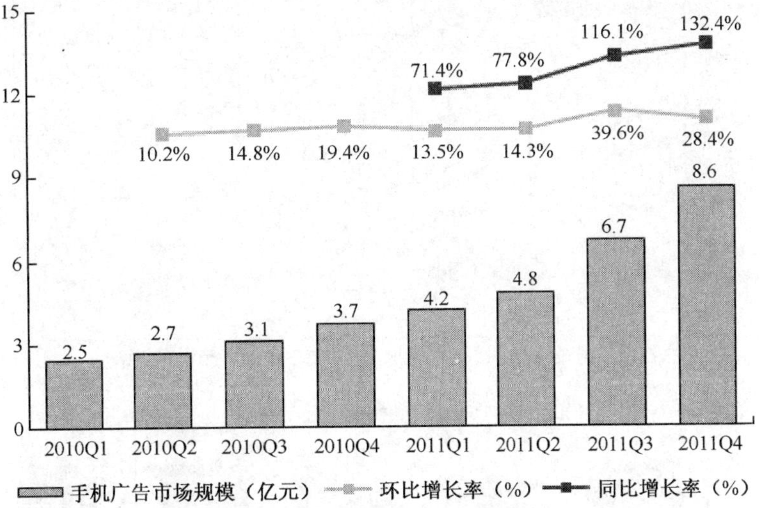

（数据来源：根据企业公开财报、行业访谈及艾瑞统计预测模型估算）

图14.11　2010—2011年各季度中国手机广告市场规模

14.3　不同广告形式和计费方式分析

14.3.1　不同广告形式市场份额

2011 年，展示类广告份额减少，搜索类广告增长迅速。包括品牌图形广告、富媒体广告、视频贴片广告在内的展示类广告总体份额为 46.3%，市场份额继续下降，如图 14.12 所示。这主要是由于关键字搜索以及垂直搜索等搜索类广告增长十分迅速，对其他形式网络广告市场份额产生了较大影响，导航等其他形式的网络广告也发展迅速。随着搜索引擎市场的发展，关键字搜索广告的市场份额逐年增加，未来将会超过展示类广告。

由于搜索、垂直搜索等广告形式的高速增长，其采用的 CPC 计费方式[38]的市场份额进一步扩大到 49.4%，而目前品牌图形广告等广告形式所主要采用的 CPT 计费方式市场份额则进一步萎缩到 35.6%，如图 14.13 所示；视频、电子商务的发展分别带动了 CPM 以及 CPA/CPS 等计费方式的增长；预计未来 CPC、CPA/CPS 等效果付费方式会进一步增长，CPM 由于计费更精准，会逐渐替代 CPT 这种计费方式。

[38] 计费方式：网络广告的计费方式多种多样，目前互联网上主要流行 CPM，CPT，CPC，CPA，CPS 五种网络广告计费方式。CPM 是按网络广告显示次数计费，此类广告单价通常表现为 1000 显示/元。CPT 是以时间计费。CPC 是按照网络广告点击次数来计算广告费，此类广告单价通常表现为 1000 点击/元。CPA 是按广告投放实际效果计价，即按回应的有效问卷或订单来计费，而不限广告投放量。CPS 是以实际销售产品数量来计算广告费用。

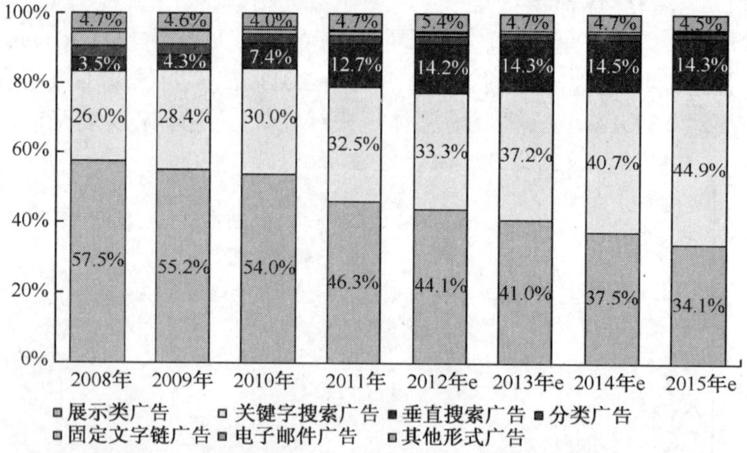

注：展示类广告包括品牌图形广告、富媒体广告、视频贴片广告等。

（数据来源：根据企业公开财报、行业访谈及艾瑞统计预测模型估算）

图14.12　2008—2015年中国网络广告市场不同形式广告份额

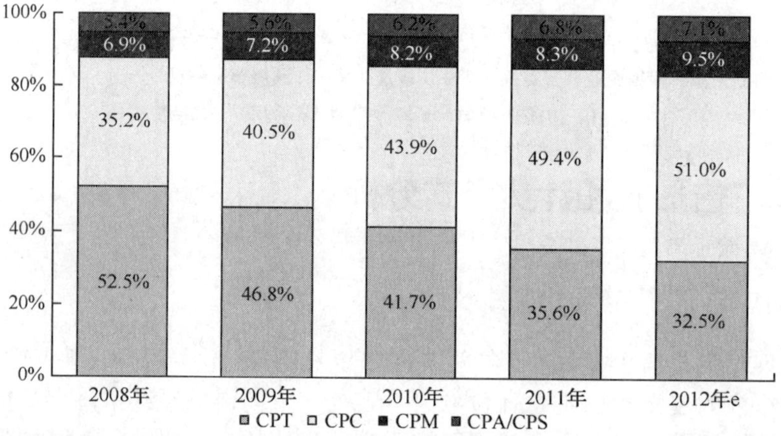

（数据来源：根据企业公开财报、行业访谈及艾瑞统计预测模型估算）

图14.13　2008—2012年中国网络广告市场不同计费方式份额

14.3.2　展示类广告发展情况

展示类广告包括品牌图形广告、富媒体广告、视频贴片广告等形式，2011 年展示类广告规模达到 237.6 亿元，市场规模比较大；展示类广告 2011 年增速为 35.3%，较 2010 年有所放缓，如图 14.14 所示。展示类广告更受品牌广告青睐，随着广告主对网络广告投放的加大以及 2012 年奥运会等大型赛事的推动、社交网站的发展，展示类广告的增长可能会加速。

展示类广告中，品牌图形广告依然是份额最大的广告形式，但是其份额在逐年下降，2011 年其份额已经降到了 78.5%，预计未来几年其份额还将继续下降；视频贴片广告逐渐受到广告主青睐，增长非常明显，2011 年其在展示类广告中的份额已经增长到 11.5%，预计 2012 年份额会增长到 17.5%，而在未来更长的一段时期内则会进入较平稳的增长；富媒体广告近几年增长较慢，份额下降，未来增长性较其他两种形式稍低，如图 14.15 所示。

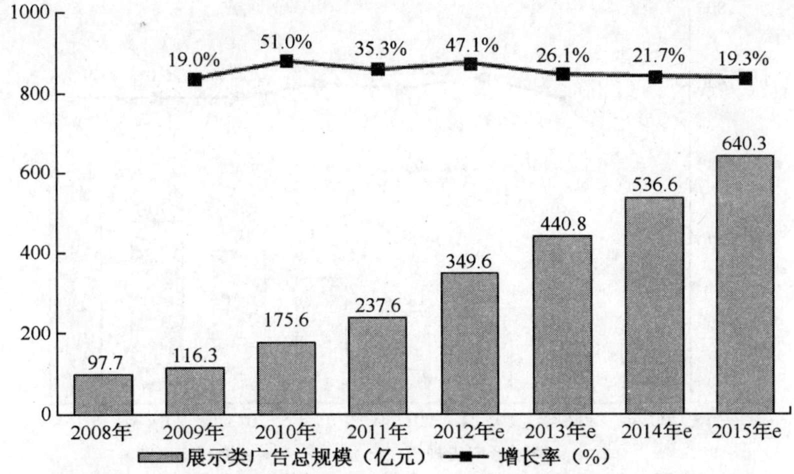

注：展示类广告包括品牌图形广告、富媒体广告、视频贴片广告等。

（数据来源：根据企业公开财报、行业访谈及艾瑞统计预测模型估算）

图14.14　2008—2015年中国网络广告市场展示类广告规模

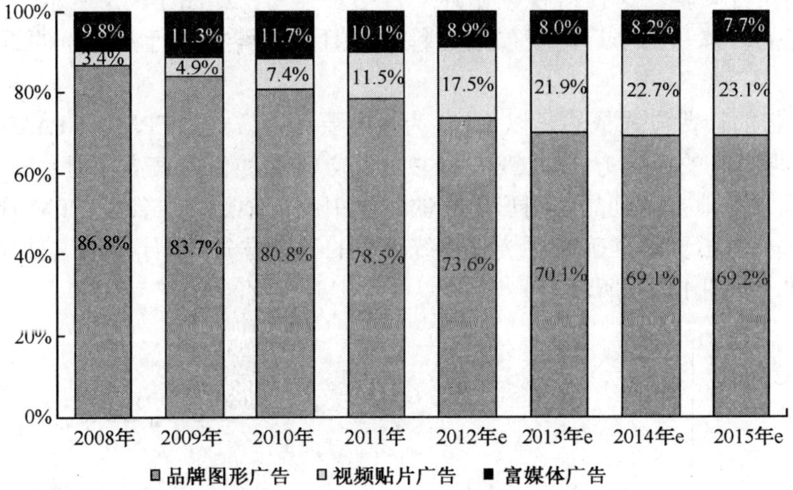

（数据来源：根据企业公开财报、行业访谈及艾瑞统计预测模型估算）

图14.15　2008—2015年中国网络广告市场展示类广告不同形式广告份额

品牌图形广告 2011 年的规模达到 186.4 亿元，较 2010 年增长 31.3%，增速有所降低，如图 14.16 所示。门户、垂直媒体、社区网站以及众多中小网站等的广告位大多采用品牌图形广告，广告主习惯于投放品牌图形广告。这个市场已经是相对更成熟的市场，增长在放缓，但随着精准投放的发展，品牌图形广告会保持持续的增长。

富媒体广告的效果较其他广告形式更有效果，但是其自动弹出强制收看的方式却对用户造成一定困扰，广告主在采用此种方式时比较谨慎。百度鸿媒体等产品在市场上的推动也比较平稳，富媒体未来将会保持平稳的增长，如图 14.17 所示。

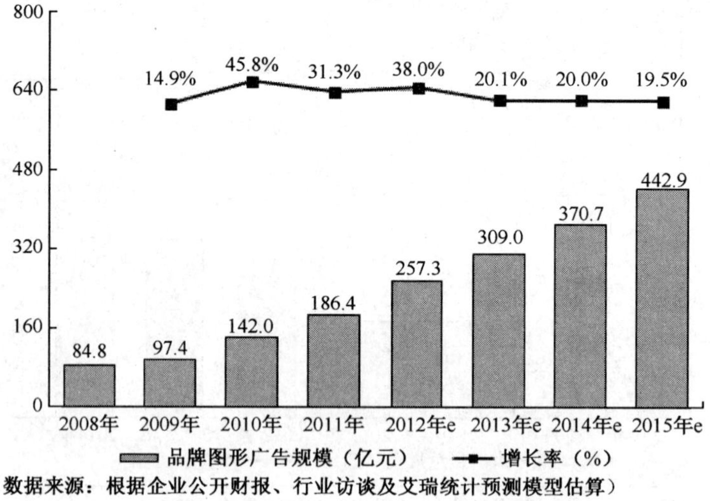

图14.16　2008—2015年中国网络广告市场展示类广告之品牌图形广告规模

视频贴片广告与电视贴片广告形式相近，越来越得到广告主的青睐，许多广告主开始从电视向视频广告倾斜，这使得视频贴片广告增长强劲，如图 14.18 所示。但是长期来看，广告主从电视的转移是一个逐渐发展的过程，并且面临着视频行业竞争的不确定性、政策变化等。

展示类广告的计费方式依然是以 CPT 为最主要计费方式，CPM、CPA/CPS 等份额增长较快；品牌图形广告的计费方式以 CPT 为主，造成 CPT 的份额偏高，但是随着技术的发展，CPM 方式越来越多地被用到品牌图形广告的结算中；视频贴片广告以 CPM 计费方式为主，这种计费方式较 CPT 更加准确也更接近传统媒体的计费方式，预计未来这种计费方式份额会逐渐超过 CPT，如图 14.19 所示。

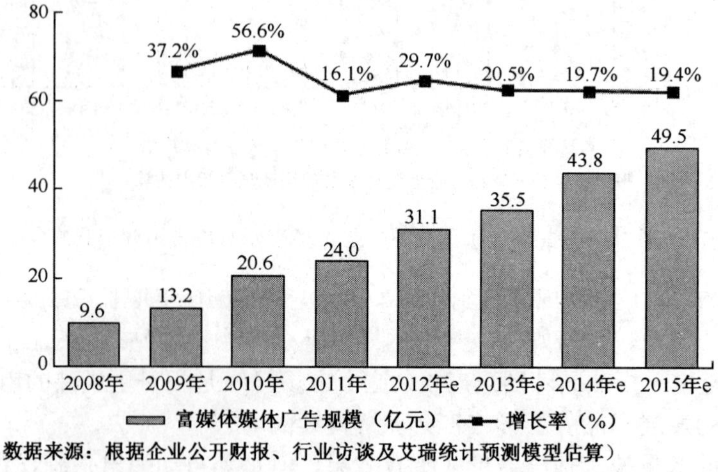

图14.17　2008—2015年中国网络广告市场展示类广告之富媒体广告规模

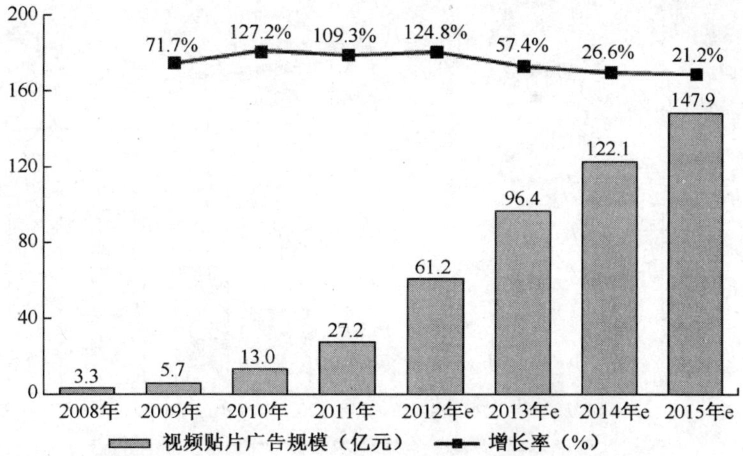

（数据来源：根据企业公开财报、行业访谈及艾瑞统计预测模型估算）

图14.18　2008—2015年中国网络广告市场展示类广告之视频贴片广告规模

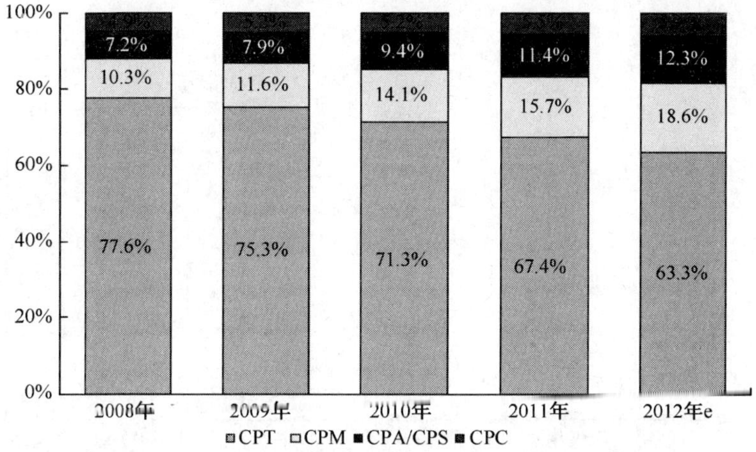

（数据来源：根据企业公开财报、行业访谈及艾瑞统计预测模型估算）

图14.19　2008—2012年中国网络广告市场展示类广告不同计费方式份额

14.3.3　关键字搜索广告发展情况

2011 年关键字搜索广告规模达到 167.0 亿元，增长速度从 2010 年的 62.8%提升到 71.0%，对市场发展起到了很强的带动作用，如图 14.20 所示。关键字搜索广告易于投放、门槛低，并且其广告位理论上是没有限制的，过去几年市场发展良好，但是搜索广告发展受限于用户规模和广告主投放规模，未来几年其高速增长面临较大压力。

2011 年垂直搜索广告保持了非常高的增长，规模冲到了 65.2 亿元，其 169.3%的增长率与 2010 年增长率基本持平，如图 14.21 所示；垂直搜索市场的高速增长主要受到淘宝等电子商务领域的垂直搜索的带动，其他领域的垂直搜索广告尚没有发展起来；由于面临通用搜索的竞争压力以及客户需求增长可能减缓，未来几年其增速会逐渐下降，但依然会保持较高增速，其对网络广告市场的影响越来越大。

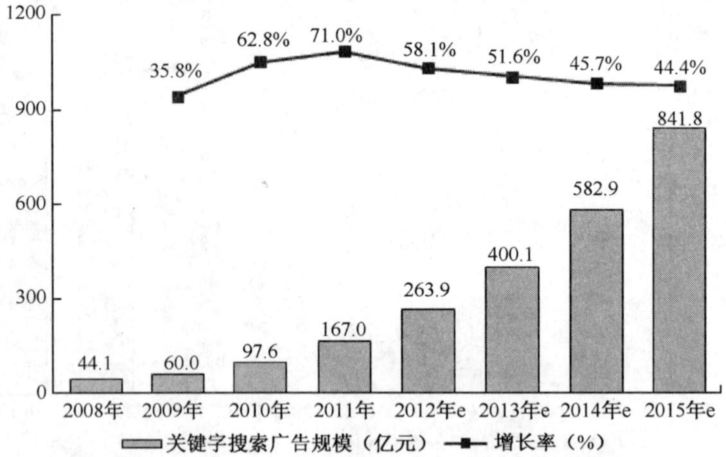

（数据来源：根据企业公开财报、行业访谈及艾瑞统计预测模型估算）

图14.20　2008—2015年中国网络广告市场关键字搜索广告规模

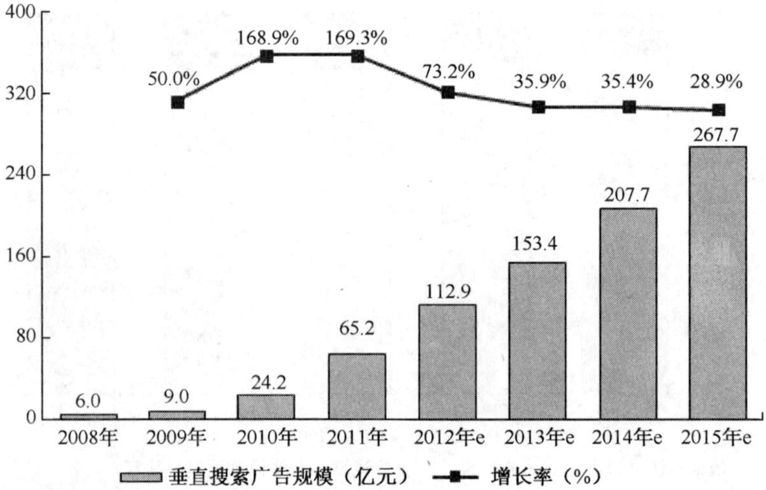

（数据来源：根据企业公开财报、行业访谈及艾瑞统计预测模型估算）

图14.21　2008—2015年中国网络广告市场垂直搜索广告规模

14.4　不同类型网站发展情况

从不同类型网站的广告收入份额来看，搜索引擎网站依然是最大的类型网站，门户和垂直媒体的份额则进一步下降，2011 年分别降到 15.5%和 15.7%；电商网站、独立视频网站的增长很快，2011 年份额分别增长到 17.5%和 6.7%；未来门户和垂直等内容媒体的份额会进一步下降，而搜索、电商等平台型的网站以及独立视频网站发展速度较快，挤压门户和垂直媒体的市场份额，如图 14.22 所示。

14.4.1　搜索引擎广告市场

2011 年搜索引擎全年规模达 188.9 亿元，较 2010 年增长 70%，增速较 2010 年的 58.7%

快，且高出 2011 年市场整体 57.6%的增速不少，市场份额增长到 36.8%，成为带动市场发展的主要力量；2011 年百度等搜索网站的高速增长主要得益于大型企业的搜索广告投放快速增长。其实搜索是一种十分有效的营销方式，对于中小企业以及互联网企业来说使用门槛低，是搜索引擎的长尾，但从经济形势以及市场开拓难度等方面考虑，未来搜索引擎增长会有所降低，增速还是会在 40%以上，如图 14.23 所示。

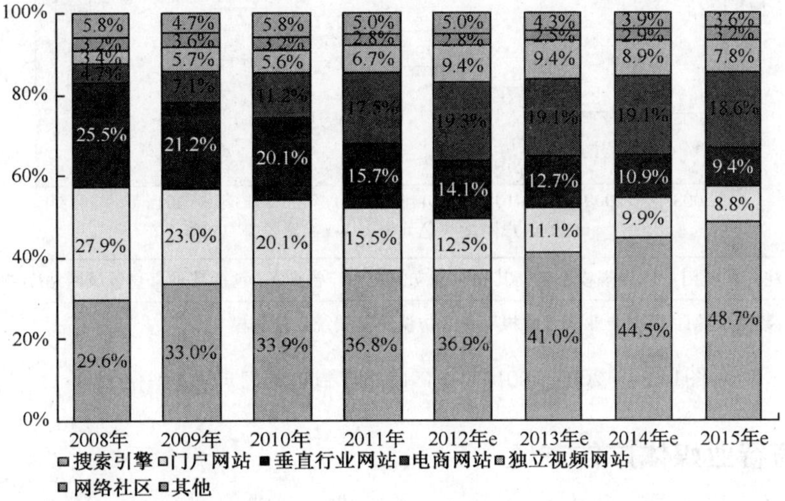

（数据来源：根据企业公开财报、行业访谈及艾瑞统计预测模型估算）

图14.22　2008—2015年中国网络广告市场不同类型网站市场份额

14.4.2　门户网站广告市场

2011 年门户网站广告规模达 79.5 亿元，较 2010 年增长 21.5%，增速有所下降，如图 14.24 所示；门户网站经过十几年的发展已经进入了市场成熟阶段，所以其在微博和视频等领域的发力，对其广告收入的增长起到了带动作用，而 2012 年奥运会、欧洲杯足球赛等赛事也将成为门户广告营收的增长点。

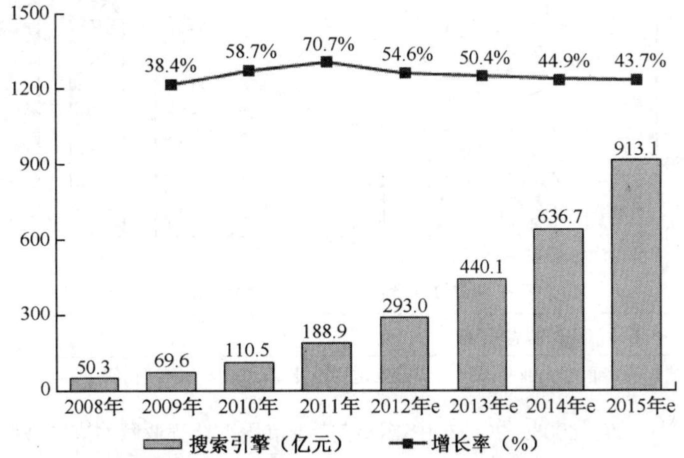

（数据来源：根据企业公开财报、行业访谈及艾瑞统计预测模型估算）

图14.23　2008—2015年中国网络广告市场搜索引擎网站广告规模

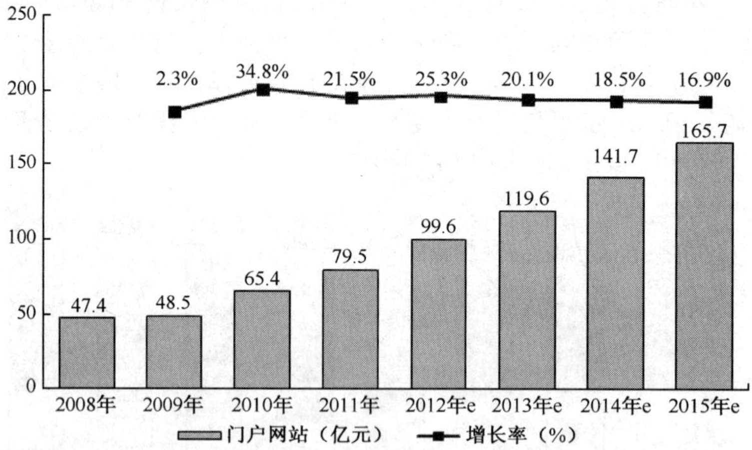

注：此处门户广告规模不包括其相对独立的搜索广告业务，包括其垂直直领域网站广告。

（数据来源：根据企业公开财报、行业访谈及艾瑞统计预测模型估算）

图14.24　2008—2015年中国网络广告市场门户网站广告规模

14.4.3　垂直行业媒体广告市场

2011 年垂直行业媒体广告规模为 80.7 亿元，增长率为 23.2%，如图 14.25 所示。垂直行业媒体数量众多，在各自领域都有专业性的优势，部分垂直行业媒体网站或者网站集团广告营收甚至与主要门户广告营收接近；垂直行业媒体作为专业的内容媒体，不能像门户一样开展多元化业务，在未来成长性上无法与平台型的门户网站相比，同时垂直行业媒体受相关行业景气情况影响较大，但作为优质内容的提供者其长期发展会比较稳定。

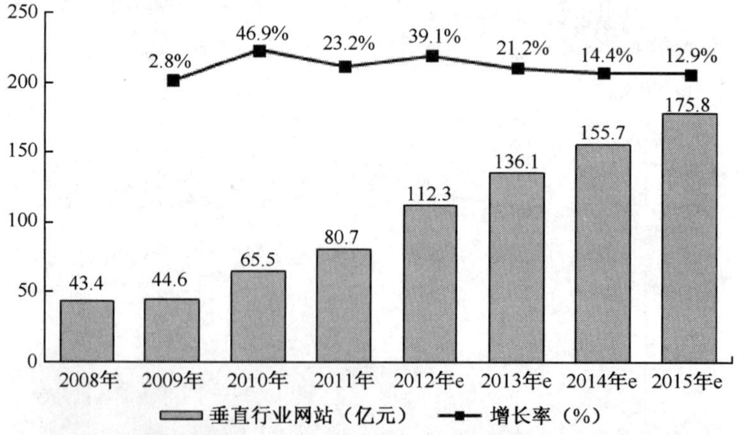

注：不包括门户的垂直频道。

（数据来源：根据企业公开财报、行业访谈及艾瑞统计预测模型估算）

图14.25　2008—2015年中国网络广告市场垂直行业网站广告规模

14.4.4　电商网站广告市场

2011 年电商网站广告收入依旧保持了非常高的增速，规模达到 89.7 亿元，增长率为 146.1%，如图 14.26 所示；电子商务网站的广告收入主要包括网站垂直搜索广告、商品展示广告等，其中阿里巴巴的淘宝旗下的电子商务平台占据了绝大部分的份额；未来电子商务平台中的商家对于营销的需求依然会十分强劲，阿里巴巴、腾讯、京东等电商平台的发展会继续推动市场的高速发展。

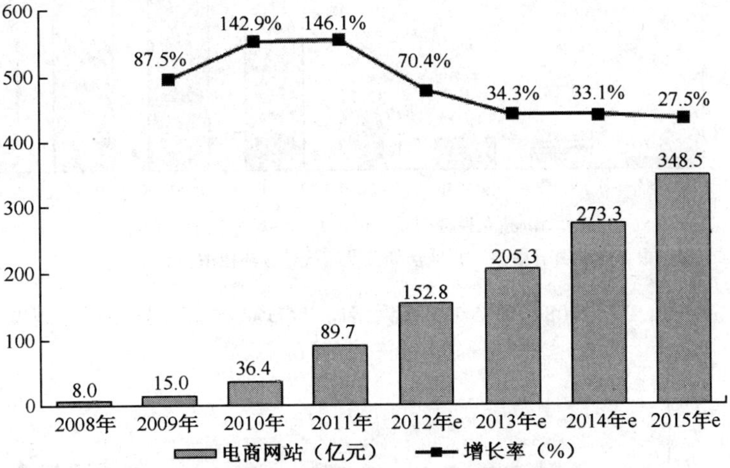

（数据来源：根据企业公开财报、行业访谈及艾瑞统计预测模型估算）

图14.26　2008—2015年中国网络广告市场电子商务网站广告规模

14.4.5　独立视频网站广告市场

2011 年独立视频网站规模为 34.5 亿元，较 2010 年增长 90.1%，如图 14.27 所示。2011 年视频网站竞争十分激烈，无论是独立视频网站还是门户的视频服务，在用户量迅速增长的同时，投入也十分巨大。2011 年底人人网收购 56.com、2012 年初优酷与土豆的合并印证了市场竞争的激烈程度，未来视频行业可能会看到更多的整合，对于独立视频网站来说面临来自门户、搜索等网站的视频服务的竞争压力比较大，未来小的独立视频网站依靠广告盈利将会比较艰难。

14.4.6　网络社区网站广告市场

2011 年网络社区网站整体市场规模为 14.2 亿元，较 2010 年增长 34.9%，如图 14.28 所示。目前网络社区网站发展态势良好，不同的网站抓住了各自的细分用户，保持了较高的增长，但未来依然面临来自门户的激烈竞争。

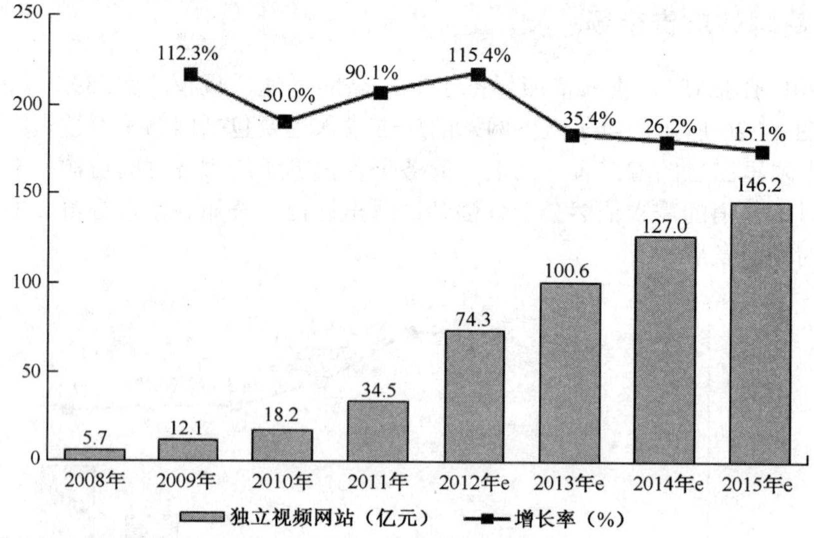

（数据来源：根据企业公开财报、行业访谈及艾瑞统计预测模型估算）

图14.27　2008—2015年中国网络广告市场独立视频网站广告规模

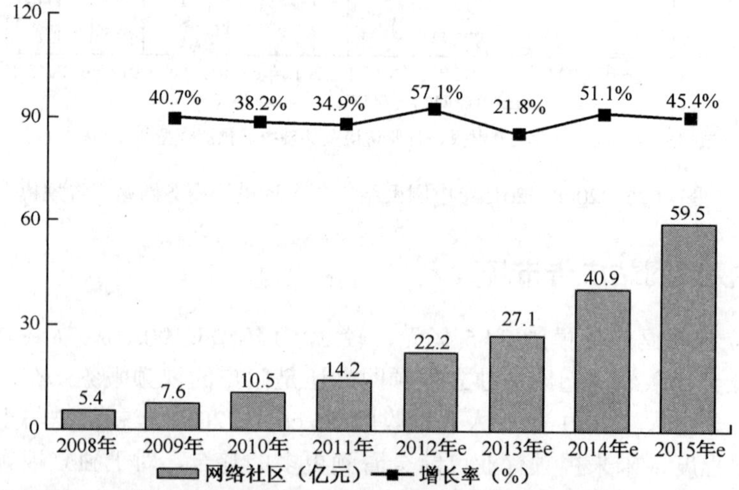

（数据来源：根据企业公开财报、行业访谈及艾瑞统计预测模型估算）

图14.28　2008—2015年中国网络广告市场网络社区网站广告规模

14.5　核心企业分析

14.5.1　媒体广告营收排名

2011 年网络广告市场的快速发展，得益于大量企业广告营收的快速增长，从企业广告营收排名 TOP20 来看，分为三个梯队：百度 2011 年广告营收达到 145 亿元，淘宝以广告营收 87.9 亿元紧跟百度，谷歌中国多项业务发展良好，广告营收 36.5 亿元，三者组成第一梯队；新浪广告营收 23.6 亿元，而搜狐和腾讯门户、视频、搜索等多项业务多点开花，广告规模已经非常接近新浪，搜房营收高速增长，已经可与门户相比肩，它们组成了第二梯队；接下来的一些综合门户、垂直网站等数量较多的企业组成了第三梯队，如图 14.29 所示。前 20 的企业广告营收超过网络广告市场规模的 85%。

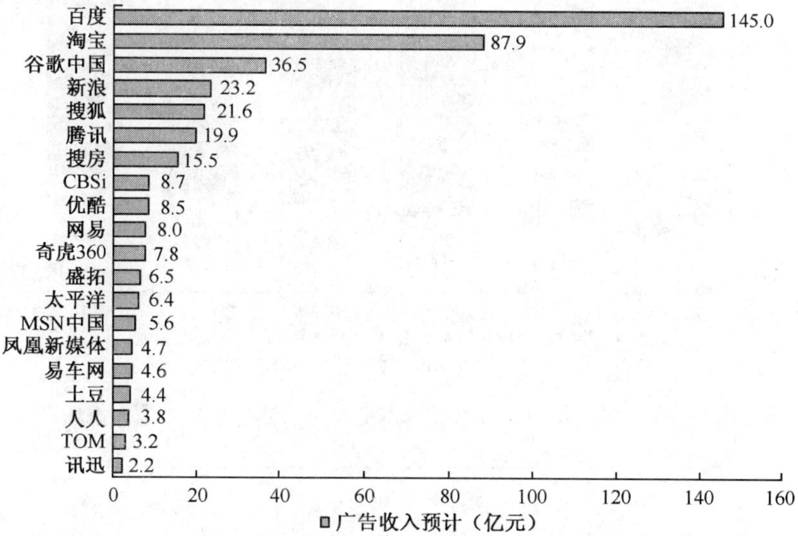

注1：各企业广告营收统计标准以其财务报表中公布的广告营收数字为准。
注2：搜狐广告营收包括门户和搜狗的广告营收；CBSi广告营收包括中关村在线、网上车市、爱卡汽车、OnlyLady等数家网站的广告营收；盛拓传媒广告营收包括汽车之家、IT168 、泡泡网、二手车之家等数家网站的广告营收；太平洋网站群广告营收包括太平洋电脑、汽车、女性、亲子、游戏等数家网站的广告营收。

（数据来源：根据企业公开财报、行业访谈及艾瑞统计预测模型估算）

图14.29 2011年中国网络广告市场媒体广告营收规模TOP20

14.5.2 重点媒体市场份额分析

网络广告市场中，重点监测的两家搜索引擎、一家电商平台、四家门户的比重进一步上升。2011 年，其整体比重上升到 67.1%，市场向大媒体进一步集中。其中，百度的比重稳步上升，从 2006 年的 13.7%上升到 28.3%；淘宝的比重上升更快，从 2010 年的 10.8%陡增到 17.1%；而谷歌中国及四家门户的份额相对于 2010 年则有不同程度的下降，如图 14.30 所示。百度、淘宝的份额快速增加，显示出搜索营销模式的巨大价值，搜索营销是将流量变现的十分有效的模式，在国内市场上，围绕通用搜索和垂直搜索的竞争会越来越激烈。

14.5.3 重点媒体增长性分析

从重点监测的 13 家企业的网络广告规模和增长率上来看，百度、淘宝、凤凰、优酷、土豆等增长率高出市场整体增速不少，并且百度、淘宝等规模较大，对市场的发展起到了很大的带动作用；门户网站的整体增速较低，而搜狐、腾讯的搜索业务对其增长有一定的提振作用，使之较 2010 年增长更快；凤凰新媒体的增长率在几大门户网站中较高；垂直网站与门户网站情况相似；优酷、土豆的增长率较 2010 年低，视频网站竞争面临的增长压力比较大，如图 14.31 所示。

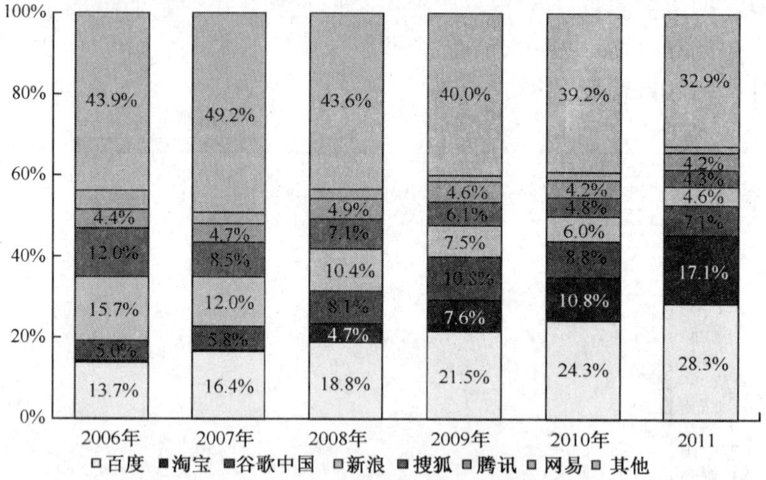

（数据来源：根据企业公开财报、行业访谈及艾瑞统计预测模型估算）

图14.30　2006—2011年中国网络广告市场重点监测媒体广告收入市场占比

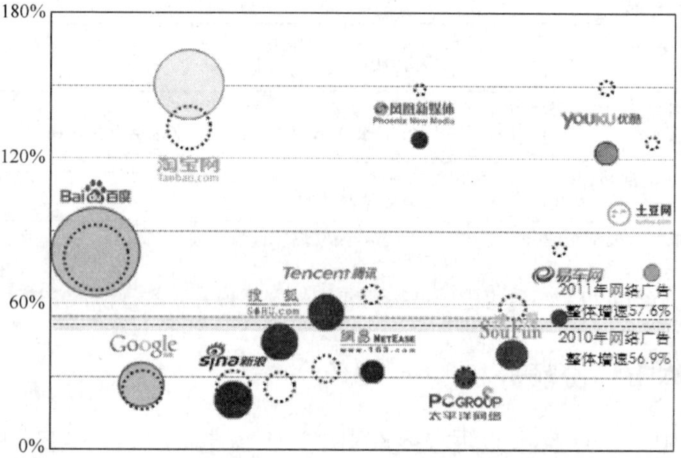

注：本图中圆的大小表示企业广告营收的相对规模，圆心的高低表示其同比增长率的高低。其中实心圆表示2011年数据、虚线表示2010年的数据。

（数据来源：根据企业公开财报、行业访谈及艾瑞统计预测模型估算）

图14.31　2011年中国网络广告市场重点监测媒体增长分析

14.6　主要行业品牌网络广告媒体投放分析

根据艾瑞对展示类广告的广告主广告投放的长期监测分析，2011 年交通类广告主以 20.4%的比重成为第一大广告主，但份额较 2010 年的 22.5%要低；网络服务类广告主和房产类广告主的比重分别提升到 16.1%和 13.3%；IT 产品类广告主的比重从历史数据来看一直处于下降的趋势中；TOP10 之外的其他类广告主的总体比重则变化相对较小；交通和房地产两类广告主的广告投放变化相关性比较高，这些年来其比重整体呈上升趋势，稍有波动，其广告投放策略变化对网络广告市场的影响越来越大；传统行业对于网络营销的手段越来越了解，在这方面的预算比重也越来越大，如图 14.32 所示。

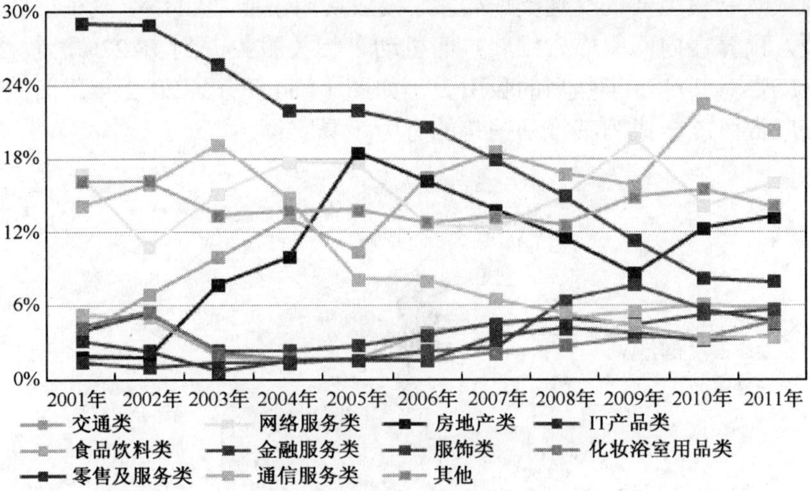

注：以上数据为艾瑞通过iAdTracker即时网络媒体监测得到，历史数据可能产生波动，如有差异请以iAdTracker系统作为参考使用。艾瑞不为发布以上的数据承担法律责任。

（数据来源：iAdTracker.2012.3.基于对中国200多家主流网络媒体品牌图形广告投放的日监测数据统计不含文字链及部分定向类广告，费用为预估值）

图14.32　2001—2011年中国展示类广告TOP10行业广告主市场份额

14.6.1　交通类广告

2011 年交通类广告主展示广告的投放规模为 42.2 亿元，较 2010 年增长 26.6%，相对 2010 年 123.7%的增长率降低很多，如图 14.33 所示。2010 年的增长属于从 2009 年金融危机触底反弹，2011 年市场发展比较平稳，交通类广告主对网络广告越来越重视，预算比例在提升，在网络广告中长期属于第一大广告主行业。

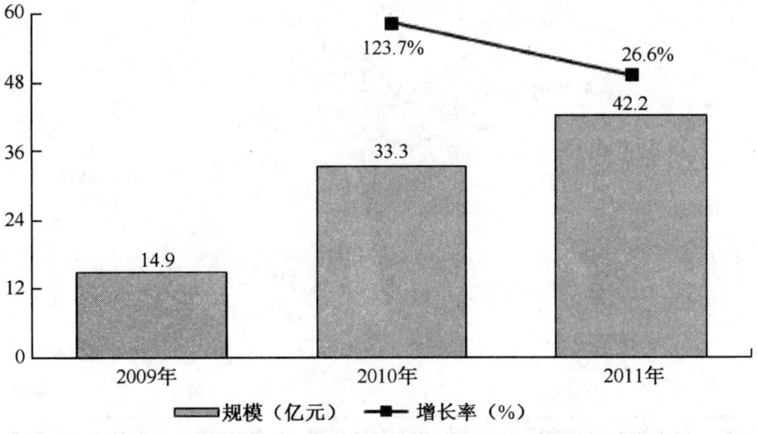

注：以上数据为艾瑞通过iAdTracker即时网络媒体监测得到，历史数据可能产生波动，如有差异请以iAdTracker系统作为参考使用。艾瑞不为发布以上的数据承担法律责任。

（数据来源：iAdTracker.2012.3.基于对中国200多家主流网络媒体品牌图形广告投放的日监测数据统计不含文字链及部分定向类广告，费用为预估值）

图14.33　2009—2011年中国交通类广告主展示类网络广告投放规模

汽车厂商依然是最主要的交通类广告主，投放费用占到 79.24%，汽车厂商对网络广告的投放比较积极，预算在向网络广告倾斜；而机动车相关服务占到 18.22%，较 2010 年增长较多，说明网络广告对其产生了强烈的吸引力，如图 14.34 所示。2012 年厂商面临的销量压力比较大，网络广告可能会成为其推动销售的有力工具。

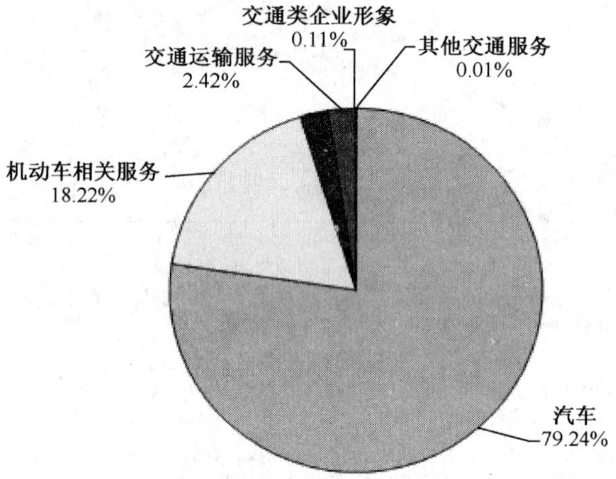

注：以上数据为艾瑞通过iAdTracker即时网络媒体监测得到，历史数据可能产生波动，如有差异请以iAdTracker系统作为参考使用。艾瑞不为发布以上的数据承担法律责任。

（数据来源：iAdTracker.2012.3.基于对中国200多家主流网络媒体品牌图形广告投放的日监测数据统计不含文字链及部分定向类广告，费用为预估值）

图14.34　2011年中国交通类广告主展示类网络广告投放细分行业比例

在广告投放的媒体选择上，门户网站占到 48.01%，汽车网站占到 37.09%，是交通类广告主主要选择的媒体，如图 14.35 所示。广告主选择媒体时还是偏好大媒体，而独立的视频网站、社区网站等媒体还不是主要的媒体，但广告主在这方面的投入在加大。

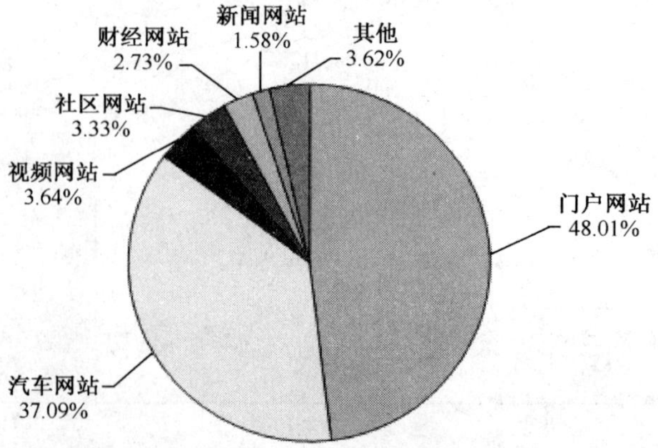

注：以上数据为艾瑞通过iAdTracker即时网络媒体监测得到，历史数据可能产生波动，如有差异请以iAdTracker系统作为参考使用。艾瑞不为发布以上的数据承担法律责任

（数据来源：iAdTracker.2012.3.基于对中国200多家主流网络媒体品牌图形广告投放的日监测数据统计不含文字链及部分定向类广告，费用为预估值）

图14.35　2011年中国交通类广告主展示类网络广告投放媒体选择

14.6.2 房地产类广告

2011 年房地产类广告投放规模为 27.5 亿元，较 2010 年增长 50.3%，增速较 2010 年降低不少，如图 14.36 所示，其情况与交通类广告主相似。受政策影响，行业发展受到一定限制，在网络推广上并没有降低太多，说明广告主十分认可网络媒体的宣传效果。

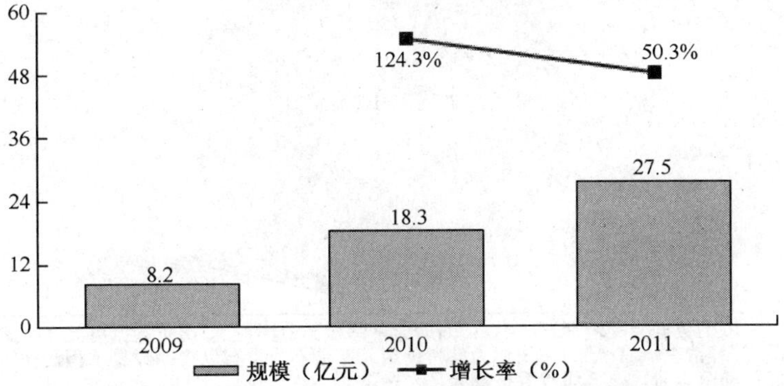

注：以上数据为艾瑞通过iAdTracker即时网络媒体监测得到，历史数据可能产生波动，如有差异请以iAdTracker系统作为参考使用。艾瑞不为发布以上的数据承担法律责任。

（数据来源：iAdTracker.2012.3.基于对中国200多家主流网络媒体品牌图形广告投放的日监测数据统计不含文字链及部分定向类广告，费用为预估值）

图14.36　2009—2011年中国房地产类广告主展示类网络广告投放规模

在细分行业上，楼盘宣传是最主要的分类，费用占到 89.5%，房地产企业形象、商业街及其他相关服务的占比较小，如图 14.37 所示。促进楼盘销量是房地产类广告主的营销目的。

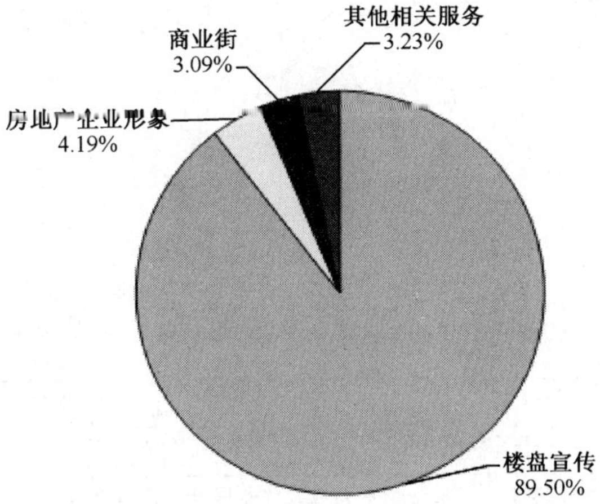

注：以上数据为艾瑞通过iAdTracker即时网络媒体监测得到，历史数据可能产生波动，如有差异请以iAdTracker系统作为参考使用。艾瑞不为发布以上的数据承担法律责任。

（数据来源：iAdTracker.2012.3.基于对中国200多家主流网络媒体品牌图形广告投放的日监测数据统计不含文字链及部分定向类广告，费用为预估值）

图14.37　2011年中国房地产类广告主展示类网络广告投放细分行业比例

在媒体选择上，房地产类广告主的选择集中在房产网站上，其目标受众很窄，主要是有购房意向的用户，所以投放媒体集中在房产网站上，门户网站、地方网站等作为扩大宣传的补充媒体选择，如图 14.38 所示。

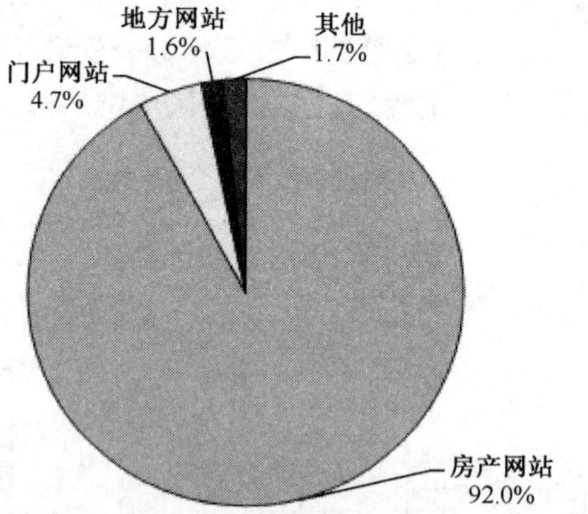

注1：以上数据为艾瑞通过iAdTracker即时网络媒体监测得到，历史数据可能产生波动，如有差异请以iAdTracker系统作为参考使用。艾瑞不为发布以上的数据承担法律责任。
注2：新浪乐居、搜狐焦点等被算为房产网站。

（数据来源：iAdTracker.2012.3.基于对中国200多家主流网络媒体品牌图形广告投放的日监测数据统计不含文字链及部分定向类广告，费用为预估值）

图14.38　2011年中国房地产类广告主展示类网络广告投放媒体选择

14.6.3　金融服务类广告

2011 年金融服务类广告主广告投放规模为 11.9 亿元，较 2010 年增长 50.6%，保持了较高增速，如图 14.39 所示。金融行业 2011 年发展情况比实体经济要好，在营销需求上更加旺盛，预计 2012 年增长会放缓。

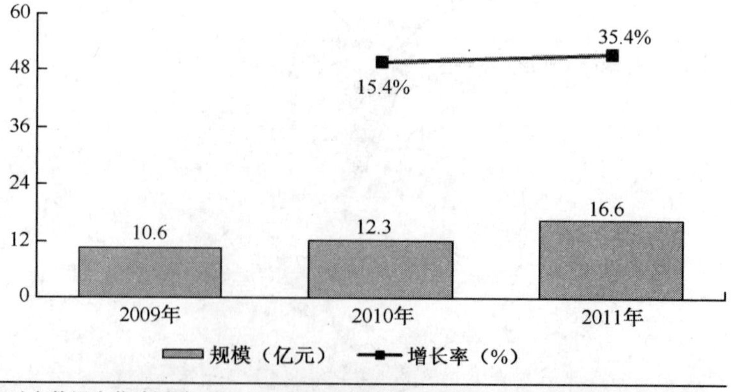

注：以上数据为艾瑞通过iAdTracker即时网络媒体监测得到，历史数据可能产生波动，如有差异请以iAdTracker系统作为参考使用。艾瑞不为发布以上的数据承担法律责任。

（数据来源：iAdTracker.2012.3.基于对中国200多家主流网络媒体品牌图形广告投放的日监测数据统计不含文字链及部分定向类广告，费用为预估值）

图14.39　2009—2011年金融服务类广告主投放规模

银行服务在广告投放中占比为 65%，保险和投资服务占比为 34.38%，如图 14.40 所示。银行是主要的广告主，保险等金融机构在这方面的投放也在加强。

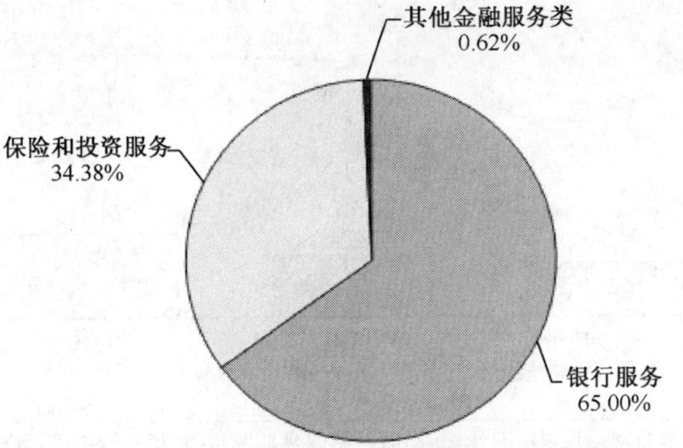

注：以上数据为艾瑞通过iAdTracker即时网络媒体监测得到，历史数据可能产生波动，如有差异请以iAdTracker系统作为参考使用。艾瑞不为发布以上的数据承担法律责任。

（数据来源：iAdTracker.2012.3.基于对中国200多家主流网络媒体品牌图形广告投放的日监测数据统计不含文字链及部分定向类广告，费用为预估值）

图14.40　2011年中国金融服务类广告主展示类网络广告投放细分行业比例

在媒体选择上，金融类广告主首选门户网站，门户网站投放费用占到 63.95%；其次是财经网站，占到 20.41%，其他类型网站广告投放比重较小且比较分散，如图 14.41 所示。金融广告主的大部分目标受众属于收入比较高的群体，门户和财经类网站能满足其这方面的需求。

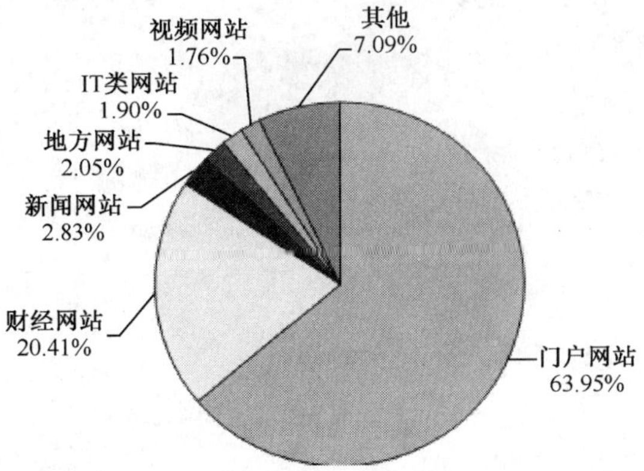

注：以上数据为艾瑞通过iAdTracker即时网络媒体监测得到，历史数据可能产生波动，如有差异请以iAdTracker系统作为参考使用。艾瑞不为发布以上的数据承担法律责任。

（数据来源：iAdTracker.2012.3.基于对中国200多家主流网络媒体品牌图形广告投放的日监测数据统计不含文字链及部分定向类广告，费用为预估值）

图14.41　2011年中国金融服务类广告主展示类网络广告投放媒体选择

14.6.4　IT 产品类广告

2011 年 IT 类广告主广告投放总规模达到 16.6 亿元，较 2010 年增长 35.4%，增速加快，如图 14.42 所示。IT 类广告主曾经是网络广告第一大行业广告主，但这几年其广告投放增长较其他主要行业低，比重逐年下降。

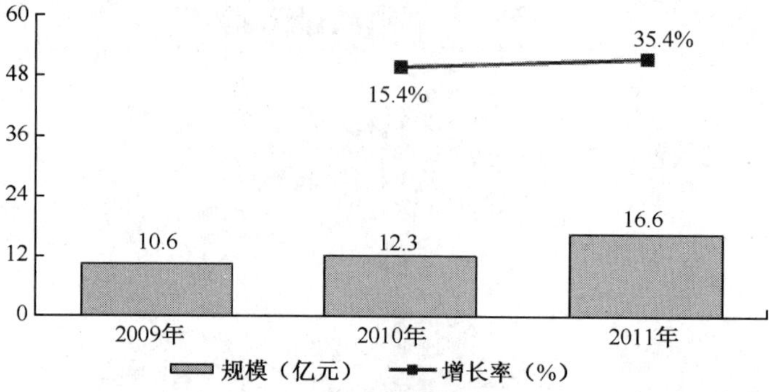

注：以上数据为艾瑞通过iAdTracker即时网络媒体监测得到，历史数据可能产生波动，如有差异请以iAdTracker系统作为参考使用。艾瑞不为发布以上的数据承担法律责任。

（数据来源：iAdTracker.2012.3.基于对中国200多家主流网络媒体品牌图形广告投放的日监测数据统计不含文字链及部分定向类广告，费用为预估值）

图14.42　2009—2011年IT类广告主广告投放规模

IT 类广告主投放宣传的产品以计算机及计算机配件为主，分别占到 37.5%和 23.01%；平板电脑/掌上电脑的投放占比从 2010 年的 4.5%增加到 11.94%，反映出这个市场的强劲增长在网络营销上的需求十分旺盛，如图 14.43 所示。

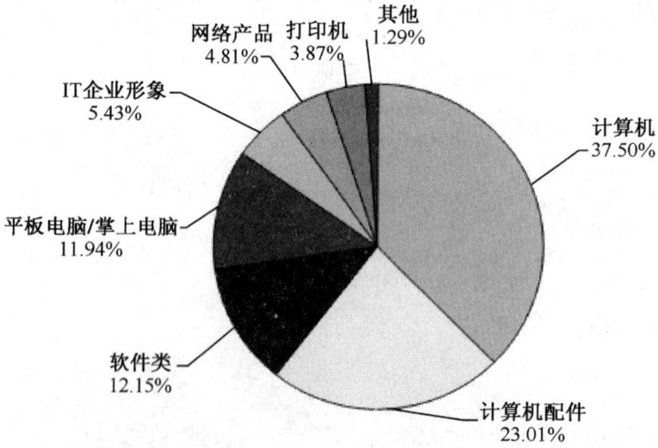

注：以上数据为艾瑞通过iAdTracker即时网络媒体监测得到，历史数据可能产生波动，如有差异请以iAdTracker系统作为参考使用。艾瑞不为发布以上的数据承担法律责任。

（数据来源：iAdTracker.2012.3.基于对中国200多家主流网络媒体品牌图形广告投放的日监测数据统计不含文字链及部分定向类广告，费用为预估值）

图14.43　2011年中国IT类广告主展示类网络广告投放细分行业比例

在广告投放的媒体选择上，IT 类广告主首选 IT 类网站，其次是门户网站，投放费用分别占 45.59%和 35.6%，如图 14.44 所示。其他类型网站的投放较少，比例分配较均匀。

14.6.5 FMCG 类广告

2011 年 FMCG[39]类网络广告投放规模为 25.0 亿元，较 2010 年增长 49.7%，快消类广告主要在网络广告上的投放明显加强，如图 14.45 所示。

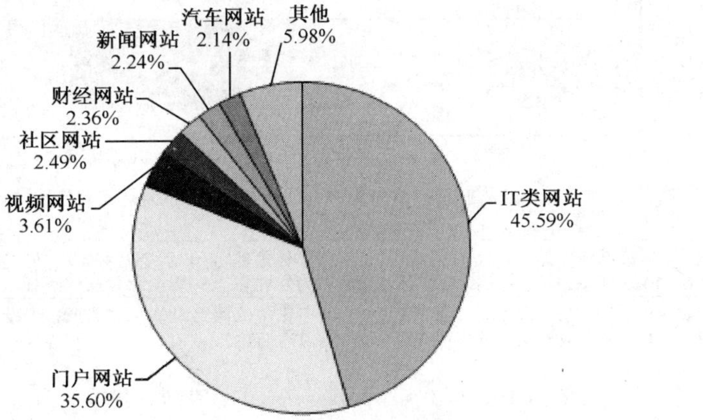

注：以上数据为艾瑞通过iAdTracker即时网络媒体监测得到，历史数据可能产生波动，如有差异请以iAdTracker系统作为参考使用。艾瑞不为发布以上的数据承担法律责任。

（数据来源：iAdTracker.2012.3.基于对中国200多家主流网络媒体品牌图形广告投放的日监测数据统计不含文字链及部分定向类广告，费用为预估值）

图14.44　2011年中国IT类广告主展示类网络广告投放媒体选择

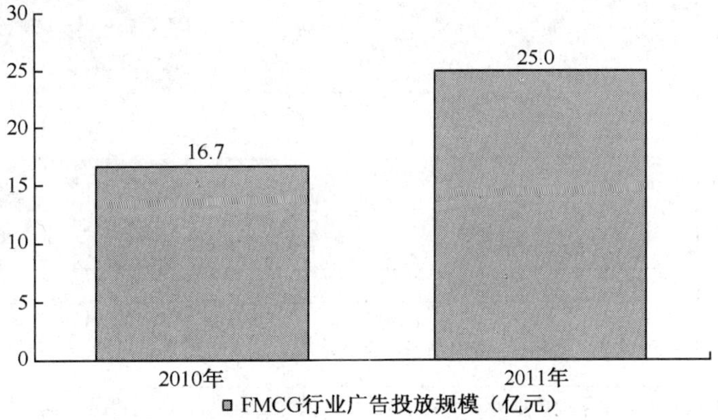

（数据来源：iAdTracker.2012.3.基于对中国200多家主流网络媒体品牌图形广告投放的日监测数据统计不含文字链及部分定向类广告，费用为预估值）

图14.45　2010年和2011年FMCG行业广告投放规模

在媒体选择上，门户网站是快消类广告主的首选；但其在视频网站上的投放在加强，视频网站的份额从 2010 年的 16.8%增长到 2011 年的 23.3%；女性网站也是快消类广告主投放比较多的类型网站另外在客户端的投放也占一定比重，如图 14.46 所示。

[39] FMCG：Fast Moving Consumer Goods，指快速消费品。

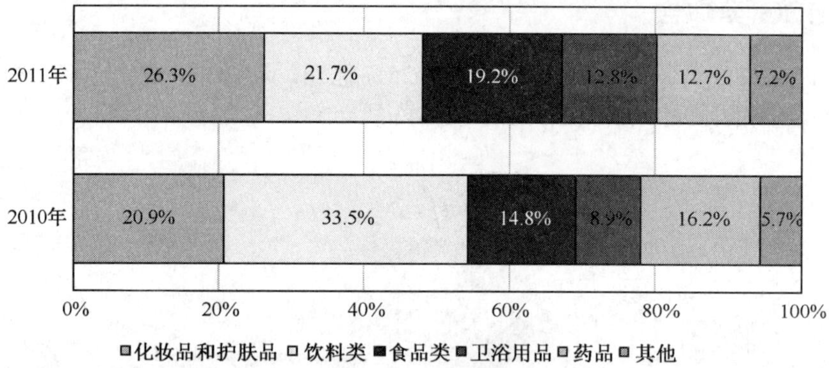

注：以上数据为艾瑞通过iAdTracker即时网络媒体监测得到，历史数据可能产生波动，如有差异请以iAdTracker系统作为参考使用。艾瑞不为发布以上的数据承担法律责任。

（数据来源：iAdTracker.2012.3.基于对中国200多家主流网络媒体品牌图形广告投放的日监测数据统计不含文字链及部分定向类广告，费用为预估值）

图14.46　2010年和2011年FMCG行业媒体投放比例

从广告主细分行业来看，饮料类广告投放占比从 2010 年的 33.5%下降到 21.7%，化妆品和护肤品、食品类及卫浴用品增长较快，份额分别增长到 26.3%、19.2%和 12.8%，如图 14.47 所示。这类广告主对网络媒体的认可度越来越高，企业网络广告预算比重越来越大。

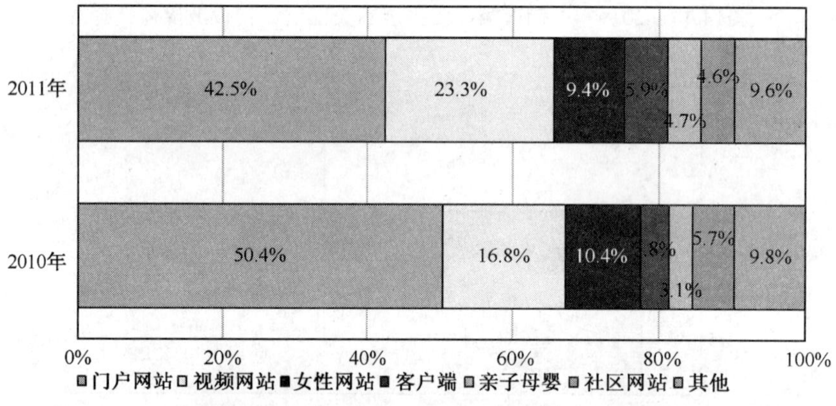

注：以上数据为艾瑞通过iAdTracker即时网络媒体监测得到，历史数据可能产生波动，如有差异请以iAdTracker系统作为参考使用。艾瑞不为发布以上的数据承担法律责任。

（数据来源：iAdTracker.2012.3.基于对中国200多家主流网络媒体品牌图形广告投放的日监测数据统计不含文字链及部分定向类广告，费用为预估值）

图14.47　2010年和2011年FMCG行业广告投放比例

14.6.6　电子商务类广告

2011 年电子商务行业网络广告投放规模为 12.0 亿元，较 2010 年增长 15.4%，如图 14.48 所示。电子商务行业在展示类广告方面的广告投放增长较少，在搜索和导航网站上的投放增长则比较多。

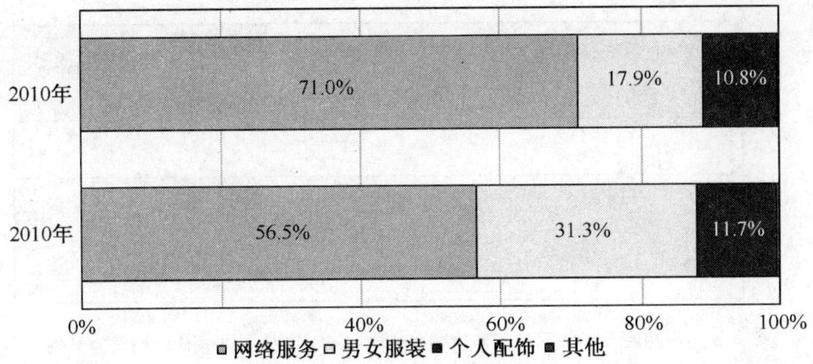

注：以上数据为艾瑞通过iAdTracker即时网络媒体监测得到，历史数据可能产生波动，如有差异请以iAdTracker系统作为参考使用。艾瑞不为发布以上的数据承担法律责任。

（数据来源：iAdTracker.2012.3.基于对中国200多家主流网络媒体品牌图形广告投放的日监测数据统计不含文字链及部分定向类广告，费用为预估值）

图14.48　2010年和2011年电子商务行业广告投放规模

在媒体选择上，电子商务行业广告主偏好门户网站，2011 年在门户网站投放费用占到 52.7%，而在视频网站、客户端的广告投放比重增长很快，分别占到 12.7%和 7.7%，如图 14.49 所示。

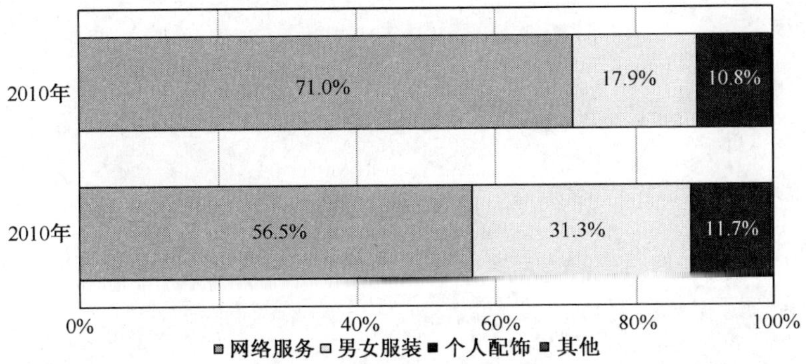

注：以上数据为艾瑞通过iAdTracker即时网络媒体监测得到，历史数据可能产生波动，如有差异请以iAdTracker系统作为参考使用。艾瑞不为发布以上的数据承担法律责任。

（数据来源：iAdTracker.2012.3.基于对中国200多家主流网络媒体品牌图形广告投放的日监测数据统计不含文字链及部分定向类广告，费用为预估值）

图14.49　2010年和2011年电子商务行业媒体投放规模

淘宝、京东商城、1 号店等电商网络服务类广告主广告投放占比最大，2011 年扩大到 71%，而凡客诚品等服装 B2C 比重则有所下降，如图 14.50 所示。2011 年火爆的团购网站在展示广告上则没有投入太多，而是更倾向于搜索和导航。

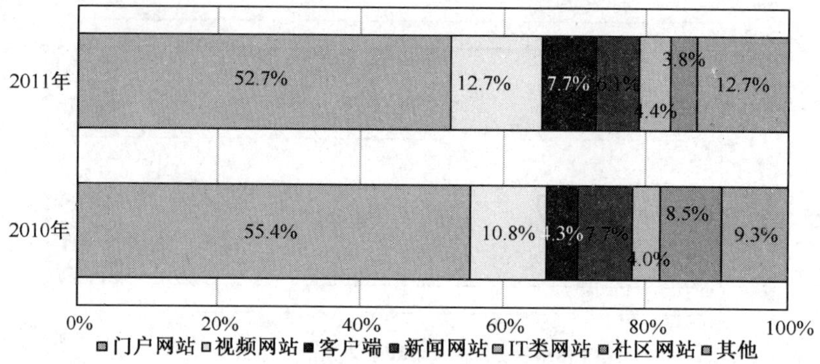

注：以上数据为艾瑞通过iAdTracker即时网络媒体监测得到，历史数据可能产生波动，如有差异请以iAdTracker系统作为参考使用。艾瑞不为发布以上的数据承担法律责任。

（数据来源：iAdTracker.2012.3.基于对中国200多家主流网络媒体品牌图形广告投放的日监测数据统计不含文字链及部分定向类广告，费用为预估值）

图14.50　2010年和2011年电子商务行业广告投放比例

（艾瑞咨询集团　曹军波、刘大龙）

第 15 章　2011 年中国网络视频发展情况

> ➢ "限娱令"、"两限令"、"限广令"为网络视频行业的发展带来机遇。
> ➢ 2011 年，社交网站、微博等社会化媒体成为网民观看视频的重要入口之一。
> ➢ 视频点播服务已经成为网络视频行业的主流业务模式，移动互联网的迅猛发展让手机视频业务受到行业的关注。
> ➢ 当前中国大部分视频网站普遍处于亏损状态。在所有上市公司中，除了乐视网依靠版权分销、付费视频等业务有所盈利外，其他网站均处于亏损状态。
> ➢ 2011 年，中国网络视频用户数量增至 3.25 亿，年增长率达到 14.6%，在网民中的使用率由 2010 年底的 62.1%提升至 63.4%。中国在线视频广告收入 62.7 亿元，同比增长 99.9%。

15.1　发展环境

1．广电总局各种限令为网络视频带来利好

2011 年 10 月，国家广电总局下发《关于进一步加强电视上星综合频道节目管理的意见》，要求 34 个电视上星综合频道提高新闻类节目播出量，同时控制娱乐类节目播出，以防止过度娱乐化和低俗化。这一举措被业界称为"限娱令"。"限娱令"的出台让视频网站可以在电视台娱乐节目断档时推出大量自制娱乐节目，或者与有丰富娱乐节目制作经验的电视台加强合作，充分利用传统电视的制作优势和网络视频的传播优势，进一步推行"台网联动"。

2011 年 10 月 11 日，国家广电总局下发了《关于进一步加强广播电视广告播出管理的通知》（俗称"限广令"）；11 月 28 日，广电总局又下发了《〈广播电视广告播出管理办法〉的补充规定》。规定要求全国各电视台播出电视剧时，每集电视剧中间不得再以任何形式插播广告。"两限令"限制了娱乐内容以及电视剧中广告的插播，对视频网站的发展产生了联动影响，带来利好因素。"限广令"则为视频网站的广告营销提供了巨大的增长空间。目前，国内电视剧的播出平台已大有视频网站与电视台并驾齐驱之势，很多电视剧都会在两个平台中同步推广，对于广告主来说两者间的差距在逐渐缩小。目前视频网站广告价格远低于电视台，而"限广令"的推行降低了电视台影视剧广告容量，时段的集中在一定程度上削弱了其传播效果，因而进一步抬升了电视广告的投入产出比，促使广告主考虑加大对视频网站的投入力度，使部分广告流向视频网站。

总之，“限娱令”、“两限令”、“限广令”等各种限令的推行为网络视频行业的发展带来机遇，有利于视频网站自制娱乐节目的推广、用户流量的增长与广告收入的提升。

2. 互联网电视机顶盒市场得到规范

2011 年 7 月，国家广电总局下发《关于严禁通过互联网经机顶盒向电视机终端提供视听节目服务的通知》，要求视频网站立即开展自查整改，自行关闭互联网电视平台，停止一切销售、宣传活动。同年 12 月广电总局又下发了《持有互联网电视牌照机构运营管理要求》的文件，标志着广电总局对互联网电视机顶盒产业的监管态度发生改变，开始鼓励和引导该产业的发展。该文件正式将互联网电视机顶盒纳入互联网电视一体机的管理范围，同时重申了“互联网电视内容服务平台只能接入到总局批准设立的互联网电视集成平台上”的规定，禁止未获牌照的互联网内容提供商通过机顶盒向电视终端传送内容。

一方面，只要机顶盒与获得牌照的内容集成商平台对接，就可以让视频内容获得除计算机、智能手机、平板电脑以外新终端的支持；另一方面，很多民营视频网站为了获得新的终端，与已经获得牌照的互联网电视服务商展开合作。该文件对互联网电视制定了明确的准入条件，不仅对行业进行了有效的管控，同时还为企业的发展提供了更广阔的空间，有利于网络视频行业的市场拓展。

3. 中国居民视频收看习惯逐渐转变

各大视频网站不断强化内容建设，目前无论在内容的丰富性还是时效性上与电视的差距都在不断缩小，推动中国居民的视频收看习惯逐渐发生转变，尤其是在对互联网依赖度更大、对网络使用也更加熟练的年轻人群体中，这一趋势体现得比较明显。与此同时，上网看视频的灵活性、时间的可控性更加适应一、二线城市上班族忙碌的工作状态，因而在特定人群中，互联网已经成为重要性不亚于电视的视频传播渠道。

另外，社交网站与微博近年来在中国蓬勃发展，这些社会化媒体的急速扩张培养了用户的视频分享习惯。截至 2011 年 12 月底，我国使用社交网站的用户数量达 2.44 亿，在网民中的占比为 47.6%；微博用户数达 2.5 亿，较 2010 年底增长了 296.0%，这些社会化平台成为网民观看视频的重要入口之一。

4. 中国宽带网络环境有待改善

一直以来，我国宽带市场存在资费过高、接入速率较低、宽带普及率低等问题。2011 年 11 月，国家发改委就宽带接入问题对中国电信和中国联通展开了反垄断调查。我国宽带技术与国际平均水平有较大差距，目前国内所用的宽带基本都是 ADSL 或拨号宽带，速度远不及光纤宽带。对于网络视频行业来说，由于带宽极大地影响着用户视频收看的流畅度，因而宽带环境的建设对该行业的发展影响更显著。受宽带条件的限制，高清视频播放效果不好，损害了用户体验，制约了行业的升级，因此加快宽带网络的建设非常重要。这一问题正在得到国家决策层的重视，2011 年 12 月 23 日国务院总理温家宝主持召开国务院常务会议，研究部署加快发展我国下一代互联网产业，宽带网络建设是其中的重要任务之一。中国宽带技术的发展、网速的提升，将推动视频网站步入新的发展阶段，为更高画质、更流畅的视频体验创造条件，有助于视频网站吸引更多的用户。

15.2　主要视频服务类型

当前，视频点播服务已经成为网络视频行业的主流业务模式，同时社会化媒体的兴起为视频分享提供了新的机遇。此外，移动互联网的迅猛发展让手机视频业务受到行业关注。

15.2.1　视频点播

2011 年，为用户提供正版长视频点播[40]服务的模式成为绝对主流，因而影视剧、各类电视节目等内容资源是各大视频网站争抢的焦点。传统媒体上的视频资源大量“上网”，热播内容基本能和电视同步播放，促使网民上网看视频。这也导致了版权价格的大幅攀升，网站大手笔买断独家版权，使得价格纪录被不断打破：2011 年上半年，搜狐视频花费 3000 万元购买《新还珠格格》网络独家版权，创下影视剧网络版权价格的最高纪录，然而这一数字被迅速刷新，腾讯视频花费更高价格购买了《宫锁珠帘》的独家网络版权。据统计，2011 年热门剧集单集价格飙升至 80 万～100 万元，一年内上涨近百倍。版权价格的上涨极大地提高了视频网站的运营成本，而为了回收成本，许多视频网站购买独家版权后进行分销，造成了各大网站之间的同质化。

由于视频网站争抢热门影视剧资源抬升了网络版权价格，大的影视制作公司通过网络等新媒体渠道获得的收益大增，网络版权分销市场形成一定规模。与此同时，大量视频网站绕过版权中介，直接向影视制作公司等内容提供商购买独家版权，因而未来版权中介的角色在市场上的重要性或将降低。

15.2.2　视频分享

依托于社会化媒体的视频分享[41]受到行业关注。微博和社交网站近年来在中国蓬勃发展，越来越多的视频内容通过这些社会化媒体平台传播，而网民视频分享习惯的养成扩大了网络视频的传播范围，拓展了视频传播平台。根据 comScore 的研究数据，按独立访问人数计算，作为社交网站的 Facebook 在 2011 年底同时成为了美国第二大视频分享网站。中国社会化网站与视频网站之间的合作也日益频繁，微博与视频网站开通评论互通功能，人人网全资收购视频分享网站 56.com，挖掘视频社会化分享的潜力，视频行业与社会化媒体之间的融合趋势已经成为了新的商业模式。

15.2.3　手机视频

截至 2011 年 12 月底，中国手机网民规模达到 3.56 亿，较 2010 年底增长 17.5%。而手机网民中手机网络视频的使用率仅为 22.5%，远低于整体网民中 63.4%的网络视频使用率。

手机网络视频用户量较低的原因，一方面在于现阶段无线网络资费较高，3G 环境还不普及；另一方面则是手机视频内容不丰富，无论长视频还是短视频均不能满足用户需求，而且视频质量欠佳，此外手机终端技术也制约着手机视频的发展。这一系列问题导致智能手机终端用户体验与 PC 端相比要差很多，造成手机端网络视频应用状况发展不如 PC 端。

---

[40] 视频点播：video-on-demand，在用户需要时向用户传送其点播的高质量、简便、快捷的视频服务业务。

[41] 视频分享：由网民自己拍摄上传到视频分享网站，供大家分享。

截至 2011 年底，网民手机上网比例已达到 69.3%，比台式计算机上网比例仅低 4.1 个百分点，手机上网比例已直逼 PC。移动化是互联网的重要发展趋势，手机网络视频现阶段发展状况不好，但未来具有很大的提升空间，因此很多视频网站都在争相开发手机客户端，欲抢占手机视频这块市场。

15.3 行业发展特点

1．内容同质化，缺乏用户忠诚度

对于大多数视频网站用户来说，其追逐的是视频内容而非网站品牌，因而视频网站需要花费巨额成本来集成更丰富的内容。然而当前各大视频网站主打的都是热播影视剧和电视节目，这造成网站之间的雷同。因此，许多用户往往习惯于通过搜索引擎寻找视频，根据清晰度、流畅性等指标在多个视频网站中选择，这种观看方式提升了视频搜索的重要性，也导致视频网站无法对用户形成忠诚度，造成网站花费巨大成本购买的版权内容往往只能带来短暂的流量，无法留住用户。

2．视频网站向上游领域渗透

视频网站继续加大自制内容投入力度，与以前相比，这些网站自制节目在题材和内容上更加多元和开放，许多栏目大量引进我国港台、海外节目制作方或艺人，聘请专业电视制作人加盟视频网站，或与专业影视制作公司共同制作，视频网站自制内容质量提升。这与电视“限娱令”有密切联系，许多电视制作人在受到限制的情况下很可能会加强与视频网站的合作，而这一过程也必将提升视频网站自制内容的质量和专业程度。部分视频网站制作的优质内容不仅在自己的平台上播出，甚至反向输出到电视等其他播出渠道。通过自制内容，一些网站已经开始了差异化的尝试，因而自制内容的模式不仅能够降低网站获取内容成本，同时也能帮助网站确定自身定位，建立明确的受众群体，形成自身的品牌特色和风格，打造品牌影响力，从而形成用户忠诚度。网站自制优质视频内容，也能够提升版权购买议价能力，降低网站的内容获取成本。此外，通过内容制作，视频网站为企业提供更加个性化的营销平台，因而自制视频也为网站视频广告营销的创新提供了机遇。

2011 年，视频网站向上游领域渗透不仅表现在内容自制上，有视频网站参与到影视剧内容的投拍和制作中，整合多重渠道资源，台网联动。更有视频网站投资影视制作公司，加强对整个产业链的控制，将网络视频列为长期战略中的重点发展业务。

3．付费业务难成气候，用户付费习惯需要长期培养

用户付费习惯的缺失，导致目前视频网站主要依靠广告营销获得收入，一定程度上削弱了视频网站的营收能力。虽然随着视频网站的快速发展，网络视频内容不断成熟，部分用户开始有付费行为，但是目前这一群体比例很低，而且其中许多是偶然付费行为，远没有形成习惯，因而付费业务的成熟需要长时间培养中国用户的付费习惯。为了营造良好的行业氛围与市场环境，网络视频行业及相关行业协会积极推动付费收看模式的运用，探索电视剧版权购买模式向网络付费点播分账模式的变革。

4．运营成本提升，视频网站普遍亏损

当前中国大部分视频网站普遍处于亏损状态，在所有上市公司中，除了乐视网依靠版权

分销、付费视频等业务有所盈利外，其他网站均处于亏损状态，2011 年第三季度优酷网净亏损 4750 万元，土豆网净亏损 5560 万元，酷 6 网净亏损约 8200 万元。版权价格大涨不断提升视频网站的运营成本，然而为了抢占市场，或者维持市场份额上的优势，主要的视频网站很少将盈利作为当前的核心工作，而是继续投入大量资金以保证市场占有率。对于大多数厂商而言，这些成本很难通过当前的广告营销、版权分销等盈利来源收回，因而造成了视频网站大量烧钱的行业现状。

5. 行业竞争集中度提升，视频网站挖掘细分市场

面对高昂的版权费用，网络视频行业在 2011 年发生多起合并或联合的事件。在网络带宽费用高昂、网络版权高涨的行业现状下，视频网站之间的竞争成为资本和资源等多方面实力的比拼，因而许多网站选择合作，如乐视网和土豆网的合作，两者成立合资公司开展国产影视剧网络版权的采购和销售业务，在这次合作中双方各取所需，降低版权购买成本，提升资源变现能力。当前处于第一阵营的视频网站或上市，或有强大的母公司支持，因而在版权购买、技术提升和推广力度上的实力更强，行业集中度提升。部分二、三线的网站再走大而全的视频网站道路几乎没有发展空间，因而开始寻找相应的细分市场，如专门为少年儿童提供内容的动漫类视频网站、重点提供资讯和纪录片内容的视频网站等。

15.4 市场状况

15.4.1 市场规模

根据中国互联网络信息中心（CNNIC）发布的《第 29 次中国互联网络发展状况调查报告》，截至 2011 年 12 月底，中国网络视频用户数量增至 3.25 亿，年增长率达到 14.6%，在网民中的使用率由 2010 年底的 62.1%提升至 63.4%。市场规模方面，根据艾瑞的统计数据，2011 年中国在线视频广告收入 62.7 亿元，同比增长 99.9%。

15.4.2 竞争状况

2011 年中国网络视频市场格局出现明显变动，从网站覆盖用户数这一指标看，优酷、土豆和搜狐视频保持了前三的位置，但三者竞争格局发生变化，优酷以较明显优势位居第一，然而垂直视频网站受到互联网巨头公司的竞争压力越来越大，搜狐视频不断挑战土豆市场份额第二的位置，腾讯的高调加入给网络视频业的竞争增添了更大的变数。腾讯宣布视频是公司核心战略之一。2011 年 3 月腾讯视频开始整合旗下视频站点，并推出全新客户端。第四季度，腾讯以创纪录的金额购买《宫锁珠帘》的版权，并在原创内容上开始了一系列战略布局。最值得注意的是规模为 5 亿元的影视投资基金以及对华谊的入股。对于腾讯这样既有入口优势又有资本优势的互联网公司，其视频网站发展潜力巨大。

而在第二阵营中，迅雷也依托着庞大用户基数快速加强广告销售；奇艺以黑马速度快速增长，成为第二阵营中表现较为突出的视频网站；酷 6 则伴随着 CEO 替换、削减销售队伍和整体战略更换，基本退出主流视频网站竞争。

视频行业竞争日趋激烈，目前各大视频网站获得流量最主要的途径依然在于集成更多、质量更好的版权内容资源，甚至高价获取独家版权内容，取得对其他网站的比较优势，这造成了网络视频版权价格高，企业运营成本大幅攀升，同时视频广告价格较低，其他盈利模式无法短时间培养成熟，各大视频网站处于大幅亏损状态，这一行业特征目前无法改变，只能靠不断烧钱抢占市场份额。

15.4.3 上市情况

2011 年 8 月，土豆网正式登录美国纳斯达克，其上市道路一波三折，最终在时机不佳的情况下逆势上市，首日收盘便跌破发行价，这显示出土豆网急需资金来维持网站的运营并扩大市场份额。另一家多次传出上市消息的迅雷则一再推迟 IPO 程序。网络视频作为典型的资本密集型行业，在市场扩张的阶段需要大量资金，同时目前视频网站还缺乏自我造血能力，因而上市融资对其未来发展意义重大。

15.5 用户情况

15.5.1 使用频率

CNNIC 调查数据显示，网络视频用户中，每周 1～2 天看视频的用户比例最高，占 35.3%；其次为每天都看视频的用户，占比为 28.5%，如图 15.1 所示。整体来看，网络视频用户收看视频的频率较高，视频内容日渐丰富，无论是影视剧类长视频还是用户原创类短视频，都较好地满足了用户需求，而社会化平台的搭建更促进了视频的传播；同时网络视频手机客户端的开发，填补了用户的碎片化时间，增强了用户网络视频黏性。

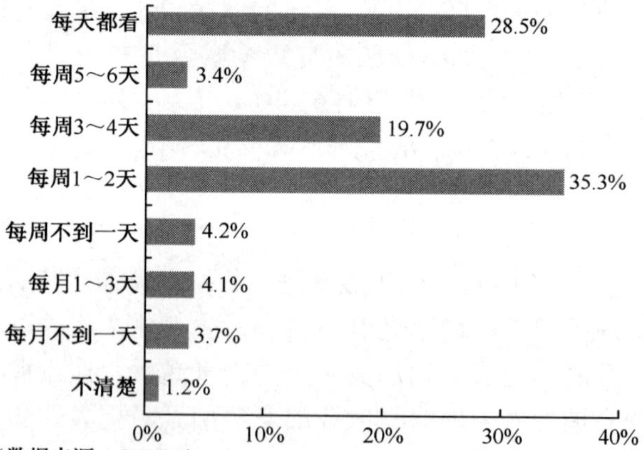

（数据来源：CNNIC）

图15.1 网络视频用户上网看视频的频率

15.5.2 收看方式

CNNIC 调查显示，网络视频用户中有 41.0%既使用浏览器，也使用播放软件观看视频。另外，只使用浏览器观看视频的用户比例为 34.9%，高于只使用播放软件观看视频的用户，如图 15.2 所示。

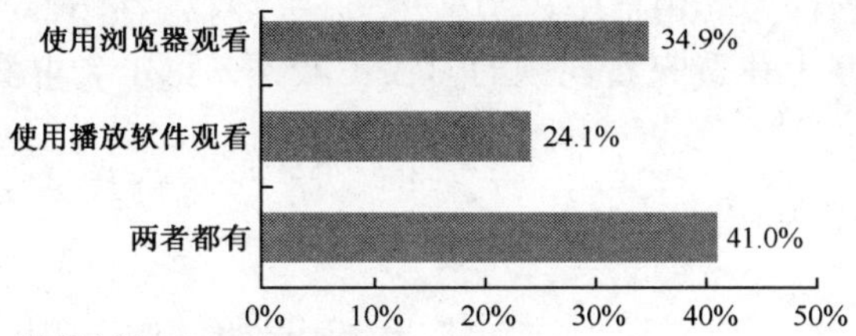

（数据来源：CNNIC）

图15.2　网络视频用户收看视频的方式

15.5.3　收看途径

用户最常收看视频的途径是先在搜索网站中搜索视频，然后在搜索结果中收看，比例为 31.7%；其次，用户会通过访问视频网站寻找和收看视频，比例为 30.3%；另外 25.6%的用户主要通过在线视频播放软件，如图 15.3 所示。

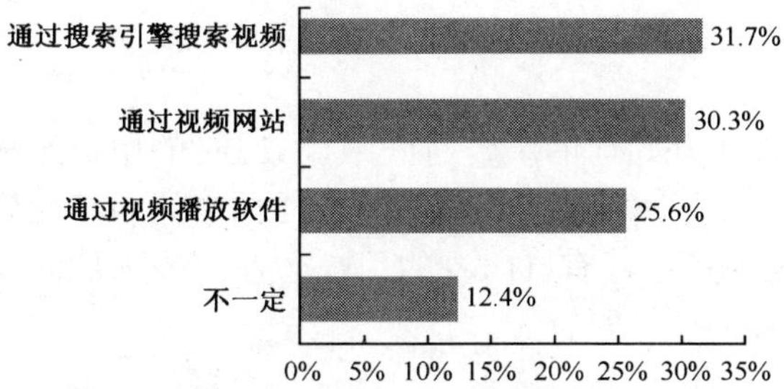

（数据来源：CNNIC）

图15.3　网络视频用户收看视频的途径

搜索引擎是互联网的主要入口之一，因此通过搜索引擎搜索视频进行收看的用户比例最高。而未来随着用户对网络视频需求的增长，垂直搜索中视频搜索将成为重要的发展方向，拥有更多的用户流量。

15.5.4　用户付费习惯和意愿

CNNIC 调查显示，2011 年中国网络视频用户中有过付费行为的占比仅为 7.6%。而在有过付费行为的用户中，高达 73.5%是偶尔发生过一两次的付费行为，如图 15.4 所示，这显示出当前中国网民付费收看视频的习惯还非常不成熟。

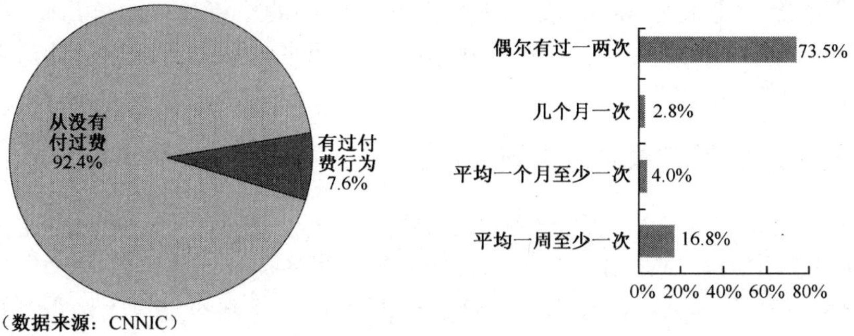

（数据来源：CNNIC）

图15.4　网络视频用户付费行为

在没有付费收看视频行为的用户中，高达 74.9%明确表示未来肯定不会为网络视频付费，如图 15.5 所示。在互联网上免费收看视频的习惯已经深入人心，付费市场的培育将是漫长而艰难的过程。

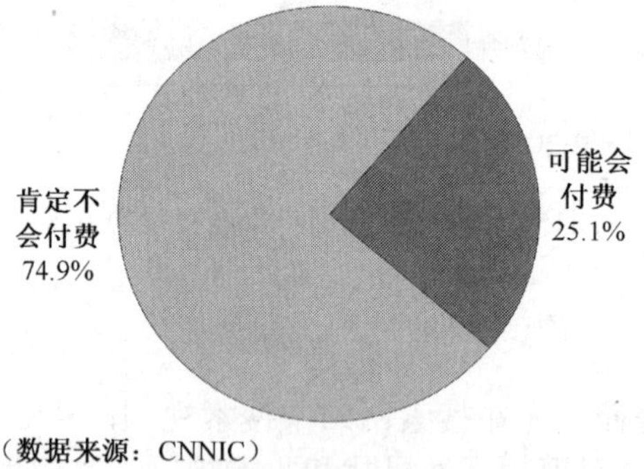

（数据来源：CNNIC）

图15.5　非付费视频用户未来的付费意愿

15.5.5　广告等待

CNNIC 调查显示，视频开始前的广告时间中，52.0%的用户选择耐心等待广告放完，比例超过一半；其次 21.6%的用户根据广告时长决定；12.1%的用户在广告时间选择先做其他事情，等待广告结束后收看视频；还有 11.6%的用户会在广告播放时间先访问其他网页，等待广告结束，如图 15.6 所示。

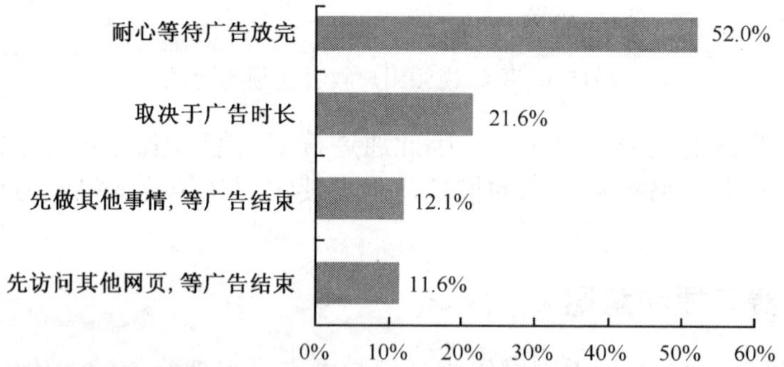

（数据来源：CNNIC）

图15.6　网络视频用户广告等待状况

“限广令”的推行将很可能使广告主加大对视频网站的广告投入力度，而 CNNIC 调查数据得出，视频网站用户中大多数会在视频开始前的时间中收看广告，这会让广告主增强对视频网站广告投放的信心，更好地利用视频网站这个平台。

15.5.6　视频用户收看热播电视剧的方式

CNNIC 调查显示，网络视频用户中，23.7%的用户收看热播电视剧时，主要选择在电视上收看，网络视频作为补充；21.1%的用户主要通过网络收看热播剧，占比仅比主要选择电视收看的用户低 2.6 个百分点；基本上仅通过上网收看热播剧的用户比例为 17.0%；而基本上仅通过电视收看热播剧的用户比例为 13.0%，如图 15.7 所示。

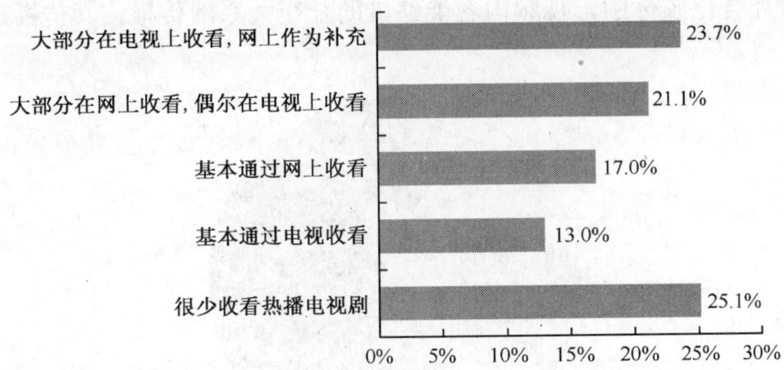

（数据来源：CNNIC）

图15.7 网络视频用户热播电视剧收看方式

对于网络视频用户来说，电视已不再是最主要的热播剧播出平台，国内电视剧的播出平台已大有视频网站与电视台并驾齐驱之势，很多电视剧都会在电视台和视频网站这两个平台中同步推广，对于很多用户来说，二者是一种互补的关系。

15.5.7 其他视频收看平台

CNNIC 调查显示，在用户其他的视频收看平台中，博客占比最大，用户中 43.5%会在博客/个人空间中收看视频；其次，在微博上收看视频的比例为 33.8%；此外，将社交网站作为收看视频平台的比重为 31.3%，如图 15.8 所示。

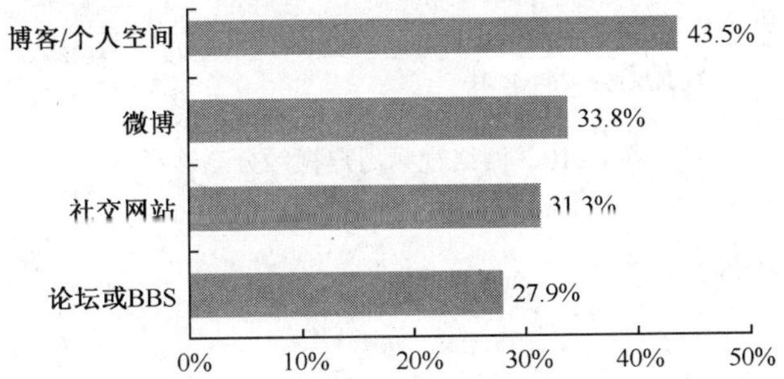

（数据来源：CNNIC）

图15.8 网络视频用户其他视频收看平台

用户收看视频的渠道发生着变化，微博、SNS 等社交媒体的视频分享成为了网友收看视频的重要途径，为视频网站带来了用户流量。

15.5.8 视频分享用户

CNNIC 调查显示，视频网站用户中有过视频分享行为的比例为 49.4%，接近一半，如图 15.9 所示。其中，71.9%的用户在博客/个人空间中分享视频；在微博中分享视频的用户比重为 50.4%；在社交网站分享视频的占比为 25.5%；在论坛或 BBS 分享视频的比例为 10.6%，如图 15.10 所示。

视频分享使用户不再只是内容的接收者，而成为了内容传播者，带来了更多的关联观众，在微博、SNS 等社会化媒体中，视频内容能够借助社交关系网传播，其传播速度和广度得到大幅提升。

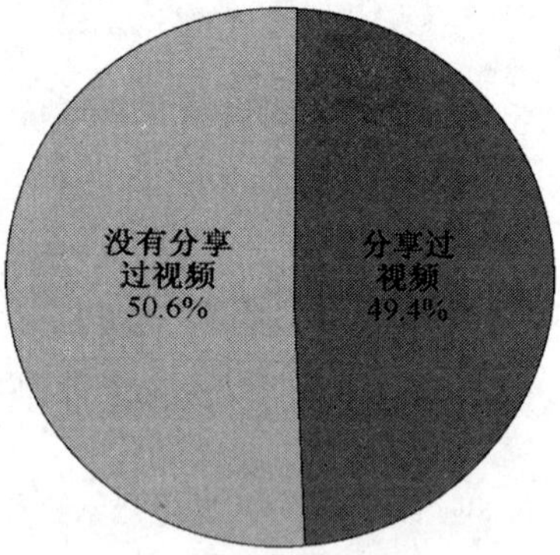

（数据来源：CNNIC）

图15.9　网络视频用户视频分享情况

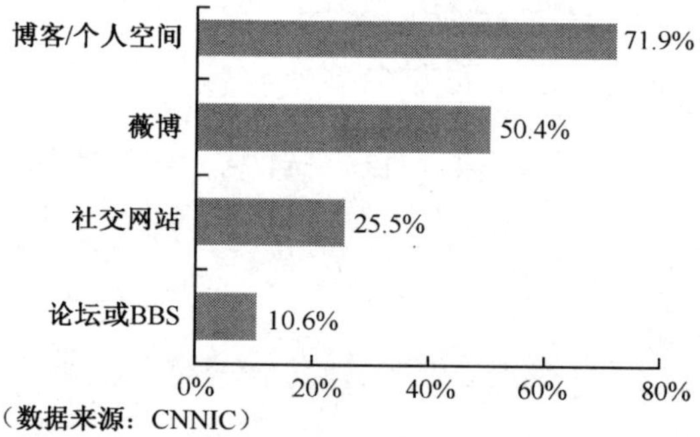

（数据来源：CNNIC）

图15.10　网络视频用户视频分享途径

15.6　发展趋势

2011 年视频行业涌现的许多特点在未来还将继续深化：首先，内容自制战略将不断升级，视频网站通过这一举措进一步创新内容分销模式，同时抑制版权内容价格的不断上涨，主要几家视频网站的经营现状证明过度依赖热播剧集换取流量的发展道路很难持续，未来这种高成本投入的发展热潮或将退去；其次，与社交平台的融合继续深化，视频网站将与国内微博、社交网站平台开展多种形式的合作，如为社交平台提供视频上传服务等。除以上趋势外，网络视频行业发展还将呈现出以下几点趋势。

1．台网联动，多屏互通

未来视频网站将不仅仅扮演着影视内容播放与分销平台的角色，互联网企业将积极介入影视内容的制作和宣传，与电视媒体形成联动，共同对热播内容进行推广和播放，形成台网联动的模式。此外，越来越多的用户通过计算机、移动终端等收看视频，相对于电视屏幕，向手机等移动终端的拓展受到的政策阻碍较小，成为视频网站在接下来几年内的关注重点。目前主要的视频网站均推出了智能手机客户端，其中有软件为用户提供了对计算机与手机播出内容进行同步和控制的功能，显示互联网视频企业打通各个屏幕之间的界限、实现多屏互通的尝试。

2．互联网电视市场逐渐规范化

2010 年起，谷歌和苹果公司相继宣布开发电视产品，多家知名电视厂商配备 GoogleTV 平台的智能电视已经登陆欧美市场，显示出这一领域的发展潜力。在我国，广电总局已经下发了规范这一市场的重要文件，规定有实力的视频企业可以与牌照方进行合作，在符合可播可控的政策前提下进入互联网超清机市场。长期以来，我国部分视频网站一直都在考虑布局这一市场，如乐视网就进行了互联网电视机顶盒产品的市场推广，但是这一行为被认为打了政策的擦边球，随后便被广电总局禁止。当前广电总局已经发放了 7 张互联网电视集成业务牌照，全部属于广电系的内容集成商，而视频网站获得牌照的可能性较小，因而未来将会与这些广电的互联网电视运营商寻求合作，在互联网电视市场取得突破。

3．行业竞争格局更为集中

高昂的运营成本提升了视频网站行业的门槛，一方面，拥有雄厚资本实力的互联网企业看好这一行业的发展前景，因而不惜成本地加大投入以占领市场；另一方面，传统媒体企业在多媒体化的道路上也不会漏掉网络视频领域，这类企业拥有绝对的内容资源优势。为了获取更大优势，未来视频行业将不断有类似联合运营的合作案例发生，而资金不足的企业将被并购，市场竞争格局因此将更加集中。

（中国互联网络信息中心　沈珅、孟蕊）

第 16 章　2011 年中国网络游戏发展情况

- 2011 年，中国网络游戏用户规模达到 3.24 亿，较 2010 年同期的 3.04 亿增长了 6.6%，网民使用比例为 63.2%。
- 2011 年，中国网络游戏市场规模达 357 亿元，但市场规模增长率有所降低，从 2010 年的 25.2%下滑到 10.5%。
- 青年群体是网络游戏用户的主要群体，而低龄及高龄用户在网络游戏用户中的比例处于较低水平。
- 中国网络游戏用户结构与网民结构趋于相近，意味着网络游戏已成为大众化的娱乐方式之一。

16.1　产业发展政策

2011 年初，国务院通过中国政府网发布《进一步鼓励软件产业和集成电路产业发展的若干政策》，从财税、投融资、研究开发、进出口、人才、知识产权、市场七方面，明确提出将继续实施软件增值税优惠政策。而作为软件业的一部分，中国游戏行业也将从中获益，尤其是在投融资、进出口方面，游戏行业的优势将更为明显。

2011 年 3 月 20 日，文化部发布《互联网文化管理暂行规定》，对互联网文化方面的事业做出相关管理限制，其中要求从事网络游戏经营活动的企业应当具备不低于 1000 万元的注册资金。

游戏企业注册资金要大于 1000 万元无疑提升了企业的进入门槛，但从长远分析，该条款的出台有利于整体行业的良性发展。首先，竞争门槛的提高有利于游戏品质的提升。游戏同质化一直是困扰中国游戏业的问题，而同质化的原因往往是因为中小企业研发实力较低，复制产品现象严重，而注册资金的提高会清洗中小企业。其次，中国网络游戏经历了近 10 年的高速发展，已经积累了大量货币，对于排名靠前的厂商而言并不缺钱，因此，虽然注册资金提升，但对大企业没有任何影响。

16.2　发展现状

16.2.1　用户规模

截至 2011 年底，中国网络游戏用户规模达到 3.24 亿，较 2010 年同期的 3.04 亿增长了

6.6%，网民使用比例为 63.2%，如图 16.1 所示。其中，作为中国网络游戏最主要的收入构成——大型客户端游戏（MMOG）用户规模为 1.2 亿，较 2010 年同期的 1.1 亿增长了 9%。

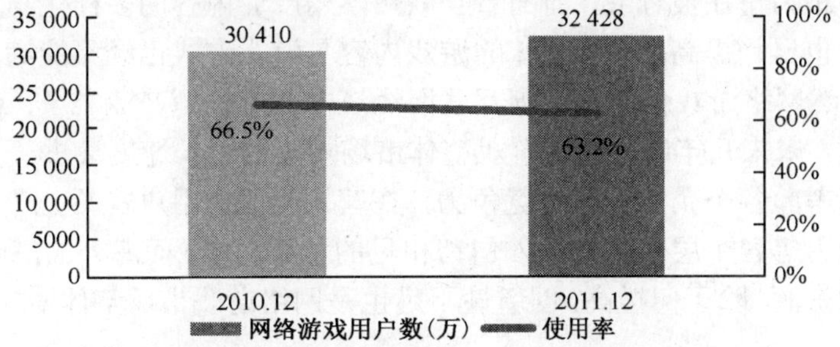

图16.1　2010年12月至2011年12月中国网络游戏用户数和使用率

用户增速的放缓直接导致各个游戏类型用户增长放缓。尽管各个游戏类型均保持增长，但大多来自不同游戏类型间的相互渗透，新用户贡献不大。从细分游戏类型分析，首先，大型客户端游戏（MMOG）用户规模与 2010 年基本持平，这种状况一方面由于该游戏类型主要针对年轻用户，早期 MMOG 用户已经开始流失；另一方面，MMOG 游戏形式依然以打怪升级、赛车、舞蹈、FPS 等游戏形式为主，对于非游戏用户吸引程度有限。其次，小型休闲游戏依然占据主流地位，80%的网络游戏用户使用棋牌休闲小游戏。相比于其他游戏类型，小型棋牌游戏用户结构更为稳固，在各个年龄段均有较高使用率。最后，手机网游与网页游戏虽然保持较快增长，但其分别受到终端设备以及用户体验影响，很难实现类似小型棋牌游戏、大型客户端游戏的大规模普及。

16.2.2　行业收入规模

在用户量增长放缓的同时，中国网络游戏收入规模稳定增长，2011 年中国网络游戏市场规模[42]达 357 亿元。但市场规模增长率有所下降，从 2010 年的 25.2%下滑到 10.5%，如图 16.2 所示。

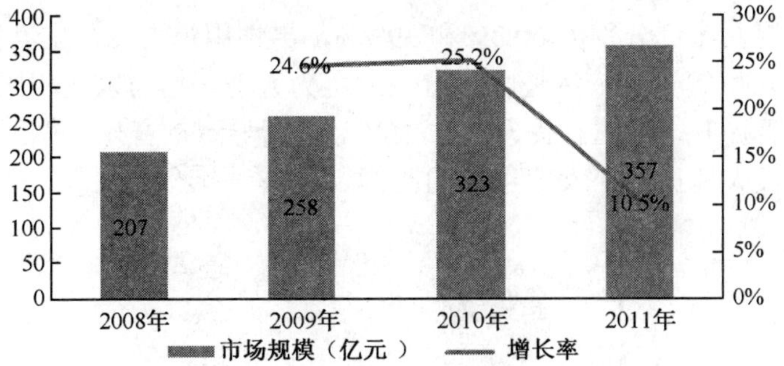

图16.2　2008—2011年中国网络游戏市场规模

从中国网络游戏市场生命周期来看，在经历了 2002—2005 年的爆发式增长期与 2006—

[42] 网络游戏市场规模，仅包括面向玩家的游戏运营收入，不包括海外出口收入和通过其他盈利模式获得的收入。

2008 年的游戏商业模式创新期之后，自 2009 年起，网络游戏市场整体增速明显放缓，竞争越来越激烈。2010 年起，面对社区交友、手机游戏、微博等互联网娱乐产业的高速发展，网络游戏用户的时间与精力正在被分散，而随着互联网娱乐产业内容的多样化与精细化，网络游戏用户对产品的要求也日趋提高，单一乏味的游戏内容与游戏方式已经不能满足用户的需求。因此，分析认为，虽然网络游戏仍然是中国互联网经济中的支柱型产业之一，但是行业进入“红海争夺”已成定局。未来几年中，网络游戏整体市场规模的增长速度会进一步降低，企业之间的争夺将会越来越考验各个企业的核心竞争力，在营销手段、用户资源、产品研发与运营、人才团队甚至公关能力等各个层面都将进入白刃相见的争夺之中。而海外的广阔市场也会成为国内企业争先抢夺的资源。除了门槛高，创新性不足也是网络游戏市场整体增速放缓的原因之一。

16.2.3 行业研发现状

根据 17173 网站发布的《2011 中国网络游戏研发力量调查报告》统计，2011 年共收录全国研发公司 164 家，比 2010 年的 154 家增加了 10 家。北京、上海、广东三地的网游研发企业依然占据前三位，但企业数量出现停滞不前甚至下跌的情况。

从研发的趋势上分析，中国网络游戏企业研发也逐步趋于成熟。首先，企业对于产品质量的关注较以往有很大提升，尽管同质化依然是中国网络游戏行业存在的问题，但在游戏研发方面，企业为了提高质量，在产品研发周期和修改频率上逐步改进，研发周期由以往 15 个月提升至 20 个月以上，而同时，反复修改以及添加内容等行为较以往也有很大提升。其次，国际化团队特征明显。虽然中国游戏在文化、题材上有国外产品不可比拟的优势，但在技术层面，国产游戏与进口产品依然有很大差距，而引进国外游戏产品人才不失为一种迅速提升品质的捷径。此外，中国的游戏也正在逐步走向国际化，这也需要更多的国外元素被引入产品中。

16.3 用户分析

16.3.1 性别结构

网络游戏用户男女比例分别为 60.3%和 39.7%，男性用户占比高出女性用户 20.6 个百分点，如图 16.3 所示。虽然男性依然是网络游戏的主力人群，但与以往相比，女性游戏用户的使用比例已经有显著提升，而这种提升主要由产品革新导致，音乐、舞蹈类游戏的出现以及棋牌游戏的发展都极大地提升了女性用户的比例。

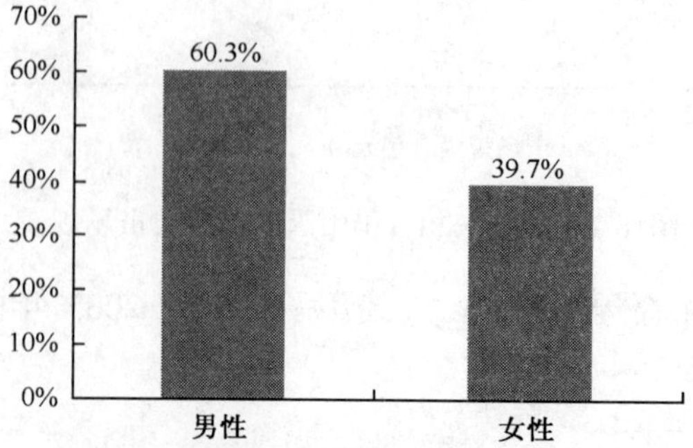

图16.3 中国网络游戏用户性别结构

16.3.2　年龄结构

在网络游戏用户中，10～29 岁用户是网络游戏最主要的人群，其中 20～29 岁年龄段用户群体占比最大，为 30.8%；其次为 10～19 岁用户，占 30.5%，如图 16.4 所示。网络游戏高龄用户比例较低，50 岁以上人群仅占 5.6%。另外 10 岁以下的低龄用户比例也较低，为 1.9%。网络游戏的题材更偏向于青年群体的喜好，对于低龄与高龄人群不具有吸引力，阻碍了这两类用户群的发展，未来网络游戏的发展对于这两类人群还具有很大的提升空间。

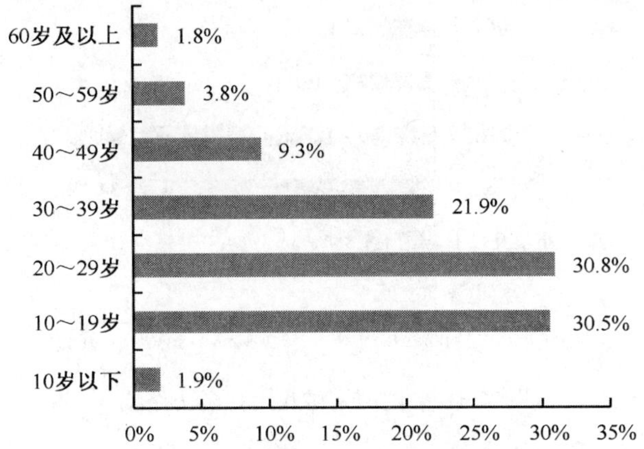

图16.4　中国网络游戏用户年龄结构

16.3.3　职业结构

网络游戏用户中，学生构成了网络游戏的最大群体，比例为 31.5%。此外，企业/公司一般职员占比也相对较大，18.0%的用户属于该职业群体，如图 16.5 所示。

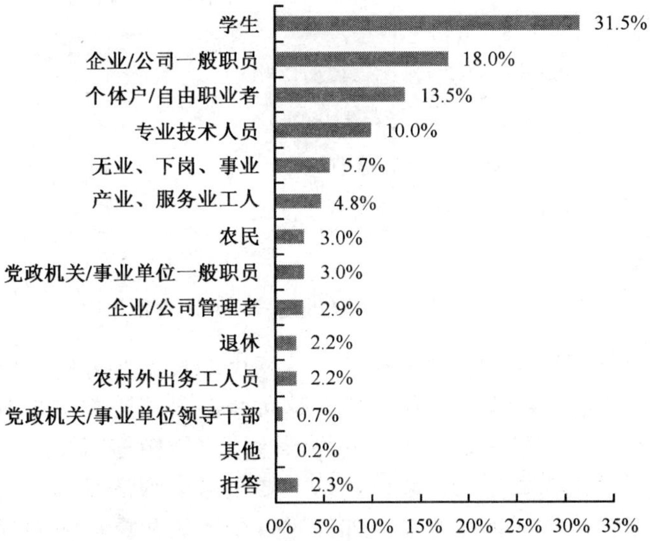

图16.5　中国网络游戏用户职业结构

16.3.4 学历结构

游戏类型的逐步丰富，也促使游戏用户的学历结构发生了一些变化，其中高学历用户比例提升明显，本科及以上学历用户约占整体用户的 11%，如图 16.6 所示。而这种状况主要由社交游戏的快速发展使然，SNS 网站的兴起吸引了大量白领用户，而网页社交游戏引入又提升了该人群对社交网站的黏性，形成产品与用户彼此促进的良性循环。

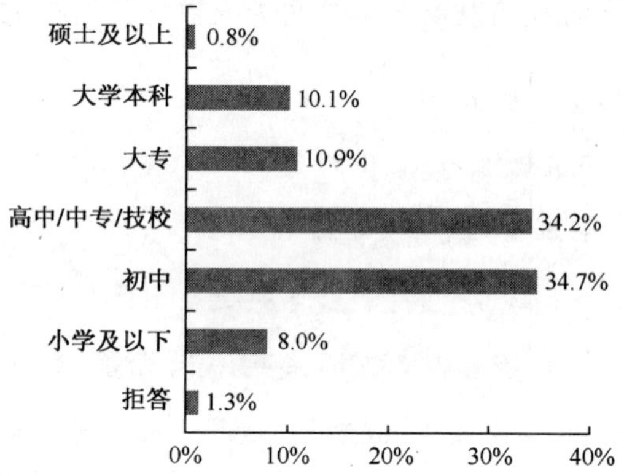

图16.6 中国网络游戏用户学历结构

16.3.5 互联网使用年限

中国网络游戏用户主要以老网民为主，其中 5 年以上互联网年龄的游戏用户比例为 40.1%，而半年内的用户只占到整体用户的 5%，如图 16.7 所示。

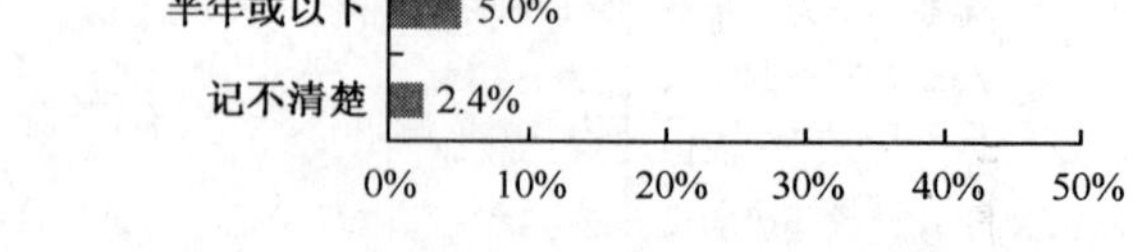

图16.7 中国网络游戏用户互联网使用年限

互联网服务与整体网民的增长关系密切，从网民增长趋势分析，中国网民的增长逐步放缓，而新网民的增长主要以中老年网民为主，这种状况直接影响游戏用户的增长。

从整体网络游戏用户年龄分析，中国网络游戏用户结构与网民结构趋于相近，这意味着网络游戏已经成为大众化的娱乐方式之一，这主要是由于网络游戏产品类型丰富。但与此同时，网络游戏未来细分需求越来越明显，如针对青少年的儿童社区类游戏、针对青年的大型网络游戏、针对白领的社交游戏等。随着用户增长的放缓，未来针对全用户的游戏产品不太可能出现，因此，未来游戏产品的细分依然是制定发展策略的重中之重。

16.4　市场分析

16.4.1　市场竞争

中国网络游戏市场竞争格局基本没有变化。第一梯队依然是腾讯、网易、盛大三家公司；第二梯队的代表厂商有完美时空、搜狐畅游和巨人网络等；而对第三梯队的中小游戏厂商而言，发展环境更为严峻。

依托强势用户资源的大型企业市场占有率进一步提升，2011 年前三家运营商的市场份额已超过 60%，如图 16.8 所示。而中小企业的市场占有率均有所下降，且市场地位波动较为明显。中国网络游戏市场已逐渐被大型企业所垄断，用户和资本的马太效应会越来越明显，资源紧张的中小型企业的生存和发展空间逐渐被侵蚀，生存环境进一步恶化。随着网络游戏对用户的渗透趋于饱和，且网络游戏服务供过于求状况的持续，中国网络游戏市场实际上已经由外扩式发展转向内部争夺式阶段，大型企业利用其资金和用户资源优势垄断市场，大量挤占中小企业的市场，导致中小型企业营收不断下降。因此各中小企业不得不开始从各方面控制成本，降低运营费用。

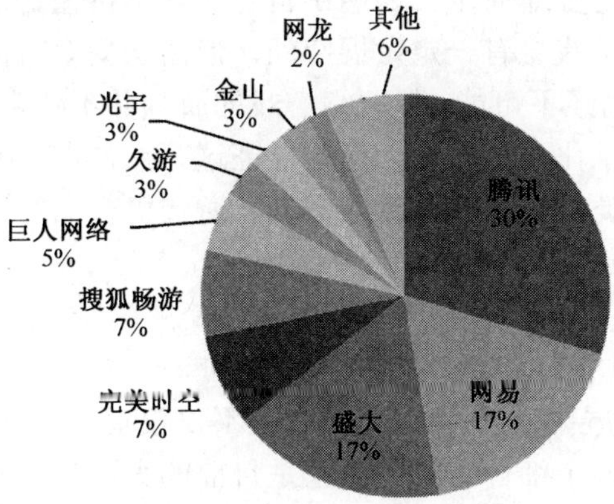

图16.8　2011年网络游戏市场份额

16.4.2　产品类型

中国网络游戏行业发展不同时期均有新的网络游戏类型出现，如早期的小型休闲游戏（以棋牌为主的游戏）、大型角色扮演游戏（MMORPG）、大型休闲游戏（ACG），以及后期出现的网页游戏、社交网页游戏、手机游戏等。尽管不同的游戏类型针对的群体有所差异，但从整体用户规模分析，未来很难出现能够大规模吸引非游戏用户或非网民的新的游戏形式。加之整体网民增长的放缓，新游戏用户规模也将进一步萎缩。

1．大型游戏使用疲劳，用户流失严重

大型游戏（包括 MMORPG 和 ACG）是中国网络游戏行业收入的主要来源，但随着用户投入大型游戏时间的增多，加之游戏产品间同质化严重，用户已经进入大型游戏的使用疲劳期。其中 MMORPG 游戏更为明显，虽然 MMORPG 游戏风格、题材各有不同，但多以打怪升级模式为主，长期使用导致疲倦。ACG 游戏玩法相对较多，但创新难度较大，盈利能力有限。目前市场上 ACG 游戏主要包括舞蹈、赛车、射击等几类，从发展趋势看，射击游戏将成为 ACG 游戏的重要支柱。

2．移动设备游戏发展空间凸显

类似移动设备的普及也为网络游戏创造了新的机会。截至 2011 年 12 月，中国手机网民规模已经达到 3.56 亿，其中有 6100 万网民只用手机上网，而如此大的手机网民规模为手机游戏的发展创造了良好的条件。中国手机网游用户已经占到手机网民的 30.2%，而随着移动应用环境的发展，这一比例还会提升。首先，智能手机的发展为更多游戏类型的植入提供了便利，包括手机屏幕的扩大、操作系统的集中（主要包括安卓、IOS、塞班）；其次，盛大、腾讯等企业纷纷在移动客户端发力，推出多款游戏产品，也会对用户增长起到促进作用。

3．其他游戏类型“得势不得分”

除了大型游戏以外，其他游戏类型大多处于“得势不得分”的状态。从用户规模分析，出现较晚的网页游戏、社交游戏对于用户的增长起到促进作用，但这类游戏的商业价值空间有限，更多地偏向用户规模增长。以社交游戏为例，“农牧场”使社交游戏成为用户最多的网络游戏类型，但由于社交游戏用户相对高端（以中青年为主、收入高、学历高），对游戏的使用较为理智，付费意愿不大，加之社交网站在游戏支付方面配套设施不完善，造成社交游戏直接盈利能力较低，更多地倚重社交网站自身的营销价值等。

综上所述，虽然手机游戏会有一定发展空间，但由于受众有限，中国网络游戏已经面临发展瓶颈，出现大的增长已经不可能，但网络游戏的瓶颈并不代表中国游戏产业发展的瓶颈，游戏还将是网民重要的娱乐化工具之一，而要保证这一点，在提升网络游戏用户针对性的同时，应该发展更多的游戏类型，如单机游戏产品、游戏机产品等，实现中国游戏业的百花齐放而不是网络游戏的一枝独秀。

16.4.3 细分市场竞争

在企业端的竞争与发展中，当今的企业已经不仅仅局限于大型客户端游戏上的市场争夺，而是将战火蔓延到了各个细分市场。无论是目前的大中型游戏企业，还是小型研发公司和团队，甚至是互联网的其他从业公司，都纷纷参与其中。除了竞争也有合作，运营商、研发商、渠道商等各个环节的合作与资源整合也成为了当前的主流，这不仅是国内或者行业内的，已经涉及海外和游戏行业外。在整个网络游戏行业的竞争格局当中，拥有大型明星产品、庞大用户资源、充足现金流的游戏运营型企业仍将在未来主导整个中国网络游戏市场的格局；另一方面，垂直细分领域中的领头企业也会在整体市场获得不错的话语权。

16.5 行业发展面临的问题

1．监管手段适用性不强

无论是对于企业的监管（如防沉迷系统增加）还是用户端的监管（如虚拟交易征税）等，都存在片面性较强、没有考虑全面的问题。因此，在某些情况下，虽然增加了运营成本，却没有达到预期效果。与此同时，政策的滞后性也对行业造成了不利影响，如游戏机的监管政策以及游戏进口数量限制。多方监管也对整体游戏业的发展造成一定负面影响。

2. 游戏企业利益性较强

企业赚钱本无可厚非，但纯利益驱使的目的则会对整体行业造成负面影响，如行业内用户争夺激烈，抄袭严重，恶性竞争也逐步加剧，而这些状况无疑会阻碍中国游戏业的深入发展。欧美一些游戏发达国家已经将游戏应用到医疗、征兵等社会活动当中，而中国游戏的深入应用还需要很长时间。

3. 核心技术逐步完善，合作性待提升

中国网络游戏技术与国外存在差距的另一个表现就是游戏引擎的落后，这种落后包括技术层面的，也包括模式上的。中国大多数网络游戏使用的引擎均来自国外，自主研发的引擎非常少，这一方面由于资金限制；另一方面，中国网络游戏的高速发展也使运营商采用购买“游戏引擎”这一捷径，用以缩短产品研发周期以及降低竞争风险。最后，对于国内自主研发的引擎而言，封闭度较大，除了少数一些小厂商之外，大厂商的引擎一般都自用。相比之下，Crytek 免费为大学提供 CryEngine3 引擎这一做法值得借鉴。

4. 游戏缺人才，更缺环境

很多企业都在四处挖人，游戏人才也变得愈加抢手，但至今国内也没有研发出与《魔兽世界》具有同等影响力的产品。究其原因，中国的游戏环境才是关键。研发环境方面，中国游戏产品的研发理念大多来自团队中的少数人，或者说只是主策划的意愿，这无疑限制了内容的发散性。同时，中国的游戏产品同质化严重，玩什么游戏感觉差别不大，这又进一步固化了“游戏人才们”的思维。综上所述，以上两方面互相影响，造成了中国游戏优秀人才的缺乏。

5. 中国网络游戏用户对技术要求不高

如果说中国网络游戏技术与韩国网络游戏技术还有可比性的话，那么与欧美先进的游戏图形技术相比可以说没有任何优势。纵观国内的游戏产品，自主研发的引擎产品很少。但这不代表中国网络游戏的可玩性比较差，原因是中国游戏用户在游戏中关注的往往是级别、装备、朋友，而对游戏的画面等的关注度则相对较低，这也是中国网络游戏能够生存的原因，但同时也是未来发展最大的问题。

6. 盈利模式亟待改进

中国网络游戏经历了从时间收费到道具收费的转变，而这种道具收费也不会成为长远的盈利模式，原因是道具收费模式阻碍游戏体验提升。网络游戏的目的是娱乐，但免费模式主要以用户心理需求为盈利基础，这种心理需求除了娱乐以外，还包含自尊、攀比等内容，即用户需要花钱“买体验”，而不是从游戏中直接获得。因此，对于运营商而言，应更多地考虑如何开发盈利功能而忽略用户感受。

16.6　总结及建议

1. 网络游戏走向国际化

频繁的交易、膨胀的产品、饱和的用户、不断涌现的微领域和微创新组成了目前的市场生态环境。广阔的海外市场、越来越多的开放平台，反映了目前的从业者心态正在走向合作、共赢、开放、独立。面对中国网络游戏用户付费市场逐渐饱和的局面，中国网络游戏全球化战略是企业寻找新蓝海的最佳途径，而国内市场的精细化运营则是不能舍弃的“红海生存法则”。这两点将构成 2012 年中国网络游戏企业的主要战略和目标，中国游戏公司在全球的行业地位和覆盖率也会随之提高。总而言之，谁先掌握海外渠道和海外各个市场，谁能在降低运营成本的同时获得最佳回报率和现金转化，谁就能占得先机和未来游戏行业的话语权。

2．网络游戏将向精细化发展

十几年的发展已经使中国网络游戏行业步入成熟期，在用户数量、产品数量以及产品种类方面都得到了很大提高，但从行业的角度分析，中国网络游戏依然处于粗犷型发展模式阶段，中国目前只是网络游戏大国而不是强国。从用户目前主要使用的产品看，国内自主研发的产品处于“得势不得分”的状态，虽然自主研发产品数量远高于进口产品。但是从用户的使用率上看，用户使用最多的 5 款游戏都是国外产品。此外，超过一半的用户更换游戏时间在 1 年以下，3 成的用户在半年以下，产品单用户生命周期较短，这也佐证了国内整体产品品质提升的空间还很大。

3．游戏形式将逐步完善

在过去的十几年时间里，中国的网络游戏市场可以说就是中国的游戏市场，90%以上的游戏市场营收都来自网络游戏。但这种状况的发生具有一定偶然性。首先，互联网的兴起改变了游戏行业早期人只能与机器互动的情况；其次，政策层面上，政府一直限制游戏机进口，一些国际流行的游戏设备如 PS3、X-Box360 等并没有合法渠道进入中国市场；再次，国内进口游戏审核较为严格，削减了国外游戏厂商的进口产品数量；最后，国内版权环境还未完全改善，降低了国外游戏厂商进入中国游戏市场的热情。综上所述，网络游戏的兴起与整体市场环境有很大关系，但未来这种状况必将改善，进口政策以及版权环境的改善将促使更多的游戏类型出现，改变网络游戏一枝独秀的状况。

（中国互联网络信息中心　刘鑫）

第 17 章　2011 年中国网络音乐发展情况

- 2011 年，中国无线音乐市场规模达 342.5 亿元，同比增长 19.6%。
- 截至 2011 年底，中国在线音乐用户规模为 3.85 亿，是列于即时通信、搜索引擎之后的第三大网络应用，但用户使用率逐年下滑。
- 基于行业对网络音乐市场信心的提升，网络音乐经营企业数量平稳增长。截至 2011 年底，获得文化行政部门审批、具有网络音乐业务经营资质的企业达 452 家，比 2010 年增加了 28.7%。
- 随着在线音乐服务业务的进一步发展，云音乐将成为标配。

网络音乐是以数字化方式通过互联网、移动通信网等各种有线和无线方式传播的音乐作品。根据传播方式，网络音乐可以分为两部分，一是通过互联网提供在计算机终端下载或者播放的在线音乐；二是移动通信运营商通过无线增值服务提供在终端播放的无线音乐，又称移动音乐。

自 2004 年网络音乐产业化发展以来，我国网络音乐市场发展迅速，数字化的音乐产品制作、传播和消费模式逐渐形成，促进了我国网络文化产业的繁荣发展，丰富了人民群众的文化娱乐生活。当前我国网络音乐的发展机遇与挑战并存。一方面，庞大的潜在市场为网络音乐产业的发展奠定了稳定的基础，不断推出的各种应用丰富了网络音乐的参与形式，增强了对用户的吸引力。另一方面，盗版音乐免费下载对唱片公司等音乐从业者造成了沉重的打击，网络音乐版权保护及盈利模式问题亟待解决。

17.1　发展概况

2011 年我国网络音乐市场保持了平稳增长态势，在用户规模和市场规模两方面都实现了稳步增长。网络应用形式更加多元化，社交网络的融入增强了网络音乐应用的互动性和娱乐性，云服务的引入则改变了用户使用网络音乐的方式，网络音乐应用变得更加便利。回顾 2011 年，网络音乐取得了积极进展，主要体现在以下几个方面。

1．版权保护成为 2011 年我国网络音乐领域的重要主题之一

2011 年，国家相关行业主管部门继续加大管理力度，进一步规范市场经营行为，严格落实网络传播内容的审查和备案制度。文化部先后分 3 次公布了共计 300 首违规网络音乐作品。其间，对于百度 MP3、千千音乐在线等 14 家擅自提供相关音乐产品的网站予以立案查处。

与此同时，中国音乐界在 2011 年走上了合力维权的道路。2011 年 3 月，中国音像协会唱片工作委员会先后发布《抗议百度公开信》和《致音乐界同仁书》，敦促百度网站终止盗版网站深度链接。这一行动获得了上百位音乐人的支持，成立“华语音乐词曲创作者联盟”，共同讨伐百度的盗版侵权行为。在越发严格的版权环境下，2011 年 5 月，百度推出了自己的正版音乐平台——百度 ting。该平台以正版音乐资源为基础，提供在线歌曲播放、电台、本地音乐试听等服务。百度将建立自己的正版音乐库系统，未来会通过结合平台的合作方式，逐步将盗版内容从百度 MP3 的搜索结果中剔除，最终的目标是 MP3 搜索结果全部汇聚到百度自有服务器上，从而彻底免除盗版问题的侵扰。百度推出正版平台，是在网络音乐正版化方向上迈出的关键一步。

2. 中国原创音乐获得了更好的发展空间

随着 2011 年年底北京国家音乐产业基地七大园区正式挂牌，北京、上海、广东三大国家音乐产业基地格局基本形成。通过整合资源、政策倾斜，为中国原创音乐的发展提供了一个良好的平台，将推动我国音乐文化产业大发展大繁荣。同时，音乐界也在为原创音乐的发展做出各种努力和尝试。2011 年 4 月，A8 音乐公司启动“创作人计划”，通过网站征集原创音乐作品，计划在三年内推出 500 首优质原创歌曲。启动仪式当天发布的首张作品《天使 A 计划》成绩喜人，网络上线首日试听轻松破万。2011 年，深圳举办了首届“幸福杯”G3 网络原创音乐大赛，历经 4 个月遴选出多位优秀演唱人才和数首优质原创歌曲，为社会自由音乐人、业余音乐爱好者和唱片公司搭建了一个音乐交流的舞台。

3. 电信运营商纷纷在数字音乐基地建设上发力

2011 年，三大电信运营商对音乐市场表现出非常强烈的兴趣，纷纷在建设数字音乐基地上发力。作为国内无线音乐领域的持续领跑者，中国移动无线音乐基地目前已与全球 500 多家唱片公司合作，引入正版歌曲 150 多万首，成功吸纳了超过 6000 万无线音乐俱乐部高级会员。2011 年 11 月，中国移动无线音乐基地正式推出“咪咕云”战略；随后的 12 月，便与手机娱乐网站 91 无线平台合作，将正版音乐库整合到后者的多个产品端口，推出“一云多端”式的音乐产品群。中国联通方面，2011 年联通音乐运营中心组建了全国的音乐业务虚拟团队，合作伙伴达到 384 家，当年上线正版歌曲 26.6 万首，音乐用户数达 1250 万，累计下载总量近亿次。联通宣布，2012 年将加快向移动互联网转型升级，打造“音乐云”资源体系。中国电信方面，截至 2011 年底，爱音乐已与 400 多家国内外唱片公司合作，曲库数量超过 100 万首，用户数达 1.8 亿。除 PC、手机等传统终端外，爱音乐还与彪骐数码等业界精英展开紧密合作，着手将互联网音乐平台移至智能电视、车载影音系统等设备之上。同时，为了让更多的用户第一时间享受云服务的便捷，爱音乐还联合 UC、新浪等互联网公司，把爱音乐曲库进一步延伸至各渠道的海量用户群。

17.2 市场情况

17.2.1 市场规模

基于传输介质的不同，中国网络音乐市场分为无线音乐市场和在线音乐市场。其中无线音乐市场包括两种类型，一种是以电信运营商提供的彩铃、炫铃等业务为代表的无线音乐服务市场；另一种是在智能手机上通过移动网络提供的移动在线音乐服务。

由于版权保护和用户使用习惯的影响，中国网络音乐市场的主流是无线音乐市场，在线音乐一直没有形成稳定的商业模式，所以虽然用户数量很大，但市场规模很小，主要以广告模式为主。

1．中国无线音乐市场规模

据艾媒咨询数据显示，2011 年中国无线音乐市场规模达 342.5 亿元[43]，同比增长 19.6%，如图 17.1 所示。随着智能手机用户的迅猛增长，移动互联网网民规模快速增长，2011 年底达到了 3.56 亿，同比增长 17.5%。电信运营商无线音乐数据业务的蓬勃发展，带动了整个无线音乐市场保持稳定增长。

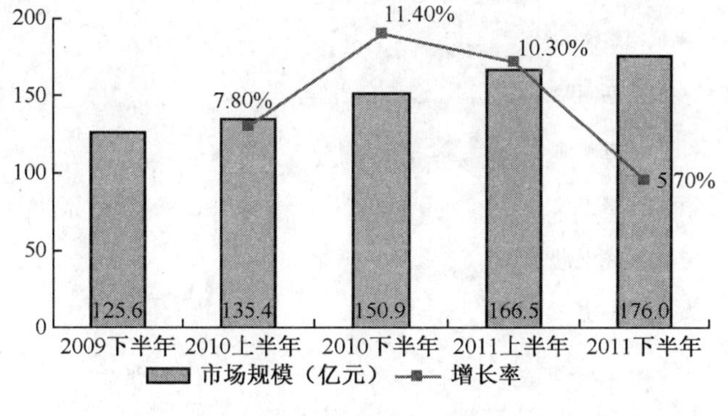

图17.1　中国无线音乐市场规模发展状况

在整个无线音乐市场中，收入的大部分由电信运营商以功能费和会员费的方式获得，音乐内容提供方（CP）和音乐服务提供方（SP）获得收入很少，2011 年 CP 和 SP 全年收入为 24 亿元左右，只占整个无线音乐市场的 7%左右，如图 17.2 所示。

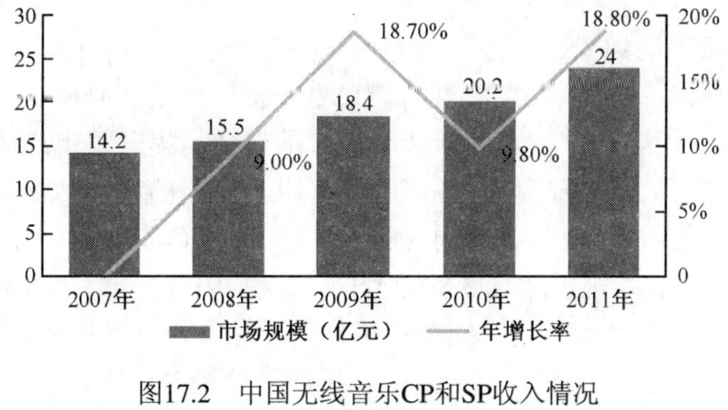

图17.2　中国无线音乐CP和SP收入情况

无线音乐市场中的移动在线音乐服务市场，由于还处在发展初期，虽然用户规模较大，但还没有形成具体的商业模式，因此收入规模很小。但随着移动互联网的迅速发展，移动在线音乐服务会逐步形成盈利模式，收入规模也会扩大。根据艾媒咨询的预测，预计到 2013 年底，中国手机网民数量将超过 6 亿人；根据 CNNIC 的数据显示，手机在线音乐的使用率排名第四，如图 17.3 所示，由此可见，将有更多用户使用移动在线音乐服务。

[43] 市场规模包括服务提供商、电信运营商的总收入。

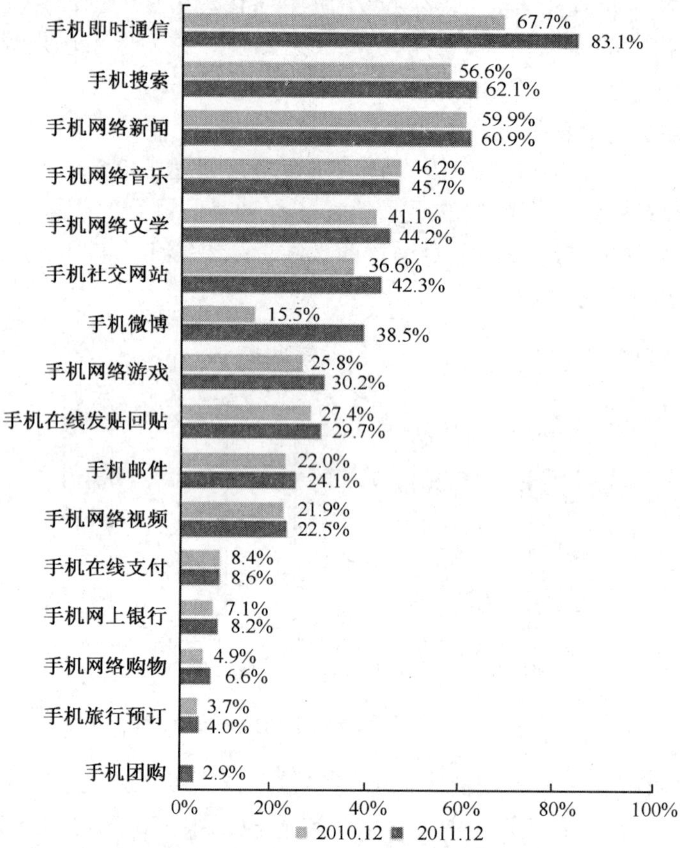

图17.3　2010—2011年手机网民网络应用

2. 中国在线音乐市场规模

以虾米网、音悦台、豆瓣电台为代表的新兴专业音乐网站和以酷我、酷狗、多米为代表的音乐客户端，通过应用融合、技术创新和个性化的服务，提升了用户体验，越来越多的用户开始使用网络音乐产品。市场环境的逐步改善，以及用户的增加，推动了部分网络音乐服务提供商广告价值的提升，营收状况趋向好转。

2011 年，在线音乐收入规模达到 3.8 亿元[44]，比 2010 年增长了 35%，如图 17.4 所示。用户规模为 3.8 亿，较 2010 年增长了 6.5%。用户方面呈现出女性比例高、年龄结构较年轻、文化程度高、用户喜欢的音乐类型广泛、获取音乐产品途径多样等特点。商业模式方面，“融合”成为 2011 年在线音乐的主题，技术的不断发展使音乐在互联网上的应用空间进一步增大。音乐和微博、在线演出、网络游戏、移动互联等其他网络应用的融合进一步加强，也使网络音乐获得了新的生机。

[44] 仅为服务提供商收入。

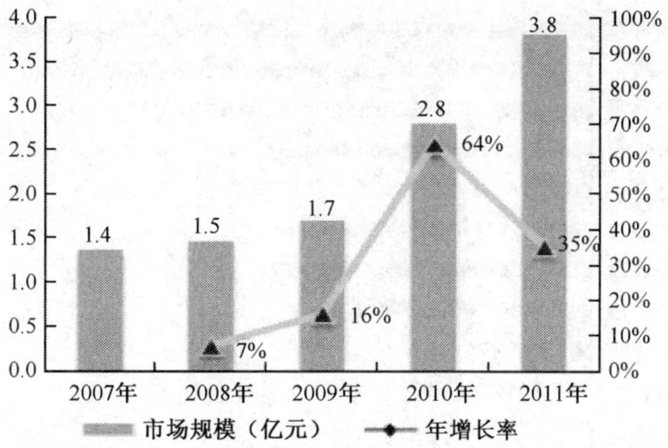

图17.4　中国在线音乐市场规模发展状况

17.2.2　市场格局

目前，全球有超过 400 家主流数字音乐服务提供商提供包括音乐下载商店、流媒体音乐、用户免费音乐网站、网络电台、音乐订阅等诸多类型的数字音乐服务。中国市场中，作为市场主体的网络音乐经营企业的数量平稳增长。截至 2011 年年底，获得文化行政部门审批、具有网络音乐业务经营资质的企业达到 452 家，相对 2010 年增加了 28.7%，经营主体的增加体现了行业对网络音乐市场信心的提升。

在互联网在线音乐方面，有包括酷我、新浪乐库、QQ 音乐、豆瓣、虾米、百度 ting 和多米音乐等 10 余家主流数字音乐平台和服务提供商。酷我科技是专注数字音乐领域、起步较早的企业之一，目前用户保有量接近 2 亿。QQ 音乐则依靠强大的即时通信用户基础，吸引了大规模的用户群，根据 2011 年 2 月腾讯公司的官方数据，QQ 音乐同时在线用户数突破 1000 万。豆瓣电台则是社区音乐的典型代表，具有很强的小众特质和社区音乐的性质。同样，虾米音乐也带有相同的小众社区味道。2011 年 8 月虾米网对外公布的数据显示，其用户量达到 500 万。

尽管拥有众多音乐网站和庞大的用户群，但受限于版权问题以及用户长期以来形成的免费享受音乐的习惯，中国在线音乐始终没能找到清晰成熟的商业模式，整个在线音乐市场发展缓慢，无线音乐与在线音乐“一头大一头小”的市场格局仍然没有改变。从事数字音乐的企业，基本盈利点都在 SP（服务提供）业务上，更多企业则依靠无线音乐的收入支撑在线音乐业务。

而在无线音乐市场上，运营商依然是市场的营收主体。2011 年，仅中国移动一家运营商的无线音乐收入就达 220 亿元，相较整体 342 亿元的市场规模，占据了 60%以上。尽管伴随移动互联网应用的兴起，和音乐相关的移动互联网应用越来越多，但由于用户获取免费音乐的成本较低，且音乐流量难以直接绕过运营商管道，无线音乐 SP 和 CP 虽然占有一定的市场发展空间，但其盈利前景尚不明朗，对现有市场格局影响不大。

在移动在线音乐服务方面，随着中国 3G 手机和智能手机的迅速发展，移动互联网得到迅速发展，基于智能手机和移动网络提供在线音乐服务的企业得到了快速发展。音乐是人们的基本需求，随着网络环境的进一步优化，音乐的碎片化需求特点更加明显，音乐使用的场景和时间越来越多。由于各方对市场前景的乐观估计，国内主要的在线音乐服务提供商纷纷进入这个市场，特别是在移动互联网的主流智能手机平台 Android 和 iPhone 上，各家服务提供商竞争激烈。根据艾媒咨询的统计，多米音乐、酷我听听、天天动听在移动在线音乐服务中的市场占有率排名前三，如图 17.5 所示。

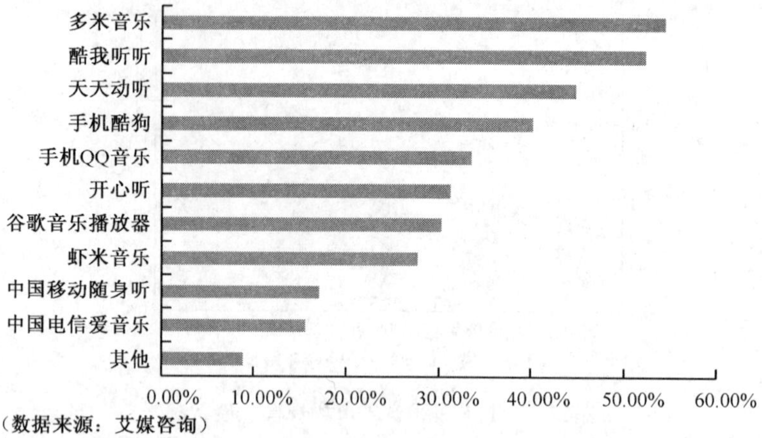

图17.5　2011年中国在线音乐用户使用音乐软件状况

17.2.3　用户规模

2011 年，在线音乐延续了相对平稳的发展态势。CNNIC 的数据显示，截至 2011 年底，中国网络音乐用户规模为 3.85 亿，是列于即时通信、搜索引擎之后的第三大网络应用，这一名次较 2010 年下降一位。数据显示，近几年来，在线音乐发展明显趋缓，用户增长率从 2008 年的 36.8%下降到 2011 年的 6.5%。同时，用户使用率也逐年下滑，从 2007 年的 86.6%下降到 2011 年的 75.2%，如图 17.6 所示。同其他娱乐类网络应用一样，在线音乐进入了发展的平台期。

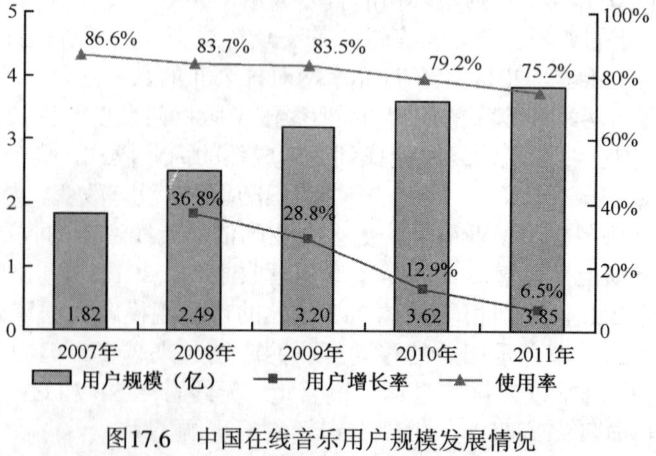

图17.6　中国在线音乐用户规模发展情况

相比之下，无线音乐的发展则相对平稳，2009 年下半年以来，增长率基本维持在 10%左右，如图 17.7 所示。艾媒咨询的数据显示，2011 年中国无线音乐用户达到 7.1 亿，相对于超过 9 亿的手机用户规模，渗透率高达 76.7%，数字音乐已经成为用户享用音乐的主要方式，高居各类数字娱乐应用之首。无线音乐产品正以其独特的低耗能、高附加值、传播途径便捷等特性吸引越来越多的用户，改变着传统的音乐传播、分享和消费模式，一个由运营商、内容提供商、手机终端厂商组成的全新的无线音乐产业价值链正在形成。

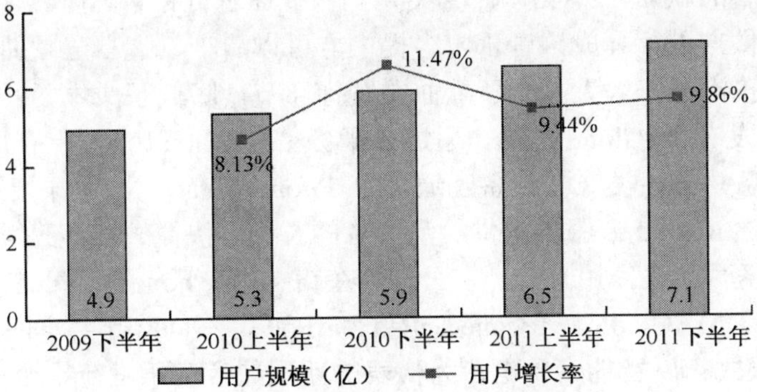

图17.7　中国无线音乐用户规模发展情况

从三大电信运营商用户占比情况看，中国移动在无线音乐市场上的霸主地位仍然不容撼动。根据易观国际的数据，截至 2011 年上半年，中国移动在无线音乐市场上的用户占比达到 82%，远高于其他两家运营商。中国联通和中国电信的用户占比分别为 10%和 8%，如图 17.8 所示。

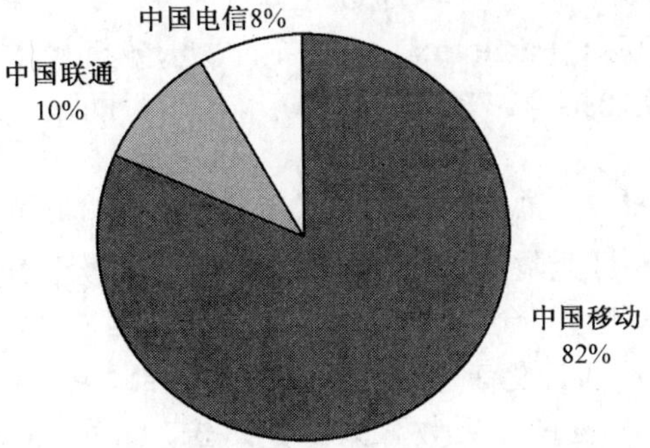

图17.8　三大电信运营商在无线音乐市场上的用户占比情况

17.2.4　盈利模式

在盈利模式探索方面，国外比较有代表性的案例是苹果的 iTunes+iCloud 模式和 Pandora，可以作为国内企业借鉴的对象。

1.苹果的 iTunes+iCloud：数字音乐发行+云计算和云存储的典型案例

苹果 iTunes 网上音乐商店包括网上音乐产品实体交易商店和网上音乐在线下载交易商店。2003 年，苹果率先推出 Apple iTunes Music Store，即苹果 iTunes 网上音乐商店，在数字化音乐领域掀起革命。截至 2011 年 7 月，iTunes 上的音乐总下载量突破 150 亿次。

苹果公司的 iTunes 音乐商店的突出特点是，以 FairPlay 技术，即 DRM 数字版权管理为核心技术保护，限制使用从商店购买来的音乐作品，弥补 P2P 技术的负面效应，防止盗版。苹果 iTunes 网上音乐商店的推出开启了以 DRM 数字版权管理为核心的在线音乐下载服务的时代。苹果公司“挥手与数字音乐版权说再见”，意味着以 DRM 为核心技术的网上音乐商店基本结束其曾经辉煌的生命。

苹果的音乐商店的歌曲，一般以 0.99 美元一首歌曲进行销售，所获得的收入，以 3:7 的比例与音乐内容提供方进行分成，音乐内容提供方可以清晰掌握自己歌曲的具体销量数据，与自己的消费者直接沟通，大大减少了歌曲的发行环节，降低了成本。

2011 年，苹果发布了 iCloud 产品，通过云服务平台 iCloud 在线保存用户的邮件、照片、日历、联系人等信息并与各类 iOS 设备互通，如 iPhone、iPad 等。苹果通过 iTunes 云服务的两个情景案例来描述 iCloud 云服务提供给消费者的方便、快捷、贴心的娱乐服务：①不同场景下能使用同一服务，如在家用 iPad，在公司、在路上用 iPhone 听同一首音乐；②购买过的一首音乐，可以通过 MAC、PC、iPhone、iPad 和 iPod 等不同终端共享同一娱乐服务。

2．Pandora 模式：以智能音乐电台为代表的新型数字音乐发行平台

Pandora 是美国最大的互联网音乐服务提供商，同时也是 iPhone 上最受欢迎的应用程序，公司成立于 2000 年，总部位于美国奥兰多，公司宗旨是提供个性化互联网音乐电台服务。用户可以在各种平台上使用 Pandora 提供的定制音乐服务，包括个人计算机、智能手机、支持移动网络的汽车音乐播放系统、iPad、家庭娱乐设备、互联网电视机、蓝光播放器和电子相框等电子消费产品。

用户只要输入自己喜欢的一首歌或者一位歌手的名字，Pandora 就会为用户建立一个电台，不断播放风格相近的音乐。用户可以通过选择“喜欢”、“不喜欢”或者“我听腻了”，使这个电台更符合自己的口味。Pandora 具有强大的音乐分析技术，在用户进行相关搜索时，通过匹配的音乐基因进行歌曲推荐。在过去近 10 年多的时间里，Pandora 完成了近万首歌曲的分析工作。

Pandora 的免费用户享受基本服务，包括每月仅 40 小时的免费播放时间（超出 40 小时，用户可支付 0.99 美元达到本月无限畅听，或支付 36 美元升级至 Pandora One 服务），免费播放时间包含广告，每日音乐跳过不能超过 12 次。Pandora 付费用户享受增值服务，包括：全年无限畅听，播放时间没有广告，没有每日音乐跳过的限制，更好的音效（192kbps），Pandora 桌面程序，个性化皮肤。Pandora 的主要收入来源是广告，此外 Pandora 成为电子商务的前端，可以直接在推荐歌曲的页面，跳转到 iTunes 或者 Amazon 购买歌曲，Pandora 会从中收取一定的佣金。Pandora 支付所有音乐的版权费用，并且通过产品设计促使用户严格遵守版权限制：只能提供根据“音乐基因组技术”推荐的歌曲播放列表，不能播放某一特定歌曲或者某一歌手的歌曲；在 3 小时内不能播放某一特定歌手的歌曲超过 4 次，不能下载，不能回放等。

截至 2011 年底，Pandora 总营收为 2.743 亿美元，比 2011 财年增长 99%；广告业务营收为 2.4 亿美元，增长 101%；付费服务和其他业务营收为 3430 万美元，增长 87%。

整体来讲，中国当前网络音乐的商业模式仍处于探索阶段。广告模式和游戏联合运营是目前中国网络音乐领域的主要盈利模式，同时各个音乐平台也在不断探索新的模式，如 Freemium 模式、数字音乐商店模式等。Freemium 模式意即用免费服务吸引用户，然后通过增值服务，将部分免费用户转化为收费用户，实现收入。这种模式意味着免费产品和服务的好坏决定了用户是否会为增值的部分付费，因为付费的会员大部分是从免费用户转化而来的。

从各音乐平台来看，新浪乐库、百度 ting 采用的是广告模式，依靠门户网站巨大的流量支撑广告；酷我音乐盒等国内多数数字音乐平台则主要通过广告模式和游戏联合运营实现现金流，同时积极探索 Freemium 模式，希望可以通过增值服务来实现更多的营收。

在当前版权环境尚未明确的情况下，很少有网民愿意为歌曲或专辑付费，数字音乐商店模式在中国尚没有很好的个案。但是随着数字音乐支付渠道的完善，版权方与数字音乐平台形成成熟的渠道分销模式，音乐商店模式也并非没有市场。当数字音乐市场建立起便利的支付渠道和更加优质的服务时，相信消费者是愿意为高品质的音乐买单的。

17.2.5　发展趋势

展望未来，中国网络音乐市场发展主要呈现出如下趋势。

1．音乐将更加依赖网络，云音乐将成为标配

当前，消费者购买和收听音乐的渠道正变得更加方便和多元化，除了通常的手机、PC、平板电脑外，未来，音乐订阅服务将扩展到电视以及各种联网终端上去。音乐产业将比以往任何时候都更加依赖网络，更加开放。随着在线音乐服务业务的进一步发展，云音乐将成为标配，终端和平台对用户音乐使用的限制将大大降低；带宽提升，资费下降，用户的 3G 网络普及率将大大提升，流量的资费将下降，为用户使用在线音乐扫清障碍。

2．无线音乐将获得快速发展

美国市场调研公司 ABI 预计，从 2011 年到 2016 年，全球无线音乐用户将呈几何级数增长。ABI 分析认为，在中国和印度，手机的普及程度相当高，成为无线音乐的庞大潜在客户群。未来 5 年，智能手机将逐步替代功能手机，这为音乐服务商提供了绝佳的硬件平台。同时，无线网络的演进步伐越来越快，为无线音乐的规模发展提供了网络基础。就市场容量和目前的发展态势来看，无线音乐将在未来几年获得快速发展。

3．越发严格的版权环境将带来行业的重新洗牌

近两年，行业主管部门在数字音乐版权发面持续发力，网络版权环境逐渐净化。可以预见，未来的版权环境将更加严格，这对数字音乐平台来说，将会是一个重新洗牌的过程。行业的进入门槛会越来越高，存大去小，将有利于规模化的领军企业加速发展。

4．用户愿意为好的服务体验付费

未来的在线音乐服务中，用户将不再单纯为内容付费，而是为音乐服务和体验付费。

17.3　音乐网站发展情况

1．社交网络融入数字音乐行业

2011 年，微博、社交网络等交互性服务为音乐网站的宣传、推广提供了新的渠道。2011 年 6 月初，美国社交音乐网站 Turntable 正式上线，当月用户量就突破 14 万。此后，国内迅速涌现出类似的网站产品。2011 年 10 月 10 日，多米音乐推出多米 DJ，成为国内首个社交音乐服务。随后，酷我音乐也于 10 月 18 日推出其在线社交音乐应用——酷我 DJ。社交网络的融入，为音乐爱好者之间搭建了沟通的桥梁，通过分享和沟通为音乐带来了新鲜的元素。同时，传统的社交网站也为数字音乐的传播带来了新变化。开心网等网站自带的网络音乐播放插件和用户分享、口碑传播的模式，促进了网络音乐传播方式的变革，网络用户可以根据自己的喜好设定歌曲的编排。社交网站的黏性和互动性将为数字音乐传播带来巨大变革，并培养出一个有潜力的网络音乐市场。

2．音乐开始转向云市场

2011 年，网络音乐服务提供商越来越关注云音乐市场。“音乐云”即将用户收藏的音乐内容存储在“云端”，用户可以不受终端限制，随时通过网络享受音乐。2011 年 3 月，亚马逊率先推出免费云音乐服务Cloud Player。此后，谷歌、苹果先后发布自己的云音乐服务Google Music 和 iTunes Match。它们结合自己的终端设备，实现了音乐从云端连接各种智能移动终端的云存储服务模式。而云音乐市场的另一个层面，则是基于云音乐服务的订阅模式。2011年，市场上出现了 Rdio、Mog、Spotify 等个人音乐订阅服务。这些服务的推出，使消费者从播放硬盘 MP3 向云服务流媒体转移。数字音乐的服务形式从单纯的音乐内容提供，发展到音乐分享交流阶段，更多用户不满足于被动地收听音乐，而是热衷于分享。在国内，多米、酷我、酷狗等音乐服务提供商也已覆盖了手机、PC、音响、电视等多类终端。随着移动终端的广泛普及，无缝隙同步终端使“音乐云”成为技术趋势，随着移动互联网的成熟和移动终端的普及，“音乐云”所展现的众多机会将被日益重视。

3．音乐的相关移动软件和应用开发加速

2011 年网络音乐消费增长快速，很大的一个因素缘于音乐相关应用在移动网络和应用商店的增长。自 2008 年苹果公司推出 iTunes 应用商店后，基于音乐的移动网应用开始发力。随着 iOS 和安卓平台功能的增强，此类应用服务也不断增多。目前，国内音乐开发商天天动听、多米、酷我等正在进一步向移动网服务发展。

4．开放平台改变产业发展模式

开放平台已经成为互联网产业的一个主要方向。据了解，国内电商京东商城计划于 2012 年下半年推出数字音乐业务，形成完整的数字内容服务平台。中国移动无线音乐基地将开放 API 接口并提供行业解决方案，开发者可调用 12530 正版曲库开放 API，开发各种音乐类应用。

（中国互联网协会　张丽；多米音乐　左东旭）

第 18 章　2011 年中国博客、微博发展情况

- 2011 年，中国博客应用发展速度落后于整体互联网发展，网民渗透率为 62.1%。
- 新闻、搜索等门户网站博客占主流，社交网站博客成为博客市场领军者，专业博客生存空间很小。中国博客市场的竞争已经延伸到其他网络应用领域。
- 新闻门户网站博客中，新浪、网易、搜狐的博客服务仍然处于领先地位，新闻门户网站博客具有明显的媒体属性，是博客营销的主要市场。
- 微博是中国互联网在 2011 年发展最为迅速的网络应用，仅仅一年内用户规模就增长了近三倍，一跃成为近一半中国网民使用的重要互联网应用。
- 各级政府在 2011 年纷纷开设官方微博，政务微博成为政府极为重视的与民众沟通交流的互联网新平台。
- 2011 年，近五成（48.7%）网民使用微博，用户规模达到 2.50 亿。与 2010 年年底相比，用户增长率高达 296.0%。
- 2011 年，政务微博迎来快速发展期。新浪网、腾讯网、人民网、新华网四大主要微博平台共新增认证党政机构微博 27 400 个，新增认证党政干部微博 17 393 个。政务微博拉近了政府部门和公众的距离，受到广泛认可。

18.1　博客发展情况

18.1.1　发展概况

2011 年，中国博客应用发展速度落后于整体互联网发展。如图 18.1 所示，2011 年上半年博客用户规模达到 3.18 亿，增长率为 7.9%，在网民中的渗透率由 64.4%提升到 65.5%；而 2011 年下半年用户增长率迅速降低到 0.3%，渗透率则降至 62.1%。

博客发展缓慢的主要原因是一方面各种新型的社会化网络应用，如 SNS、微博等应用由于拥有更强的交互性以及娱乐性，吸引了网民大量的使用网络时间，一定程度上降低了现有网民向博客用户转化的比例；另一方面，目前新增网民多为欠发达地区居民，这类网民对于互联网使用不多，目前主要集中在娱乐型应用上，转化成博客用户的比例较低。

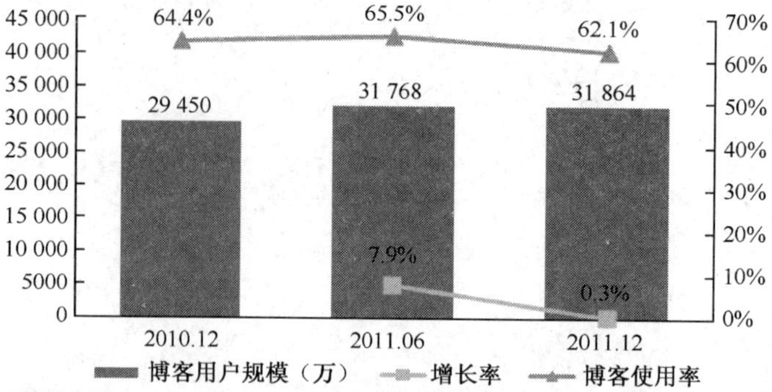

（数据来源：CNNIC第28次、第29次中国互联网络发展状况调查）

图18.1 中国博客用户规模

18.1.2 发展特点

近年来，中国博客市场的发展呈现出以下特点。

1．专业博客不断走高，博客呈现专业化趋势

尽管专业的博客网站目前处于发展停滞的状态，但专家型、权威型写手的专业博客，以其对经济、文化和各行各业发展的独到见解和专深的理论素养，对于网民学习、行业参考甚至政府决策都起到良好的效果。而且博客可以抛开微博字数上的限制，同时专业博客与微博可以进行良性互动，也都对专业博客的发展起到推进作用，使博客专业化趋势愈发明显。

2．门户网站博客增长得益于微博的快速发展

传统门户网站博主以一些企业或个人媒体为主，博客作为其主要的宣传和营销手段而备受推崇。但是，过去门户网站对于用户缺少个性化定制，往往只有少数博客能通过门户网站进行大规模的推广。2011 年微博客的快速发展，使得每个草根用户都有可能成为一个自媒体，这使得传统门户网站博客可以在门户网站推广之外，通过自身力量进行二次传播，更好的传播效果不仅激发了博主更新博客内容的积极性，更是由于其在微博上的个性化身份，使得更多有针对性的读者能够接触到博主的博客文章。

3．SNS 博客发展趋缓

2011 年，中国 SNS 发展势头放慢。国外 SNS 是最主要的社交网络平台，截至目前 Facebook 用户规模已经超过 7 亿，并正式于 2012 年 2 月成功上市。但中国的 SNS 环境与国外不同，主要有两个原因，一方面，中国网民在 UGC 内容的积极性和能力上相对美国网民来说有较大差距，SNS 网站中充满了转帖，原创内容偏少；另一方面，中国的互联网偏娱乐化发展，游戏、视频等娱乐内容成为 SNS 网站的主流，所以，SNS 博主更新博客的动力和时间被挤压。

18.1.3 竞争情况

博客应用已经成为互联网服务的标准配置，在门户网站博客、社交网站博客和专业博客网站中，新闻、搜索等门户网站博客占主流；而社交网站博客借助社交网络的交互性特点，已经成为博客市场的领军者；在这两者的挤压下，国内专业博客的生存空间很小。因此，中国博客市场的竞争已经延伸到其他网络应用领域。一方面延伸到博客服务提供商自身资源优势的竞争，另一方面扩展到微博客、SNS 等社交网络产品的竞争。

2011 年，QQ 空间（包括腾讯博客）仍然稳居中国博客市场用户渗透率排名第一位，QQ 客户端对博主的引导作用仍然较强。QQ 空间目前被赋予了更多的 SNS 特性，未来发展将逐渐与 SNS 网站趋于一致。

新闻门户网站博客中，新浪、网易、搜狐的博客服务仍然处于领先地位。新闻门户网站的博客具有明显的媒体属性，是国内博客营销的主要市场。

18.2　微博发展情况

18.2.1　发展概况

微博是中国互联网在 2011 年发展最为迅速的网络应用，仅仅一年内用户规模就增长了近三倍，一跃成为近一半中国网民使用的重要互联网应用。其多方面的特性让其能在短时间内聚集起大量用户：微博形式精简，功能强大，支持文字、图片、视频等多媒体信息，用户使用门槛低，体验良好；由于微博用户间关系的双向性，使用者可以构建起一个强关系和弱关系并存的网络，从而同时满足了其多层次的社交需求；对于各大互联网公司而言，鉴于微博有可能成为未来主要的信息传播平台和互联网新入口，门户网站均投入大量精力发展微博业务，通过广告投放、名人效应等策略成功地吸引了用户；用户通过关注与被关注，在微博上结成一个庞大的传播网络，信息能够在短时间内病毒式地大规模扩散，从而使微博迅速成为当前极具时效性和影响力的媒体，这也为微博自身带来了高知名度，推动了用户增长。

火爆的发展势头引发社会各界的关注，互联网业界讨论微博对未来互联网产业格局的影响，媒体关注微博对互联网信息传播机制和舆论产生机制的变革，政府关注如何利用微博搭建更加亲民和平等的官民交流平台，营销界则不断探索如何利用微博对互联网营销进行创新，微博对中国社会诸多领域都产生了显著影响。

18.2.2　发展特点

2011 年，微博发展重点仍在于用户积累，各大网站非常重视该业务的推广，微博成为用户增长速度最快的网络应用。同时，微博怎样发展以保持用户长久的使用黏性，以及微博未来的盈利都成为其未来道路上的重要影响因素，每家微博网站都有相应的发展思路，因而微博未来在形态、功能、运营模式等诸多方面还存在较大不确定性。总结起来，2011 年我国微博行业的发展呈现出以下特征。

1．强化网站特色，发展道路多元化

对于已经获得成功的微博客网站来说，未来着重考虑的将是其商业价值的发掘以及维持用户长久的使用兴趣；而对于错失先机、正在奋力追赶的微博客网站来说，其需要发展出更加鲜明的特色来吸引用户，从而找到突破的机会。因此，出于各自不同的目的，2011 年许多微博客网站对其功能定位进行多方面的调整或强化，微博发展道路出现分化。

对于新浪来说，微博是这一老牌互联网企业实现转型的关键产品，大量的投入也要求新浪微博必须能够展现出足够强大的盈利能力。微博的迅速扩散与其强大新闻话题传播能力有关，这一简单却高效的信息传播平台契合了中国网民的需求，因而被广大网民迅速接受。然而，依靠社会热点话题驱动的用户互动关系却也存在较大局限性，尤其是对于未来微博盈利模式的发掘。同时，由各种热点舆情事件、名人效应所催生的用户使用热情很难长久维持，在这种机制下，微博活跃度依然需要不断依靠热点事件刺激。因此，新浪微博在 2011 年开始了“SNS 化”的探索，10 月，新浪微博进行改版，采用三栏布局以及单层统一导航的界面，将网友的各类社区信息进行分类展示，同时增加了即时通信、相册等应用，无论从页面还是功能上都越来越接近于 Facebook 类的社交网站，显示出新浪微博在不断强化微博的 SNS 属性。

与新浪微博不同，搜狐微博凭借其门户积累的丰富媒体资源，明确自己作为社交媒体的定位，并提出在未来将深入实行媒体化战略，推出了“微博客版权保护”、微博作者签约制度等措施。

可见，由于不同门户发展微博平台的战略意图存在较大差距，所以当前微博客的发展道路较为多元，各大门户均根据自身优势，为微博赋予不同的功能和特性。

2．微博监管机制更加严格和完善

微博的迅猛发展带来了信息传播方式的巨变，同时也造成了信息失控、谣言散播等问题，无论对个人还是社会都造成了潜在的危害。面对这一局面，相关部门正在采取措施加大对微博的监管力度，同时也对微博客企业施加压力。微博客企业也正在采取措施管理信息传播秩序，新浪微博表示将开发相关系统，降低微博对社会稳定构成的风险。

在微博监管措施中，最值得注意的是微博客实名制规定的出台。2011 年底，部分地区的政府部门已经开始着手将微博的监管方式以法规条例的形式确立下来，其中就包括微博客实名注册等规定。2011 年 12 月，北京率先制定了《北京市微博客发展管理若干规定》，要求任何组织或者个人注册微博账号，应当使用真实身份信息，此后广东和上海均开始引入微博用户实名制，三大地区的相关法规基本上覆盖中国绝大部分主流微博服务商。实际上，微博网站本身已经在积极推进微博的实名认证体系，不过考虑到微博用户的反应，实名制很难在短期内完成，然而现在一旦以法规形式强制下来，势必要影响到用户的使用感受。从这一点看，微博在政策监管方面面临着较大的不确定性因素，这一监管措施对于用户使用的影响还有待评估。

除了政府层面，社会对于微博信息的良性传播也十分关注。为了维护微博健康稳定的发展，许多民间人士开始讨论如何降低微博上谣言传播的风险。主流的关于谣言传播的观点认为，信息的公开透明是杜绝谣言传播的最有效手段，而社会公众积极参与到谣言的澄清中，能够构建起最为有效的自净机制，因而微博上出现了大量私人或民间组织的辟谣账户，作为一支自我调节力量，保证微博上传播信息的真实度，降低不良信息对社会造成的危害。

3．微博营销兴盛，同时伴随较大水分

微博影响力日益扩大，为企业的营销活动提供了新的平台和契机，微博营销因而也迅速成为一门显学，引发业界的热烈讨论。2011 年，已经有大量企业积极进行这方面的实践，出现了许多成功案例，这更激发起广告主利用微博进行营销的兴趣。

微博营销催生了大量依靠微博生存的企业公司或草根网民，甚至形成了一个完备的产业，其中尤为值得注意的是所谓“微博大号”的大量出现，如“冷笑话精选”、“经典语录”等，这些微博大号均为相关的商业公司经营，其中不乏知名互联网人士。微博大号凭借数百万的粉丝和巨大的影响力，承接转发商业广告、为客户添加僵尸粉丝等业务，获得极为可观的收入。

微博营销的迅速兴起同时引发了一系列混乱、不规范的操作，甚至违法犯罪行为。为了经营粉丝数量足够多的微博大号，或者伪造评论数、转发数，微博上雇佣水军、买卖僵尸粉丝的作弊现象泛滥，这给刚刚发展起来的微博营销注入了大量水分，导致很难真正评估微博营销效果，从长远看不利于微博平台的健康发展。少数人为了增加微博粉丝数和影响力，甚至以散播色情等非法信息吸引粉丝关注。为了杜绝这一现象的持续，新浪微博在 2011 年 9 月发布新规，拟遏制这些微博大号转发广告牟利。

4．政务微博成为政府和民众沟通的新平台

政务微博成为政府极为重视的与民众沟通交流的互联网新平台，各级政府在 2011 年纷纷开设官方微博。2011 年 11 月“北京微博发布厅”正式上线运行，首批共有 20 个北京市政府部门的政务微博加入，其主要发布的内容包括北京市政府发布的最新政策法规，市政府、各单位最新的工作进展情况，回应热点和社会关切的问题等。随后，上海市政府新闻办公室认证的政务微博也正式上线。许多地方政府已经将微博作为一项常规工作，以政府文件形式固定下来。政务微博的建立有利于政府对一些突发性事件、网络谣言给予及时回应和澄清，比传统的新闻发言人制度更加迅速、高效，可以有效提升政府的公信力。政务微博在社会管理创新、政府信息公开、新闻舆论引导、倾听民众呼声、树立政府形象、群众政治参与等方面发挥了积极的作用。

18.2.3 市场情况

1．市场格局

目前中国的微博客市场份额集中于新浪微博和腾讯微博两大微博网站，两者的用户规模优势明显，使用率远远领先于其他微博。腾讯微博起步晚于新浪微博，但是由于其后期发力，大力推广，从 QQ 中导入了大量用户，产生了显著成效，所以目前用户数已经超越了新浪微博。而国内微博行业的发展热潮起源于新浪微博，用户规模虽然被腾讯微博赶超，然而其舆论影响力依然保持领先，新浪微博除了继续巩固在一、二线城市的用户规模外，接下来计划加大三、四线城市的推广力度，争取更多的用户。

微博已经成为门户的“标配”，搜狐和网易在 2011 年也加大力量投入在微博客产品的推广上，试图通过功能差异化、调动自身优势资源等各种手段进行突围，但是由于错过了先机，要在用户量级上赶上新浪和腾讯的水平，可能性较小，因而只能寻求突破，处于第二梯队。除了四大门户网站推出的微博产品，目前还有一些垂直网站推出了微博产品，其影响力不大，主要集中在各自的细分领域。值得注意的是，2011 年 8 月百度关闭“说吧”入口，停止“说吧”所有服务，百度推出的这一微博产品从上线到退出尚不足一年，显示出这一热点领域激烈的竞争态势。

对于独立微博站点，国内较早的微博网站 follow5 于 2011 年 11 月初发布公告，称在 30 天内将暂停所有服务，规模较小的独立微博在这一领域中已经没有太大机会。

2．盈利模式

微博客未来如何盈利是目前争论较大的问题，2011 年大部分微博客网站处在用户积累初期，如何提高用户规模以及其使用黏性是微博服务商重点考虑的内容，因而暂未考虑微博客的盈利问题。然而，实现盈利才是微博应用可持续发展的关键因素，对于承担了较大盈利期望的新浪微博而言，这一压力尤其明显，一方面用户已经积累到了一定程度，另一方面新浪在微博上的投入巨大，财务压力日益明显，微博的盈利也就越来越紧迫。因而在 2011 年，发展情况较好、同时对微博寄予较大盈利期望的网站已经开始着手尝试多种盈利模式，为未来微博的货币化奠定基础。

从目前主要微博网站的动作看，其盈利模式的探索主要包括以下几个方面。

首先是面向企业端的广告营销服务，其中具体包括以下几种。

（1）传统的展示广告。微博站点巨大的流量提升了其页面上广告位的价值，既包括 PC 端，也包括移动终端。作为一种发展较为成熟的广告形式，展示广告目前已经能够为微博网站带来一定的收入，但是这种形式还较为初级，并没有充分发挥微博的营销能力，因而价值十分有限。

（2）自助广告平台。这一形式主要面向中小企业和其他小客户的广告营销，自主广告平台允许中小企业广告主根据其目标人群选择在有限范围内进行广告投放，既降低了成本，也提高了精准度。而对于网站来说，自助广告平台是互联网长尾效应的又一体现，虽然平均下来每个广告主贡献不大，但是通过汇集大量的中小企业，网站能够获得可观的营收，同时避免了由于几个大客户的变动而影响整体收入的局面，此外自助广告平台也降低了网站运营成本，因而对于微博来说这一形式是较为理想的手段。

（3）社会化电子商务。社会化媒体和电子商务结合的社会化电子商务，让用户可以基于互相之间的某种社会关系进行商品或服务的讨论、推荐，实现口碑传播，同时无缝地衔接到互联网上完成消费，因而被视为互联网社交化时代中电子商务十分有效的推广手段，微博上用户间活跃的互动和高效率的信息传播为社会化电子商务提供了基础，因而主要的微博客网站均进行了相关尝试。新浪微博推出“微商城”，包括京东商城、淘宝商城、凡客诚品等国内主要的 B2C 网站均已先后入驻，在官方微博开设促销页面。腾讯微博也开始了电商推广平台这一盈利模式的探索，推出“微卖场”，企业可通过腾讯微博直接向粉丝销售商品。当然，目前微博还只能提供一个展示页面，离真正的社会化电子商务还较远，需要积极完善基础设施的建设。

其次，部分微博网站在 2011 年还进行了针对用户收费的增值服务和社区游戏等盈利模式的探索。

增值服务方面，2011 年新浪微博开始尝试推广“微号”业务，并推出“贵金”、“雅银”等收费微号，意欲模仿与 QQ 增值服务类似的盈利方式。

游戏方面，多家微博网站均推出了开放平台，吸引第三方游戏开发者入驻，但是在 2011 年还未推出收费游戏。

无论是增值服务还是付费游戏，这些针对用户的收费服务需要微博平台建立起一个便捷的虚拟货币系统，腾讯微博已经有 Q 币这一相当成熟的虚拟货币系统，而新浪微博也在 2011 年第三季度推出了“微币”，开始微博客平台的货币化，试图建立基础支付系统，以支持未来的盈利。

18.2.4 用户规模

截至 2011 年 12 月底，近五成（48.7%）网民使用微博，用户规模达到 2.50 亿，如图 18.2 所示。与 2010 年底相比，用户增长率高达 296.0%。

微博的爆发期出现在 2011 年上半年，用户量由 2010 年底的 6311 万激增至 1.9 亿，半年增速达到 208.9%。到 2011 年下半年，用户增速回落至 28.2%，微博使用率步入高位后，已经结束了爆发式的增长。

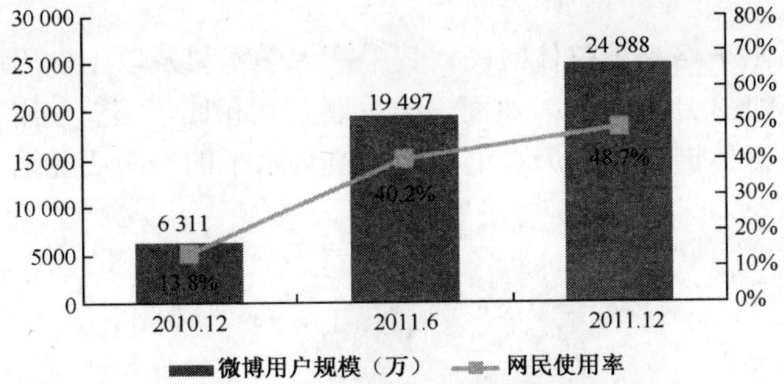

（数据来源：CNNIC第28次、第29次中国互联网络发展状况调查）

图18.2　中国微博用户规模

18.2.5　用户结构

1．性别结构

微博用户中男性占比为54.0%，而截至2011年12月底，我国网民男女性比例为55.9:44.1，男性对微博的使用率略高于女性，如图18.3所示。

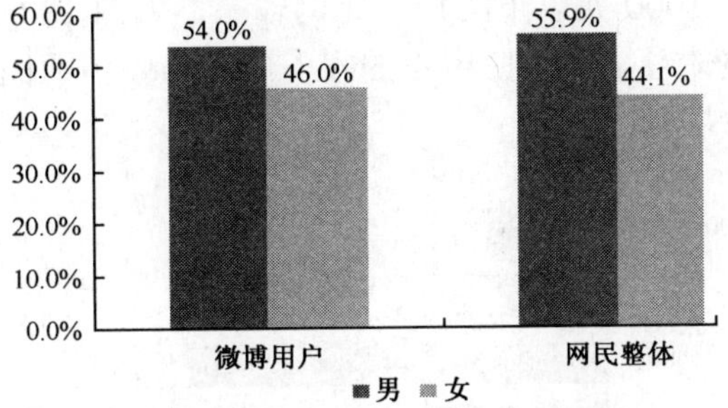

（数据来源：CNNIC第29次中国互联网络发展状况调查）

图18.3　2011年中国微博用户性别比例

2．年龄结构

微博用户年轻化特征明显，绝大多数用户是10～29岁的年轻人，占比约为70%，如图18.4所示。其中，10～19岁人群占微博用户的比例为34.7%，该年龄段微博使用率最高；其次为20～29岁人群。

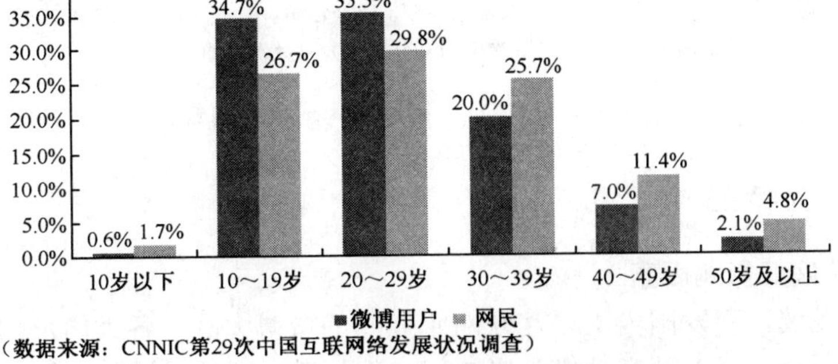

（数据来源：CNNIC第29次中国互联网络发展状况调查）

图18.4　2011年中国微博用户年龄构成

3．学历结构

微博用户的学历水平略高于整体网民。其中，大学本科及以上学历用户比例高出整体网民接近 4 个百分点，如图 18.5 所示。然而，与发展初期相比，随着使用率的迅速提升，微博不断向低学历的网民群体扩散，学历水平与网民整体水平的差距明显缩小。

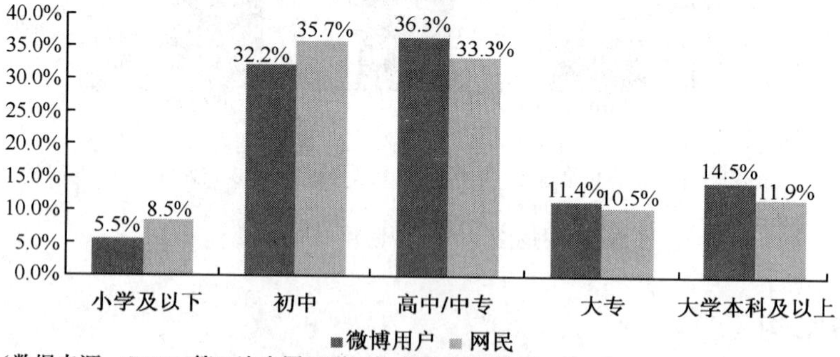

（数据来源：CNNIC第29次中国互联网络发展状况调查）

图18.5　2011年中国微博用户学历构成

4．收入结构

微博用户中月收入在 1000 元以下的群体比例较高，如图 18.6 所示，这与微博用户中学生群体占比较高相关。整体看来，微博用户的收入结构与整体网民已经相当接近，显示出微博已经广泛渗透到各个阶层中。

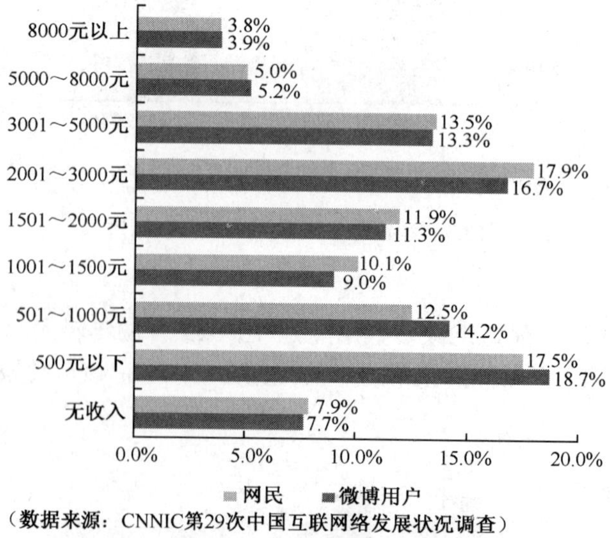

（数据来源：CNNIC第29次中国互联网络发展状况调查）

图18.6　2011年中国微博用户收入构成

18.2.6　用户行为特征

1．微博网站偏好影响因素

微博的迅猛发展，引发国内主要互联网企业间的微博大战，各大门户均花费大量精力推广其微博产品。调查显示，社交性成为影响用户偏好某一微博品牌最关键的因素，约八成用户最常访问某一微博网站的原因在于有很多朋友、同学、同事也在使用这一微博，如图 18.7 所示。这一结果显示出熟人间的相互影响是推广微博应用最有效的手段，同时也反映出微博具有比较明显的社交性。

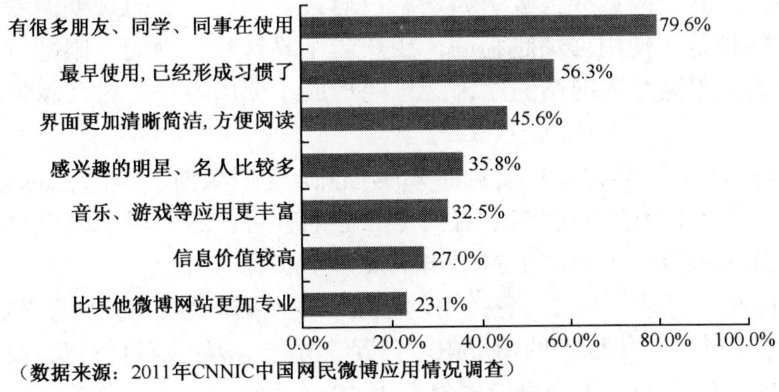

图18.7　微博客用户网站偏好影响因素

相比之下，微博运营商重要的推广策略之一，即依靠明星、名人，效果则显得并不突出，仅 35.8%的用户偏好某微博品牌是因为该微博上自己感兴趣的名人、明星较多。名人效应在发展初期起到较好效果，但在目前的激烈竞争之下，各方微博都在抢夺名人资源，同时许多名人在多个微博网站上均开设了账号，名人优势已不明显，名人策略目前可发挥的作用比较有限。

同时，超过一半的用户偏好某一微博产品的原因中，包括使用该微博已经形成了习惯。显然，微博产品的使用具有较强的排他性，用户一旦使用形成习惯后，再迁移的成本较高，所以微博领域竞争中先发因素至关重要，后来者想抢夺老的微博用户难度较大。

产品体验也是影响用户使用偏好的关键因素，45.6%的用户最常使用某微博网站的原因是“界面更加清晰简洁，方便阅读”，其重要性超过了名人明星和微博应用等因素。这一结果显示，目前条件下，产品自身的使用体验更加重要，尤其是对于微博这种信息组织的碎片化特征。

同时，CNNIC 调查显示，微博使用年限不同的用户群体对微博网站偏好的影响因素也有所不同，如图 18.8 所示。

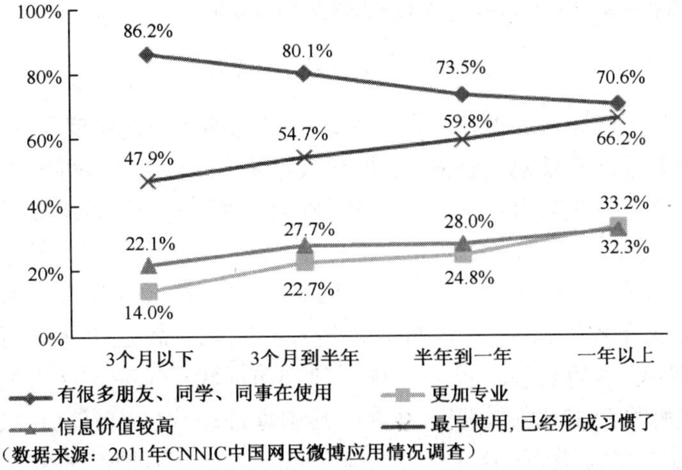

图18.8　不同使用年限用户微博网站偏好影响因素比较

（1）使用年限越短，微博社交因素越重要。使用年限在 3 个月以下的微博用户中，有 86.2%的用户表示其最常使用某一微博网站的原因中包括有很多朋友、同学、同事在使用，这一比例在使用微博一年以上的用户中为 70.6%。可见，随着使用人数的积累，用户在微博上的社交联系越来越多，而这一因素成为吸引新增用户对某一微博产生忠诚度的首要因素。

（2）使用年限越长，使用习惯越稳固，用户越不易转移。使用年限超过一年的用户中，有 66.2%表示其最常用某微博网站的原因是已经形成了使用习惯，时间越长，这一因素影响越大。

（3）使用年限越长，对品牌专业度的感知越强烈。使用微博一年以上的用户中，有 33.2%认为其最常用某一微博网站的原因在于对其专业性的认可，这代表了用户对其品牌形象的认可，这一比例在使用微博 3 个月以下的用户中仅为 14.0%。

（4）使用年限越长，对微博的信息效用越重视。使用时间越长的用户，越认可其偏好的微博网站的信息价值，使用一年以上的用户中，有近三分之一因为信息价值较高而偏好使用某一微博网站，比刚使用微博不到 3 个月的用户高出 10 个百分点。这一结果反映出相当一部分微博用户经过长期的使用经验积累，能够从微博中发现价值较高的信息，从而满足其需求。

2．微博用户活跃度

微博用户显示出高度的访问黏性，38.2%的用户表示每天都要访问微博，其中 18.6%的用户每天要登录多次，如图 18.9 所示。另有 15.7%的用户每周访问不到一次，属于不活跃用户。

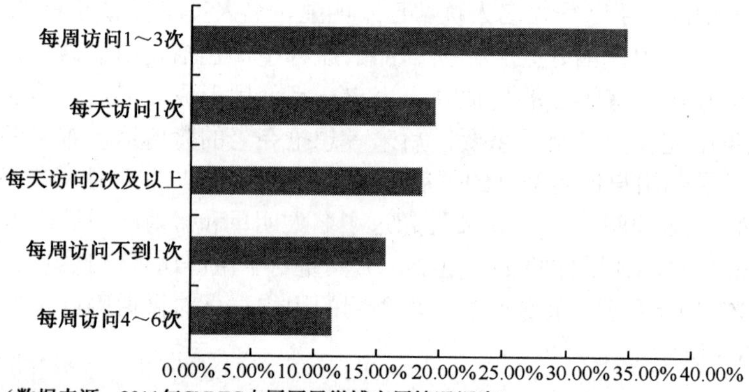

（数据来源：2011年CNNIC中国网民微博应用情况调查）

图18.9　微博用户访问活跃度

与微博的访问黏性相比，在微博上发布和转发信息的用户比例明显降低。信息发布方面，6.7%的用户表示每天都发布信息，15.6%的用户表示隔几天发一些微博，也就是说大概只有两成左右的群体是微博上主要的内容生产者，而其余用户则只是偶尔发布或从来不发布内容，如图 18.10 所示。信息转发方面，7.6%的用户表示每天都会在微博上转发信息，如图 18.11 所示。

以每天都访问微博的用户作为“访问较活跃用户”，每天都发布微博和隔几天发布微博的用户作为“内容发布较活跃用户”，每天都转发和隔几天转发微博的用户作为“内容转发较活跃用户”。CNNIC 调查显示，虽然男性用户中访问较活跃用户比例略高于女性，但是内容发布和转发较活跃用户的比例均低于女性，其中女性用户中内容发布较活跃用户比例达到 26.3%，比男性高出 7.6%，如表 18.1 所示。这显示出女性在微博上的主动行为更加频繁，更愿意在微博上表达。

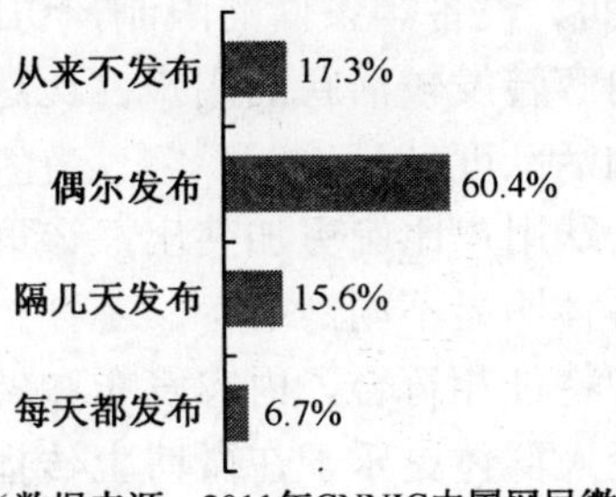

（数据来源：2011年CNNIC中国网民微博应用情况调查）

图18.10　微博用户内容发布活跃度

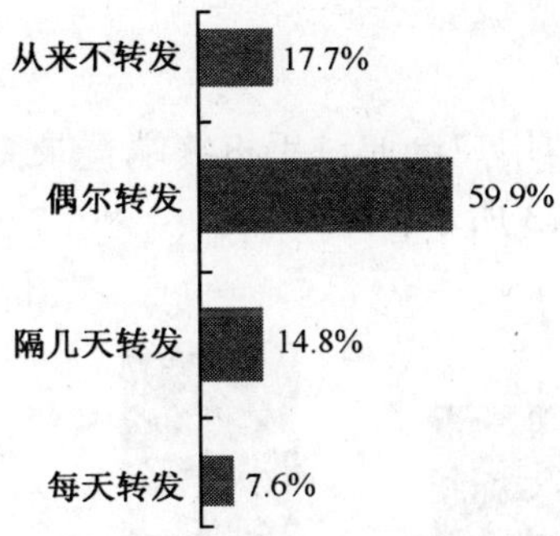

（数据来源：2011年CNNIC中国网民微博应用情况调查）

图18.11　微博用户内容转发活跃度

表 18.1　不同性别微博用户活跃度比较

	访问较活跃用户比例	内容发布较活跃用户比例	内容转发较活跃用户比例
男	39.0%	18.7%	19.7%
女	36.0%	26.3%	24.5%

不同年龄段微博用户的活跃情况也有所不同，如图 18.12 所示。

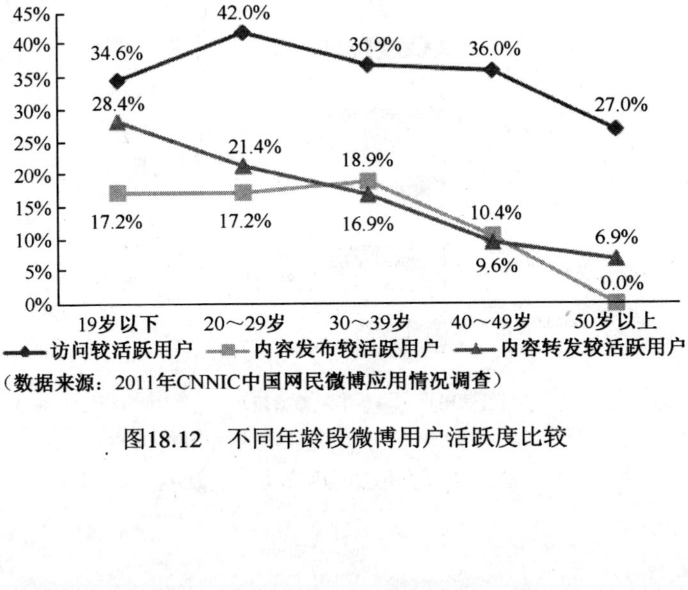

（数据来源：2011年CNNIC中国网民微博应用情况调查）

图18.12　不同年龄段微博用户活跃度比较

对于 19 岁以下用户，由于受到时间、设备等条件的限制，访问较活跃的用户比例偏低，但是他们最愿意在微博上转发内容，内容转发较活跃的用户占比达到近三成。可以发现，在内容转发方面，年龄越小，这一行为的活跃度越高。

而 30～39 岁人群中内容发布较活跃用户比例更加突出，该群体中内容发布的活跃程度超过了内容转发，这一特征与年轻人群体明显不同。

这一结果与不同年龄段人群的心理特征相符合，内容发布和转发在信息传播链条上充当着信息生产者和传播者两种角色，年轻人群体更乐于在微博上传播现有信息。而较为成熟人群，转发别人信息的意愿远不如年轻人群体，随着个人经验的积累，他们更愿意表达自己的观点和意见。

3. 手机微博使用情况

（1）手机微博用户规模

CNNIC 调查显示，有 54.8%的微博用户会通过手机终端登录微博，也就是说微博用户中有超过一半是手机微博用户，如图 18.13 所示。

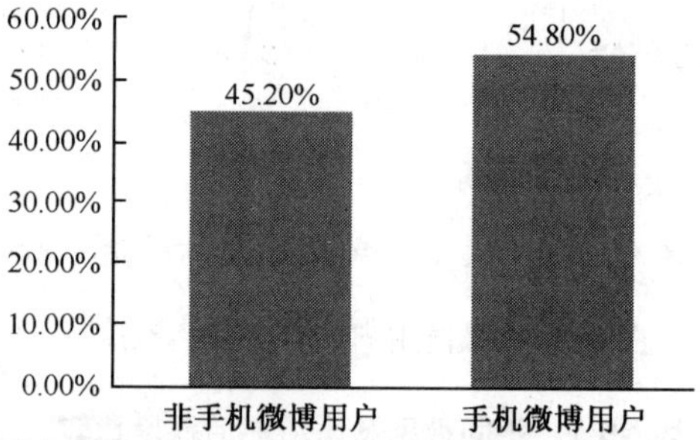

（数据来源：2011年CNNIC中国网民微博应用情况调查）

图18.13　手机微博用户占微博用户比重

（2）手机微博用户活跃度

通过手机等移动设备使用微博的用户，其活跃程度远高于其他用户。手机微博用户中，高达 48%的用户每天都要访问微博，而这一比例在非手机微博用户中仅为 27.3%，如图 18.14 所示。同时，移动终端微博用户发布内容的频率也明显高于非移动终端的微博用户，如图 18.15 所示。

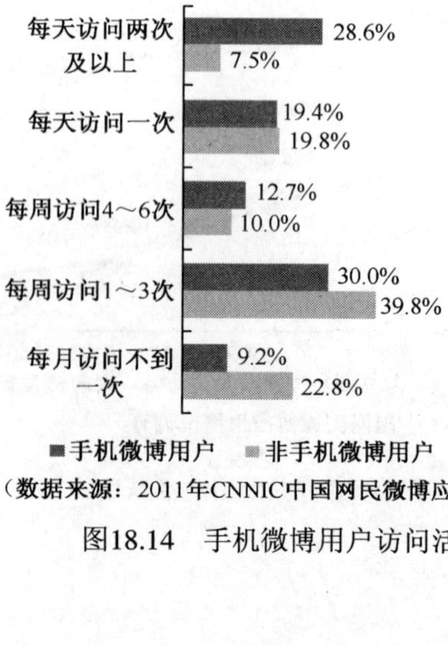

（数据来源：2011年CNNIC中国网民微博应用情况调查）

图18.14　手机微博用户访问活跃度

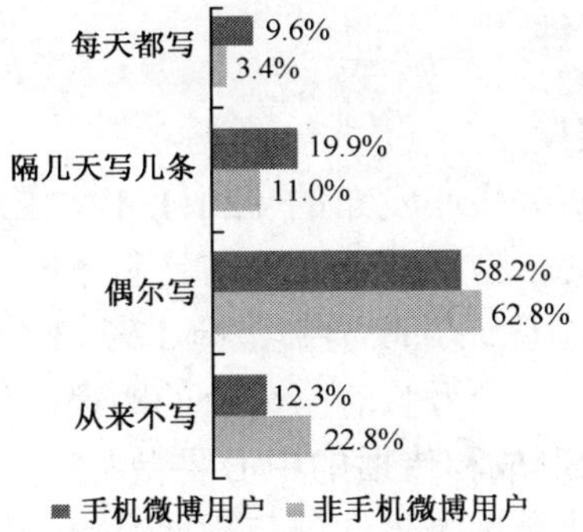

图18.15　手机微博用户内容发布活跃度

结果展现出微博这种产品与移动客户端的适应性。可以预见，移动互联网的普及将会进一步推高微博的使用率，微博上的内容生产和内容传播等活动也会更加活跃。

4．微博营销信息传播效果

35.3%的微博用户表示，他们曾经因为在微博上看到了品牌或者产品信息，从而引发了其购买该产品的想法，或者对于该产品产生了兴趣，如图 18.16 所示。微博上的信息对一部分用户产生了较好的效果。

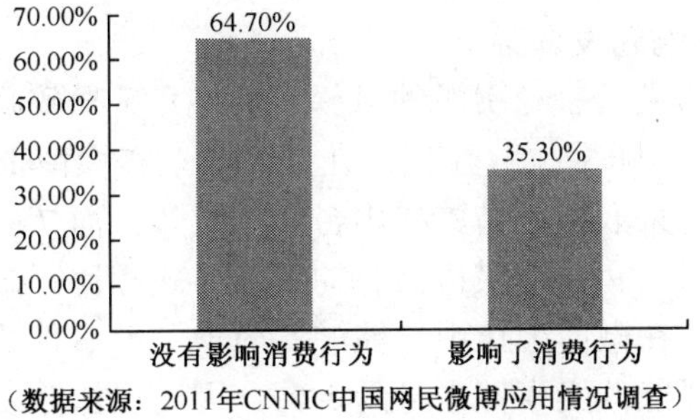

（数据来源：2011年CNNIC中国网民微博应用情况调查）

图18.16　微博信息对用户消费行为的影响

微博上的信息要取得好的效果，表现形式仍然是最重要的影响因素。超过六成用户认为是因为微博上的产品或促销信息形式有趣，如图 18.17 所示，从而产生了兴趣。微博上较为成功的营销案例，无一不是因为这些内容的表现形式抓住了微博用户的趣味或者网络语言独特的风格特征，从而引发了强烈的反响。相比之下，在微博上，熟人的分享或者名人、明星的分享，效果则显得一般。从这一结果看，目前微博上营销信息传播效果的实现，关键依然在于传播范围的扩大以及信息的表现形式的创新，这一点与传统媒体的营销方式基本一致。

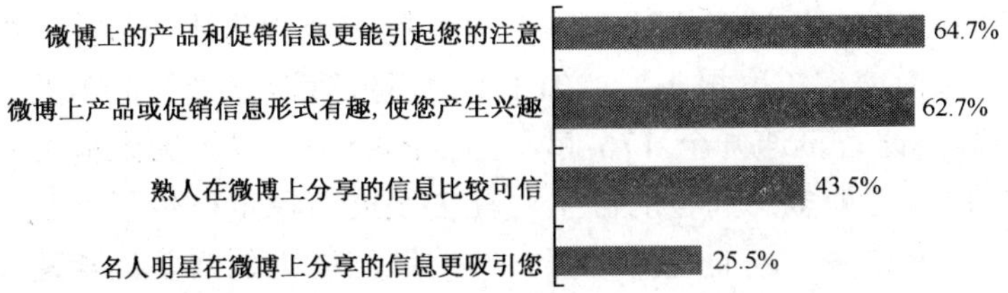

（数据来源：2011年CNNIC中国网民微博应用情况调查）

图18.17　微博信息影响用户消费行为的原因

18.2.7 微博与社会重大事件

1．政务微博迎来快速发展期

据国家行政学院电子政务研究中心发布的《2011 年中国政务微博客评估报告》统计，截至 2011 年 12 月 10 日，新浪网、腾讯网、人民网、新华网四大主要微博平台上，共新增认证党政机构微博 27 400 个，新增认证党政干部微博 17 393 个。政府部门通过开通政务微博，可以让公众迅速了解政府的言行，拉近政府与公众的距离，受到广泛好评。

2．微博成为中国社会舆论形成和传播的中心平台

几乎所有引发全国关注的社会重大事件都与微博有直接或间接的联系，如郭美美炫富、官员微博开房这样的在微博上爆出并引发热议的事件，同时也包括 7・23 动车事故、李娜法网夺冠等通过微博被爆炸性地转发的热点新闻，微博在 2011 年展示出空前的舆论传播能量。

如果说在微博发展之初，其爆发出的社会热点事件还具有相当的偶然性，那么到 2011 年，越来越多的媒体、意见领袖或者新闻当事人更加有意识地利用微博工具制造话题、传播热点事件，从而营造社会议程。微博网站为了维持用户的使用黏性而在日常运营中十分注意制造社会热点话题，从而提高用户发布和转发言论的活跃程度，而新闻媒体也逐渐将微博当成获取新闻的常规性来源之一，凸显微博的媒体价值。例如，社会知名人士通过微博发起"随手拍解救乞讨儿童"、"免费午餐"等公益性质的活动。

3．微博舆论对现实影响越发深远

炫富女孩郭美美在微博上的言论引发的风暴，最终几乎导致我国官方慈善组织红十字会的信用破产；"免费午餐"、"随手拍解救乞讨儿童"活动在微博上被广泛转发后，社会公众积极参与，并最终促使政府采取相应措施或出台相关政策；而 7・23 动车追尾事故更是引发了持续数天的网民集体声讨。和传统媒体信息的展示方式相比，微博的一个突出特点便是一种强烈的现场感、亲历感，在微博上让用户能够实时地了解事件的最新进展，并参与到信息的传播和评论中，最终很可能改变事件本身的走向，因而更加激发用户利用微博关注突发新闻事件的兴趣。

根据 CNNIC 调查显示，近六成微博用户把微博当成获知突发信息最重要的渠道，显示出微博强大的新闻传播能力。不仅是突发新闻，有 46.8%的微博用户已经将微博当成获取新闻信息的主要途径。有 46.7%的微博用户表示自己会将亲身经历的突发事件发到微博上。微博的出现让用户能够以最低的成本在网上发布新闻，发挥记者的功能；同时，微博在历次大的新闻事件中所营造的舆论氛围，正在逐步培养用户主动传播新闻的习惯。

4．网络谣言极易通过微博扩散

在用户话语权获得释放的同时微博也带来了信息的无序传播，如谣言的散播，2011 年日本大地震后就发生了关于食盐被污染的谣言而导致抢购食盐的社会事件。根据上海交通大学发布的《2011 年中国微博客年度报告》，2010 年由新浪微博曝光并证实的微博谣言为 21 起，但到 2011 年全年微博谣言迅速升至 176 起，谣言的类型，以天灾人祸类谣言、公众人物类谣言、社会民生类谣言为最多。谣言的滋生对社会发展与稳定产生了不利影响，严重扰乱了我国的互联网信息安全秩序，因而我国微博网站的辟谣能力仍需要加紧建设，同时还需要进一步强化微博的自净功能。

18.2.8　未来发展趋势

经历 2011 年的爆发式增长后，未来微博将步入更加平稳的发展轨道，用户增长速度进一步趋缓。而微博运营商接下来面临的任务，一方面在于继续深化网站功能建设，积累用户的同时保持用户使用黏性；另一方面则在于寻求微博的盈利之道。

网站功能方面，由于各家微博对各自的功能定位不同，微博网站未来的侧重点将出现更大的分化。对于强化微博 SNS 特性、平台化功能的网站来说，未来其将继续深化平台建设，重点将包括以下方面：第一，通过功能上的渐进式的改进，挖掘用户之间的强关系链条，激发草根用户与好友之间的互动行为，进一步强化 SNS 属性；第二，增加与移动终端紧密结合的功能，如 LBS 类应用，探索微博的 SoLoMo 发展道路；第三，建立更加完善的视频、音乐等内容的社会化分享机制，加强与视频网站的合作，将微博建设成重要的社会化内容分享平台，强化微博的入口角色和流量导入功能；第四，继续发展第三方应用平台，吸引更多开发者入驻，丰富网站应用。而对于继续强化微博现有属性，即社交媒体属性的网站来说，未来将继续提升网站的日常运营水平，实时紧扣中国社会热点，制造更多新闻话题，以维持用户的活跃度；同时通过版权保护甚至支付稿酬等各种手段刺激名人、意见领袖们的微博创作，继续依靠名人效应吸引普通用户的关注。

盈利方面，部分微博网站已经在 2011 年为盈利展开了一系列布局，未来一两年内微博货币化的动作将日益明显，短期内微博着重考虑的收费领域将是自主广告平台和付费游戏。此外，为了支撑其盈利，微博客网站需要进一步完善支付系统建设，提供更加实用的营销效果测评工具。

未来影响微博发展的一个重要因素还有真实身份认证的全面推行，对于行业发展来说这一措施将同时带来好处和弊端。短期内，部分微博用户将会因为需要提供实名信息、担心个人信息安全和隐私保护而流失，或降低言论活跃程度。长远来看，实名制对于维护微博上的言论秩序，尤其是提高谣言传播成本、保障网络信息安全来说有一定作用；而困扰微博营销良性发展的“僵尸粉”现象将得到有效清理，从而遏制粉丝买卖，导致一些微博大号出现粉丝量缩水，一定程度上清除了微博发展过程中的水分，保证微博营销健康发展。

（中国互联网络信息中心　沈珅）

第 19 章　2011 年中国社交网站（SNS）发展情况

- 2011 年是中国网站调整之年。社交网站发展进入平台期，网站用户扩张速度、用户使用黏性表现一般，远不及微博在我国的发展。
- 2011 年我国 SNS 领域竞争激烈，市场格局出现较大变化。从用户规模看，朋友网（即原“腾讯朋友”）处于领先地位，人人网和开心网处于第二梯队。
- 2011 年，中国社交网站用户数量达 2.44 亿，全年新增用户 919 万，增量较 2010 年明显下降。社交网站用户占网民比例为 47.6%，比 2010 年底回落近 4 个百分点。

19.1　发展概况

中国的社交网站经历了前几年起伏后，在 2011 年开始了自身的巩固和调整。2011 年 5 月，人人网赴美上市的消息让中国社交网站再次成为各方关注的焦点，行业发展迈出重要一步，然而其上市后的股价表现也同时凸显出中国社交网站面临的诸多困境，尤其是在盈利能力上。当前，中国社交网站发展进入平台期，用户规模虽然维持增长局面，但与 Facebook 等国外社交网站迅猛的发展势态相比，我国这一类型的网站在用户扩张速度、用户使用黏性等指标上的表现一般，远不及微博在我国的发展速度。

面对这样的局面，多家社交网站在 2011 年开始加快创新步伐，积极进行网站功能的调整和拓展，甚至进行战略上的转型，以期对用户产生持续的吸引力，如提供更为丰富的社交功能、强化网站的实用性、提升平台的开放性等。然而，总体上我国社交网站在 2011 年没有出现重大创新，用户的使用积极性很难被重新大幅度调动起来。与此同时，我国社交网站还在不断开拓新的运营模式和盈利渠道，尝试与其他互联网应用进行融合，如社会化电子商务、视频的社会化分享等，SoLoMo[45]概念的大热促使社交网站在移动化、本地化的道路上积极探索，不断提升用户的移动体验。

总之，在经历了前几年的迅速崛起和增长放缓后，中国 SNS 行业受到的业界关注度相比前几年有所下降，2011 年成为我国社交网站的深度调整期。

19.2　行业发展特征

“社交化”的概念被业界热烈讨论，被认为是互联网未来的重要发展方向，将逐步融入互联网众多领域当中。但在中国，将这一概念发展成为一个成熟的业态还有较长的道路。首先，社交网站需要如何运营、满足用户哪些方面的需求，才能保证用户长久的使用黏性，提升交流互动的活跃度，这个问题在社交游戏的热度快速衰退之后备受关注，成为各大网站在经历增长趋缓甚至停滞之后思考的问题，许多网站都在积极进行功能上的增减，甚至运营模式上的调整，以重新调动起用户的使用兴趣和活跃程度；另一方面，目前已经有社交网站登陆资本市场，因而如何让流量有效变现也成为一个较为紧迫的问题。总结起来，2011 年我国社交网站行业的发展呈现出以下特征。

1．完善网站功能，提升用户社交体验

网页社交游戏热度衰退影响了许多社交网站的持续增长，让行业意识到过度的娱乐性并不利于社交网站的可持续发展，其真正的核心在于“社交”，也就是让用户在网站上建立起牢固的社交关系网络，培养用户使用社交网站的日志、图片分享等功能进行自我展现和交流沟通的习惯，进而用丰富的开放平台组件刺激用户的互动行为，以维持其长时间的使用黏性，同时留下丰富的个人信息和行为印记。针对这一核心，许多社交网站采取各种方式，丰富和完善网站的功能，意图提升用户的社交体验，其中包括功能细节、产品开发甚至发展战略等各个层面的改进和转型。例如，微观层面上引入类似于微博形态的功能，提升用户在社交网站上进行通信的便捷度，以刺激用户的信息发布与交互行为；在产品层面，推出以兴趣为导向的群组功能，从而丰富用户的社交关系，激发用户的内容分享行为；在宏观的发展战略上，开心网则明确提出“实用化”的战略，纠正过度娱乐的发展道路，实现虚拟社交和现实社交的融合。

2．拓宽发展道路，寻找新的增长点

2011 年，中国社交网站进行了多领域的尝试，拓宽发展道路，从中寻找将流量变现的途径。例如，从多个角度介入到社会化电商业务中，将 SNS 与电子商务结合起来，其中既包括开设团购网站，也包括集成本地生活信息、购物、娱乐等口碑点评功能，构建社会化电子商务的消费环境。人人网则全资收购了视频分享网站 56.com，试图探索社会化分享与网络视频结合后的潜力，在视频分享上寻找新的增长点。实际上，电商、移动、视频是互联网公司未来战略布局中都将考虑的主流方向，而 SNS 如何在这些领域中找到自己的定位，还是需要通过探索出 SNS 本身的特性与这些领域的结合点，部分失败案例已经突出地体现出这一原则，如目前社交网站推出的团购平台经营情况并不理想，有网站甚至已经放弃该部分的自营业务。团购作为一种产品的推广和促销手段，实质上并不具备足够的“社会化”属性，因而没有触及社交网站的长处，导致社交网站在这一业务领域的经营并不顺利。

3．社交平台间加强合作以增强竞争力

社交网站行业的激烈竞争，推动了许多社交平台之间的合作，以扩大用户群体，增强竞争力。这种合作对于走平台化发展道路的互联网企业来说意义更为显著，合作能够进一步提升其平台的深度和广度。2011 年，人人网与 MSN、360 都展开了类似的合作；而腾讯宣布战略投资开心网，第三方应用开发者可以在腾讯和开心网的开放平台上同步接入和运营互联网应用。平台之间的合作实现了各个平台之间的取长补短，强化了网站的竞争力，同时也加剧了该领域的竞争激烈度。

4．发展网站特色，寻求差异化竞争

在同质化竞争和微博崛起的双重压力之下，部分 SNS 网站为了继续生存和发展，开始了转型之路。例如，突出社交游戏平台的定位，将网站运营重点转换到网页游戏业务。另外，在通用型社交平台竞争激烈、网站功能趋同的环境下，不少创业者甚至大型互联网企业将目光投向职业社交网站。这些动作都显示出，在同质化竞争的现状下，多家网站正在不断强化自身特色，通过某一群体的共同特点建立特色化的社交网络，走垂直化 SNS 道路，从而试图获得竞争优势，突破当前的同质化竞争局面，争取生存空间。

5．规范社会化营销模式

社交网站的繁荣发展为企业的互联网营销带来了全新的模式，“社会化营销”的概念慢慢被传统企业接受，其中不乏获得巨大成功的经典案例。在国内，多家社交网站也开始积极搭建营销平台，提升广告主对这一新兴营销模式的认可度。针对社会化营销缺乏有效和可信的效果评估机制，有网站积极推出 SNS 营销效果评估体系，从而为企业提供更为优质、可靠的服务。当前，社会化营销仍然有诸多方面需要深化和规范，如加强对用户数据和行为踪迹的挖掘和利用，提升社交网站广告的精准性；推出以中小企业为主要服务对象的自助社交广告平台，挖掘长尾的价值。另外，网络水军等作弊现象的存在也阻碍了社会化营销的健康可持续发展，这需要行业共同努力营造出一个良好的营销环境。

6．抢占移动平台，尝试 SoLoMo 模式

2011 年 2 月，SoLoMo 的概念被提出并获得广泛关注，“社交+位置+移动”的融合代表了未来互联网发展的重要方向，许多互联网公司和中小创业者开始朝这一方向积极探索，SNS 网站则是该趋势最为积极的实践者。大社交网站纷纷进军移动互联网领域，同时融合位置服务，从而试图在这一市场抢占先机。在推出各类移动客户的端基础上，社交网站结合手机终端特性，为用户提供签到、周边团购活动信息、基于位置的交友服务等各种功能，从而整合 LBS、本地电子商务，挖掘 SoLoMo 模式的商业价值。目前，移动社交还处于发展早期，然而大量创业者的涌入已经造成了该领域的严重同质化，各大社交网站的尝试也处于初期，运营模式还非常不成熟，但是从另一角度看，这一领域蕴藏着广阔的探索空间。

19.3 市场情况

19.3.1 市场格局

2011 年我国 SNS 领域竞争激烈，市场格局出现较大变化。从用户规模这一指标上比较，目前朋友网（即原“腾讯朋友”）处于领先地位，人人网和开心网等处于第二梯队。2011 年 7 月，腾讯朋友正式更名为“朋友网”，开始树立独立品牌形象，显示出腾讯对这一实名制 SNS 的重视。虽然起步较晚，但依靠 QQ 庞大的用户基础，朋友网短时间内已经积累了大量用户，活跃账户数已经赶超其他同类型网站。人人网和开心网成立较早，分别在大学生群体和白领群体中拥有一定规模的核心用户，在用户访问时长、页面浏览量等用户黏性指标上表现更好。其他的小型 SNS 则依托于自身特色，在社交游戏、职业 SNS 领域寻找发展空间。未来中国的 SNS 市场格局存在较大变化空间。

首先，腾讯公司推出的社交网站“朋友网”用户人数已经超越其他社交网站，成为中国用户规模最大的实名制 SNS。而且从用户增长情况看，朋友网的活跃账户增长速度超过了其他社交网站，可以预见未来朋友网对人人网和开心网等老牌 SNS 的领先优势将继续扩大。

其次，腾讯宣布战略投资开心网，实现双方平台的对接，显示出腾讯对开心网核心用户即白领群体的重视。目前，人人网的注册用户增长速度虽然不及朋友网，但是在其核心用户群体中仍然保持较高影响力；开心网此时也在谋求网站定位上的转型，但网站功能和用户使用习惯的调整需要时间，与此同时，开心网又面临着其他社交网站激烈的竞争，微博与其用户群体的高重合度也抢占了大量的访问时间。在这一局面下，腾讯网和开心网如何开展合作，对 SNS 行业未来竞争格局的走向将产生重要影响。

虽然目前 SNS 发展面临困局，但未来 SNS 领域的竞争将更加激烈。除了腾讯外，众多互联网公司没有放弃对这一业态的探索，新浪微博不断强化其自身的社交功能，淘宝也提出社交化将是未来的重点任务之一，“淘江湖”多次进行改版，积极地为自己的“社交化”建设各种配套设施。观察我国 SNS 行业的现状，实际上仍然没有出现一个模式比较成熟的社交网站，中国的 SNS 到底要如何运营，还有待摸索，这也意味着 SNS 领域仍有较大机会，但是前提是需要结合中国网民的心理特征、交往方式等进行产品上的创新，以及长时间的用户积累与习惯培养。因此，已经拥有一定用户基础的社交网站需要进行调整、转型与探索，同时新竞争者不断加入，因而未来 SNS 领域的竞争主体将更加多元。

19.3.2　盈利模式

中国社交网站盈利模式主要来源于三个方面：营销广告，包括虚拟形象、页面装饰、虚拟货币等服务的付费增值业务，以及开放平台的应用分成。

广告收入逐渐发展成社交网站最主要的收入来源，从公开的财报数据看，人人网在 2011 年第二、三季度的广告收入占据总收入的比重超过了 50%。基于用户真实身份的精准营销是 SNS 网站可以加以利用的首要营销手段，这一模式完全基于网站用户的真实性，以及丰富的用户属性和行为信息。目前中国 SNS 网站对于这一模式利用程度还不够充分。Facebook 在 2011 年全年中广告收入占比达到 84.7%，2011 年 12 月其首席运营官宣称 Facebook 拥有 230 万广告主，可见平均每家广告主贡献的广告数额并不大，显示出其精准的广告投放受到大量中小企业的欢迎，是互联网长尾效应的又一体现，这一广告模式为 Facebook 提供了一个较为稳固的基础，而且其自助投放平台的模式降低了网站的运营成本。相比之下，中国的 SNS 目前还十分依赖于大广告主，因而其盈利基础远不如长尾模式稳固。

19.3.3　网站上市情况

2011 年 5 月 4 日，社交平台人人网登录了纽约证交所，成功地完成了 IPO。上市当天收盘价报出 18.01 美元，较发行价上涨了 28.64%，首日的市值就达到 71.2 亿美元，人人网在一天当中就通过 IPO 融资 7.434 亿美元。然而此后，人人网股价持续走低，营收状况不如预期成为重要原因。

19.4 用户情况

19.4.1 用户规模

根据中国互联网络信息中心《第 29 次中国互联网络发展状况统计报告》调查显示，截至 2011 年 12 月底，中国社交网站用户数量为 2.44 亿，全年新增用户 919 万，增量较 2010 年明显下降。在使用率方面，社交网站用户占网民比例为 47.6%，比 2010 年底回落了近 4 个百分点，如图 19.1 所示。

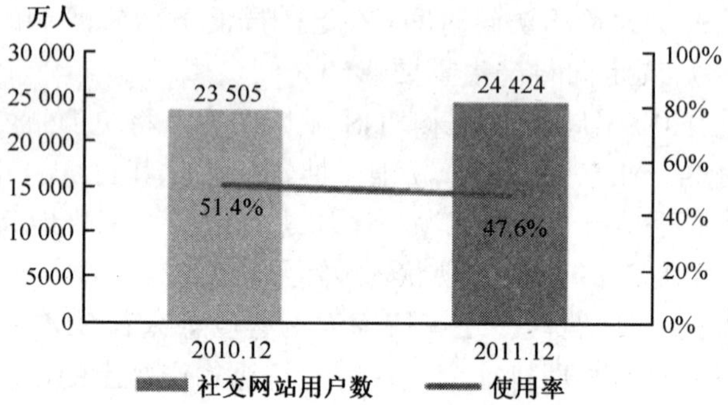

图19.1 2010年和2011年社交网站用户数及使用率

19.4.2 用户黏性

2011 年，社交网站用户访问黏性出现下降，社交网站重度和中度用户占比均有所降低。其中，每天访问多次的用户占比为 12.4%，每天访问一次的用户占比为 16.6%，如图 19.2 所示。与 2010 年比较，每天都访问社交网站的重度用户比例下降了近 6 个百分点，而每周访问一次或以下的不活跃用户占比提高了 7.1 个百分点。

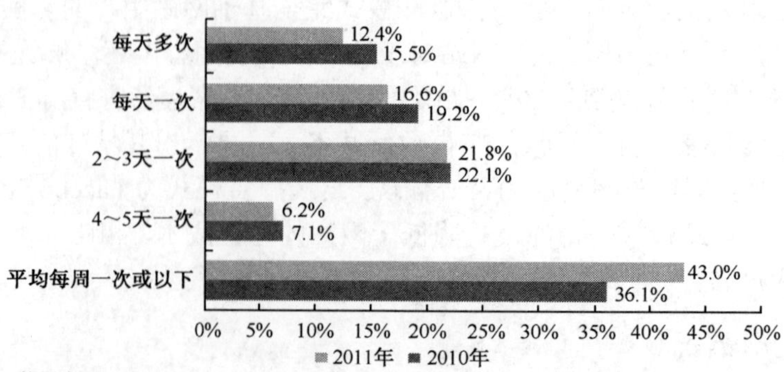

（数据来源：CNNIC）

图19.2 社交网站用户访问频率

19.4.3 网站功能

以 Facebook 为代表的实名社交网站的一个重要核心在于真实身份，并且以此为基础将现实生活中的社交关系建立到网站上，实现网络社交与现实生活中社交的融合。CNNIC 调查数据显示，69.6%的用户认为社交网站能够发挥与朋友保持联系的作用，64.8%的用户通过社交网站了解朋友的动态，如图 19.3 所示。比较 CNNIC 历年调查数据比较，用户对 SNS 社交功能的认可程度不断提升。中国的实名制社交网站只有以此为核心，才能保持用户持久的使用兴趣，同时为社会化营销、广告精准投放等奠定坚实的基础。另外，社交网站用户的好友关系包括两大部分，一部分是现实生活中的熟人、好友在网络上的延伸，另一部分是用户在网站平台上通过各种互动应用进行的关系拓展，这两部分在不同的网站中同时存在、各有偏重。有 56.8%的用户认为使用社交网站能够认识新朋友，扩大交际圈；46.0%的用户认为社交网站能够发挥维护和拓展人脉关系的作用，从而帮助个人事业发展，这也是 SNS 社交价值的重要体现。

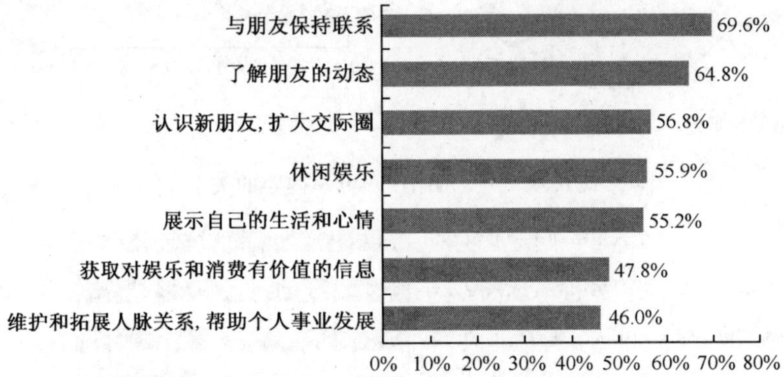

（数据来源：CNNIC）

图19.3 社交网站对用户发挥的作用

除了社交，55.9%的用户认为社交网站发挥了休闲娱乐的功能，也有 47.8%的用户通过社交网站获取了对娱乐和消费有价值的信息，体现出社交网站多方面的功能，这与社交网站的平台化发展密不可分。社交网站的未来之所以被赋予较大期待，正是因为这种依托于社交功能、通过开放将网站建设成一个功能丰富的通用型平台的发展道路。

19.4.4 使用习惯

1．用户在社交网站上分享的信息类型

在社交网站上分享各类信息，是用户使用这类网站的重要行为，依托于游戏的好友互动和依托于转帖等信息分享行为的好友互动成为社交网站用户最常进行的活动。一方面，基于社会网络的信息传播速度和效率大大提升；另一方面，基于社交关系的信息分享为互联网上海量信息的传播提供了一个有效的过滤机制，因而社交网站成为当前最重要的信息分享和传播平台。调查中有 49.2%的人在社交网站上分享和转帖。在这些用户中，有 57.2%分享的是图片，50.3%分享过视频，如图 19.4 所示。因此，社交网站极大地拓展了网络视频的传播平台，也刺激了用户创造内容（UGC）的制作与传播，从这一点看，视频的社会化分享成为社交网站将流量变现的一个可能方式。

2．用户在社交网站上分享和讨论的内容

SNS 作为一种社交工具，用户在网站上讨论的内容主要是较为个人化的信息，如有 44.6%

的社交网站用户分享个人生活动态和心情感悟，44.6%讨论音乐、电影、体育运动等个人兴趣爱好，如图 19.5 所示。了解用户分享信息的内容，对于提高其使用活跃度有重要的参考价值。2011 年，Facebook 推出许多新的功能，如“Timeline”等，激励用户尽可能地分享和展示个人生活和经历，以维护用户对网站的黏性和依赖度。而国内的社交网站也强化群组功能，尤其是基于兴趣爱好的社区建设，提高用户生产内容的积极性。

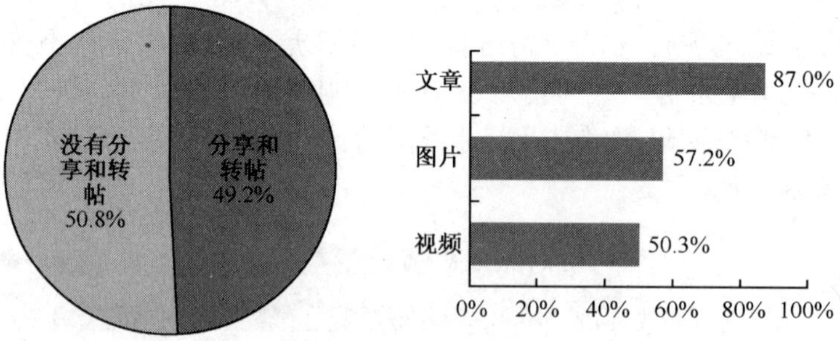

（数据来源：CNNIC）

图19.4　社交网站用户分享内容的类型

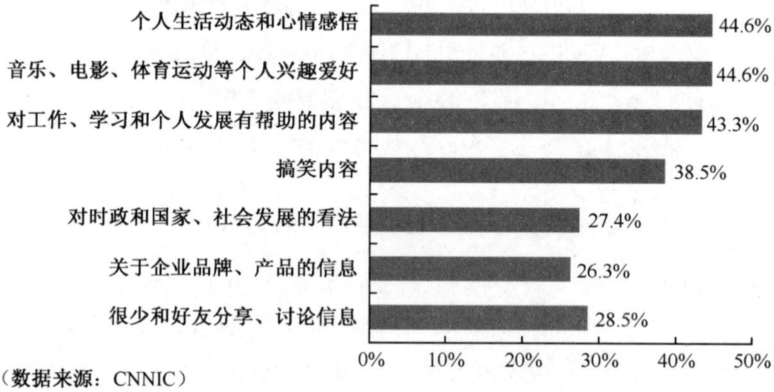

（数据来源：CNNIC）

图19.5　用户在社交网站上分享和讨论的信息内容

相比之下，在社交网站上讨论时政内容的用户比例较低，这一点体现出社交网站与微博在信息传播特性上的不同。另外，26.3%的用户表示会在社交网站上讨论关于企业品牌、产品的信息，社交网站发挥了重要的口碑传播功能，给广告主的互联网营销同时带来了机遇和挑战。

19.4.5　用户隐私

1. 用户在社交网站上公布的信息

一直以来，以 Facebook 为代表的实名社交网站鼓励用户展示自己的真实身份，并且提供尽可能全面的个人资料。国内主流的社交网站也采用各种手段刺激用户使用真实姓名和真实照片，此举旨在鼓励用户在网站上展示真实的生活和想法，实现网络世界与现实世界的融合，但不可否认的是，庞大的用户个人数据也造就了社交网站进行广告营销的巨大优势。但这种做法因为涉及用户的隐私保护而存在一定争议，如何平衡用户数据的使用与隐私保护之间的关系，是业界一直在讨论的问题。不可否认的是，社交网站的普及正在改变网民尤其是年轻一代网民的隐私保护意识，越来越多的人不介意提供自己的各方面的信息，热衷于在社交网站上展示和分享自己生活。调查中，只有 33.1%的社交网站用户表示自己不会主动公开任何真实信息，而超过半数的社交网站用户愿意展示个人信息中的年龄、真实姓名和性别，46.1%的用户使用真实照片，如图 19.6 所示。而居住地、婚姻或感情状况，以及收入私密性较强，很少用户会主动公布。

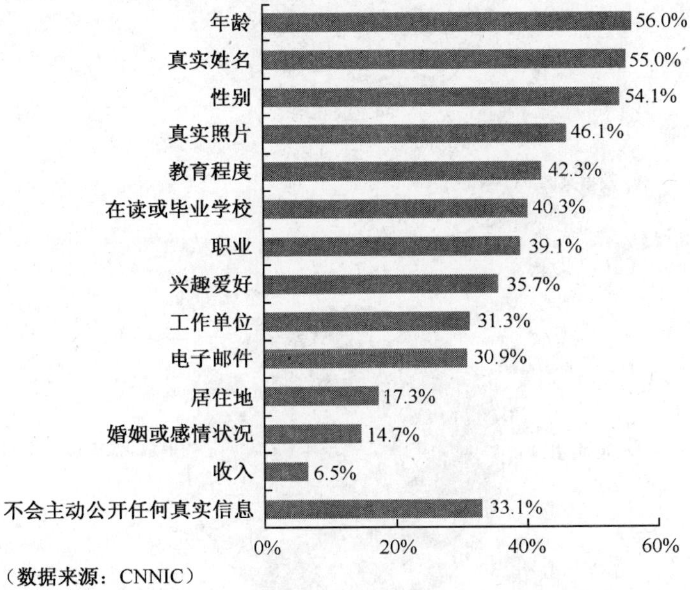

图19.6　用户在社交网站上公布的信息

2．用户在社交网站上的隐私设置

平衡用户信息分享与隐私安全之间关系的重要途径是帮助用户控制自己信息的流动，如提供好友分组、限制信息的分享范围，谷歌正是基于这一点推出了新型社交网站 Google+，其他社交网站也试图完善这些功能，尤其是在社交网站不断扩张、用户在网站上形成的社交圈越来越复杂的情况下，十分有必要为用户提供更多的控制权，因为只有解决这些问题，才能让用户在使用社交网站互动、分享时没有更多的隐私之忧。但是，烦琐的设置却又成为用户使用这些隐私保护措施最大的障碍，这两者之间的矛盾也是社交网站必须考虑的问题。调查中，有 23.5%的用户将信息设置为所有人都能看到；13.4%的用户表示不清楚，也就意味着没有关注过这些问题，显示出相当一部分用户不在意隐私设置；另有 28.2%的用户将信息开放给所有好友，25.9%的用户开放给特定的好友，如图 19.7 所示。

19.4.6　游戏用户

1．用户对于社交网站游戏的使用情况

社交网站曾经依靠社交游戏迅速发展，然而随着用户使用兴趣的衰退，社交游戏的热度迅速衰退，调查中有 51.1%的用户在社交网站上玩过游戏，其中 14.6%的用户表示以前玩，但是现在不玩了，属于流失用户，如图 19.8 所示。

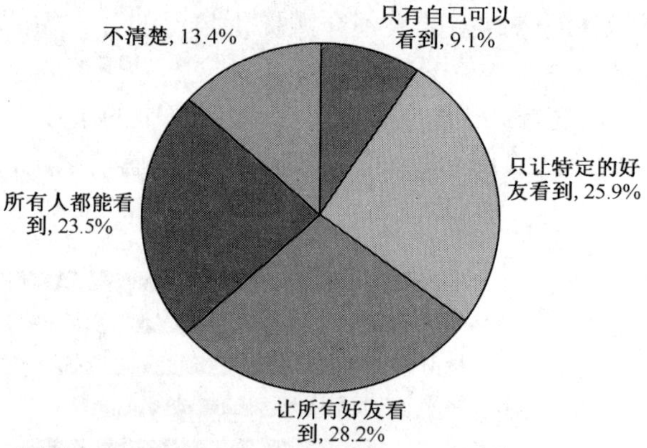

（数据来源：CNNIC）

图19.7　用户在社交网站上的隐私设置

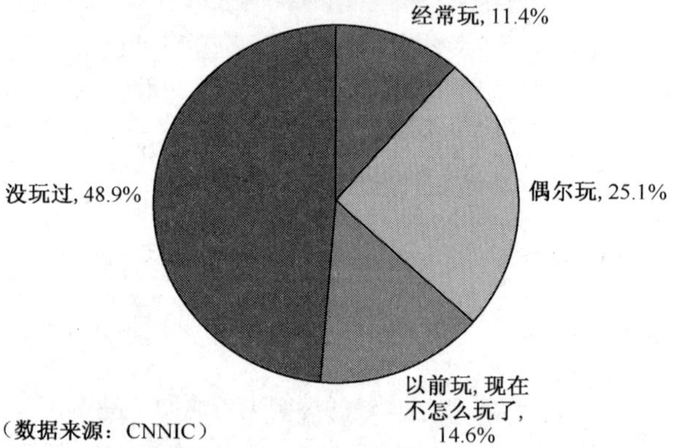

（数据来源：CNNIC）

图19.8　用户对社交网站游戏使用情况

2．社交网站游戏用户流失原因

网页社交游戏兴起时，具有非常高的使用黏性，用户花费大量时间在游戏上，因而也大幅度提升了社交网站的用户黏性，然而许多用户也因此离开了游戏，45.6%的网页社交游戏流失用户表示不再玩社交网站上的游戏的原因是浪费了太多时间。另外，网页社交游戏相对比较简单，因而生命周期较短，40.6%的用户表示离开这些游戏是因为玩腻了，如图 19.9 所示。

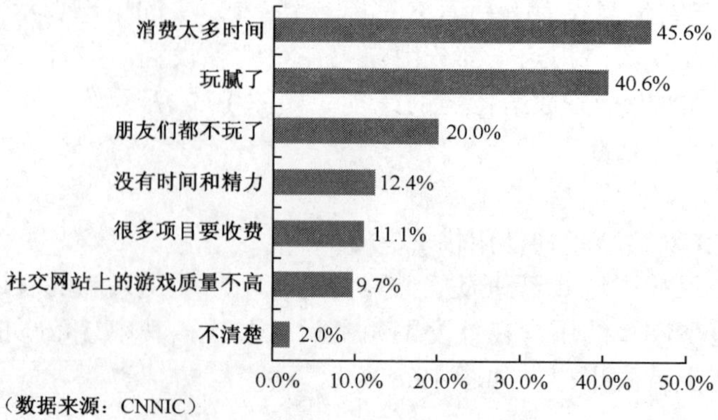

（数据来源：CNNIC）

图19.9　社交网站游戏用户流失原因

19.4.7　手机用户

1．手机社交网站访问频率

手机社交网站用户的使用黏性较高，其中 19.0%的用户每天会访问多次，19.0%的用户每天访问一次，也就是将近四成手机 SNS 用户属于每天都要访问的重度用户，明显高于整体社交网站重度用户的占比，如图 19.10 所示。同时，每周访问一次或以下的用户比例为 35.3%，也就是非活跃用户的比例也低于整体社交网站用户，由此可见，手机社交网站用户的访问频率更高。

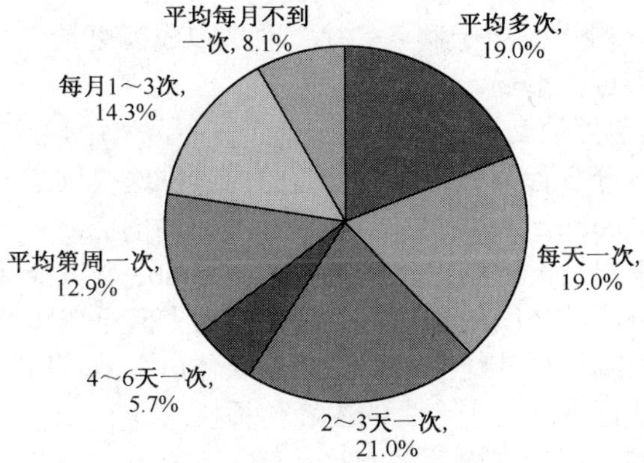

（数据来源：CNNIC）

图19.10　手机社交网站访问频率

2．手机社交网站用户使用功能

终端特性决定了大部分用户使用手机访问 SNS 时使用的是相对简单的功能，如浏览好友动态、发布状态等。此外，手机终端的其他功能也丰富了用户 SNS 的使用行为，有 38.2%的用户使用手机拍照并上传到社交网站上，如图 19.11 所示。目前许多社交网站开始尝试 SoLoMo 模式，在手机客户端中推出了 LBS 类功能，调查中有相当一部分用户已经开始尝试这些功能，36.0%的手机 SNS 用户发布过个人所在位置，29.4%的用户使用手机社交网站寻找周边的优惠和团购信息。

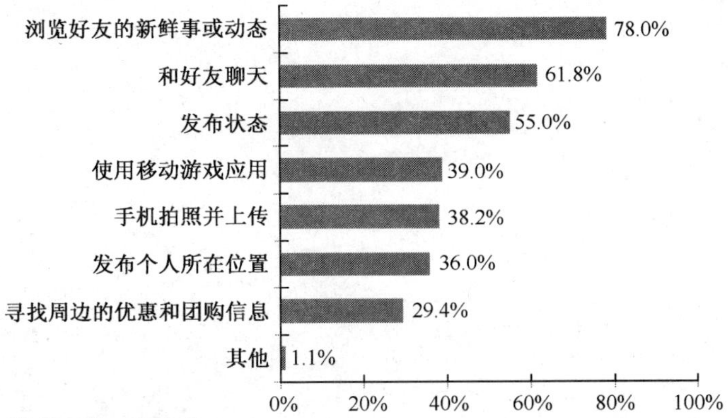

（数据来源：CNNIC）

图19.11　手机社交网站用户使用的主要功能

19.5 发展趋势

1．移动社交成为重要增长点

在 SoLoMo 概念的刺激下，互联网企业纷纷进军手机社交网络市场，并催生了大量的中小创业型互联网企业。移动互联网的迅速扩散为众多创业者提供了广阔的市场空间，也为大型互联网企业改写当前市场格局提供了可能性，同时社交化、移动化和本地化的融合将带来商业模式的变革，这也为社交网站寻找盈利模式提供了一条路径。虽然目前有大量创业者开发了 LBS 类产品，但是功能的单一化、产品间的同质化竞争让这一服务难以成为一个独立、成熟的业态，因而将 LBS 融入到电子商务、社交网站中成为更具前景的商业模式，可以预见未来仍会有大量企业涌入这一市场。

2．内容分享平台角色更加凸显

基于社交图谱的内容分享行为为内容提供商的内容推送提供了一个高效的渠道。以视频为例，根据美国调研机构 comScore 的数据，作为社交网站的 Facebook 在 2011 年底已经同时成为美国第二大视频分享网站，谷歌也深度整合了 Youtube 与其旗下的社交网站 Google+。在中国，社交平台与视频网站之间的合作日益频繁，人人网全资收购视频分享网站 56.com。除了视频，传统媒体越来越重视社交网站对受众的媒体内容消费所发挥的关键作用。未来，各大内容提供商还将继续探索社交平台上的内容传播模式。

3．“泛社交”成为服务创新方向

当前中国的实名制社交网站市场竞争较为激烈，并且行业内已经经历了一轮洗牌，大量中小型社交网站退出市场。然而随着社交化理念的扩展，越来越多的互联网企业开始探索强关系之外的用户社交关系的价值，如以兴趣为核心的社交网站在长期经营中逐渐获得成功，还有众多创业者推出了问答类社区、点评类社区等一系列新型的社交化服务，这些泛社交类网站体现了良好的商业拓展性和变现能力，成为社交化趋势的主要创新方向。

（中国互联网络信息中心　沈珅）

第 20 章　2011 年中国即时通信服务发展情况

- 2011 年是中国即时通信产业快速发展的一年，便捷的即时通信越来越受用户欢迎，市场渗透率不断提升。个人即时通信的客户端市场已基本饱和，基于网络社交或专业互联网服务的即时通信服务，从简单的消息功能整合，逐渐发展到深入的即时通信服务融合。
- 2011 年，老牌即时通信运营商仍然维持了竞争优势和行业地位。从即时通信软件的总有效运行时间来说，腾讯 QQ 排名第一，其次是阿里旺旺和飞信。
- 2011 年，我国即时通信用户规模达 4.2 亿，同比增长 17.6%。增长幅度虽然有所放缓，但网民使用占比提升至 80.9%。
- 手机即时通信在 2011 年使用率有大幅度增长，达 83.1%，超过了即时通信在整体网民中的使用率。

20.1　发展概况

2011 年是中国即时通信产业快速发展的一年，便捷的即时通信越来越受用户欢迎，市场渗透率不断升高。经过多年的发展，个人即时通信的客户端市场已基本饱和。但由于用户的黏性和使用的便捷度影响，基于网络社交或专业互联网服务的即时通信服务，从简单的消息功能整合，逐渐发展到深入的即时通信服务融合。一方面促使即时通信服务的整体发展，另一方面也部分替代传统的即时通信产品。

值得注意的是，移动即时通信发展势头迅猛，技术创新与用户规模齐头并进。随着移动终端的普及，主流综合类即时通信工具的手机客户端功能逐步丰富、成熟。而以廉价、跨网、跨平台为亮点的网络短信服务，也如雨后春笋般发展起来，并伴随手机多传感器的特性，功能上有多种创新，新功能甚至反向推广至桌面的即时通信客户端。除了新兴的移动即时通信服务提供商以外，传统即时通信运营商和电信运营商，都纷纷瞄准这块未被完全开拓的市场，推出相应的产品。

伴随即时通信服务的深入，即时通信已成为人们在线生活的重要组成部分，其安全性和私密性也日益成为用户的关注焦点。即时通信工具作为互联网用户交流和传播信息的巨大渠道，将即时通信服务用于不良用途需要即时通信运营商的自查和自律，更需要用户提高自身安全防范意识。

20.2 市场分析

2011 年，老牌即时通信运营商仍然维持了竞争优势和行业地位。从即时通信软件的总有效运行时间[45]、月均覆盖人数、月均使用时间来看，腾讯 QQ 均排名第一，其次是阿里旺旺和飞信，如图 20.1、表 20.1 和表 20.2 所示。

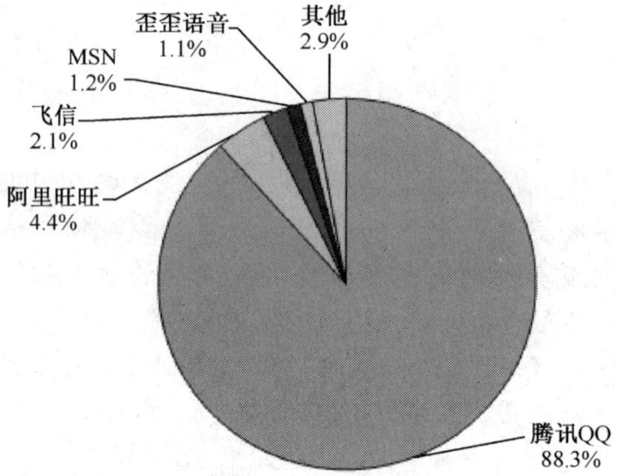

（数据来源：艾瑞 iUserTracher 2011.12）

图20.1　2011年中国即时通信总有效运行时间占比

表 20.1　即时通信软件月均覆盖人数排名

软件名称	程序名称	2011 年 1～12 月月均覆盖人数（万人）
腾讯 QQ	QQ.exe	37411.3
阿里旺旺	AliIM.exe	13207.4
飞信	FetionVM.exe	7879.5
MSN	msnmsgr.exe	3254.8
歪歪	yy.exe	2734.8
人人桌面	Xnfalk.exe	1619.0
Skype	Skype.exe	873.2
阿里旺旺-淘宝版	WangWang.exe	748.6
腾讯 TM	TM.exe	667.8
百度 Hi	BaiduHi.exe	544.6
注：1. 本次最佳即时通信类软件排行榜的分析数据，主要来源于艾瑞资源网络用户行为监测工具 iUserTracker 的监测数据，艾瑞选取 26 个即时通信类软件作为备选； 2. 评选依据是根据各即时通信软件 2011.1～2011.12 连续 12 个月月均月度覆盖人数排序		
数据来源：iUserTracker；家庭办公版 2011.12；基于对 20 万名家庭及办公（不含公共上网地点）样本网络行为的长期监测数据获得		

[45] 有效运营时间：指即时通信软件或程序的界面处于 Windows 激活状态窗口的时间。

表 20.2　即时通信软件月均使用时间排名

软件名称	程序名称	2011 年 1～12 月月均使用时间（万小时）
腾讯 QQ	QQ.exe	326083.9
阿里旺旺	AliIM.exe	16255.3
飞信	FetionVM.exe	7890.1
MSN	msnmsgr.exe	4383.4
歪歪	yy.exe	4277.2
人人桌面	Xnfalk.exe	3685.2
Skype	Skype.exe	1948.7
阿里旺旺-淘宝版	WangWang.exe	1911.5
腾讯 TM	TM.exe	1129.3
百度 Hi	BaiduHi.exe	375.0
注：1. 本次用户粘性最强的即时通信类软件排行榜的分析数据，主要来源于艾瑞资源网络用户行为监测工具 iUserTracker 的监测数据，艾瑞选取 26 个即时通信类软件作为备选； 2. 评选依据是根据各即时通信软件 2011.1～2011.12 连续 12 个月月均月度使用时间排序		
数据来源：iUserTracker；家庭办公版 2011.12；基于对 20 万名家庭及办公（不含公共上网地点）样本网络行为的长期监测数据获得		

腾讯 QQ、阿里旺旺、飞信、MSN 和歪歪凭借广泛的用户群体和较高的用户黏性，在以上排名中均位居前五。其中，腾讯 QQ 由于较深的用户积累，用户黏性高，市场地位已比较稳固，以绝对优势在两个榜单中占据首位，成为 2011 年用户黏性最强的最佳即时通信软件。而依托在不同领域下的互联网服务发展起来的垂直即时通信工具在市场竞争中的表现良好，阿里旺旺及中国移动飞信保持稳定发展。人人桌面、Skype 和百度 Hi 虽然均入选两个榜单，但是和排名前五的即时通信软件相比，存在明显差距。

目前国内 PC 端即时通信行业发展成熟，受用户使用习惯影响，腾讯 QQ 一家独大的局面还会继续维持下去，未来可能会针对某一垂直细分领域出现新兴软件，但是不会对整体市场格局带来重大影响；移动端的即时通信目前处于跑马圈地阶段，互联网服务商、电信运营商和移动终端厂商纷纷布局移动即时通信市场，相继推出各自产品争夺用户，在未来数年内，移动端的即时通信市场会是众多企业关注的热点。

即时通信工具早已不仅仅是单一的沟通交流工具，而是发展成为基础平台，借助庞大的用户群，实现并深挖用户与用户之间关系的平台价值。

从用户的层面看，综合类即时通信工具除了注重现有用户的保有以外，需要更好地对用户关系和用户价值方面进行挖掘。而垂直即时通信工具呈现多样化、专业化，由于扎根在垂直领域而搭建起的用户群，用户根据实际使用需要有针对地使用，因此在用户渗透上仍有相当大的发展空间。

移动即时通信方面，竞争依然处于圈地阶段，传统即时通信工具的手机版出现更多元化的竞争。新晋移动 IM 工具借助手机的多传感器特性，在特色功能的创新上吸引用户，依靠廉价、跨终端、跨平台的优势，迅速抢占市场。而基于庞大用户基数的传统即时通信工具手机版也借鉴并融合各种创新功能，积极增强用户体验，保持用户数量稳定增加。

20.3 用户情况

20.3.1 用户规模

截至 2011 年 12 月，中国即时通信用户规模达到 4.2 亿，比 2010 年增长 6700 万，增幅达 17.6%。即时通信用户增长幅度虽然较 2010 年有所降低，但从网民占比来看，即时通信的渗透率却在持续提高，达到 80.9%，如图 20.2 所示。

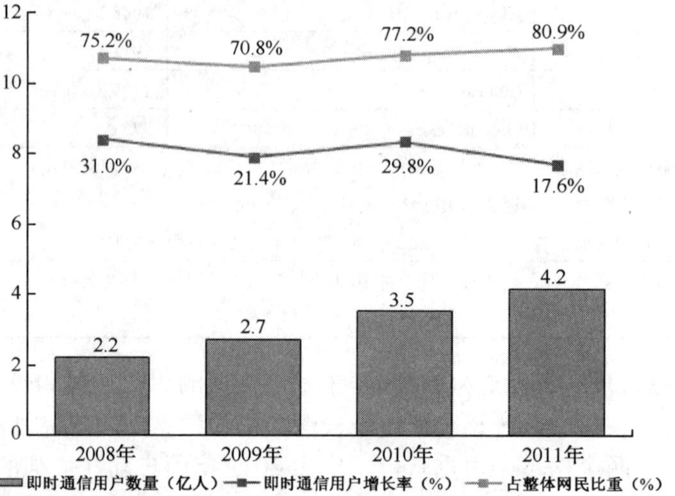

（数据来源：CNNIC）

图20.2　2008—2011年中国即时通信用户规模

随着移动互联网的进一步发展，手机网民规模继续扩大，手机即时通信的使用率获得较大提升，继续位列手机互联网应用的首位，从而拉动了即时通信用户规模的增长。截至 2011 年底，手机即时通信用户数量达到 3 亿，用户使用率达 83.1%，超过了 80.9%的即时通信整体网民使用率，如图 20.3 和图 20.4 所示。

手机即时通信良好的发展状况主要由两方面原因决定。一是即时通信软件手机预装与智能手机应用市场的发展，为手机即时通信软件的使用带来便利，从而带动了手机即时通信使用率与用户数的增长。二是专为智能手机设计的以语音内容、实时拍照、视频、LBS、位置交友、流量统计等功能为特色，且与其他互联网应用互连互通的新型手机即时通信产品，迎合了用户的新需求，进而提升了手机即时通信的用户量。

无论是电信运营商、手机制造商、互联网企业、软件开发商，乃至新进入市场的创业者都希望在这块未被完全开发的市场抢占先机，继而更好地掌控移动互联网的重要入口。未来，手机即时通信用户数仍存在较大的上升空间，但在市场中，寻求产品差异化、开发垂直领域市场将成为必然趋势。

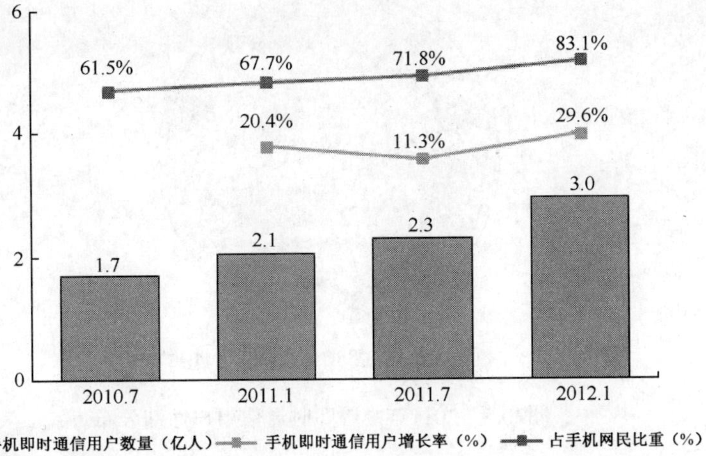

（数据来源：CNNIC）

图20.3　中国手机即时通信用户规模及增长情况

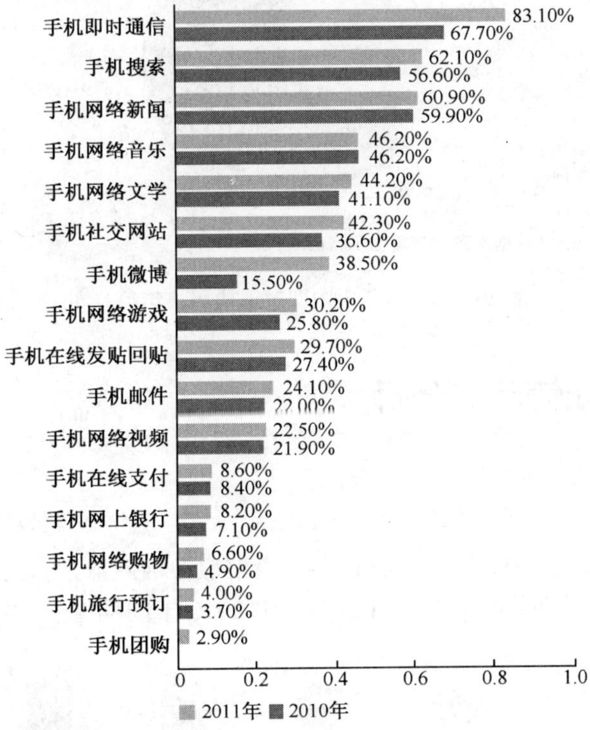

（数据来源：CNNIC）

图20.4　2010—2011年中国手机网民网络应用

20.3.2　用户基本属性

从用户性别分布来看，使用即时通信服务的男性用户较女性用户略多，如图 20.5 所示。而从年龄分布来看，即时通信用户年龄分布相对平均，其中 18 岁及以下的用户占 13.9%，而 40 岁以上用户则占 12.3%，如图 20.6 所示。

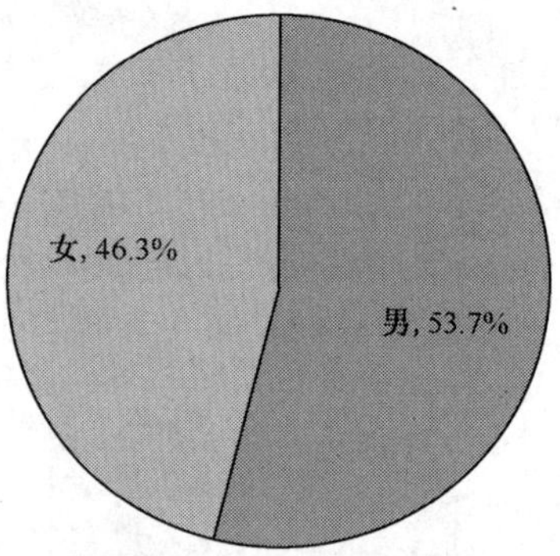

（数据来源：艾瑞 iUserTracher 2011.12）

图20.5 2011年中国即时通信用户性别分布

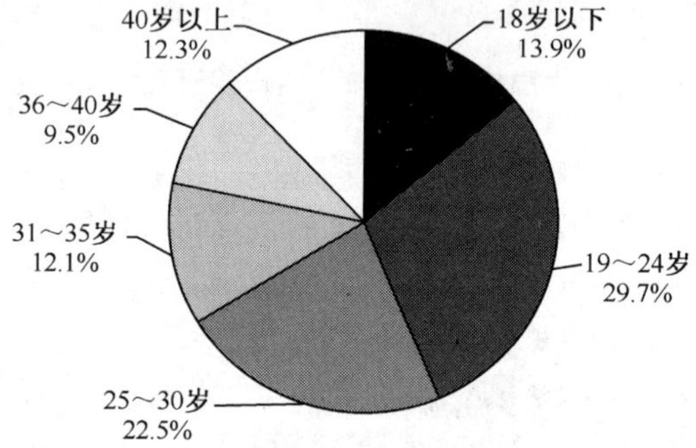

（数据来源：艾瑞 iUserTracher 2011.12）

图20.6 2011年中国即时通信用户年龄分布

20.4 桌面即时通信产品分析

20.4.1 腾讯 QQ

根据腾讯财报，截至 2011 年底，腾讯即时通信服务活跃账户数达 7.2 亿，比 2010 年同期增长 11.3%；最高同时在线账户数为 1.5 亿，比 2010 年同期增长 19.8%，如图 20.7 所示。

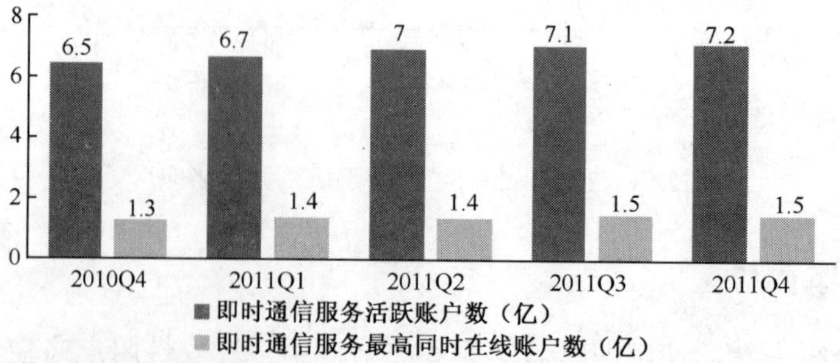

（数据来源：腾讯财报）

图20.7 2010年第四季度至2011年第四季度腾讯即时通信活跃账户数及最高同时在线账户数

虽然腾讯 QQ 早已为人们所熟知，但在产品功能上，腾讯 QQ 在 2011 年仍有多项改进和创新，特别是 Q+平台的整合，除了 QQ 提供给广大用户的服务外，第三方开发商也可以以合作者的身份，与腾讯一起为 QQ 用户提供更细致、更有针对性的服务。腾讯 QQ 的开放无疑是再一次向行业第三方注入了新的活力，此举也将使腾讯的整个开放战略趋于完整。

此外，网页版 WebQQ 在 2011 年也得到切实的加强，目前 WebQQ 已能实现大多数的客户端功能，无论用户到哪里，只要有一台能上网的计算机，登录 Q+平台后就和自己的计算机体验相差无几。

在移动终端方面，手机上的 QQ、平板电脑上的 QQ HD 也逐步与 PC 体验融合，实现了多终端同时登录、状态查询等功能，即时通信服务渗透到用户各个移动终端，更紧贴用户的沟通交流需要。

20.4.2　阿里旺旺

阿里旺旺是将原先的淘宝旺旺与阿里巴巴贸易通整合在一起的新品牌，是基于电子商务领域建立起来的垂直即时通信工具，目前针对不同使用人士分为卖家版和买家版。经过电子商务的多年潜伏发展，阿里巴巴成为即时通信行业的后起之秀。

阿里旺旺卖家版在 2011 年强化交易焦点功能，允许客户端修改价格、填写备注及预览备注、一键复制收货信息方便核对，在卖家服务买家之前真正做到心中有数。其次是接入列表增加订单状态，根据买家的不同订单状态显示不同工作台接入列表的标签，可以时刻关注买家订单的状态，提供更好、更快捷的服务给买家。另外还新增淘数据，给出卖家最关注的关键字，并且给予相应数据指引卖家店铺营销运营。

买家版方面，阿里旺旺实现了跨网免费短信发送、增加图像功能，直接在阿里旺旺上截图，就能帮用户搜到相似的商品宝贝，同时新增聊天窗口微店铺，为用户打造更佳的网购体验。

20.4.3　飞信

飞信业务是中国移动为了迎接 3G 所推出的战略性新业务之一，是电信网络与互联网互连的移动综合通信服务平台，具有覆盖终端多样、无缝互通、永不离线等优点，能够较好实现互联网和移动网间的无缝通信服务。自 2007 年 6 月正式商用以来，逐步为广大中国移动用户熟悉和接受，现已成为主流即时通信平台。基于互联网的快速发展、移动通信网络与互联网的加速融合、3G 应用发展以及中国移动的市场地位和客户基础等因素，飞信业务发展空间广阔。

进入 2011 年后，飞信在版本命名上以四季划分，版本更新给用户更强的贴心感觉。经过 2011 年多个版本的改进，飞信在功能上已贴近其他即时通信客户端产品，并结合自身短信提醒等优势，为用户提供更及时的服务。

飞信开放平台于 2011 年上线，成功实现与新浪微博、开心网等多个网络社交服务的互通；在飞信 PC 客户端上，“应用魔方”功能连接了暴风高清影视、豆瓣 FM 等多个互联网应用，使用户启用相关应用更加便捷。

20.4.4　歪歪语音

歪歪语音（YY）是一款针对中文用户设计的多人语音娱乐平台，特点是音质清晰、安全稳定、不占资源，广泛应用在游戏领域。作为垂直型的即时通信工具，歪歪语音已不再仅仅局限在游戏领域内，逐渐向 K 歌、听书等多元化方向发展。

2011 年，歪歪语音增长迅速，如图 20.8 所示，月度总有效运行时间从 1 月的 3537.4 万小时，增长至 12 月的 6797.2 万小时，占 2011 年即时通信软件总有效运行时间的 1.1%，排名第五。

20.4.5 人人桌面

人人桌面（原校内通）是一款面对人人网（原校内网）用户的官方增强软件。它类似于即时通信软件，但又结合了人人社区的个人状态、应用等功能，用户可以不用登录网页进行回复和管理等多种操作，为人人网的用户提供了极大的方便。

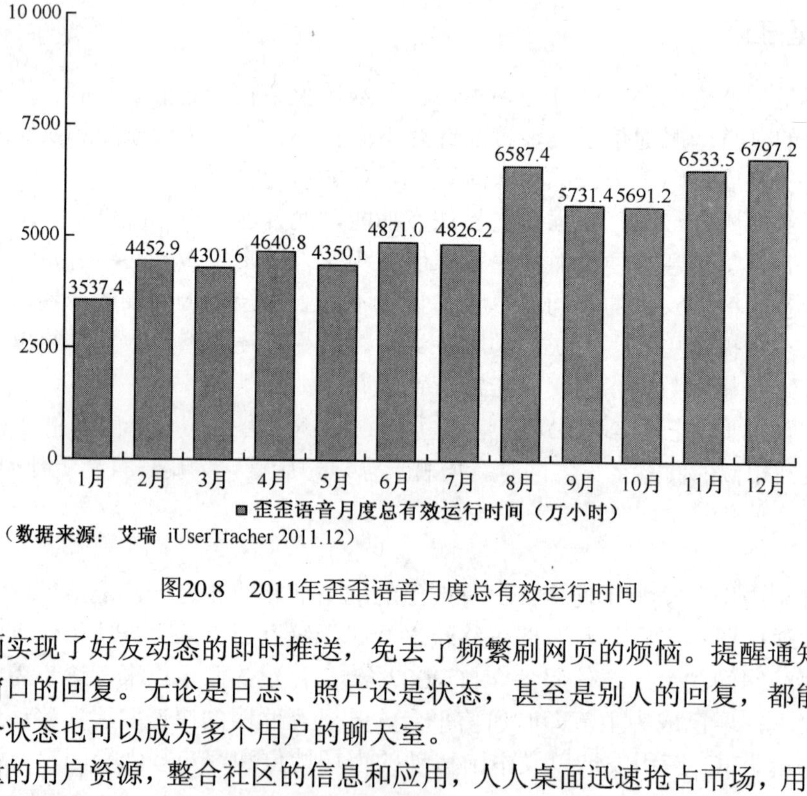

（数据来源：艾瑞 iUserTracher 2011.12）

图20.8　2011年歪歪语音月度总有效运行时间

人人桌面实现了好友动态的即时推送，免去了频繁刷网页的烦恼。提醒通知支持直接回复，也支持窗口的回复。无论是日志、照片还是状态，甚至是别人的回复，都能简单进行回复操作，一个状态也可以成为多个用户的聊天室。

凭借大量的用户资源，整合社区的信息和应用，人人桌面迅速抢占市场，用户持续上升。人人桌面的发展展现了社区和即时通信的融合的魅力，在融合开放的趋势中，人人桌面仍然有很大的发展空间。

20.4.6 微博相关产品

微博是 2011 年成长比较迅速的互联网服务之一，同样作为用户沟通交流的工具，微博也逐步增强了私信功能。无论是网页上的聊天还是桌面工具，微博的普及使私信功能部分代替了传统的即时通信工具。由于微博的特性，用户关系多样化，使得用户不仅仅局限在私人的交流，也推动了即时通信的发展。

由于微博平台的开放性，早有多款非官方的微博客户端实现了微博桌面化。而微博桌面是新浪微博发布的一款集阅读微博、发布微博、好友聊天、新消息提醒、快速回复等功能于一体的桌面客户端。微博桌面由于微博用户的成长也快速渗透市场。

20.5　手机即时通信产品分析

20.5.1　移动飞聊

飞聊是中国移动于 2011 年 9 月推出的一款手机即时通信软件。通过飞聊，用户可以跨平台免费发送语音消息、图片和文字，可以单聊及群聊。

作为中国移动推出的战略产品，飞聊一上线就受到了业界的广泛关注。飞聊的主要功能如下：用户通过飞聊发送语音、图片或文字信息时，完全免费；移动、联通、电信的用户均可使用，飞聊全面兼容 iOS、塞班、Android 等不同操作系统；飞聊具有独有的 GPRS 语音实时传输及流量压缩技术，更快、更省流量，此外，用户还可以使用变声功能，获得不一样的用户体验；用户可以根据所在位置信息找到附近同样开启飞聊的人；用户可以向飞聊日记小助手发送信息，随时记录身边的点滴。

飞聊在中国移动布局移动互联网产业过程中，意义重大。首先，飞聊通过为用户提供优良的用户体验，使用户在移动互联网时代仍然对运营商保持高度的黏性和忠诚度；其次，从国外领先运营商发展实践来看，移动数据业务将成为运营商未来收入的主要来源之一，飞聊的推出有利于运营商布局移动数据业务，为将来业务转型做好准备；最后，飞聊作为移动互联网重要入口之一，在推广中国移动 Mobile Market，帮助中国移动更好地整合产业链方面发挥重要作用。

20.5.2　腾讯微信

微信是腾讯公司于 2011 年 1 月初推出的一款手机即时通信软件。用户安装微信后，可以通过手机网络向好友发送语音短信、视频、图片和文字，可以单聊或群聊，用户还能够根据地理位置找到附近使用微信的陌生人。微信完全免费，使用微信过程中产生的上网流量费由网络运营商收取。

自腾讯公司推出微信业务以来，微信不断通过创新和微创新为用户提供优质服务，如图 20.9 所示。截至 2011 年 12 月底，微信一共发布了 45 个不同终端的版本，良好的用户体验为微信来带了 5000 万注册用户，其中活跃用户超过 2000 万。

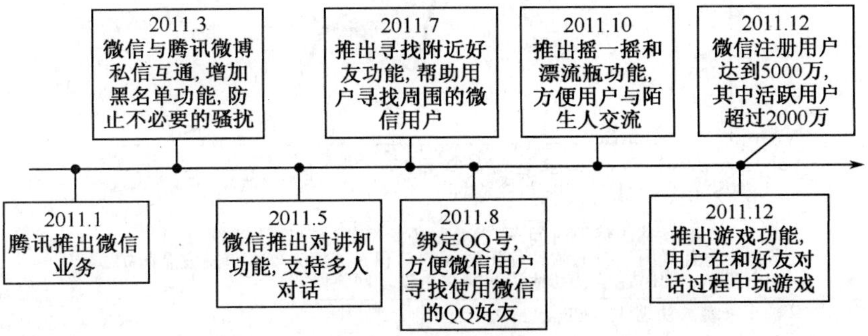

图20.9　腾讯公司微信业务发展历程

微信作为腾讯公司重要战略产品，具有重要意义。首先，在 3G 渗透率日益提高，以及低端智能手机越来越普及的形势之下，微信将有助于推动腾讯大量的用户群体向移动互联网转移；其次，微信广泛的人气也将有利于其吸引一些高端、非 QQ 用户来使用腾讯的服务产品，特别是大面积沉睡用户关系链的唤醒和可能的国际化拓展方面，微信能弥补腾讯传统业务产品的不足；最后，微信作为一个潜在的移动终端平台，能够将腾讯其他产品有机地整合在一起，在为用户提供优质服务的同时，方便腾讯公司更好地布局移动互联网。

20.5.3 小米米聊

“米聊”是小米科技于 2010 年 12 月推出的一款手机社交应用。用户安装“米聊”以后，就可以跨手机平台、跨电信运营商，与“米聊”联系人进行无限量的免费实时语音对讲、信息沟通和收发图片，只会消耗少量的网络流量。“米聊”作为国内首款类 Kik 应用，成长迅速，截至 2011 年 12 月，注册用户已经突破 800 万，用户活跃程度较高。

“米聊”是小米科技实现“平台+服务+终端”完整产品链的重要环节，“米聊”通过为用户提供方便、快捷的即时通信，获取了用户的支持，为小米科技推广小米手机和 MIUI 操作系统提供了用户基础。

20.6 发展趋势

即时通信服务在未来的发展过程中也将呈现出一些新的特点，现分析如下。

1. 即时通信服务季度使用时间占比减少

2006—2011 年，即时通信的服务季度使用时间占比不断减少，如图 20.10 所示。随着 SNS 社区、微博等社区交友服务的崛起，用户对即时通信的使用依赖度降低。即时通信不再是用户信息交流、分享的唯一方式，网络社交如 SNS 社区、微博除了自身的信息分享模式以外，从简单的消息功能整合，逐渐发展到深入的即时通信服务融合。例如，新浪微博的私信功能中即时通信的功能越来越强，这种功能的融合在某种程度上也可能会挑战移动通信目前的市场格局。

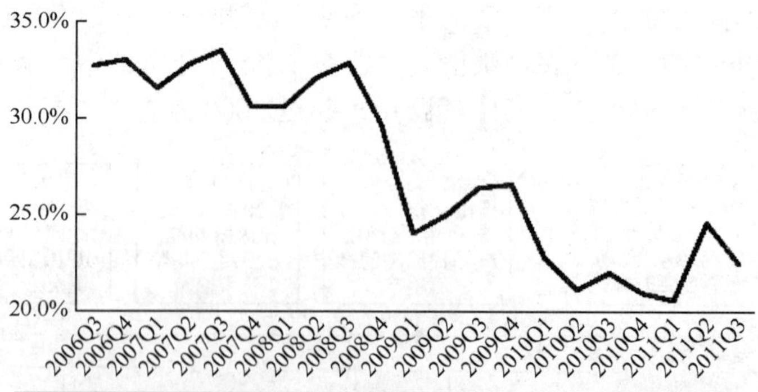

注：将主要软件的使用时间，和主要服务的浏览时间除以服务浏览时间，以及部分与互联网连接的软件使用时间的总和。这部分软件包括安全防护、弹出资讯、即时通信、其他游戏网络电视、网络游戏、下载工具。

（数据来源：艾瑞 iUserTracher 2011.12）

图20.10 2006—2011年中国桌面即时通信服务季度使用时间占比变化情况

2．垂直领域手机即时通信将成必然趋势

即时通信软件手机预装与智能手机应用市场的发展，为手机即时通信软件的使用带来便利，从而带动了手机即时通信使用率与用户数的增长。而专为智能手机设计的以语音内容、实时拍照、视频、LBS、位置交友、流量统计等功能为特色，且与其他互联网应用互连互通的新型手机即时通信产品，迎合了用户的新需求，进而提升了手机即时通信的用户量。新型手机即时通信领域的巨大潜力，使得无论是电信运营商、手机制造商、互联网企业、软件开发商，乃至新进入市场的创业者都欲借助这块市场获得巨大收益，通过掌控即时通信市场，进而掌控移动互联网入口。未来，新型手机即时通信用户数仍存在着较大的上升空间。但在市场中，寻求产品差异化、开发垂直领域市场将成为必然趋势。

3．即时通信与互联网服务融合发展，平台逐步开放

即时通信用户与用户之间有着长期积累的关系，使用黏性非常高。伴随着用户对于互联网应用使用的深入，为提高用户体验与增强用户黏性，使即时通信服务得到更长远的发展，就需要实现自身平台的开放。而各家运营商的平台开放策略也初见成效，第三方应用的接入对用户关系以及用户黏性的发展有良好效果。

（艾瑞咨询集团　曹军波、孙崇慧）

第 21 章　2011 年中国搜索引擎发展情况

- 截至 2011 年底，搜索引擎用户规模已达到 4.07 亿，在网民中的渗透率为 79.4%，使用比例基本保持稳定，是 2011 年仅次于即时通信的第二大网络应用。
- 百度稳居中国搜索引擎流量第一，2011 年 10 月，其流量占到整体搜索引擎流量的 78%；其次是搜搜，占 7.3%；谷歌和搜狗处于流量第三梯队，分别是 2.6%和 2.3%。
- 用户通过搜索引擎搜索的前三大类内容是新闻、视频和音乐，用户比例分别是 47.7%，45.2%和 41.6%。新闻搜索依然是用户搜索引擎使用的最主要目的。

21.1　发展概况

21.1.1　市场规模

搜索引擎是互联网中串联起广告主和用户的最重要桥梁，为广告主带来巨大用户量。根据 CNNIC 统计，截至 2011 年 12 月，79.4%的网民都会访问搜索引擎，即 4.07 亿网民都会使用搜索引擎，搜索引擎将流量引到各个广告主，为各广告主带来巨大流量。

搜索引擎产业价值不菲，目前搜索引擎为中国网络广告贡献了近一半的营收规模。2011 年前三季度，通过搜索引擎投放的广告规模为 126 亿元。2011 年最大的搜索引擎百度前三季度的总营收达到 100 亿元，同比增长超过 60%。

搜索引擎经过多年发展，已形成包含 SEO[46]、广告代理商、渠道商以及各种流量导入网站在内的巨大产业链，如图 21.1 所示。电子商务网站是搜索引擎重要的广告主之一，几乎每一家知名电子商务企业都已设立 SEO 职位，专门针对搜索引擎进行关键词优化；各家搜索引擎均铺建自有的渠道商，从一级城市至三、四级城市，聚集大量营销人员；hao123、360 导航、搜狗导航等也已成为搜索引擎的重要流量入口。

21.1.2　用户规模

2011 年搜索引擎用户规模持续壮大。截至 2011 年底，搜索引擎用户规模已达到 4.07 亿，在网民中的渗透率为 79.4%，使用比例基本保持稳定，是 2011 年仅次于即时通信的第二大网络应用。

---

[46] SEO：Search Engine Optimization，搜索引擎优化。

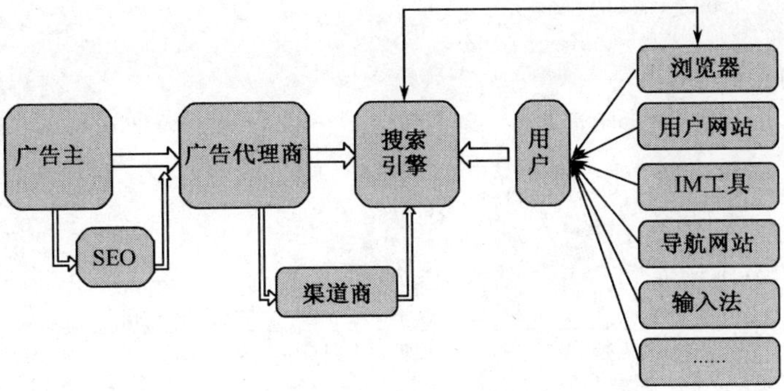

图21.1　搜索引擎产业链

搜索引擎用户增长表现出两个特点：一是用户增长率与总体网民增长趋势较为接近，2011 年中国整体网民增长速度放缓，中国搜索引擎用户也呈现出同样放缓的趋势，如图 21.2 所示；二是在用户绝对增长量较少，并且大部分用户已形成搜索习惯的情况下，争夺搜索引擎用户更为不易，精耕细作、根据互联网发展规律迎合网民需求成为搜索引擎不得不做的改变。

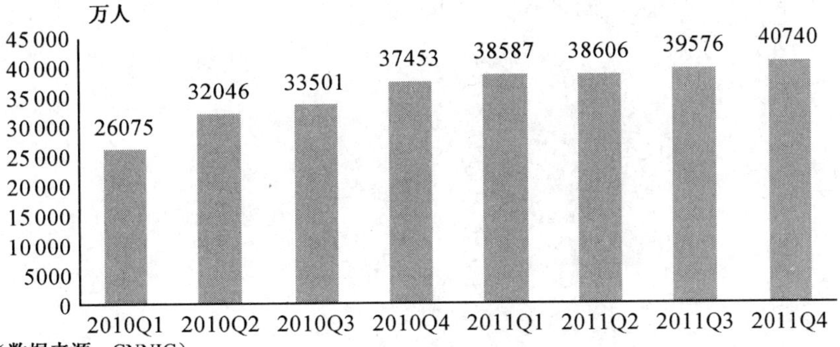

（数据来源：CNNIC）

图21.2　搜索引擎总体用户增长情况

21.1.3　竞争现状

1. 用户渗透

如图 21.3 所示，2011 年百度在搜索引擎用户中的渗透率达到 98.3%，高居市场第一位。搜狗的用户渗透率居第二位，为 45.8%。尽管谷歌的流量已经下降至 2.6%，但是仍有 43.3% 的用户选择使用谷歌，说明谷歌的用户号召力仍存在。搜搜的用户渗透率居第四位，为 37.1%。

值得注意的是，通过用户回答得出的搜索引擎用户量更偏重用户对搜索引擎的印象，而不是搜索引擎流量。很多用户在进行网页浏览、聊天或其他应用时，可能并没有意识到已经使用了某种搜索引擎，因此导致一些使用率较广，但用户认知不深的搜索引擎的用户渗透率可能会偏低，需要加入用户流量分析。

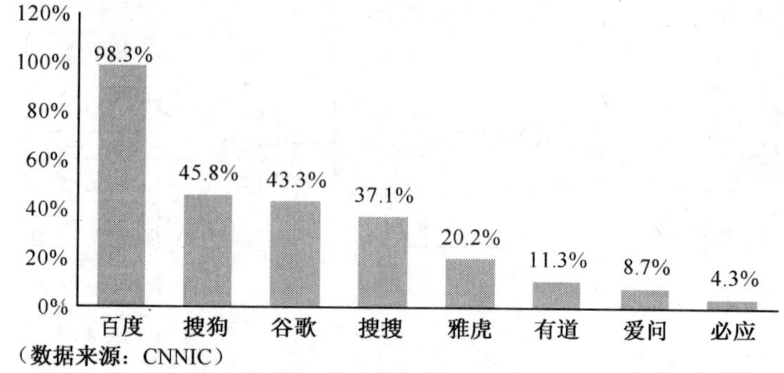

图21.3　综合搜索引擎用户渗透率

2．流量分析[47]

百度依然稳居中国搜索引擎流量第一的地位，2011 年 10 月，其流量占到整体搜索引擎流量的 78%；其次是搜搜，占 7.3%；谷歌和搜狗处于流量第三梯队，分别是 2.6%和 2.3%，如图 21.4 所示。

从用户平均单日使用次数来看，搜搜的用户使用次数没有百度的用户使用次数多，百度的人均单日使用次数是 3.1 次，而搜搜则是 1.4 次。

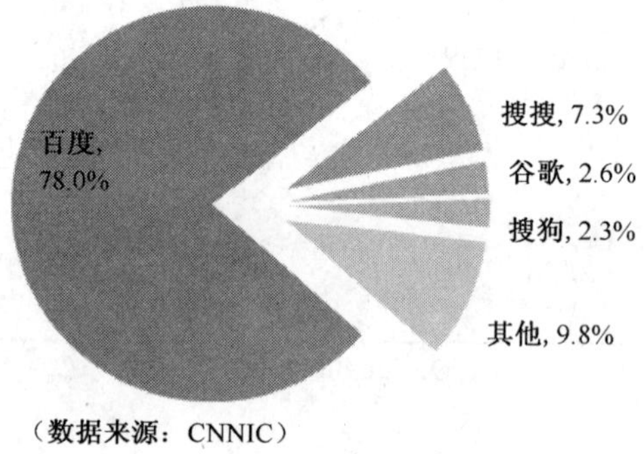

图21.4　2011年中国搜索引擎流量占比情况

从流量特点看，市场上主要的搜索引擎厂商各有特色。百度作为搜索引擎行业的老大，各个频道都对流量有较多贡献，不单纯依赖一条产品线。从 CNNIC 监测数据看，百度知道、视频搜索、百度贴吧、百度新闻、百度百科、百度图片、百度地图是百度的七大支柱型产品，稳定地推动百度发展，如图 21.5 所示。

而其他搜索引擎的产品线还较为单薄，都只有两三个支柱产品。搜搜问问是搜搜最大的流量来源，给搜搜贡献了 25%的流量，搜搜第二大流量频道是搜搜图片。搜搜依托即时通信工具 QQ，社区化的氛围比其他搜索引擎都要浓厚，加之搜搜推出各项激励措施，有力地推动了搜搜问问的发展。

[47] 说明 1：数据源于 CNNIC 流量监测平台 2011 年 10 月的数据。此平台在线监测网民样本的网页浏览行为，根据 CNNIC 网下调研网民结构加权而成。

说明 2：本章的搜索引擎流量的统计标准是“访问次数”，各搜索引擎频道流量之和是总搜索引擎流量。

搜狗的支柱流量频道是搜狗导航，现已能给搜狗带来近 15%的流量。在 hao123 给百度带来巨大流量、360 导航给谷歌带来巨大流量的同时，搜狗导航抓住导航网站发展的大趋势，成为另一匹黑马。搜狗的第二大流量频道是搜狗视频。此外，搜狗音乐、搜狗地图的发展势头良好。

谷歌的两大流量频道是谷歌翻译和谷歌地图，分别给谷歌贡献了 8%和 5.6%的流量。谷歌的外文优势突出，谷歌翻译贡献较大，比较符合用户对谷歌的认知。

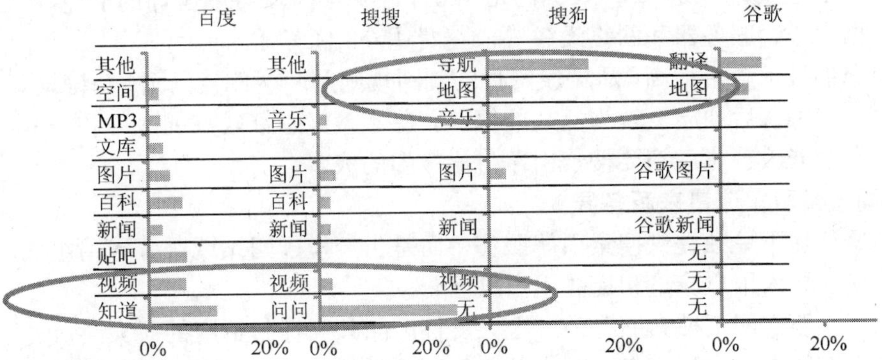

（数据来源：CNNIC）

图21.5　四大搜索引擎各频道流量来源情况

从图 21.6 可以看出，百度作为中国最大的搜索引擎，与其他搜索引擎用户的重合程度非常高，百度对其他搜索引擎用户的覆盖率超过 90%。

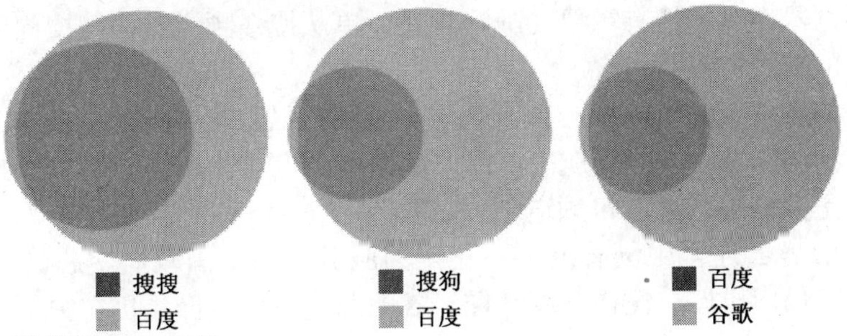

（数据来源：CNNIC）

图21.6　百度与其他搜索引擎用户重合情况

对于其他综合搜索引擎两两之间的用户重合程度，从图 21.7 可以看出，搜狗与谷歌的用户重合度最低，只有 19%的用户两个搜索引擎都访问。

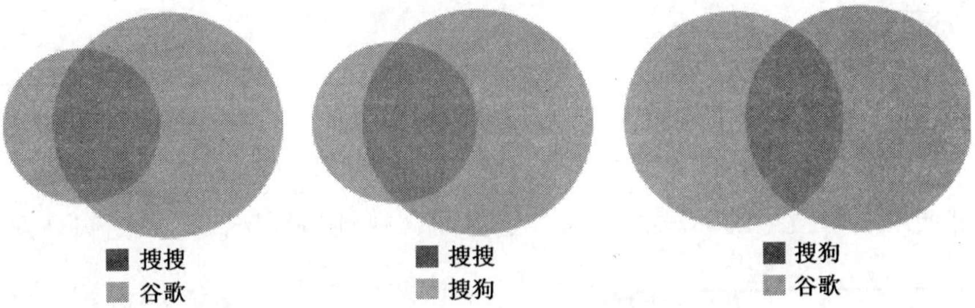

（数据来源：CNNIC）

图21.7　搜搜、谷歌、搜狗用户重合情况

21.1.4 企业运营

1．搜索引擎行业成本和技术门槛高

搜索引擎服务器资源消耗巨大。搜索引擎服务商不仅要存储每天抓取的网页，还要通过各种算法对网页进行比对、去重和去垃圾化处理，需要消耗大量的服务器等设备资源。2011年第三季度，百度的宽带成本为 1.657 亿元。2011 年第三季度谷歌全球的 IT 基础设施投资构成，包括数据中心、服务器和网络设备等，花费达 6.8 亿美元。

搜索引擎的技术含量很高。从垃圾网页的判断规则到两两比较网页、关键词意义的判断、切词等，每一步骤背后均涉及较为复杂的算法。鉴于搜索引擎较高的成本和技术门槛，搜索引擎的每一点功能改善背后都要搜索引擎付出较多的成本。

2．不同搜索引擎流量来源各异

搜索引擎往往不单独提供搜索引擎服务，而是由一揽子网站或服务应用组成，这些服务应用有助于增加导入用户流量和提高用户黏性。

百度除了主要的网页搜索服务外，七大支柱产品共同撑起百度的巨大流量。这七大支柱产品分别是百度知道、视频搜索、百度贴吧、百度新闻、百度百科、百度图片和百度地图。但百度不足的地方是，其他外部流量辅助工具较为单一，目前能够占据一定分量的只有 hao123。

搜搜最大的优势是背靠腾讯公司，产品线众多，可利用其他产品线引入较多流量。腾讯网、QQ 聊天工具、腾讯微博等的搜索功能均由搜搜提供，为搜搜引入较多流量。此外，QQ 输入法、QQ 浏览器亦对搜搜有重要的战略意义。单从搜搜频道看，搜搜问问、搜搜图片、搜搜新闻是搜搜的三大流量频道。

搜狗与搜搜的发展策略有一些类似，其他产品线的强劲发展推动了搜狗的发展，尤其是搜狗输入法、搜狗浏览器、搜狗导航等产品。从搜狗频道看，搜狗导航[48]、搜狗视频、搜狗地图、搜狗音乐是搜狗的四大流量频道。

尽管谷歌把服务器迁至中国香港，不稳定的服务和与中国政府交恶的口碑让其元气大伤，但其搜索实力仍旧雄厚，凭借谷歌地图、谷歌翻译等特色产品仍在中国搜索引擎市场占有一席之地。

网易有道专注于有道词典，赢得较多有外文需求用户的青睐，尤其是大量大学生用户的喜爱。但是，有道推出的时间还不久，有道仅有道词典这一流量较大的产品线还较为单薄。

新浪爱问只做问答频道，符合中国搜索引擎用户的使用习惯，流量上升明显。

21.2 细分市场

21.2.1 新闻搜索

用户通过搜索引擎搜索的前三大类内容是新闻、视频和音乐，用户比例分别是 47.7%，

[48] 搜狗导航的域名是 123.sogou.com，因此，此处被视为搜狗的一个频道。这一点与 hao123 不同，hao123 拥有独立域名 www.hao123.com。

45.2%和 41.6%。新闻搜索依然是用户搜索引擎使用的最主要目的。

分群体看，老年用户对搜索引擎新闻的依赖度较高，有 60%通过搜索引擎搜索新闻。而越年轻的用户对搜索引擎新闻的依赖度越低，白领、大学生、少年用户的使用比例逐步递减，如图 21.8 所示。

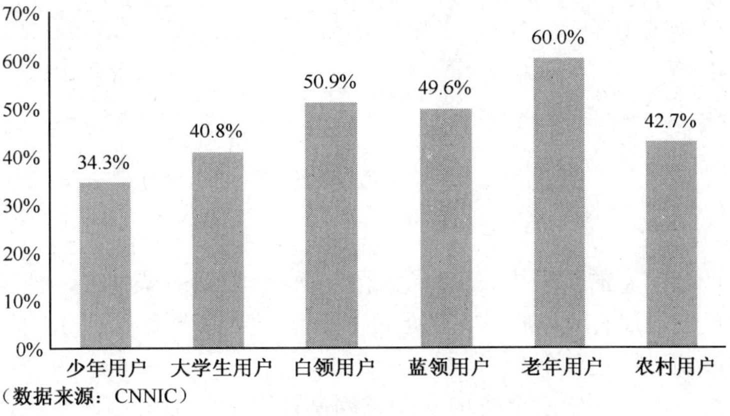

图21.8　不同群体用户搜索新闻比例

21.2.2　垂直搜索

从整体垂直搜索引擎使用来看，搜库和狗狗的用户渗透率最高，分别达到16.9%和12.3%，如图 21.9 所示。搜库和狗狗是基于视音视频的搜索引擎，这两个行业下的垂直搜索引擎用户渗透率最高，与这两个网络应用使用率高有较大关系。

2010 年 10 月阿里巴巴推出一淘网，短短一年时间，一淘网凭借淘宝网的流量，迅速将用户渗透率升至 5.4%。这一用户渗透率已高于综合搜索引擎提供的垂直购物搜索渗透率。

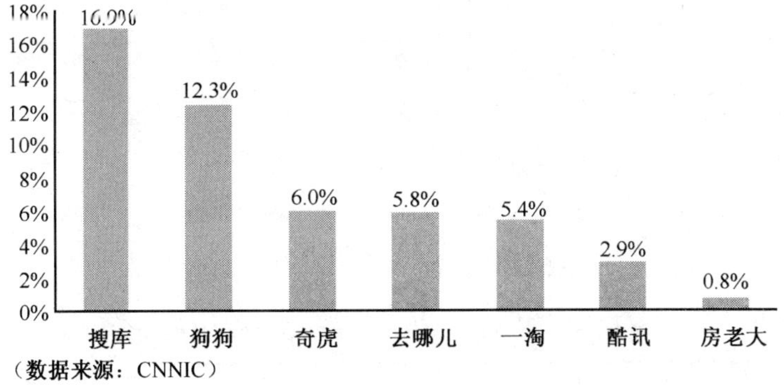

图21.9　垂直搜索引擎用户渗透率

视频垂直搜索引擎用户重合情况如图 21.10 所示。垂直视频搜索引擎用户与百度视频搜索用户存在一定的差异，很多忠实的垂直视频搜索引擎用户没有用百度搜索视频。比较不同的视频垂直搜索引擎狗狗和搜库，两者的用户群体差异更大，只有 10%的用户两者都用，都各有自己的忠实用户群。

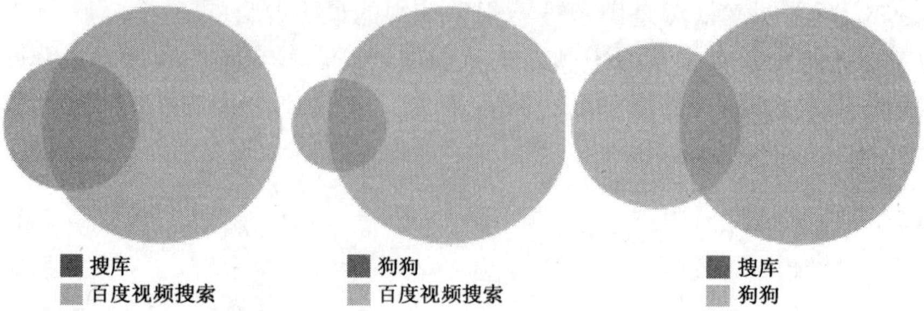

（数据来源：CNNIC）

图21.10　视频垂直搜索引擎用户重合情况

1．产品信息搜索

在网上搜索产品信息的用户中，65%经常通过综合搜索引擎搜索，使用综合搜索的购物搜索功能的比例最低，仅有4.7%，如图21.11所示。这可能是因为提供购物搜索功能的谷歌和有道在中国的市场份额还偏低。

从调研结果看，综合搜索引擎仍旧是购物网站流量的重要入口。专业垂直搜索引擎已经占据一定市场份额，但还不足以和综合搜索引擎抗衡。

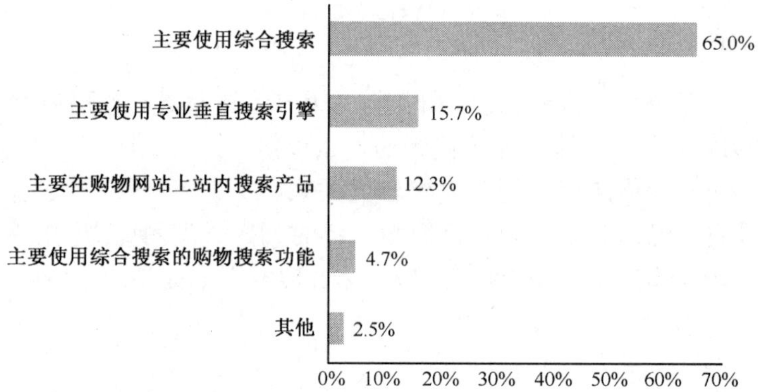

（数据来源：CNNIC）

图21.11　用户搜索产品信息的渠道对比

分用户群看，大学生用户更喜欢使用专业垂直搜索引擎搜索产品信息，这一比例达到24.1%；而农村用户使用综合搜索的比例较高，为75%，如表21.1所示。

表21.1　不同用户群搜索产品信息的渠道对比

	少年用户	大学生用户	白领	蓝领	农村用户
主要使用综合搜索	66.7%	69.0%	65.3%	66.3%	75.0%
主要使用综合搜索的购物搜索功能	4.8%	3.4%	6.0%	2.1%	3.6%
主要使用专业垂直搜索引擎	11.9%	24.1%	14.1%	16.8%	8.9%
主要在购物网站上站内搜索产品	11.9%	3.4%	13.1%	13.7%	12.5%
其他	4.8%	0.0%	1.5%	1.1%	0.0%
合计	100.0%	100.0%	100.0%	100.0%	100.0%

注：老年用户相应样本量较小，这里未将数据列入。

2．旅行预订信息搜索

用户通过综合搜索获得旅行预订信息的比例较高，为 74.6%；其次是专业垂直搜索引擎，为 11%，如图 21.12 所示。

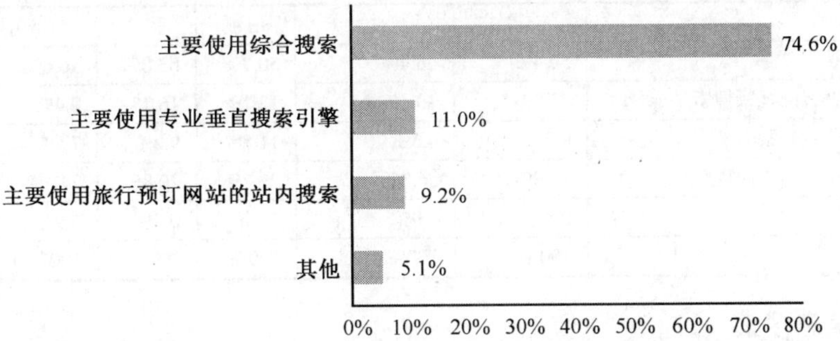

（数据来源：CNNIC）

图21.12　用户搜索旅行预订信息的渠道对比

分用户群看，大学生用户更喜欢使用旅行预订网站的站内搜索，如表 21.2 所示。

表 21.2　不同用户群搜索旅行预订信息的渠道对比

	少年用户	大学生用户	白领	蓝领	老年用户	农村用户
主要使用综合搜索	88.0%	68.4%	75.5%	78.3%	60.0%	88.9%
主要使用专业垂直搜索引擎	8.0%	10.5%	12.3%	5.0%	25.0%	5.6%
主要使用旅行预订网站的站内搜索	4.0%	21.1%	7.7%	13.3%	15.0%	2.8%
其他	0.0%	0.0%	4.5%	3.3%	0.0%	2.8%
合计	100.0%	100.0%	100.0%	100.0%	100.0%	100.0%

3．视频信息搜索

除了一半的用户使用综合搜索以外，视频网站站内搜索的力量较为强大，有 23.2%的用户习惯使用视频网站站内搜索，占五分之一以上。其次是综合搜索提供的视频搜索功能，占 14.8%，如图 21.13 所示。

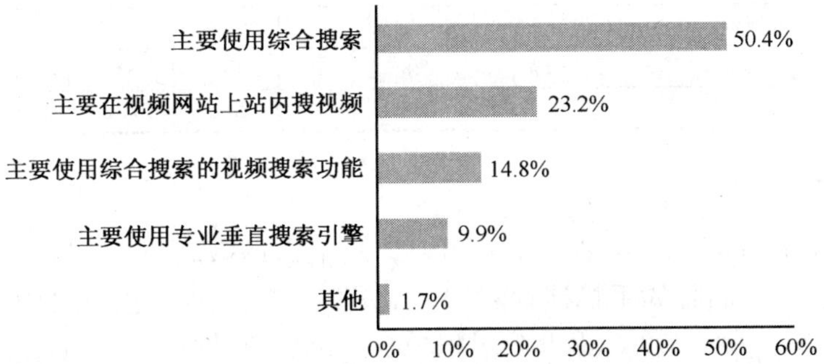

（数据来源：CNNIC）

图21.13　用户搜索视频信息的渠道对比

分用户群看，大学生用户呈现与产品信息、旅行预订信息类似的趋势，更喜欢在视频网站上进行站内搜索，这一比例高达 36.2%，如表 21.3 所示。

表 21.3　不同用户群搜索视频信息的渠道对比

	少年用户	大学生用户	白领	蓝领	老年用户	农村用户
主要使用综合搜索	50.4%	46.4%	50.7%	53.8%	56.6%	54.0%
主要使用综合搜索的视频搜索功能	25.2%	10.1%	12.1%	16.2%	9.4%	16.6%
主要使用专业垂直搜索引擎	9.2%	4.3%	11.8%	9.2%	7.5%	4.3%
主要在视频网站上站内搜视频	14.5%	36.2%	22.7%	20.8%	24.5%	23.3%
其他	0.8%	2.9%	2.7%	0.0%	1.9%	1.8%
合计	100%	100%	100%	100%	100%	100%

4. 音乐信息搜索

音乐搜索用户使用综合搜索的比例为 33.1%；其次是音乐网站站内搜索，为 28.3%；接下来是综合搜索的音乐搜索功能，占 21.7%，如图 21.14 所示。

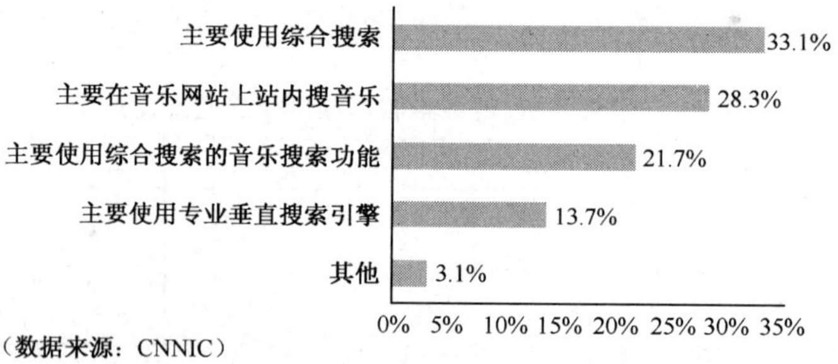

（数据来源：CNNIC）

图21.14　用户搜索音乐信息的渠道对比

分用户群看，老年用户使用综合搜索的比例最高，为 42.9%；其次是农村用户，为 37.4%；其他用户已走过使用综合搜索的阶段，开始向其他的搜索形式分流，如表 21.4 所示。

表 21.4　不同用户群搜索音乐信息的渠道对比

	少年用户	大学生用户	白领	蓝领	老年用户	农村用户
主要使用综合搜索	30.7%	27.5%	32.6%	31.8%	42.9%	37.4%
主要使用综合搜索的音乐搜索功能	24.4%	21.7%	25.2%	20.5%	19.0%	16.1%
主要使用专业垂直搜索引擎	11.8%	17.4%	14.2%	14.6%	14.3%	8.4%
主要在音乐网站上站内搜音乐	29.9%	27.5%	25.8%	29.8%	21.4%	32.9%
其他	3.1%	5.8%	2.1%	3.3%	2.4%	5.2%
合计	100%	100%	100%	100%	100%	100%

21.2.3　移动搜索

移动搜索引擎属于技术主导型互联网产品，目前市场格局较为稳固。手机百度的使用率为 90.4%，远高于其他品牌的手机搜索网站，如图 21.15 所示。这主要源于百度在 PC 领域较为知名的品牌形象，另一方面，百度公司积极与手机厂商进行合作预置。

手机网民最常用手机搜索引擎中，市场集中度较高。手机百度的比例达到 79.1%，远高于第二名的手机谷歌，如图 21.16 所示。

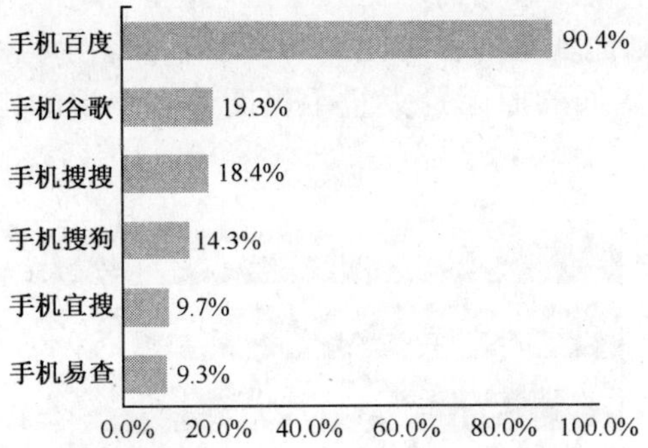

（数据来源：CNNIC）

图21.15　不同品牌手机搜索引擎在手机搜索用户中的使用率比较

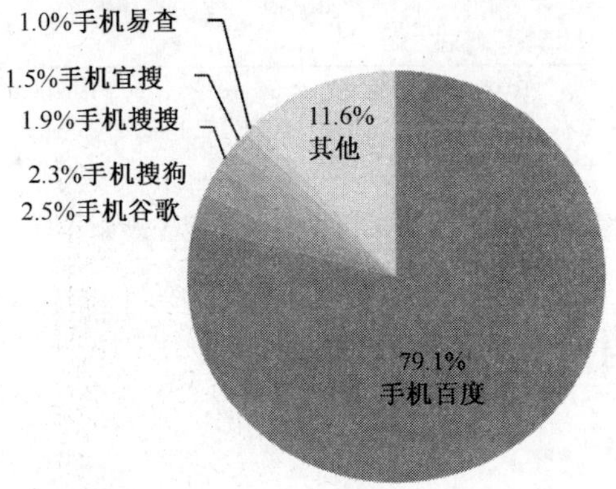

（数据来源：CNNIC）

图21.16　整体手机搜索用户中最常用手机搜索网站的比例

智能手机网民中使用手机谷歌的用户比例比非智能手机网民高 9.6 个百分点，如图 21.17 所示。主要原因是一方面大量 Android 手机系统自带浏览器的默认搜索引擎设置为手机谷歌，提升了不少流量；另一方面，智能手机网民相对高端，对谷歌有一定的品牌依赖。

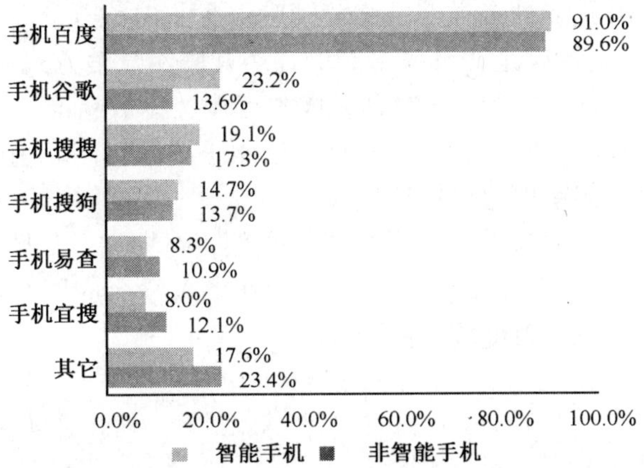

（数据来源：CNNIC）

图21.17　不同品牌搜索引擎网站在智能手机和非智能手机搜索用户中的使用率比较

智能手机网民对使用手机搜索的需求更为丰富。除了小说以外，智能手机网民搜索新闻、生活信息、手机软件、网站地址等内容的比例均高于非智能手机网民，如图 21.18 所示。智能手机网民搜索小说比例降低的原因是大量手机阅读客户端的出现降低了用户通过搜索引擎搜索文学作品的需求。

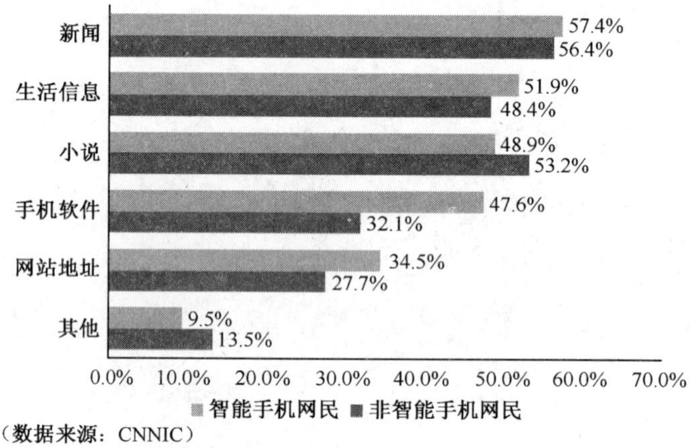

（数据来源：CNNIC）

图21.18 智能手机和非智能手机搜索引擎用户中搜索不同内容的用户比例

21.3 搜索引擎营销

21.3.1 发展现状

由于营销效果较好，搜索引擎营销在 2011 年仍然保持了稳定的增长，成为中国网络营销市场最主要的增长动力之一。首先，随着越来越多的中小企业开始接触和使用搜索营销，搜索引擎营销的广告客户数不断提高；其次，根据主要搜索营销服务商的数据显示，单个搜索营销广告主的搜索营销投入力度也在不断提高；最后，一些电子商务领域的服务商也开始转型垂直搜索引擎服务，成为搜索引擎营销市场新的增长点。

互联网营销推广的方式多种多样，网络营销应用企业中，电子商务平台推广、搜索营销推广、QQ 等即时聊天工具推广是普及率最高的三类互联网营销方式。网络营销应用企业中，62.3%曾进行过搜索营销推广。搜索营销具有成本可控、投放精准、效果可见等优点，但搜索营销一般要求有企业网站，同时对网络营销运营水平要求较高，因此受到一些限制。但随着企业建站的活跃，搜索营销也得以快速发展。

搜索营销应用企业[49]在网络营销方面的投入金额相对较高，如图 21.19 所示，投入额在 1 万元以下的明显低于总体网络营销应用企业及电子商务平台应用企业。搜索营销应用企业属于网络营销应用企业中投入力度较大的企业。

[49] 本章中的“搜索营销应用企业”指根据调查，2011 年在搜索引擎营销（含关键字广告、搜索引擎优化等）方面进行过营销推广投入的中小企业。

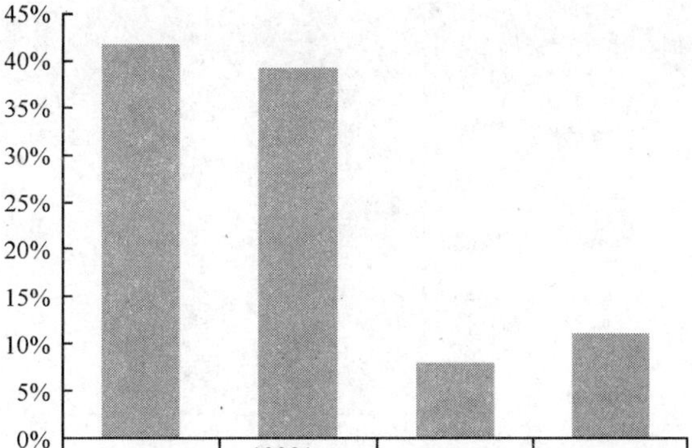

	1～10000元	10001～50000元	50001～100000元	大于100000元
搜索营销应用企业	41.8%	39.2%	7.9%	11.1%

（数据来源：CNNIC）

图21.19　搜索营销应用企业的网络营销推广投入金额

在网络营销推广投入占总营销推广投入的比例方面，与其他网络营销相比，搜索营销应用企业在 51%～75%这段偏高，而在 76%～100%这段偏低，如图 21.20 所示。这说明，搜索营销应用企业对于网络营销有较高依赖，但又并不排斥其他营销推广渠道的使用。

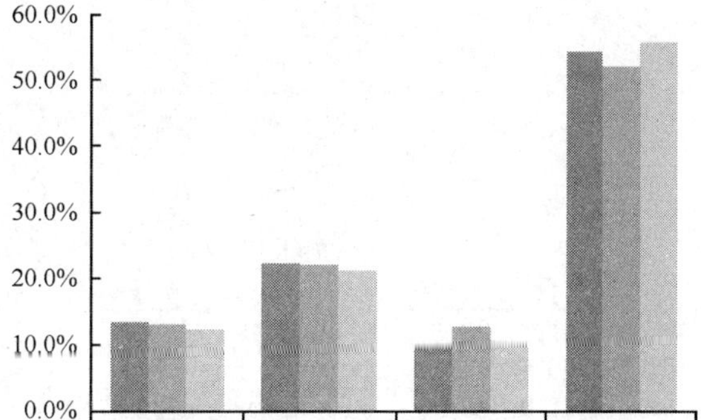

	1%～25%	26%～50%	51%～75%	76%～100%
网络营销应用企业	13.5%	22.3%	9.9%	54.2%
搜索营销应用企业	13.1%	22.2%	12.8%	52.0%
电子商务平台应用企业	12.5%	21.2%	10.6%	55.7%

（数据来源：CNNIC）

图21.20　搜索营销应用企业的网络营销推广投入占总营销推广投入的比例

搜索营销应用企业在搜索营销方面的投入，比电子商务平台应用企业在电子商务平台推广方面的投入略高一些，如图 21.21 所示。

但是，搜索营销应用企业在搜索营销方面的投入占网络营销总投入的比例，相对于电子商务平台应用企业在电子商务平台推广方面的投入占网络营销总投入的比例，却明显偏低，在 25%以下的占比偏高，76%以上的占比偏低，如图 21.22 所示。可见，两者相比，搜索营销对于其他营销方式的排斥性较弱。

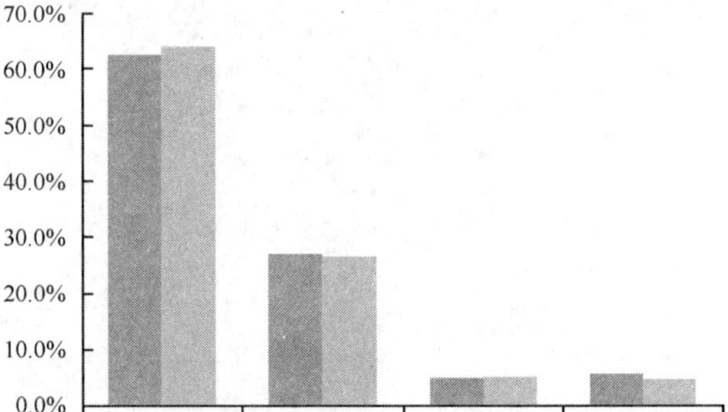

	1～10000元	10001～50000元	50001～100000元	大于100000元
搜索营销投入	62.5%	27.0%	4.8%	5.7%
电子商务平台投入	63.9%	26.5%	5.0%	4.5%

（数据来源：CNNIC）

图21.21　搜索营销投入金额分布

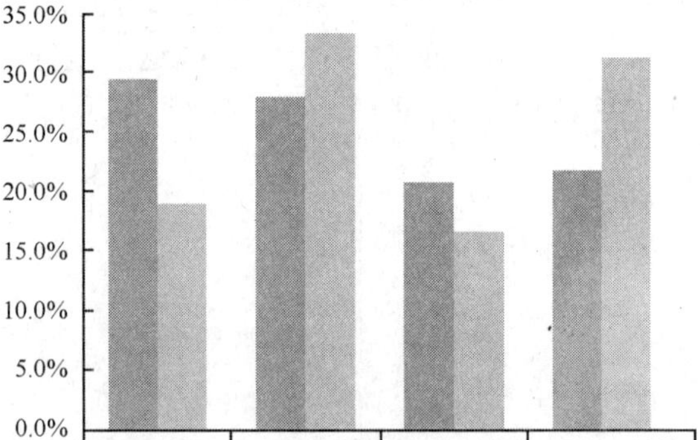

	1～25%	26%～50%	51%～75%	76%～100%
搜索营销投入占比	29.5%	27.9%	20.8%	21.8%
电子商务平台推广投入占比	18.9%	33.3%	16.6%	31.3%

（数据来源：CNNIC）

图21.22　企业在搜索营销方面的投入在网络营销总投入中的比例

21.3.2　发展趋势

相对于电子商务平台应用企业和其他网络营销应用企业，在总营销推广投入金额方面，搜索营销应用企业中投入较高的企业比例相对较大，偏大型、偏高端，如图 21.23 所示。

在总营销推广投入变化趋势方面，大部分搜索营销应用企业都以增加或维持现有水平为主，如图 21.24 所示。

21.3.3　存在问题

搜索营销是一个系统工程，从吸引用户点击、吸引用户访问，到达成交易，整个过程中有很多环节，搜索营销最终的效果其实是各个环节综合作用的结果。只有做好了各个环节的工作，才能真正提升搜索营销的最终效果。

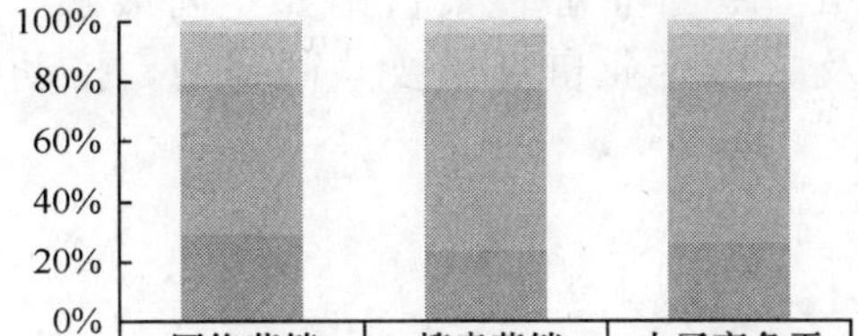

	网络营销应用企业	搜索营销应用企业	电子商务平台应用企业
100万元以上	3.9%	4.3%	4.5%
10万~100万元（不含）	16.9%	18.2%	16.2%
1万~10万元（不含）	50.1%	53.7%	52.5%
1千~1万元（不含）	28.7%	23.3%	26.5%
1~999元	0.4%	0.6%	0.3%

（数据来源：CNNIC）

图21.23　2011年搜索营销应用企业营销推广投入金额

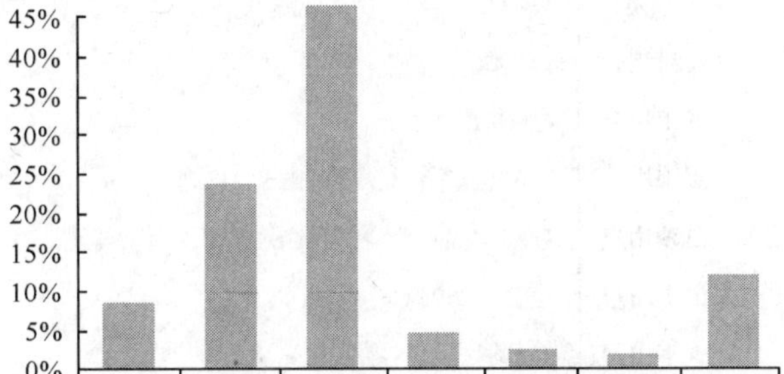

	大幅增加	小幅增加	持平	小幅减少	大幅减少	不打算投入	不确定
搜索营销应用企业	8.5%	23.8%	46.5%	4.6%	2.6%	2.0%	12.1%

图21.24　搜索营销应用企业在广告及营销推广方面的投入倾向

目前许多中小企业进行搜索营销都不是完全没效果，而是进入了一种“得势不得分”的怪圈。很多中小企业进行搜索营销推广之后，其网站的访客量、浏览量都得到了大大的提升，但是对于其最终的销售效果却作用不大。造成这种情况的原因，主要有以下几点。

1．粗放式的营销推广投入，没有真正吸引到目标人群

网络营销的优势之一就是能依托于强大的数据分析功能，更加精准地进行营销投放。但是，目前很多中小企业并不具备搜索营销相关经验和知识，没有很好发挥搜索营销的优势。他们花了精准营销的点击单价，却吸引来了大量无用的点击量，无法有效促进最终销售。

2．网站运营水平不足，影响访问量到销售量的转化

网站是搜索营销的基础，也是访问量转化为销售量的关键，但很多中小企业网站却存在很多问题。根据调查，中小企业网站多数都没有专人负责，一般都是外包开发，后续却没有技术人员运维，网站出现的问题难于发现、难于修正。另外，大多数中小企业网站功能单一，且一味追求显示效果，忽视用户体验，如采用大量 Flash 动画、大图片等，这都给用户的访问带来了不良体验。

3．对搜索营销支撑不足，影响订单达成

目前多数中小企业的销售还是需要线下方式辅助完成订单，部分企业线下辅助部分衔接差，影响订单的达成。例如，有的企业网站中的联系方式经常处于无人接听状态，让一些潜在订单流失。中小企业搜索营销要走向成熟，还有十分漫长的道路。政府、行业组织、服务商以及中小企业自身需要共同努力，推动我国中小企业网络营销不断向前发展。

21.4 用户分析

1．用户分群情况

根据 CNNIC 调研结果，将搜索引擎用户分为六大典型群体，如图 21.25 所示。其中，白领用户规模最大，达到 1.8 亿，占搜索引擎用户的 46.1%。这一群体也是消费力最大的群体。少年用户为 8825 万，此群体的行为特征将影响搜索引擎的未来走向。大学生用户为 2693 万，此群体较为活跃，也是未来的优质白领群体。农村用户和老年用户是两大具有鲜明特点的边缘群体，规模分别为 8100 万和 3253 万。

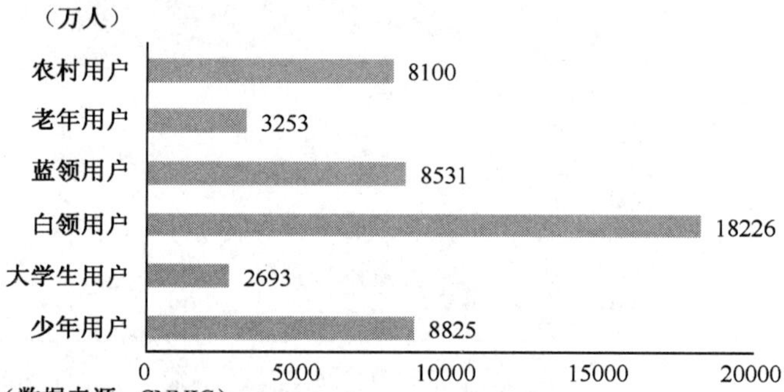

（数据来源：CNNIC）

图21.25　各搜索引擎用户群体规模

2．性别

百度用户中男性占 58.3%，与搜索引擎用户总体性别构成较为接近，如图 21.26 所示。相对而言，搜搜性别构成更为均衡，男女性别比是 55.9:44.1；谷歌用户中男性比例较高，男性占 60.5%。

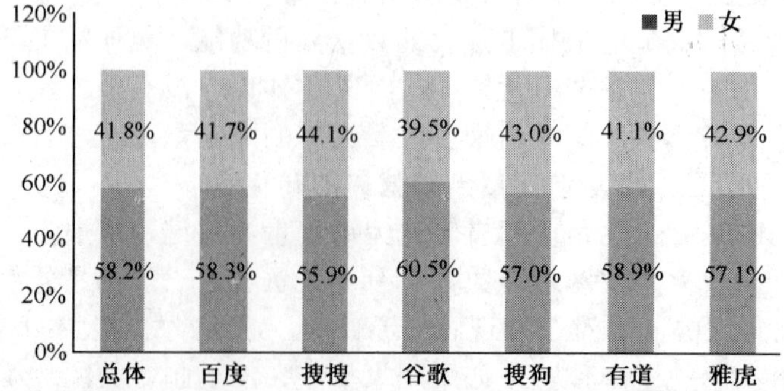

（数据来源：CNNIC）

图21.26　各搜索引擎用户性别构成

3．年龄

百度用户与总体搜索引擎用户年龄分布类似，目前以 26～35 岁为主力人群，占到 24.2%；19～35 岁人群则囊括了总用户的 50%，如图 21.27 所示。

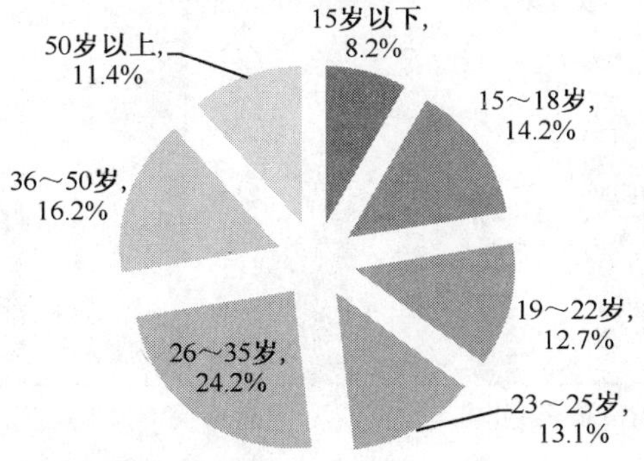

（数据来源：CNNIC）

图21.27　百度用户年龄分布

相较于总体搜索引擎用户，搜搜用户要年轻一些，搜搜用户在 15 岁以下、15～18 岁、19～22 岁比重较大，占比总和为 45.8%，比总体用户相应占比高 10.9 个百分点，如图 21.28 所示。搜狗用户年龄构成则与总体用户年龄构成较为接近，比搜搜用户要成熟一些。

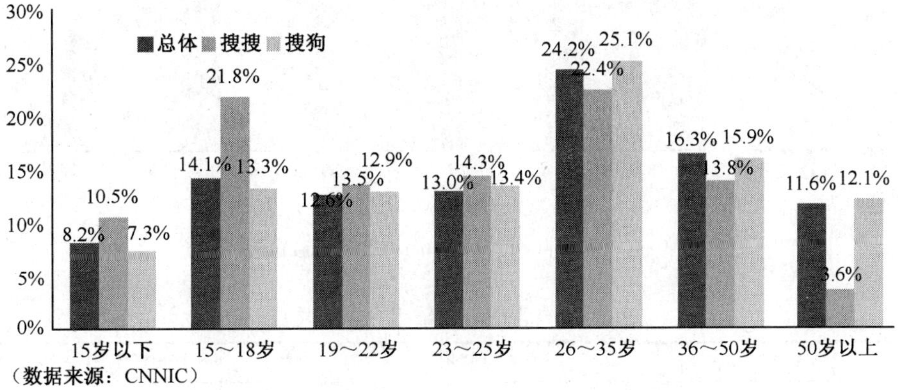

（数据来源：CNNIC）

图21.28　总体用户、搜搜用户和搜狗用户年龄构成

相较于总体用户，谷歌用户中 23～35 岁年龄段人群比重较高，用户占比为 41.3%，比总体用户相应占比高 4.1 个百分点，如图 21.29 所示。雅虎也是如此，23～35 岁年龄段人群占比为 43.8%，比总体用户相应占比高 6.6 个百分点。这可能是因为这个年龄段的用户对外文搜索需求相应较高。

有道用户中 19～25 岁年龄段用户比例偏高，如图 21.30 所示，这与有道在大学生中的渗透率偏高有关。

4．学历

从学历上看，总体搜索用户与网民趋势一致，高中学历用户比例最高，如表 21.5 所示。分搜索引擎看，搜搜用户中，小学生比例较高，占 6.9%，比总体用户高 1.1 个百分点。谷歌、有道的大学及以上学历用户比例比较高，分别为 20.1%和 24.4%，比总体用户高 5.8 个和 10.1 个百分点。

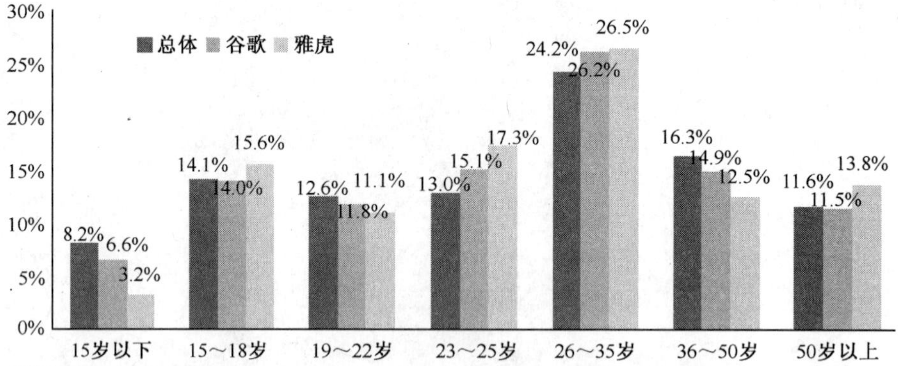

（数据来源：CNNIC）

图21.29　总体用户、谷歌用户和雅虎用户年龄构成

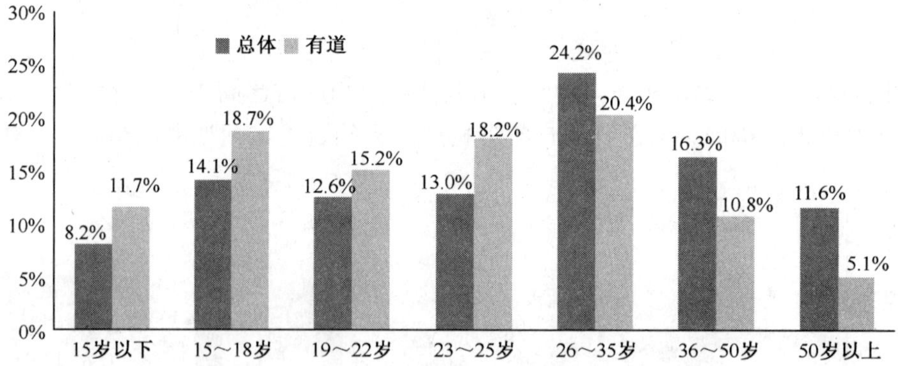

（数据来源：CNNIC）

图21.30　总体用户和有道用户年龄构成

表 21.5　各搜索引擎用户年龄构成

	小学及以下	初中	高中	大专	大学及以上	合计
总体	5.1%	24.3%	40.1%	16.2%	14.3%	100.0%
百度	5.4%	24.1%	39.9%	16.3%	14.2%	100.0%
搜搜	6.9%	22.6%	37.8%	16.6%	16.1%	100.0%
搜狗	6.2%	23.9%	37.9%	16.3%	15.7%	100.0%
谷歌	7.8%	19.4%	34.9%	17.8%	20.1%	100.0%
雅虎	9.5%	17.0%	37.1%	17.6%	18.7%	100.0%
有道	16.6%	23.5%	24.8%	10.6%	24.4%	100.0%

5．职业

有道用户中学生比例最高，为 44.7%；其次是搜搜用户，学生比例为 37.5%，如表 21.6 所示。

表 21.6　各搜索引擎用户职业构成

	学生	党政机关事业单位	公司员工	专业技术人员	工人	自由职业者/个体户	其他	合计
总体用户	27.6%	6.2%	22.0%	11.9%	5.0%	12.8%	14.4%	100%
百度	27.8%	6.3%	22.2%	12.0%	4.9%	12.7%	14.1%	100%
搜搜	37.5%	7.1%	22.5%	12.6%	3.6%	9.7%	6.9%	100%
搜狗	28.4%	6.9%	22.4%	12.3%	4.2%	13.1%	12.8%	100%
谷歌	31.8%	7.0%	22.3%	13.1%	4.0%	12.9%	8.9%	100%
雅虎	29.0%	4.5%	26.0%	12.1%	2.9%	13.6%	12.0%	100%
有道	44.7%	4.6%	25.7%	13.9%	2.9%	5.5%	2.7%	100%

6．月收入

谷歌、雅虎用户收入相对较高，5000 元以上收入者占比为 21.5%和 20.9%，分别比总体高 1.9 个和 1.3 个百分点，如表 21.7 所示。搜搜的用户中中小学生比例高，收入构成相应低一些。

表 21.7　各搜索引擎用户月收入构成

	无收入	500 元以下	501～1000 元	1001～1500 元	1501～2000 元	2001～3000 元	3001～5000 元	5001～8000 元	8000 元以上	合计
总体	8.8%	6.0%	7.2%	6.9%	8.6%	22.7%	19.8%	6%	13.6%	100%
百度	8.9%	5.9%	7.1%	6.9%	8.7%	22.6%	19.8%	6.4%	13.6%	100%
搜搜	8.6%	7.9%	7.9%	7.1%	8.8%	20.4%	21.3%	5.8%	12.2%	100%
搜狗	9.5%	6.3%	7.2%	6.9%	6.6%	23.5%	20.1%	8.0%	11.8%	100%
谷歌	7.3%	6.1%	7.9%	6.6%	7.8%	19.2%	23.7%	8.5%	13.0%	100%
雅虎	6.9%	6.0%	6.0%	6.0%	7.7%	22.5%	23.9%	6.6%	14.3%	100%
有道	8.3%	8.3%	10.7%	6.8%	7.8%	20.4%	20.9%	4.4%	12.6%	100%

7．城乡

谷歌、雅虎的城镇比例较高，分别为 82.5%和 81.7%，如表 21.8 所示。这一点与它们的外文搜索较好有关系。

表 21.8　各搜索引擎用户城乡构成

	城　镇	乡　村	合　计
总体	74.9%	25.1%	100%
百度	74.9%	25.1%	100%
搜搜	77.4%	22.6%	100%
搜狗	76.8%	23.2%	100%
谷歌	82.5%	17.5%	100%
雅虎	81.7%	18.3%	100%
有道	77.8%	22.2%	100%

（中国互联网络信息中心　孟凡新）

第 22 章　2011 年中国网络金融服务发展情况

> - 2011 年，我国使用网上银行的用户规模已达 1.66 亿，使用率提升至 32.4%。
> - 网上支付用户规模为 1.67 亿人，使用率为 32.5%。
> - 2011 年是作为主要服务于中小企业的网络贷款市场兴起的元年，网络贷款模式呈现多元化的发展势头。
> - 在网络金融信息服务的市场占有率方面，作为综合门户财经频道的新浪财经，以 115.76 的人气值和 18.90%的市场占有率居于排名之首。
> - 受股票市场整体下行影响，2011 年，网络炒股成为全年使用率降幅最大的网络应用。2011 年中国网络炒股用户规模为 4002 万，使用率为 7.8%，用户规模下降 3086 万，降幅达 43.50%。

22.1　发展概况

2011 年，世界经济步入坎坷不平的复苏之路，中国经济保持了平稳较快的发展，金融市场运行平稳。截至 2011 年 12 月底，我国网民规模突破 5 亿，互联网平台各项金融应用的使用率保持增长态势，但增长率有降低趋势。

CNNIC 发布的《第 29 次中国互联网络发展状况统计报告》显示，截至 2011 年 12 月底，我国使用网上银行的用户规模已达 1.66 亿，使用率提升至 32.4%，与 2010 年相比，用户规模增长 2676 万，增长率为 19.20%；网上支付用户规模为 1.67 亿，使用率为 32.5%，与 2010 年相比，用户规模增长 2957 万，增长率为 21.60%；网络炒股用户规模为 4002 万，使用率为 7.8%，用户规模下降 3086 万，降幅达到 43.50%。其中，受 2011 年股市低迷的影响，网络炒股成为全年使用率降幅最大的网络应用，如图 22.1 所示。

网络应用	2011 年			2010 年		
	用户规模（万）	使用率	年增长率	用户规模（万）	使用率	年增长率
网上银行	16624	32.4%↑	19.20%	13948	30.50%	30.5%
网上支付	16676	32.5%↑	21.60%	13719	30.00%	30.0%
网络炒股	4002	7.8%↓	−43.50%	7088	15.50%	15.5%

（资料来源：CNNIC《第29次中国互联网络发展状况统计报告》）

图22.1　2010年和2011年金融网络应用使用率

2011年，微博的崛起改变了网民阅读资讯的习惯。拥有高人气微博的新浪、腾讯、搜狐的财经频道均出现了上涨的态势，垂直类财经网站实现了个性化发展。

随着互联网用户的持续增长以及传统行业互联网化水平的不断提升，网上银行市场规模和注册用户数持续增长。作为第三方支付重要细分领域的第三方互联网支付行业保持高速发展态势。2011年也是主要服务于中小企业的网络贷款市场兴起的元年，网络贷款模式呈现多元化的发展势头。网络保险和网络理财市场还处于发展早期。未来，网络金融作为金融业的新鲜事物具有广阔的发展前景，构建开放的创新平台，实现服务的综合一体化将推动传统金融业的深化。

22.2 网络金融信息服务

22.2.1 市场现状

2011年是中国经济环境最为复杂的一年，抗通胀、利率上调、资金与信贷收紧、股市低迷等话题成为广大网民关注的焦点，提供网络金融信息服务的财经类网站发挥着为网民提供网络金融资讯、专业财经服务解决方案等重要作用。

根据互联网实验室《2011 年中国财经网站市场份额统计》，作为综合门户财经频道的新浪财经，以115.876的人气值和18.90%的市场占有率居于排名之首，如图22.2所示。

网站	人气值	2011年市场份额	2010年市场份额	涨跌
新浪财经	115.876	18.90%	18.02%	↑ 0.88
和讯	83.95062	13.70%	15%	↓ 1.3%
腾讯财经	78.64963	12.83%	3.47%	↑ 9.36%
东方财富网	55.03704	8.98%	13.17%	↓ 4.19%
搜狐财经	42.31526	6.90%	2.76%	↑ 4.14%
中国经济网	23.67901	3.86%	4.60%	↓ 0.74%
金融界	20.04938	3.27%	5.72%	↓ 2.45%
中金在线	18.66667	3.05%	3.82%	↓ 0.77%
同花顺金融服务网	6.419753	1.05%	2.12%	↓ 1.07%
财讯	5.481481	0.89%	1.90%	↓ 1.01%

（资料来源：互联网实验室）

图22.2 2011年中国财经网站前十强市场份额统计

网络金融信息服务网站的市场主要集中在综合门户财经频道和垂直类财经网站，其前十强所占的市场份额为73.43%，集中度较高，较2010年70.64%的数据提升了近3个百分点，如图22.3所示。

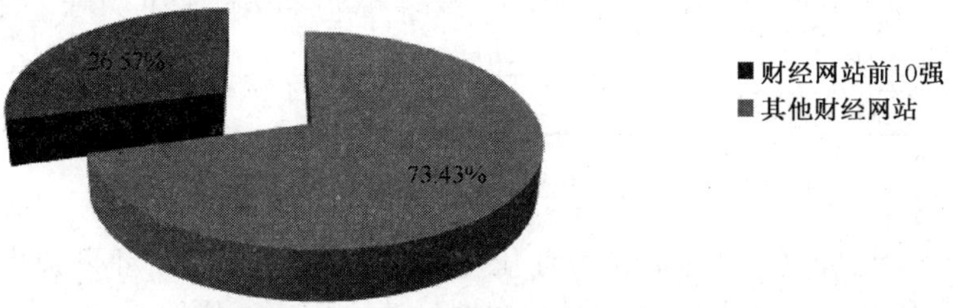

（资料来源：互联网实验室）

图22.3 2010年中国财经网站前十强市场份额

22.2.2 发展特色

1．微博带动综合门户财经频道人气

2011 年，中国网民上网获取信息的需求已经发生了变化，微博的崛起改变了网民阅读资讯的习惯。微博成为了网民获取资讯的重要渠道。大量的财经名人和财经媒体机构在微博上开博发声，发表权威的评论观点，吸引了网民的围观，网站也将微博应用与财经频道进行整合，财经资讯可以随时分享到微博中，扩大了财经频道资讯的传播渠道。同时将财经名人的微博融入频道页面之中，在提供资讯的同时提升用户的活跃度与互动性，随之也带动了各财经频道流量的提升，部分蚕食了传统财经网站的流量。从 2011 年和 2010 年前十强的市场份额变化中可以发现，拥有高人气微博的新浪、腾讯、搜狐的财经频道均出现了上涨的态势，而其他的财经类网站均有不同程度的下滑。

2．垂直类财经网站特色发展

垂直类财经网站是专注于网络财经信息服务的专业网站，业务模式和盈利模式相对多样化，具有较强的综合竞争力，凭借其专业化的信息提供，吸引了诸多高端的深度财经信息用户。2011 年垂直类财经网站实现了个性化发展，为网民提供特色财经信息服务。根据艾瑞数据监测显示，提供综合财经信息的网站、偏股票资讯类网站以及专业财经投资网站成为用户最为关注的三大类垂直类财经网站。

（1）综合财经信息服务网站提升专业化竞争力

根据艾瑞对独立财经网站的监测，按照月度覆盖人数平均值的评价标准，和讯以 2011 年连续 12 个月平均每月 5417.4 万人的月度覆盖人数占据榜首，东方财富网以月均覆盖人数 5178.1 万人位居第二，金融界和中金在线以月均覆盖人数 2018.3 万人和 1476.3 万人分列榜单第三位和第四位，如图 22.4 所示。

网站名称	域名	2011月～12月 月均覆盖人数（万人）
和讯网	hexun.com	5417.4
东方财富网	eastmoney.com	5178.1
金融界	jrj.com.cn	2018.3
中金在线	cnfo.com	1476.3
同花顺	10jaka.com.cn	1232.8
证券之星	stockstar.com	1011.1
中国黄金投资网	cngold.org	692.3
华讯财经	591hx.com	554.8
我爱卡	51credit.com	539.1
中国证券网	cnstock.com	534.5

注：1、本次最佳独立财经类网站排行榜的分析数据，主要来源于艾瑞咨询网络用户行为监测工具iUserTracker的监测数据，艾瑞选取了74个网站作为备选；
2、评选依据是根据各财经网站2011.1-2011.12连续12个月月均月UV排序；

Source: iUserTracker, 家庭办公版2011.12, 基于对20万名家庭及办公（不含公共上网地点）样本网络行为的长期监测数据获得。

图22.4　2011年中国十大最佳独立财经类网站

2011 年，综合类财经网站正在走向专业化与集约化的发展道路，不断提供创新的新闻数据与新闻传播增值服务，为网民提供专业的财经服务解决方案，同时提升自身的核心竞争力。以和讯为例，2011 年和讯发布了《网络社区改写投资者关系定义——2011 年微博对中国上市公司舆情影响与对策研究》，并推出了和讯通基金整合传播平台，为基金业提供新闻传播。

（2）股票资讯类网站为网民提供全方位信息服务

受广大股民刚性需求影响，偏股票资讯类网站在提供最新财经讯息的同时，通过为用户提供股票研究报告、金融数据分析及财经评论，帮助用户分析股市重要信息和数据。其中，同花顺以平均每月1232.8万人的覆盖人数位居榜单第五位，证券之星、华讯财经和中国证券网以月均覆盖人数1011.1万人、554.8万人和534.5万人分列榜单第六位、第八位和第十位。

（3）专业财经投资网站兴起

专注于黄金投资、信用卡理财等专业财经服务的财经投资网站成为2011年兴起的垂直类财经网站。以中国黄金投资网、我爱卡为代表的新兴专业财经投资网站成为用户关注的热点。其中中国黄金投资网以平均每月692.3万人的覆盖人数位居榜单第七位，我爱卡以月均覆盖人数539.1万人位居第九位。

22.3　网络金融服务

22.3.1　网上银行

随着互联网用户的持续增长以及传统行业互联网化水平的不断提升，网上银行市场规模和注册用户数持续增长，但增速放缓。根据艾瑞咨询已发布的数据显示，2011年我国网上银行交易规模达到813.2万亿元，注册用户数超过4亿，如图22.5所示。传统行业互联网化水平的不断提升，为银行互联网化创造了优势资源，伴随着互联网用户的持续增长，网上银行规模将继续扩大。

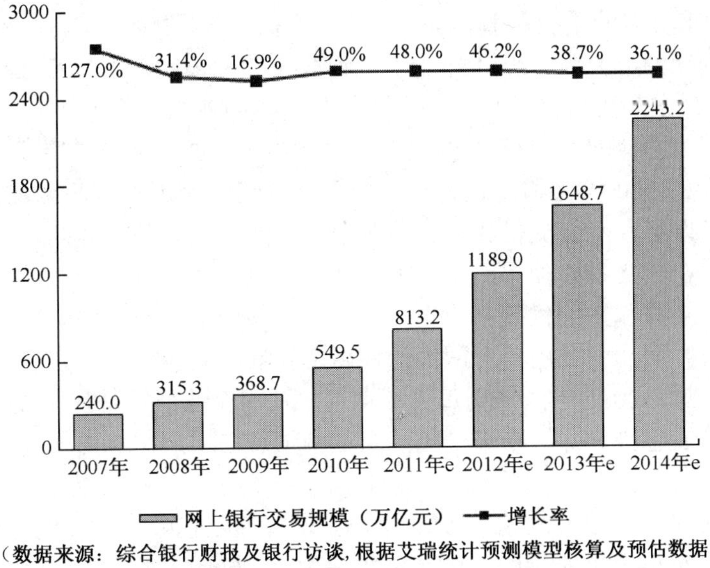

图22.5　2007—2014年中国网上银行交易规模

网上银行业务依然维持高集中度的态势，从交易金额来看，大型国有银行均占主导地位。易观国际研究报告显示，2011年第三季度，中国网上银行市场交易额为212.2万亿元，其中中国工商银行、中国农业银行、中国银行、中国建设银行四大行占据了 78.7%的市场份额，中国工商银行更是达到了 44.1%的市场份额，如图 22.6 所示。

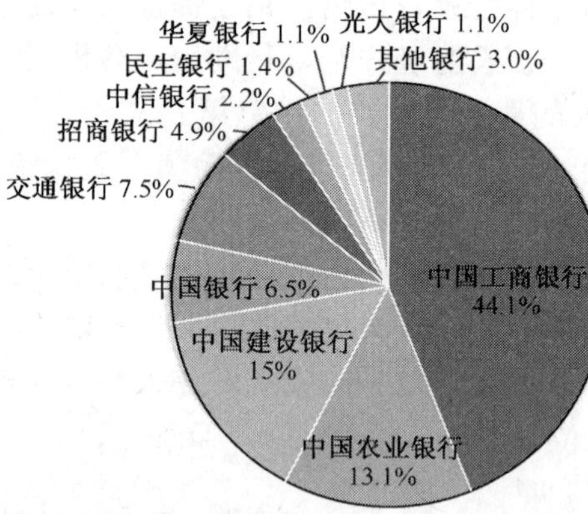

（数据来源：易观国际）

图22.6 2011年第三季度中国网上银行市场交易份额

大型银行拥有大量资金和客户资源，网银方面的资金投入较大，网银业务的规范化也做得很好，所以有较大的网银客户规模。不仅如此，银行以往拓展业务简单地依靠增设营业网点，需要大量人财物投入，而网银则可降低其经营成本。中国工商银行 2011 年上半年年报显示，中国工商银行的电子银行交易额超过 100 万亿元，同比增长了 21.8%，在国内同业中的领先优势持续巩固。

对于网点规模和资金实力均不占优势的中小银行，大力发展网络银行业务，可以在少增加甚至不增加网点和人员的前提下迅速扩大经营规模，增强资金实力。网银是其避短扬长的重要途径，也是未来发展的重要突破口。发展网络银行业务是中小银行在竞争中取胜的契机。

从网上银行的用户群来看，2011 年个人网银与企业网银用户规模都实现了增长。据中国金融认证中心（CFCA）发布的《2011 中国电子银行调查报告》显示：

（1）个人网银方面，2011 年个人网银用户比例为 27.6%，呈连年持续增加的发展态势。随着网上银行功能的不断优化和日趋完善，个人对网银的使用深度不断增加。得益于 2011 年电子商务的迅猛发展，网上支付和网上缴费两项功能的使用预期最高，活动用户中 80%使用网上支付功能；在线交易中使用的支付方式（不限定在线支付）排在前三位的分别是网上银行支付、第三方支付和货到付款。

（2）企业网银方面，企业用户对网银的使用率和活跃度得到进一步提升。企业网银柜台业务替代率逐年增加。2011 年，平均每家活动用户使用企业网银替代了 60.3%的柜台业务。企业网银的未来发展态势良好，未来一年的企业网银意向用户比例为 18%，同比增长 9.3 个百分点。

（3）手机银行方面，与 2010 年相比，用户主动开通手机银行的比例有较大幅度的提升，手机银行活动用户对小额快速转账的潜在需求最大。“方便快捷、随时随地使用”是吸引用户开通手机银行的最大动力，安全性是选择手机银行品牌的核心考虑因素。

22.3.2 第三方支付

1. 第三方支付概况

2011年是第三方支付行业发展至关重要的一年，被称为第三方支付行业发展史上的“牌照年”。一方面，行业整体交易规模继续保持高速发展，全年交易规模达到1.78万亿元；另一方面，多项监管法规相继颁布，第三方支付行业全面进入监管时代。

截至2011年底，101家支付企业已相继获得支付业务许可，获得第三方支付牌照中涉及第三方互联网支付业务的企业共有47家，占比46.5%。第三方支付迎来了包括互联网支付企业、移动支付企业、预付卡企业、银行卡收单企业在内的更多的运营主体。作为第三方支付重要细分领域的第三方互联网支付行业保持高速发展态势。

在第三方互联网支付服务的细分市场中，网购和航旅仍然是占比最大的两个细分市场。另外，电信充值、教育、游戏等市场保持稳定增长，B2B市场和传统行业的资金归集业务开始大规模放量。跨境支付、保险、基金等成为新的蓝海市场，受到业界的广泛关注。2011年快捷支付这种新型的支付方式与传统的网银网关支付相比，其操作的便捷性和较高的成功率受到用户的认可，支付宝、财付通和银联等企业在该业务上进行了大规模的推广活动，使快捷支付的应用程度得到大幅提升。

2. 第三方互联网支付市场规模

我国电子商务的迅猛发展，推动第三方互联网支付业务近几年连续跨越式增长。易观国际数据显示，2011年中国第三方互联网支付市场交易额连续4个季度保持快速增长，如图22.7所示。全年交易规模达到21 610亿元，较2010年增长99%。预计未来三年中国第三方互联网支付市场规模仍将保持快速增长态势。

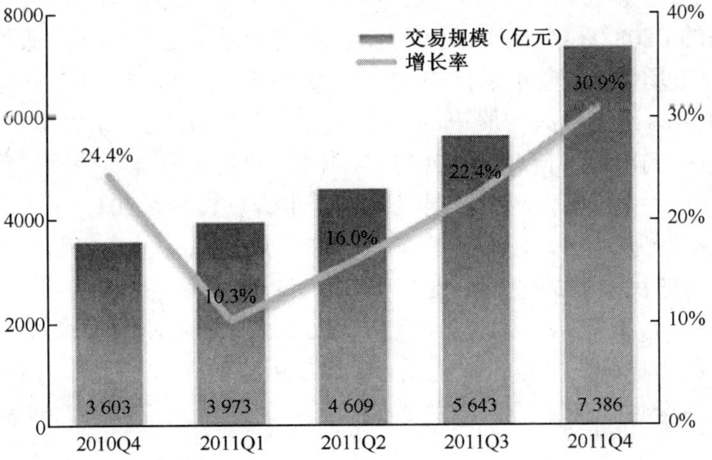

（数据来源：易观国际）

图22.7 2010年第四季度至2011年第四季度第三方互联网支付市场交易规模

2011年互联网支付市场交易规模快速增长的原因主要有：央行在第三方支付市场的政策规范活跃，加强了第三方支付行业自身以及社会各界对于其未来健康发展的信心；电子商务市场活跃；财付通、银联、汇付天下等大型第三方支付平台联合银行和网购平台、航旅平台等电商企业开展联合营销活动。

3．第三方互联网支付企业市场占有率

2011 年中国第三方互联网支付市场交易份额稳中有变，市场集中度高。易观国际数据显示，2011 年支付宝以 46%的市场份额仍然排名第一，财付通和银联网上支付分别以 21.2%和 10.8%的市场份额排名第二和第三，排名前三的支付企业在整个互联网支付市场中占到 78%[50]，如图 22.8 所示。

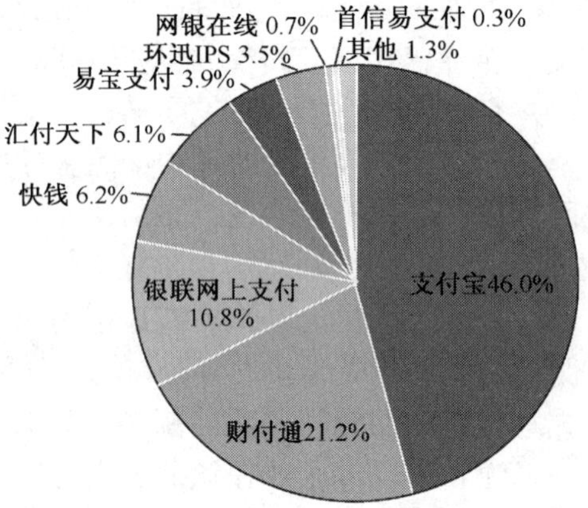

（数据来源：易观国际）

图22.8　2011年中国第三方互联网支付市场交易份额

22.3.3　网络证券

1．股票指数总体下行，网络炒股使用率大幅下降

中国股市除了债券筹资额上升外，股票指数总体下行，2011 年末上证指数收于 2199.42 点，与 2010 年底的 2808.08 点相比，下跌 608.66 点，跌幅达 21.7%。股票市场成交量明显下降。以上证 A 股市场为例，全年累计成交金额为 23.9 万亿元，日均成交金额为 978.5 亿元，较 2010 年减少 21.9%。网络炒股与股市的变化有直接的关系，受中国股市和基金市场的影响，中国网络炒股应用比例出现下降趋势。2011 年，网络炒股成为全年使用率降幅最大的网络应用。CNNIC《第 29 次中国互联网络发展状况统计报告》显示，2011 年中国网络炒股用户规模为 4002 万，使用率为 7.8%，用户规模下降 3086 万，降幅达 43.50%。

2．手机已成为股民重要的炒股工具

据腾讯财经调查数据显示，2011 年有近 48.90%的股民使用手机或移动终端炒股，较 2010 年的 41.14%稳步提升，预期未来随着 3G 移动网络的普及，上升趋势会更加明显。

3．交易信息安全性仍然是股民最关心的问题，其次是产品服务和性能稳定性，第三是提供服务的内容

与 2010 年相比，股民对信息安全性的要求明显提高，这个数据 2010 年为 42.07%，而 2011 年跃升至 49.89%，上升 7.82%。另一个明显的变化是，股民对手机炒股的服务内容的关注程度提升，达到 10.66%，超过股民对资费的关注程度，因此未来券商以手机作为服务媒介需要注意服务内容的质量提升。

[50] 注：从 2011 年第一季度开始，将 Chinapay、好易联和银联总公司的互联网支付业务合并统计为“银联网上支付”。

22.3.4　网络贷款

2011年，宏观信贷层面呈现资金与信贷缩紧的信号，中小企业遇到的最大的问题就是融资难题，最直接表现就是银行信贷融资渠道不畅，中小企业面临的信贷融资困境已成为制约企业发展的“瓶颈”。据调查显示，仅有13%的小企业能够获得某种形式的银行贷款（包括企业贷款、个人经营贷款、信用卡透支以及按揭贷款）。网络贷款[51]成为化解中小企业融资难的重要渠道。2011年是主要服务于中小企业的网络贷款市场兴起的元年。2012年，随着宏观经济环境相对放宽，网络贷款市场也将迎接新一轮的变革与挑战。少部分具备业务对接、业务处理和消化能力的平台会成为越来越多的金融机构及其服务的驻扎对象。

1．网络贷款市场规模现状

中国电子商务研究中心发布的《2011年（上）中国电子商务市场数据监测报告》显示，受企业服务扩张和全国信贷紧缩影响，2011年上半年网络整体融资市场规模为60亿元，较2010年同期的75亿元下降20%。网络贷款市场以中小企业聚集地浙江的发展最为典型与迅速。目前由全球网、阿里巴巴、数银在线等企业搭建的网络融资平台，日均有5000家次中小企业上线，年放贷近400亿元。

2．网络贷款模式呈现多元化趋势

继2010年多家B2B电子商务领先企业率先涉足网络融资服务后，各家商业银行、担保机构甚至借贷网站亦相继投入其中，网络融资的形式愈发呈现多样化。按照网络贷款的平台运营方分类，网络贷款主要有五大模式，如图22.9所示。

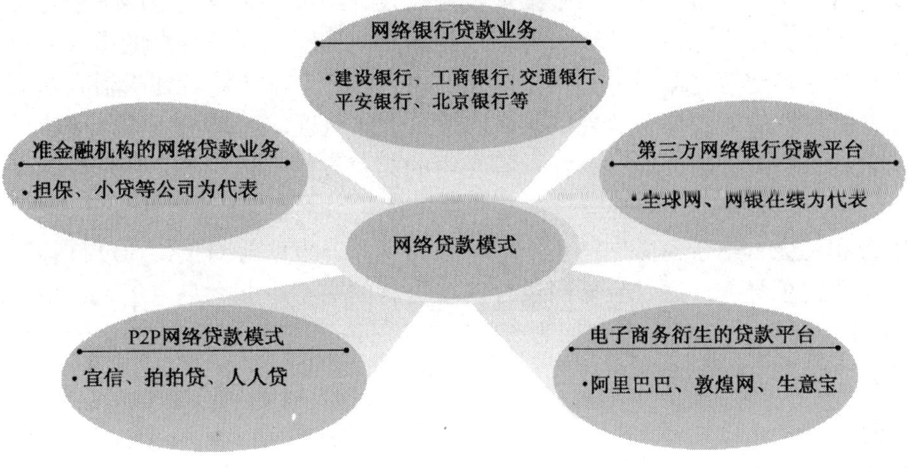

图22.9　网络贷款模式

（1）银行展开网上银行贷款业务，服务于小微企业

网上银行实现了银行系统与交易、资金、物流等网络平台的对接，可以为网络交易商的客户提供全流程网上操作，提高了贷款效率，同时打破了信贷业务的地域性限制。较之其他成熟的网上银行业务，如缴费、理财产品申购等，贷款业务由于其自身的复杂性，以及对尽调、评估、风控等环节的本地性高度依赖，使得网上银行业务中的网络贷款业务的推进存在局限性，

[51] 网络贷款：以互联网为信息接入模式的贷款融资行为。目前网络贷款主要服务于中小企业。

但是狭资源优势和银行本身的市场信用积累使这类模式的发展非常迅速。其中最具代表性的包括建设银行、工商银行、交通银行、平安银行、北京银行等。网络银行贷款业务主要面向小微企业。网络融资这一申请、借款和归还全过程都在网上操作的银行贷款方式，在广大小微企业中逐渐风行，并凭借其方便快捷、节约成本的特点，成为破解小微企业融资难的利器。

以工商银行为例，工商银行向小微企业提供的网络贷款业务主要包括侧重于融资网络化的“网贷通”和侧重于电子商务新型领域的“易融通”两大类产品。“易融通”专门针对第三方电子商务平台从事经营活动的微型企业和个体工商户且单户在500万元以下的小额在线融资需求。2011年通过网络贷款累计为小微企业发放贷款超过3000亿元。截至2011年末，该行向小微企业提供的网络贷款余额已近1800亿元，较年初新增906亿元，增幅达101%。

（2）担保、小贷等准金融机构的网络贷款业务

这类公司在2011年度推动线上业务的展开。其中不排除一部分疏于自律的公司，很可能为了吸引资本进入，将其线上业务演变成各类非法金融业务。另外，这类机构大多数没有搭建一整套信息平台的技术能力，大多将网络贷款平台演化成一个简单的预约通道，仅保留了核心的信息传递环节。

（3）第三方网络银行贷款平台

一是普通第三方网络银行贷款平台。这类模式的主要代表为数银在线和易贷中国。这类网络贷款平台实际上是发挥了银行贷款业务的部分贷前流程外包平台的作用，其主要解决方案都基本依赖于银行贷款线的业务。其中，数银在线侧重的客户是个人，目的是打造个人用户贷款业务的需求入口，将贷款需求筛选、归类打包发送给各家银行自行消化解决。而易贷中国所提供的服务则更为多样化。二是维基金融模式。2011年，第三方网络银行贷款平台模式实现了业务创新。以全球网为代表，开创了维基金融新模式。维基金融模式依然主要依托于现有的银行体系，与普通第三方网络银行贷款平台相较，最大特性在于引入了大规模协作平台的概念，以集群的方式为企业提供融资服务。全球网目前已有39家银行机构，240多家包括担保、审计、资产评估、会计、法律等在内的第三方服务机构入驻该平台，形成了覆盖全浙江的融资服务链，并正在向全国范围延伸。同时，全球网同浙江省内多数大型专业市场、各地行业协会和商会、电子商务网站集群、科技园区和开发区等对接，通过推荐优秀企业的方式实现客户的批量导入。通过全球网进行网络贷款的中小企业客户全年呈现稳步攀升的势态。截至2011年11月30日，全球网为5347家客户共计贷款金额142.5亿元，户均贷款金额约260万元，如图22.10所示。

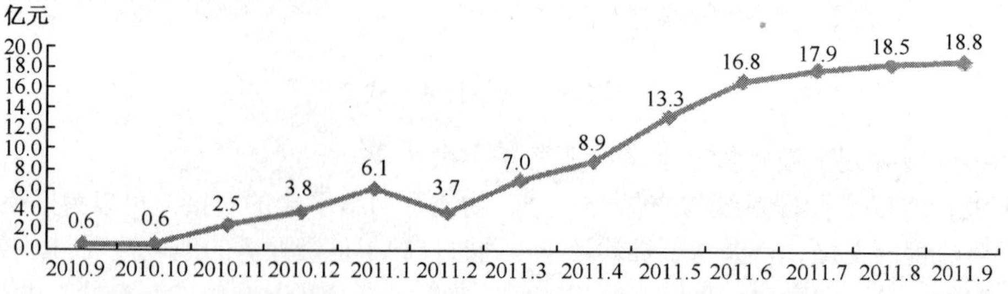

图22.10 全球网网络贷款月趋势图

（4）P2P 网络贷款模式

该模式是民间借贷的网络版，将熟人之间的借贷放到网络上进行，发展到陌生网友之间。网站作为一个中介平台为资金提供方和需求方提供信息匹配，并对其身份及交易信息的真实性进行审查。这类模式的典型代表是宜信、拍拍贷、人人贷等。据业内保守估计，人人贷市场潜在规模超过 500 亿元，涵盖 20 个大中城市的个人及微小企业贷款需求。如果再将业务扩展至范围模糊的中小企业贷款，这个市场的规模接近 9000 亿元。此外，数万亿元的民间借贷都可被视为潜在市场。P2P 网络贷款模式是一种金融创新形态，在货币收紧的情形下，包括人人贷在内的多种民间融资模式对缓解中小企业的融资难有着十分积极的意义，但仍存在信用风险与系统性风险。

（5）电子商务衍生的贷款平台

众多 B2B 企业在寻求推动类似的业务的契机，目前以阿里巴巴为代表。阿里巴巴的报告称，未来两年，我国网络零售市场交易规模将突破 1 万亿元大关，占全社会商品零售额的比例将达 5%以上，众多线上网商都将成为网络贷款的直接受益者。2011 年，阿里巴巴金融向 96 800 家小微型企业提供了小额信贷，为 8.3 万家客户提供了 56 亿元的贷款，给近 10 万个淘宝卖家提供了近 70 亿元的贷款授信。基于电子商务平台的网络贷款公司已经逐步摸索出自己的盈利模式。例如，阿里巴巴收取客户的会员费，金银岛收取每年 0.6%的交易管理费，合作的物流公司收取每年 2.1%的监管费用和仓储费等。

22.3.5　网络保险

随着网络的发展，网络保险必将对保险企业管理模式及销售方式产生深远的影响。保监会发布的公告显示，2012 年元旦《保险代理、经纪公司互联网保险业务监管办法（试行）》施行以来，保监会已收到 13 家保险代理、经纪公司关于开展互联网保险业务的报告，并对报告材料齐全的 9 家公司在 28 家互联网站开展业务的情况进行了披露。

发展网络保险，可实现保险营销方式的创新。通过保险产品在线交易平台，可以为机动车保险、意外险、家居财产险等短期保险产品提供在线询价、签单、支付、交易等服务，客户可直接在线完成购买保险的全过程。由于网上交易的成本相对低廉，还可以让保险客户得到更多实惠。对于健康险、分红险、万能险等长期缴费产品，可提供网上保险顾问服务及销售功能。

从目前的市场情况看，泰康、平安、美亚等保险公司已经开始利用互联网独立销售意外险、家财险甚至车险等保险产品。网络保险在国内还处于刚刚起步的阶段，消费者网上买保险的习惯尚未普遍形成，如何便捷地在线购买较为复杂的保险类金融产品，网络购买的不安全因素等也让消费者有所顾虑。对于处在刚起步阶段的保险网销渠道的盈利模式，无论保险公司，还是保险经纪公司、中介公司，大都处于艰难探路阶段。

22.3.6　网络理财

互联网不仅成为金融信息传播渠道，也是重要的交易渠道。网络理财的概念逐渐为人们所接受。数据显示[52]，41.3%的人通过“网银”进行理财，三成受访者通过证券公司的系统

[52] 数据来源：《2011 如何理财？调查显示硬通货黄金更吸引眼球》，2011 年 01 月 26 日，解放日报。

买卖股票和证券，还有 18.9%的人通过基金公司的网站进行交易，如图 22.11 所示。“网络理财”这块大蛋糕在接下来的一段时间内，将会引发更加激烈的竞争。

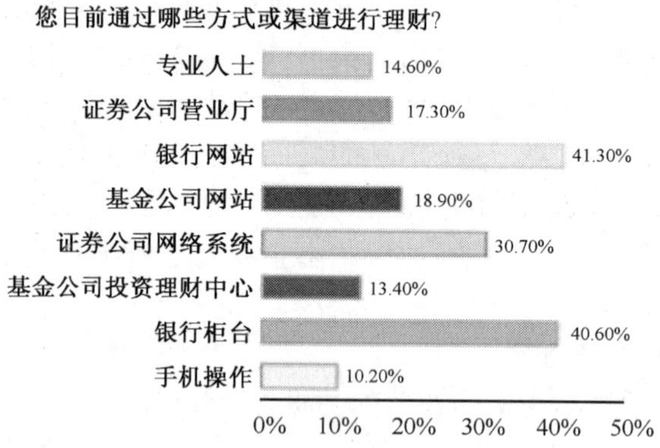

图22.11 用户的理财渠道调查

网络理财已成为银行理财产品销售的重要渠道。截至 2011 年 7 月初，民生银行网银渠道理财销售额已突破 2500 亿元，是 2010 年全年的 3.5 倍，网银渠道购买理财产品的交易笔数和金额占比均超过 70%。多家银行的电子业务已经超过了柜台业务。截至 2011 年一季度末，工商银行电子银行业务在工商银行全部业务量中的占比超过了 60%。农业银行电子银行客户规模也突破 1.8 亿户，电子银行渠道占比超过 60%，农业银行已在众多领域与企业开展了深入的在线支付合作，电子商务支付年交易额达数千亿元人民币。中信、光大等多家银行，其网银业务也占了半壁以上江山。浦发银行 70%以上的理财业务都是客户在网上自助操作完成的。

除了银行以外，保险、基金、信托等个人理财机构也纷纷试水网络理财。通过网站提供资讯服务、客户管理等，银行、保险、基金等也开通了在线购买服务。目前，网络理财形式越来越多，如网上购买电子式国债、网上自助贷款、网上理财咨询等。随着网络金融服务的日臻完善，网络理财这一新方式正在被越来越多的年轻人所接受。

以“网上理财”为口号的专门理财网站也陆续建立，如财益网、第一理财网等。一些金融类门户网站也纷纷开设理财频道，如和讯网、金融界等。不仅如此，门户网站纷纷开辟理财频道，如新浪网、腾讯网等。

获得支付牌照后，第三方支付平台发挥其庞大的用户基础和成熟的运作系统优势，积极拓展业务范围，将网上理财业务作为其发展重点，网络理财领域的竞争悄然升级。腾讯旗下财付通就称对此已有了明确规划，目标是为用户打造一站式理财服务，先期将更多地关注基金行业，在第三方网上支付平台实现基金买卖，并为基金投资者解决便捷支付和安全交易等难题。

22.4 网络金融欺诈

中国反钓鱼网站联盟数据显示，截至 2011 年底，联盟已累计处理钓鱼网站 72 733 个，和往年一样，电子商务、金融证券、即时通信依然是排名前三的钓鱼网站类型。网络支付交易类网站受到钓鱼攻击的数量占全部网站类型的80%。易观数据显示，在过去的半年内，中国工商银行、中国银行和光大银行都遭到过钓鱼类网站的恶意仿冒，目前假冒各家银行官方网站的钓鱼网站超过1600个，并且还在以每月400个的速度快速增加。

目前，不法分子的金融网络诈骗行为以钓鱼欺诈为主要方式，仿照银行门户网站或者购物网站银行页面，制作假冒的钓鱼网站，以网络银行的系统升级，口令过期、模拟转账交易等理由诱骗用户登录钓鱼网站，获取客户填写的用户名、密码等安全信息，对网银用户的信息及资金安全造成了极大的威胁。

针对这一现状，公安部网络安全保卫局要求国内搜索引擎将商业银行官网列在搜索排名首位，保护广大网银用户的网络安全。百度在防范网络金融诈骗方面做了一些工作，特别发起了面向金融产业钓鱼问题的专项治理，采取了全面梳理银行金融类相关推广请求、加强资质审核程序、加强技术自动筛检排查能力等多个措施。目前百度已处理相关金融类敏感关键词推广展现六万余个，并大幅提升对不良网站的技术筛查和识别能力。对于部分不良分子千方百计躲避搜索推广资格审查，人工修改推广物料及跳转链接的做法，百度也特别加强了人工巡查机制，并携手渠道商进行监管和排查。同时，对于那些正当金融机构的合法推广传播请求，百度也将进一步加强资质审查及监管措施。在此前，百度也已经应用导入优质资源、大幅升级反钓鱼识别技术模型等一系列打击网页搜索钓鱼网站的举措，收效显著，呈现在网民面前的是醒目的官方网站及客服电话，有效杜绝了钓鱼网站通过假冒官网及假冒400客服电话行骗。

22.5 发展趋势

随着计算机互联网技术的飞速发展，涌现出更多的金融产品和更全面综合的金融服务，使人们的生活更加便捷。网络金融的发展不仅改变了人类社会的生产、生活方式，对人们的思维方式也将具有深远的影响。网络金融作为金融业的新鲜事物具有广阔的发展前景，构建开放的创新平台，实现服务的综合一体化将推动传统金融业的深化。

1. 网上银行构建开放的创新平台

网络金融是金融业和互联网全面、深度融合的产物，遵循金融业和互联网开放式发展的基本规律，因此，作为网络金融发展主体的网上银行，未来也将呈现开放的创新平台的发展趋势。这种开放式创新主要体现在客户、平台、模式三方面。

关于客户方面，构建开放的网络金融社区，客户可以开展即时化的金融创新交流，参与互动化的服务体验以及自主制定个性化的综合金融服务方案。同时，实现开放的客户资源共享平台，各个金融同业平台、客户平台、网络平台、专业机构等都可以共建、共享客户资源库。

关于平台方面，最主要的是体现开放与合作，所有希望参与网络金融发展的平台和机构都可以成为网络银行的合作对象。

关于模式方面，一是开放式的产品创新和整合模式。一方面，发挥网上银行的需求信息实时采集优势，通过客户、平台的多方合作，实现网络金融产品的即时创新；另一方面，发挥金融同业产品的集聚优势，通过打造网络金融超市，实现产品的有效整合。二是开放式的渠道融合模式，集成各类合作渠道，包括各类政府平台、公信平台、网络平台、客户平台、金融同业平台等；整合客户终端，包括传统柜台、ATM、手机银行、电话银行、数字电视等。

三是开放式的信用体系，以网络银行信用体系为基础，融合电子商务交易、征信机构、工商税务海关、水电、第三方评价机构、社会大众舆论等信息，构建开放型、动态化的信用体系。

2．利用云金融实现一体化综合服务

云金融是未来网络金融理论的重要组成部分，也是未来网络金融技术及产品创新的重要依据。网络金融必须集成全面一体化的综合服务才能满足未来客户的必然要求。在这种服务中，客户的所有需求体现在一个界面下的几个账户都能享有全部可能的金融服务。通过云化的金融理念和网上银行的线上优势，可以构建全方位的客户产品服务体系。网上银行可以通过其构建云金融信息系统，协同多家银行为客户提供云化的资产管理服务，包括查询多家银行账户的余额总额、同时使用多家银行的现金余额进行协同支付等，均可在网络银行单一的平台得以实现，为客户提供前所未有的便利性和产品体验。

（互联网实验室　张笑容、张静）

第 23 章　2011 年中国政府在线服务发展情况

- 中国政府网站的初步建设阶段已经基本结束。2011 年，在 gov.cn 下的域名数为 5.1 万个。
- 2011 年，政府网站在民生服务资源整合、信息公开力度上有所加强，信息公开体系也不断完善，并逐渐延伸至公共企事业单位和基层政府。
- 虽然我国政府门户网站建设初见成效，但离服务型政府的要求和人民群众的实际需要还存在一定差距。
- 政务微博呈井喷式发展。截至 2011 年 12 月 10 日，新浪网、腾讯网、人民网、新华网四大主要微博平台，新增认证党政机构微博 27400 个，党政干部微博 17393 个。“微博问政”成为热点和趋势。

23.1　发展概况

中国政府网站初步建设阶段已基本结束。经过几年的快速发展，我国中央政府、各部门、地方各级部门网站所组成的政府网站体系已基本建成，政府网站已从如何建立进入如何建好的发展阶段。网站数量已基本稳定，2011 年甚至略有下降。CNNIC《中国互联网络发展状况统计报告》显示，截至 2011 年 12 月，在 gov.cn 下的域名数为 5.1 万个，比 2010 年减少了 970 个，占 cn 域名总数（353 万个）的 1.5%，由于 cn 域名总数的持续减少，gov.cn 域名占比反而比 2010 年略有上升，但总体保持平稳，变化不大，如图 23.1 所示。

政府在线服务内容、种类、方式等整体水平进一步提升，尤其是信息发布及互动交流增多，舆情渠道更加畅通，舆论引导能力也有所提升。据 2011 年中国政府网站绩效评估结果显示，政府网站在民生服务资源整合、信息公开力度上有所加强，信息公开体系也不断完善，并逐渐延伸至公共企事业单位和基层政府。一些政府网站还十分注重应用新技术提升服务质量，如上海市、深圳市、南昌市等政府网站针对残障人士的特殊需求，开展信息无障碍建设；厦门市等政府网站推出基于移动终端的移动客户端，整合提供多项实用化服务。

2011 年是政务微博飞速发展的一年，政务微博逐渐成为政府在线服务的一种重要形式。据国家行政学院发表的《2011 年中国政务微博客评估报告》统计，截至 2011 年 12 月 10 日，在新浪网、腾讯网、人民网、新华网四家网站上认证的政务微博总数已达 50 561 个，其中党政机构微博 32 358 个，党政干部微博 18 203 个。政务微博形成了政府网站之外的又一个政务公开、为民服务、了解民意、政民互动的平台。

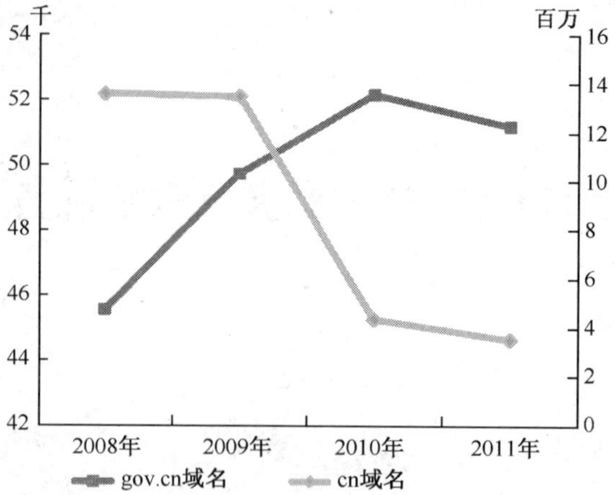

（数据来源：CNNIC《中国互联网络发展状况统计报告》）

图23.1　2008—2011年gov.cn域名数量

23.2　发展特点

1．注重运用新媒体、新技术提升网站在线服务水平

新一代信息技术蓬勃发展，也给政府在线服务的发展带来了机会与挑战。为了给社会提供更便利的服务，各级政府开通微博。越来越多的政府网站注意到云计算、物联网、移动互联网等新技术的优势和影响，开发一些创新性的应用，提升政府对数据和资源的整合能力，为社会提供更丰富、更便捷、更人性化的服务。

2．政府在线服务水平差距明显

虽然政府在线服务水平整体在逐步提升，但差距也日益明显。总体来说，部委优于地方，省级、地市、区县呈由高到低的阶梯式，东部整体优于中西部。各部委网站虽然整体水平较高，但建设水平也参差不齐，信息公开、在线办事和公众互动差异程度较大，甚至有部委网站尚未提供互动渠道。地方政府网站层面，68%的省级网站在教育、医疗、交通等民生重点领域提供服务机构一览表、政策解读及办事指南等服务资源，信息公开内容较为全面及时，网上互动交流渠道建设及开展效果较好；部分领先区县政府网站建设水平较高，但大部分区县网站民生领域服务内容不足，资源分散，水平亟待提高。在地域分布上，优秀的政府网站多分布在东部，中西部较少，且网站整体差距有继续拉大趋势。

3．政府网站安全问题引起关注

根据瑞星公司发布的《2011 年度企业安全报告》显示，2011 年，有接近 20 万个企业网站曾被成功入侵（以页面计算），而教育科研和政府网站最容易被攻击植入木马，分别占 31% 和 15%，3 万个被入侵的政府网站页面遭到黑客不同程度的破坏和修改，部分存在长期未修复的现象。国家互联网应急中心（CNCERT）发布报告称，2011 年中国大陆被篡改的政府网站数量为 2807 个。江西鹰潭龙虎山政府网站遭黑客攻击，出现“给钱就办事”、“别让孩子上学”等雷人的回复，而且直到有网民在论坛爆料引起了社会关注，龙虎山政府才发现相关情况。据专家分析，政府类网站的 PR（Page Rank，网页级别）值都较高，而 PR 值的高低直接影响了在搜索引擎中的排名结果，这正是黑客们盯上政府网站的主要原因。目前，政府网站普遍存在对安全问题重视程度不够、安全防护能力弱、问题出现后不能快速解决的问题，这也是许多政府网站被轻易“攻陷”的原因。安全问题已经给政府网站敲响了警钟，政府机构需要从管理者的意识层面加强安全意识和安全监管。

23.3　政府门户网站建设情况

23.3.1　主要特点

我国政府门户网站经过几年的建设，整体已取得长足发展，初步实现了信息公开、在线办事和公众参与的基本定位和要求。结合 2011 年中国政府网站绩效评估结果，政府门户网站的建设主要体现出以下特点。

1．信息公开力度不断加大

各级政府网站依照相关规定不断完善信息公开体系，建立信息公开专栏。例如，2011 年，深圳市、成都市、罗湖区等政府网站进一步完善了信息公开体系，建立了公共企事业单位和基层信息公开目录。同时，财政预决算、三公经费等深度信息公开力度逐年加大。工程建设领域项目和诚信信息网上公开也得到了稳步推进，副省级以上地方政府网站的工程建设领域专栏开通率达到了 82.98%。

2．民生服务资源整合加强

随着各级政府越来越重视民生服务，政府网站在整合民生服务资源、提高网上服务能力方面也有所提升。例如，广东省、长沙市、思明区等政府网站整合了教育、医疗、交通、社保、公用事业等领域服务资源，方便用户查找和使用。

3．在线服务水平仍处于起步阶段

目前我国相关政府网站都具有在线办事等功能，为机构、企业、公众提供了网上办理渠道，但目前服务还处于起步阶段，为社会公众服务事项的数量、广度和深度有限，尤其是面向社会公众和企业实际需求的服务能力较弱，很多事项还无法实现真正的在线办理。

4．公众参与、网络问政成为政府网站建设的一大热点

各级政府门户网站都建立了形式不同的政民互动渠道，普遍设有网络论坛、在线调查、在线访谈、意见征集等相关栏目，并不断探索网络问政，提升对虚拟网络社会的舆论引导能力。广东省、佛山市、北京西城区等政府网站还在加强政务咨询、投诉建议、征集调查、在线访谈机制建设的基础上，探索创新网络发言人等手段，通过多种渠道倾听民意。

23.3.2　存在的问题

虽然我国政府门户网站建设初见成效，但离服务型政府的要求和人民群众的实际需要还存在一定差距，当前网站建设存在的问题主要表现在以下几方面。

1．建网理念滞后，存在政府中心意识

一些政府和部门将门户网站仅仅当成展示领导形象和宣传政务业绩的平台，网站“名片化”、“宣传化”倾向严重，成了政府机构的“宣传栏”，将自身机构和领导作为了服务对象，没有建立服务群众的理念，定位存在偏差。

2．服务能力不强

一些政府网站内容长期不更新，且普遍存在信息覆盖面不够、服务深度有限的问题。一些政府网站对人事信息、资金信息、项目管理、政策文件等政务信息的公布力度仍然不够。2011 年中国政府网站绩效评估发现，79.45%的部委网站、87.5%的省级网站、91.5%的地市网站、92.44%的区县网站以及 90.8%的国家级开发区网站都存在信息和服务失效、无法使用的问题。

3．网站管理水平偏低

从 2011 年新闻媒体对多家政府网站问题的报道可以看出，不少政府网站存在管理漏洞，损害了政府形象。例如，会理县政府网站“悬浮门”事件暴露出网站缺乏有效的信息审核机制；石台县政府网站曾被网民指出是由图片拼接而成的，被网民称为“史上最简单的信息公开网”，也是“最省事的信息公开网”。

23.4 政务微博建设情况

近年来微博发展十分迅猛，CNNIC《中国互联网络发展状况统计报告》显示，一方面，微博快速崛起，到 2011 年 12 月底有将近半数网民在使用微博，比例达到 48.7%；另一方面，传统的交流沟通类应用已出现大幅下滑，电子邮件使用率从 2010 年的 54.6%降至 47.9%，论坛/BBS 则由 32.4%降至 28.2%，博客/个人空间从 64.4%降至 62.1%。随着微博的影响力与日俱增，政府部门也开始关注这个重要的在线平台，政务微博快速发展，尤其是 2011 年呈现出爆发态势，并快速进入“优胜劣汰期”。

23.4.1 主要特点

1．政务微博呈井喷式发展

政务微博一般包括党政机构建立的微博和公务员建立的个人微博。2011 年，政务微博迎来快速发展期。据《2011 年中国政务微博客评估报告》统计，截至 2011 年 12 月 10 日，新浪网、腾讯网、人民网、新华网四大主要微博平台上，共新增认证党政机构微博 27 400 个，新增认证党政干部微博 17 393 个。从图 23.2 可以看出，2011 年新增的政务微博数量占目前政务微博总量的绝大多数。

人民网舆情监测室对腾讯微博上截至 2011 年 7 月的党政机构和公务员微博账户的创建情况进行了分时段统计。从统计数据可以看出，2010 年腾讯微博中政务微博增长还较为缓慢，但从 2011 年开始增长速度加快，在 3 月达到一个高峰，之后一直保持着较快增速，如图 23.3 所示。

“微博问政”已成为热点和趋势。越来越多的政府机构和官员开设微博，并将其作为信息发布的渠道和了解民意、进行互动的平台。

2．公安系统微博占比最高、影响较大

公安系统微博相对起步较早，整体水平较高。《2011 年中国政务微博客评估报告》对政务微博分类抽样（1000 个样本）统计显示，党政机构微博中占比最高的为公安系统微博，占 47%；其次是党委系统微博，占 9%。同样，党政干部微博中公安系统人员微博数量排名第一，占 42%；其次是党委系统人员，占 16%。公安部门借助微博发布信息、提供服务，同时还可获取线索、调查取证，提高办案效率，影响力普遍较大。例如，北京市公安局微博“平安北京”多次通过微博获取案件线索、采取行动或实施救援，仅新浪网就有“粉丝”266万余人，覆盖面和传播影响力都较大。

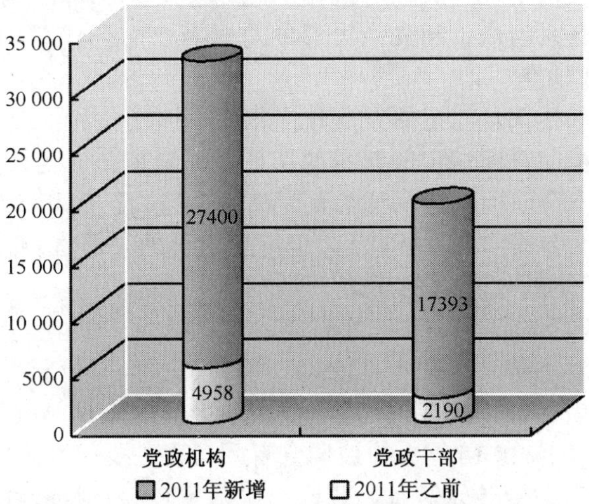

（数据来源：国家行政学院《2011年中国政务微博客评估报告》）

图23.2　2011年新增政务微博数量

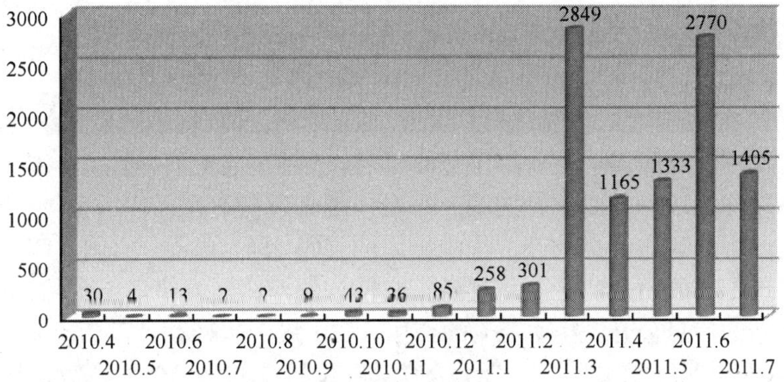

（数据来源：人民网舆情监测室《腾讯政务微博地图》）

图23.3　腾讯政务微博分时段统计数据

3．政务微博已开始步入第一轮“优胜劣汰期”

武汉大学互联网科学研究中心发布的《2011年政务微博发展分析报告》认为，2011年呈井喷式发展的政务微博已步入“优胜劣汰期”。一般情况下，与粉丝互动性强、不把微博当“作秀”平台的政府机构微博和官员个人微博最容易脱颖而出，形成稳定、活跃、高质量的受众群。而“寡言寡语”、“官腔”严重、关闭了评论功能的政务微博正在走向空壳化，逐渐被民众遗忘，失去作用。

23.4.2　存在的问题

政务微博在推动信息公开、促进民意表达方面发挥了重要作用，但伴随政务微博的快速发展，一些新问题也逐步显现，成为影响政务微博健康有序发展的重要因素。

1．官方微博与党政干部个人微博界定模糊

官方与个人微博的混淆容易导致公众误将党政干部的个人观点当做政府官方言论，本来是一个人的问题，结果被错误地当成政府机构的问题，损害政府的权威性和公信力。党政干部微博也无法充分发挥联系群众、树立亲民形象的作用，党政干部的个性受到抑制。

2．缺乏规范的管理制度

由于政务微博还是新生事物，虽然发展速度很快，但相关的管理制度并没有跟上。目前政务微博仍没有科学规范的管理规定和统一的认证、标识及安全运营管理措施，也缺少监管措施，存在管理风险和安全风险，容易成为问题爆发的窗口。而相关应急处置措施也较为缺乏，一旦出现问题，就会显得“束手无策”，也可能由于采取了错误的处置而激化矛盾。

3．部分微博长久不更新或基本无互动

《法制日报》视点新闻部和搜狐网在 2011 年曾共同发起一项在线调查，结果显示虽然政务微博在数量上出现爆发态势，但仍存在互动不及时、长久不更新的“老问题”。在此次调查中，53.26%的被调查者认为，“僵尸行为，长久不更新”是目前政务微博、政府网站等存在的主要问题；另外，31.02%和 15.74%的被调查者则认为主要问题是“政民互动反馈不及时，答复质量不高”和“充斥大量转载信息，政府一手信息较少，权威性不够”。有些政务微博长久无更新，而有些政务微博仅是单纯的信息发布工具，没有发挥微博特有的互动性，本质上只是一种信息由报纸、政府网站到政务微博的转移。

23.5 政府信息公开情况

社科院发布的 2012 年《法治蓝皮书》认为，2011 年是《政府信息公开条例》实施的第三年，政府信息公开工作在各方面推动下取得了稳步进展，政府信息公开范围逐步扩大，规范化程度逐步提高。政府网站作为政府信息公开的第一平台，越来越受重视，作用也越来越大。2011 年，针对各级政府部门实施政府信息公开过程中出现的问题，国家发布了《国务院办公厅关于进一步加强政府网站管理工作的通知》等一系列政策文件，要求切实解决政府网站管理中的突出问题，充分发挥政府网站的信息公开、互动交流的作用，对于进一步推动各部门落实《政府信息公开条例》，不断增强政府透明度意义重大。对于公众关注度较高的“三公”经费公开情况，截至 2011 年 5 月 20 日，报送全国人民代表大会审议预算的 98 个中央部门中，有 88 个公开了 2011 年部门预算。截至 2011 年 7 月 31 日，70 个国务院部门公开了 2010 年出国（境）费、车辆购置及运行费、公务接待费（即“三公”经费）决算支出和 2011 年“三公”经费预算支出。

同时，《法治蓝皮书》认为，当前政府信息公开工作还存在依申请公开平台问题相对较多、网站建设不佳、公开流于形式等问题，最突出的是依申请公开。例如，在线提交系统的普及率较低，有些政府部门虽然提供了在线申请系统或电子邮件申请方式，却无法顺利提交；有些政府部门则只接受当场书面申请。近 2/3 的较大的市、超过 1/2 的省级政府支持公众在线申请，但仅有 1/4 的国务院部门提供此功能，近 1/2 的国务院部门网站只限于通过电子邮件的方式提交申请，其余部门或只接受现场申请或信函申请，或根本不提供申请渠道；非法收集申请人个人信息和要求说明申请用途的情况十分普遍；多数机关不能在法定期限内作出答复，有些机关虽然作出答复，但答复内容与所申请事项无关，或者申请人无法从政府部门所告知的途径中获取相关信息。有的部门还以负责人员出差、需要请示领导等为由，拖延公开；全部公开所申请信息的情况非常少，大多数部门部分公开或不予公开。

部委网站方面，2011 年中国政府网站绩效评估结果显示，信息公开平均绩效指数得分较高，部分部委网站在加大对财政预决算、“三公”经费、人事、规划、统计等深度信息公开的同时，进一步加强了政府信息公开目录的规范性建设，以及网站内容的制度保障，使网站内容得到不断更新，用户的认知度和满意度也随之得到提高。同时，政府信息公开申请量呈现上升态势。根据各部门发布的 2010 年年度报告，59 个国务院部门中，有 6 个依申请公开受理量突破 100 件，其中国家工商行政管理总局高达 7538 件，表明公众对政府信息公开制度的知悉和参与程度不断提高。同时，需要看到依申请公开栏目虽然基本建立，但在线受理实现程度不高，公开答复效果较弱。

地方政府层面，从总体上看，省级政府网站信息公开情况较好；地市级政府网站信息公开绩效水平次之；区县级政府网站信息公开水平则相对较低，其中北京朝阳区、宁波余姚市、深圳福田区、上海虹口区等信息公开情况较好，但就整体而言还有较大提升空间。具体来说，绝大多数地方政府网站发布了政府信息公开目录，但依申请公开有待进一步提升。52%的地方政府网站设立了依申请公开政府信息栏目，但部分地方政府网站不能在规定时限内进行答复。各级政府基础类信息公开相对较好，但财政预决算信息深度不够，人事信息、征地拆迁、政府采购等信息及时性较差。

23.6　政府网站在线办事情况

政府网站在线办事方面虽然整体情况有所提升，部分网站尤其是部委网站服务项目有所增多，但与信息公开相比进步幅度较小，网站间差距也较为明显。网站在结合业务职能提供实用化、有针对性的服务方面表现不够理想，办事服务功能不可用、不易用等现象较为普遍，服务资源分散。《国家电子政务“十二五”规划》中提出，要大力提升政府网站网上办事能力，以社会公众为中心，扩大网上办事服务事项，优化办事流程，不断提高网上办事事项的办事指南、表格下载、网上咨询、网上申请、结果反馈 5 项服务功能覆盖率，提高便捷性和实效性。

部委网站方面，政府网站绩效评估结果显示，76%部委网站仍按照本部门职能业务主题设置服务导航，专业性较强，不易被公众理解。场景式服务导航覆盖范围虽有所提升，但仍占少数。半数以上部委网站办事指南格式统一、内容全面，近 1/3 网站办事指南要素不全。部委网站在线查询服务、在线申报功能实现程度均有待加强。38 家部委网站尚未实现行政办事的办理状态、结果查询功能；仅有 18.6%部委网站能够结合业务需要，实现部分业务的网上申报功能，但这部分业务占部门总体业务的比例相对较低。

地方政府网站方面，多数地方政府网站在教育、医疗、交通及资质认证等领域提供的服务信息相对更为丰富一些，并能够按照用户需求组织服务内容，形成较为合理的服务框架。而在就业、住房、经营纳税等领域提供服务较少，便民查询、服务机构、文本下载等资源不足。25%的网站能够通过专题或场景式整合提供社会保障领域服务资源，社会保障服务的人性化、易用性程度逐年提升。整体来说，相较省级网站而言，区县级政府网站在线办事水平亟待提高。

23.7　政府在线服务公众参与情况

政府网站公众参与渠道建设进一步加强，多数网站不但设立了领导信箱、在线资源、投诉举报、网上信访等咨询投诉渠道，还建立了在线访谈、民意征集等实时参与方式，可与公众进行实时交流和实时统计调查结果，政府部门也越来越重视对网上公众留言的答复，互动效果较好。但相较部委网站而言，地方政府网站在信件答复质量、民意征集效果、公众参与度等方面仍存在明显不足。

部委网站方面，在 2011 年政府网站绩效评估中，业务咨询、投诉举报渠道建设情况较好。85%的部委网站设置了领导信箱、在线咨询、投诉举报、网上信访等栏目，且功能易用性较好。78%的部委网站设置了在线访谈栏目，但能够实现在线实时访谈功能的网站不到 15 家。68%的部委网站提供了民意征集渠道，但能够实现在线提交和结果统计功能的部委网站不足 30%。半数部委网站能够公开用户留言和答复情况，部分网站回复内容比较规范，答复较为及时，互动情况较好。多家部委网站能够围绕社会公众较为关注的问题进行在线访谈和民意征集，但仍有个别部委网站在 2011 年未开展在线交流和意见征集、调查活动，一些网站的意见征集主题仅局限于网站页面改版等方面，与公众的需求存在差异。

地方政府网站方面，90%以上的网站能够积极答复咨询投诉信件，开展网上调查和在线访谈活动。省级网站普遍建立了较完善的互动交流渠道，但存在缺乏征集意见整理反馈的现象；地市级网站也初步建立了互动交流渠道，但互动答复质量、民意征集和实时交流访谈次数明显不足。而区县网站互动交流情况则相对较差。总体而言，地方政府网站在信件答复质量、民意征集效果、公众参与度、网络舆情引导等方面仍有不足。

23.8 典型案例

23.8.1 商务部网站

2011 年中国政府网站绩效评估中，商务部继续蝉联部委网站排名第一，且具备一定的综合优势，影响力也较大，具体指标如表 23.1 所示。

表23.1　2011年中国政府网站绩效评估部委网站前十名

排　名	部委网站	总分	信息公开指数	在线办事指数	公众参与指数	日常监测用户调查指数
1	商务部	79.87	0.85	0.75	0.86	0.68
2	质检总局	75.12	0.79	0.83	0.80	0.53
3	交通运输部	74.83	0.86	0.76	0.70	0.60
4	海关总署	73.48	0.70	0.75	0.77	0.74
5	发展改革委	72.25	0.84	0.65	0.80	0.50
6	工业和信息化部	71.10	0.81	0.66	0.68	0.64
7	农业部	70.17	0.80	0.59	0.74	0.60
8	公安部	69.73	0.69	0.77	0.72	0.63
9	科技部	68.30	0.83	0.73	0.52	0.56
10	林业局	67.40	0.70	0.66	0.63	0.69

（数据来源：2011 年中国政府网站绩效评估结果）

1. 信息发布及时、全面

商务部网站信息公开绩效水平在各部委中领先，公开内容全面，更新及时。网站组织机构、政策法规、政务公告、人事任免、财政预决算、预警提示、市场监测、统计数据、分析报告等信息内容丰富，同时设置了政策发布专栏，及时、全面发布贸易及经贸合作方面的部令公告、国内贸易、对外贸易、外国投资、国外经济技术合作、服务贸易管理以及其他领域的法规政策，并针对社会反应强烈的非洲中小企业发展专项贷款、《境外中资企业（机构）员工管理指引》等政策、法规进行解读，对文件出台的背景、原则、思路、重点内容等进行了详细说明。同时，网站全面整合了各地方和海外商务领域服务信息，及时公开了全国各地、海外市场的贸易及经贸合作的预警信息、最新数据、最新政策、学术信息等，内容多、更新快、实用性强。

2. 在线办事方便、易用

商务部网站在原有对外贸易、国内贸易、利用外资、对外合作等主题分类下，分析用户需求及服务特征，建立了细分主题，并对原有服务事项进行合理分类和组织，便于公众判断和选择所需要的服务。同时，商务部网上办事平台针对各类行政许可办事事项，提供办事指南、办事流程、申请表格等办理前需要了解的各类服务资源，并提供了网上办理、网上投诉、办理结果查询等“一站式”服务，方便用户使用。此外，商务部网站围绕业务职能，提供了“走出去”服务专网、肉类蔬菜流通追溯体系、多边经贸合作网站等服务专题，覆盖广、项目多、内容丰富。

3. 公众参与效果好

商务部网站与公众互动主要包括在线访谈、网上调查和公众留言等版块，如图23.4所示。商务部网站2011年组织商务部直属事业单位、商会负责人、特派员开展了多次访谈活动。访谈过程提供图片、文字、视频直播，并为公众提供参与问答的渠道，加深互动访谈的效果。网站留言咨询渠道功能较为完善，实现了用户网上提交留言、查询反馈结果等功能的同时，还提供了热点问题、近期热点业务、热点关键词以及分业务类型查询等服务，用户可根据留言编号、留言地址进行查询。同时，商务部还及时公开网上调查结果，发布反馈意见，有效地调动了公众参与互动交流的热情，发挥了公众参与政府工作和网站建设的作用。

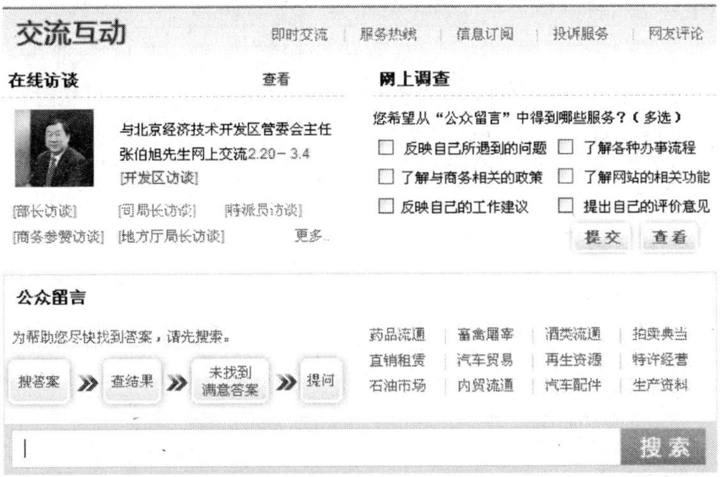

（图片来源：商务部门户网站）

图23.4　商务部网站公众参与栏目

23.8.2 政务微博：外交小灵通

“外交小灵通”是外交部新闻司公共外交办公室在新浪网上开设的政务微博，2011 年 4 月正式开通，是我国第一个带有部委背景的微博。目前，仅新浪微博上已发布信息 7000 余条，内容涉及面较广，既有中国领导人出访等重大外交信息，也有出境安全提醒等便民服务信息，还有外交历史故事等，在新浪网上已拥有“粉丝”超过 270 万人。

1．内容多样化，具有亲和性

“外交小灵通”信息内容非常广泛，它不仅是发布部门重要信息的平台，还能够从民众角度出发，提供便民服务类内容，介绍相关知识，吸引用户阅读，如图 23.5 所示。

此外，“外交小灵通”能够运用人们对微博的使用和阅读习惯，借助轻松、幽默的网络语言，拉近与阅读者间的距离，既能发挥微博的特色，也能展现亲和性。

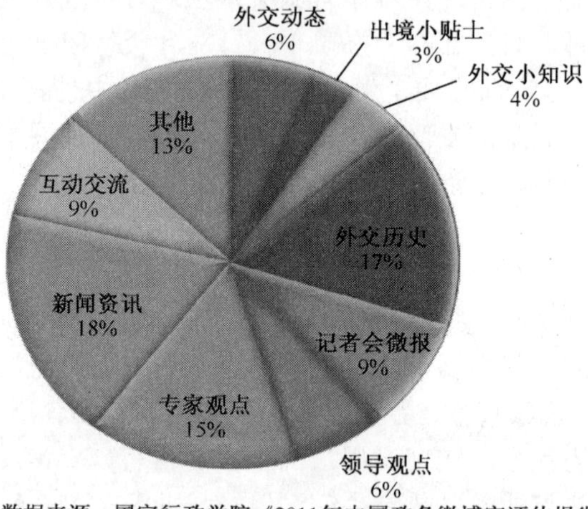

（数据来源：国家行政学院《2011年中国政务微博客评估报告》）

图23.5　“外交小灵通”博文内容分布图

2．反应速度快，互动性强

“外交小灵通”充分利用了微博反应速度快、灵敏性高、互动性强等特点，与网友就感兴趣的话题展开对话，与联合国等官方机构互动，这种“亲情沟通”展现了“外交小灵通”的特色，吸引了受众的眼球，让“外交小灵通”的粉丝数量不断攀升，成为真正有影响力的微博。

（中国互联网协会　胡欣）

第 24 章　2011 年农业信息服务发展情况

- 近年来，党中央、国务院高度重视农业信息化建设，投入不断增加，农村信息基础设施不断完善，农民信息消费能力和意识不断增强。在各有关部门积极引导和社会力量的共同参与推动下，我国农业信息化水平迈上了新台阶，农业信息服务发展成效显著。
- 目前，全国农业网站数量已超过 3 万家，形成了以农业部网站为核心、集多个专业网站为一体的国家农业门户网站群。
- 2011 年，我国网民总数达到 5.13 亿，其中农村网民用户 1.36 亿，仅占整体网民的 26.5%。与 2010 年相比，农村网民占比下降 0.8%，其增幅依然低于城镇网民。
- 发展电子商务已成为促进农业产业升级、推动农业发展方式转变、增强农业国际竞争力的客观要求。农业部建立的“一站通”全国农村供求信息联播系统、网上展厅等网络服务平台，为农民和企业提供了有效的网上营销服务。2011 年，“一站通”全国注册会员约为 37 万人，全年发布农产品供求信息 7.5 万余例，日均点击量在 20 万次以上。
- 虽然我国农业信息服务发展取得了显著成效，为推动农业农村经济的发展发挥了重要作用，但是与城镇信息化发展水平相比差距依然较大，还有许多困难和问题亟待解决。

24.1 发展环境

1．中央对农业农村信息化高度重视，为农业信息服务的发展指明了方向

党中央、国务院高度重视农业农村信息化问题，自 2005 年起，连续五个中央“1 号文件”对农业农村信息化都做出了明确部署，强调加快农业信息化建设和积极推进农村信息化。党的十七届三中全会明确提出要实现“生产经营信息化”。党的十七届五中全会进一步强调“在工业化、城镇化深入发展中同步推进农业现代化”、“用信息技术改造传统产业”。《2006—2020 年国家信息化发展战略》明确提出“把缩小城乡数字鸿沟作为统筹城乡经济社会发展的重要内容，推进农业信息化和现代农业建设，为建设社会主义新农村服务”。党中央、国务院关于农业农村信息化的一系列重大战略部署，为农业农村信息化发展指明了方向，有力地推动了农业信息化和现代农业的发展。

2. 农民信息消费能力和意识不断增强，为农业信息服务的发展提供了良好的社会基础

据国家统计局公布，“十一五”期间，农村居民人均纯收入年均增长率约为 8.9%，2011 年中国全年农村居民人均纯收入 6977 元，比 2010 年增长 17.9%，扣除价格因素，实际增长 11.4%，再次超过城镇人均纯收入增长水平。随着收入水平的不断增长，农民信息消费能力和消费意识不断增强。同时，通过政府主导、社会参与的方式，我国农村信息服务普及有了显著的提升。“沙集模式”成为农村自发应用信息化手段的典型代表，农户通过自发使用市场化的电子商务交易平台，直接对接需求市场，带动农村地区制造及其他配套产业发展，促进农村产业结构升级和转型，也带动了周边地区信息化使用深度的提高[53]。

3. 农业农村投入不断增加，为农业信息服务发展提供了良好的物质保障

“十一五”期间，中央继续实行统筹城乡发展方略和工业反哺农业、城市支持农村、多予少取放活方针，中央财政连续大幅度增加用于农业农村的支出，达到 29623.3 亿元，年均增长率为 23.8%。其中，2011 年中央财政用于“三农”方面的支出首次超万亿元，比 2010 年增长约 21.3%。中央财政对农业农村投入的不断增加，为农业信息化的发展提供了坚实的物质基础和保障。

4. 农村信息基础设施不断完善，为农业信息服务发展提供了技术支撑和条件

广播电视网络覆盖范围进一步扩大。2011 年，电信业围绕社会主义新农村建设和城乡统筹发展战略目标，从“两个促进”（促进基础设施建设、促进便农信息服务）、“三项任务”（行政村通宽带、自然村通电话、信息下乡）着手，持续深入实施通信村村通工程，电话网络继续快速向农村地区延伸覆盖。截至 2011 年底，自然村通电话方面，全年新增 1.2 万个偏远自然村（20 户以上）开通电话，全国通电话自然村比例从 94%提高到 94.6%，同时，还为黑龙江和内蒙古 890 个生产建设兵团连队和农林场矿开通电话。农村互联网迅速发展。截至 2011 年底，在全国已经实现行政村通电话、乡镇通宽带的基础上，继续推进行政村通宽带。全年新增 1.7 万个行政村通宽带，通宽带行政村比例从 80%提高到 84%。全年新增 7413 个乡镇实施信息下乡活动，新建乡信息服务站 6966 个、村信息服务点 75254 个、乡级网上信息库 4184 个、村级网上信息栏目 62755 个。农村网民规模达到 1.36 亿，比 2010 年增加 1113 万，占整体网民比例为 26.5%[54]。

24.2 主要成效

在党中央、国务院正确方针政策的强力推动下，在政府部门积极引导和社会力量的共同参与推动下，我国农业信息服务发展成效显著。

24.2.1 服务体系逐步建立

1. 信息服务组织机构基本健全

截至 2011 年底，100%的省级农业部门设立了开展信息化工作的职能机构，97%的地（市）

[53] CNNIC《中国互联网络发展状况统计报告》，2011 年 1 月。

[54] CNNIC《第 29 次中国互联网络发展状况统计报告》。

级农业部门、80%以上的县级农业部门都设有信息化管理和服务机构，98.5%的乡镇村建立了农村信息服务站，可以直接面向农民提供信息服务的农村信息员超过了 25 万人，“县有信息服务机构、乡有信息站、村有信息点”的格局正在形成。

2. 信息服务平台建设加快推进

农业系统先后搭建了 19 个省级、78 个地级和 346 个县级“三农”综合信息服务平台。各地农业部门充分利用电话、电视、计算机等信息载体的优势，因地制宜建立了一批有地方特色的农业综合信息服务平台，如浙江的“农民信箱”、吉林的“12316 新农村热线”、内蒙古的“农信通”等。涉农企业、涉农组织和科研院所，尤其是电信运营商也积极参与信息服务平台建设。

3. 信息服务网站大量涌现

近年来，为农业农村信息服务的涉农网站大量涌现，成为“三农”信息服务的重要平台。目前，全国农业网站数量已超过 3 万家，形成了以农业部网站为核心、集多个专业网站为一体的国家农业门户网站群，以及各省（区、市）农业行政主管部门、83%的地级和 60%以上的县级农业部门建立的农业信息网站体系，基本实现了部、省、地、县、乡的信息联动。此外，林业、气象、水利等涉农部门以及相关科研院所也积极推进各级网站的建立和应用，取得了明显成效[55]。

24.2.2　生产经营信息服务稳步发展

1. 信息技术改造传统农业取得新成果

近年来，各地利用信息化改造传统农业、转变农业发展方式、推进现代农业发展取得显著成就，特别是自动化测土配方施肥、节水灌溉自动化控制、农作物重大病虫害可视化预报及诊断、大型畜牧业智能化生产及食品安全追溯、草原防火远程监控、作业渔船船位监控、自动导航拖拉机挂接变量施肥、果园自动对靶喷雾、三维激光地形测量、农技推广三方互动点播等先进实用技术，在农业生产中得到了推广和应用，推动了现代农业的发展。

2. 政府与电信企业携手推进农业生产经营信息化

近年来，由农业部牵头，各级农业部门同中国移动、中国联通、中国电信等多家电信运营商开展了有效的合作，共同建设了全国海洋渔业安全通信网，形成了卫星、短波、超短波、移动电话“四网合一”的渔业专用应急通信网络，成为国家突发公共事件应急体系和预警平台的重要组成部分；共同建设的“农信通”、“信息田园”、“金农通”等基础性综合信息平台已覆盖全国，为广大农民提供生产经营信息服务。

3. 气象为农服务取得成效

随着全球气候变化，气象灾害对粮食和农业生产影响越来越重，农业防灾减灾趋于常态化，气象部门利用网站、手机、广播电视等多种信息发布方式及时提供农业生产气象信息服务。国家气象局主办了内容权威、功能齐全、服务针对性强的全国气象为农服务门户网站，具有农业气象信息服务到县、到作物的功能，为农业生产管理者提供及时有效的天气信息及相应的农事建议。气象部门及时发布气象预警信息，2011 年中央财政专项投入近亿元，带动地方匹配资金约 1.1 亿元，支持农业气象服务体系和农村气象灾害防御体系建设。目前，农

[55] 郭作玉，《中国农业网站发展报告 2009》。

村气象灾害预警信息覆盖面显著拓宽，全国农村气象手机短信用户达 3000 万，农村高音喇叭逾 10 万个，乡村电子显示屏近 7 万块。农村气象信息服务站近 4 万个，覆盖 68%的乡镇。农村气象信息员队伍 49 万余人，覆盖 71%的村，有效繁荣了农村经济，促进了农民增收[56]。

4．农业电子商务稳步发展

发展电子商务已成为促进农业产业升级、推动农业发展方式转变、增强农业国际竞争力的客观要求。农业部建立的“一站通”全国农村供求信息联播系统、网上展厅等网络服务平台，为农民和企业提供了有效的网上营销服务。截至 2011 年底，“一站通”全国注册会员约为 37 万人（自 2002 年上线以来累计总数）。2011 年全年发布农产品供求信息 7.5 万余例，日均点击量在 20 万次以上[57]；全国 600 多家农产品批发市场中已有相当一部分市场实行了电子交易和结算；第三方农产品电子商务平台正在兴起，一些地区的农户自发地使用市场化的电子商务交易平台变身为网商，直接对接市场。电子商务的发展明显减少了农产品流通环节，降低了交易成本，提高了流通效率，有效反映市场供求关系，减少了生产流通的盲目性，促进了农产品流通规模化以及全国大市场、大流通的形成和完善。

24.2.3 信息服务模式更加丰富

从各地推进农业信息服务的实践看，基本的做法是政府主导，社会各有关方面广泛参与。政府部门有计划地组织应用了一批信息技术，开展了一批试点。同时，注重总结典型经验，引导和推动多元化力量发挥作用。多元化主体创造出了多种农业信息服务的推进模式，如政府公益性服务、政府搭台企业唱戏、企业市场化运作、教学科研系统＋企业、企业＋农户、政府部门＋合作社、IT 企业＋农业企业等。

24.2.4 信息资源开发利用水平进一步提升

1．农业信息资源不断丰富

近年来，农业部依托“金农工程”、“三电合一”等信息化项目，逐步完善国家农业数据中心数据资源建设，相继建成了宏观经济、农村经济、农业生产、农产品价格、世界农产品、中国农产品贸易、农业实用科技、农业项目管理、农业全文检索、农业气象与遥感、农业政策法规、农业人才等数据库达 60 多个。同时，农业科研院校根据自己的专业特长，也开发建设了一大批农业科技数据库，中国农业科学院建立了包括作物科学、动物科学与动物医学、农业科技基础等学科和专业数据库。此外，由农业部牵头整合多个部委涉农信息资源，梳理了农业各行业生产、市场、劳动力转移及培训、农业科技成果及实用技术、农村社会救助及村民自治、农田水利基本建设、粮油购销存等 30 类信息，初步建立了与国家粮食局等相关部委信息资源交换制度[58]。

2．信息采集渠道基本形成

目前，农业部已在种植业、畜牧、水产、农垦、农机、乡镇企业、农业科技教育、农产品市场等领域建立了 33 条信息采集渠道及 8000 多个信息采集点，开发了相应的信息采集处

[56] 新华网北京 2012 年 1 月 6 日报道。

[57] 农业部信息中心。

[58] 周宏仁，《中国信息化形势分析与预测（2010）》。

理系统，建立了信息指标体系和采集报送制度，并相应建立了比较稳定的信息采集点，配备了人员和设备，定期采集农村政策、生产动态、市场供求、产品价格、科技教育、灾害、疫情、农民收入等信息。覆盖农业农村经济信息采集及传输渠道已初步形成。

3．信息发布体系逐步完善

农业部已经建立了以《经济信息发布日历》为标志的信息发布制度，形成以“一网、一台、一报、一刊、一校”（即中国农业信息网、中国农业电影电视中心、农民日报社、中国农村杂志社和中央农业广播电视学校）为主题的“五个一”信息发布窗口。各级农业部门也逐步建立了信息发布制度，面向社会发布信息。信息发布形式出现多样化，除利用电视、刊物、简报、资料等形式发布信息外，开始广泛利用互联网或互联网与广播电视、电话、报纸等相结合的信息发布方式，并加大面向社会、基层农户、农产品市场、龙头企业和种养大户的信息服务力度。

4．农业管理决策信息化水平逐步提高

近年来，农业部门加强信息技术在农业宏观决策和管理中的应用，相继开发了指挥调度卫星通信、网络化行政审批综合办公、远程渔政指挥通信、动物疫病防控追溯、农产品监测预警、农产品质量安全追溯、农业应急指挥调度等重大信息系统，基本实现了对农业资源与环境、防灾减灾、农业生产等多方面信息化管理，有效促进了政府职能转变和业务职能优化重组，提高了管理服务水平和效率，推动了政务公开和公众参与。随着“金农工程”一期项目的顺利实施，2011 年底，国家农业数据中心已完成建设任务，农业监测预警系统、农产品及农资市场监管信息系统和动物疫情防控系统等十多个电子政务信息系统已正式上线运行，为进一步提高农业管理决策信息化水平提供了技术支撑和保障。

24.3　问题与不足

虽然我国农业信息服务发展取得了显著成效，为推动农业农村经济的发展发挥了重要作用，但是与城镇信息化发展水平相比差距依然较大，还有许多困难和问题亟待解决。

24.3.1 缺乏顶层设计和统筹规划

1．农业信息服务与农业农村经济社会发展不协调

面临着农业农村经济社会发展快与信息服务建设滞后的矛盾、城镇化发展与信息服务发展不协调的矛盾、农村实际应用水平低与信息技术发展快的矛盾、农民信息需求与信息供给不匹配的矛盾等问题，需要统筹规划农业农村经济社会发展与农业信息服务发展，实现二者的协调发展。

2．农业信息服务发展部门间推进不协调

当前中央各有关部门及地方各级部门都在大力推进农业农村信息化，开展了形式多样的信息服务，但由于缺乏统一的顶层设计，各部门之间不仅推进速度不均衡，而且存在着多部门重复、交叉建设等问题，制约了信息流及其他生产要素的合理流动和最佳配置，制约了农业信息服务的发展。

3．农业信息服务发展地区之间不平衡

由于缺乏统一的规划设计、标准和规范，各地区农业信息服务发展存在着信息资源共享难度大、网络互连互通程度低等问题。

24.3.2 农村信息化基础设施和应用条件仍较薄弱

1．农村基础网络设施覆盖程度较低

目前，全国仍有约 2%的乡镇未通宽带网络，6%的 20 户以上自然村未通电话网络，农村网络基础设施覆盖“最后一千米”问题仍未得到根本性解决。截至 2011 年，互联网在城镇的普及率已超过 50%，而农村地区不足其一半，城乡互联网差距在持续拉大。

2．农村上网成本与农民收入水平相比仍然较高

2011 年，我国农村居民年人均纯收入增至 6977 元，但仍难以支付高昂的上网费用、硬件设备购置费用等。

3．农民计算机和网络基础知识匮乏

截至 2011 年底，全国农村非网民中，有 57.8%的人是由于“计算机/网络”而不能上网的，这一比例高于城镇非网民群体约 12 个百分点[59]。

4．农村地区网民规模远小于城镇

截至 2011 年底，我国网民总数达到 5.13 亿，其中农村网民有 1.36 亿，仅占整体网民的 26.5%。与 2010 年相比，农村网民占比下降 0.8%，其增幅依然低于城镇网民，如图 24.1 所示。

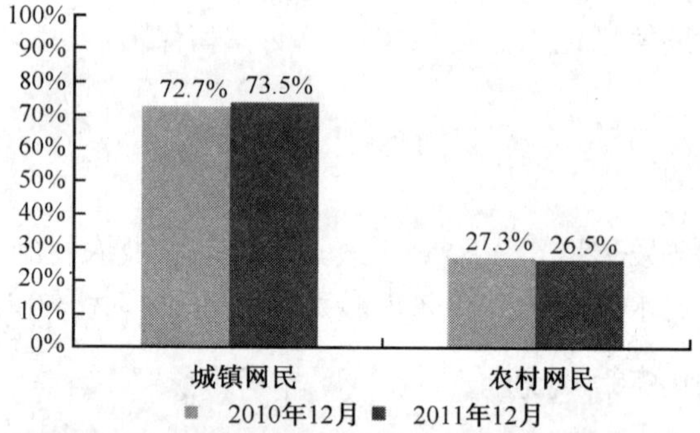

（数据来源：CNNIC《第29次中国互联网络发展状况统计报告》）

图24.1 2010年12月和2011年12月网民城乡结构

24.3.3 农业信息化应用水平依然较低

1．农业信息资源有效开发、利用相对滞后

农业信息资源开发不足，信息资源采集范围有限，信息资源处理手段落后，信息资源内容重复单调，信息资源表现形式单一；缺少统一的农业信息资源标准体系，信息资源的开放度和共享度较低，农业信息资源利用不够充分。

[59] CNNIC《第 29 次中国互联网络发展状况统计报告》。

2. 农业生产经营信息化水平比较低

信息技术未能全面渗透到农业生产作业、经营决策、市场服务和行业管理中，除大型农场、现代化养殖场、农业专业合作社、生产经营大户等组织化程度较高的农业企业或社会组织较多地使用信息技术外，广大分散、小规模的单一农户在农业生产经营中较少或基本没有使用现代信息技术。

3. 农业电子商务发展水平低

农业电子商务网站缺乏规范的网络信用和约束机制，难以保证信息的真实性和可靠性；农业行业的电子商务规则不够完善，无法实现全过程的电子化交易。

4. 农业农村信息化应用水平不平衡

从总体上看，在信息化应用方面，政府应用水平高、农户应用水平低，管理上用得多、生产上用得少。

24.3.4　农业信息服务人才匮乏

农业信息服务的发展需要大量计算机、网络、数据库等专业技术人员，系统的规划设计需要既懂业务又懂信息技术的复合型人才。但目前这方面既缺乏计算机、网络等专业人才，更缺乏大量的复合型人才。同时，基层农业信息服务人员数量少，在基层农民群众中真正掌握信息化知识和基本技能的实用人才匮乏，阻碍了信息技术的有效利用和普及推广。

24.4　政策建议

1. 统筹规划做好顶层设计，发挥政府部门的主导作用

农业农村信息化建设是一项复杂的系统工程，为确保信息服务顺利有效开展，政府部门要做好顶层设计，统筹规划，从政策、资金、组织以及机制等方面提供有力保障。具体来说，各地要加快制定当地农业农村信息化中长期发展规划、专项规划，加快研究农业农村信息化政策，将农业农村信息化发展纳入强农惠农政策之中。各级政府和有关部门要把加快农业农村信息化建设和发展作为当前和今后一个时期农业和农村工作的重要内容来抓，并充分发挥其决策协调作用，实行统一领导、统一规划、统一建设、统一标准、统一管理，做到领导到位、组织到位、措施到位，建立"资源整合，协作共享"的农业农村信息化建设机制，避免重复建设，提高信息资源利用率。同时，要加强宣传，提高社会各界对发展农业农村信息化的认识。

2. 加强农村基础设施建设，发展农村宽带网络

农村宽带网络建设是农业农村信息化发展进程十分重要的一步，各地电信企业要抓紧完成既定宽带建设任务；同时，农村网络通信资费是制约农村网络普及的另一重要因素，应当降低农村使用信息通信的消费成本，向农村推出优惠的通信资费政策，在上网等费用上给予优惠。特别是对接受有偿农业信息服务和购买信息设备的农民，建议参照国家其他对农补贴政策，尝试实行补贴政策，给予一部分费用补贴。另外，政府部门要积极引导形成中央和地方、政府和企业多元化投融资机制，建立政府部门与电信运营商、IT企业、中介组织、农民之间的密切协作机制，不断完善信息化运营机制，加强市场激励，鼓励企业开展"信息下乡"、"宽带下乡"、"家电下乡"等活动，发展涉农信息服务业。

3．启动新型农民信息化培训工程

以县乡干部、大学生村官、农村种养大户、农民专业合作社带头人及核心成员、龙头企业及订单农户等为重点，多种形式开展信息化知识的宣讲和培训，增强信息意识，培养信息能力，使其更新观念、接受新事物、体验新事物，最终采用新技术发展自己的生产和经营。具体实施上可结合农业部目前的阳光工程培训教室、教师、教学设施设备等资源，设置计算机操作、上网、供求信息发布、网上交易等基础知识课程。

4．采取切实措施，努力提高农业信息服务水平

建立“政府主导，市场运作”的“公益+市场”的农业信息服务机制，提高农业信息服务水平和质量，探索可持续发展的农业信息服务模式。建立农业农村信息化标准体系，完善各项信息化工作规范，有序推进全国各地农业农村信息化进程。加强与农业有关的生产、市场、价格、品种资源、技术、政策、病虫害、自然灾害等信息的收集、处理和利用，保证信息的及时性和真实性，增强信息引导的科学性与有效性，严禁传播虚假信息。

（农业部信息中心　孙锐、张嫱）

第 25 章　2011 年中国网络教育服务发展情况

- 2011 年，我国网络教育发展虽然在一定程度上受到世界经济低迷的影响，但总体上仍然保持良好发展态势，逐步进入快速发展的轨道，并在建设学习型社会过程中发挥着越来越重要的作用。
- 据德勤发布的《教育培训行业报告》称，到 2012 年，整个教育培训市场规模将达到 9600 亿元，每年复合增长率将达到 12%。
- 据 2011 年网络学历教育市场分析报告显示，网络大学生结构逐步发生变化，专升本及本科二学历学生占比在逐步扩大，上升近 5 个百分点，更广范围及更高层次的人员开始逐步接受网络学历教育。
- 2011 年网络大学生年龄结构已经发生变化，更加趋于年轻化。比重最大的 22～25 岁网络大学生占比增加 3.3 个百分点，19～21 岁学生占比则增加了 3.7 个百分点，许多“90 后”逐渐加入到网络学习的队伍中。
- 2011 年，我国微博用户数达到 2.5 亿，展望未来，网络教育也将更多地借助微博这种重要的互联网应用形式。

25.1　网络教育发展概述

2011 年，国家陆续出台多项政策支持和推进网络教育向前发展。2011 年 7 月，国务院印发《中国妇女发展纲要（2011—2020 年）》和《中国儿童发展纲要（2011—2020 年）》。《中国妇女发展纲要（2011—2020 年）》指出，要提高妇女利用新型媒体接受现代远程教育的能力。《中国儿童发展纲要（2011—2020 年）》要求，把教育信息化纳入国家信息化发展整体战略，提高农村中小学校接入互联网的比例，扩大农村现代远程教育网络覆盖面，基本建成覆盖城乡各级各类学校的教育信息化体系。2011 年 10 月 12 日，教育部下发《关于国家精品开放课程建设的实施意见》。《意见》要求，利用云计算等先进信息技术和网络技术，建设具有教、学兼备和互动交流等功能的国家精品开放课程共享系统，集中展示国家精品开放课程，面向高校师生和社会学习者提供优质教育资源网络共享服务；并与国内教育网站以及国内主流门户网站合作，通过接入和镜像等方式，借助各方优势，实现优质课程资源的广泛传播，服务于学习型社会建设。2011 年 10 月 25 日，教育部等九部门下发《关于加快发展面向农村的职业教育的意见》。《意见》指出，要充分利用现代远程教育网络，切实发挥现代教育手段在农民教育培训中的作用。2011 年 12 月，中共中央政治局委员、国务委员刘延东在全国继续教育工作会议上指出，要扩大优质资源开放共享，大力发展现代远程教育，努力建好开放大学，充分发挥大众传媒继续教育功能。

各地积极探索网络教育新思路和新模式。北京开通教师研修网，向全市中小学及教研机构提供数字化课程资源，并针对教师研修提供个性化服务和跨学校、跨学科、跨区域的交流服务平台。甘肃开展“利用网络环境建立城乡互动教师专业化能力协同发展模式研究”，综合利用短期集中培训、网络远程培训、校本培训和专家指导等方式，促进教师知识结构优化，提高教师培训绩效。青海大力发展现代远程教育，建设以卫星、电视和互联网为载体的远程开放继续教育及公共服务平台，办好具有青海地方特色的开放大学。

网络教育企业在海外资本市场遭遇困境。2011 年，美国股市整体低迷，除新东方股价保持高位之外，安博教育、学而思等多家登录海外资本市场的中国教育培训企业的股价都出现大幅下跌，甚至退市。2011 年 11 月 19 日，一纸 2.94 亿美元的并购协议，让环球雅思成为培生集团的下属子公司，也让上市仅仅一年的环球雅思借机实现“曲线退市”。2011 年 12 月 29 日，因连续 30 天市值未达到 1500 万美元，中国教育集团被纽交所摘牌，退到粉单（Pinksheet）市场继续交易。

25.2 网络教育服务市场分析

据德勤发布的《教育培训行业报告》称，到 2012 年，整个教育培训市场规模将达到 9600 亿元，每年复合增长率将达到 12%。

网络教育作为一种全新的现代教育模式，在全球发展迅速，被公认为未来教育发展的主要趋势之一。随着企业资金募集能力的增强和社会教育需求的持续增长，未来网络教育市场将呈现出“百花齐放”的态势，教育产业将迎来多元化、服务国际化和经营品牌化趋势。

尚普咨询行业分析师指出，我国网络教育市场潜力巨大。第一，教育、医疗、住房已成为我国民生三大问题，国家对教育的重视程度日益提高，义务教育全面不收费，高中阶段教育趋向多元化，家庭对子女教育投入空间得以大幅提升，网络家教行业以其低投入、低风险、高回报的特点，迅速成为 21 世纪最具发展前景的行业之一，网络教育的发展已具备良好的市场环境。第二，第二学位、研究生数量将会快速增长，加上高等教育市场客户基数较大，未来总体客户数和市场规模仍将不断增加，职业认证培训网络教育节约时间、更为便利等特点非常适合目标人群的需求特征，这些都为网络教育的发展提供了强劲动力。

网络教育缺乏创新型盈利模式。网络教育经历了十多年的发展，除了课堂环境和教学服务得到了较大的改善以外，其盈利模式基本停留在传统教学模式的复制上。无论是当前营业收入最高的学历教育，还是市场空间最大的中小学课后辅导，都是直接将线下的教学互动进行数字化处理，满足学生自主安排、节约时间的远程学习需求。但这种初级的“人机对话型”网络教育仅靠销售学习卡和参考书获取营业收入，盈利模式过于单一。

25.3 网络教育用户分析

网络大学生的学历结构和年龄结构正在发生变化，越来越多的用户开始接受高等网络教育。据 2011 年网络学历教育市场分析报告显示，网络大学生结构逐步发生变化，专升本及本科二学历学生占比在逐步扩大，上升近 5 个百分点，更广范围及更高层次的人员开始逐步接受网络学历教育。同时，2011 年网络大学生年龄结构已经发生变化，更加趋于年轻化。比重最大的 22～25 岁网络大学生占比增加 3.3 个百分点，19～21 岁学生占比则增加了 3.7 个百分点，许多的“90 后”逐渐加入到网络学习的队伍中。

英语学习和公开课应用成为网络教育用户的主要需求。为适应网络教育行业迅速崛起的趋势，360 公司开发了 360 桌面网络教育应用，为用户提供小学、中学、大学和研究生学习的各科目内容，以及全球名校视频公开课程。据 360 公司发布的 2011 年度十大桌面网络教育应用榜单显示，英语学习应用占了 4 席，网络视频公开课应用占了 3 个席位，其他为 PS 视频教程大全、豆丁书房和演讲与口才应用。从该榜单可以看出，在 2011 年，英语学习和公开课应用无疑是网络教育的主角。

25.4　网络教育投资分析

网络教育的发展改变了人们传统的学习习惯和学习方式，同时，不断增长的市场需求也为网络教育造就了良好的投资环境，巨大的市场潜力使网络教育成为当代创业领域的新一轮投资热点。网络教育市场在中国有极为广阔的前景，网络教育将是未来几年内投资回报率最高的产业之一。

中国 13 亿人口基数背后巨大的消费潜力吸引全球资本聚焦中国的民办教育产业，使得近年来民办教育行业投资热度不断上升，尤其是教育培训领域受到投资者青睐。根据 China Venture 投中集团旗下金融数据产品 CV Source 统计，经过了 2008 年教育行业投资高峰（31 起融资案例、6.3 亿美元融资规模）之后，教育行业投资在 2009 年陷入低谷。2010 年及 2011 年，中国民办教育行业融资案例数量和融资规模则再次呈现上升趋势，2011 年至今融资案例有 17 起，融资规模为 2.5 亿美元，达到近 3 年的最高值，与 2010 年全年相比，分别上升 55% 和 130%，如图 25.1 所示。此外，从 2006 年至今，从民办教育行业细分行业融资情况来看，幼儿教育、教育服务、网络教育类企业获得融资的案例数量分别为 17 起、12 起和 10 起，占比分别为 21%、15%和 13%。

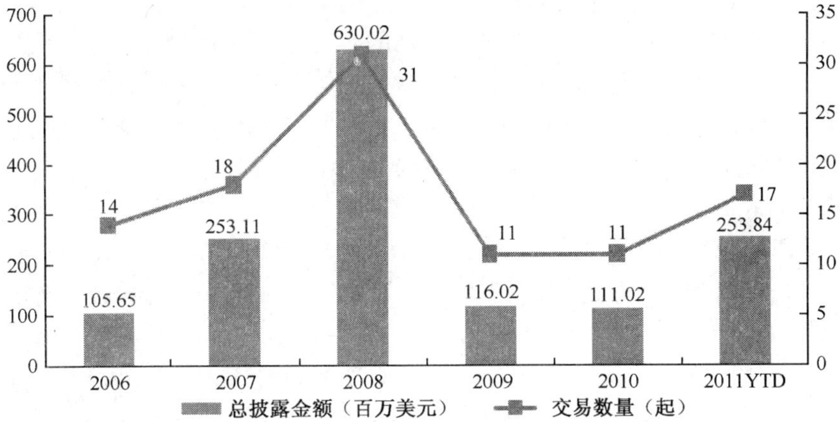

（资料来源：China Venture）

图25.1　2006—2011年中国民办教育行业VC/PE投资规模

然而，2011 年对中国民办教育培训业而言并不平静。登录海外资本市场的一年时间里，民办教育企业的股价一直在发行价附近徘徊，而且经历了创始人离职、曲线退市、股价下跌等事件。目前，在美上市的中国教育培训公司共 11 家，除了新东方股价仍保持在高位区间运行外，其余各家机构的市场表现均不甚理想。业内人士分析，2011 年，中国教育机构在海外表现不甚理想，与大环境有关。一是伴随着欧债危机，全球股市表现疲软，2011 年美国股市整体低迷，中国概念股继续向下探底，美国股市对于中国概念股失去信心；二是对于中国教育培训行业，美国股民了解甚少，因此教育培训领域暴跌也不足为奇。纵观 2006—2011 年，民办教育行业共有 11 起 IPO，这其中 2010 年有 4 起 IPO，募资规模达 4.2 亿美元，为各年之最高值。截至 2011 年 10 月，该行业仅 1 家企业实现 IPO，融资规模为 1941 万美元。

尽管如此，中国教育培训机构的上市大军仍不乏后继者，也吸引着无数投资者的目光。2011 年 12 月 22 日，信中利资本向龙文教育注资 4.5 亿元人民币，创造了“目前国内教育产业最大一笔 PE 投资”纪录，也将龙文教育推向了上市准备大军之列。正在积极筹备上市的还有巨人教育、红黄蓝教育等。统计显示，目前国内有超过 300 家的教育机构拿到了风险投资，其中 90%拿的都是美元，自 2006 年新东方上市开始，风险投资在中国民办教育领域里的投资总额已经超过 400 亿元。

投资者之所以在中国教育培训机构面临困境的情况下仍然不断扩大投资，是因为他们对中国教育培训行业充满信心。2012 年 2 月 29 日，正保远程教育公布了截至 2011 年 12 月 31 日的 2012 年第一财季未经审计的财报。财报显示，正保远程教育第一季度营收为 990 万美元，较 2010 年同期增长 35.8%；净利润为 40 万美元，而 2010 年同期净亏损为 100 万美元。公司董事长兼 CEO 朱正东表示，虽然第一季度是传统的业务淡季，但公司持续经营业务的网络教育业务收入较 2010 年同期增长了 48.6%，这得益于网络教育业务招生人数的增长和大部分网络考试培训课程收费单价的增长。公司业绩的增长也得益于近期公司手机移动课堂、手机学习报以及高清课件等新的课件技术和学习工具的推广应用。日益更新的移动学习技术和公司强大的网络教育平台所支撑的这些新的学习模式为学生提供了更多的价值，也使得公司更具有市场竞争力。

China Venture 投中集团分析认为，随着我国民办教育培训机构的不断发展，消费者对教育这种特殊产品的需求不断增加，其在国内市场影响力和份额不断提升。市场占有率与教学质量难以同步扩张则是民办教育行业发展所面临的主要瓶颈。短期在政策的限制下，该行业企业国内上市前景依然不明朗；但长期看来，一旦政策开闸，具备资质的优秀民办教育培训机构终将登录资本市场。China Venture 投中集团就民办教育行业的投资价值对行业投资人进行了调研，投资人表示，对幼儿教育、课外辅导、网络教育等领域最为青睐。

根据 China Venture 投中集团统计，至今中国教育市场共有 11 家企业境外上市，目前没有国内 A 股上市的教育培训机构，这主要是由于我国教育培训机构在国内上市受到政策限制。根据《教育法》规定，任何组织和个人不得以营利为目的举办学校及其他教育机构，其营利只能用做学校的再投资，而不能作为红利分发给投资者，因此无法形成畅通的投资回报渠道。目前，境外上市的 11 家国内教育培训机构，多为投资人投资到控股公司主体中，控股公司以向学校提供技术、服务、知识产权许可等方式从学校获得收入，作为上市的主营业务和业绩。境外较为宽松的上市条件和资本市场对教育行业的高估值，成为境内教育培训机构赴美上市的重要原因。

25.5　各类网络教育服务发展情况

25.5.1　基础网络教育服务

政府大力推动网络化手段在基础教育中的应用，尤其是充分发挥网络教育在培训中小学教师方面的优势。教育部 2011 年 1 月 4 日发布《关于大力加强中小学教师培训工作的意见》，要求充分利用卫星电视、计算机网络等现代远程教育手段优势，深入推进全国教师教育网络联盟计划。到 2012 年，小学教师学历逐步达到专科以上水平，初中教师基本具备大学本科以上学历，高中教师中具有研究生学历者的比例有明显提高。北京大学开发的“引领式”教学模式，以网络为传输媒介，以教学资源为基础，以教师引领和教学活动为主线，以人际交流为核心的教学模式，保证了教与学的真实发生。这种“引领式”教学模式的应用，得到了参加培训的中小学教师的好评，收到了良好的培训效果。

公众日益接受基础网络教育，中低端产品市场前景广阔。随着网络教育服务质量的提升，国内中小学生日益接受并使用网络教育产品和服务。调查显示，随着网络技术的发展和网络教育服务的增多，在网络课外辅导服务方面，中学生选择的范围进一步扩展。而且，中小学生较乐于接受网络教育这种新型学习方式，网络教育已经成为传统课堂教学以外重要的学习辅导方式。此外，用户更多地喜欢选择免费网络教育服务，对于付费产品较为排斥。目前，网络教育服务市场上中低端产品较少，企业尚未充分挖掘这一细分市场的潜力，未来网络教育中低端市场具有较大的开发空间。

基础网络教育服务质量和深度有待提高。有调查显示，有超过七成的学生认为，基础网络教育产品的质量问题是当前最主要的问题。目前，我国中小学网络教育只是传统课堂教育的简单延伸，网上教学内容是教师在课堂上的讲义，学生的被动接受地位没有改变，强调教学内容而非学习内容，方便教师教学，而不适合学生自学，不能充分发挥网络所具有的协作性、交互性、探索性等优势。

北京四中网校是远程教育模式中的佼佼者。众所周知，北京四中是中国大陆最早探索素质教育的学校，是全国重点学校之一，四中网校也开创了我国互联网教育的先河，是最早涉及互联网教学的网校之一。四中网校重视学生的学习体验和学生在学习过程中的积累。随着计算机技术的发展，四中网校正在开发基于平板电脑教学的设计与模式，力争在技术上超前一步。

25.5.2　高等网络教育服务

高等网络教育社会化程度不断提高。2011 年 11 月 9 日，中国推出首批 20 门“中国大学视频公开课”，在“爱课程”网、中国网络电视台、网易同步向社会公众免费公开。这 20 门中国大学公开课主要由“985”高校的教师主讲，由科学、文化素质教育网络视频课程与学术讲座组成。首批上线课程以讲授中国传统文化的课程为主。视频公开课的主讲教师不乏国内名家，既有两院院士，也有国家级教学名师。国家鼓励和支持高校开展“中国大学视频公开课”建设，已将此项工作列入教育部和财政部“高等学校本科教学质量与教学改革工程”。按照教育部的规划，未来五年将建设 1000 门大学视频公开课，同时，升级改造国家精品课程后建成 5000 门资源共享课，全部课程将通过网络平台提供给社会学习者免费共享。

高等网络教育范围进一步拓宽，农民工成为受益群体。2011 年 12 月 12 日，“圆梦计划”2011 年广东万名新生代农民工入学典礼隆重举行。来自广东省的近万名新生代农民工将入读全国 17 所高校，接受网络远程教育，通过考试后将获得本科或大专文凭。中国石油大学远程教育学院院长张云祥认为，随着城镇化进程的不断加快，我国农民工年增长速度持续上升，并成为经济社会发展的重要建设力量。通过继续教育，可以将农民工培养成高素质的劳动者，使他们更好地融入社会，更加适应城市建设的需要和工作的需要。

25.5.3 企业 E-Learning

国内 E-Learning 发展尚处于萌芽状态。目前，国内的 E-Learning 市场主要集中在北京上海、广州、深圳等几个一线城市的大型或超大型企业中，供应商的水平参差不齐；而在占据全国 90%的全国二、三线城市市场，E-Learning 的覆盖率还不足 1%。目前市场上拥有多类别的供应商百余家。根据 BANC 企业调研报告，到目前为止，国内使用 E-Learning 的企业已经多达 6000 余家，市场产值近 10 亿元。中国企业使用 E-Learning 的主要应用领域是人力资源管理，而企业对其的认知大多数停留在平台使用和课件制作、视频会议等初级功能上，并未将其作为知识传承的手段和方法。中国企业 E-Learning 运用，目前只限于企业用户，大中小学应用比例很低，而个人用户几乎没有。

企业 E-Learning 应用呈现出四大趋势。一是从高新技术产业向传统产业拓展。在 2011 年“中国企业 E-Learning 卓越实施年会”上，众多从事传统产业的企业踊跃参会，成为会议的一大亮点。出现这样的变化，除了观念的改变外，还是由于国家对传统产业提出了转型升级的要求，企业因此需要提高自主创新能力，这就带来了大规模员工培训的需求，而 E-Learning 以其突出的优势成为企业培训的首选。二是从中心城市向二、三线城市扩张。出现这样的变化与中国经济的飞速发展有关。如今，越来越多的中小型企业正在快速成长，并迅速在二、三线城市崛起，逐渐跻身大型企业的行列。随着企业的成长，人才培养成为企业下一步发展的最关键要素，而使快速培训人才的需求变为现实的是网络的快速发展。而企业 E-Learning 向二、三线城市的中小企业迈进，也正是国外 E-Learning 发展的潮流。三是向企业应用纵深发展。已经实施 E-Learning 的企业经过多年摸索，并结合其他企业的经验，已经摆脱了过去为学习而学习的盲目性，开始注意因企制宜，将员工的学习与企业的主营业务和发展战略相结合，让 E-Learning 直接为企业发展效力。四是酝酿本土企业实施标准。为了更好地在企业中规划和应用 E-Learning，使企业更直观、更准确地诊断和描述自己的 E-Learning 现状，更有效地完成培训计划，国内研究者参考国外标准并结合国内企业实际，开始推出 E-Learning 成熟度模型。

对于发展 E-Learning，政府相关部门应加大对 E-Learning 事业的扶持及投入，通过出台相关政策，规范、规划 E-Learning 产业发展方向，推动国民素质提高；企业应尝试行业“产学研”（E-Learning 行业服务企业、大专院校、E-Learning 研究机构）联盟的路线，行业重心应从平台功能、课件制作逐步转为服务，并建立“大服务、小功能”的行业战略。

云计算技术推动 E-Learning 向前发展。全国首家将云计算技术引入 E-Learning 行业的高科技企业——北京全景赛斯科技发展有限公司继 2009 年率先发布基于云计算技术的新一代网络学习平台 ATEL1.0 后，日前发布了优化升级后的新版本 ATEL2.0。该版本的发布是我国远程教育和网络培训进入“云学习”时代的一个里程碑。一个健康的 E-Learning 平台应具备的要素包括安全、易用、可扩展、易维护等。纵观传统服务模式，在应用规模不大时，可以满足大多数客户的需求。一旦培训规模需要扩大，系统性能就成为瓶颈。而突破这个瓶颈，需要采用云计算为客户进行服务。ATEL2.0 延续云计算中的 SaaS 模式，在技术架构以及服务模式上进行更新升级，充分利用负载均衡、分布式架构等先进设计，进一步实现 E-Learning 的网络化、云端化，具有成本低廉、实施快捷、维护简便、安全稳定等突出优势。

25.5.4　网络职业认证培训

目前，国内职业认证培训的范围十分广泛，包括财会、经贸、工程、法律、IT 等，几乎涵盖了各行各业。职业认证培训的市场规模增长较为缓慢，未来较难取得爆发性增长，培训企业更加注重线上线下相结合。在美国上市的 11 家中国教育培训企业当中，提供职业认证培训的有正保远程教育、环球天下、双威教育、中国教育集团、新东方和安博教育 6 家。其中，安博教育提供的职业认证培训主要集中于线下的实训基地，其余 5 家企业均提供在线职业认证培训。

职业认证培训是上述 5 家上市公司的网络教育业务的主要内容，其目标群体是处于择业、就业或深造阶段的成年人，帮助他们通过考试获取相关职业认证。职业认证培训成为网络教育主流应用领域的原因在于学员的自控能力相对较强，考证的压力较大，网络教育能够满足学员灵活安排工作与学习、节约时间的需求。除了学员特点以外，国家的政策支持也是促进该行业发展的重要原因，这些都为网络职业认证培训的发展提供了强劲动力。

职业社交网站天际网针对职场人士展开的培训需求调查显示，近 30%的职场人士认为，进修或学习对于提升收入 100%有帮助；86%的人认为，培训的最大作用是提高专业技能和寻找更大的发展平台。在培训内容的选择上，有 45%的人对职业技能最感兴趣，其次是外语培训（31%）、学历提升（17%）和留学移民（7%）。天际网销售副总裁 Kathy 称，在就业形势日趋严峻的今天，很多职场人士未雨绸缪，为了能够提升自身价值，选择职业技能培训，从而使自己在职业发展过程中具有一定的优势。

25.5.5　移动网络教育服务

CNNIC《中国互联网络发展状况统计报告》显示，2011 年，使用台式计算机上网的网民比例为 73.4%，比 2010 年底降低 5 个百分点，使用手机上网的网民上升至 69.3%，使用笔记本电脑的网民也略增至 46.8%。随着台式计算机使用率走低，手机终端的使用率正不断逼近传统台式计算机。

随着移动互联网用户规模不断扩大，教育类应用需求将增加。易观国际报告指出，2011 年全年中国移动互联网用户规模约为 4.3 亿，移动互联网市场规模增长 34%，达到 851 亿元。易观国际预计，2012 年移动互联网用户规模及市场规模将保持相对稳定的增长，移动互联网用户数可能在 2012 年突破 6 亿，并且超过互联网用户数量，智能终端、移动互联网应用继续延续 2011 年的增长速度。伴随移动互联网的快速增长，数据量级的意义逐渐失去，围绕数据增长带来的影响愈发值得关注，这会使用户对移动互联网应用的黏性不断提高，用户在娱乐需求的基础上增加对商务、教育类应用的需求。长期来看，娱乐、内容需求依然是移动互联网用户的主要需求之一，但随着用户使用习惯的改变，教育类应用对用户的影响会逐渐明显，如翻译类、英语学习等移动应用。

目前，部分机构已经开发出针对移动互联网的网络教育产品。上海交通大学已经开发和应用一系列相关技术，使高校的网络课程和课件除了可以通过 ADSL、IPTV、卫星等渠道传播之外，还可以通过移动通信网络和手机等移动终端进行播发、点播和下载，实现移动中的有效学习；建立了“上海交通大学移动学习网站”，250 余门数字化移动课程、近 3000 个课件向全社会免费开放。为了方便学习者并降低学习成本，使移动学习能够推广并真正让学习者得益，上海交通大学开发出压缩编码技术，使一小时视频课件容量仅为 50M，手机通过 3G 上网就可以进行有效、流畅的学习，收看课堂直播。

25.6 网络教育发展的趋势

1．网络教育市场将会成为更多用户的首选

网络教育市场已经进入发展的第二阶段。在这个阶段里，会出现更多的、独特的应用，在线学习会成为很多用户的首选，而不是线下培训班的补充。目前，用户、产业环境和技术应用的成熟度已经相当高。从用户角度看，主流用户是“80 后”、“90 后”这代伴随网络长大的网络原住民，网络学习也会成为他们生活的一部分；从产业方面看，网络教育培训机构已经把商业模式摸索得十分清楚；从技术应用方面看，培训机构的管理系统等方面也已经成熟。在未来十年的第二阶段中，网络教育市场会出现营业收入规模较大的公司和拥有海量用户的平台。

2．微博将与网络教育融合

CNNIC《中国互联网络发展状况统计报告》显示，截至 2011 年 12 月底，我国微博用户数达到 2.5 亿，较 2010 年底增长了 296.0%，网民使用率为 48.7%。微博已用一年时间发展成为近一半中国网民使用的重要互联网应用。展望未来，网络教育也将更多地借助微博这种重要的互联网应用形式。在网络教育方面，微博具有突出的优势。在网络课堂中，学生通过微博平台可以随时随地表达想法、畅所欲言，在学习过程中，学生可以顺畅地分享心得体会；在课后，学生可以随时和教师、同学取得联系，快速形成网状学习群体，尽快解决学习中遇到的问题，提高学生的学习积极性；微博可以对主动发表良性言论的学生进行激励，激发学生的竞争意识和优秀意识，促进其深入钻研所学的知识。

3．云计算推动网络教育服务发生变革

云计算是继大型机、PC、局域网、互联网之后正在兴起的一种新的计算模式，这一计算模式的重大变迁正在引发新的产业变革，教育培训领域也不例外。云计算在网络教育资源管理方面具有独特优势。首先，云计算降低了客户端的设备要求，保证了资源存储的安全可靠。不管个人计算机配置高低，只要能接入互联网，即可享受云计算带来的方便快捷，有最专业的团队管理信息、保存数据、防范网络攻击。其次，云计算可以进行规范化的数据挖掘。在整合后的资源库中进行数据挖掘，可以分析当前的教育形势，解决教育中存在的问题，预测教育的未来趋势等，并且保证挖掘结果的真实客观。最后，云计算可以保证优势资源的高利用率。在云资源库中好的、被检索次数最多的资源会出现在检索结果的前列，这样既保证了检索效率，也提高了优质教育资源的利用率和共享性。

4．智能化是网络教育应用的重要发展趋势

在网络的智能教学系统提供的网络学习环境中，学生可以在智能学习环境中学习，学生

的学习是自主的、积极的，学生是学习的主人。同时由于网络的存在能够为学习者提供大量丰富的网络学习资料，使得学生的学习在一定程度上成为一种基于资源的学习。基于资源的学习最大的优势是学习者的个性化、自主化能够得到充分的发挥。目前，许多国家都在关注基于网络的智能教学系统的研究与教学应用，这是网络教学应用中一个重要的发展趋势。基于 Web 的智能教学系统的重要目标是解决现代远程网络教学中的个性化教学问题，提高教学系统对学生的适应性和针对性，已成为智能教学系统研究的一个热点问题。

（中国互联网协会　朱晓航）

第 26 章 2011 年中国网络文学发展情况

- 网络文学在 2011 年进入宽松发展的一年，据调查，以不同形式在网络上发表过作品的人数高达 2000 万人，注册网络写手 200 万人，通过网络写作获得经济收入的人数已达 10 万人，职业或半职业写作人群超过 3 万人。
- 2011 年也是网络文学市场化环境开始明朗的一年，这一年根据网络文学改编的影视剧大出风头，纷纷成为热点电影、话题电视剧。
- 截至 2011 年底，网络文学使用率为 39.5%，用户规模达 2.03 亿。
- 手机出版方兴未艾。盛大文学无线阅读业务在 2011 年，仅来自中国移动手机阅读基地的访问用户数就达 6800 万，同时为中国移动阅读基地贡献了 60%的畅销书。无线业务在 2011 年度为盛大文学贡献了 1.74 亿元收入，同比增长 188.2%。

26.1 发展环境

2011 年，新闻出版总署的《互联网出版服务管理规定》仍在酝酿之中尚未出台，监管在同步进行。这一年监管的重点在于打击涉黄与低俗内容。2011 年 10 月 19 日，全国“扫黄打非”办公室下发通知，要求进一步查禁互联网上淫秽小说及相关内容。

与此同时，新闻出版总署充分利用“网络出版监管系统”、“24 小时网络出版内容实时动态监测站”和“网络出版舆情报告系统单位”等监测力量和技术手段，累计对 4000 多家网络文学出版网站中的近 5 万种网络文学作品进行重点监测，并先后组织 50 多位专家对涉嫌传播淫秽和低俗内容的网络文学作品进行审读鉴定，这些措施在抑制网络文学涉黄和低俗内容方面收到很大成效，网络文学在 2011 年走上了健康发展道路。

除了涉黄和低俗内容被严打外，网络文学在 2011 年也进入了宽松发展的一年。据调查，以不同形式在网络上发表过作品的人数高达 2000 万人，注册网络写手 200 万人，通过网络写作获得经济收入的人数已达 10 万人，职业或半职业写作人群超过 3 万人。

2011 年也是网络文学市场化环境开始明朗的一年，这一年根据网络文学改编的影视剧大出风头，纷纷成为热点电影、话题电视剧。在 2011 年大热的《裸婚时代》、《步步惊心》均来自盛大文学，另有《回到明朝当王爷》、《斗破苍穹》、《大魔术师》、《刑名师爷》和《帝锦》等大量网络文学作品被影视公司购买。

付费用户的增加也为网络文学提供了强有力的发展动力，以盛大文学为例，2011 年第四季度，该公司旗下 6 家文学网站的付费用户数达 124 万，较 2010 年同期增长 30.8%；受移动用户数高速增长影响，盛大文学无线阅读业务在 2011 年度为盛大文学贡献了 1.74 亿元收入，同比增长 188.2%；在中国移动手机阅读基地，盛大文学提供的内容 2011 年总付费用户数达 2100 万。

管理松中有严、宽中有紧，付费读者群在快速扩张，作者队伍稳定，产业化速度加快，相关运营企业盈利前景看好——以上利好信息让 2011 年网络文学的发展环境一片大好。

26.2 发展概况

2011 年，网络文学在网民互联网应用中的重要程度愈加明显，吸引了社会各界的关注和参与。越来越多的传统文学作家通过互联网发表和传播作品，鲁迅文学奖、茅盾文学奖先后将网络文学纳入参评范围，线下出版社与文学网站积极合作出版书籍，网络文学被改编为影视和游戏等。总之，网络文学在创作主体、流通渠道、用户参与等方面的影响力不断增强，已成为中国当代文学与出版的重要组成部分。

从“2011 百度搜索风云榜”发布的结果看，网络文学已成网民文化娱乐生活的重要组成部分，在该榜单“十大梦想新职业”中，“网络作家”仅落后于“婚礼策划师”，成为年轻人梦想实现的第二大新职业。在“十大时间杀手”榜单中，起点白金作家“我吃西红柿”的小说《吞噬星空》排第四。“十大随身应用”中，网络文学网站“小说阅读网”位列第四。“十大电视作品”中，改编自网络文学的《裸婚时代》摘得探花，《我是特种兵》名列第七。“十大移动热词”中，起点中文网白金作家“天蚕土豆”新作《武动乾坤》名列第二。

《2011 年宜搜移动互联网年度报告》显示，移动互联网年度 TOP10 搜索热词中，《斗破苍穹》等小说系列位居网页类热词榜榜眼。此前，这部来自盛大文学的作品在百度搜索热词榜中长期占据榜首。宜搜的报告还显示，《斗破苍穹》、《吞噬星空》、《遮天》、《仙逆》、《天珠变》、《凡人修仙传》、《武动乾坤》、《很纯很暧昧》等成为最受手机用户欢迎的小说作品。

在 2011 年，网络文学版权维护进入法律实施阶段。2011 年 5 月 10 日，盛大文学诉百度公司侵权盛大文学旗下 5 部知名网络文学作品一案，由上海市卢湾区人民法院做出一审判决。法院判定：百度公司作为网络服务提供者，在明知涉诉作品的信息传播权仅归于盛大文学的情况下，依旧未及时删除侵权信息或断开链接，构成间接侵权，判决百度公司赔偿盛大文学经济损失 50 万元及合理费用 44 500 元。2011 年 6 月 27 日，江苏徐州中级人民法院下发了对有网络文学盗版侵权行为的万松中文网及其主要责任人的刑事判决书。判决书认定万松中文网及其两名主要负责人犯有“侵犯著作权罪”，分别判处该网站两名主要负责人三年及以上不等的有期徒刑，并分别处罚金 15 万元，责令关闭万松中文网。

网络文学主流化速度在 2011 年进一步加快。2011 年 4 月 7 日，41 名来自全国各地的网络作家集聚鲁迅文学院，第四期网络作家培训班隆重开班。2011 年 8 月 4 日，18 位全国知名作家、评论家与 18 位来自全国各地的知名网络作家相聚中国作协，举行了一次别开生面的“结对交友”座谈会。此次活动表明中国作协支持并期望网络文学健康发展的态度，希望网络作家与传统作家“结对交友”，互相学习，互相帮助，共同繁荣我国文坛。

中国作家协会副主席、中国作协党组成员、书记处书记何建明在接受媒体采访时认为，“网络文学是中国特有的文学现象，这证明了中国改革开放进入了一个新的历史阶段，这个历史阶段使得我们国民的话语权有了充分自由的平台和可能。”

26.2.1 发展历程

2011 年 2 月 14 日，国内领先的网络文学正版书城云中书城正式独立运营，此举被认为预示着数字出版产业链的整合将进一步加剧。

3 月 2 日，《关于征集第八届茅盾文学奖参评作品的通知》发布，在评奖规则中，首次加入了对网络文学的参评要求。

3 月 9 日，由《齐鲁晚报》、《山东文学》杂志和网易共同主办的中国首届网络文学大奖赛正式启动。

8 月 4 日，18 位国内一线最著名的作家、评论家，与 18 位最知名的网络作家“结对交友”，其中有 10 位来自盛大文学的网络写手，与第八届茅盾文学奖的 10 位评委结对交友。

9 月 1 日，“中外自出版”论坛于北京国际图书博览会（BIBF）举行，亚马逊平台畅销榜冠军、耶鲁大学专业出版课程学术指导、网络文学多位重量级签约作家共同出席。

9 月 8 日，“广东网络文学十年精品回顾”系列活动第三场在广东文学艺术中心举行。

11 月 14 日，《新周刊》“2011 网络生活价值榜”出炉，晋江文学城当选年度最有价值网站（文学类）。

11 月 24 日，网络作家“唐家三少”在第八次全国作代会第四次全体会议上当选中国作协全国委员会委员。

12 月 7 日，中国作家协会公布 2011 年度重点作品扶持项目篇目，共有 98 项作品，其中网络文学 3 项。

12 月 20 日，特大盗版侵权文学网站“小说 520”盗版侵权一案宣判，“小说 520”创办者及其他 7 名网站经营人员分别被判处有期徒刑 1～4 年，判处罚金 300 万元。

26.2.2 市场情况

在用户群方面，CNNIC 数据显示，截至 2011 年底，网络文学使用率为 39.5%，用户规模达 2.03 亿，如图 26.1 所示。

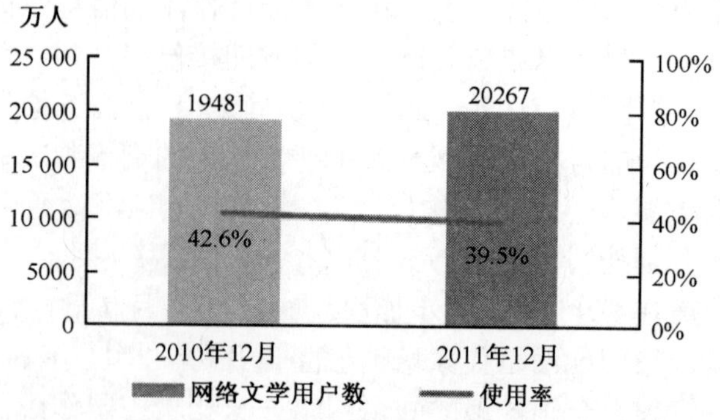

图26.1 网络文学用户数及使用率

在应用方面，根据艾瑞报告，2011 年，从人均单日有效浏览时间看，网络文学与综合视频、小游戏同为 2011 年最受欢迎的互联网活动。

在传统出版领域，2011 年小说出版总量达到了 4300 多部，除去少数中短篇小说集之外，长篇小说应在 4000 部以上。其中传统的严肃文学类小说约有 1000 多部，近 3000 部的长篇小说应为类型化的网络小说。

在移动互联网领域，仅盛大文学 2011 年度来自中国移动手机阅读基地的访问用户数字就达到 6800 万，无线阅读业务在 2011 年度为盛大文学贡献了 1.74 亿元收入。

在影视改编领域，根据 CNNIC 网络文学用户调研数据显示，网络文学用户中有 79．2%的人愿意观看网络文学改编的电影和电视剧。2011 年盛大文学全年共计售出版权作品 651 部，销售作品数量同比增长 107%。

在网游改编领域，《星辰变》、《凡人修仙传》、《悟空传》等相继被改编为网游，网络文学继续扮演着网游创意源头角色。

26.2.3　用户分析

根据艾瑞咨询网络用户行为监测工具 iUseTracker 数据统计显示，2011 年中国网络文学小说用户中，大学本科和大学专科学历用户为核心群体，分别占比 45.7%和 30.0%；另外，硕士及以上学历用户占 6.8%，而高中（中专）及以下学历用户占 17.5%。

学历比较高的用户对文学阅读的需求明显高于低学历用户，其中又以在校学生和年轻上班族为主，他们的闲暇时间较为充裕，对大量的修真玄幻或都市生活题材作品都容易产生兴趣或共鸣，而学历相对较低的用户这方面的需求则不强烈。文学网站运营商可以针对高校和职场群体做阅读推介，吸引用户加入。

男女用户在阅读内容上的选择差异非常明显。通过数据监测可以发现，类似腾讯、新浪等门户类文学网站，其内容相对比较综合和丰富，因此在性别差异上表现不明显，而一些相对垂直细分的文学网站则差异相对突出。其中，红袖添香、晋江原创网、小说吧、潇湘书院均以偏女性口味的文学作品为主，而起点中文网、八路中文网、小说阅读网男性频道等则以军事、历史、修真、玄幻等题材作为主要卖点吸引男性读者。

中国网络文学小说行业正在日趋成熟，针对不同性别用户的偏好口味建立垂直细分市场已经成为一个赢得读者的主要手段。未来，随着行业竞争的加剧，更深层次的用户诉求提炼和用户特征划分也会成为角逐各级网络文学小说市场的重要依据和决策信息。

26.2.4　市场格局

艾瑞咨询对 2011 年各家独立文学类网站用户数据分析发现，中国目前月均有效浏览时长排名前十的正版独立文学网站可分为两类，一类是作品内容多元化的综合类文学网站，另一类是针对女性读者的女性原创文学网站。

从企业角度来看，盛大文学旗下的起点中文网、潇湘书院、小说阅读网、言情小说吧、起点女生网、红袖添香，以及盛大拥有 50%股权的晋江文学城均登入榜单，盛大文学已经在中国网络文学市场中独占鳌头，如图 26.2 所示。

网站	域名	2011年1～12月月均有效浏览时长（万小时）
起点中文网	qidian.com	3622.0
晋江文学城	jjwxc.net	1200.8
潇湘书院	xx5y.net	1048.8
纵横中文网	zongheng.com	812.3
小说阅读网	readnovel.com	643.5
言情小说吧	x58.cn	532.5
逐浪文学	zhulang.com	449.1
起点女生网	qdmm.com	376.1
红袖添香	hongxiu.com	354.4
17k	17k.com	302.0

注：1. 本次用户粘性最强的独立文学类网站排行榜的分析数据，主要来源于艾瑞咨询网络用户行为监测工具iUserTracker的监测数据，艾瑞选取了80个网站作为备选；
2. 评选依据是根据各文学类网站2011.1-2011.12连续12个月月均月有效浏览时长排序。

Source: iUserTracker, 家庭办公版2011.12, 基于对20万名家庭及办公（不含上网地点）样本网络行为的长期监测数据获得。

图26.2　2011年中国十大用户黏性最强的正版独立文学类网站

26.3　细分市场情况

26.3.1　市场细分

网络文学行业中，约 72.1%的市场份额来自盛大文学有限公司旗下的起点中文网、潇湘书院、红袖添香、言情小说吧、小说阅读网这几家国内领先的原创文学网站。榕树下作为历史最为悠久的老牌文学网站，2009 年被盛大收购后，定位为原创现实类题材聚集地。而剩余大约28%的份额则由其他数十家网络文学网站平摊，包括完美时空旗下的纵横中文网、中文在线投资的 17k 小说网、TOM 旗下的幻剑书盟、空中网下的逐浪与四大门户网站读书频道等。

26.3.2　内容细分

幻侠小说网公布的 2011 年网站用户调查数据显示，最受男性读者欢迎的作品类型排名前三的依次是玄幻小说、奇幻小说和仙侠小说，复合投票占比分别为 46%、35.8%和 32.5%。网络上流行的幻想小说，从广义上来说就是奇幻、玄幻、魔幻的统称。例如，深受网络男性读者喜爱的《斗破苍穹》、《星辰变》等都是幻想小说的代表。CNNIC 调研数据显示，中国网络文学用户以男性居多，男女用户的比例为 55.7∶44.3。分析发现，不同性别用户，在网络文学题材爱好、文学网站类型选择等方面均有差异，男性用户偏爱科幻科教类、武侠类、奇幻类文学，而女性用户偏爱言情类、写实类、励志类文学。其他类型的网络文学出版形式有以下几中。

1．网络学术文献出版

2011 年较有影响的网络学术文献著作是中南大学文学院院长欧阳友权教授主编的“新媒体文学丛书”，该丛书包括《数字媒介下的文艺转型》、《网络写手论》、《短信文学论》、《网络文学产业论》、《网络小说名篇解读》和《网络与新世纪文学》6 部专著，是国内文艺界第一套专题研究网络、手机等新媒体文学的理论丛书，一经出版即受到学术界的广泛关注。毫无疑问，这里的“读本”与“丛书”，只是 2011 年度学术著作之冰山一角。此外，按文学主题检索，中国知网上的论文有 4 万多篇，充分显示了文学研究的繁荣。总之，2011 年度的近百场高规格学术会议、千余部学术专著与 4 万多篇学术文章，共同谱写了文学学术大繁荣的年度交响乐章。

另外，2011 年 4 月由东北财经大学出版社有限责任公司出版、史达所著《政府网络与网络政治：多维视角的研究》也是一部专门针对网络的学术著作，这本书为作者史达自 2004 年以来，对互联网时代的公共管理相关问题的思考。这些思考从最初的公共服务满意度，发展到电子治理问题，最后到互联网政治生态问题，这也是一个不断深化的过程。

2．网络游戏出版

2011 年 3 月 25 日，搜狐畅游宣布，该公司获得热门网络小说《斗破苍穹》网游改编权，同名游戏正在紧张研发中。这是搜狐畅游继《天龙八部》、《鹿鼎记》之后，又一次斩获小说网游改编权。同时公布的还有《斗破苍穹》游戏 LOGO 以及主人物形象。《斗破苍穹》是当下最为火热的一部玄幻小说，由起点专栏作家“天蚕土豆”完成。小说从 2009 年 4 月开始连载，此后迅速蹿红，在百度小说风云榜上多月高居首位，累计点击超过 9700 万次（统计结果仅限于起点中文网）。

2011 年 9 月 28 日，盛大文学 CEO 侯小强在微博张贴了一张图表，给出了目前盛大文学已售出授权的文学作品名单，在这份名单中，明确售出游戏类改编权的文学作品有 11 部。其中，网页游戏有唐家三少《天珠变》、梦如神机《阳神》、瑞根《江山美人志》、皇浦奇《大周皇族》、幻雨《百炼成仙》、苍天白鹤《战天》、逆苍天《杀神》；桌游有我吃西红柿《星辰变》；客户端有耳根《仙逆》；全游戏授权有梦入神机《佛本是道》。

2011 年 10 月 9 日，CNTV 宣布由玄幻小说《凡人修仙传》改编的网页游戏《凡人修仙传之魔道六宗》正式推出。这是 CNTV 推出的第一款即时 ARPG 网页游戏，也是 CNTV 继宣布推出中华镖文化网页游戏《隋唐名将》之后的又一款代理新品。据悉，此次合作签约金数额高达千万元。

3．网络杂志出版

明星网络杂志凋零。杨澜 2005 年创办的电子杂志《澜 LAN》、《天下女人 HerVilage》，陈鲁豫的电子杂志《豫约》，赵薇的《天使旅行箱》，高圆圆的《圆来是你》，秦岚的《岚岚细语》，李湘的《相信》相继停刊。坚持最久的徐静蕾的《开啦》于 2011 年 12 月被关掉。作为明星电子杂志最后的坚守者，《开啦》的倒下，也意味着一股风潮的尘埃落定。在既不赚钱、也不吸引眼球之后，这些电子杂志已成“鸡肋”。有业内人士评论，“其实停刊对明星而言应该不是痛惜，而是如释重负。”

其他的网络杂志也在 2011 年坠入谷底，与传统杂志相似，电子杂志的盈利模式不外乎是发行收费和广告赚钱。前者对于习惯了免费互联网的中国市场来说，显然毫无优势可言；而后者由于用户量的局限，广告客户在电子杂志上的投放量，自然不会多到哪里去。久而久之，在两者的恶性循环下，产业发展逐渐陷入谷底。

4．网络报纸

2011 年 1 月 12 日，“蜘蛛网书报亭”上线，其中有 500 家报刊的网络版。蜘蛛网原来是做纸质报刊发行的，成立于 2005 年；2010 年 6 月，蜘蛛网数字报刊的营销平台系统研发成功；2010 年 7 月起在广东移动投入试商用，取得了较好的成效。据介绍，蜘蛛网的数字报刊营销平台由三大系统组成：一是内容提交系统，主要提供给报刊社、出版社自主提交数字报刊内容，该系统提供了简易的操作界面、编辑和审核管理、远程传送等功能；二是营运管理系统，主要提供给蜘蛛网和合作刊社进行会员管理、支付管理和报表管理，通过该系统，任何合作方可以及时了解数字内容的订阅情况，使合作各方感到公开、透明、可信任；三是客户端系统，蜘蛛网针对当前主要的移动终端，包括手机、iPad、Pad、电子书、计算机等分别开发了阅读软件，覆盖了当前主要的移动终端。

2011 年，报纸电子版被移植于 iPad 等阅读器供读者免费阅读是否侵权也是一大热点。2011 年 4 月 25 日，海淀法院在中关村知识产权促进局审理了一起事关 iPad 应用版权的国内首案。2010 年 8 月，原告北京某报发现 iPad 平板电脑上运行的“中文报刊”软件上刊载了该报内容，且每日实时更新。而该软件由迈思奇公司开发，且专门在 iPad 平板电脑上使用。因此，原告认为迈思奇公司未经权利人许可，擅自使用该报刊载之作品，侵犯了其享有的信息网络传播权、获取报酬权等著作合法权益。专家建议，为避免网络侵权愈演愈烈，使用者与著作权人应加强有效的合作机制，这样不仅能节约诉讼资源，也可节省当事人大量的人力、物力和财力。同时，应针对网络知识产权保护新问题加强立法，不断完善知识产权保护体系。

5. 手机出版

2011 年，伴随着产业链的进一步成熟，全球范围内以电子书、平板电脑、智能手机为代表的三大移动数字阅读终端销量出现大幅度增长。在渠道方面，三大电信运营商旗下数字阅读业务正凭借其优势的资源渠道、便捷的收费方式、比较完整的利益分配模式，在中国数字出版领域逐渐崭露头角并大有“管道为王”之势。根据 2011 年 7 月中国新闻出版研究院发布的《2010—2011 年中国数字出版年度报告》显示，2010 年中国数字出版产业总收入达到 1051 亿元，其中，手机出版收入达 349 亿元，占整个数字出版的 33.26%。

据易观智库发布数据显示，2011 年第二季度中国手机阅读市场总营收达 11.2 亿元，手机报收入为 6.28 亿元，其他营收为 4.93 亿元，环比增长 11.75%。预计 2013 年手机阅读收入将达到 65 亿元。中国移动阅读基地相关调查数据显示，33%的手机用户、95%的手机上网用户表示愿意用手机阅读，接触过数字阅读的用户 52%愿意接受付费下载阅读。

来自盛大文学无线业务部门的数据显示，盛大文学无线阅读业务在 2011 年，仅来自中国移动手机阅读基地的访问用户数就达 6800 万，同时为中国移动阅读基地贡献了 60%的畅销书。无线业务在 2011 年度为盛大文学贡献了 1.74 亿元收入，同比增长 188.2%。

26.3.3　收入细分

原创文学网站经过 10 多年的磨砺，伴随收费阅读、版权衍生销售、无线下载、合作出版和网络广告等赢利模式的日渐清晰，其背后蕴藏的巨大商业价值也初现端倪。几种收入模式中，付费阅读是近年来的营收主流，但伴随着网络文学对下游产业的影响和推动，以及 3G 时代移动通信运营商的涉入，版权经营和无线营收必将成为新的收入增长点。

（中国互联网协会 李增海、胡冰、王朔）

第 27 章　2011 年中国网络科普服务发展情况

- 2011 年，我国共有 631 个科普网站，分布在 30 个省、自治区、直辖市，科普网站数量比 2010 年增长 2.1%。
- 目前我国科普网站用户使用频率每天 1 次的占 5.7%，每周 2～3 次的占 16.6%，每周 1 次的占 12.5%，每月 1 次的占 27.4%，说明科普网站的使用率不高。科普网站用户每次使用 10 分钟以下的占 38.1%，10～20 分钟的占 26.6%，30 分钟以上的占 18%，1 小时以上的占 5.1%，说明科普网站用户使用时间较短。
- 各级政府、教育科研机构建设的科普网站快速发展。2011 年由各级政府建设的科普网站达到 62 个，比 2010 年增加 9 个，占全国科普网站总数的 9.8%，呈快速增长趋势。

27.1　网络科普发展现状

2011 年全国各类科普网站学习、贯彻六中全会通过的《中共中央关于深化文化体制改革推动社会主义文化大发展大繁荣若干重大问题的决定》，深入探讨网络科普如何在社会主义文化大发展大繁荣、发展健康向上的网络文化、文明办网、文明上网中发挥作用。按照大联合、大协作的工作思路，贯彻实施《全民科学素质行动计划纲要》，通过多样化的网络科普服务，促进网络科普资源共享，提高公众的科学素质。围绕天宫一号发射、北斗全球卫星导航系统等国家重大科技事件和核污染、食品安全等社会热点问题进行网络宣传，发挥科普知识传播的宣传主力军的作用。科普网站规模不断扩大，多媒体、手机、微博等应用明显加快，互动水平、服务质量明显提高，为发展健康向上的网络文化、文明办网，提高公民科学素质作出贡献。

在 2011 年 6 月举行的 2011 年世界信息峰会大奖赛中，中国古代科技文明网站获得“电子学习与教育”类大奖，北京中医药数字博物馆网站获得“电子健康与环境”类大奖。这是国际社会对中国在普及科学技术、缩小信息差距和数字鸿沟方面取得成就和所作贡献的充分肯定，为中国互联网界赢得了荣誉，向世界展示了中国网络科普取得的成绩。

27.1.1　科普网站发展现状

截至 2011 年 12 月底，我国共有 631 个科普网站，分布在 30 个省、自治区、直辖市，科普网站数量比 2010 年增长 2.1%，如图 27.1 所示。其中，46%的科普网站分布在北京，35%

的科普网站分布在沿海地区，19%的科普网站分布在中西部地区，如图 27.2 所示。与 2010 年相比，北京地区科普网站减少了 1.77%，沿海地区科普网站增加了 2.34%，中西部地区科普网站减少了 0.57%。河北省、江苏省、浙江省、山东省、广东省、云南省等地的科普网站数量有所增加。

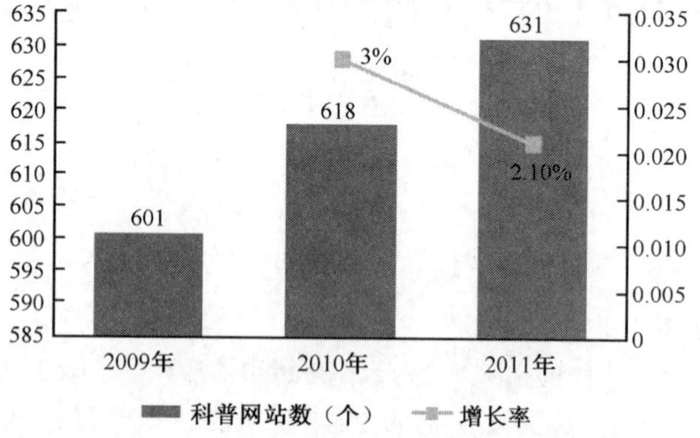

图27.1　2009—2011年科普网站数和增长率

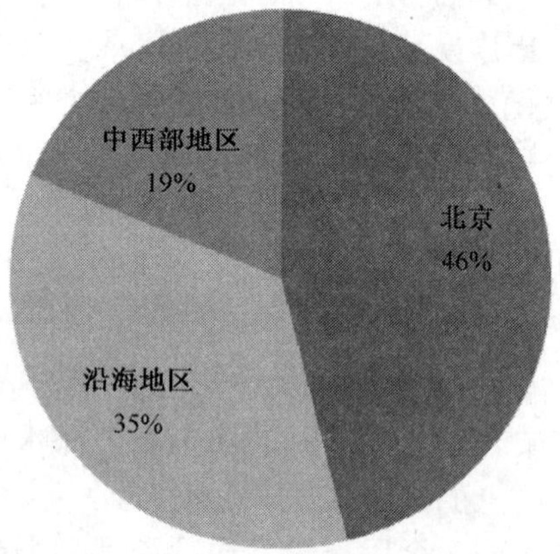

图27.2　科普网站地区分布情况

2011 年科普网站的页面数量达到 4711.2 万个，比 2010 年的 2864.6 万个增加 1846.6 万个，增长约 65%。其中，200 个页面以下的科普网站由 2010 年的 26.31%降低到 10.7%；超过 10 000 个页面的科普网站占到总数的 25.9%，比 2010 年的 17.8%增长了 8.1%，说明科普网站的总体规模有了较大发展。

科普网站的音频、视频数量达到 176 483 个，比 2010 年增加 59 649 个，增长 51.05%，音频、视频已经成为科普网站传播科普知识的重要途径之一。但是 56.85%的科普网站音视频数量在 10 个以下，音视频数量在 50 个以上的科普网站只占 17.2%，科普网站音频、视频数量和质量需要进一步提高。

科普网站的动漫数量达到 60 275 个，比 2010 年的 48 615 个增加了 11 660 个，增长约 24%。但是 67.68%的科普网站动漫数量在 10 个以下。

2011 年科普网站的图片数量达到 976.2 万张，比 2010 年的 1012.4 万张减少了 36.2 万张。虽然大部分科普网站都有一定数量的图片，但是图片数量不足 300 张的科普网站占 50.76%，有特色的科普图片不多，科普图库建设有待进一步发展。

76.8%的科普网站访问成功率达到 100%，但仍有 7.19%的科普网站访问成功率在 50%以下，在一定程度上对用户体验和科普网站形象产生了影响。

27.1.2　科普网站用户分析

根据北京市科学技术情报研究所、北京数字一百市场咨询有限公司进行的科普网站用户行为调查，我国科普网站用户特点主要表现在以下方面。

1．网龄结构

科普网站用户中，网龄在 8 年以上的用户占 45.9%，网龄在 6～8 年的用户占 23.0%，网龄在 4～6 年的用户占 19.4%，网龄在 2～4 年的用户占 8.9%，网龄在 1～2 年的用户占 2.3%，网龄不到一年的用户仅占 0.5%，如图 27.3 所示。

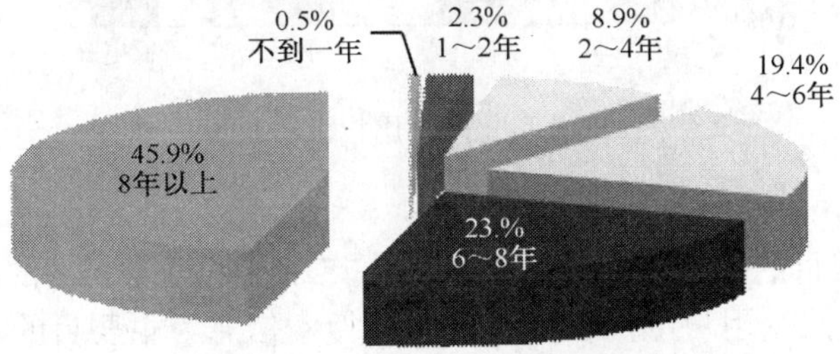

图27.3　科普网站用户网龄结构

2．上网时间

科普网站用户每天上网时间大于 5 小时的占 43.7%，3～5 小时的占 43.5%，1～3 小时的为 12.7%，小于 1 小时的占 0.1%，如图 27.4 所示，这说明 87.2%的科普网站用户每天上网时间在 3 小时以上。

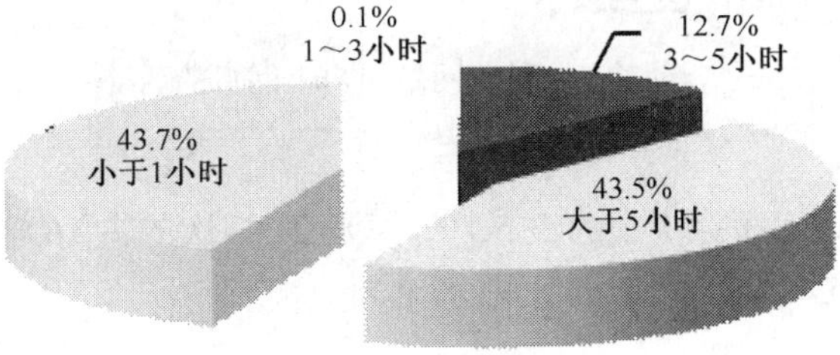

图27.4　科普网站用户上网时长

3．上网地点

科普网站用户上网地点在家里的占 61.7%，在单位的占 38.4%，在学校的占 17.6%，在网吧的占 5.5%，在公共场所的占 4.2%，如图 27.5 所示。

4．上网设备

科普网站用户使用台式计算机上网的占 71.4%，使用手提电脑的占 60.5%，使用手机上网的占 41.1%，使用平板电脑的占 9.9%，如图 27.6 所示。由此可见，使用手机、平板电脑的用户迅速增加，达到 50%。

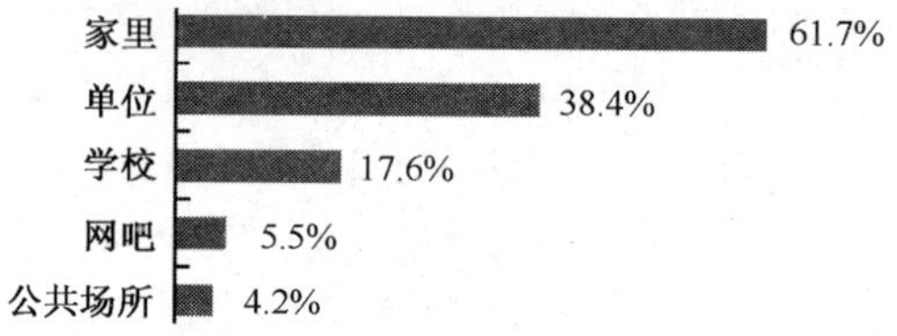

图27.5　科普网站用户上网地点

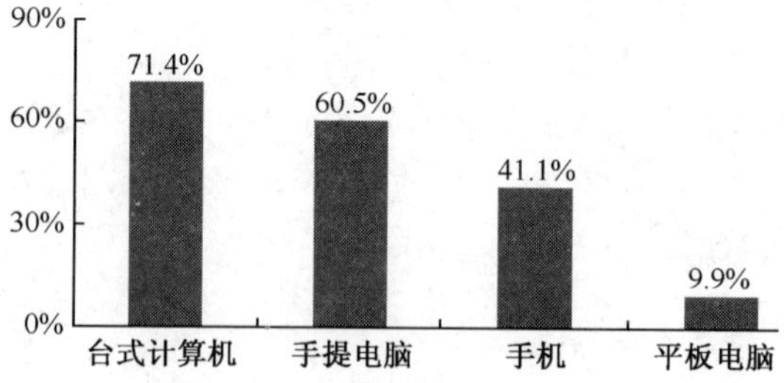

图27.6　科普网站用户上网设备

5．上网目的

科普网站用户上网目的是收发邮件、聊天的占 52.6%，浏览新闻的占 48.1%，搜索信息的占 46.3%，说明科普网站用户上网以浏览新闻、搜索信息为主要目的，如图 27.7 所示。

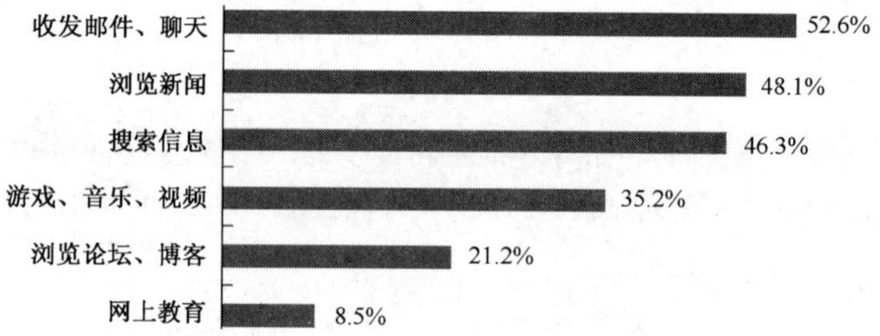

图27.7　科普网站用户上网目的

6．使用频率

科普网站用户使用频率每天 1 次的占 5.7%，每周 2～3 次的占 16.6%，每周 1 次的占 12.5%，每月 1 次的占 27.4%，说明科普网站的使用率不高。

7．使用时长

科普网站用户每次使用 10 分钟以下的占 38.1%，10～20 分钟的占 26.6%，30 分钟以上的占 18%，1 小时以上的占 5.1%，说明科普网站用户使用时间较短。

8．用户认知度

科普网站用户认知度调查显示，CCTV 人文探索为 63.7%，新浪科技频道为 58.0%，网易科技频道为 41.0%，中国科普博览为 22.8%，中国公众科技网为 20.3%，说明门户类网站科普频道用户认知度较高。

9．浏览内容

在科普网站用户浏览内容中，健康占 58.0%，生活占 52.5%，计算机科学占 34.4%，心理占 32.5%，医药占 28.9%，军事占 26.8%，天文占 22.5%，生物占 21.1%，地质地理占 20.2%，航空占 19.0%，如图 27.8 所示，说明科普网站用户浏览内容集中在与生活密切相关的内容，农业科技、数学、化工等内容浏览的比例较小。

10．关注因素

在科普网站用户关注因素中，实用性占 55.5%，通俗易懂、容易理解占 54.4%，丰富性占 44.3%，专业性占 43.4%，更新速度占 23.1%，访问速度占 20.8%，界面是否友好占 9.1%，功能模块设置占 6.6%，如图 27.9 所示。

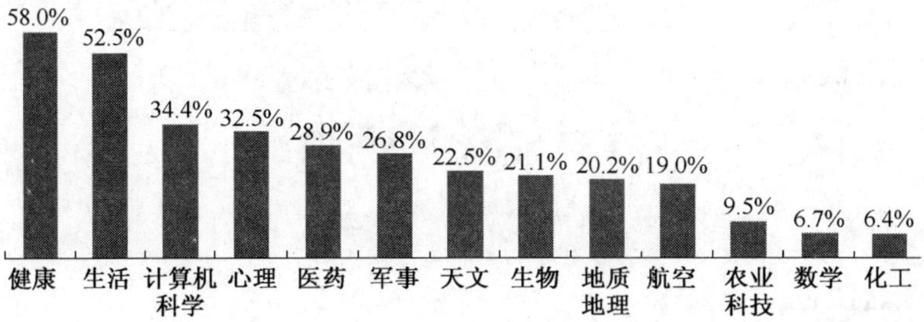

图27.8　科普网站用户浏览内容

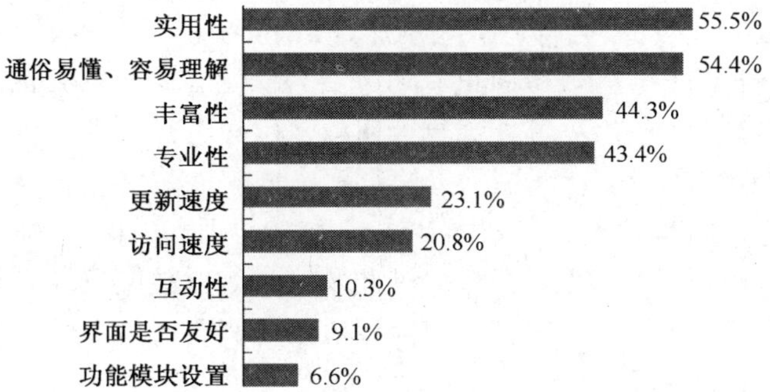

图27.9　科普网站用户关注因素

11．感兴趣的表现方式

科普网站用户感兴趣的表现形式中，图片、漫画占 59.1%，音视频、Flash 动画占 56.2%，文本占 40.3%，论坛问答占 39.5%，虚拟现实技术占 33.7%，互动游戏占 24.6%，如图 27.10 所示。

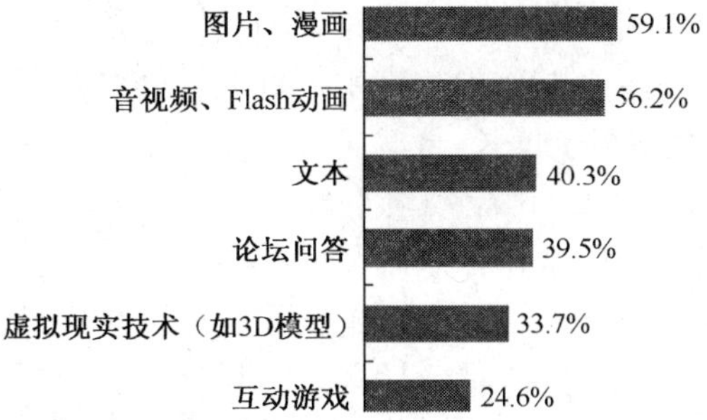

图27.10　科普网站用户感兴趣的表现形式

12．登录方式

科普网站用户登录方式中，搜索引擎——输入网站中文名，通过搜索结果进入占 43.8%，搜索引擎——输入科普内容进行搜索占 41.6%，收藏夹中收藏的科普网站占 36.6%，直接在浏览器地址栏输入网站名称占 27.3%，从其他网站推荐链接进入占 18.9%，说明科普网站用户登录主要通过搜索引擎的方式，如图 27.11 所示。

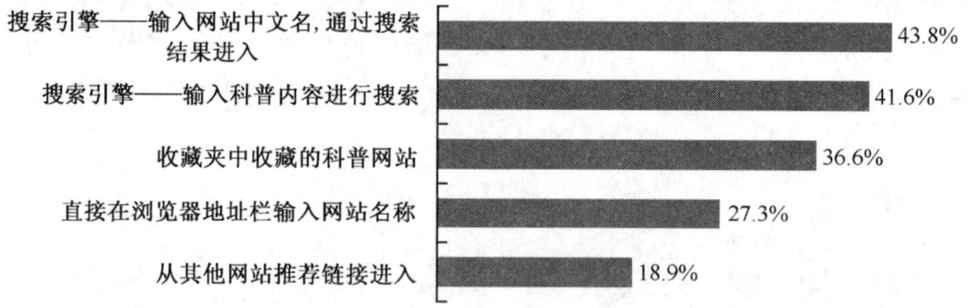

图27.11　科普网站用户感兴趣的表现形式

27.1.3　科普网站的主要特点

1．各级政府、教育科研机构建设的科普网站快速发展

2011 年由各级政府建设的科普网站达到 62 个，比 2010 年增加 9 个，占全国科普网站总数的 9.8%，呈快速增长趋势。各级政府机构通过科普网站宣传科学知识，及时回答公众关心的环境、地震、食品安全、核污染等社会热点问题，引导公众理性、科学地认识这些问题，在互联网上发挥舆论引导作用。

2011 年由教育科研机构建设的科普网站达到 45 个，比 2010 年增加 31 个，占全国科普网站总数的 7.1%，呈快速增长趋势。一些科研机构、高等学校陆续建设科普网站，将本领域最新科研成果、科技信息在网上发布。这些内容原创比例高，科学性、权威性较高，受到广大科技工作者、大学生的欢迎。

2．新闻和商业门户网站的科技频道明显增加

2011 年由新闻和商业门户网站建设的科技频道达到 36 个，比 2010 年增加 13 个，占全国科普网站总数的 5.7%，扭转了 2010 年科技频道下降的趋势。2011 年党和政府加强了科技新闻的宣传工作，全国主要新闻和商业门户网站充实了科技频道力量，提高科技新闻采集挖掘能力，运用多种形式解构科学原理、再现科学过程。及时跟踪报道天宫一号发射、北斗全球卫星导航系统等国家重大科技事件和核污染、食品安全等社会热点问题，提高了科学知识的传播能力，发挥科普宣传主力军作用，产生很好的社会影响。

3．企业建设的科普网站稳步增长

2011 年由企业建设的科普网站数量达到 41 个，占全国科普网站总数的 6.5%，比 2010 年增加 11 个。2011 年随着我国文化体制改革的不断深入，科技出版社、期刊杂志相继转为企业。这些单位为了实现可持续发展，陆续建设了科普网站，这是 2011 年企业建设的科普网站稳步增长的原因之一。这些出版社、期刊杂志通过网络出版、网上购书、互动交流，搭建与读者交流的平台，实现全媒体发展。这类科普网站原创内容多、交互性好、特色鲜明，受到公众欢迎。

4．科协系统建设的科普网站平稳发展

2011 年由科协系统建设的科普网站（科普栏目）数量达到 338 个，比 2010 年减少 5 个，

占全国科普网站总数的 53.6%。其中，各级科协网站 170 个，占 27%；全国学会网站 168 个，占 26.6%。市、县科协科普网站、全国学会网站的科普栏目有所减少。科协系统建设的科普网站在向社会传播科学知识、提供科技信息服务中占据主导地位，在提高公众科学素质方面发挥了重要作用。

5．科普形式更加丰富

2011 年全国科普网站规模不断扩大，页面数量比 2010 年增长 65%，音频、视频数量比 2010 年增长 51.05%，动漫数量比 2010 年增长 24%，多媒体已经成为科普网站传播科普知识的重要形式。73.1%的科普网站有服务功能，60%的科普网站有搜索功能，互动水平、服务质量明显提高。76.8%的科普网站访问成功率达到 100%。微博、科普影院、虚拟博物馆、手机上网等形式在大型科普网站以及新闻和商业门户网站的科技频道中普遍使用，科普内容呈现形式多样化。

27.1.4 科普网站存在的问题

1．网络科普信息原创内容缺乏，整体质量不高

我国科普网站存在原创内容较少、重复使用、缺乏特色的问题。一些地方科协、全国学会科普网站，除工作动态、科普活动信息外，大部分内容都是转载其他网站、期刊、图书，而且内容雷同，原创内容很少。造成这一问题的原因是网络科普创作者十分匮乏，没有形成高水平的科普创作队伍。

2．网络科普信息知识产权保护意识有待提高

目前我国网络科普信息的知识产权保护问题日益突出，转载其他网站信息不注明出处等现象十分普遍。存在公益性科普网站可以随意转载别人的作品而不会受到追究的错误观念。今后要加强网络科普信息资源的知识产权保护，在强调网络科普信息公益性的同时，处理好信息内容公益性与知识产权保护的关系，要通过合法途径事先获取作品的信息网络传播权，不能以公益性质为由免除自己的侵权责任，为网络科普设施健康发展创造公平的社会环境。

3．科普网站使用率低、时间短

目前我国科普网站用户使用频率每天 1 次的占 5.7%，每周 2～3 次的占 16.6%，每周 1 次的占 12.5%，每月 1 次的占 27.4%，说明科普网站的使用率不高。科普网站用户每次使用 10 分钟以下的占 38.1%，10～20 分钟的占 26.6%，30 分钟以上的占 18%，1 小时以上的占 5.1%，说明科普网站用户使用时间较短。

4．科普网站对用户吸引力不足

目前 37.8%的科普网站用户认为科普网站可读性不强，给受众带来的理解屏障高，网站吸引力差。主要原因是科普网站没有对目标群体细分，定位不明确，内容组织的对象性不强，没有吸引力。我国科普网站用户呈现出年轻化、低学历的特点，但是目前多数科普网站对年轻人的需求变化关注不足，相对应的不同知识结构内容建设较为匮乏，服务针对性较弱。

27.2 多样化的网络科普信息服务

1．全国农民科学素质网络竞赛

为了贯彻落实《全民科学素质行动计划纲要实施方案（2011—2015）》，提高农民运用互联网获取农业生产、科学生活、低碳环保等方面的知识和技术，引导广大农民建立科学文明健康的生产和生活方式，中国科协科普部、农业部科教司于 2011 年 8～10 月联合开展了“全国农民科学素质网络竞赛”。竞赛内容包括种植、畜牧养殖、水产养殖、公共题等。全国 31 个省、自治区、直辖市的 185 万农民参加竞赛活动，竞赛网站访问量达 557 万人次。本次竞赛增强了广大农民利用互联网的意识和能力，培养了农民群众崇尚科技和文化的风尚，受到广大农民的积极响应和广泛参与。

2. 2011 全国青少年科普知识大赛

为充分利用互联网广泛开展科普宣传活动，引导广大青少年积极参与科技周系列活动，学习科技知识，提高创新意识，树立科学发展观，为建设创新型国家作贡献，中国青少年宫协会和中国青少年广播网在 2011 年 5 月全国科技活动周期间，联合举办了 2011 全国青少年科普知识大赛。大赛主题是“节约能源资源、保护生态环境、保障安全健康、促进创新创造”，内容包括低碳生活、防灾减灾、环境保护、公共安全、心理健康等科普知识，倡导建立资源节约型、环境友好型社会，促进人与自然和谐相处。全国 30 个省、自治区、直辖市的团委、少工委、青少年宫，中国互联网协会网络科普联盟、全国高校广播网联盟等 300 多家相关机构积极响应，130 万青少年参加大赛活动，受到广大青少年热烈欢迎。中国共青团网、人民网、新华网、央视网、新浪网、互动百科、凤凰网等网站发布或转载大赛新闻千余篇，百度搜索相关大赛信息约 23 万条，社会各界反响强烈。

3. 2011 知识中国盛典活动

为了贯彻、实施党的十七届六中全会通过的《中共中央关于深化文化体制改革、推动社会主义文化大发展大繁荣若干重大问题的决定》，通过优质的科学文化知识引导网民文明上网，倡导“尊重知识、尊重人才”的社会氛围，推动健康向上的网络文化，在中国互联网协会网络科普联盟及中国互联网违法和不良信息举报中心的支持下，互动百科网于 2011 年 10～12 月开展了“2011 知识中国盛典活动”。

经 10 万多网友推荐和专家评审，活动推选 10 个知识中国 2011 年度人物，以表彰对知识传承和科学传播作出卓越贡献的个人，提升社会各界对“科学知识复兴引领社会进步”的认识，推进科学知识跨文化传播与交流。新浪、腾讯微博进行了持续两个半月的宣传，超过千万微博网友积极参与讨论，73 家媒体发布 351 篇相关报道，对弘扬科学知识起到了很好的促进作用，为社会主义文化大发展大繁荣作出了贡献。

4. 寻梦“天宫”——全国青少年载人航天科技知识竞赛

为激发全国青少年对航天科技知识的兴趣，全面提高社会公众，特别是青少年航天科学素质，2011 年 9 月，中国网、新浪网、腾讯网、互动百科网等网站开展了寻梦“天宫”——全国青少年载人航天科技知识竞赛，此活动是全国青少年载人航天科普系列活动的一项重要内容。通过制作活动专题，发动广大青少年参加网上竞赛答题。活动期间，竞赛专题访问量为 202.939 万人次，参加答题的为 51.0283 万人次。

5. 全国农村信息技术科普培训

为进一步贯彻落实《全民科学素质行动计划纲要》，实施农民科学素质行动，提高广大农民运用互联网等现代信息技术获取农业科技信息、农村科学生活的能力，2011 年 3～7 月，中国互联网协会网络科普联盟和中国农村专业技术协会联合开展“全国农村信息技术科普培训”。组织专业技术人员在全国 14 个省、33 个地市举办培训班，当地农民致富带头人、农技协领办人、科普惠农获奖单位技术骨干等近 2400 人参加了培训。为提高培训效果，主办单位为每位培训学员编印了《“三农”网络科普知识及应用》培训教材，制作了课件放在网上，以便参加培训的农民在互联网上下载使用。向所有参加培训的学员颁发《中国农村致富技术函授大学学业证书》。培训工作提高了基层农技人员的互联网利用水平，深受广大农民的欢迎。

6．第二届全国科学博客大赛

为了搭建在线学术交流平台，利用互联网开展高水平的学术交流活动，充分体现网络新媒体跨时空、多媒体、交互性、高效性等优势，集成网络学术资源，丰富学术交流形式，促进学术交流的创新发展，打造在线学术交流品牌，逐渐推出一批在国内外有较高知名度和影响力的科学博客，2011 年 6～9 月中国科协开展了“第二届全国科学博客大赛”。主题为感悟、探索、创新，优秀博客包括科学探索、教育求学、工程实践、学术文献、观点评论、学术生态 6 类，优秀博文包括论文交流、科研笔记、观点评述、教学心得、人物纪事、海外观察、图片百科、科技民生 8 类。中国网、新浪、搜狐、腾讯、互动百科、科学松鼠会等 83 个网站对本次活动进行了宣传报道，报名参赛博客为 1271 个，参赛博文为 1574 篇，活动首页访问量为 125 042 人次，投票页面访问量为 58 163 人次。

7．2011 互联网科普论坛

为了研讨新形势下互联网科普的责任、活力和发展趋势，2011 年 8 月 23～24 日举办了“2011 互联网科普论坛”，主题是中国互联网科普的责任与活力。中国互联网协会、中国科协科普部、中国互联网协会网络科普联盟有关领导，网络科普专家，来自北京、天津、河北、江苏、甘肃等省、市的网络科普工作者共 90 人参加了论坛。期间，与会专家围绕中国互联网科普的社会责任、网络科普资源建设、网络科普互动平台、科普社会性网络服务、新媒体技术与科普网站建设、移动科普等问题作了专题报告，并与参加论坛的代表进行了互动交流。

27.3　典型案例

1．北京中医药数字博物馆

北京中医药数字博物馆于 2005 年 7 月开通，由北京市中医管理局和北京市科协共同主办，北京市中医药对外交流与技术合作中心承办。北京中医药数字博物馆的建设主旨是“健康和谐，科学中医”，力争以科学的态度诠释中医，以服务百姓健康、改善民生环境为切入点，体现中医药科学的和谐哲学思想。经过 6 年多的努力，北京中医药数字博物馆已经成为了解、认识中医药的发展历程，探寻中医药发展脉络和规律，展示中医药最新研究成果的平台。

北京中医药数字博物馆是一个面向公众的科普网站，包括中英文两个版本。开设了中医、中药、针灸、保健、气功、推拿、宫廷医学、中医文化与历史、中医医疗美容、中医药教育、中医药科技和中医药国际交流等栏目。

北京中医药数字博物馆以“展馆—展区（厅）—展项”的设计原则，力求让中医药科学在“数字”和“馆”的有机统一下得到系统的展示。既保留了实体展馆的一般特征，又通过动漫、虚拟场景、空间效果展示等多种数字手段将枯燥的文字内容以形象生动的手段展示给观众，让观众以通俗易懂的方式领会中医文化和科学的博大精深。

经过多年的建设，北京中医药数字博物馆以中医药典藏资料库形式收录了名医资料、中医药文化资料、器物资料、标本资料、民间资源资料等内容，以展馆展品形式建设了总馆、医疗馆、名医馆、宫廷医学馆、中药馆、针灸馆、养生保健馆、教育馆、科技馆、国际交流馆及科普专题神农百草园等十多个专题馆，以互动传播形式建设了收藏沙龙、保健咨询、新闻动态、专家在线、名家访谈、视频点播、寻医问药等栏目。

通过“中药馆”，对中医基本理论、中药的成分、中药的特点等进行了较为科学的分析和讨论，将中医药发展全过程一一呈现。“名医馆”对国宝级的中医人才，从其著作、经验、逸闻趣事、临床实践、中医药心得等方面进行介绍，让中医药数字博物馆更加人性化和真实。“养生保健馆”以专业的水准、无功利的定位，辅之以新媒体手段，为公众正确地学习中医养生、体会中医养生的优势和特点提供了非常好的资讯。

2．2011 知识中国盛典活动

互动百科网于 2011 年 10～12 月开展了“2011 知识中国盛典活动”。经 10 万多网友推荐和专家评审，活动推选 10 个知识中国 2011 年度人物，以表彰对知识传承和科学传播作出卓越贡献的个人，提升社会各界对“科学知识引领社会进步”的认识，推进科学知识跨文化传播与交流。知识中国 2011 年度人物分别是探险家杨勇、中国人民大学法学院副教授王春燕、著名漫画家中国科普研究所缪印堂、《中国国家地理》杂志社社长李栓科、原中国麻风病防治研究中心防治部主任杨理合（已故）、中国公安大学教授王大伟、博客网创始人方兴东、原古陶文明博物馆馆长路东之（已故）、西宁市湟中县汉东乡下麻尔村小学教师马复兴、草根网民冯济相。

2011 知识中国盛典活动充分发挥了网络媒体优势进行宣传，取得了良好的社会影响和宣传效果。新浪、腾讯微博进行了持续两个半月的宣传，超过千万微博网友积极参与讨论，73 家媒体发布了 351 篇相关报道，对弘扬科学知识起到了很好的促进作用，为社会主义文化大发展大繁荣作出了贡献。

3．全国农民科学素质网络竞赛

为贯彻、落实《全民科学素质行动计划纲要实施方案（2011—2015）》，提高农民运用互联网获取农业生产、科学生活、低碳环保等方面的知识和技术，引导广大农民建立科学文明健康的生产和生活方式，中国科协科普部、农业部科教司于 2011 年 8 月 1 日至 10 月 31 日开展“全国农民科学素质网络竞赛”活动。竞赛内容包括种植业、畜牧养殖业、水产养殖业、公共题，总题量达到 2688 道。全国 30 个省、自治区、直辖市的 185 万农民参加竞赛，登录竞赛网站答题 557 万人次，有 36 万人获得满分。

全国科协、农业系统的各级组织积极开展活动的组织、宣传、培训等工作，采用多种方式发动农民参与竞赛活动。农民进入大赛网站后随机抽取题目，答题结束后即可获知所取得的成绩和正确答案，同时还可在讨论区发表意见。

竞赛进一步增强了农民运用互联网获取科学知识和技能的能力，推进了互联网技术在提高农民科学素质工作中的应用，搭建了全社会共同参与提高农民科学素质工作的平台，得到了广大农民的积极响应和广泛参与，推动了农村地区科技和文化的发展。

（中国互联网协会网络科普联盟　闫伟、吴晨生、董晓晴）

第 28 章　2011 年其他行业网络信息服务发展情况

- 2011 年，国内约有 1900 余家专业提供房地产信息的站点，每日访问此类站点的访客数量约为 1300 万。此外，国内尚有多家门户站点、同城信息相关类站点同时提供房地产信息类服务，上述站点访客约占所有房地产类站点访客数量的 30%。
- IT 产品信息服务类站点数量达到 1480 余家，预计此类站点将随着 IT 产品数量的增多、垂直分化而得到进一步发展。
- 国内汽车网站规模稳步增长，站点数由 2011 年 1 月的 7.82 万家增长到 2011 年 12 月的 9.2 万家，增长率为 17.61%。
- 体育信息服务网站的行业规模明显增长，2011 年 12 月全国体育信息服务网站数量达到 3.25 万家，比 2011 年 1 月增加了 14.2%。
- 婚恋交友类网站的行业总体规模有了明显增长，2011 年底全国有婚恋交友类网站 13.96 万家，比年初增加了 12.7%。
- 我国有母婴信息类网站 824 家，相比 2010 年的 644 家增长了 27.95%。

28.1　房地产信息服务发展情况

因为房地产市场一些政策的调整、变化，相对往年而言，2011 年，大城市居民对于住房的关注乃至购买有所下降，房屋情况的查询、相关政策的咨询等以往并不作为主流内容而被提供的信息服务走上了房地产信息服务网站的前台，而多年来作为房地产信息最主要服务的新楼盘房屋价格、交易等信息展现类内容的地位略有下降。

就服务形式而言，虽然主流房地产信息站点均推出了移动版站点或类似形式的服务软件，但其中的绝大多数仅为网站的翻版，并没有实质商业模式或移动特性服务跟进。

28.1.1　网站发展情况

结合房地产信息类站点在 2011 年呈现的关注资讯、政策的访问需求有所提升这一新增特点，房地产信息类网站作为实体房地产产业的信息化延伸，能够通过互联网平台直接为需求者提供多种服务，在此通过研究用户的访问行为特征，将这些服务归类总结，主要包括以下几种业务：一是为房地产商品买卖双方提供的交易平台，2011 年，约有 32%的站点具备此类内容，而每日访问此类站点的访客数量约占房地产信息服务类站点总体访客数量的 19%，二、三线城市的这类站点发展形势非常喜人；二是为房屋所有者与房屋需求者搭建信息交换的平台，约有 13%的站点具备此类内容，每日访问此类站点的访客数量约占房地产信息服务类站点总体访客数量的 64%；三是房地产资讯服务网站，这类网站的重要性相对往年有所提升，约半数以上的涉房地产类站点具有提供地产资讯的功能；四是房屋中介服务商、开发商为扩展中介业务、明示楼盘信息所建立的网站，这类站点也有相当的数量规模，但访客量不高；五是以家居装潢、社区业主论坛、商铺资讯等业务为主的站点中也不乏房地产信息。

截至 2011 年 12 月底，国内约有 1900 余家专业提供房地产信息的站点，每日访问此类站点的访客数量约为 1300 万。此外，国内尚有多家门户站点、同城信息相关类站点同时提供房地产信息类服务，上述站点访客数量约占所有房地产类站点访客数量的 30%。

2011 年此类网站的另一个发展特点为：服务于二、三线以及特定区域的房地产信息站点数量增长明显。虽然此类站点的访客数量相比服务于大城市的房地产站点而言并不多，但信息在区域内非常集中，其对区域特定需求人群的吸引力很大，甚至可能出现经过简单的线上线下推广即可取得数万访问量的情况，从而能够在短时间内获得一定规模的区域访客市场。而且此种网站往往从零基础开始网站建设，并不需要很高的运维成本。数据显示，2011 年新增的 440 余家房地产网站中，超过 400 家属于此类。

28.1.2　市场与商业模式

2011 年，将房地产开发商作为广告主并向其寻求广告效益是房地产信息类服务网站的主要商业模式，约 95%的房地产信息类站点均使用这一模式。2011 年以前，房地产信息类站点可以进一步通过细分区域搜索、展现楼盘，对开发商的产品进行区域排位来实现商业模式，这种模式能够占据近半的广告市场份额。但是在 2011 年之后，因房地产经纪大环境的变化，房地产网站商业模式呈现向相对固定、简单、直接的广告商业模式靠拢的趋势，在兼具百姓同城生活百科功能，以出租、承租房屋中介信息为主的站点中，这类形式仍保有很高的生命力。

28.2　IT 产品信息服务发展情况

IT 产品信息服务类互联网应用在 2011 年中取得发展。以往多年来，IT 产品信息服务往往仅有硬件资讯类站点以及 IT 硬件生产厂商在内的两种主要网站形式。而从 2009 年中后期开始，随着新兴数码产品市场的平板电脑、电纸书等消费数码产品逐渐普及和深入大众，一类新的 IT 产品信息服务类站点开始在行业领域内崭露头角，即以提供便携或时尚 IT 设备的资源、使用技巧等为主的时尚 IT 产品服务类站点。以往很多年中，这类站点往往被归类为手机服务类站点，而从 2010 年开始这类站点基本脱离了面向手机人群为主的服务群体，发展成自成体系的独立站点类型，赢得广大网民特别是时尚数码设备拥有者的厚爱。

28.2.1　网站发展情况

2011 年，IT 产品信息服务类站点的数量达到 1480 余家（不包含 IT 设备生产厂商所建立的商务企业站点），相比 2010 年的 1270 家有所增长。预计此类站点将在 2012 年随着 IT 产品数量的增多、垂直分化而得到进一步发展。

28.2.2　市场与商业模式

IT 产品信息服务市场目前的形势非常喜人，近年来主要网站形式基本已经定型，而在视频、SNS、微博、网页游戏、团购这类站点逐波掀起热门应用浪潮的时代，IT 产品信息服务类站点开始尝试创新。一些站点结合自身的服务特性，或拓展应用电子市场，或尝试开发与 IT 设备进行交互的技术机制，也有的直接为特定设备开发相关的信息服务应用。个人计算机、智能手机、平板电脑等终端设备的资讯类站点在 2011 年是 IT 产品信息服务中最受关注的部分，而各类硬件及数码周边配件、照相与摄像器材、办公耗材等则居于其后。

2011 年，IT 产品信息服务在网站之外取得了巨大的进步，涌现出了大量应用于 IT 产品的软件服务，这类服务可以提供相关产品信息，帮助 IT 产品消费者更好地了解和使用产品的软件或相关服务，而且其开发者不乏来自设备生产厂商之外的商业企业或技术爱好者。截至 2011 年底，国内市场畅销的电子主流消费品如手机、平板电脑、掌上游戏机均可运行这类服务应用。据不完全统计，2011 年约有 350 个此类软件正在被我国的 IT 产品消费者使用。

对于传统 IT 产品信息服务的站点而言，基于互联网页面的广告依然是其最主要的商业模式。这类收入在 2011 年依然占据了此行业营业收入的绝大部分。此外，来自厂商的直接商业赞助在本年度中有所上升。2011 年，此类行业涌现出了新的商业模式，即在设备生产厂商的直接或间接商业补贴下，为 IT 数码设备开发商业 IT 信息服务应用。这类商业模式或许会在未来数年中继续成长。

28.3　汽车信息服务发展情况

2011 年，中国汽车产业继续呈现平稳发展态势。根据中国汽车工业协会统计数据显示，我国全年的汽车产销量均突破了 1800 万辆，创历史新高。汽车行业整体的发展必然会带动相关媒体的进步，在各种推广模式中，当前最为流行的互联网新媒体这一推广渠道吸引了汽车厂商和消费者的广泛关注。随着网民数量的增长，汽车网站所能覆盖到的人群规模也在不断扩大，使汽车网站逐步成为汽车厂商倚重的推广平台。

28.3.1 网站发展情况

2011 年，国内汽车网站规模稳步增长。站点的数量由 1 月的 7.82 万家增长到 12 月的 9.2 万家，增长率为 17.61%，如图 28.1 所示。这一数据为此类站点近年较高的成长水平。

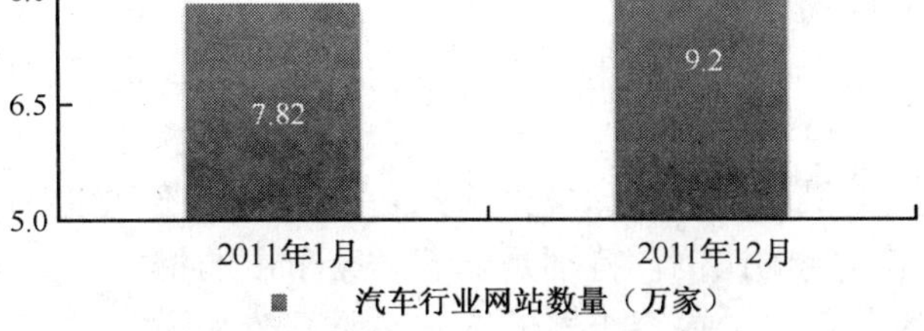

图28.1　2011年汽车行业网站数量

汽车行业网站的整体网站分布构成并未发生大的变化，此行业网站的类型主要分为门户网站汽车频道、汽车类垂直专业站点、车友或旅友论坛、汽车生产或经销厂商站点。汽车是一类专业性很强的商品，汽车类垂直专业网站是这一行业访客的首选访问目标，吸引了行业大部分的用户浏览；另外，受惠于门户类网站强大的流量聚合及导入能力，门户网站旗下的汽车频道也吸引了大量用户的访问，一些经营得力的门户频道的用户规模以及内容质量已经与顶尖的垂直类网站并驾齐驱，成为汽车网站访客首选的网站之一；4S 店网站、汽车配件厂商网站等企业站点是 9 万多家汽车行业网站的最主要组成部分，占据汽车类网站总体数量的 92%，这类网站的特点是受众集中，网站规模较小，流量也比较低。

在汽车网站中，论坛类应用最广泛。截至 2011 年底，汽车类站点中以论坛形式为主的站点有 2.7 万家左右，占整个行业站点数量的 30%。此外，93%的汽车类站点带有论坛应用，是此类站点最常用的应用模块，视频应用紧随其后。

28.3.2 市场分析

2011 年，随着汽车服务和互联网应用的逐步融合深化，基于互联网的汽车信息服务有了更大的发展，无论是信息服务的渠道和形式，还是信息服务的效果，都有了很大改善。

根据《每日经济新闻》、搜狐汽车频道发布的《汽车网络营销生态调查报告》显示，2010 年 55% 的汽车用户选择电视作为最主要的信息服务渠道，2011 年这一比重下降到 40%；而 2011 年，已经有超过 40%的用户将互联网作为主要的了解信息渠道。综合门户网站和垂直类专业网站是用户了解汽车信息的主要渠道。在电子商务方面，汽车这类大宗消费品已经进入网络购物网站的销售名单，并取得成功。例如，2011 年 11 月 11 日，由淘宝组织的半价拍车取得成功，13 辆半价车在瞬间被“秒杀”，同时推出的 3000 余辆特价车也吸引了不少眼光。在线购车也在其他在线零售网站不断出现，表现出这种新型购车模式正在受到关注。团购类网站逐渐转向以服务类产品的经营为主，而汽车保养服务在其中占有不少份额。以北京为例，在 2011 年末，每天都出现超过 100 个关于汽车服务的团购，为消费者提供了大量实惠，也吸引了大量访客。

随着无线互联网基础建设的不断完善以及智能手机的日益普及，使用移动设备在互联网上获取汽车相关资源已经非常普及，包括 iOS、Android、Symbian 等各大无线移动设备平台上有着海量的汽车相关应用，为汽车使用提供了很多的便利，其中最受欢迎的是基于地理位置应用的导航类软件，在 iOS 和 Android 平台上都有超过 100 种相关应用。这类软件除下载、注册安装必须通过互联网进行之外，更新地图与获取实时信息时大部分也需要保持移动互联网的网络连接。据 CNZZ 汽车行业合作伙伴提供的调查问卷显示，城市约 18.2%的私家车驾驶者使用这类必须进行移动互联网连接的设备进行在线导航。在实际应用中，这类软件确实给驾驶者提供了巨大的便利。

除此之外，移动设备上的一些应用如实时路况、异地租车向导、巴士交通信息、赛车游戏和模拟驾驶考试等应用也很受欢迎。

用户最关注网站中提供的价格、品牌，除此之外，用户还关注获得驾照的问题。驾校网站在汽车网站中也存在一定的比例，特别是随着私家车主的增多，驾校之间吸引学习者的竞争在不断加剧，一个制作优良、内容丰富的网站对于驾校来说非常具有价值，学习者也愿意通过网络来比较各个驾校，并提前做好学习驾驶的各种准备。

经历了互联网快速发展的 10 年，汽车类网站以持续不断的魅力影响着我国的互联网，可以相信，在网络时代成长起来的年轻人已经逐步具有了购买汽车的需求和能力，必将成为购车族的主力，汽车网站正是这部分人在购车初期对汽车进行筛选和分享驾车感受最重要的媒体工具，这使得汽车网站逐步成为汽车厂商最为倚重的推广平台。

28.3.3　商业模式

与大多数网站类似，汽车类网站的主要收入是汽车及相关产品的广告，特别是汽车企业雄厚的财力，使得其一直是互联网企业最大的广告主之一。2011 年汽车企业在互联网的广告投入超过 40 亿美元，其中投入在汽车类网站上的数额超过 35%。CNZZ 统计表明，汽车广告主平均每月在互联网上投放 30000 条以上的各类广告，并且随着汽车销量的猛增，这一数字还有略微上涨的趋势。

汽车类广告以门户网站、垂直行业网站与搜索引擎为首选目标，特别是门户网站。搜索引擎与汽车垂直行业站点紧随其后，这两类网站更具有针对性，特别是汽车垂直行业网站，针对性的广告投放能够获得较高的转化率。

包括社区网站、其他垂直专业网站和视频网站等在内的能够产生巨大流量的网站也受到汽车广告主的很大关注。国外研究经验表明，在这些类型的网站特别是社区网站投放广告具有更大的商业回报潜力，国内汽车厂商还应对 SNS 等社区互动网站的广告投放策略进行规划。

如前所述，汽车在互联网上销售的形式已经引起人们关注，尽管当前在线销售汽车的途径还在不断的摸索中，这种行为本身也只是电子商务网站和汽车企业的联合推广炒作，但互联网已经深入到人们日常生活的各个角落，汽车在线销售未尝不会以更合理、更方便的方式存在下去。

当前部分专门提供汽车服务的团购网站已经形成了较为稳定的收入模式，这部分网站在未来会持续存在，并且会因为实时地图、LBS 等服务的不断完善而产生更多的创新赢利点。直接通过网站来取得收入的汽车类网站还包括驾校类网站，随着学习驾驶者数量猛增，这类网站还有很大的赢利发展空间。

28.4　体育信息服务发展情况

随着互联网的飞速发展，体育信息也在互联网上广泛传播。体育信息服务网站的优势包括高信息容量、方便的浏览方式以及充分的互动交流等，这些帮助体育网站成为体育迷们最关注的媒体之一。

2011 年，国务院正式印发了《全民健身计划（2011—2015）》，国家体育总局也颁布了《体育事业发展“十二五”规划》，在这些文件纲要中都提出了要重视信息化、网络化在体育事业建设中的作用，这对于 2011 年体育网站的发展也产生了重要的推动作用。

28.4.1　网站发展情况

体育网站是为网民提供综合或单项体育运动的新闻、资讯、赛事直播和分析等内容的站点。其主要由大型门户网站的综合性体育版块、综合性体育类站点、单项体育站点以及体育论坛等类型站点组成，其中后三类网站的主要经营内容就是体育信息。在体育网站前期发展过程中，网民主要访问门户网站的体育版块以及综合型体育网站。近年来，提供专业性的体育报道和评论分析的垂直型单项体育网站越来越受到青睐，但大型门户网站以及体育专业媒体网站的巨大流量依然不可忽视，同时门户网站与垂直型体育网站的融合也在不断进行中。

2011 年，体育信息服务网站的行业总体规模有了明显的增长。根据 CNZZ 统计数据显示，到 2011 年 12 月底，全国体育信息服务网站的数量达到 3.25 万家，比 2011 年 1 月增加了 14.2%，如图 28.2 所示。

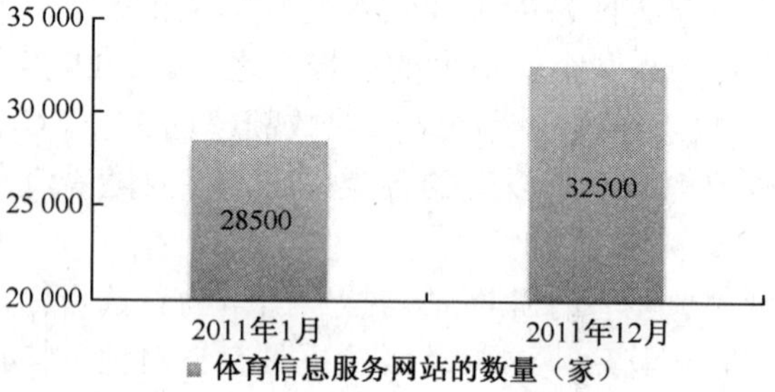

图28.2　2011年体育信息服务网站数量

在以经营体育类信息内容为主的体育类网站中，体育综合门户站点和单项体育门户站点是其中最主要的组成部分，站点数量占体育类网站总体的 88%，其他的体育类网站主要由体育论坛组成。

受惠于电信运营商广泛的提速降价活动，现在直接在互联网上在线观看直播比赛的网民越来越多，多数体育类网站也相应提供体育赛事在线直播服务。另外，体育用品在线零售业如火如荼，许多体育网站都搭建了体育用品在线交易平台，为爱好体育的网民提供更多更方便的服务。

随着建站技术的简化，很多体育爱好者都自己动手建立体育网站，用来与网友分享体育运动所带来的乐趣，交流观赏体育比赛的心情，这是 2011 年体育网站总体流量规模没有明显增长，但行业网站数量大幅增长的主要原因。

28.4.2　市场与商业模式

根据 CNZZ 对于行业规模数据的研究分析得出如下结论。

（1）在 2011 年综合性的重大体育赛事并不多，体育网站只能依靠现有赛事进行挖潜，找出有吸引力的新闻点来吸引用户访问浏览。

2011 年是传统意义上的体育赛事的小年，但依然有一些热点事件受到了人们广泛关注，著名篮球运动员姚明退役、李娜在法国网球公开赛中夺得女单冠军、美国男子职业篮球联赛的停摆以及国内众多职业联赛的火爆比赛都吸引了大量访客去体育网站浏览信息并交流意见。

（2）随着建站技术的简化，很多体育爱好者都自己动手建立体育网站，用来与网友分享体育运动所带来的乐趣，交流观赏体育比赛的心情。同时随着对外交流的增加，许多原本在国内知名度不高的运动也借由互联网的便利传入国内，得到了一批爱好者，并建立了相应的爱好者网站，这是 2011 年体育网站总体流量规模没有明显增长，但行业网站数量大幅增长的主要原因。

（3）在 2011 年，微博继续火爆，特别是许多体育界的知名人士都开设了实名微博，这使得体育话题具有了非常强的即时性和传播性，与体育相关的话题或关注点被进一步放大，让更多人被体育所吸引。

（4）由于当前国内体育网站的访客主要集中地还是门户的体育板块，这些门户网站对体育赛事不遗余力的报道和关注同样也吸引了众多访客。

目前体育信息服务网站主要还是通过广告来获取收入，主要手段是通过不断加强自身内容的建设来吸引广告主的投入。随着体育受众的增加，全民健身热情高涨，对运动器材和装备的需求量也快速增长。国内外体育用品巨头都对中国市场看好，采用各种方式进行品牌宣传，而对体育用品最具购买力的年轻一代正是网民的主要组成部分，因此各大体育装备厂商将互联网新媒体作为重要的广告投放平台，这也让体育信息服务网站的收入有了稳定的增长。一些专业性较强、目标用户集中的垂直类体育网站也开设了电子商务频道，经营相关专业的体育用品，通过直接销售商品取得收入。

28.5　婚恋交友信息服务发展情况

最近两年，在受众面最广的电视媒体上最受追捧的真人秀节目莫过于电视相亲类节目，这类节目的热播也直接推动了整个社会对于婚恋交友的广泛关注，在互联网时代，通过网络进行交友乃至相恋、结婚是必然出现的一种现象，专业提供婚恋交友信息服务的网站也顺时而生，并逐渐壮大起来。2011 年，这类网站为更多人所接受，并取得了进一步的发展。

28.5.1　网站发展情况

婚恋交友类网站是为网民提供在线婚恋交友平台的站点类型。目前绝大部分交友网站是专业婚恋网站，而其他综合型交友网站也都有婚恋版块。交友类网站从一开始就以发展婚恋关系为主要形式，婚恋网站成为越来越多人寻求感情交往开始的平台。

2011 年，婚恋交友类网站的行业总体规模有了明显的增长。根据 CNZZ 统计数据显示，到 2011 年 12 月底，全国共有婚恋交友类网站 13.96 万家，相比年初增加了 12.7%，如图 28.3 所示。

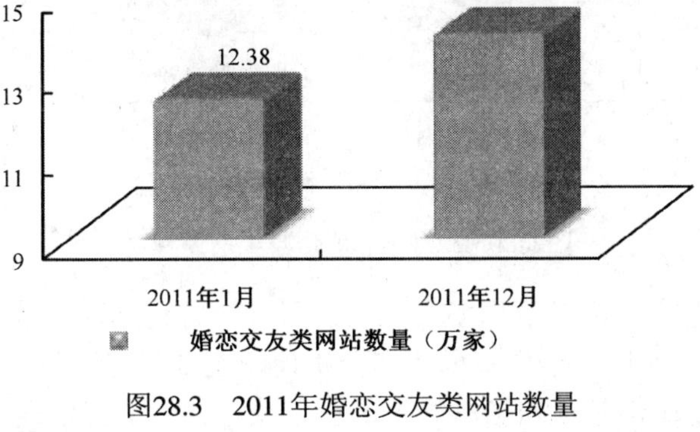

图28.3　2011年婚恋交友类网站数量

28.5.2　市场与商业模式

2011 年婚恋交友类网站实现了较大突破，作为行业的领军者之一的世纪佳缘网站成功在美国纳斯达克上市，其运营模式以及盈利手段受到了美国投资者的认可，这不仅仅为世纪佳缘本身带来了发展动力，同时也为国内其他众多的婚恋交友类网站带来了鼓舞。

国内婚恋交友类网站正在进入一个快速拓展期，鲜明的特征就是主要巨头纷纷投入巨资进行推广，婚恋网站广告随处可见，能够通过网络相亲这一概念已经进入了很多人的认识之中。以 SNS 和微博为代表的社交类网站也正在进入这一市场，无论是国外的 Facebook，还是国内的人人网、新浪微博等都推出了各种形式的交友服务，这些网站在进入婚恋交友这一领域有着天然的优势，对于传统的行业从业者形成了一定的冲击。

婚恋交友类网站主要通过会员收费以及广告取得收入，其中前者是行业领先者的收入主要组成部分，同时也被认为更具有可持续发展性，由于网民普遍对广告持抵制态度，目前领先的几家婚恋交友网站都对网站上的广告进行了控制，避免由此影响用户的忠诚度。不过对于中小婚恋网站来讲，广告依然是不可或缺的收入手段。另外，婚恋交友类网站还积极与当前火爆的电视相亲节目进行合作，通过收视率很高的电视节目直接进行推广。

28.6 母婴信息服务发展情况

28.6.1 网站发展情况

母婴类网站是发展较快的网站类型，近年来随着居民生活水平的不断提高，人们对于如何健康科学地生育抚养也越来越重视，相应的母婴信息类行业网站也不断茁壮成长，这类网站在 2011 年继续呈现稳定发展趋势。

2011 年，我国有母婴信息类网站 824 家，相比 2010 年的 644 家增长了 27.95%，增长速度与 2010 年基本持平，如图 28.4 所示。

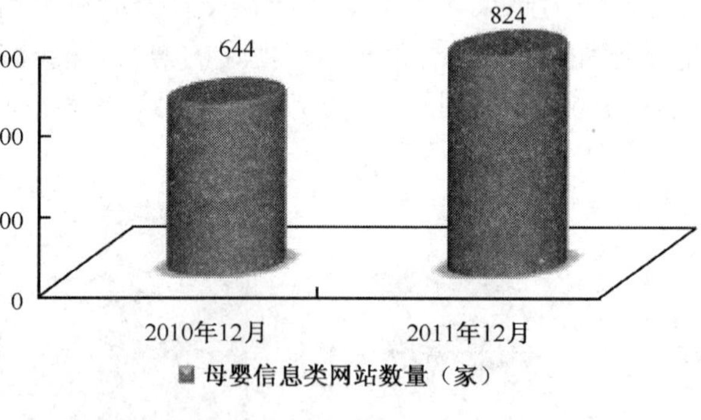

图28.4　2011年母婴信息类网站数量

通过 CNZZ 数据分析可以了解母婴类网站的行业访客访问习惯，这类网站的单个访客访问的页面数量较高，2011 年，平均每个访客会访问超过 20 个网页。总的来说，站点成长数量比例与网民成长数量比例基本相当，这一产业正处在良性的稳定发展过程。

28.6.2 市场与商业模式

2011 年，母婴类站点的访客群体仍然主要是适龄父母，其中以婴幼儿母亲为主。此类人群具有上网时间较长、浏览页面较多的访问特点。从站点数量上来看，母婴资讯服务类站点数量最多，母婴类商品的在线零售服务居于其后，这两类应用的数量占据整个母婴服务网站数量的约 82%。

在母婴资讯类站点中，最受关注的为母婴健康、营养膳食与胎教幼教资讯等。在母婴类在线零售站点中，最受关注的为奶粉、尿布、母婴服装类产品等。母婴类信息服务在各类站点形式上均有一定程度的成长。从海外代购婴幼儿食品是母婴类网站的一个热门方向。总体来讲，这一市场相比 2010 年并未出现明显的变化。

2011 年，资讯网站与在线直销仍然是母婴信息类互联网服务应用的最主要形式。两类站点的访客数量占此类网站总数的 90%以上，覆盖了 98%以上的行业访客人群。

前者的商业模式主要是通过在页面上展现母婴相关商品服务的广告取得收入，这与其他资讯类网站并无明显不同，不过在内容经营上，母婴类网站会有大量的提问访客，因此及时地在线回答访客提问是母婴资讯类网站留住访客的必要手段。

母婴相关产品的销售是垂直类 B2C 网站的一种，母婴类产品是一类特殊产品，使用者对于商品安全性的要求远高于传统商品的性价比，因此这一市场的准入门槛较高，同时利润率也相对比较高。

2011 年，依然有相当数量的母婴类商品团购项目存在，不过消费者对于团购此类商品正在变得理性化。根据 CNZZ 分析，2011 年 12 月，有超过 80 个综合或垂直的团购站点出现了约 1000 个以上的母婴相关团购物料，当月商品成交数量至少超过 40 万个。此外，随着微博的盛行，通过微博获取母婴信息的网民数量也在不断增长，因此利用微博进行母婴相关的商业推广也就顺理成章。

（阿里云计算有限公司　张志强）

第 29 章　2011 年中国移动互联网应用发展情况

- 3G 网络全面建设、大量智能移动终端和平板电脑的广泛普及以及社交网络需求的不断增加，导致 2011 年移动互联网迎来爆发式发展。
- 2011 年，中国手机网民规模已经达到 3.56 亿。2007—2011 年的手机网民增长速度分别为 194%，134%，99.1%，29.7%和 17.5%，用户增长速度逐年放缓。
- 2011 年移动互联网整体市场规模为 864 亿元，同比增长 36%，继续保持较快增长的态势。
- 2011 年是应用平台及移动应用蓬勃发展的一年，全球百强品牌中 91 家在各类应用商店发布移动应用，相比 2010 年的 51 家增长了近 100%，发布的应用数量达 2343 个。
- 2011 年，中国移动互联网应用领域同样是发展热度高、竞争激烈，应用的普及速度很快，部分应用采取专注、创新、灵活等差异化策略，用户数量已经达到千万级别。移动端的“用户入口”成为传统互联网巨头、移动运营商和移动互联网企业竞争的聚焦点。

29.1　发展概况

3G 网络全面建设、大量智能移动终端和平板电脑的广泛普及以及社交网络需求的不断增加，导致 2011 年移动互联网的爆发式发展。2011 年是中国移动互联网持续快速发展的一年，国内移动互联网用户数保持较快增长，移动互联网用户在互联网用户中的占比进一步提升。根据中国互联网信息中心（CNNIC）发布的《第 29 次中国互联网络发展状况统计报告》，截至 2011 年 12 月底，中国网民规模达到 5.13 亿，全年新增网民 5580 万；中国手机网民规模达到 3.56 亿，同比增长 17.5%，这标志着手机网民已构成拉动中国总体网民规模攀升的主要动力。

手机网民规模的快速扩张，主要得益于智能手机产业链的不断完善以及性价比的快速提升。智能手机的快速普及推动了移动互联网应用产业链的繁荣。2011 年，大量移动互联网应用开始真正走入人们的生活和工作，在满足用户需求的同时，为移动互联网企业带来丰厚的收入与回报。

29.2　发展特点

1．移动互联网产业已进入高速成长期和全面整合期

根据易观智库数据显示，2011 年移动互联网整体市场规模仍然保持较快增长的态势。2010 年移动互联网市场规模[60]为 637 亿元，而 2011 年则达到了 864 亿元，同比增长 36%。从总体看，移动互联网产业处于高速增长期。

在高速成长的同时，移动互联网产业融合的趋势已经显现。终端厂商、电信运营商、互联网厂商都在将自身的业务向产业上下游延伸，通过收购等形式纵向整合的趋势日益明显，标志着移动互联网产业已经进入了全面整合时期。

2．移动互联网的产业格局初步形成

2011 年，“终端+管道+应用+平台”的产业格局初步构建，产业生态系统形成智能终端、内容分发渠道（软件应用商店）、应用软件与数字内容服务三大集群。

移动互联网快速发展的最直接受益者是终端制造业，其占据了这一产业市场的绝对最大份额。相比而言，移动软件和移动应用产业的绝对份额只占到 1/4 左右，但其增幅不可小觑。同时，电信运营商也十分重视移动互联网的发展，面对巨大商机和潜在威胁，通过积极发展 3G 业务、打造移动互联网应用平台等举措，实现从裸管道向智能管道的转型。

3．移动互联网产业走势仍趋于多元化

2G 时代的移动互联网以电信运营商、核心互联网站等为主导，而目前 3G 时代的移动互联网产业仍处于蓬勃发展和探索期，既没有绝对的主导方，也没有绝对的发展方向。无论是移动互联网的入口，还是主流移动互联网应用，目前都处于发展变化阶段，竞争十分激烈，各方均处于用户积累和行为培养的过程中，同时盈利模式也会更加多样化，对移动互联网产业中的参与方来说，既是机遇，更是挑战。

29.3　市场分析

29.3.1　市场规模

1.移动互联网市场用户规模增速稳定，同比增长 48%，环比增长保持 7%以上

2011 年，电信运营商大力推动 3G 业务发展，截至 2011 年底，3G 用户数已经超过 1.2 亿。同时，伴随着全球移动设备的销量首次超越台式计算机和笔记本电脑，国内智能手机同样实现了快速增长，微博等移动应用活跃度的大幅提升，都带动了整体用户规模的稳定增长，如图 29.1 所示。

2．移动互联网市场收入规模持续增长，增速稳定

2011 年，中国移动互联网市场规模增长速度较之 2010 年有所下降，但整体收入规模已经超过 800 亿元，2012 年有望突破 1000 亿元大关，如图 29.2 所示。由于网络成本的下降，

[60] 此处移动互联网市场规模，是指包括移动互联网服务商收入、移动电子商务交易额以及电信运营商流量收入在内的收入总和。

无线速度的快速提升以及电信资费的大幅下调，中国用户的移动互联网应用下载量同比增长了 870%，为市场收入规模的持续增长奠定了基础。

3．移动应用与服务发力，成为移动互联网市场最主要的收入来源

2011 年，移动互联网市场出现拐点，流量费占整体市场收入规模比例已经低于移动应用与服务收入的比例。而移动应用与服务收入中，无线音乐、手机游戏和手机阅读依然是主要推动力，且仍有很大成长空间。移动购物增长明显，由于双十一、双十二活动，仅第四季度移动购物收入规模就达到 54.5 亿元，伴随其市场规模的迅速膨胀，必将带动移动支付及移动安全等相关领域的快速发展。2011 年中国移动互联网市场收入构成如图 29.3 所示。

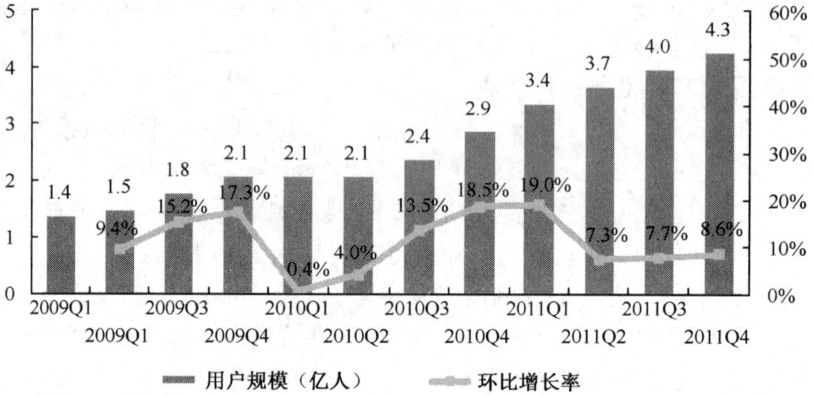

（数据来源: 易观国际）

图29.1　2009—2011年中国移动互联网用户规模

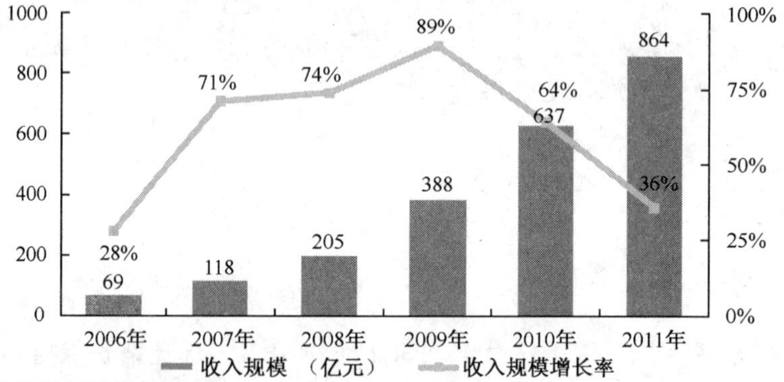

（数据来源: 易观国际）

图29.2　2006—2011年移动互联网市场收入规模

4．主要电信运营商加速布局移动互联网市场，重点打造创新能力

（1）中国移动

2011 年，中国移动加速产业资源聚合，积极推动从通道提供者向平台运营者转变，通过实施开放式运营，为内容提供者和应用开发者提供优质资源和环境，全面提升移动互联网产业合作层次。重点打造“MM 云”、物联网、电子商务、位置服务、“飞信+”平台五大开放创新能力。中国移动应用商店 Mobile Market，截至 2011 年 10 月，累计注册用户数已达 1.39 亿，拥有 9.6 万个手机应用和游戏，累计下载次数为 4.6 亿次。中国移动期望借助“TD 网络

+智能终端+精品应用”三轮驱动战略，在激烈的市场竞争中占据主动，而移动 MM 正是支撑整个产业链的关键平台。

（2）中国联通

2011 年，中国联通发布“WO+开放体系”，以开放的姿态和创新的思维向产业链各方打开合作的大门，加速提升产业整合能力，重点聚焦产品聚合能力、能力共享、渠道能力和智能管道 4 个部分。“内容＋终端”已经成为中国联通的重要竞争模式，借助 WCDMA 的先天优势和千元 3G 智能手机战略，积极拓展 3G 市场。

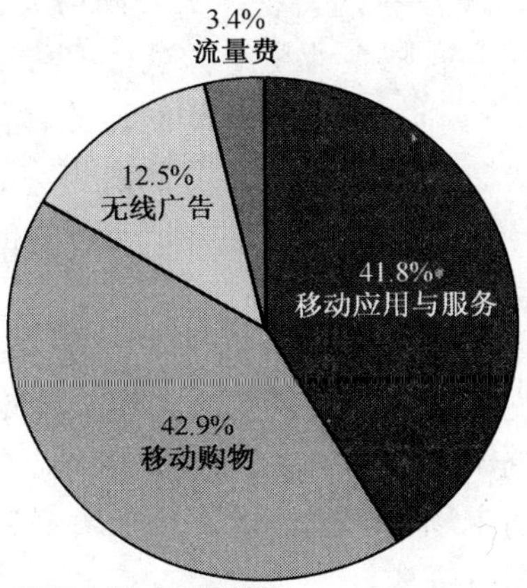

图29.3　2011年中国移动互联网市场收入构成

（3）中国电信

2011 年，中国电信实施战略转型，终端、应用、服务三位一体，全面融合突围移动互联网。集团成立创新业务部，统一管理八大增值业务基地，着重打造自营移动互联网核心产品，应用产品涵盖视、听、读、玩全方位体验，并且以开放的心态聚合第三方开发者，形成联运效益。

29.3.2　市场格局

2011 年，移动互联网生态系统中，除了传统的电信运营商、互联网公司、终端厂商、内容和服务提供商，还融入了移动互联网创新型公司等新兴力量，使移动互联网的市场格局更为错综复杂。同时，不同参与者之间的界限也逐渐模糊，产业链正逐步走向整合，但完全整合仍需时日。

2011 年，移动互联网的各方参与者为占据主导地位，动作频频。

1．电信运营商

中国三大电信运营商除了语音宽带服务和传统移动增值服务以外，都将移动互联网作为战略发展重心。2011 年，三大运营商大力推广智能手机，继续优化 3G 网络，全力推进 WiFi 热点覆盖，为移动互联网的快速发展奠定基础和提供保证。同时，三大运营商积极拓展移动互联网应用和服务市场，如在移动 IM 市场，中国移动推出飞聊，中国联通推出沃友，中国电信则推出翼聊，市场竞争十分激烈。

2．互联网公司

2011 年，中国传统互联网企业拓展移动互联网市场可以分为三个方面：移植传统业务、拓展新兴业务和发布自有品牌手机。

（1）移植传统业务

移动互联网凭借便捷的信息获取方式，正吸引更多的传统互联网用户向移动互联网渗透，而且未来通过移动设备上网的用户数量将超过使用个人计算机上网的用户数量，因此移动互联网市场是传统互联网企业必争之地。2011 年，各大互联网公司继续在手机搜索、手机即时通信、手机社区、手机游戏、位置服务、移动电子商务等领域投入重金大力发展。腾讯、百度、新浪等传统互联网企业已经实现了由互联网服务向移动互联网的无缝扩展。

（2）拓展新兴业务

移动互联网具有传统互联网所没有的特征，导致传统互联网企业不可能提供 所有的移动互联网内容和服务，因此传统互联网企业纷纷尝试根据移动互联网的特点开发研究新型非传统互联网内容服务。2011 年，腾讯发布了一款即时通信软件——微信，支持发送文字、图片、语音短信和视频，且仅耗费少量流量。截至 2011 年 12 月 10 日，微信总用户数突破 5000 万，有 2000 万活跃用户，全面覆盖 iOS、Android、Symbian 三大平台。

（3）发布自有品牌手机

2011 年，各大互联网企业巨头纷纷进军手机终端行业，腾讯推出了华为 C8500 的 QQ 手机，新浪与 HTC 合作发布了支持新浪微博的微客手机，阿里巴巴推出了阿里云智能手机，百度与戴尔联合推出了 Streak Pro D43 易手机。这些手机以高配置、低价格为卖点，深度捆绑企业的各种服务和应用，巩固市场优势的同时，快速渗透移动互联网市场，并且通过自身的开放平台与硬件制造商和开发者分成。

3．终端厂商

2011 年是国产手机蓬勃发展的一年。易观国际数据显示，截至 2011 年底，国产品牌整体市场份额上升到 37.5%，而诺基亚、三星、LG 和摩托罗拉四大国际品牌占比为 41.5%，国产品牌正在逐步赶超国际品牌市场份额。2011 年中国手机市场销量品牌前十名中，国产品牌占据六席，包括联想、华为、中兴、金立、酷派、OPPO。国产手机的崛起得益于 Android 系统的盛行和运营商的千元智能机策略，但是，国产手机厂商仍存在缺乏创新能力和品牌影响力的问题。苹果 iPhone 在国内的市场份额退居第五，市场份额从 10.4%下降到 7.5%，而三星在国内的市场份额则达到了 24.3%。

4．内容和服务提供商

2011 年，内容和服务提供商借助移动互联网的快速发展，在影视、游戏、音乐、生活服务等各个领域全面拓展市场，而盈利模式仍然以面向用户收取服务费用为主。触控科技旗下手机版游戏深海捕鱼，登录 App Store 的首日就迅速攀升至付费应用榜的第一名，用户日均活跃量达 120 万，每日各平台新增下载量有 8 万多次。另一方面，手机应用商店的大力推广，促进了内容和服务提供商的发展。易观智库数据显示，截至 2011 年底，苹果 App Store 中国区应用数量已经达到 52 万，Android Market 中可以在中国使用的应用数量达到 27 万，除苹果 App Store 和 Google Android Market 以外，国内 Android 应用商店的应用数量基本稳定在 4～5。内容服务提供商的快速崛起，使其未来在移动互联网产业链中的地位逐步提升。

5．移动互联网创新型公司

与传统互联网相比，手机拥有摄像头、GPS 定位、重力感应、移动性和通信录等特性，这使得移动互联网更具有颠覆性和复杂性，同时也充满了机遇。2011 年，众多创新型公司进入移动互联网领域，争夺市场份额。小米科技公司凭借米聊的成功运营，适时发布小米手机，配合成功的市场营销策略，迅速在移动互联网行业中占据一席之地。磊友科技公司立足业界前沿，率先在国内建立了 HTML5 手机游戏平台，并成功获得千万美元级风险投资。

2011 年的中国移动互联网，虽然市场格局没有产生巨大变化，但是随着新兴力量的加入和移动互联技术的快速革新，产业链的生态系统正日益交错，未来的市场竞争将更加激烈。

29.4 用户分析

29.4.1 用户规模增速放缓，移动互联网应用是用户增长的新驱动力

2011 年移动互联网用户与前两年相比增长速度开始放缓。根据 CNNIC 发布的《第 29 次中国互联网络发展状况统计报告》，截至 2011 年 12 月底，中国手机网民规模已经达到 3.56 亿，与 2010 年底相比，手机网民增加了 5285 万，如图 29.4 所示。

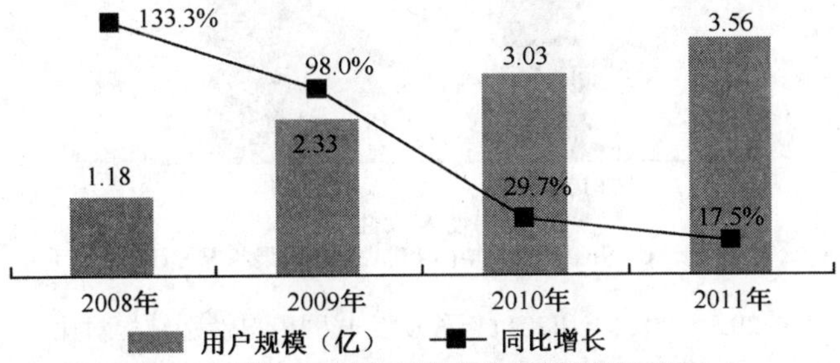

图29.4　2008—2011年手机网民规模及增速

移动互联网用户规模在 2011 年增速放缓的原因主要有以下几个。

（1）流量资费降低对移动互联网消费的刺激效应已被市场消化

2010 年之前移动互联网用户的高速增长主要是受运营商为抢夺市场份额，大幅降低无线网络流量资费影响，移动互联网用户规模呈现爆发式增长。到 2011 年消费刺激效应逐步被市场消化，移动互联网用户规模增速大幅降低。

（2）运营商以推广 3G 智能终端为市场运营重心，希望借此获得更多手机用户

目前智能终端总体价格仍然偏高，智能终端用户主要集中在中高端人群和年轻群体。智能终端的大范围普及和移动互联网用户规模的持续增长，有待智能终端总体价格的进一步下降。

（3）创新应用对移动互联网用户的拉动作用尚未显现

目前移动互联网用户在手机用户中的渗透率仅为 36.5%[61]，移动互联网应用需求不足是大部分手机用户未使用移动互联网的主要原因。随着智能终端的爆发式增长，迫切需要能够满足用户需求的创新应用进行填充，从而形成推动移动互联网用户新一轮增长的驱动力。

[61] 数据来源：CNNIC《第 29 次中国互联网络发展状况统计报告》。

29.4.2 移动互联网用户特征

2011 年随着 3G 手机、智能机的爆发式增长，移动互联网应用开发蓬勃兴起，移动互联网向更多类型的用户群加速渗透，中国移动互联网用户的结构属性和消费行为特征都发生了明显的变化。下面从移动互联网用户人口属性特征、用户终端使用行为特征和用户移动互联网消费行为特征三个层面刻画移动互联网用户特征。

1．用户人口属性特征

（1）用户性别结构

移动互联网用户中男性占比近六成，达到 58.1%，比女性占比高出 16.2 个百分点，显示出我国男性手机上网使用率明显高于女性的特点。与 2010 年相比，男性手机网民占比略有提升，如图 29.5 所示。

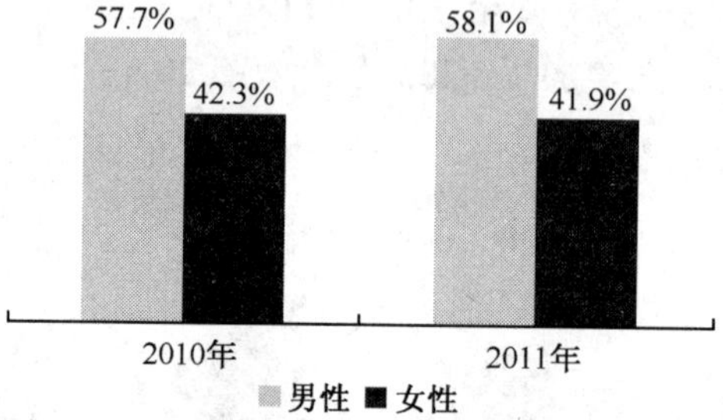

（数据来源: CNNIC《第29次中国互联网络发展状况统计报告》）

图29.5 2010年和2011年移动互联网用户性别结构对比

（2）用户年龄结构

年轻群体是移动互联网的核心用户群，其中 20～29 岁人群占比达到 36%，但是较 2010 年有所下降，如图 29.6 所示。30～49 岁人群比例在 2011 年有明显上升，移动互联网用户向中年用户群渗透延伸的趋势明显。

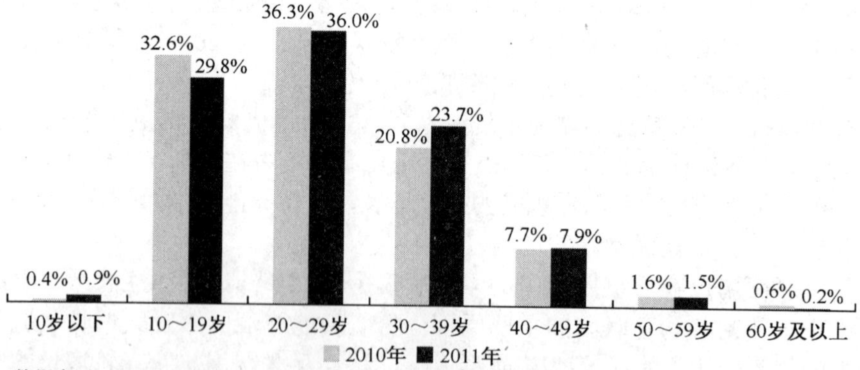

（数据来源: CNNIC《第29次中国互联网络发展状况统计报告》）

图29.6 2010年和2011年移动互联网用户年龄结构对比

（3）用户学历结构

2011 年中国移动互联网主要用户群的学历水平与 2010 年相当，高中及以下学历用户仍占绝大比例，如图 29.7 所示。数据表明，2011 年中国移动互联网用户的学历水平集中在初中和高中，合计占比达到 69.3%。高中、大专学历用户比例较 2010 年有所下降，大学本科及以上用户比例小幅上升。

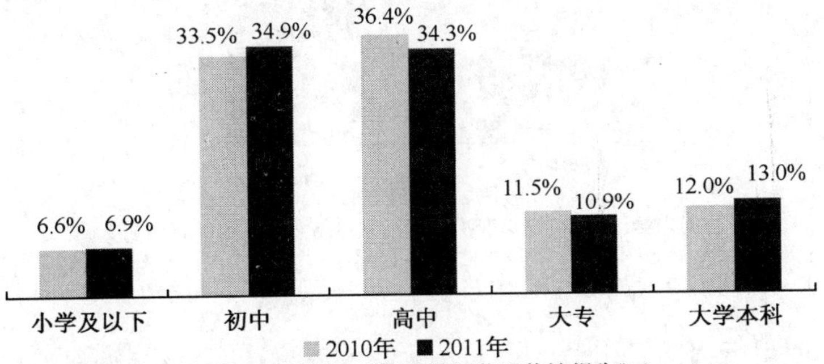

（数据来源：CNNIC《第29次中国互联网络发展状况统计报告》）

图29.7　2010年和2011年移动互联网用户学历结构对比

（4）用户收入水平结构

2011 年，中高收入群体手机上网的使用率增长较快，收入在 2000 元以上的群体由 2010 年的 33%增长至 41.2%，2000 元以下用户比例出现明显下降，如图 29.8 所示。值得注意的是，无收入用户由 3.8%上升至 7.2%，说明移动互联网在学生群体中快速普及。

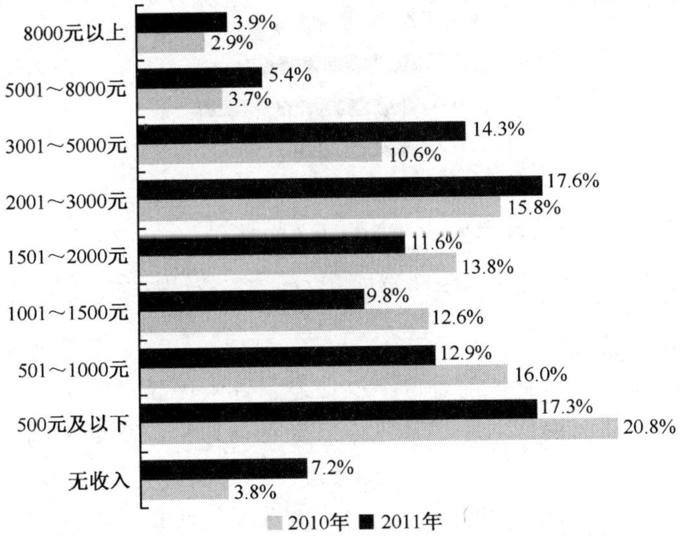

（数据来源：CNNIC《第29次中国互联网络发展状况统计报告》）

图29.8　2010年和2011年移动互联网用户收入结构对比

（5）用户城乡结构

移动互联网用户仍以城镇用户为主体，且城镇用户比例较 2010 年进一步上升，达到 72.7%，如图 29.9 所示。移动互联网在城镇居民中普及速度更快，城乡移动互联网数据鸿沟进一步拉大。

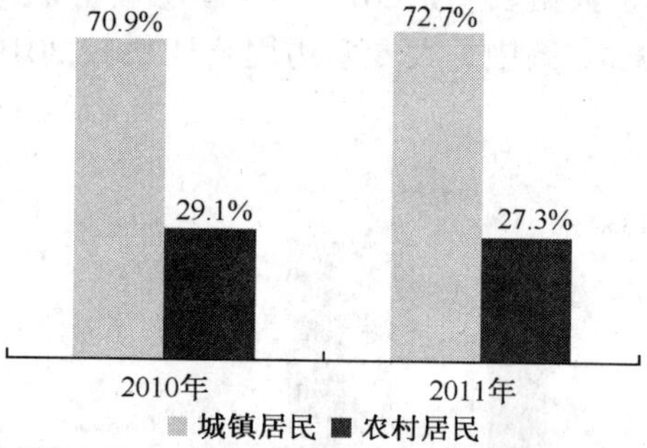

（数据来源: CNNIC《第29次中国互联网络发展状况统计报告》）

图29.9　2010年和2011年移动互联网用户城乡结构对比

2．用户终端使用行为特征

（1）用户手机终端价格分布

2011 年，移动互联网用户使用的终端价格主要集中在 1000～2000 元，占比达 51.1%，说明价位在 1000～2000 元的中档手机与大多数移动互联网用户的消费能力和需求最为匹配。500 元及以下手机占比为 7.7%，3000 元以上手机占比为 6.2%，如图 29.10 所示。

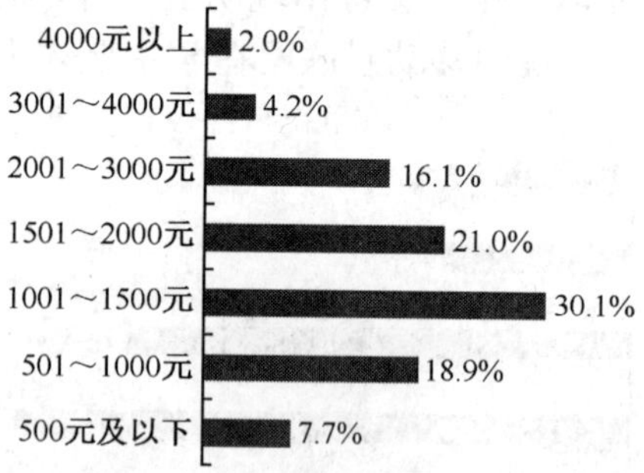

（数据来源：中国互联网数据中心）

图29.10　移动互联网用户手机终端价格分布

（2）用户手机功能偏好

移动互联网用户偏好度最高的前五位手机功能是音乐播放、发送短信、照相、蓝牙和接收短彩信，说明移动互联网用户对手机休闲娱乐及即时通信类功能偏好度最高，如图 29.11 所示。对手机视频、音频类流媒体功能偏好度也较高，视频拍摄、看视频、收音机功能偏好度靠前。偏好 GPS、WiFi 上网功能的用户占比不到 30%。对重力感应、指南针及陀螺、广播信号电视功能偏好度最低。

（3）手机终端对移动互联网使用的制约因素

目前手机终端制约用户使用移动互联网的最主要因素是手机电池续航能力，此问题已明显影响用户的手机上网感知。上网速度慢、手机屏幕小对用户手机上网感知的不良影响也较明显。认为“手机不是智能机”制约手机上网的用户占比为 26.7%，说明目前用户通过非智能机上网的感知仍可接受，如图 29.12 所示。

3. 用户移动互联网消费行为特征

（1）用户手机消费支出

移动互联网用户每月手机费支出集中在 21～100 元，占比达 72%，其中 51～100 元的用户占比最高，达 38.6%，如图 29.13 所示。20 元以下的用户占比仅为 4.3%，说明在低端用户中移动互联网渗透率低。

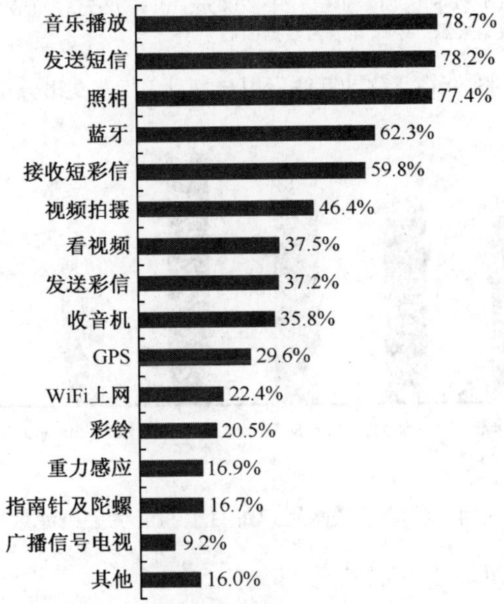

（数据来源：中国互联网数据中心）

图29.11　移动互联网用户手机功能偏好

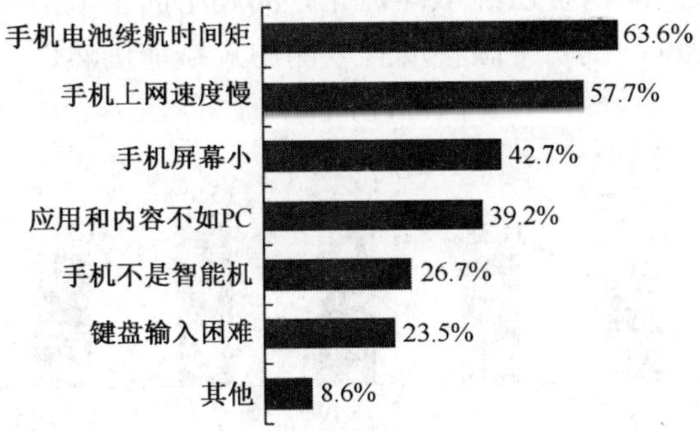

（数据来源：中国互联网数据中心）

图29.12　手机终端对移动互联网使用的制约因素

（2）移动互联网用户每月上网消费手机流量分布

移动互联网用户每月上网消费手机流量主要分布在 21～150Mb，合计占比达 70%，其中月消费手机流量在 81～150Mb 的用户最多，达 19.5%，如图 29.14 所示。这说明 21～150Mb 手机流量是目前资费、应用、终端技术条件下，移动互联网用户中最普遍的手机流量消费区间。手机流量消费在 20Mb 以下及 500M 以上的用户占比低。

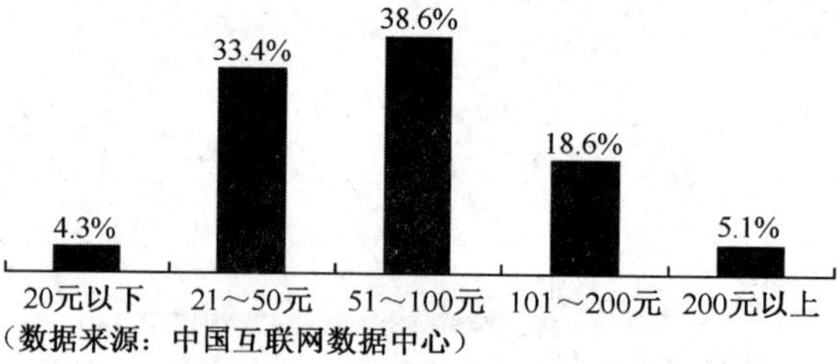

图29.13　移动互联网用户每月手机费支出分布

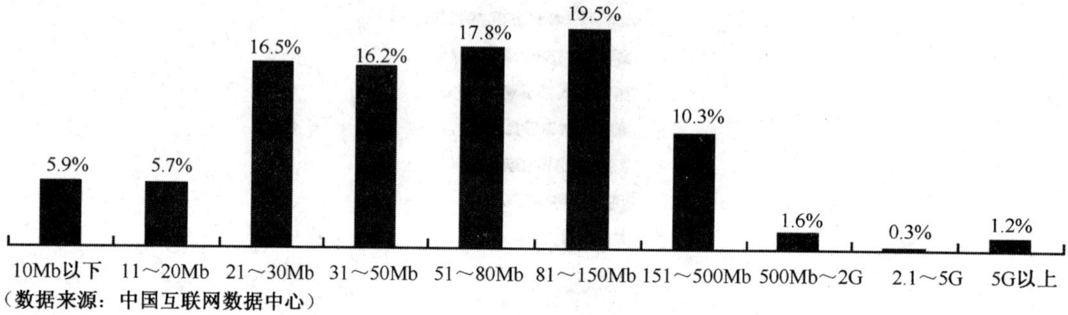

图29.14　移动互联网用户每月上网消费手机流量分布

（3）移动互联网用户每周上网时长分布

移动互联网用户每周上网时长超过 28 小时的用户占比最高，达 19.1%；此外绝大部分移动互联网用户每周上网时长在 3 小时以上，占比达 73.5%，如图 29.15 所示。较长的上网时长说明目前用户对移动互联网的消费已经从碎片化时间利用向主流消费转化。结合移动互联网用户消费手机流量偏少的特点，说明中国移动互联网用户目前仍然以小流量业务消费为主。

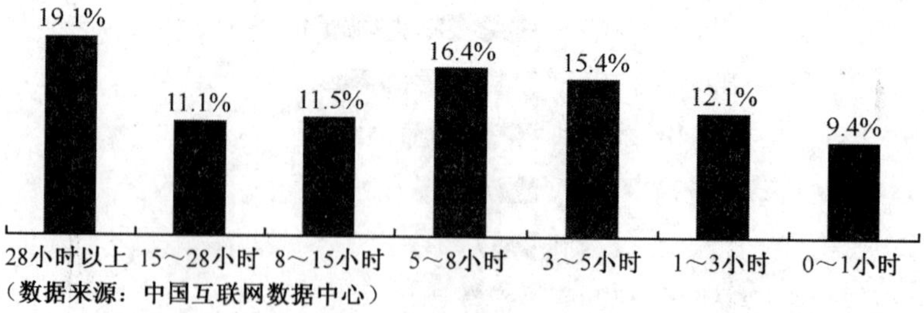

图29.15　移动互联网用户每周手机上网时长分布

（4）移动互联网用户手机上网场所偏好

如图 29.16 所示，在家中用手机上网的用户占比最高，达 76.6%，其次是出行路途中，这进一步说明目前移动互联网消费已经从碎片化时间利用向主流消费转变，桌面互联网已不再是用户在家中上网的唯一选择。

（5）移动互联网用户手机上网时间偏好

从手机上网时间情境看，夜晚睡前使用手机上网的用户占比最高，达 80.5%，其次是午间休息时间，如图 29.17 所示，说明用户主要在休闲放松的时间使用手机上网。上下班途中、早上起床后使用手机上网的用户占比低，说明多数用户不喜欢在仓促的时间情境下使用手机上网。

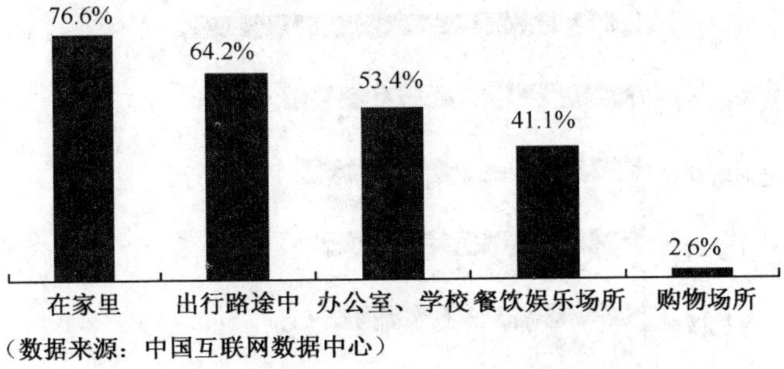

图29.16　移动互联网用户手机上网场所偏好

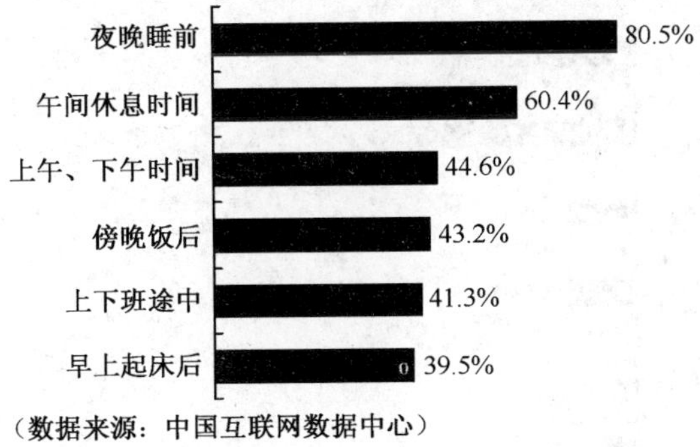

图29.17　移动互联网用户手机上网时间偏好

（6）移动互联网用户应用偏好

手机即时通信是用户使用率最高的移动互联网应用，且 2011 年的偏好程度较 2010 年有大幅提升，这主要由两方面原因造成：一方面，使用即时通信是目前很多移动互联网用户使用手机上网的主要用途；另一方面，微信、米聊等免费即时通信应用仅产生流量费用，使以前因使用短信、彩信等业务产生的费用大幅减少，受到移动互联网用户的广泛欢迎。

手机微博是 2011 年使用率增幅最大的移动互联网应用，手机搜索、手机网络新闻、手机发帖回帖、手机社交网站、手机邮件等基于移动互联网网页的应用使用率也明显提升，这主要是因为智能机的普及和手机浏览器的开发使得基于网页的移动互联网应用的使用体验明显改善。

手机在线支付、手机网银、手机网络购物、手机旅行预订、手机团购等应用使用率较低且增长不明显，主要是由于目前商务类移动互联网应用的商业模式尚不成熟，用户对便利性、安全性的感知有待进一步改善。

2010 年和 2011 年移动互联网用户应用偏好对比如图 29.18 所示。

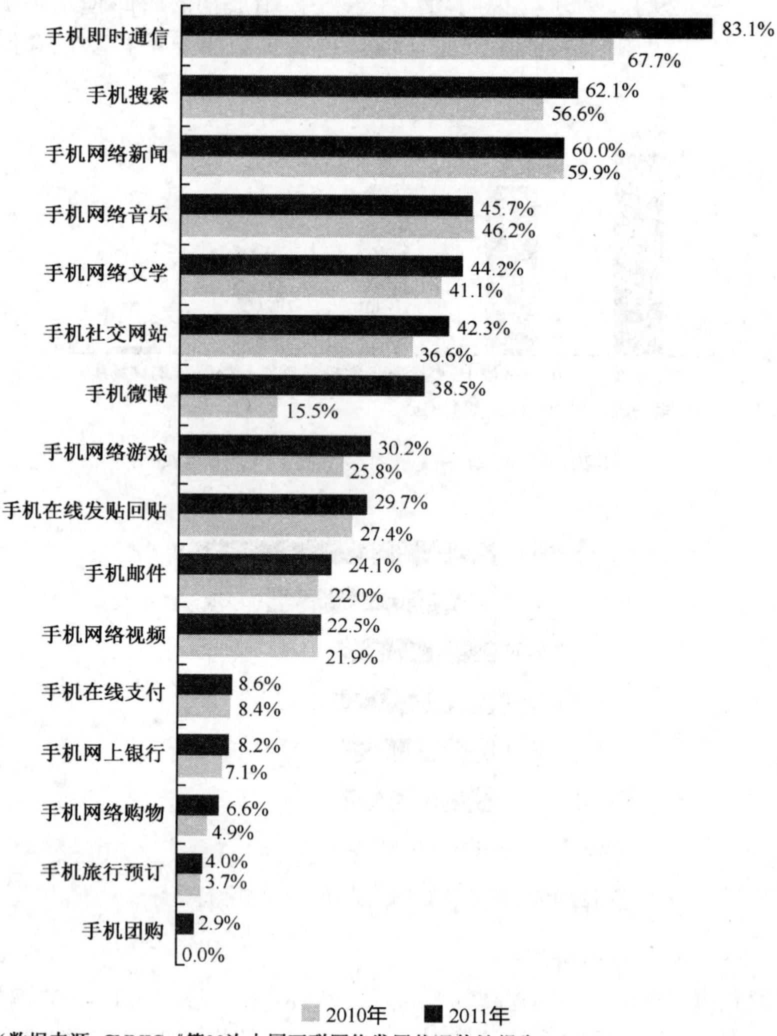

（数据来源: CNNIC《第29次中国互联网络发展状况统计报告》）

图29.18　2010年和2011年移动互联网用户应用偏好对比

29.5　应用情况

29.5.1　应用发展概况

2011 年无疑是应用平台及移动应用蓬勃发展的一年，以全球百强品牌的应用发布数据为例：2011 年全球百强品牌中 91 家在各类应用商店发布移动应用，相比 2010 年的 51 家增长了近 100%，发布的应用数量达 2343 个，如图 29.19 所示。

2011 年，中国移动互联网应用领域同样是发展热度高、竞争激烈，应用的普及速度很快，部分应用采取专注、创新、灵活等差异化策略，用户数量已经达到千万级别。总体来看，移动端的“用户入口”成为传统互联网巨头、移动运营商和移动互联网企业竞争的聚焦点。

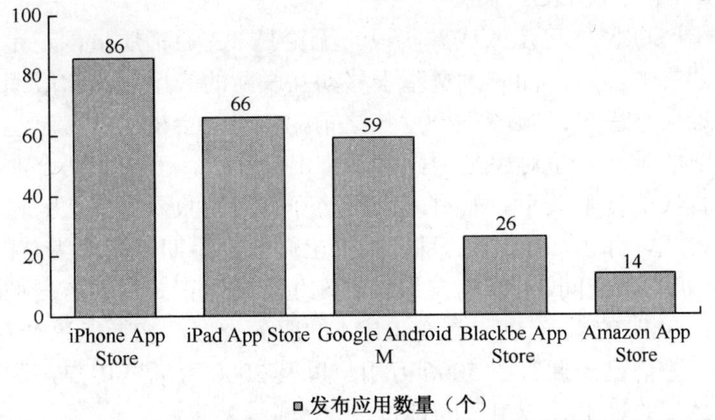

注：以上的全球百强品牌是根据InterBrand的2011年排名

（数据来源：艾瑞咨询）

图29.19　2011年全球百强品牌在各应用商店发布应用数量

29.5.2　移动即时通信

1．概述

目前市场上的移动即时通信（IM）产品各具特色。小米科技第一个在国内推出新型移动 IM 产品——米聊，它较完整地保留了 KIK[62]对信息状态的显示，同时增加了涂鸦等特色功能。而微信则打通与腾讯其他产品平台的关联，并可将 QQ 好友直接导入成为微信好友，同时微信也率先在国内同类产品中添加了根据地理位置推荐好友的功能。电信运营商的新型移动 IM 产品，则借助传统短信、语音服务进行推广，部分运营商甚至对其移动 IM 产生的上网流量进行了减免。

2．市场概况

EnfoDesk 易观智库产业数据库 2011 年 12 月 5 日发布的数据显示，2011 年第三季度中国移动 IM 市场累计账户数达到了 5.61 亿，环比增长 7.3%，增长率在 2010 年第四季度触底反弹后保持稳步提升。移动 IM 整体处于相对平稳的发展阶段，主要是由于移动 IM 应用已经成为移动互联网用户基础型应用，随着移动互联网用户的不断攀升带动整体移动 IM 用户数的增长。另外，在微信、米聊的基础上，包括电信运营商和部分互联网厂商等都纷纷推出移动 IM 应用，进一步提升市场热度。

EnfoDesk 易观智库产业数据库发布的数据显示，2011 年第三季度移动 IM 市场，累积账户数前三名为手机 QQ、手机飞信、手机 MSN，市场份额分别为 57.8%、27%和 8.1%，移动 IM 市场前三名所占的市场份额依旧达到 92.9%，市场格局高度集中。移动 IM 活跃账户市场格局与累计账户市场格局相似。其中，手机 QQ 活跃账户仍然处于市场第一，市场份额为 52.8%；手机飞信排名第二，市场份额为 30.5%；而手机 MSN 较上个季度则下降了 0.9%，市场份额为 8.6%。除此之外，手机旺旺的活跃账户增长较快，市场份额达到 4%。

[62] KIK，即手机通迅录的社交软件，可基于本地通迅录直接建立与联系人的连接，并在此基础上实现免费短信聊天、来电大头贴、个人状态同步等功能。

3．典型案例——手机 QQ、微信

2011 年，中国 3G 网络已步入成熟阶段，无论是 3G 通话质量，还是资费套餐，用户再也不是以抱怨的心态去面对，同时大量基于移动互联网的应用如洪水般涌现，而其中腾讯则以手机 QQ 为代表大举进军该领域。2009 年之前，腾讯的手机 QQ 就已经成为装机必备的软件之一，手机 QQ 的唯一竞争对手是中国移动推出的飞信，但由于两个产品覆盖的用户群不同，因此不存在直接的竞争关系。面对未来移动互联网的激烈竞争，腾讯选择了引进新奇的用户体验和交互方式，并于 2011 年 1 月正式推出微信，后期以微信为首的诸如 QQ 通信录、QQ 手机管家、手机 QQ 空间、QQ 朋友等相继诞生，腾讯正式将重心转向了移动互联网。微信的功能和国外的 Talk Box、KIK、黑莓 BBM 的服务类似，初期以语音对讲聊天功能为主，在不断的更新后，微信已经拥有了 5000 万用户以及 2000 万活跃用户，这个数字也在撼动手机 QQ 这类装机必备的“王者应用”的地位。

29.5.3 移动 SNS

1．概述

近十年内，SNS 及其应用在全球范围内迅速发展。2003 年 9 月，My Space 上线；2004 年 2 月，Facebook 上线；随后，日韩的社交网站及应用纷纷上线。中国的 SNS 也层出不穷，如人人网、开心网、豆瓣网等；其中，人人网目前以 1.4 亿的注册用户数位居前列。近年来，作为移动互联网应用服务的新兴市场，移动 SNS 发展迅速，用户规模不断扩大，并正在走向普及阶段。移动 SNS 并不是简单地给互联网 SNS 注入移动属性，而是从商业模式层面扩大了互联网 SNS 服务的范畴。与互联网 SNS 相比，移动 SNS 的服务内容更丰富、更及时，用户联系层次更深入、更紧密，盈利模式更宽泛、更有潜力。

2．市场概况

2011 年，中国的社交网站保持稳定增长，但其多元化发展的格局正在逐步改变。从资本层面上，社交网站首先敲开资本市场的大门，人人网、世纪佳缘等陆续成功上市，然而大量资金的介入并未给行业带来新的发展，社交网站营收状况堪忧，市场业绩表现不佳；从应用主体上，微博仍然是 2011 年 SNS 行业的热点，新浪、腾讯等微博运营商开始尝试微博商业化之路；从媒介价值上，企业加深对微博、SNS 等社交媒体营销的认识，而社会化营销 ROI 评估体系的产生也促进社会化营销的快速发展；从整体互联网趋势上，SoLoMo 概念深入社交媒体领域，而各大运营商也着手布局 SoLoMo 模式移动 SNS，创造新的生态链。

根据艾瑞咨询数据，截至 2011 年 10 月，中国社交网站用户规模已达到 2.5 亿。

3．典型案例——新浪微博

新浪微博自 2009 年 8 月 28 日推出服务后呈现爆发式增长。2011 年，新浪微博注册用户实现了 2 亿的增长，平均每月新增用户超过 1600 万，截至年底，新浪微博注册用户已经突破 3 亿大关。同时，新浪微博手机端的接入人数已经超过计算机端，手机端使用时间和页面访问数量也已超过计算机端。2011 年，新浪对于微博的投资约为 1.2 亿美元，2012 年将增加到 1.6 亿美元，新浪欲借助大量投资进一步巩固微博平台的领先地位。同时，新浪微博将在 2012 年推出广告系统以及收费游戏，从而试水大规模商业化。

29.5.4　移动浏览

1．概述

国内移动互联网以及智能终端的快速普及，给移动浏览器带来了发展机遇。据 2011 年 CNNIC 发布的《中国手机浏览器发展状况研究报告》数据显示，目前我国手机浏览器用户规模达到 2.15 亿，占手机网民的 67.6%。移动浏览器已经凭借着其快捷易用的优势，成为最受用户欢迎的应用之一。同时，易观国际发布报告指出，截至 2011 年 12 月底，中国第三方手机浏览器市场活跃用户规模达 2.11 亿。而 2010 年底，我国第三方手机浏览器用户数约为 2.03 亿，其中活跃用户数仅为 1.23 亿，2011 年活跃用户的占比显著提高。

2．市场概况

国内手机浏览器市场的高速发展，使各方纷纷加紧布局。一方面，国内互联网企业之间的竞争趋于白热化。正加紧扩大手机浏览器市场的腾讯与另一手机浏览器巨头 UCWEB 因模仿事件发生纠纷。另一方面，国外厂商欲借此机会，在本土手机浏览器市场上占据一席之地。海外手机浏览器巨头 Opera 启动本土化战略，投入大量人力、物力改进 Opera 浏览器，以便更适应国内应用环境；同时，还与手机渠道商天音通信合作成立 Opera 合资公司——欧鹏。

3．典型案例——UC 优视

自 2004 年起，优视科技就已经开始基于手机终端和网络服务器混合运算（云计算架构）开发手机浏览器，这在全球的移动互联网领域都处于领先位置。UC 浏览器集合了快捷导航、全网搜索、个人数据、听音乐、看视频、下资源、在线支付、本地生活和通信助手九大功能，是目前全球市场上功能最全面的手机浏览器软件产品，同时在网址输入、页面处理、上传下载、数据处理、辅助功能等诸多方面，UC 浏览器都明显领先于国内外同类产品。优视科技长期专注于手机浏览器领域，在用户需求的技术实现以及用户体验的各类技术细节上，都有丰富的技术积累。

29.5.5　LBS

1．概述

LBS 为 Location Based Service 的缩写，即基于位置的服务。随着我国 3G 的高速发展，以及 iPhone、Android 产品的普及，以传统互联网为平台的社会化媒体向移动客户端平移，智能手机成为用户获取网络体验的活跃终端。基于移动互联网的 LBS 应用获得了更大的发展空间。

2．市场概况

对生活服务类信息的需求成为移动位置服务发展的重要推动力。EnfoDesk 易观智库发布的数据显示，截至 2011 年 12 月底，中国 LBS 市场累计账户规模达到 3062 万户。

3．典型案例——盛大切客

切客是指热衷于即时记录生活轨迹并与他人分享的人群。2011 年盛大切客联手 12114 信息名址，为用户提供随时、随地、随身的信息服务。手机用户无论在何时、何地，只要有网络就可以编辑短信“盛大切客”发送到 12114，不仅可以了解盛大切客相关信息，而且还能立即轻松启动其移动应用程序的下载安装，省去烦琐的搜寻、记忆和查找网址的过程。同时，手机号码身份的真实有效，提升了商业价值。切客网自 3.0 版本后，开创了以手机支付带动“LBS+O2O”的全新电子商务模式，一举实现在社会化身边电子商务领域的又一次跨越。

29.5.6 移动 UGC

1．概述

UGC 是 User Generated Content 的缩写，即用户生成内容。随着全球 3G 商用的日益推进和移动互联网业务的不断发展，移动 UGC 业务正在日渐崛起。促进移动 UGC 业务发展的因素在于：第一，电子存储设备容量不断增加而价格不断下降，同时存储制式趋向标准化，这使得手机的性能不断提升，可以和其他设备共享信息并实现升级；第二，随着手机的日益普及，人们倾向于用手机记录真实的生活，表达自己的感受；第三，移动运营商希望借助 UGC 吸引更多的用户，开辟新的业务增长点。

2．市场概况

目前，移动 UGC 的业务形式主要是移动社区网络和移动视频共享，其中移动社区网络已经在韩国、欧美市场形成规模。根据 Juniper 咨询公司的研究，社区网络目前是移动 UGC 领域的主流，全球用户数约为 1400 万。全球移动 UGC 领域 2007 年的收入达到 5.72 亿美元，其中移动社区网络收入占 50%以上；预计到 2012 年移动 UGC 领域的收入将超过 57 亿美元，而社区网络业务收入占比将下降到 21%，以视频为代表的个人内容共享将成为主流。

2011 年，视频行业变化巨大。处于第一阵营的酷 6 网宣布转型 UGC 短视频，新版页面上线；人人网以 8000 万美元收购短视频网站 56.com；社交网站 Facebook 一跃成为全美第三大视频网站。未来，国内视频行业的竞争将回归互联网的本源，即技术+内容，因此这两个关键词将成为视频行业发展的主旋律，UGC 内容和短视频将成就中国视频行业的王者，酷 6 网等先行者可能会获得引领行业发展的先机。

3．典型案例——酷 6 网（短视频）

2011 年 9 月，酷 6 网对外宣布将转型为社区化视频网站，主要的方向集中于 UGC 和短视频。截至 2011 年 10 月，酷 6 网月度用户整体规模（UV）已超过 2 亿，其视频播放总量中，90%以上的播放量来自短视频，且这一比例还在不断上升。根据 CNNIC《2011 年（上半年）中国互联网络发展状况统计报告》显示，网络视频用户的规模达 3.01 亿，由此可见酷 6 网凭借主打“短视频”，已经抢占了中国 67%的网络视频用户数，一跃成为短视频领域的先锋旗帜。2011 年 11 月，酷 6 网实现连续 3 天每日上传视频总量突破 10 万，用户活跃度显著提升，来自短视频内容的播放量已经接近总视频播放量的 90%，酷 6 网短视频的战略转型已经获得确立。

29.5.7 移动支付

1．概述

移动支付是指交易双方为了某种货物或服务，使用移动终端设备为载体，通过移动通信网络实现的商业交易。移动支付主要分为近场支付和远程支付两种。近场支付是指用手机刷卡的方式坐车、买东西等。远程支付是指通过发送支付指令（如网银、电话银行、手机支付等）或借助支付工具（如通过邮寄、汇款）进行的支付方式，如掌中付推出的掌中电商、掌中充值、掌中视频等。

2．市场概况

2010 年中国移动支付市场整体规模为 202.5 亿元，同比增长 31.1%，2011 年交易规模井喷式增长达 481.4 亿元，同比增长 149.4%。随着智能手机销量的迅速增加，2012 年整个移动互联网将向纵深发展，移动购物已经成为移动互联网市场规模增长的主要驱动因素。预计 2012 年移动支付市场规模将达 1209.6 亿元，同比增长 151.2%。

2011 年底，中国人民银行发布第三批第三方支付牌照，中国移动电子商务有限公司、联通沃易付网络技术有限公司以及天翼电子商务有限公司均在其列，这意味着三大运营商正式进军第三方支付市场，与各银行和支付公司正式形成割据局面。

3．典型案例——手机支付宝

2009 年 11 月，支付宝宣布正式推出手机支付服务。2010 年 10 月，支付宝联合 60 多家厂商在北京成立“无线安全支付产业联盟”，并针对移动互联网发布业内新一代的无线支付产品——“手机安全支付”。2011 年 5 月，中国人民银行向支付宝（中国）网络技术有限公司颁发国内第一张《支付业务许可证》，是国内获得第三方支付牌照的首批 27 家企业之一。2011 年 11 月，支付宝再度刷新当天交易量世界纪录，创下当天支付成功 3369 万笔的纪录，比 2010 年的纪录增长近 170%，其中，无线支付笔数就达到 171 万笔。手机话费充值、手机购机票等成为最热门的手机支付应用。

29.5.8　移动广告

1．概述

移动广告的推广重点在于介绍应用的认可度，提高潜在买家的信任度。推广方式可以采用论坛、社交网络等，由于其本身具有的广告特性，因此宣传的方法不同于传统广告。移动广告的优势在于定位，据美国一家调研机构报告显示，位置相关的广告能够有效提高广告点击率，甚至达到 50%，比互联网广告中最精准的搜索广告的点击率高出很多倍。

2．市场概况

2011 年是移动互联网快速发展的一年，移动广告作为细分行业之一也受到了热捧，参与广告平台竞争的企业迅速增多，目前总数已超过 30 家。根据艾瑞咨询统计研究显示，2010 年中国移动应用广告平台营收为 0.7 亿元，2011 年将增长至 3.1 亿元，环比增长 342.9%。移动广告市场高速增长的原因在于：一方面受到国内大量新参与者的推动，另一方面得益于移动应用的大量开发和国内用户付费意愿薄弱的现状。受市场发展影响，加之移动终端的不断普及，广告主对移动应用广告的前景十分看好，开始尝试广告投放。艾瑞咨询预计，到 2014 年，整个移动广告平台的营收规模将达到 45.39 亿元，并成为整个移动互联网市场发展的重要推力。

3．典型案例——有米广告

有米广告是国内首家手机应用广告平台，特色在于能够为企业广告提供精准的广告投放，整合手机网站、手机游戏、手机软件三大手机广告媒体资源，拥有庞大的手机上网用户数据库，能够实现手机广告精准投放，使广告按广告主设定的投放目标在合适的时间、合适的地点到达合适的受众手中，同时还提供翔实的广告统计功能，方便广告主了解广告效果，方便开发者了解收入情况。

29.5.9　手机网游

1．概述

手机网游是一项传统的移动应用，但随着硬件性能的提升，无论在画面还是互动上都有了很大的发展，同时，社交功能元素也融入到手机网游中。伴随着 2011 年移动互联网的进一步发展，手机网游作为移动互联网娱乐的先锋，迎来了理性的新发展阶段。其主要发展助动力如下。

产业链合理优化及商业模式的演进，包括三大电信运营商、斯凯、腾讯等发行渠道为争夺市场会持续优化运营手段、改进推广模式，同时随着第三方支付在远程移动支付方面的发展，必将产生符合手机网游的支付解决方案，促使手机网游产业向更为健康的环境发展。

2011 年，大型互联网游戏巨头开始布局手机游戏市场。他们不仅将 PC 端的开发及策划经验带入手机网游市场，同时较强的资本实力也为用户培养和技术打磨提供了一定基础。丰富的产品内容以及集团化的运作经验是互联网厂商给手机网游行业注入的另一支强心针，手机网游产品同质化的现象将有所缓解。

2．市场概况

易观智库产业数据库发布的数据显示，中国手机游戏用户规模稳步增长，2012 年手机游戏用户规模预计达到 2.15 亿，环比增长 31.8%；预计 2014 年手机游戏用户规模将达到 3.6 亿。

2011 年第四季度手机网络游戏市场规模达 3.7 亿元。TOP10 的市场格局中，腾讯及辉悦天成分别以 17.14%及 5.25%的占比保持领先。掌上明珠 4.97%、呈天游 4.67%、顽石互动（数字顽石）4.18%分列第 3～5 位。与 2011 年第三季度相比，第 3～5 位的企业呈上升态势，其余企业市场格局变动较小。互联网厂商对于手机网游市场的布局战进一步加剧，盛大、九城、蓝港、千橡等互联网企业继续加大投入力度，对于移动端的竞争战预计在 2012 年会初露端倪。

3．典型案例——手机 QQ 游戏

依托 QQ 的庞大用户群，手机 QQ 游戏大厅可以满足用户随时随地联网对战的需求。同时，手机 QQ 游戏在 Symbian、Android 平台上已经增加“社区功能”，加入任务成就系统，并且与腾讯微博互连互通，成为国内为数不多的拥有社交氛围的手机游戏平台，充分提高了用户的使用感知，增加了手机 QQ 游戏大厅的黏性。

手机 QQ 游戏大厅拥有 2 亿注册用户的基础，并且对内、外部所有休闲游戏厂商提供开放合作，共享手机 QQ 游戏大厅每日 1300 万登录用户。开放的平台战略无疑为手机游戏厂商带来更多的希望和机遇，在获得海量的用户和流量的同时，获得不菲的收益；而手机 QQ 游戏大厅则会获得更多优质的游戏，为用户带来更好的游戏体验，并享受利益分成。这种双赢的开放合作模式，将使手机 QQ 游戏大厅迎来更大、更广的发展空间。

29.6　移动互联网的机遇与挑战

展望 2012 年，传统互联网和移动互联网将走向深度融合。与此同时，各类移动智能终端日益普及，将催生出众多令人激动的新兴服务。但正如前文所述，移动互联网仍处于成长期，产业格局并未稳定，对移动互联网的参与方来说，机遇与挑战并存。

1．电信运营商

电信运营商拥有庞大的网络基础和用户基础，在产业链中提供服务平台和收费平台，主导性较强，但由于移动互联网的合作模式逐步开放，运营商的原有封闭合作模式问题逐步显现，运营商对产业链的控制力受到挤压。

尽管面临诸多挑战，但从目前的形势看，电信运营商已经纷纷主动转型，以适应移动互联网的发展要求。总体来说，由于移动互联网时代厂商竞争的一个重要趋势是牢牢把握住用户，而电信运营商在用户基础和消费习惯方面具有优势积累，只要明确定位和发力点，聚焦重点市场、客户群和重点业务应用，通过拓展移动互联网市场来应对当前基础通信业务不断被诸如即时通信类的互联网应用替代的不利局面，有望保持其在通信市场上的重要地位。

2. 终端厂商

终端作为移动互联网的第一入口，占据了天然优势。对终端厂商而言，围绕终端打造的应用平台，有助于保持对产业链的控制力，但由于核心系统仍主要由谷歌等公司控制，终端厂商有陷入硬件提供商的不利局面的可能。

对于终端厂商而言，要在移动互联网中占据更大的地位，一是要以产品质量为本，通过工业设计改进、贴近时尚潮流、打造开放平台等，积极提升产品质量，吸引更多客户购买和使用；二是要做好相应基础工作，包括渠道的管理、供应链的管理、服务的改进提升等。

3. 平台和应用提供商

平台和应用提供商可以分成两类，一类是基础/核心平台提供商，如苹果、谷歌等；另一类是基于其之上的开放提供商。

对前一类提供商而言，前景十分看好，但要注意软硬件结合的问题，避免歧视化对待手机终端开发商，影响产业链积极性的问题发生。

对后一类提供商而言，主要的机遇和挑战在于是否能够持续创新。只有积极开发各类创新应用软件，通过创新应用软件增加用户使用黏性，增加应用软件对使用者的吸引度，才能为企业带来真正的价值。创新一是要聚焦于用户体验的提升；二是可以通过细分市场，提供差异化功能应用；三是对现有产品/服务进行整合和提升。

（中国电信　陈景国、何伟）

第 30 章　2011 年中国物联网发展情况

- 目前，我国物联网发展与全球同处于起步阶段，初步具备了一定的技术、产业和应用基础，呈现出良好的发展态势。据不完全统计，我国 2011 年物联网产业市场规模达到 2500 亿元，较 2010 年增长 25%。
- 物联网配套政策和发展环境有了新发展。工信部发布《物联网“十二五”发展规划》，提出未来 5 年“初步完成产业体系构建，形成较为完善的物联网产业链”的发展目标；由工信部电信研究院发起立项的“物联网概述”标准草案，通过了联合国国际电信联盟（ITU-T）第十三研究组会议的审议，成为全球第一个物联网总体性标准。
- 我国物联网在工业、安防、电力、交通、物流、医疗、环保等领域已经得到应用，且应用模式正日趋成熟。
- 尽管我国物联网在产业发展、技术研发、标准研制和应用拓展等领域已经取得了一些进展，但物联网发展也面临各地盲目规划和投入，核心技术和高端产品与国外差距较大，部分核心技术受制于人，安全隐患困扰长期存在等问题。

2011 年作为“十二五”的开局之年，中国物联网的发展也从概念走向现实，政府相关部门不断从政策、技术、社会等多方面为物联网的发展提供优质的发展环境。中国物联网自 2009 年起步以来，经过两年的长足发展，目前发展状况良好，已初步具备了一定的市场规模，业务领域相比 2010 年有了显著扩大，同时在电信运营商等各领域得到了进一步的发展，随着技术、产业和应用基础不断提高，在 2011 年呈现出良好的发展态势。

30.1　发展环境

2011 年，我国为物联网在政策、技术、社会三方面提供了良好的发展环境。

30.1.1　政策环境

2011 年，从中央主管部委到行业、省市，多点、多层次的物联网规划密集出台，这些规划从政策、应用、资金等多个层面形成了对中国物联网的强大政策推动力，为中国物联网产业营造了良好的发展环境。

由工信部牵头制定的《物联网“十二五”发展规划》中明确指出：“‘十二五’期间，初步完成产业体系构建。形成较为完善的物联网产业链，培育和发展 10 个产业聚集区，100 家以上骨干企业，一批‘专、精、特、新’的中小企业，建设一批覆盖面广、支撑力强的公共服务平台，初步形成门类齐全、布局合理、结构优化的物联网产业体系。”而在全国已有 28 个省市将物联网作为新兴产业发展重点之一。在交通、电力、卫生、物流等物联网重点应用领域，相关行业部门也都相继出台了有关规划，积极推动物联网等新一代信息技术的发展。2011 年 4 月，财政部出台《物联网发展专项资金管理暂行办法》，明确了国家专项资金的支持范围涵盖物联网的技术研发与产业化、标准研究与制定、应用示范与推广、公共服务平台等方面的项目。2011 年 5 月，继财政部发布《物联网发展专项资金管理暂行办法》后，工信部办公厅与财政部办公厅又联合下发《关于做好 2011 年物联网发展专项资金项目申报工作的通知》。《通知》不仅对《办法》中涉及的专项资金支持范围及重点支持内容做了补充阐述，而且对申请资格、条件和程序做了详细说明。《办法》的出台，有力地带动了各行业、各省市、各地方政府对物联网的资金支持。中央财政资金的切实投入，使政府对物联网的支持真正由虚变实。

地方政府相续出台地方政策鼓励物联网相关企业的发展。江苏省全力推动无锡物联网产业核心区的发展，不断完善物联网技术体系和产业体系，并重点建设了传感网创新园、产业园和信息服务园，使无锡成为国家传感网创新示范区和具有国际竞争力的物联网产业基地。山东省以物联网示范工程建设为核心、产业基地为载体、产业联盟为支撑，以物联网产业创新体系、应用推广体系、标准研制与验证体系、公共技术服务体系、信息安全基础体系和产业要素支撑体系为保障，加快形成“智慧山东”基本框架；同时为推动物联网相关产品及企业发展，将自主知识产权物联网产品与服务列入政府采购目录，并通过财政、税收等优惠政策支持物联网企业的发展。四川省将物联网作为增强本省产业竞争力、加快转变发展方式、培育经济新的增长点的重大举措，初步构建起以成都为中心，以绵阳、乐山、内江、遂宁等城市为支撑的物联网产业发展集群。随着推动物联网发展的地方政策的不断出台，物联网在 2011 年呈现出良好的发展势头。

30.1.2　技术环境

与物联网密切相关的几大类技术在 2011 年也取得了突破性进展。三大运营商的 3G 网络覆盖日益完善，3G 用户成倍增加。云计算开始“化云为雨”，云计算数据中心建设不断推进，对物联网应用形成有力支撑。以 RFID 为代表的传感技术广泛应用到物联网各领域，编码标准化工作也在有条不紊地开展。

我国的物联网标准研究工作取得重大突破。2011 年 5 月由工信部电信研究院发起立项，由中国联通、中国电信、南京邮电大学、中兴通信、工信部电信科学技术研究院、大唐软件等国内相关单位以及欧盟各国、韩国、日本、美国、加拿大、俄罗斯、澳大利亚、肯尼亚、印尼等国家的企业、研究机构和标准组织共同参与、协商制定的“物联网概述”标准草案，已于 2012 年初通过了国际电信联盟（ITU-T）第十三研究组会议的审议，成为全球第一个物联网总体性标准，标准编号为 Y.2060。该标准涵盖了物联网概念、术语、技术视图、特征、需求、参考模型、商业模式等几部分内容，对于指导和促进我国乃至全球物联网技术发展、产业进步、成果应用等具有重要意义。

为解决物联网发展中的重要科学问题，国家重点基础研究发展计划（973 计划）支持多项物联网的研究项目，如北京邮电大学的“物联网体系结构基础研究”，中国澳门大学的“物联网项目”，中科院电子学研究所的“水环境监测无线网络微传感器芯片系统基础研究”，南京邮电大学的“物联网混杂信息融合与决策研究”。

云计算是实现物联网的核心，运用云计算模式使物联网中以兆计算的各类物品的实时动态管理和智能分析变为可能。2011 年随着云计算的落地，更多的厂商推出了云计算相关的产品和服务，运营商也逐步推进云计算数据中心建设，实施 IT 支撑系统云化，越来越多的客户接纳了云服务，互联网公司、IT 公司、电信运营商、软件公司、终端厂商和电信设备商的行业边界被进一步打破。

2011 年物联网的良好发展势头为 RFID 产业创造了巨大的发展机遇，RFID 已涉及人们日常生活的各个方面，在工业自动化、商业自动化、交通运输控制管理等众多领域得到了广泛应用，并成为未来信息社会建设的一项基础技术。随着智能手机普及，更加方便、快捷的二维码应用也快速渗透到大众消费应用领域。二维码识别作为物联网“十二五”规划细分行业的关键环节，在未来的无线互联网世界成为物理连接的重要通道。3G 基础网络、云计算、RFID、二维码的不断成熟发展都为物联网的发展提供了优质的技术环境。

30.1.3 社会环境

随着绿色、低碳等社会概念的提出与普及，人们越来越关注新技术在环保、社会和谐等方面的利用，物联网技术在社会环境方面有着得天独厚的优势，其在环保方面的应用越来越广泛。随着物联网的不断发展，包括智能物流实现流通环节节能、智能交通实现低碳出行、智能电网提高电能效率、智能家居减少建筑能耗等物联网技术的发展，人们逐步接受物联网，物联网在社会生活中为人们提供越来越多的便利，这都为物联网提供了良好的社会环境，物联网技术将在社会安全建设、新兴产业发展、构建和谐社会等诸多方面发挥作用。

随着物联网应用的不断深入，物联网应用平台也得到了进一步的发展。工信部开通国家食品工业企业诚信信息公共服务平台，依托地方平台、行业平台、企业管理信息系统，为各级行政主管部门提供食品质量安全监管信息，提高政府对食品安全的监控能力和管理创新能力，提供食品安全诚信服务，发布守信奖励及失信惩戒（包括“黑名单”）信息，形成食品工业企业诚信管理国家平台长效运行机制。上海、江苏、山东、河北、浙江等地启动智能电网平台建设，为用户装上电表“黑匣子”，使电表具备远程自动采集功能，住户可通过终端随时获知家庭用电量。北京市逐步建成以图像智能分析及视频监控系统为核心的全市应急管理物联网平台，推动电动汽车充电桩在京布局以及“多网融合”技术应用示范项目。云南建设物联网云计算平台，应用领域涉及智慧旅游、环境监测、安全监控、节能降耗以及智慧医疗。

城市管理、城市环境、城市生活涉及城市的发展和百姓生活。而目前中国很多城市在城市化高速发展的过程中，正面临着管理、资源、污染、拥挤等许多令人头疼的问题。智慧城市概念的提出，似乎让这一切问题有了最好的解决途径。智慧城市是物联网技术最为现实的应用实施点，也是省市政府推动物联网发展最直接的触发点，智慧城市概念给政府提供了实施物联网的途径，给企业提供了切入物联网、能直接带来收益的机会，给市民带来了实际环境改变的感受。所以，智慧城市便成为 2011 年物联网发展中最热门的关键词，智慧城市为人们描绘了能够让城市更环保、更健康、更宜居的美好蓝图。

30.2　发展现状

目前，我国物联网发展与全球同处于起步阶段，初步具备了一定的技术、产业和应用基础，呈现出良好的发展态势。

30.2.1　市场规模

2011 年，中国物联网产业市场规模达到 2500 亿元，比 2010 年的 2000 亿元同比增长 25.0%，如图 30.1 所示。预计到 2015 年将达到 7500 亿元，年复合增长率超过 30%。无线射频识别（RFID）产业市场规模超过 100 亿元，其中低频和高频 RFID 相对成熟。全国有 1600 多家企事业单位从事传感器的研制、生产和应用，年产量达 24 亿只，市场规模超过 900 亿元，其中，微机电系统（MEMS）传感器市场规模超过 150 亿元。通信设备制造业具有较强的国际竞争力。机器到机器（M2M）终端数量接近 1000 万，形成全球最大的 M2M 市场之一。

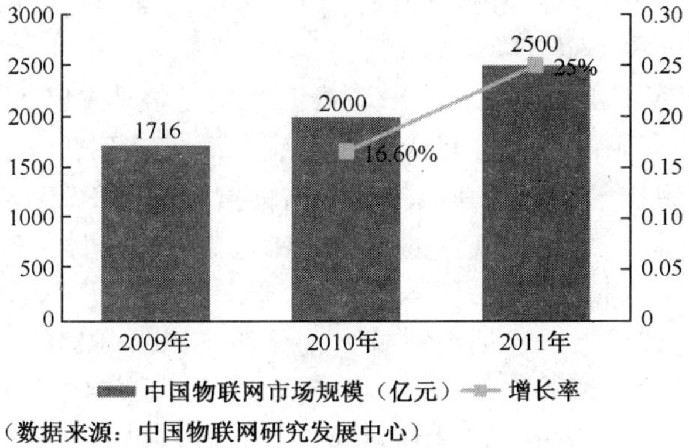

（数据来源：中国物联网研究发展中心）

图30.1　2009—2011年中国物联网市场规模

2011 年，构成物联网产业 5 个层级的支撑层、感知层、传输层、平台层和应用层分别占物联网产业规模的 2.7%，22.0%，33.1%，37.5%和 4.7%[63]。而物联网感知层、传输层参与厂商众多，成为产业中竞争最为激烈的领域。

30.2.2　技术发展

1．传感器

迄今为止，我国传感器产品仅有 10 大类、42 小类、6000 多个品种，尚有大量的品种短缺。由于在技术和生产能力上同发达国家还有较大差距，产品技术档次低，品种规格不齐全，国内传感器产品还远不能满足国内需求，特别是一些高档传感器、MEMS 传感器、汽车用传感器以及专用配套传感器等，这些仍然主要依赖进口。目前传感器进口占比达 80%，传感器芯片进口占比达 90%。国内传感器发展水平与国外相差甚远的原因，主要包括：

---

[63] 数据来源：中国电子信息产业发展研究院《2011 中国物联网产业发展现状浅析》。

（1）技术基础薄弱，研究水平不高，缺乏自主知识产权。

（2）大量小企业的存在使得在低端传感器领域，国产传感器的价格竞争更加惨烈；而在高、精、尖领域，国产传感器生存状况惨淡。

（3）专利意识淡薄，这是本土企业普遍存在的问题。

2．智能卡技术

智能卡作为 IT 行业的一个小分支，本身的分量很有限。但随着通信、金融和政府安全等项目的实施，智能卡独特的技术特性以及不可替代的地位开始显现，自然也会受到资本市场的青睐。实际上国外的一些老牌智能卡公司，很早就上市了。而新兴的智能卡公司也争先恐后地进入 IPO 的行列。从这点上说，国内智能卡公司在资本运作方面还有很多需要提高的地方。

3．二维码识别

随着二维码行业的逐渐成熟，以及手机终端智能化的发展，二维码的应用将会越来越多，基于 O2O 模式下的二维码购物已被 1 号店、淘宝网、京东商城广泛应用到户外广告中，随处可见的地铁、公交站台广告上二维码购物“虚拟超市”成为人们关注的焦点。《物联网“十二五”发展规划》中提出二维码作为物联网的一个核心应用，将得到国家和政府的大力支持。

4．无线射频识别技术（RFID）

目前软件在 RFID 应用中比较简单，平均费用不超过整体 RFID 项目支出的 13%。未来几年，随着大规模物流应用及开环方式应用的发展，海量 RFID 信息处理、传输和安全对 RFID 的系统集成和应用技术提出了新的挑战，软件费用将是 RFID 项目支出中相当重要的部分，在某些应用中，甚至会超过硬件的费用。由于软件/中间件在 RFID 系统中的地位越来越重要，目前国内外厂商在这方面投入了越来越多的技术研究，以满足未来这方面的巨大需求，并取得了一定的成果，包括中科院自动化所推出了 RFID 公共服务体系基础架构软件和血液、食品、药品可追溯管理中间件，清华同方的 ezRFID 中间件，ezONEezFramework 基础应用套件等。目前中国 RFID 产业链逐步完善，在核心技术研发和产业化方面取得了新的进展。

30.2.3 市场应用

2011 年从整体来看，占据中国物联网市场主要份额的应用领域为智能工业、智能物流、智能交通、智能电网、智能医疗、智能农业和智能环保。其中智能工业占比最大，为 20.0%。

我国物联网在工业、安防、电力、交通、物流、医疗、环保等领域已经得到应用，且应用模式日趋成熟。在工业领域，物联网可以应用于供应链管理、生产过程工艺优化、设备监控管理以及能耗控制等各个环节，目前在钢铁、石化、汽车制造业有一定应用，此外在矿井安全领域的应用也在试点当中。在安防领域，视频监控、周界防入侵等应用已取得良好效果。在电力行业，远程抄表、输变电监测等应用正在逐步拓展。在交通领域，路网监测、车辆管理和调度等应用正在发挥积极作用。在物流领域，物品仓储、运输、监测应用广泛推广。在医疗领域，个人健康监护、远程医疗等应用日趋成熟。除此之外，物联网在环境监测、市政设施监控、楼宇节能、食品药品溯源等方面也开展了广泛的应用。

1．物联网护航食品安全

眼下，食品安全依然是人们心中的一大难题。不过，随着物联网技术的兴起，这一问题有望找到新的解决方法。例如，采用集成电路卡 IC 卡技术模式，将交易数据存储在 IC 卡上，通过 IC 卡进行传递，可实现对蔬菜经营者的追溯；采用无线射频识别溯源标签技术模式，可实现对猪肉本身和经营者的追溯等大规模、多层次、全方位的物联网应用，为百姓的菜篮子添了一层安全保障。

2. 物联网打造亲民安防产品

看似抽象的物联网技术已经融入了人们的日常生活中，安防产品就是一例。医联网便是物联网技术的一大典型应用。人们把数字化卫生医疗信息系统与医联网相结合，将二者的数据库进行连接，通过对数据库分类筛选将孕妇的体检提示通过机顶盒传送至家中，便可时刻提醒高危人群做好健康检查。物联网已经化身为人们生活的贴身“护士”。

3. 物联网终端市场火爆

当下最为火热的话题当属物联网和移动互联网，而 NFC 技术[64]则将两者巧妙融合在一起，这也是 NFC 手机市场火爆的一大原因。据统计，2011 年全球 NFC 手机销量为 3000 万台，目前增长速度非常迅猛，预计在 2016 年销量将会增长到 7 亿台。另外，移动互联网的另一大载体——平板电脑也将引入 NFC 功能。可以预见，今后 NFC 终端在智能家庭、智能医疗、智能交通等领域的应用将更加普及。

30.2.4　典型案例

1. 东莞实现空余车位预约服务

在交通领域，除了人们熟知的视频监控、GPS 定位外，物联网与手机技术的结合还将带来更多方便。在车位上装了无线传感器后，车辆只要停在这里，系统就能感知，并把信息通过专门的客服电话或手机客户端传递给用户，目前在东莞等地已经实现了这种应用，人们出门前可提前了解哪里有空余车位，甚至获得预约服务。实现这种功能的传感器由于是无线的，安装起来并不麻烦，而且除了车位信息，还能告诉用户究竟停了多长时间车，以便精确收费。

2. 上海浦东国际机场防入侵系统

上海浦东国际机场防人侵系统铺设了 3 万多个传感节点，覆盖了地面、栅栏和低空探测，多种传感手段组成一个协同系统后，可以防止人员的翻越、偷渡、恐怖袭击等攻击性入侵。建设当年（2008 年）就获得产值 5 千万元。

3. 朝阳物联网示范园

北京市朝阳区将修建一座占地 4 平方千米的物联网应用服务产业园。无人驾驶节能公交车、手机刷卡付费等生活方式将在园内实现。朝阳物联网示范园最大的看点就是无人驾驶的公交系统，市民在园内乘坐无人驾驶的节能环保公交车，经过十字路口的时候，红绿灯也能够自动感应到公交车驶近，从而迅速变灯。据悉，这将成为国内首个物联网示范园区。

30.2.5　产业布局

在产业分布上，我国物联网产业已初步形成环渤海、长三角、珠三角，以及中西部地区四大区域集聚发展的总体产业空间格局。其中，长三角地区产业规模位列四大区域之首，如图 30.2 所示。

---

[64] NFC 技术：近场通信（Near Field Communication，NFC），又称近距离无线通信，是一种短距离的高频无线通信技术。

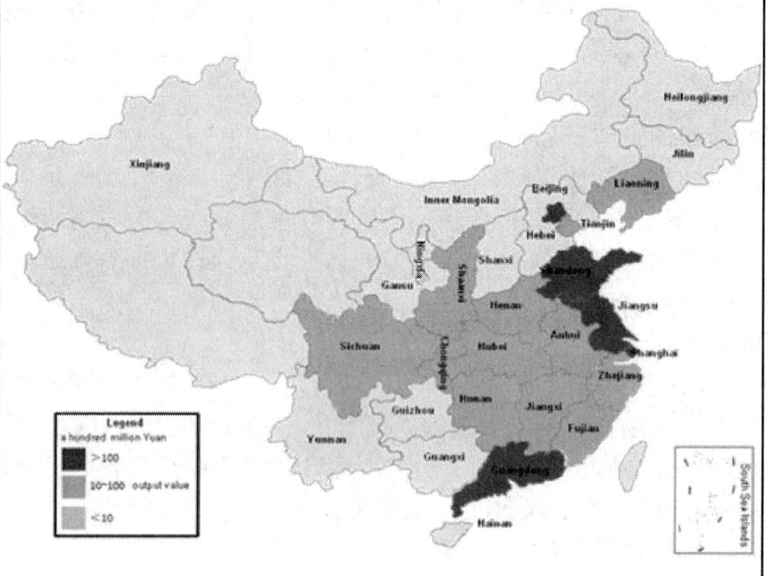

Source: CCID Consulting, Feb 2012

图30.2　2011年中国物联网产业分布图

环渤海地区是国内物联网产业重要的研发、设计、设备制造及系统集成基地。该地区关键支撑技术研发实力强劲，感知节点产业化应用与普及程度较高，网络传输方式多样化，综合化平台建设迅速，物联网应用广泛，并已基本形成较为完善的物联网产业发展体系架构。

长三角地区是我国物联网技术和应用的起源地，在发展物联网产业领域拥有得天独厚的先发优势。凭借该地区在电子信息产业深厚的产业基础，长三角地区物联网产业发展主要定位于产业链高端环节，从物联网软硬件核心产品和技术两个核心环节入手，实施标准与专利战略，形成全国物联网产业核心与龙头企业的集聚。

珠三角地区是国内电子整机的重要生产基地。在物联网产业发展上，珠三角地区围绕物联网设备制造、软件及系统集成、网络运营服务以及应用示范领域，重点进行核心关键技术突破与创新能力建设，着眼于物联网基础设施建设，城市管理信息化水平提升，以及农村信息技术应用等方面。

中西部地区物联网产业发展迅速，各重点省市纷纷结合自身优势，布局物联网产业，抢占市场先机。湖北、四川、陕西、重庆、云南等中西部重点省市依托其在科研教育和人力资源方面的优势，以及 RFID、芯片设计、传感传动、自动控制、网络通信与处理、软件及信息服务等领域较好的产业基础，构建物联网完整产业链条和产业体系，重点培育物联网龙头企业，大力推广物联网应用。

30.2.6 问题和挑战

尽管我国物联网在产业发展、技术研发、标准研制和应用拓展等领域已经取得了一些进展，但应清醒地认识到，我国物联网发展还存在一系列瓶颈和制约因素，主要表现在以下几个方面。

1．各地物联网规划存在盲目投入现象

随着物联网试点城市启动，物联网试点工作得到各个地区高度重视，各地陆续制定各地方物联网规划。但是应同时看到，各省市物联网方案、规划大同小异，缺乏特色，缺乏清晰的商业模式，缺少企业参与的积极性。这是一个弊端，应集中力量根据各地不同优势寻找突破城市，避免盲目投入。

2．核心技术和高端产品与国外差距较大

我国在传感器、RFID、网络和通信、智能计算、信息处理等领域的技术研究能力不断提升，技术创新能力也取得了一定突破。但由于信息产业长期的基础性瓶颈和大型应用系统综合集成能力薄弱，我国在物联网核心技术上与国外发达国家还存在一定差距，部分技术领域没有掌握核心技术，长期受制于人；大部分技术领域落后于国际先进水平，以跟随为主，处在产业链低端。我国企业基本掌握了低端传感器研发技术，但高端传感器和新型传感器的部分核心技术仍然未掌握。我国仅有组件式传感器的通用标准，新型传感器标准基本为空白。传感器在高精度、高敏感度分析、成分分析和特殊应用的高端方面差距大，中高档传感器产品几乎 100%从国外进口，90%芯片依赖国外。

3．安全隐患困扰物联网发展

随物联网等新技术的兴起和由此带来的产业变革，信息安全问题日益凸显。首先，传感网络是一个存在严重不确定性因素的环境。广泛存在的传感智能节点本质上就是监测和控制网络上的各种设备，它们监测网络的不同内容、提供各种不同格式的事件数据来表征网络系统当前的状态。然而，这些传感智能节点又是一个外来入侵的最佳场所。物联网感知层的数据非常复杂，数据间存在着频繁的冲突与合作，具有很强的冗余性和互补性，且是海量数据。因此，相对于传统的 TCP/IP 网络技术而言，所有的网络监控措施、防御技术不仅面临更复杂结构的网络数据，而且有更高的实时性要求，在网络技术、网络安全和其他相关学科领域面前都将是一个新的课题、新的挑战。其次，当物联网感知层主要采用 RFID 技术时，嵌入了 RFID 芯片的物品不仅能方便地被物品主人所感知，同时其他人也能感知。特别是当这种被感知的信息通过无线网络平台进行传输时，信息的安全性相当脆弱。如何在感知、传输、应用过程中提供一套强大的安全体系做保障，是一个难题。同样，在物联网的传输层和应用层也存在一系列的安全隐患，亟待出现相对应的、高效的安全防范策略和技术。只是在这两层可以借鉴 TCP/IP 网络已有技术的地方比较多一些，与传统的网络对抗相互交叉。

30.3　发展趋势

近来，中国物联网产业空间出现新的演变趋势。

一是产业发展“强者愈强”，资源要素将继续向优势地区汇聚集中。长三角、环渤海、珠三角等地区作为目前国内物联网产业的聚集地，企业分布密集，研发机构众多，产业氛围良好。同时，这些地区依托发达的经济环境与雄厚的地方财力，建设了一大批物联网示范项目。这为物联网的应用提供了成功案例和发展方向，并带动了相关技术和产品的大范围社会应用。得益于产业与应用相互促进形成的良性循环，未来优势地区物联网产业的发展将进一步提速，国内物联网领域的资源要素也将进一步向这些地区汇聚集中。优势地区在未来国内物联网产业发展中的地位将进一步提高。

二是产业分布“多点开花”，热点地区将不断蓬勃涌现。物联网产业广泛的内涵以及与应用紧密结合的特点，使其能够在具备先发优势的地区之外，得到更加广泛的发展。除前文所述的重点省市之外，包括天津、昆明、宁波在内的众多国内城市也将物联网产业作为本地区重点发展的产业领域。此外，四川双流县、河北固安县、山东微山县等众多县级城市，也纷纷结合本地区的特点，大力培育发展物联网产业。

三是产业演变“合纵连横”，区域分工将进一步明晰。虽然目前国内物联网产业整体尚处于起步阶段，但 RFID 与传感器、物联网设备、相关软件，以及系统集成与应用等几大产品领域的产业分布已经呈现相对集中的态势，国内各重点产业集聚区之间的产业分工格局也已初步显现。随着未来国内物联网产业规模的不断壮大，以及应用领域的不断拓展，产业链之间的分工与整合也将随之进行，区域之间的分工协作格局也将进一步显现。总体来看，产业基础较好的地区，将分别在支撑层、感知层、传输层和平台层等几个层面确定各自的优势领域；而其他二、三线城市，则将更多聚焦于物联网应用层在不同领域的发展。

我国应结合本国优势，优先发展重点行业应用以带动物联网产业。物联网仍处于起步阶段，物联网产业支撑力度不足，行业需求需要引导，成熟应用还需要多年的培育和扶持，发展还需要政府通过政策加以引导和扶持，因此未来几年我国应结合本国的优势产业，确定重点发展物联网应用的行业领域，尤其是电力、交通、物流等战略性基础设施以及能够大幅度促进经济发展的重点领域，将成为物联网规模发展的主要应用领域。

（中国互联网协会　秘蓉新；北京邮电大学　张冬梅）

第31章　2011年中国云计算发展情况

- 2011年中国云计算产业进入新的发展阶段。在国家层面，"十二五"规划纲要和《国务院关于加快培育和发展战略性新兴产业的决定》均把云计算作为"新一代信息技术"产业的重要组成部分来强调，2011年政府对于云计算产业的支持与推动进入实操阶段；在地方层面，包括北京、上海、无锡在内的30余个地方政府推出各有侧重的云计算产业规划，云计算产业区域布局正在形成；在企业层面，国内外IT企业均将云计算作为业务创新与拓展的重要方向，投入大量资金与人才，开发云计算应用。
- 在政府公共云项目的大力推动和厂商的积极宣传下，2011年中国云计算市场规模达到315.54亿元，同比增长88.6%。目前，全国已经有上百个城市正在建设或计划建设云计算项目，作为富能源地区目前面临巨大的发展机遇，鄂尔多斯、新疆也计划推进云计算基础设施产业集群建设。
- 云计算的IT基础设施建设模式为产业带来了节省成本、扩展应用、更加充分利用资源的全新思路，推动IT产业向绿色环保的资源节约型方向发展，云计算也为IT服务、互联网和移动互联网等产业开拓了全新的商业模式和建设思路，成为信息服务业发展的重要方向。
- 尽管云计算发展势头良好，但我国云计算产业也存在安全可控能力差、企业技术创新不足、国家部委的典型示范项目较少等问题，云计算发展泡沫也比较严重，存在盲目建设现象。

31.1　发展概况

经过2010年的探索，2011年中国云计算产业进入新的发展阶段。在国家层面，"十二五"规划纲要和《国务院关于加快培育和发展战略性新兴产业的决定》均把云计算作为"新一代信息技术"产业的重要组成部分来强调，2011年政府对于云计算产业的支持与推动进入实操阶段。在地方层面，已有包括北京、上海、无锡、杭州、深圳、成都等在内的30余个地方政府推出各有侧重的云计算产业规划，云计算产业区域布局正在形成。在企业层面，IBM、谷歌、微软、曙光、浪潮、华为、联想等几乎所有国内外IT企业均将云计算作为业务创新与拓展的重要方向，投入大量资金与人才，开发云计算应用；与此同时，各行业的不同规模的众多企业也开始对云计算内部应用做出尝试，云计算市场正在成为充满活力且规模迅速扩张的新兴市场。

2011 年，云计算试点示范工作有序推进，中国云计算“十二五”规划制定工作启动。根据工信部与发改委联合印发的《关于做好云计算服务创新发展试点示范工作的通知》见表 31.1，北京、上海、深圳、杭州、无锡 5 个先行试点示范城市的 15 个项目获得专项基金支持，涉及联网服务、电子商务、金融服务、中小企业服务、公共技术平台等云计算应用中的多个领域，支持总额度为 15 亿元。专项基金将发挥由点到线、再到面的辐射带动，加快推动中国云计算产业发展。通过前期探索，在今后数年内有望形成后续的数批项目支持机制。同时，由工信部牵头制定的云计算“十二五”规划已形成初稿，正在内部征求意见。目前，国内云计算处于高速发展的起步期，在国家政策、地方支持、企业投入的多方影响下，云计算实施案例快速增加，应用解决方案不断丰富。但与此同时，各地对于云计算的投资也出现方向盲目、重复建设、商业模式欠缺等诸多问题。而国家通过云计算服务创新发展试点示范与云计算“十二五”规划制定等工作的推进，可以利用政府资金与政策有效地支持引导产业发展方向，避免投资过热与重复建设，从而为云计算技术与产业发展提供有利的环境。

表 31.1 “关于做好云计算服务穿心发展试点示范工作的通知”政策要

政策要点	主 要 内 容
指导思想	加强统筹规划、突出安全保障、创造良好环境、推进产业发展、着力试点示范、实现重点突破。
主要方向	对政府、大中小企业、个人用户的云计算应用综合考量。对安全有清晰的界定，突出自主可控。政府主要职责还是创造宏观环境。推进云计算产业在中国的发展是政府对云计算的基本态度。以北京、上海、深圳、杭州、无锡为示范点，扩展至全。牢牢把握产业发展的主要矛盾，重点支持云计算的龙头企业。
试点内容	针对政府、大中小企业和个人等不同用户需求，研究推进 SaaS、PaaS 和 lass 等服务模式创新发展。可选择若干信息服务骨干企业作为试点企业，建设云计算中心（平台），面向全国开展相关服务。以信息服务骨干企业牵头、产学研用联合方式，加强虚拟化技术、分布式存储技术、海量数据管理技术等核心技术研发和产业化。组建全国性云计算产业联盟，形成创新发展合力；加强技术标准、服务标准和安全管理规范的研究制定。

此外，各地方政府也在积极推动云计算的发展。上海市推出了《上海推进云计算产业发展行动方案（2010—2012 年）》，三年行动计划（即“云海计划”）提出“十百千”发展计划，即在 3 年内培育 10 家在国内年经营收入超过亿元的云计算企业，推动百家软件和信息服务业企业向云计算服务转型，带动信息服务业新增经营收入千亿元。2011 年 7 月，成都市政府也发布了《成都市云计算应用与产业发展“十二五”规划纲要》，提出到“十二五”末要培育一批在国内具有较强实力和影响力的云计算领先企业，云计算产业规模达到 3000 亿元，云服务规模占全国市场的比重超过 10%，移动智能终端产品制造占全球市场比重超过 20%，使成都成为全球最大的云服务和终端产品制造基地之一。2011 年 10 月，哈尔滨市也推出了关于云计算发展的《哈尔滨市云计算产业发展规划》和《哈尔滨市促进云计算产业发展的若干政策》。此外，广州“天云计算”、重庆“云端计划”、宁波电信“星云计划”等也在快速推进。

为了促进云计算在中国的快速发展，协调云计算产业发展，加大产业界交流与合作，中国计算机行业协会云计算专业委员会于 2011 年 6 月 9 日，在江苏省镇江市举行的 2011 中国云计算产业发展高峰论坛暨云计算专业委员会成立大会上正式成立。中国计算机行业协会云计算专业委员会由云计算领域中的“产学研用”群体自愿组成，是自律性民间社团组织，其主要职能体现在开展调查研究及咨询工作，为云计算产业发展提供策略、规划及政策建议；积极维护会员合法权益，引领行业自律发展；组织并开展有利于行业健康发展的技术标准规范交流及互助合作活动等。云计算专业委员会的成立，将有效整合政府、行业、企业资源，为业务各方搭建交流合作的平台，共同推动我国云计算技术与产业的发展。

31.2　云计算发展现状

31.2.1　产业链构成

中国云计算产业链的构建正在进行中。在政府的监管下，云计算服务提供商与软件、网络基础设施服务商，以及云计算咨询/规划/交付/运维/集成服务商、终端设备厂商等一同构成了云计算的产业链，为政府、企业和个人用户提供服务，如图 31.1 所示。

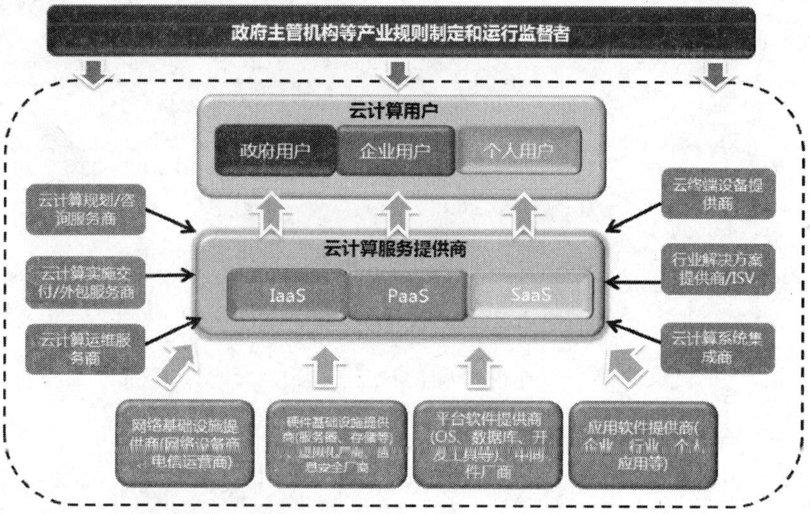

（数据来源: 赛迪《中国云计算产业发展白皮书2011》）

图31.1　中国云计算产业链

31.2.2　市场规模

据美国调研公司 Forrester Research 研究报告显示，2011 年全球云计算市场规模达到 407 亿美元，而 2020 年将增至 2410 亿美元，如图 31.2 所示。该报告显示：越来越多的企业开始采用软件即服务（SaaS），2011 年其市场规模达到 212 亿美元，2016 年将达到 928 亿美元；2014 年基础设施即服务（IaaS）市场规模将达到 59 亿美元。根据美国市场研究公司 IDC 的研究报告，云计算能够促进 IT 创新和提高灵活性，降低资本开支并产生数倍于开支的收入，云计算带动的 IT 创新能在 2015 年前带来 1.1 万亿美元的新增收入。

2011 年，中国云计算市场发展明显加快，无论是“公有云”还是“私有云”，典型案例日益增多，规模也得到了长足发展。除了大型的云计算中心建设，还有众多以 SaaS、虚拟化等模式存在的云计算相关应用服务。在政府公共云项目的大力推动和厂商的积极宣传下，

2011 年中国云计算市场规模达到 315.54 亿元，同比增长 88.6%，如图 31.3 所示。IDC 公布的数据显示，2011—2015 年间，中国云计算年复合增长率将达 40%，到 2015 年，中国云计算市场规模将增长到 876 亿元。

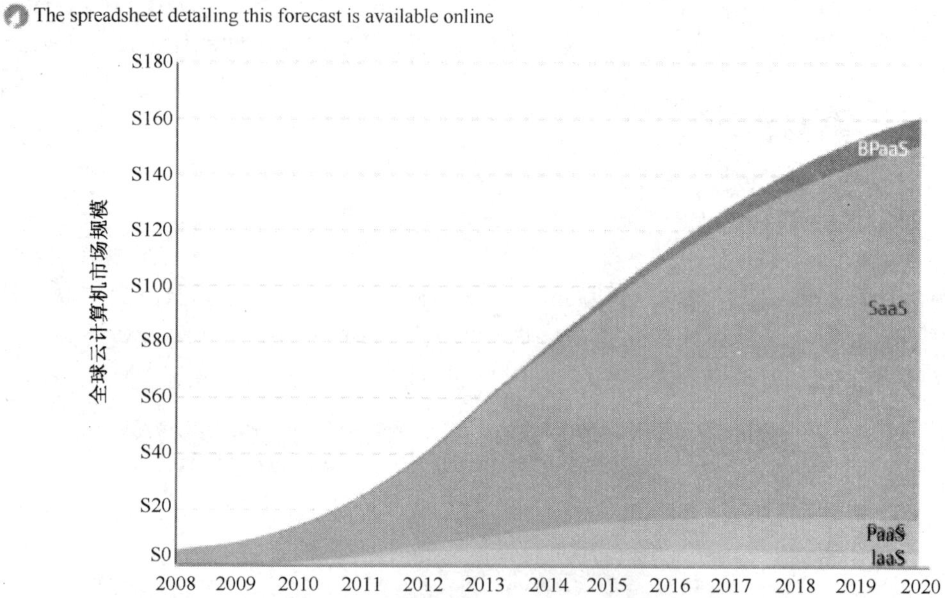

BPaaS(S)	0.15	0.23	0.35	0.53	0.80	1.26	1.95	2.93	4.28	6.00	7.66	9.08	10.02
SaaS(S)	5.56	8.09	13.40	21.21	33.09	47.22	63.19	78.43	92.75	105.49	116.39	125.52	132.57
PaaS(S)	0.05	0.12	0.31	0.82	2.08	4.38	7.39	9.80	11.26	11.94	12.15	12.10	11.91
laaS(S)	0.06	0.24	1.02	2.94	4.99	5.75	5.89	5.82	5.65	5.45	5.23	5.01	4.78

图31.2　2011—2020年全球云计算发展趋势

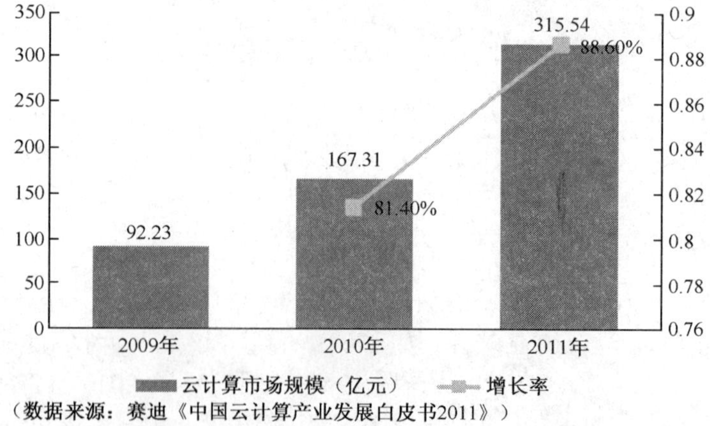

（数据来源：赛迪《中国云计算产业发展白皮书2011》）

图31.3　2009—2011年中国云计算市场规模

31.2.3　云计算项目

目前，全国已经有上百个城市正在建设或计划建设云计算项目，从沿海到西部，从东北到华南，可谓遍地起“云”，整体上出现了“星星之火，可以燎原”的布局特征。截至 2011 年 12 月，由科技部批准的、已建成或正在建设的云计算中心，有深圳、长沙、天津、济南 4 处。而之前于 2000 年即已建成的上海超级计算中心也已开始部署曙光超级计算机，此外还有正在构建的山西云计算中心等。

北京、上海、深圳、杭州、无锡作为云计算创新发展的试点城市，是中国云计算发展大潮中的领跑者。这些城市借助当地的资源、人才、技术等特色优势，大力推动云计算的发展，如图 31.4 所示。

1．北京：引领云计算发展

北京作为国家的政治、经济和文化中心，具有人才、科技、资本和基础设施等方面的优势，具备成为中国乃至全球云计算中心的基础。北京市对于云计算产业高度重视，政府有关部门发布了祥云工程行动计划，批准成为国家云计算试点城市，在经济技术开发区建成了集应用示范，产业科研与一体的云基地，用下线生产了云计算专用服务器、用友中小企业云服务平台、金山云充足应用平台、百度云计算服务中心等一批重大工程正在建设中，云计算已经成为战略性新兴产业发展的重要领域之一。下一步北京将继续创造良好的发展环境，充分发挥创新引领优势，加强资源协同整合，深化重点领域的应用示范，推进云计算服务模式的创新，积极培育标准统一、安全高效的云服务体系，加快构建自主创新的云计算产业链。

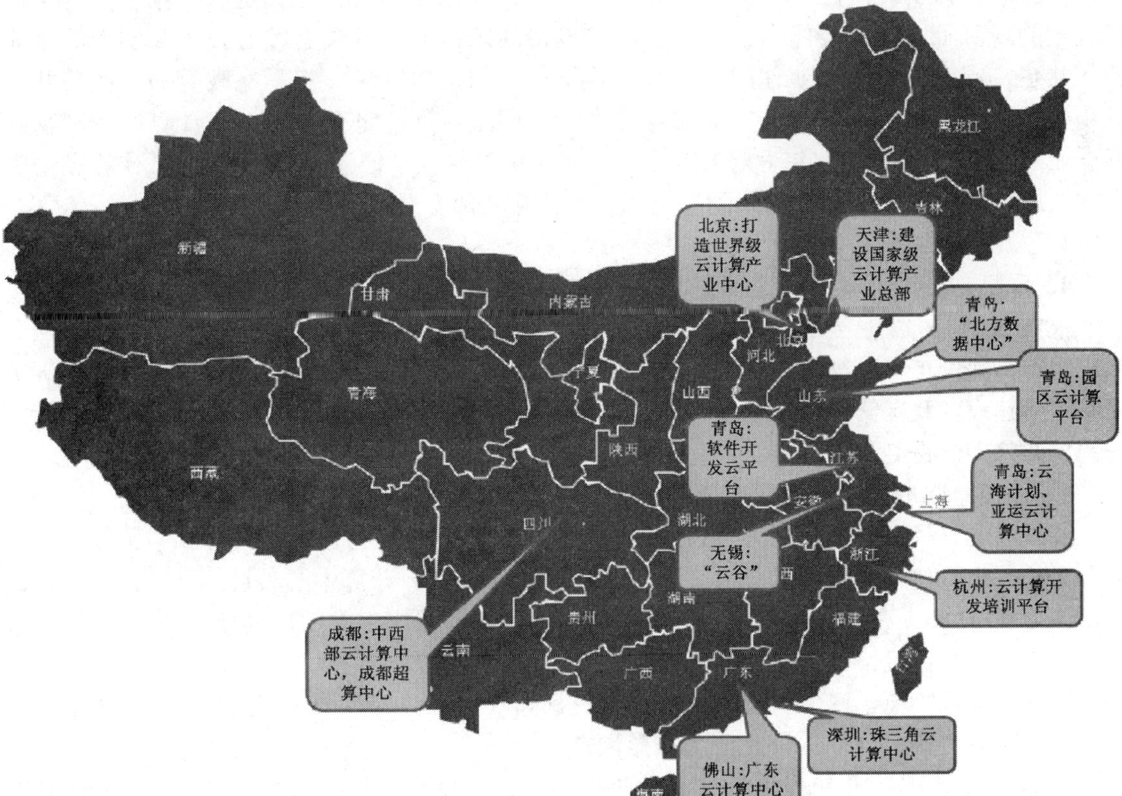

数据来源：赛迪《中国云计算产业发展白皮书》

图31.4 中国主要地方云计算进展

2．上海：积极搭建云计算服务平台

上海市积极搭建云计算技术和服务平台，旨在对接长三角地区和全国的云计算产业服务需求，扩大上海云计算解决方案的示范辐射范围。按照《上海推进云计算产业发展行动方案（2010—2012 年）》（即“云海计划”）的部署，上海市 2010 年重点支持云计算关键技术研发与产业化，2011 年重点推进云计算应用示范，2012 年将在继续支持前两项工作的基础上，重点支持云计算公共服务的商业模式创新，走出具有特色的云计算产业发展道路。

2011 年 3 月，上海市闸北区市北医院健康云系统经过半年的测试及应用搬迁后，正式投入试运行，全国第一朵“健康云”落地上海。位于张江的浦东软件园的“汇智在线”云服务平台预计将在 2012 年上半年投入试运营。“汇智在线”云服务平台是面向科技型中小企业需求的 IT 服务云。浦东软件园现有 300 多家入驻企业，1200 多家注册企业，整个张江高科技园区则有 6000 余家企业，这些都将成为“汇智在线”云服务平台的服务对象。

3．无锡：各方优势打造中国云计算中心

根据《无锡国家软件园云计算规划方案》，无锡主要定位云计算中心、云计算公共服务平台（云应用孵化器）和物联网信息云服务平台。在应用产业链上，提供前端孵化、中间应用服务和后端的云数据中心。主要从四个方面来扶植云计算产业的发展：一是从产业政策层面，在规划完成后，出台相应产业扶持政策，主要在自主培育和外部招商，引导企业进入云领域，吸引优质的云企业进入软件园；二是在云计算建设尤其是云数据中心这类投资较大的项目上，园区会倾向由政府主导建设，同国内云领域具有核心技术和实力的企业合作共建，同时在中小企业使用云服务时给予适当的费用减免；三是在政府的一些公共云应用建设项目上，优先扶持本土的云计算企业；四是在产业链条方面，云计算产业和物联网产业两大新兴产业成为推动无锡软件业结构调整的两大“推手”。无锡强调云计算和物联网的共同发展，打造从“云端”到“物端”一体化式服务体系，力争在 3～5 年内成为华东地区云计算领域的核心集聚区。

4．深圳：国家超算中心缓解高性能计算能力紧张困境

根据 2011 年 12 月公布的《深圳国家创新型城市总体规划实施方案（2011－2013 年）》，未来两年，深圳市将继续推进重大科技基础建设，重点建设国家超级计算深圳中心与深圳国家基因库建设。我国第 4 个国家级超算中心落户深圳，这意味着华南地区高性能计算能力紧张的局面将因此得到有效缓解。

5．山西：将成为中部地区最大的云计算中心

2011 年 12 月，由山西问天科技股份有限公司、蓝汛国际控股有限公司和中国联通山西分公司共同投资建设的山西云计算中心落户高新区。山西云计算中心项目一期总投资 30 亿元，计划 2012 年 3 月动工，年底投产。项目建成后，有望成为中部地区最大的云计算中心，可以提供 10 万台机架、百万台服务器，完全可以满足城市规划与城市管理、政务信息化服务、高性能计算、电子商务、物联网、数据挖掘和软件服务等多个领域的科技应用需求。

6．广州：“天云计划”拟建亚太智慧城市

“天云计划”是广州市发展云计算的重点项目，其目标是建设一批世界领先的云计算平台，构建国际云计算中心：如广州超级计算中心、中国电信亚太信息引擎等。“天云计划”将实施一批云应用示范试点项目，电子政务、医疗卫生、文化教育、城市管理等重点领域，都将示范带动、以点带面地建立云计算公共服务平台，并计划到“十二五”末，广州云计算应用水平将达到国内领先水平，努力构建世界级的云计算产业基地，最终率先把广州建设成具有国际影响力的亚太“智慧城市”。

7．重庆：“云端计划”促进高附加值产业发展

重庆深居内陆，地理位置不敏感，可以发展附加值较高的产业，云端计划便体现了这一点。云计算的发展为终端用户服务的软件产业带来了良好的发展机会。重庆提出要求，凡做本地业务，必须配以四倍以上的外地业务来做，即 80%做外地业务，20%做内地业务，以形成本土业务在岸业务和离岸业务的有效结合。

8．西安：“双云战略”

2011 年 7 月，西安高新区正式提出并开始实施“双云战略”，该战略由“高新区”和“长安云”构成。“高新云”主要致力于整合西安高新区的内部资源，打造基于云计算技术的社会事务、企业运营平台；“长安云”则统筹科技资源，打造基于云计算技术的公共服务平台，涵盖政府公共服务、通信、旅游、交通、医疗等社会生活各领域。同时，西安软件园建设了西北地区首个云计算中心，将为园区企业提供基于云计算 IaaS 的各类服务，帮助企业减低成本，提高收益，促进西安软件与服务外包产业的快速发展。

由于历史原因，目前的云计算基础设施主要集中在环渤海、长三角、珠三角等经济发达地区，在土地、能源、成本等方面面临巨大挑战。同时，近几年随着内陆地区经济的蓬勃发展，信息化应用需求潜力巨大，维持云计算基础设施的运行需要消耗大量的能源。作为富能源地区目前面临巨大的发展机遇，鄂尔多斯推进云计算基础设施产业集群建设，新疆提出天山云计划等均得到政府，厂商的高度认可。产业投资与税收将为当地带来巨大的发展机遇。

31.3　云计算应用服务

云计算的 IT 基础设施建设模式为产业带来了节省成本、扩展应用和更加充分利用资源的全新思路，推动 IT 产业向绿色环保的资源节约型方向发展，这符合产业发展中控制成本、节省资源、减少排放、保护环境等多方面的需求趋势。云计算也为 IT 服务、互联网和移动互联网等产业开拓了全新的商业模式和建设思路，成为信息服务业发展的重要方向。

31.3.1　政府及公共事业云服务

政府行业云计算应用投资将逐步转化为实际应用，一类是面向政府工作人员，成为政府办公、计算平台的“政务云”；一类是面向普通公众，成为“公共服务云”。具体而言，“政务云”是政府信息化和业务协同的平台，可提供统一政府电子邮件、数据的存储处理、城市应急指挥、人口管理、城市减灾和风险管理、食品安全等多种政务功能；“公共服务云”可面向公众提供统一税收、缴费、信息发布、意见征询等涉及民生的多种服务。

2011 年，随着云计算在国内升温，不少地方政府利用“云计算”的高科技理念，地方政府的冲动尤其是投资冲动是近一段来最为突出的现象。与不断颁布的区域发展规划相伴的是地方投资热情的高涨，如湖北、重庆、辽宁、吉林和太原等地公布的巨额投资规模。虽然可以认为这些巨额投资计划是希望赶在地方投融资平台关闭之前的“闯关”行为，但也可以说明目前的信贷控制未能有效地抑制固定资产投资的热情。不少地方政府利用云计算契机，发展房地产，亦成为特色。随着国内城市化进程的加快，“政务云”和“公共服务云”将更为有效地整合城市各层面信息，极大的提高信息化和精细化管理服务水平，实现城市基础服务提升，加速未来5年“数字城市”和“智慧城市”建设。

31.3.2 行业应用云服务

1．制造业

面向制造业的云服务被称为云制造，从广义来说就是一种面向服务的高效、低耗，基于知识的网络化的新模式，融合现在信息化制造技术、云技术、物联网等技术，把各类制造之间和制造能力集虚拟化、服务化并且进行统一集中的智能化管理，从而通过网络和一个云制造平台中间件，将制造全生命周期的前期、中期、后期提供给用户，提供随时获取按需使用的优质廉价服务。云制造是云计算理念在制造业的体现和发展，它为制造业信息化实际生产管理服务提供了崭新的理念和模式。2011年，在制造技术方面，许多融合了最新制造技术的产品开始不断向客户推出，制造资源也越来越丰富和复杂；此外，与制造资源密切相关的物流技术，包含GPS、RFID、条码等在内的物联网技术，他们的出现和互相之间的交叉融合为云制造的出现奠定了基础。云制造的发展将是一个长期的阶段性的渐进过程，需要依靠政府、产业界、学术界多方面的联合与共同努力。

2．金融与能源

金融、能源企业一直是国内信息化建设的“领军性”行业用户。2011年，云计算在金融服务业的适用性前景开始清晰浮现。虽然有些公司宣布使用公有云来提供电子邮件和日历服务——西班牙银行BBVA与谷歌的合作就是其中一例。但到目前为止，金融行业普遍接受的还是私有云模式。2011年，财经资讯网、和讯网拟联合推出以“云计算”技术为基本点的互动性金融云终端，努力打造国内首个金融云信息平台。在未来3年里，中石化、中保、农行等行业内企业信息化建设已经入“IT资源整合集成”阶段，在此期间，需要利用“云计算”模式，搭建基于IaaS的物理集成平台，对各类服务器基础设施应用进行集成，形成能够高度复用与统一管理的IT资源池，对外提供统一硬件资源服务。未来，应用程序开发商和服务供应商将越来越多地将私有云更快、更有效地推向市场。私有云同样也将加快这些新技术和服务的应用，以达到用户的期望。

3．医药医疗

医疗企业与医疗单位一直是国内信息化水平较高的行业用户，在“新医改”政策推动下，医疗企业与医疗单位正在对自身信息化体系进行优化升级，以适应医改业务调整的要求。2011年7月，北京启动旨在实现多级医院信息实时在线管理的医疗信息“数字云”计划，该计划拟通过集中传输、存储、显示后处理于一体的信息化系统，实现多级信息共享，用最先进的信息技术解决区域医疗协作问题。患者可以在中小医院拍片，由大型医院、中心医院医生协助诊断。该计划还可让医生通过上网实时进行教学和临床诊断。11月，哈尔滨政府启动云医疗计算中心建设工作，该平台将实现全省电子病历档案共享以及远程医疗、双向转诊等医疗信息备份，对省内医疗联网系统提供服务支持。未来，以“云信息平台”为核心的信息化集中应用模式将逐步孕育而生，也将逐步取代目前各系统分散为主体的应用模式，进而提高医药企业的内部信息共享能力与医疗信息公众平台的整体服务能力。

4．教育

云计算将为高校与科研单位提供实效化的研发平台，也将构建网络学习环境，在提高网络教育效率及整合教育资源等方面发挥重要作用。2011 年，云计算应用已经在我国高校等单位得到了初步应用。8 月，曙光“星云”高性能计算机系统成功部署于复计算机高性能曙光旦大学，并作为校级高性能计算平台，为全校广大师生提高性能广大全校供高性能计算教学和科研服务。11 月，天津等 5 所省级电大联合利用云计算技术搭建远程教育云平台，对远程教育软硬件资源进行集中、整合、虚拟化，旨在有力推动教育信息化发展。在未来，云计算将在我国高等与科研领域得到更为广泛的普及应用，实现教育资源的开放和共享。

5．电信

伴随数据量和宽带增加以及移动互联的发展，要求电信运营商走向云计算，否则其运营效率和模式都不具长期竞争力。依托云计算，国内电信企业也将借势发力，成为云计算产业的主要受益者之一，从提供的各类付费性云服务产品中得到大量收入，实现电信企业利润增长，通过对不同国内行业用户需求分析与云产品服务研发、实施，打造自主品牌的云服务体系。对内进行业务系统 IT 资源整合，提升内部 IT 资源的利用率和管理水平，降低业务的提供成本；对外通过云计算构建新兴商业模式的基础资源平台，提供公用 IT 服务，提升传统电信经济的效率，加速电信运营商平台化趋势与产业链的整合趋势，并在应用层面推动云计算的落地。

6．电子商务

电子商务与云计算结合生成的云服务可以细分客户的行业和所处区域，将服务融于虚拟社区与现实社区中，并主动推送到用户手边。2011 年 10 月，阿里云公司正式对外发布了旗下云计算服务与产品，包括开发者云平台、开放存储服务、大规模数据分析、渲染计算等。同时将核心业务定义为云计算服务的全面商业化和移动互联网领域的持续创新。阿里巴巴也是第一个推出阿里云手机作为移动云服务的企业，虽然阿里云手机存在很多争议，如山寨之类的东西，但确实是国内第一款实现了能够直接享用 100GB 云空间里的所有应用，无需下载，还可以使用由阿里云提供的各种云服务，如地图和电子邮件等。未来，随着云计算、物联网以及移动终端等技术与应用的不断发展，云电子商务发展将进入一个新时期。

31.3.3　个人应用云服务

在个人领域，云计算将转变个人及家庭数字化生活消费方式，除以更高效率、更低成本提供个人与家庭用户邮箱、门户等传统网络服务之外，与移动智能终端结合的云存储、LBS、SNS 等新兴应用将成为未来数字化生活的重要组成部分。

1．个人存储云之“金山快盘”

金山快盘是第一款明确提出定位于用户个人云存储中心的产品。作为一个云存储平台，美国的 dropbox 能够很方便地保证用户在多台设备终端同步数据，这个和国内主流网盘是一致的。dropbox 从来不宣传它的外链功能，而是把重点放在了用户个人存储数据上。美国的 Evernote 也获得了巨大的成功，每个人都可以存储自己的 Note（笔记）在云端，在任何的终端可以进行编辑和读取。提供差异化服务将会让国有品牌在客户中口碑传播，提供增值服务，尤其是中文化的特色服务将是我们阻击国外品牌的唯一优势。

2. 手机移动之云计算

很短的时间里，似乎很多企业都提供服务在把手机端的数据放在云端，这样你不会担心你的通信录（联系人）丢失，你的个人信息也可以从手机端中随时查询和获取。这给所有的手机用户带来了便利。在“有道词典”中你甚至可以把“生词”同步到云端，在另外的设备中读取使用。在未来手机移动云市场上，唯有腾讯将成为龙头老大。手机 QQ、QQ 通信录、微信、QQ 手机管家、QQ 音乐、QQ 视频、QQ 地图、腾讯微薄 App、腾讯视频通话 App、腾讯新闻 App、腾讯电影票预订 App、腾讯空间 App、腾讯浏览器 App 等等层出不穷。腾讯手机 QQ 是唯一一款没有靠竞价排名就稳定在各种 AppStore 中前十的软件，排名一般在 6、7 位，无论苹果或 Android 系统中都是这一结果。

31.4 云计算服务的商业模式

31.4.1 SaaS

SaaS（软件即服务）是将软件应用作为一种服务通过互联网提供给用户的一种较新型的商业模式，已经成为软件业发展的新趋势，甚至将成为未来 10 年软件业的制高点。当前典型的 SaaS 企业的商业模式典型代表有以软件超市著称的阿里软件、企业管理专家 NETSUITE，以及在线 CRM 的 Salesforce 和八百客。

1. 阿里软件——软件超市

阿里软件将电子商务与在线软件服务融为一体，为中小企业提供一站式在线软件工具，涵盖中小企业电子商务工具、企业管理工具、企业通信工具和办公自动化工具。阿里软件互联平台容许接入不同类型，不同行业的应用软件、商业工具和服务，将汇总数千家的 ISV（独立软件开发商）提供产品和服务，并支持对多个单一产品进行业务整合或应用关联，从而构成一个完整的客户价值链，如图 31.5 所示。

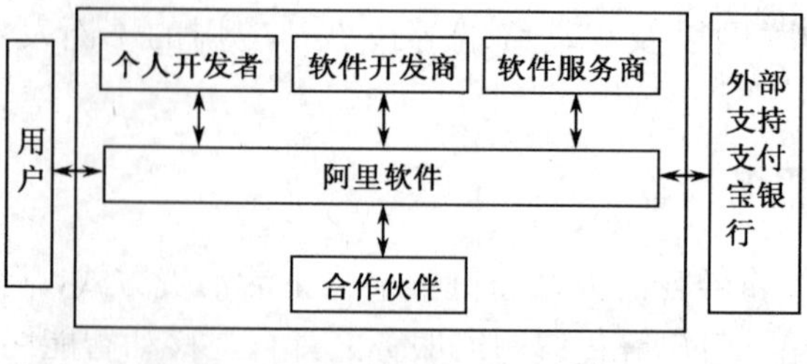

图31.5　阿里软件商业架构图

2. NETSUITE——站式企业管理专家

NetSuite 国际版是行业领域首个也是目前唯一一款能够支持整个公司业务流程的在线商业软件。此产品可以给客户从客户关系管理（CRM）到企业资源规划（ERP）再到网站功能的全面支持，见表 30.2。

表 31.2　NetSuite 产品功能表

产　品	功　能
CRM	自动化销售、自动化市场推广、客户支持与服务、销售机会管理、离线销售人员客户端系统、合作伙伴关系管理等
财务与 ERP	总账管理、应收账款与应付账款、高级财务功能、收入确认、预算管理、多币种管理、定单管理与执行、时间与支付、采购、库存管理、直运/特殊定单、与物流环节的整合、与物流整合的在线运输工具、标准的可定制的报表等
电子商务	基于后台数据库的网站/网上商店、前后端无缝整合、易趣整合、信用卡处理与贝宝支付、合作行销、客户与合作伙伴自动式服务、网站分析等
员工与绩效管理	基于角色的仪表盘、分组日程管理与协同、员工信息记录、费用报告与采购申请、员工自助式服务等

3. Salesforce 与八百客—在线 CRM

在国外，以 Salesforce.com 为代表的 SaaS 模式应用得到了用户和资本市场的一致认同。在国内，800APP（八百客）是典型的基于 SaaS 模式的 CRM 产品。两者的专业版对比分析见表 30.3。

表 31.3　Salesforce 专业版与八百客专业版对比分析表

产 品 名 称	Salesforce 专业版	八百客专业版
价格	65 美元/月	30 元/月
产品优势	安全、可升级的在线架构、快速部署、快速简单的自定义、支持多币种和多语言	内存很大、不需编程即可开发任何企业管理软件并可立即在线运行
适用行业	教育科研、服务、制造、金融、电信、政府、能源、交通运输、医保、流通、其他	服务、制造、金融、电信、交通运输、流通、其他
适用人员规模	500 人以上	201～500 人
功能	包括团队版中的所有功能，以及用户数量限制、报表和分析、自定义控制板、支持个案跟踪、群发电子邮件、销售预测、移动访问、隐私管理、市场活动管理	电话需求咨询、在线产品功能演示、7×24 小时客服、销售管理、市场管理、客户管理、办公室自动化、进销存系统、企业邮箱 CRM 绑定、单机版、WAP 手机和 PDA 版（收费）、客户基本权限、报表、工作流、USBKEY 密钥

SaaS 是企业走向信息化的重要途径，虽然目前中国的 SaaS 还处于发展阶段，由于产品的功能还未能像国外的产品那样完善，用户不愿为此付费，另外企业还未完全适应用在线或云计算的方式去实现日常办公，但与前几年相比，SaaS 用户的认知度已有了明显提高。

31.4.2　PaaS

PaaS（平台即服务）是指由服务提供商管理提供并托管的平台服务，包括平台维护、操作和升级等。国外主流的 PaaS 平台解决方案包括亚马逊的 Amazon AWS、谷歌的 Google App Engine、红帽的 OpenShift 及 VMware 的 Cloud Foundry。

红帽的 OpenShift 是一个面向开源开发人员开放的平台即服务，通过为开发人员提供在语言、框架和云上的更多的选择，使开发人员可以构建、测试、运行和管理他们的应用，从而重新定义 PaaS 市场。

VMware 的 Cloud Foundry 是一款专门为简化云时代应用程序端到端的开发、部署和运行而构建的现代应用平台。Cloud Foundry 提供了异构应用服务和构建在多个框架内的应用程序，使应用程序及其底层基础架构跨多个云基础架构的部署实现自动化。Cloud Foundry 支持包括 Spring for Java，Ruby on Rails，Sinatra for Ruby，Node.js 在内的多个最为流行的高效编程框架。这种独特的、开放的架构在未来将确保其他编程框架更加快速地获取支持。对于应用服务而言，Cloud Foundry 将支持 MongoDB，MySQL，Redis 数据库及 VMware vFabric 服务。

国内互联网巨头盛大、阿里云、百度、新浪等也推出了各自的云平台。

百度开放云平台如图 31.6 所示。

图31.6　百度开放云平台

Sina App Engine 是国内首个公有云计算平台和 PaaS 方案。现在使用 PHP 语言，平台整体 PV 上升到千万级，并支持了新浪微博 70%以上的应用开发。据悉，新浪也为企业级用户提供私有云服务，如图 31.7 所示。

图31.7　新浪 SAE（Sina App Engine）

阿里巴巴是中国最大的电子商务平台，在 2009 年创建了阿里云公司。目前阿里云由两部份组成：一部分是阿里云无线，主要产品是阿里云操作系统；另一部分为阿里云服务，包括云服务器、关系型数据库、开放存储服务、开放数据处理服务、云安全等，如图 31.8 所示。

盛大是中国知名的游戏提供商，也推出了一系列的云产品，包括计算、存储、监测数据库和内容分布，帮助第三方机构优化互联网基础设施进行内容分发。盛大云平台提供的是更基础、更底层的云服务，其模式与亚马逊的 AWS 较为近似，也被认为是在做亚马逊 S3 的工作。

此外，2011 年 9 月，百度推出了“百度开放云平台”，目前此平台仍处于内部测试阶段。

Forrester 的研究报告显示，2011 年，PaaS 的市场规模为 8.2 亿美元，而同期 IaaS 和 SaaS 的市场规模分别为 29.4 亿美元和 212.1 亿美元。但在未来的两年，PaaS 领域有望走出一条陡峭的成长曲线。Forrester 预测，到 2013 年，PaaS 的市场规模将达到 43.8 亿美元，是 2011 年的三倍。

图31.8　阿里云

31.4.3　网络服务

新的云网络服务（CNS）概念出现。过去，IaaS 服务提供商主要提供运行的应用程序所需的基本计算和存储资源，而 SaaS 提供商则主要提供诸如客户关系管理（CRM）与企业资源规划（ERP）等企业应用，以及通信和协作解决方案。现在云服务提供商开始提供一种新型的解决方案，这类方案传统上都是由企业的 IT 基础设施部门提供的。除了通信和协作，这一方案还包括网络与应用优化、安全、管理以及虚拟桌面，即云网络服务（CNS）。该服务推出后，哪些传统 IT 服务应该继续由其自身提供，哪些应该获得由云网络服务供应商提供，又有哪些应该采取两者混合的模式，这使得基础设施集团即将面临新的挑战。

运营商为避免“被管道化”，实现“智能管道”转型，三大运营商都在积极布局云计算。2011 年 10 月 25 日，中国联通“两江国际云计算产业园”开工建设西部数据中心。中国联通西部数据中心项目将以互联网数据处理为主，并依托数据处理开展系列增值业务。该中心除为全球客户提供数据处理服务、服务坐席外包等，还将为两江国际云计算产业园提供通信基础设施、充足的互联网带宽（在岸、离岸两部分）、云计算服务，以满足园区高效、快速、安全的计算承载、网络互连、信息交互。11 月 24 日，中国移动与黑龙江政府共同宣布，中国移动全国云计算中心正式落户哈尔滨。该项目将采用云计算等新技术及模组式机房等建设模式，形成规模优势，发挥规模效益，建设低成本、低能耗、扩展灵活的数据中心，推进云计算规模应用，带动信息服务业的发展。12 月 2 日，内蒙古自治区政府与中国电信集团公司、市政府与中国电信内蒙古分公司在呼和浩特新城宾馆分别签署了《关于推进信息网络基础设施建设暨建设云计算园区基地战略合作协议》和《中国电信云计算园建设合作协议书》，中国电信云计算园项目正式落户和林县。该项目建成后，优先向内蒙古自治区提供云计算主机管理平台、自服务门户管理平台、云数据管理中心以及云计算主机业务托管等相关的计算、存储及智能网络资源综合服务，对支撑自治区重点产业发展，促进我区资源优势向信息技术优势转变具有重要意义。

31.4.4 IaaS

IaaS（基础设施即服务），即云计算厂商把自有基础设施作为服务提供给用户使用。厂商提供的主要基础设施包括硬件资源（存储空间、网络设备等）和计算资源（CPU 和内存等）。企业可以通过租用这些 IT 资源来满足自身需求，而不用购买特定的专用服务器和网络设备。对于企业而言，这种模式可以使企业“按需购买”基础设施服务。租用基础设施服务的用户可以是软件公司，也可以是独立的软件开发人员。用户根据自身需要向 IaaS 服务提供商购买基础设施，并在此基础上构建相应的网络应用。目前，以租用基础设施这种方式构建的网络应用几乎涉及到互联网的各种服务，包括网站托管、数据存储备份、电子商务、高性能计算、搜索引擎和虚拟主机服务等。

2011 年，国内云快线、万网等 IaaS 厂商已初具规模。以云快线、蓝汛、中国万网为代表的 IaaS 服务商都是从租赁主机、代管服务器发展而来的，不着急从 IaaS 服务中赚钱；以阿里云和盛大云为代表的企业是从互联网服务转型而来，盛大云主要为网游厂商和合作伙伴提供传统的 IaaS 服务，形成和前者 IaaS 厂商的竞争，而阿里云为多年积攒的中小型企业客户提供垂直的应用服务，着力点各有不同，具体对比情况见表 31.4。

表 31.4　云快线、万网、盛大云在计费模式、操作系统、IDC 分布方面的对比

类　型	名　称	云　快　线	万　网	盛　大　云
计费模式	主机配置	按小时或包年	包年	按小时、按月、按年
	网络流量	按 GB 或最高带宽付费	按 GB	按 GB
	存储	不支持	不支持	按 GB
操作系统	Windows2003	32 位，64 位	32 位，64 位	32 位，64 位
	Redhat 企业版	5.4 版本 32 位，64 位 5.2 版本 32 位，64 位	5.4 版本 64 位	无
	Centos	5.4 版本 32 位，64 位 5.2 版本 32 位，64 位	5.4 版本 64 位	5.4 版本 32 位，64 位
数据中心分布	数据中心	北京、金华、湛江、青岛	北京、杭州	未知

值得一提的还有微软和惠普共同打造的、具有三层架构的 IaaS 解决方案，该解决方案把基础架构资源进行虚拟化，以 Web 服务的形式，将虚拟的资源提供给用户。

31.4.5 MSP

2011 年，随着越来越多的合作伙伴和最终用户开始认识到云的实际价值，更多的 IT 经销商开始转型为 MSP。

MSP（Managed Service Provider，管理服务提供商）是最古老的云计算应用提供形式之一，MSP 的服务对象是 IT 行业而不是终端用户，如用于电子邮件的病毒扫描服务或应用软件监控服务，如 IBM 和 Verizon 公司提供的管理安全服务，以及被 Google 收购的 Postini 以云为基础的反垃圾邮件服务都属于此类。2011 年我们看到越来越多的 IT 经销商业务转型成为 MSP，他们为 IT 行业用户提供各自独特的增值云管理服务。其中较大的机会在于在云环境，为用户提供数据安全和数据管理服务。

目前，MSP 和 SaaS 的界限很模糊，原来传统意义上的 MSP 服务对象不多，在中国只有为数不多的几个，它相当于以自己私有的网络运维中心给客户提供服务，而 SaaS 是一个开放的、公共的数据中心，软件本身是支持多趋势（Multi-tendency）模式的。MSP 的软件只是一套软件对应一个客户，而 SaaS 是一套软件支持多个客户。由于很多中小企业是云服务的积极采用者，这也为 MSP 厂商提供了良好的机会，因为在许多情况下，中小企业需要求助于托管服务提供商（MSP），帮助自己弄清楚云计算服务领域有哪些解决方案。

31.5 发展趋势

31.5.1 云计算发展存在的问题

我国云计算产业存在的问题，一是我国产业基础好，但安全可控能力差。从整体上看，我国总体行业以国外产品技术为主，安全可控的产品所占的比例不大，信息安全、知识产品没有在自己手里。软、硬件产品基本被国外产品垄断，数据中心缺乏内部实质的内容。二是我国企业加速产业布局，但技术创新不足。虽然国内的华为、中兴等企业也都在云计算相关领域开展了很多工作，但绝大部分企业创新是不足。三是国家部委加强规划引导，但典型示范项目较少。四是地方政府加快战略部署但有发展过热倾向，新概念、新方法层出不穷，而进入云计算产业首先是房地产先行，其次采购设备，目前云计算发展泡沫也比较严重，存在盲目建设现象。

31.5.2 发展趋势

国内云计算产业在政策、区域布局、应用创新与合作模式上均呈现新的动向，从这些动向中可以得出以下几点结论：

1．国家级应用示范项目示范内容将成为未来我国云计算应用风向标

“十二五”时期，我国要大力推进云计算等新一代信息技术产业的发展，全面提高信息化水平，为经济社会发展和重大民生工程建设提供强有力的支撑。开展云计算服务创新的重点工作之一就是支持建设一批国家级云计算应用示范项目。未来几年，地方政府在设立示范项目时，应深入研究国家级项目的特点，策划契合国家支持方向的重点项目，同时积极争取国家级示范项目落户本地，以进一步集聚资源，加快本地云计算产业发展。国家级应用示范项目的重点将成为未来我国云计算应用发展方向的重要参考，深入研究国家级应用示范项目将帮助企业更好地把握我国云计算产业发展的脉络。

2．云计算将在政策与市场双重影响下重构我国 IT 产业区域布局

一方面，随着云计算"十二五"规划的制定完成，我国云计算产业区域发展将统筹布局，西部地区云计算产业发展将受政策推动发展迅速，与此同时由于云计算带来的 IT 应用模式变革以及传统模式下面临的能耗、成本等压力。未来几年我国云计算基础设施产业将呈现总体向富能源、高纬度地区转移趋势，从而带动全 IT 产业链的区域变迁。

3．云计算行业与个人应用研究将成为未来几年市场机会所在

2011 年近 30 个城市纷纷推出各自的云计算产业规划，并有部分启动实施，因此云计算政府应用市场机会将逐步走弱，而随着云计算技术与商业模式的成熟，行业与个人应用的商业价值将回归，面向金融、物流、教育、公共卫生和交通等重点行业的云计算解决方案将日益丰富，形成规模庞大的新兴市场，与此同时，云计算技术提供随时随地可获取、可计量的计算资源与存储资源，通过网络与智能手机、平板电脑、智能电视等终端产品进行结合，将支撑基数巨大的个人云计算应用市场。

4．云存储、大数据、云落地和云应用成热点

2012 年是属于各种云端存储、文件管理和分享、分析的年代，云存储和大数据应用平台成为焦点，至少目前像微软 Azure 云存储、Google Drive 云存储、iCloud 云存储、Amazon 云存储器（Amazon Cloud Drive）还有 IBM、DELL、HP 等公司都对这一市场寄予厚望，个人云存储也会变得更加普遍，Dropbox 和 Evernote 这样的公司依旧备受关注，云存储在管理性、扩展性、安全性和数据应用、功能需求方面，将会进一步得以完善，而服务质量的差异、产品品牌和用户体验或成为关键。从运营商角度，2012 年大规模的公有云和私有云将同时进行。运营商的公有云聚焦的是开拓新的营收渠道，核心的目标是跟互联网企业竞争，抢智能管道。运营商的私有云关注的是内部的集约化处理，提高效率，节省成本，统一平台。而腾讯、百度、阿里巴巴等互联网企业们则更多地考虑互联网某一个特定细分领域的一个 PaaS，例如阿里巴巴更把精力集中在电子商务云，腾讯的关注点可能更多是在游戏方面，2012 都互联网企业云平台将在各自关注重点发力。对于移动互联网和云计算的结合，2011 年更多关注概念，关注前端商业模式，2012 年应该会有更多关注后端，关注云端平台和大数据的支撑的创新出现。云计算从服务角度来说，2012 年应该关注怎么给用户带来更大的价值；从技术的角度来说，也是考虑能够帮助客户解决什么样的问题。2012 年，将成为实践这一过程的关键节点，将是云计算落地生根，蓬勃生长的一年。

（北京中云天元网络科技有限公司　顾洪文）

第四篇

附录篇

- 2011年中国互联网发展大事记
- 2011年中国互联网政策法规
- 2011年全国电信业统计公报
- 2011年中国互联网发展状况分析报告

附录A　2011年中国互联网发展大事记

1．2011年2月18日，中文百科网站互动百科正式向国家工商行政管理总局提交了针对百度的反垄断申请书，要求对其立案调查并处以7.9亿元罚款。

2．2011年2月26日，中国电信率先启动“宽带中国、光网城市”的企业战略，计划在2011年新增光纤入户家庭3000万个，累计覆盖4000万家庭。

3．2011年3月30日，公司奇虎360在美国纽交所上市，发行价为14.5美元，开盘价为27美元，涨幅高达86%。在奇虎360之后，人人公司、网秦、世纪佳缘、凤凰新媒体和淘米网等互联网公司相继赴海外上市。

4．2011年5月4日，国务院批准设立国家互联网信息办公室，标志着国家互联网治理登上新阶段，有利于进一步健全完善网络文化建设和管理体系。

5．2011年5月26日，中国人民银行发布公告称，5月18日，人民银行已向支付宝等27家机构下发“非金融机构支付业务许可”。其中包括支付宝、财付通、商服通、快钱、盛付通、银联、汇付天下、拉卡拉等，支付牌照已以邮寄的方式发放给相关企业及单位。

6．2011年7月5日，金山软件董事长兼CEO求伯君公布退休计划。董事会提名委员会提名雷军出任董事长并获一致通过。7月6日，腾讯斥资8.92亿港元，通过受让金山软件董事长求伯君和非执行董事张旋龙共计15.68%的股权入主金山，成为金山第一大股东。

7．2011年7月18日，百度与环球唱片、华纳唱片、索尼唱片国际三大唱片公司签订和解协议，双方全面开展互联网音乐作品运营模式创新及著作权保护的合作。国际唱片公司与百度MP3搜索合作模型的建立，开创全新的搜索音乐发行模式。

8．2011年7月30日，阿里巴巴集团、雅虎和软银联合宣布，就支付宝股权转让一事正式签署协议，支付宝的控股公司浙江阿里巴巴电子商务有限公司承诺，当支付宝以某种形式变现时，支付宝会将变现收入的一部分支付给阿里巴巴集团。这一协议的出台，意味着支付宝成为符合央行对第三方支付相关规定的纯内资公司。

9．2011年10月5日，中华网投资集团（CDC）向美国亚特兰大破产法庭提交破产申请，由此，这家中国第一家赴美上市的互联网公司，在12年后再度成为第一家申请破产的赴美上市中国互联网公司。数据显示，该公司2011年股价已经下跌88%，2000年刚刚上市不久时，股价曾经达到220美元。

10．2011年10月18日，党的十七届六中全会通过了《中共中央关于深化文化体制改革推动社会主义文化大发展大繁荣若干重大问题的决定》。《决定》提出，要发展健康向上的网络文化。

11．截至2011年10月，全国有1483家团购网站退出市场，与一年前的“千团大战”形成强烈反差。其中，仅10月份关闭的团购网站数量就高达456家。一淘网的数据显示，10月中国团购市场成交额环比9月下降了11%，实物商品团与生活服务团的总交易额仅与6月持平。

12．2011年12月16日，北京市人民政府新闻办公室、市公安局、市通信管理局和市互联网信息办公室共同制定的《北京市微博客发展管理若干规定》出台，微博客用户必须进行真实身份信息注册后，才能使用发言功能。

13．2011年12月21日，有“黑客”入侵国内知名程序员网站CSDN，致使600余万明文注册的邮箱账号与密码被严重泄露，用户数据资料被放到网上可公开下载。此后，网上再曝天涯社区、人人网、开心网、多玩网、新浪微博等用户信息也被泄露。此事一出，再次引发了网民关于网络安全的热议，掀起了一股“改密码”的大潮。

14．2011年12月23日，国务院召开常务会议，研究部署加快发展我国下一代互联网产业。会议决定，2013年年底前，开展国际互联网协议第6版网络（即IPv6）小规模商用试点，形成成熟的商业模式和技术演进路线。

15．中国互联网络信息中心（CNNIC）统计数据显示，截至2011年12月31日，中国网民规模达5.13亿人，其中，手机网民规模达3.56亿人。IPv4地址数达3.3亿个，9400块/32尺寸的IPv6地址段，域名总数775万个，其中.CN域名注册量达到353万个，网站数229.6万个，国际出口带宽达1 389 529Mbps。

16．中国互联网络信息中心（CNNIC）统计数据显示，2011年，微博以其208.9%的用户使用增幅，创下中国互联网用户规模增速之最。

（中国互联网协会）

附录B　2011年中国互联网政策法规

1. 中华人民共和国国民经济和社会发展第十二个五年规划纲要（节选）

（2011年3月14日第十一届全国人民代表大会第四次会议批准）

第十章　培育发展战略性新兴产业

以重大技术突破和重大发展需求为基础，促进新兴科技与新兴产业深度融合，在继续做强做大高技术产业基础上，把战略性新兴产业培育发展成为先导性、支柱性产业。

第一节　推动重点领域跨越发展

大力发展节能环保、新一代信息技术、生物、高端装备制造、新能源、新材料、新能源汽车等战略性新兴产业。节能环保产业重点发展高效节能、先进环保、资源循环利用关键技术装备、产品和服务。新一代信息技术产业重点发展新一代移动通信、下一代互联网、三网融合、物联网、云计算、集成电路、新型显示、高端软件、高端服务器和信息服务。生物产业重点发展生物医药、生物医学工程产品、生物农业、生物制造。高端装备制造产业重点发展航空装备、卫星及应用、轨道交通装备、智能制造装备。新能源产业重点发展新一代核能、太阳能热利用和光伏光热发电、风电技术装备、智能电网、生物质能。新材料产业重点发展新型功能材料、先进结构材料、高性能纤维及其复合材料、共性基础材料。新能源汽车产业重点发展插电式混合动力汽车、纯电动汽车和燃料电池汽车技术。战略性新兴产业增加值占国内生产总值比重达到8%左右。

……

第十三章　全面提高信息化水平

加快建设宽带、融合、安全、泛在的下一代国家信息基础设施，推动信息化和工业化深度融合，推进经济社会各领域信息化。

第一节　构建下一代信息基础设施

统筹布局新一代移动通信网、下一代互联网、数字广播电视网、卫星通信等设施建设，形成超高速、大容量、高智能国家干线传输网络。引导建设宽带无线城市，推进城市光纤入户，加快农村地区宽带网络建设，全面提高宽带普及率和接入带宽。推动物联网关键技术研发和在重点领域的应用示范。加强云计算服务平台建设。以广电和电信业务双向进入为重点，建立健全法律法规和标准，实现电信网、广电网、互联网三网融合，促进网络互联互通和业务融合。

第二节　加快经济社会信息化

推动经济社会各领域信息化。积极发展电子商务，完善面向中小企业的电子商务服务，推动面向全社会的信用服务、网上支付、物流配送等支撑体系建设。大力推进国家电子政务建设，推动重要政务信息系统互联互通、信息共享和业务协同，建设和完善网络行政审批、信息公开、网上信访、电子监察和审计体系。加强市场监管、社会保障、医疗卫生等重要信息系统建设，完善地理、人口、法人、金融、税收、统计等基础信息资源体系，强化信息资源的整合，规范采集和发布，加强社会化综合开发利用。

第三节　加强网络与信息安全保障

健全网络与信息安全法律法规，完善信息安全标准体系和认证认可体系，实施信息安全等级保护、风险评估等制度。加快推进安全可控关键软硬件应用试点示范和推广，加强信息网络监测、管控能力建设，确保基础信息网络和重点信息系统安全。推进信息安全保密基础设施建设，构建信息安全保密防护体系。加强互联网管理，确保国家网络与信息安全。

……

第四篇　营造环境推动服务业大发展

第三节　培育壮大高技术服务业

以高技术的延伸服务和支持科技创新的专业化服务为重点，大力发展高技术服务业。加快发展研发设计业，促进工业设计从外观设计向高端综合设计服务转变。加强信息服务，提升软件开发应用水平，发展信息系统集成服务、互联网增值服务、信息安全服务和数字内容服务，发展地理信息产业。积极发展检验检测、知识产权和科技成果转化等科技支撑服务。培育发展一批高技术服务骨干企业和知名品牌。

2. 出版管理条例（节选）

（2001 年 12 月 25 日中华人民共和国国务院令第 343 号公布根据 2011 年 3 月 19 日《国务院关于修改〈出版管理条例〉的决定》修订国务院令第 594 号公布）

第三十六条　通过互联网等信息网络从事出版物发行业务的单位或者个体工商户，应当依照本条例规定取得《出版物经营许可证》。

提供网络交易平台服务的经营者应当对申请通过网络交易平台从事出版物发行业务的单位或者个体工商户的经营主体身份进行审查，验证其《出版物经营许可证》。

3. 互联网文化管理暂行规定

中华人民共和国文化部令第 51 号

《互联网文化管理暂行规定》已经 2011 年 2 月 11 日文化部部务会议审议通过，现予发布，自 2011 年 4 月 1 日起施行。

部长　蔡　武

2011 年 2 月 17 日

互联网文化管理暂行规定

第一条　为了加强对互联网文化的管理，保障互联网文化单位的合法权益，促进我国互联网文化健康、有序地发展，根据《全国人民代表大会常务委员会关于维护互联网安全的决定》和《互联网信息服务管理办法》以及国家法律法规有关规定，制定本规定。

第二条　本规定所称互联网文化产品是指通过互联网生产、传播和流通的文化产品，主要包括：

（一）专门为互联网而生产的网络音乐娱乐、网络游戏、网络演出剧（节）目、网络表演、网络艺术品、网络动漫等互联网文化产品；

（二）将音乐娱乐、游戏、演出剧（节）目、表演、艺术品、动漫等文化产品以一定的技术手段制作、复制到互联网上传播的互联网文化产品。

第三条　本规定所称互联网文化活动是指提供互联网文化产品及其服务的活动，主要包括：

（一）互联网文化产品的制作、复制、进口、发行、播放等活动；

（二）将文化产品登载在互联网上，或者通过互联网、移动通信网等信息网络发送到计算机、固定电话机、移动电话机、电视机、游戏机等用户端以及网吧等互联网上网服务营业场所，供用户浏览、欣赏、使用或者下载的在线传播行为；

（三）互联网文化产品的展览、比赛等活动。

互联网文化活动分为经营性和非经营性两类。经营性互联网文化活动是指以营利为目的，通过向上网用户收费或者以电子商务、广告、赞助等方式获取利益，提供互联网文化产品及其服务的活动。非经营性互联网文化活动是指不以营利为目的向上网用户提供互联网文化产品及其服务的活动。

第四条　本规定所称互联网文化单位，是指经文化行政部门和电信管理机构批准或者备案，从事互联网文化活动的互联网信息服务提供者。

在中华人民共和国境内从事互联网文化活动，适用本规定。

第五条　从事互联网文化活动应当遵守宪法和有关法律、法规，坚持为人民服务、为社会主义服务的方向，弘扬民族优秀文化，传播有益于提高公众文化素质、推动经济发展、促进社会进步的思想道德、科学技术和文化知识，丰富人民的精神生活。

第六条　文化部负责制定互联网文化发展与管理的方针、政策和规划，监督管理全国互联网文化活动。

省、自治区、直辖市人民政府文化行政部门对申请从事经营性互联网文化活动的单位进行审批，对从事非经营性互联网文化活动的单位进行备案。

县级以上人民政府文化行政部门负责本行政区域内互联网文化活动的监督管理工作。县级以上人民政府文化行政部门或者文化市场综合执法机构对从事互联网文化活动违反国家有关法规的行为实施处罚。

第七条　申请设立经营性互联网文化单位，应当符合《互联网信息服务管理办法》的有关规定，并具备以下条件：

（一）单位的名称、住所、组织机构和章程；

（二）确定的互联网文化活动范围；

（三）适应互联网文化活动需要并取得相应从业资格的 8 名以上业务管理人员和专业技术人员；

（四）适应互联网文化活动需要的设备、工作场所以及相应的经营管理技术措施；

（五）不低于 100 万元的注册资金，其中申请从事网络游戏经营活动的应当具备不低于 1000 万元的注册资金；

（六）符合法律、行政法规和国家有关规定的条件。

审批设立经营性互联网文化单位，除依照前款所列条件外，还应当符合互联网文化单位总量、结构和布局的规划。

第八条　申请设立经营性互联网文化单位，应当向所在地省、自治区、直辖市人民政府文化行政部门提出申请，由省、自治区、直辖市人民政府文化行政部门审核批准。

第九条　申请设立经营性互联网文化单位，应当提交下列文件：

（一）申请书；

（二）企业名称预先核准通知书或者营业执照和章程；

（三）资金来源、数额及其信用证明文件；

（四）法定代表人、主要负责人及主要经营管理人员、专业技术人员的资格证明和身份证明文件；

（五）工作场所使用权证明文件；

（六）业务发展报告；

（七）依法需要提交的其他文件。

对申请设立经营性互联网文化单位的，省、自治区、直辖市人民政府文化行政部门应当自受理申请之日起 20 日内做出批准或者不批准的决定。批准的，核发《网络文化经营许可证》，并向社会公告；不批准的，应当书面通知申请人并说明理由。

《网络文化经营许可证》有效期为 3 年。有效期届满，需继续从事经营的，应当于有效期届满 30 日前申请续办。

第十条　非经营性互联网文化单位，应当自设立之日起 60 日内向所在地省、自治区、直辖市人民政府文化行政部门备案，并提交下列文件：

（一）备案报告书；

（二）章程；

（三）资金来源、数额及其信用证明文件；

（四）法定代表人或者主要负责人、主要经营管理人员、专业技术人员的资格证明和身份证明文件；

（五）工作场所使用权证明文件；

（六）需要提交的其他文件。

第十一条　申请设立经营性互联网文化单位经批准后，应当持《网络文化经营许可证》，按照《互联网信息服务管理办法》的有关规定，到所在地电信管理机构或者国务院信息产业主管部门办理相关手续。

第十二条　互联网文化单位应当在其网站主页的显著位置标明文化行政部门颁发的《网络文化经营许可证》编号或者备案编号，标明国务院信息产业主管部门或者省、自治区、直辖市电信管理机构颁发的经营许可证编号或者备案编号。

第十三条　经营性互联网文化单位变更单位名称、网站名称、网站域名、法定代表人、注册地址、经营地址、注册资金、股权结构以及许可经营范围的，应当自变更之日起 20 日内到所在地省、自治区、直辖市人民政府文化行政部门办理变更手续。

非经营性互联网文化单位变更名称、地址、法定代表人或者主要负责人、业务范围的，应当自变更之日起 60 日内到所在地省、自治区、直辖市人民政府文化行政部门办理备案手续。

第十四条　经营性互联网文化单位终止互联网文化活动的，应当自终止之日起 30 日内到所在地省、自治区、直辖市人民政府文化行政部门办理注销手续。

经营性互联网文化单位自取得《网络文化经营许可证》并依法办理企业登记之日起满 180

日未开展互联网文化活动的，由原审核的省、自治区、直辖市人民政府文化行政部门注销《网络文化经营许可证》，同时通知相关省、自治区、直辖市电信管理机构。

非经营性互联网文化单位停止互联网文化活动的，由原备案的省、自治区、直辖市人民政府文化行政部门注销备案，同时通知相关省、自治区、直辖市电信管理机构。

第十五条　经营进口互联网文化产品的活动应当由取得文化行政部门核发的《网络文化经营许可证》的经营性互联网文化单位实施，进口互联网文化产品应当报文化部进行内容审查。

文化部应当自受理内容审查申请之日起 20 日内（不包括专家评审所需时间）做出批准或者不批准的决定。批准的，发给批准文件；不批准的，应当说明理由。

经批准的进口互联网文化产品应当在其显著位置标明文化部的批准文号，不得擅自变更产品名称或者增删产品内容。自批准之日起一年内未在国内经营的，进口单位应当报文化部备案并说明原因；决定终止进口的，文化部撤销其批准文号。

经营性互联网文化单位经营的国产互联网文化产品应当自正式经营起 30 日内报省级以上文化行政部门备案，并在其显著位置标明文化部备案编号，具体办法另行规定。

第十六条　互联网文化单位不得提供载有以下内容的文化产品：

（一）反对宪法确定的基本原则的；

（二）危害国家统一、主权和领土完整的；

（三）泄露国家秘密、危害国家安全或者损害国家荣誉和利益的；

（四）煽动民族仇恨、民族歧视，破坏民族团结，或者侵害民族风俗、习惯的；

（五）宣扬邪教、迷信的；

（六）散布谣言，扰乱社会秩序，破坏社会稳定的；

（七）宣扬淫秽、赌博、暴力或者教唆犯罪的；

（八）侮辱或者诽谤他人，侵害他人合法权益的；

（九）危害社会公德或者民族优秀文化传统的；

（十）有法律、行政法规和国家规定禁止的其他内容的。

第十七条　互联网文化单位提供的文化产品，使公民、法人或者其他组织的合法利益受到侵害的，互联网文化单位应当依法承担民事责任。

第十八条　互联网文化单位应当建立自审制度，明确专门部门，配备专业人员负责互联网文化产品内容和活动的自查与管理，保障互联网文化产品内容和活动的合法性。

第十九条　互联网文化单位发现所提供的互联网文化产品含有本规定第十六条所列内容之一的，应当立即停止提供，保存有关记录，向所在地省、自治区、直辖市人民政府文化行政部门报告并抄报文化部。

第二十条　互联网文化单位应当记录备份所提供的文化产品内容及其时间、互联网地址或者域名；记录备份应当保存60日，并在国家有关部门依法查询时予以提供。

第二十一条　未经批准，擅自从事经营性互联网文化活动的，由县级以上人民政府文化行政部门或者文化市场综合执法机构依据《无照经营查处取缔办法》的规定予以查处。

第二十二条　非经营性互联网文化单位违反本规定第十条，逾期未办理备案手续的，由县级以上人民政府文化行政部门或者文化市场综合执法机构责令限期改正；拒不改正的，责令停止互联网文化活动，并处1000元以下罚款。

第二十三条　经营性互联网文化单位违反本规定第十二条的，由县级以上人民政府文化行政部门或者文化市场综合执法机构责令限期改正，并可根据情节轻重处10000元以下罚款。

非经营性互联网文化单位违反本规定第十二条的，由县级以上人民政府文化行政部门或者文化市场综合执法机构责令限期改正；拒不改正的，责令停止互联网文化活动，并处500元以下罚款。

第二十四条　经营性互联网文化单位违反本规定第十三条的，由县级以上人民政府文化行政部门或者文化市场综合执法机构责令改正，没收违法所得，并处10 000元以上30 000元以下罚款；情节严重的，责令停业整顿直至吊销《网络文化经营许可证》；构成犯罪的，依法追究刑事责任。

非经营性互联网文化单位违反本规定第十三条的，由县级以上人民政府文化行政部门或者文化市场综合执法机构责令限期改正；拒不改正的，责令停止互联网文化活动，并处1000元以下罚款。

第二十五条　经营性互联网文化单位违反本规定第十五条，经营进口互联网文化产品未在其显著位置标明文化部批准文号、经营国产互联网文化产品未在其显著位置标明文化部备案编号的，由县级以上人民政府文化行政部门或者文化市场综合执法机构责令改正，并可根据情节轻重处10000元以下罚款。

第二十六条　经营性互联网文化单位违反本规定第十五条，擅自变更进口互联网文化产品的名称或者增删内容的，由县级以上人民政府文化行政部门或者文化市场综合执法机构责令停止提供，没收违法所得，并处10 000元以上30 000元以下罚款；情节严重的，责令停业整顿直至吊销《网络文化经营许可证》；构成犯罪的，依法追究刑事责任。

第二十七条　经营性互联网文化单位违反本规定第十五条，经营国产互联网文化产品逾期未报文化行政部门备案的，由县级以上人民政府文化行政部门或者文化市场综合执法机构责令改正，并可根据情节轻重处20 000元以下罚款。

第二十八条　经营性互联网文化单位提供含有本规定第十六条禁止内容的互联网文化产品，或者提供未经文化部批准进口的互联网文化产品的，由县级以上人民政府文化行政部门或者文化市场综合执法机构责令停止提供，没收违法所得，并处10 000元以上30 000元以下罚款；情节严重的，责令停业整顿直至吊销《网络文化经营许可证》；构成犯罪的，依法追究刑事责任。

非经营性互联网文化单位，提供含有本规定第十六条禁止内容的互联网文化产品，或者提供未经文化部批准进口的互联网文化产品的，由县级以上人民政府文化行政部门或者文化市场综合执法机构责令停止提供，处1000元以下罚款；构成犯罪的，依法追究刑事责任。

第二十九条　经营性互联网文化单位违反本规定第十八条的，由县级以上人民政府文化行政部门或者文化市场综合执法机构责令改正，并可根据情节轻重处20 000元以下罚款。

第三十条　经营性互联网文化单位违反本规定第十九条的，由县级以上人民政府文化行政部门或者文化市场综合执法机构予以警告，责令限期改正，并处10 000元以下罚款。

第三十一条　违反本规定第二十条的，由省、自治区、直辖市电信管理机构责令改正；情节严重的，由省、自治区、直辖市电信管理机构责令停业整顿或者责令暂时关闭网站。

第三十二条　本规定所称文化市场综合执法机构是指依照国家有关法律、法规和规章的规定，相对集中地行使文化领域行政处罚权以及相关监督检查权、行政强制权的行政执法机构。

第三十三条　文化行政部门或者文化市场综合执法机构查处违法经营活动，依照实施违法经营行为的企业注册地或者企业实际经营地进行管辖；企业注册地和实际经营地无法确定的，由从事违法经营活动网站的信息服务许可地或者备案地进行管辖；没有许可或者备案的，由该网站服务器所在地管辖；网站服务器设置在境外的，由违法行为发生地进行管辖。

第三十四条　本规定自 2011 年 4 月 1 日起施行。2003 年 5 月 10 日发布、2004 年 7 月 1 日修订的《互联网文化管理暂行规定》同时废止。

4．出版物市场管理规定

中华人民共和国新闻出版总署、商务部令第 52 号

《出版物市场管理规定》已经 2011 年 3 月 17 日新闻出版总署第 1 次署务会议和商务部通过，现予公布，自公布之日起施行。

新闻出版总署署长　柳斌杰

商务部部长　陈德铭

2011 年 3 月 25 日

出版物市场管理规定

第一章　总　则

第一条　为规范出版物发行活动及其监督管理，建立全国统一、开放、竞争、有序的出版物市场体系，发展社会主义出版产业，根据《出版管理条例》和有关法律、行政法规，制定本规定。

第二条　本规定适用于出版物发行活动及其监督管理。

本规定所称出版物，是指图书、报纸、期刊、音像制品、电子出版物等。

本规定所称发行，包括总发行、批发、零售以及出租、展销等活动。

总发行是指由唯一供货商向其他出版物经营者销售出版物。

批发是指供货商向其他出版物经营者销售出版物。

零售是指经营者直接向消费者销售出版物。

出租是指经营者以收取租金的形式向读者提供出版物。

展销是指主办者在一定场所、时间内组织出版物经营者集中展览、销售、订购出版物。

第三条　国家对出版物发行依法实行许可制度，未经许可，任何单位和个人不得从事出版物发行活动。本规定另有规定的除外。

第四条　新闻出版总署负责全国出版物发行活动的监督管理，负责制定全国出版物发行业发展规划。

省、自治区、直辖市新闻出版行政部门负责本行政区域内出版物发行活动的监督管理，制定本省、自治区、直辖市出版物发行业发展规划。省级以下各级人民政府新闻出版行政部门负责本行政区域内出版物发行活动的监督管理。

制定出版物发行业发展规划须经科学论证，遵循合法公正、符合实际、促进发展的原则。

第五条　发行行业的社会团体按照其章程，在新闻出版行政部门的指导下，实行自律管理。

第二章　出版物发行单位设立

第六条　设立出版物总发行企业或者其他单位从事出版物总发行业务，应当具备下列条件：

（一）有确定的企业名称和经营范围；

（二）以出版物发行为主营业务；

（三）有与出版物总发行业务相适应的组织机构和发行人员，至少一名负责人应当具有高级以上出版物发行员职业资格或者新闻出版总署认可的与出版物发行专业相关的中级以上专业技术资格；

（四）有与出版物总发行业务相适应的设备和固定的经营场所，经营场所的营业面积不少于 1000 平方米；

（五）注册资本不少于 2000 万元；

（六）具备健全的管理制度并具有符合行业标准的信息管理系统；

（七）最近三年内未受到新闻出版行政部门行政处罚，无其他严重违法记录。

除出版物总发行企业依法设立的从事总发行业务的分公司外，总发行单位应为公司制法人。

第七条　申请设立出版物总发行企业或者其他单位申请从事出版物总发行业务，须向所在地省、自治区、直辖市新闻出版行政部门提交申请材料，经其审核后，报新闻出版总署审批。

新闻出版总署应当自受理申请之日起 60 个工作日内作出批准或者不予批准的决定，并书面告知申请人。批准的，由新闻出版总署颁发《出版物经营许可证》，申请人持《出版物经营许可证》到工商行政管理部门依法办理相关手续；不予批准的，应当书面说明理由。

申请材料包括下列书面材料：

（一）申请书，载明单位基本情况及申请事项；

（二）组织机构和章程；

（三）注册资本信用证明；

（四）经营场所的情况和使用权证明；

（五）法定代表人及主要负责人的身份证明；

（六）负责人的发行员职业资格证书或其他专业技术资格证明材料；

（七）企业信息管理系统情况的证明材料；

（八）其他需要的证明材料。

第八条　设立出版物批发企业或者其他单位从事出版物批发业务，应当具备下列条件：

（一）有确定的企业名称和经营范围；

（二）有与出版物批发业务相适应的组织机构和发行人员，至少一名负责人应当具有中级以上出版物发行员职业资格或者新闻出版总署认可的与出版物发行专业相关的中级以上专业技术资格；

（三）有与出版物批发业务相适应的设备和固定的经营场所，其中进入出版物批发市场的单店营业面积不少于 50 平米，独立设置经营场所的营业面积不少于 200 平方米；

（四）注册资本不少于 500 万元；

（五）具备健全的管理制度并具有符合行业标准的信息管理系统；

（六）最近三年内未受到新闻出版行政部门行政处罚，无其他严重违法记录。

除出版物发行企业依法设立的从事批发业务的分公司外，批发单位应为公司制法人。

第九条　申请设立出版物批发企业或者其他单位申请从事出版物批发业务，须向所在地地市级新闻出版行政部门提交申请材料，经审核后报省、自治区、直辖市新闻出版行政部门审批。

省、自治区、直辖市新闻出版行政部门自受理申请之日起 20 个工作日内作出批准或者不予批准的决定，并书面告知申请人。批准的，由省、自治区、直辖市新闻出版行政部门颁发《出版物经营许可证》，并报新闻出版总署备案。申请人持《出版物经营许可证》到工商行政管理部门依法办理相关手续。不予批准的，应当书面说明理由。

申请材料包括下列书面材料：

（一）申请书，载明单位基本情况及申请事项；

（二）企业章程；

（三）注册资本信用证明；

（四）经营场所的情况及使用权证明；

（五）法定代表人及主要负责人的身份证明；

（六）负责人的发行员职业资格证书或其他专业技术资格证明材料；

（七）企业信息管理系统情况的证明材料；

（八）其他需要的证明材料。

第十条　设立出版物零售企业或者其他单位、个人从事出版物零售业务，应当具备下列条件：

（一）有确定的名称和经营范围；

（二）至少一名负责人应当具有初级以上出版物发行员职业资格或者新闻出版总署认可的与出版物发行专业相关的初级以上专业技术资格；

（三）有固定的经营场所。

第十一条　申请设立出版物零售企业或者其他单位、个人申请从事出版物零售业务，须向所在地县级人民政府新闻出版行政部门提交申请材料。

县级新闻出版行政部门应当自受理申请之日起 20 个工作日内作出批准或者不予批准的决定，并书面告知申请人。批准的，由县级人民政府新闻出版行政部门颁发《出版物经营许可证》，并同时报上一级新闻出版行政部门备案，其中营业面积在 5000 平方米以上的应同时报省、自治区、直辖市新闻出版行政部门备案。申请人持《出版物经营许可证》到工商行政管理部门依法办理相关手续。不予批准的，应当书面说明理由。

申请材料包括下列书面材料：

（一）申请书，载明单位基本情况及申请事项；

（二）经营场所的使用权证明；

（三）经营者的身份证明和发行员职业资格证书或其他专业技术资格证明材料。

第十二条　设立出版物出租企业或者其他单位、个人从事出版物出租业务，应当于取得营业执照后 15 日内持营业执照复印件及经营地址、法定代表人或者主要负责人情况等材料到当地县级人民政府新闻出版行政部门备案。

第十三条　设立出版物连锁经营企业或者其他连锁经营企业从事出版物连锁经营业务，应当具备下列条件：

（一）有确定的企业名称和经营范围；

（二）符合连锁经营的组织形式和经营方式；

（三）注册资本不少于 300 万元，其中从事全国性连锁经营的不少于 1000 万元；

（四）有 10 个以上的直营连锁门店；

（五）有与出版物连锁业务相适应的组织机构和发行人员，至少一名负责人应当具有中级以上出版物发行员职业资格或者新闻出版总署认可的与出版物发行专业相关的中级以上专业技术资格；

（六）有与出版物连锁业务相适应的设备和固定的经营场所，其中样本店的经营面积不少于 500 平方米；

（七）具备健全的管理制度并具有符合行业标准的信息管理系统；

（八）最近三年内未受到新闻出版行政部门行政处罚，无其他严重违法记录。

第十四条　申请设立出版物连锁经营企业或者其他连锁经营企业申请从事出版物连锁经营业务，须向总部所在地地市级新闻出版行政部门提交申请材料。经审核后报省、自治区、直辖市新闻出版行政部门审批；省、自治区、直辖市新闻出版行政部门自受理申请之日起 20 个工作日内作出批准或者不予批准的决定，并书面告知申请人。批准的，由省、自治区、直辖市新闻出版行政部门颁发《出版物经营许可证》，并报新闻出版总署备案；不予批准的，应当书面说明理由。

申请设立全国性出版物连锁经营企业或者其他连锁经营企业申请从事全国性出版物连锁经营业务，须向总部所在地省、自治区、直辖市新闻出版行政部门提交申请材料，经审核后报新闻出版总署审批。新闻出版总署应当自受理申请之日起 60 个工作日内作出批准或者不予批准的决定，并书面告知申请人。批准的，由新闻出版总署颁发《出版物经营许可证》。申请人持《出版物经营许可证》到工商行政管理部门依法办理相关手续。不予批准的，应当书面说明理由。申请材料包括下列书面材料：

（一）申请书，载明企业基本情况、申请事项等；

（二）组织机构和章程；

（三）注册资本信用证明；

（四）总部和连锁门店经营场所名单及使用权证明；

（五）法定代表人及主要负责人的身份证明；

（六）负责人的发行员职业资格证书或其他专业技术资格证明材料；

（七）企业信息管理系统使用情况证明材料；

（八）其他需要的证明材料。

第十五条　出版物连锁经营企业设立直营连锁门店不需单独办理《出版物经营许可证》，可以凭出版物连锁经营企业总部的《出版物经营许可证》复印件到门店所在地县级人民政府新闻出版行政部门备案后，到工商行政管理部门依法领取非法人的营业执照。

出版物连锁经营企业开设非直营连锁门店，连锁门店须按照本规定第十条、第十一条的有关规定办理审批手续，已具有《出版物经营许可证》的除外。

第十六条　国家允许设立从事图书、报纸、期刊、电子出版物发行活动的中外合资经营企业、中外合作经营企业和外资企业，允许设立从事音像制品发行活动的中外合作经营企业；其中，从事图书、报纸、期刊连锁经营业务，连锁门店超过 30 家的，不允许外资控股；外国投资者不得以变相参股方式违反上述有关 30 家连锁门店的限制。

设立外商投资出版物总发行、批发、零售、连锁经营企业应具备的条件及新闻出版行政部门的审批程序按照本规定第六条至第十五条的有关规定执行；申请人获得新闻出版行政部门批准文件后，还须按照有关法律、法规向商务主管部门提出申请，办理外商投资审批手续，并于获得批准后 90 天内持批准文件和《外商投资企业批准证书》到原批准的新闻出版行政部门领取《出版物经营许可证》。申请人持《出版物经营许可证》和《外商投资企业批准证书》向所在地工商行政管理部门依法领取营业执照。

第十七条 通过互联网等信息网络从事出版物发行业务的单位或者个人，应当依照本规定取得《出版物经营许可证》，外商投资企业还应按照相关规定办理外商投资审批手续。

已经取得《出版物经营许可证》的出版物发行单位在批准的经营范围内通过互联网等信息网络从事出版物发行业务，应自开展网络出版物发行业务 15 日内到原批准的新闻出版行政部门备案。

第十八条 申请设立从事出版物发行的书友会、读者俱乐部或者其他类似组织，按照本规定第十条、第十一条的规定办理。

出版物发行企业可以设立不具备法人资格的书友会、读者俱乐部或者其他类似组织，无需审批，但应于设立后15日内持相关材料到原批准的新闻出版行政部门备案。

第十九条 出版物发行单位可在原批准的新闻出版行政部门所辖行政区域一定地点及时间内，设立临时零售点开展其业务范围内的出版物销售活动，但须提前到设点所在地县级新闻出版行政部门履行备案手续，并须遵守所在地其他有关管理规定。

第二十条 出版物总发行单位可以从事出版物批发、零售业务；出版物批发单位可以从事出版物零售业务。

出版物发行单位设立不具备法人资格的发行分支机构，根据拟设分支机构的业务范围，分别按照设立出版物总发行、批发、零售单位的有关规定办理审批手续。

出版单位设立发行本版出版物的不具备法人资格的发行分支机构，出版单位须持《出版物经营许可证》复印件及分支机构设立地址、人员情况等相关材料于分支机构设立后 15 日内到分支机构所在地省、自治区、直辖市新闻出版行政部门备案。

第二十一条 从事出版物发行业务的单位和个人变更《出版物经营许可证》登记事项，或者兼并、合并、分立的，应当依照本办法到原批准的新闻出版行政部门办理审批手续，并持批准文件到工商行政管理部门办理相应的登记手续，外商投资企业还应按照相关规定办理外商投资审批手续。

从事出版物发行业务的单位和个人终止经营活动的，应当到工商行政管理部门办理注销登记，并向原批准的新闻出版行政部门备案。

第三章 出版物发行活动管理

第二十二条 任何组织和个人不得发行下列出版物：

（一）含有《出版管理条例》禁止内容的违禁出版物；

（二）各种非法出版物，包括：未经批准擅自出版、印刷或者复制的出版物，伪造、假冒出版单位或者报刊名称出版的出版物，非法进口的出版物；

（三）侵犯他人著作权或者专有出版权的出版物；

（四）新闻出版行政部门明令禁止出版、印刷或者复制、发行的出版物。

第二十三条 内部发行的出版物不得公开宣传、陈列、展示、销售。

内部资料性出版物只能在本系统、本行业或者本单位内部免费分发，任何组织和个人不得发行。

第二十四条　从事出版物发行业务的单位和个人在发行活动中应当遵循公平、合法、诚实守信的原则，依法订立供销合同，不得损害消费者的合法权益。

从事出版物发行业务的单位和个人，必须遵守下列规定：

（一）从依法设立的出版发行单位进货；发行进口出版物的，须从依法设立的出版物进口经营单位进货；

（二）将出版物发行进销货清单等有关非财务票据至少保存两年，以备查验；

（三）不得超出新闻出版行政部门核准的经营范围经营；

（四）不得张贴和散发有法律、法规禁止内容的或者有欺诈性文字的征订单、广告和宣传画；

（五）不得擅自更改出版物版权页；

（六）《出版物经营许可证》应在经营场所明显处张挂；利用信息网络从事出版物发行业务的，应在其网站主页面或者从事经营活动的网页醒目位置公开《出版物经营许可证》和营业执照登载的有关信息或链接标识；

（七）不得涂改、变造、出租、出借、出售或者以其他任何形式转让《出版物经营许可证》和批准文件。

第二十五条　出版物发行单位应当建立职业培训制度，按照《中华人民共和国劳动法》和国家确定的职业分类以及出版物发行员职业技能标准，组织本单位从业人员参加经过国家劳动行政部门批准的考核鉴定机构所实施的职业技能鉴定考核。

第二十六条　出版单位对本版出版物具有总发行权。

出版单位不得向无出版物总发行权的单位转让或者变相转让出版物总发行权，不得委托无出版物批发权的单位批发出版物或者代理出版物批发业务，不得委托非出版物发行单位发行出版物。

第二十七条　建立发行出版物的网络交易平台应向所在地省、自治区、直辖市新闻出版行政部门备案，接受新闻出版行政部门的指导与监督管理。

提供出版物发行网络交易平台服务的经营者，应当对申请通过网络交易平台从事出版物发行的经营主体身份进行审查，核实经营主体的营业执照、《出版物经营许可证》，并留存证照复印件备查。不得向无证无照、证照不齐的经营者提供网络交易平台服务。

提供出版物发行网络交易平台服务的经营者，发现在网络交易平台内从事各类违法活动的，应当采取有效措施予以制止，并及时向所在地新闻出版行政部门报告。

第二十八条　省、自治区、直辖市新闻出版行政部门和全国性出版、发行行业协会，可以申请主办全国性的出版物展销活动，并须提前 6 个月报新闻出版总署审批。

全国性出版、发行行业协会可以主办跨省专业性出版物展销活动；市、县级新闻出版行政部门和省级出版、发行协会可以主办地方性的出版物展销活动；主办单位须提前 2 个月报所在地省、自治区、直辖市新闻出版行政部门备案。

第二十九条　中学小学教科书发行单位应当具有适应教科书发行业务需要的资金、组织机构和人员等条件，并取得新闻出版总署批准的教科书发行资质。纳入政府采购范围的中学小学教科书，其发行单位还须按照《中华人民共和国政府采购法》的有关规定确定。其他任何单位或者个人不得从事中学小学教科书的发行业务。

中小学教科书发行管理办法由新闻出版总署另行制定。

第三十条　任何单位和个人不得从事本规定第二十二条所列出版物的征订、储存、运输、邮寄、投递、散发、附送等活动。

从事出版物储存、运输、投递活动，应当接受新闻出版行政部门的监督检查。

第三十一条　从事出版物发行业务的单位和个人应当按照新闻出版行政部门的规定接受年度核验，并按照《中华人民共和国统计法》、《新闻出版统计管理办法》及有关规定如实报送统计资料，不得以任何借口拒报、迟报、虚报、瞒报以及伪造和篡改统计资料。

出版物发行单位不再具备行政许可的法定条件的，由新闻出版行政部门责令限期改正；逾期仍未改正的，由原发证机关撤销《出版物经营许可证》。

第四章　罚　则

第三十二条　未经批准，擅自设立出版物发行单位，或者擅自从事出版物发行业务的，依照《出版管理条例》第六十一条处罚。

未经批准擅自设立发行分支机构、出版物批发市场，擅自主办全国性出版物展销活动或者不符合本条例规定的主办单位擅自主办地方性或者跨省专业性出版物展销活动的，按照前款处罚。

第三十三条　发行违禁出版物的，依照《出版管理条例》第六十二条处罚。

发行新闻出版总署禁止进口的出版物，或者发行进口出版物未从依法批准的出版物进口经营单位进货的，依照《出版管理条例》第六十三条处罚。

发行其他非法出版物和新闻出版行政部门明令禁止出版、印刷或者复制、发行的出版物的，依照《出版管理条例》第六十五条处罚。

发行违禁出版物或者非法出版物的，当事人对其来源作出说明、指认，经查证属实的，没收出版物和非法所得，可以减轻或免除其他行政处罚。

第三十四条　违反本规定发行侵犯他人著作权或者专有出版权的出版物的，依照《中华人民共和国著作权法》和《中华人民共和国著作权法实施条例》的规定处罚。

第三十五条　发行未经依法审定的中学小学教科书，或者未经法定方式确定的单位从事中学小学教科书的发行业务的，依照《出版管理条例》第六十五条处罚。

第三十六条　出版物发行单位未依照规定办理变更审批手续的，按照《出版管理条例》第六十七条处罚。

第三十七条　单位违反本规定被吊销《出版物经营许可证》的，由原发证单位吊销其法定代表人或者主要负责人及直接责任人的出版物发行员职业资格证书；其法定代表人或者主要负责人自许可证被吊销之日起10年内不得担任发行单位的法定代表人或者主要负责人。

第三十八条　违反本规定，有下列行为之一的，由新闻出版行政部门责令停止违法行为，予以警告，并处3万元以下罚款：

（一）未能提供近两年的出版物发行进销货清单等有关非财务票据的；

（二）超出新闻出版行政部门核准的经营范围经营的；

（三）张贴和散发有法律、法规禁止内容的或者有欺诈性文字的征订单、广告和宣传画的；

（四）擅自更改出版物版权页的；

（五）《出版物经营许可证》未在经营场所明显处张挂或未在网页醒目位置公开《出版物经营许可证》和营业执照登载的有关信息或链接标识的；

（六）出售、出借、出租、转让或擅自涂改、变造《出版物经营许可证》的；

（七）发行内部资料性出版物的，或公开宣传、陈列、销售规定应由内部发行的出版物的；

（八）向无总发行权的单位转让或者变相转让出版物总发行权，委托无出版物批发权的单位批发出版物或代理出版物批发业务，委托非出版物发行单位发行出版物的；

（九）提供出版物网络交易平台服务的经营者未按本规定履行有关审查及管理责任的；

（十）应按本规定进行备案而未备案的；

（十一）不按规定接受年度核检的。

第三十九条 征订、储存、运输、邮寄、投递、散发、附送本规定第二十二条所列出版物的，按照本规定第三十三条进行处罚。

第四十条 违反本规定第三十一条未报送统计数据的，按照新闻出版总署《新闻出版统计管理办法》处理。

第五章 附 则

第四十一条 香港特别行政区、澳门特别行政区、台湾地区的投资者在其他省、自治区、直辖市设立出版物发行企业，按照本规定第十六条办理，并作如下补充规定：

（一）允许香港、澳门服务提供者在内地以独资、合资形式提供音像制品（含后电影产品）的发行服务；

（二）对于同一香港、澳门服务提供者在内地从事图书、报纸、期刊连锁经营，允许其控股，但出资比例不得超过 65%；

（三）香港、澳门服务提供者应分别符合《内地与香港关于建立更紧密经贸关系的安排》及《内地与澳门关于建立更紧密经贸关系的安排》中关于“服务提供者”定义及相关规定的要求，取得香港、澳门服务提供者证明书。

第四十二条 除已依法设立的出版物批发市场外，各省、自治区、直辖市不得再设立或者变相设立出版物批发市场；进入出版物批发市场的经营单位在出版物销售前，须将出版物样本报送批发市场管理机构审验，报送审验的出版物样本必须与所销售的出版物一致。

第四十三条 本规定所称全国性连锁经营，是指跨省、自治区、直辖市连锁经营。

第四十四条 《出版物经营许可证》正、副本的样式由新闻出版总署规定，由新闻出版总署或者省、自治区、直辖市新闻出版行政部门统一印制。

第四十五条 本规定自公布之日起施行，此前新闻出版总署和有关部门颁布的《出版物市场管理规定》、《音像制品批发、零售、出租管理办法》、《外商投资图书、报纸、期刊分销企业管理办法》和《中外合作音像制品分销企业管理办法》及有关补充规定同时废止，本规定施行前与本规定不一致的其他规定不再执行。

5. 规范互联网信息服务市场秩序若干规定

中华人民共和国工业和信息化部令第 20 号

《规范互联网信息服务市场秩序若干规定》已经 2011 年 12 月 7 日中华人民共和国工业和信息化部第 22 次部务会议审议通过，现予公布，自 2012 年 3 月 15 日起施行。

部长 苗圩

2011 年 12 月 29 日

规范互联网信息服务市场秩序若干规定

第一条　为了规范互联网信息服务市场秩序，保护互联网信息服务提供者和用户的合法权益，促进互联网行业的健康发展，根据《中华人民共和国电信条例》、《互联网信息服务管理办法》等法律、行政法规的规定，制定本规定。

第二条　在中华人民共和国境内从事互联网信息服务及与互联网信息服务有关的活动，应当遵守本规定。

第三条　工业和信息化部和各省、自治区、直辖市通信管理局（以下统称“电信管理机构”）依法对互联网信息服务活动实施监督管理。

第四条　互联网信息服务提供者应当遵循平等、自愿、公平、诚信的原则提供服务。

第五条　互联网信息服务提供者不得实施下列侵犯其他互联网信息服务提供者合法权益的行为：

（一）恶意干扰用户终端上其他互联网信息服务提供者的服务，或者恶意干扰与互联网信息服务相关的软件等产品（“与互联网信息服务相关的软件等产品”以下简称“产品”）的下载、安装、运行和升级；

（二）捏造、散布虚假事实损害其他互联网信息服务提供者的合法权益，或者诋毁其他互联网信息服务提供者的服务或者产品；

（三）恶意对其他互联网信息服务提供者的服务或者产品实施不兼容；

（四）欺骗、误导或者强迫用户使用或者不使用其他互联网信息服务提供者的服务或者产品；

（五）恶意修改或者欺骗、误导、强迫用户修改其他互联网信息服务提供者的服务或者产品参数；

（六）其他违反国家法律规定，侵犯其他互联网信息服务提供者合法权益的行为。

第六条　对互联网信息服务提供者的服务或者产品进行评测，应当客观公正。

评测方公开或者向用户提供评测结果的，应当同时提供评测实施者、评测方法、数据来源、用户原始评价、评测手段和评测环境等与评测活动相关的信息。评测结果应当真实准确，与评测活动相关的信息应当完整全面。被评测的服务或者产品与评测方的服务或者产品相同或者功能类似的，评测结果中不得含有评测方的主观评价。

被评测方对评测结果有异议的，可以自行或者委托第三方就评测结果进行再评测，评测方应当予以配合。

评测方不得利用评测结果，欺骗、误导、强迫用户对被评测方的服务或者产品作出处置。

本规定所称评测，是指提供平台供用户评价，或者以其他方式对互联网信息服务或者产品的性能等进行评价和测试。

第七条　互联网信息服务提供者不得实施下列侵犯用户合法权益的行为：

（一）无正当理由拒绝、拖延或者中止向用户提供互联网信息服务或者产品；

（二）无正当理由限定用户使用或者不使用其指定的互联网信息服务或者产品；

（三）以欺骗、误导或者强迫等方式向用户提供互联网信息服务或者产品；

（四）提供的互联网信息服务或者产品与其向用户所作的宣传或者承诺不符；

（五）擅自改变服务协议或者业务规程，降低服务质量或者加重用户责任；

（六）与其他互联网信息服务提供者的服务或者产品不兼容时，未主动向用户提示和说明；

（七）未经提示并由用户主动选择同意，修改用户浏览器配置或者其他设置；

（八）其他违反国家法律规定，侵犯用户合法权益的行为。

第八条　互联网信息服务提供者在用户终端上进行软件下载、安装、运行、升级、卸载等操作的，应当提供明确、完整的软件功能等信息，并事先征得用户同意。

互联网信息服务提供者不得实施下列行为：

（一）欺骗、误导或者强迫用户下载、安装、运行、升级、卸载软件；

（二）未提供与软件安装方式同等或者更便捷的卸载方式；

（三）在未受其他软件影响和人为破坏的情况下，未经用户主动选择同意，软件卸载后有可执行代码或者其他不必要的文件驻留在用户终端。

第九条　互联网信息服务终端软件捆绑其他软件的，应当以显著的方式提示用户，由用户主动选择是否安装或者使用，并提供独立的卸载或者关闭方式，不得附加不合理条件。

第十条　互联网信息服务提供者在用户终端弹出广告或者其他与终端软件功能无关的信息窗口的，应当以显著的方式向用户提供关闭或者退出窗口的功能标识。

第十一条　未经用户同意，互联网信息服务提供者不得收集与用户相关、能够单独或者与其他信息结合识别用户的信息（以下简称"用户个人信息"），不得将用户个人信息提供给他人，但是法律、行政法规另有规定的除外。

互联网信息服务提供者经用户同意收集用户个人信息的，应当明确告知用户收集和处理用户个人信息的方式、内容和用途，不得收集其提供服务所必需以外的信息，不得将用户个人信息用于其提供服务之外的目的。

第十二条　互联网信息服务提供者应当妥善保管用户个人信息；保管的用户个人信息泄露或者可能泄露时，应当立即采取补救措施；造成或者可能造成严重后果的，应当立即向准予其互联网信息服务许可或者备案的电信管理机构报告，并配合相关部门进行的调查处理。

第十三条　互联网信息服务提供者应当加强系统安全防护，依法维护用户上载信息的安全，保障用户对上载信息的使用、修改和删除。

互联网信息服务提供者不得有下列行为：

（一）无正当理由擅自修改或者删除用户上载信息；

（二）未经用户同意，向他人提供用户上载信息，但是法律、行政法规另有规定的除外；

（三）擅自或者假借用户名义转移用户上载信息，或者欺骗、误导、强迫用户转移其上载信息；

（四）其他危害用户上载信息安全的行为。

第十四条　互联网信息服务提供者应当以显著的方式公布有效联系方式，接受用户及其他互联网信息服务提供者的投诉，并自接到投诉之日起十五日内作出答复。

第十五条　互联网信息服务提供者认为其他互联网信息服务提供者实施违反本规定的行为，侵犯其合法权益并对用户权益造成或者可能造成重大影响的，应当立即向准予该其他互联网信息服务提供者互联网信息服务许可或者备案的电信管理机构报告。

电信管理机构应当对报告或者发现的可能违反本规定的行为的影响进行评估；影响特别重大的，相关省、自治区、直辖市通信管理局应当向工业和信息化部报告。电信管理机构在依据本规定作出处理决定前，可以要求互联网信息服务提供者暂停有关行为，互联网信息服务提供者应当执行。

第十六条　互联网信息服务提供者违反本规定第五条、第七条或者第十三条的规定，由电信管理机构依据职权责令改正，处以警告，可以并处一万元以上三万元以下的罚款，向社会公告；其中，《中华人民共和国电信条例》或者《互联网信息服务管理办法》规定法律责任的，依照其规定处理。

第十七条　评测方违反本规定第六条的规定的，由电信管理机构依据职权处以警告，可以并处一万元以上三万元以下的罚款，向社会公告。

第十八条　互联网信息服务提供者违反本规定第八条、第九条、第十条、第十一条、第十二条或者第十四条的规定的，由电信管理机构依据职权处以警告，可以并处一万元以上三万元以下的罚款，向社会公告。

第十九条　互联网信息服务提供者违反本规定第十五条规定，不执行电信管理机构暂停有关行为的要求的，由电信管理机构依据职权处以警告，向社会公告。

第二十条　互联网信息服务提供者违反其他法律、行政法规规定的，依照其规定处理。

第二十一条　本规定自2012年3月15日起施行。

6．最高人民法院、最高人民检察院、公安部印发《关于办理侵犯知识产权刑事案件适用法律若干问题的意见》的通知（法发[2011]3号）

各省、自治区、直辖市高级人民法院、人民检察院、公安厅（局），解放军军事法院、军事检察院，总政治部保卫部，新疆维吾尔自治区高级人民法院生产建设兵团分院，新疆生产建设兵团人民检察院、公安局：

为解决近年来公安机关、人民检察院、人民法院在办理侵犯知识产权刑事案件中遇到的新情况、新问题，依法惩治侵犯知识产权犯罪活动，维护社会主义市场经济秩序，最高人民法院、最高人民检察院、公安部在深入调查研究、广泛征求各方意见的基础上，制定了《关于办理侵犯知识产权刑事案件适用法律若干问题的意见》。现印发给你们，请认真组织学习，切实贯彻执行。执行中遇到的重要问题，请及时层报最高人民法院、最高人民检察院、公安部。

2011年1月10日

关于办理侵犯知识产权刑事案件适用法律若干问题的意见

为解决近年来公安机关、人民检察院、人民法院在办理侵犯知识产权刑事案件中遇到的新情况、新问题，依法惩治侵犯知识产权犯罪活动，维护社会主义市场经济秩序，根据刑法、刑事诉讼法及有关司法解释的规定，结合侦查、起诉、审判实践，制定本意见。

一、关于侵犯知识产权犯罪案件的管辖问题

侵犯知识产权犯罪案件由犯罪地公安机关立案侦查。必要时，可以由犯罪嫌疑人居住地公安机关立案侦查。侵犯知识产权犯罪案件的犯罪地，包括侵权产品制造地、储存地、运输地、销售地，传播侵权作品、销售侵权产品的网站服务器所在地、网络接入地、网站建立者或者管理者所在地，侵权作品上传者所在地，权利人受到实际侵害的犯罪结果发生地。对有多个侵犯知识产权犯罪地的，由最初受理的公安机关或者主要犯罪地公安机关管辖。多个侵犯知识产权犯罪地的公安机关对管辖有争议的，由共同的上级公安机关指定管辖，需要提请批准逮捕、移送审查起诉、提起公诉的，由该公安机关所在地的同级人民检察院、人民法院受理。

对于不同犯罪嫌疑人、犯罪团伙跨地区实施的涉及同一批侵权产品的制造、储存、运输、销售等侵犯知识产权犯罪行为，符合并案处理要求的，有关公安机关可以一并立案侦查，需要提请批准逮捕、移送审查起诉、提起公诉的，由该公安机关所在地的同级人民检察院、人民法院受理。

二、关于办理侵犯知识产权刑事案件中行政执法部门收集、调取证据的效力问题

行政执法部门依法收集、调取、制作的物证、书证、视听资料、检验报告、鉴定结论、勘验笔录、现场笔录，经公安机关、人民检察院审查，人民法院庭审质证确认，可以作为刑事证据使用。

行政执法部门制作的证人证言、当事人陈述等调查笔录，公安机关认为有必要作为刑事证据使用的，应当依法重新收集、制作。

三、关于办理侵犯知识产权刑事案件的抽样取证问题和委托鉴定问题

公安机关在办理侵犯知识产权刑事案件时，可以根据工作需要抽样取证，或者商请同级行政执法部门、有关检验机构协助抽样取证。法律、法规对抽样机构或者抽样方法有规定的，应当委托规定的机构并按照规定方法抽取样品。

公安机关、人民检察院、人民法院在办理侵犯知识产权刑事案件时，对于需要鉴定的事项，应当委托国家认可的有鉴定资质的鉴定机构进行鉴定。

公安机关、人民检察院、人民法院应当对鉴定结论进行审查，听取权利人、犯罪嫌疑人、被告人对鉴定结论的意见，可以要求鉴定机构作出相应说明。

四、关于侵犯知识产权犯罪自诉案件的证据收集问题

人民法院依法受理侵犯知识产权刑事自诉案件，对于当事人因客观原因不能取得的证据，在提起自诉时能够提供有关线索，申请人民法院调取的，人民法院应当依法调取。

五、关于刑法第二百一十三条规定的“同一种商品”的认定问题

名称相同的商品以及名称不同但指同一事物的商品，可以认定为“同一种商品”。“名称”是指国家工商行政管理总局商标局在商标注册工作中对商品使用的名称，通常即《商标注册用商品和服务国际分类》中规定的商品名称。“名称不同但指同一事物的商品”是指在功能、用途、主要原料、消费对象、销售渠道等方面相同或者基本相同，相关公众一般认为是同一种事物的商品。

认定“同一种商品”，应当在权利人注册商标核定使用的商品和行为人实际生产销售的商品之间进行比较。

六、关于刑法第二百一十三条规定的“与其注册商标相同的商标”的认定问题

具有下列情形之一，可以认定为“与其注册商标相同的商标”：

（一）改变注册商标的字体、字母大小写或者文字横竖排列，与注册商标之间仅有细微差别的；

（二）改变注册商标的文字、字母、数字等之间的间距，不影响体现注册商标显著特征的；

（三）改变注册商标颜色的；

（四）其他与注册商标在视觉上基本无差别、足以对公众产生误导的商标。

七、关于尚未附着或者尚未全部附着假冒注册商标标识的侵权产品价值是否计入非法经营数额的问题

在计算制造、储存、运输和未销售的假冒注册商标侵权产品价值时，对于已经制作完成但尚未附着（含加贴）或者尚未全部附着（含加贴）假冒注册商标标识的产品，如果有确实、充分证据证明该产品将假冒他人注册商标，其价值计入非法经营数额。

八、关于销售假冒注册商标的商品犯罪案件中尚未销售或者部分销售情形的定罪量刑问题

销售明知是假冒注册商标的商品，具有下列情形之一的，依照刑法第二百一十四条的规定，以销售假冒注册商标的商品罪（未遂）定罪处罚：

（一）假冒注册商标的商品尚未销售，货值金额在十五万元以上的；

（二）假冒注册商标的商品部分销售，已销售金额不满五万元，但与尚未销售的假冒注册商标的商品的货值金额合计在十五万元以上的。

假冒注册商标的商品尚未销售，货值金额分别达到十五万元以上不满二十五万元、二十五万元以上的，分别依照刑法第二百一十四条规定的各法定刑幅度定罪处罚。

销售金额和未销售货值金额分别达到不同的法定刑幅度或者均达到同一法定刑幅度的，在处罚较重的法定刑或者同一法定刑幅度内酌情从重处罚。

九、关于销售他人非法制造的注册商标标识犯罪案件中尚未销售或者部分销售情形的定罪问题

销售他人伪造、擅自制造的注册商标标识，具有下列情形之一的，依照刑法第二百一十五条的规定，以销售非法制造的注册商标标识罪（未遂）定罪处罚：

（一）尚未销售他人伪造、擅自制造的注册商标标识数量在六万件以上的；

（二）尚未销售他人伪造、擅自制造的两种以上注册商标标识数量在三万件以上的；

（三）部分销售他人伪造、擅自制造的注册商标标识，已销售标识数量不满二万件，但与尚未销售标识数量合计在六万件以上的；

（四）部分销售他人伪造、擅自制造的两种以上注册商标标识，已销售标识数量不满一万件，但与尚未销售标识数量合计在三万件以上的。

十、关于侵犯著作权犯罪案“以营利为目的”的认定问题

除销售外，具有下列情形之一的，可以认定为“以营利为目的”：

（一）以在他人作品中刊登收费广告、捆绑第三方作品等方式直接或者间接收取费用的；

（二）通过信息网络传播他人作品，或者利用他人上传的侵权作品，在网站或者网页上提供刊登收费广告服务，直接或者间接收取费用的；

（三）以会员制方式通过信息网络传播他人作品，收取会员注册费或者其他费用的；

（四）其他利用他人作品牟利的情形。

十一、关于侵犯著作权犯罪案件“未经著作权人许可”的认定问题

“未经著作权人许可”一般应当依据著作权人或者其授权的代理人、著作权集体管理组织、国家著作权行政管理部门指定的著作权认证机构出具的涉案作品版权认证文书，或者证明出版者、复制发行者伪造、涂改授权许可文件或者超出授权许可范围的证据，结合其他证据综合予以认定。

在涉案作品种类众多且权利人分散的案件中，上述证据确实难以一一取得，但有证据证明涉案复制品系非法出版、复制发行的，且出版者、复制发行者不能提供获得著作权人许可的相关证明材料的，可以认定为“未经著作权人许可”。但是，有证据证明权利人放弃权利、涉案作品的著作权不受我国著作权法保护，或者著作权保护期限已经届满的除外。

十二、关于刑法第二百一十七条规定的“发行”的认定及相关问题

“发行”，包括总发行、批发、零售、通过信息网络传播以及出租、展销等活动。

非法出版、复制、发行他人作品，侵犯著作权构成犯罪的，按照侵犯著作权罪定罪处罚，不认定为非法经营罪等其他犯罪。

十三、关于通过信息网络传播侵权作品行为的定罪处罚标准问题

以营利为目的，未经著作权人许可，通过信息网络向公众传播他人文字作品、音乐、电影、电视、美术、摄影、录像作品、录音录像制品、计算机软件及其他作品，具有下列情形之一的，属于刑法第二百一十七条规定的“其他严重情节”：

（一）非法经营数额在五万元以上的；

（二）传播他人作品的数量合计在五百件（部）以上的；

（三）传播他人作品的实际被点击数达到五万次以上的；

（四）以会员制方式传播他人作品，注册会员达到一千人以上的；

（五）数额或者数量虽未达到第（一）项至第（四）项规定标准，但分别达到其中两项以上标准一半以上的；

（六）其他严重情节的情形。

实施前款规定的行为，数额或者数量达到前款第（一）项至第（五）项规定标准五倍以上的，属于刑法第二百一十七条规定的“其他特别严重情节”。

十四、关于多次实施侵犯知识产权行为累计计算数额问题

依照最高人民法院、最高人民检察院《关于办理侵犯知识产权刑事案件具体应用法律若干问题的解释》第十二条第二款的规定，多次实施侵犯知识产权行为，未经行政处理或者刑事处罚的，非法经营数额、违法所得数额或者销售金额累计计算。

二年内多次实施侵犯知识产权违法行为，未经行政处理，累计数额构成犯罪的，应当依法定罪处罚。实施侵犯知识产权犯罪行为的追诉期限，适用刑法的有关规定，不受前述二年的限制。

十五、关于为他人实施侵犯知识产权犯罪提供原材料、机械设备等行为的定性问题

明知他人实施侵犯知识产权犯罪，而为其提供生产、制造侵权产品的主要原材料、辅助材料、半成品、包装材料、机械设备、标签标识、生产技术、配方等帮助，或者提供互联网接入、服务器托管、网络存储空间、通信传输通道、代收费、费用结算等服务的，以侵犯知识产权犯罪的共犯论处。

十六、关于侵犯知识产权犯罪竞合的处理问题

行为人实施侵犯知识产权犯罪，同时构成生产、销售伪劣商品犯罪的，依照侵犯知识产权犯罪与生产、销售伪劣商品犯罪中处罚较重的规定定罪处罚。

7. 最高人民法院、最高人民检察院关于办理危害计算机信息系统安全刑事案件应用法律若干问题的解释（法释[2011]19号）

最高人民法院、最高人民检察院公告

《最高人民法院、最高人民检察院关于办理危害计算机信息系统安全刑事案件应用法律若干问题的解释》已于2011年6月20日由最高人民法院审判委员会第1524次会议、2011年7月11日由最高人民检察院第十一届检察委员会第63次会议通过，现予公布，自2011年9月1日起施行。

2011年8月1日

最高人民法院、最高人民检察院关于办理危害计算机信息系统安全刑事案件应用法律若干问题的解释

（2011年6月20日最高人民法院审判委员会第1524次会议、2011年7月11日最高人民检察院第十一届检察委员会第63次会议通过 法释〔2011〕19号）

为依法惩治危害计算机信息系统安全的犯罪活动，根据《中华人民共和国刑法》、《全国人民代表大会常务委员会关于维护互联网安全的决定》的规定，现就办理这类刑事案件应用法律的若干问题解释如下：

第一条 非法获取计算机信息系统数据或者非法控制计算机信息系统，具有下列情形之一的，应当认定为刑法第二百八十五条第二款规定的“情节严重”：

（一）获取支付结算、证券交易、期货交易等网络金融服务的身份认证信息十组以上的；

（二）获取第（一）项以外的身份认证信息五百组以上的；

（三）非法控制计算机信息系统二十台以上的；

（四）违法所得五千元以上或者造成经济损失一万元以上的；

（五）其他情节严重的情形。

实施前款规定行为，具有下列情形之一的，应当认定为刑法第二百八十五条第二款规定的“情节特别严重”：

（一）数量或者数额达到前款第（一）项至第（四）项规定标准五倍以上的；

（二）其他情节特别严重的情形。

明知是他人非法控制的计算机信息系统，而对该计算机信息系统的控制权加以利用的，依照前两款的规定定罪处罚。

第二条 具有下列情形之一的程序、工具，应当认定为刑法第二百八十五条第三款规定的“专门用于侵入、非法控制计算机信息系统的程序、工具”：

（一）具有避开或者突破计算机信息系统安全保护措施，未经授权或者超越授权获取计算机信息系统数据的功能的；

（二）具有避开或者突破计算机信息系统安全保护措施，未经授权或者超越授权对计算机信息系统实施控制的功能的；

（三）其他专门设计用于侵入、非法控制计算机信息系统、非法获取计算机信息系统数据的程序、工具。

第三条　提供侵入、非法控制计算机信息系统的程序、工具，具有下列情形之一的，应当认定为刑法第二百八十五条第三款规定的“情节严重”：

（一）提供能够用于非法获取支付结算、证券交易、期货交易等网络金融服务身份认证信息的专门性程序、工具五人次以上的；

（二）提供第（一）项以外的专门用于侵入、非法控制计算机信息系统的程序、工具二十人次以上的；

（三）明知他人实施非法获取支付结算、证券交易、期货交易等网络金融服务身份认证信息的违法犯罪行为而为其提供程序、工具五人次以上的；

（四）明知他人实施第（三）项以外的侵入、非法控制计算机信息系统的违法犯罪行为而为其提供程序、工具二十人次以上的；

（五）违法所得五千元以上或者造成经济损失一万元以上的；

（六）其他情节严重的情形。

实施前款规定行为，具有下列情形之一的，应当认定为提供侵入、非法控制计算机信息系统的程序、工具“情节特别严重”：

（一）数量或者数额达到前款第（一）项至第（五）项规定标准五倍以上的；

（二）其他情节特别严重的情形。

第四条　破坏计算机信息系统功能、数据或者应用程序，具有下列情形之一的，应当认定为刑法第二百八十六条第一款和第二款规定的“后果严重”：

（一）造成十台以上计算机信息系统的主要软件或者硬件不能正常运行的；

（二）对二十台以上计算机信息系统中存储、处理或者传输的数据进行删除、修改、增加操作的；

（三）违法所得五千元以上或者造成经济损失一万元以上的；

（四）造成为一百台以上计算机信息系统提供域名解析、身份认证、计费等基础服务或者为一万以上用户提供服务的计算机信息系统不能正常运行累计一小时以上的；

（五）造成其他严重后果的。

实施前款规定行为，具有下列情形之一的，应当认定为破坏计算机信息系统“后果特别严重”：

（一）数量或者数额达到前款第（一）项至第（三）项规定标准五倍以上的；

（二）造成为五百台以上计算机信息系统提供域名解析、身份认证、计费等基础服务或者为五万以上用户提供服务的计算机信息系统不能正常运行累计一小时以上的；

（三）破坏国家机关或者金融、电信、交通、教育、医疗、能源等领域提供公共服务的计算机信息系统的功能、数据或者应用程序，致使生产、生活受到严重影响或者造成恶劣社会影响的；

（四）造成其他特别严重后果的。

第五条　具有下列情形之一的程序，应当认定为刑法第二百八十六条第三款规定的“计算机病毒等破坏性程序”：

（一）能够通过网络、存储介质、文件等媒介，将自身的部分、全部或者变种进行复制、传播，并破坏计算机系统功能、数据或者应用程序的；

（二）能够在预先设定条件下自动触发，并破坏计算机系统功能、数据或者应用程序的；

（三）其他专门设计用于破坏计算机系统功能、数据或者应用程序的程序。

第六条　故意制作、传播计算机病毒等破坏性程序，影响计算机系统正常运行，具有下列情形之一的，应当认定为刑法第二百八十六条第三款规定的“后果严重”：

（一）制作、提供、传输第五条第（一）项规定的程序，导致该程序通过网络、存储介质、文件等媒介传播的；

（二）造成二十台以上计算机系统被植入第五条第（二）、（三）项规定的程序的；

（三）提供计算机病毒等破坏性程序十人次以上的；

（四）违法所得五千元以上或者造成经济损失一万元以上的；

（五）造成其他严重后果的。

实施前款规定行为，具有下列情形之一的，应当认定为破坏计算机信息系统“后果特别严重”：

（一）制作、提供、传输第五条第（一）项规定的程序，导致该程序通过网络、存储介质、文件等媒介传播，致使生产、生活受到严重影响或者造成恶劣社会影响的；

（二）数量或者数额达到前款第（二）项至第（四）项规定标准五倍以上的；

（三）造成其他特别严重后果的。

第七条　明知是非法获取计算机信息系统数据犯罪所获取的数据、非法控制计算机信息系统犯罪所获取的计算机信息系统控制权，而予以转移、收购、代为销售或者以其他方法掩饰、隐瞒，违法所得五千元以上的，应当依照刑法第三百一十二条第一款的规定，以掩饰、隐瞒犯罪所得罪定罪处罚。

实施前款规定行为，违法所得五万元以上的，应当认定为刑法第三百一十二条第一款规定的“情节严重”。

单位实施第一款规定行为的，定罪量刑标准依照第一款、第二款的规定执行。

第八条　以单位名义或者单位形式实施危害计算机信息系统安全犯罪，达到本解释规定的定罪量刑标准的，应当依照刑法第二百八十五条、第二百八十六条的规定追究直接负责的主管人员和其他直接责任人员的刑事责任。

第九条　明知他人实施刑法第二百八十五条、第二百八十六条规定的行为，具有下列情形之一的，应当认定为共同犯罪，依照刑法第二百八十五条、第二百八十六条的规定处罚：

（一）为其提供用于破坏计算机信息系统功能、数据或者应用程序的程序、工具，违法所得五千元以上或者提供十人次以上的；

（二）为其提供互联网接入、服务器托管、网络存储空间、通信传输通道、费用结算、交易服务、广告服务、技术培训、技术支持等帮助，违法所得五千元以上的；

（三）通过委托推广软件、投放广告等方式向其提供资金五千元以上的。

实施前款规定行为，数量或者数额达到前款规定标准五倍以上的，应当认定为刑法第二百八十五条、第二百八十六条规定的“情节特别严重”或者“后果特别严重”。

第十条　对于是否属于q刑法第二百八十五条、第二百八十六条规定的“国家事务、国防建设、尖端科学技术领域的计算机信息系统”、“专门用于侵入、非法控制计算机信息系统的程序、工具”、“计算机病毒等破坏性程序”难以确定的，应当委托省级以上负责计算机信息系统安全保护管理工作的部门检验。司法机关根据检验结论，并结合案件具体情况认定。

第十一条　本解释所称“计算机信息系统”和“计算机系统”，是指具备自动处理数据功能的系统，包括计算机、网络设备、通信设备、自动化控制设备等。

本解释所称“身份认证信息”，是指用于确认用户在计算机信息系统上操作权限的数据，包括账号、口令、密码、数字证书等。

本解释所称“经济损失”，包括危害计算机信息系统犯罪行为给用户直接造成的经济损失，以及用户为恢复数据、功能而支出的必要费用。

8．最高人民法院、最高人民检察院关于办理诈骗刑事案件具体应用法律若干问题的解释（法释[2011]7 号）

最高人民法院、最高人民检察院《关于办理诈骗刑事案件具体应用法律若干问题的解释》已于 2011 年 2 月 21 日由最高人民法院审判委员会第 1512 次会议、2010 年 11 月 24 日由最高人民检察院第十一届检察委员会第 49 次会议通过，现予公布，自 2011 年 4 月 8 日起施行。

2011 年 3 月 1 日

为依法惩治诈骗犯罪活动，保护公私财产所有权，根据刑法、刑事诉讼法有关规定，结合司法实践的需要，现就办理诈骗刑事案件具体应用法律的若干问题解释如下：

第一条　诈骗公私财物价值三千元至一万元以上、三万元至十万元以上、五十万元以上的，应当分别认定为刑法第二百六十六条规定的“数额较大”、“数额巨大”、“数额特别巨大”。

各省、自治区、直辖市高级人民法院、人民检察院可以结合本地区经济社会发展状况，在前款规定的数额幅度内，共同研究确定本地区执行的具体数额标准，报最高人民法院、最高人民检察院备案。

第二条　诈骗公私财物达到本解释第一条规定的数额标准，具有下列情形之一的，可以依照刑法第二百六十六条的规定酌情从严惩处：

（一）通过发送短信、拨打电话或者利用互联网、广播电视、报刊杂志等发布虚假信息，对不特定多数人实施诈骗的；

（二）诈骗救灾、抢险、防汛、优抚、扶贫、移民、救济、医疗款物的；

（三）以赈灾募捐名义实施诈骗的；

（四）诈骗残疾人、老年人或者丧失劳动能力人的财物的；

（五）造成被害人自杀、精神失常或者其他严重后果的。

诈骗数额接近本解释第一条规定的“数额巨大”、“数额特别巨大”的标准，并具有前款规定的情形之一或者属于诈骗集团首要分子的，应当分别认定为刑法第二百六十六条规定的“其他严重情节”、“其他特别严重情节”。

第三条　诈骗公私财物虽已达到本解释第一条规定的“数额较大”的标准，但具有下列情形之一，且行为人认罪、悔罪的，可以根据刑法第三十七条、刑事诉讼法第一百四十二条的规定不起诉或者免予刑事处罚：

（一）具有法定从宽处罚情节的；

（二）一审宣判前全部退赃、退赔的；

（三）没有参与分赃或者获赃较少且不是主犯的；

（四）被害人谅解的；

（五）其他情节轻微、危害不大的。

第四条　诈骗近亲属的财物，近亲属谅解的，一般可不按犯罪处理。

诈骗近亲属的财物，确有追究刑事责任必要的，具体处理也应酌情从宽。

第五条　诈骗未遂，以数额巨大的财物为诈骗目标的，或者具有其他严重情节的，应当定罪处罚。

利用发送短信、拨打电话、互联网等电信技术手段对不特定多数人实施诈骗，诈骗数额难以查证，但具有下列情形之一的，应当认定为刑法第二百六十六条规定的“其他严重情节”，以诈骗罪（未遂）定罪处罚：

（一）发送诈骗信息五千条以上的；

（二）拨打诈骗电话五百人次以上的；

（三）诈骗手段恶劣、危害严重的。

实施前款规定行为，数量达到前款第（一）、（二）项规定标准十倍以上的，或者诈骗手段特别恶劣、危害特别严重的，应当认定为刑法第二百六十六条规定的“其他特别严重情节”，以诈骗罪（未遂）定罪处罚。

第六条　诈骗既有既遂，又有未遂，分别达到不同量刑幅度的，依照处罚较重的规定处罚；达到同一量刑幅度的，以诈骗罪既遂处罚。

第七条　明知他人实施诈骗犯罪，为其提供信用卡、手机卡、通信工具、通信传输通道、网络技术支持、费用结算等帮助的，以共同犯罪论处。

第八条　冒充国家机关工作人员进行诈骗，同时构成诈骗罪和招摇撞骗罪的，依照处罚较重的规定定罪处罚。

第九条　案发后查封、扣押、冻结在案的诈骗财物及其孳息，权属明确的，应当发还被害人；权属不明确的，可按被骗款物占查封、扣押、冻结在案的财物及其孳息总额的比例发还被害人，但已获退赔的应予扣除。

第十条　行为人已将诈骗财物用于清偿债务或者转让给他人，具有下列情形之一的，应当依法追缴：

（一）对方明知是诈骗财物而收取的；

（二）对方无偿取得诈骗财物的；

（三）对方以明显低于市场的价格取得诈骗财物的；

（四）对方取得诈骗财物系源于非法债务或者违法犯罪活动的。

他人善意取得诈骗财物的，不予追缴。

第十一条　以前发布的司法解释与本解释不一致的，以本解释为准。

9. 国务院关于批转中国残疾人事业“十二五”发展纲要的通知

各省、自治区、直辖市人民政府，国务院各部委、各直属机构：

国务院同意国务院残疾人工作委员会制定的《中国残疾人事业“十二五”发展纲要》，现转发给你们，请认真贯彻执行。

国务院

2011年5月16日

中国残疾人事业“十二五”发展纲要（节选）

三、“十二五”时期残疾人事业的主要任务和政策措施

（九）无障碍环境。

主要任务：

——加快推进无障碍建设与改造，开展全国无障碍建设市、县、区创建工作。

——加强信息无障碍建设，公共服务信息方便残疾人使用。

——开展残疾人家庭无障碍改造，对贫困残疾人家庭提供改造补助。

政策措施：

1．制定实施无障碍建设条例，依法开展无障碍建设。完善无障碍建设标准体系，新建、改建、扩建设施严格按照国家相关规范建设无障碍设施，加快推进既有道路、建筑物、居住小区、园林绿地特别是与残疾人日常生活密切相关的已建设施无障碍改造。提高无障碍建设质量和水平，加强无障碍设施日常维护与管理。开展创建全国无障碍建设市、县、区工作。普及无障碍知识，加强宣传与推广。

2．实施无障碍环境建设工程。将无障碍建设纳入社会主义新农村和城镇化建设内容，与公共服务设施同时规划、同时设计、同时施工、同时验收。航空、铁路及城市公共交通要加大无障碍建设和改造力度，公共交通工具要逐步完善无障碍设备配置，公共停车区要设置残疾人停车位。广泛开展残疾人家庭无障碍改造工作，有条件的地方要对贫困残疾人家庭无障碍改造提供补助。基本完成残疾人综合服务设施的无障碍改造。

3．将信息无障碍纳入信息化相关规划，更加关注残疾人享受信息化成果、参与信息化建设进程。制定信息无障碍技术标准，推进通用产品、技术信息无障碍。推进互联网和手机、电脑、可视设备等信息无障碍实用技术、产品研发和推广，推动互联网网站无障碍设计。各级政府和有关部门采取无障碍方式发布政务信息。推动公共服务行业、公共场所、公共交通工具建立语音提示、屏显字幕、视觉引导等系统。推进聋人手机短信服务平台建设。推进药品和食品说明的信息无障碍。图书和声像资源数字化建设实现信息无障碍。

10．国务院关于印发中国妇女发展纲要和中国儿童发展纲要的通知（国发[2011]24号）

各省、自治区、直辖市人民政府，国务院各部委、各直属机构：

现将《中国妇女发展纲要（2011—2020年）》和《中国儿童发展纲要（2011—2020年）》印发给你们，请认真贯彻执行。

国务院

2011年7月30日

中国儿童发展纲要（2011—2020年）（节选）

三、发展领域、主要目标和策略措施

（四）儿童与社会环境。

主要目标：

1．营造尊重、爱护儿童的社会氛围，消除对儿童的歧视和伤害。

2．适应城乡发展的家庭教育指导服务体系基本建成。

3．儿童家长素质提升，家庭教育水平提高。

4．为儿童提供丰富、健康向上的文化产品。

5．保护儿童免受网络、手机、游戏、广告、图书和影视中不良信息的影响。

6. 培养儿童阅读习惯，增加阅读时间和阅读量。90%以上的儿童每年至少阅读一本图书。

7．增加县、乡两级儿童教育、科技、文化、体育、娱乐等课外活动设施和场所，坚持公益性，提高利用率和服务质量。每个街道和乡（镇）至少配备1名专职或兼职儿童社会工作者。

8．90%以上的城乡社区建设1所为儿童及其家庭提供游戏、娱乐、教育、卫生、社会心理支持和转介等服务的儿童之家。

9．保障儿童参与家庭生活、学校和社会事务的权利。

10．保障儿童享有闲暇和娱乐的权利。

策略措施：

1．广泛开展以儿童优先和儿童权利为主题的宣传教育活动，提高公众对儿童权利尤其是儿童参与权的认识。

2．将家庭教育指导服务纳入城乡公共服务体系。普遍建立各级家庭教育指导机构，90%的城市社区和80%的行政村建立家长学校或家庭教育指导服务点。建立家庭教育从业人员培训和指导服务机构准入等制度，培养合格的专兼职家庭教育工作队伍。加大公共财政对家庭教育指导服务体系建设的投入，鼓励和支持社会力量参与家庭教育工作。

3．开展家庭教育指导和宣传实践活动。多渠道、多形式持续普及家庭教育知识，确保儿童家长每年至少接受2次家庭教育指导服务，参加2次家庭教育实践活动。加强家庭教育研究，促进研究成果的推广和应用。

4．为儿童成长提供良好的家庭环境。倡导平等、文明、和睦、稳定的家庭关系，提倡父母与子女加强交流与沟通。预防和制止家庭虐待、忽视和暴力等事件的发生。

5．创造有益于儿童身心健康的文化环境。引导各类媒体制作和传播有益于儿童健康成长的信息，增强文化产品的知识性、趣味性。制定优惠政策，鼓励和支持优秀儿童图书、影视、歌曲、童谣、舞蹈、戏剧、动漫、游戏等创作、生产和发行。办好儿童广播电视专题节目，严格控制不适合儿童观看的广播影视节目在大众传媒播出。积极组织适合儿童的文化活动，大力培育儿童文化品牌。加强文化市场监管，加大查处传播淫秽、色情、凶杀、暴力、封建迷信和伪科学的出版物及儿童玩具、饰品的力度。重视少数民族文字少儿读物的创作、译制和出版工作。

6．规范与儿童相关的广告和商业性活动。严格执行相关法规政策，禁止母乳代用品广告宣传，规范与儿童有关的产品（服务）广告及烟酒广告播出。规范和限制儿童参加商业性演出和活动。

7．为儿童健康上网创造条件。在公益性文化场所和儿童活动场所建设公共电子阅览室，为儿童提供公益性上网服务。社区公益性互联网上网服务设施，对儿童免费或优惠开放。推行绿色上网软件，加强对网络不良信息的打击和治理，净化互联网环境。加强对互联网上网服务营业场所的管理。互联网上网服务营业场所严格实行消费者实名登记制，并在显著位置设置未成年人禁入标志，不得允许未成年人进入。加大对“黑网吧”的打击力度。家庭和学校加强对儿童上网的引导，防止儿童沉迷网络。

8．净化校园周边环境。落实维护校园周边治安秩序、确保校园安全的相关措施，在学校周边治安复杂地区设立治安岗进行巡逻，向学校、幼儿园派驻保安员。校园附近严格按规定设交通警示标志和安全设施，派民警或协管员维护地处交通复杂路段的小学、幼儿园周边道路的交通秩序。加强对校园周边商业网点和经营场所的监管，校园周边200米以内禁设网吧、游戏厅、娱乐场所。

9．加大儿童活动设施建设。将儿童活动设施和场所建设纳入地方经济社会发展规划，增加彩票公益金对儿童活动设施和场所的投入，加大对农村地区儿童活动设施和场所建设和运行的扶持力度。规范儿童课外活动设施和场所的管理，各类文化、科技、体育等公益性设施和场所对儿童免费或优惠开放，并根据自身条件开辟专门供儿童活动的区域。加强爱国主义教育基地建设。

10．强化城乡社区儿童服务功能。建立以社区为基础的儿童保护工作运行机制，充分挖掘和合理利用社区资源，动员学校、幼儿园、医院等机构和社会团体、志愿者参与儿童保护。整合社区资源建设儿童活动场所，配备专兼职工作人员，提高运行能力，为儿童及其家庭提供服务。

11．为儿童阅读图书创造条件。推广面向儿童的图书分级制，为不同年龄儿童提供适合其年龄特点的图书，为儿童家长选择图书提供建议和指导。增加社区图书馆和农村流动图书馆数量，公共图书馆设儿童阅览室或图书角，有条件的县（市、区）建儿童图书馆。“农家书屋”配备一定数量的儿童图书。广泛开展图书阅读活动，鼓励和引导儿童主动读书。

12．保障儿童的参与和表达权利。将儿童参与纳入儿童事务和儿童服务决策过程，决定有关儿童的重大事项，吸收儿童代表参加，听取儿童意见。畅通儿童参与和表达渠道，增加儿童社会实践机会，鼓励儿童参与力所能及的社会事务和社会公益活动，提高儿童的社会参与能力。

13．增强儿童环保意识。开展环境和生态文明宣传教育，鼓励儿童积极参与环保活动，引导儿童践行低碳生活和绿色消费。

14．加强儿童社会工作队伍建设。强化对儿童工作人员的社会工作能力培训，积极发挥社会工作专业人员在为儿童提供服务、维护儿童权益方面的作用。

15．开展促进儿童发展的国际交流与合作。积极履行联合国《儿童权利公约》等国际公约，扩大多边和双边交流与合作，宣传我国促进儿童发展取得的成就。

11．国务院办公厅转发全国政务公开领导小组关于开展依托电子政务平台加强县级政府政务公开和政务服务试点工作意见的通知（国办函[2011]99号）

各省、自治区、直辖市人民政府，国务院各部委、各直属机构：

全国政务公开领导小组《关于开展依托电子政务平台加强县级政府政务公开和政务服务试点工作的意见》已经国务院同意，现转发给你们，请认真贯彻执行。

国务院办公厅

2011年9月13日

关于开展依托电子政务平台加强县级政府政务公开和政务服务试点工作的意见
（全国政务公开领导小组）

为贯彻落实党中央、国务院关于深化政务公开和加强政务服务的要求，进一步提高县级政府政务公开和政务服务水平，现就开展依托电子政务平台加强县级政府政务公开和政务服务试点工作提出以下意见。

一、开展试点工作的重要性和必要性

（一）开展试点工作是深化政务公开、加强政务服务的有效举措。深化政务公开、加强政务服务，对于推进行政体制改革、加强对行政权力监督制约、从源头上防治腐败和建设服务型政府，都具有重要意义。县级政府在我国政权体系中具有十分重要的地位，是国家法律法规和政策的重要执行者。实际工作中，直接涉及人民群众具体利益的行政行为大多数由县级政府作出，直接面向群众的政务服务大多数由县级政府提供，县级政府能否切实做好政务公开和政务服务工作，很大程度上决定着政府政务公开和政务服务的整体水平。利用信息化手段推进县级政府政务公开和政务服务，是加强政府自身建设和管理的有效举措，有利于保证政务公开各项任务落实到基层，更好地为群众提供高效、便捷的政务服务，促进县级政府依法行政、阳光施政。

（二）开展试点工作是深化政务公开、加强政务服务的现实需要。近年来，县级政府结合实际，勇于探索，不断加强电子政务应用，大力推进政务公开，强化政务服务，得到人民群众的普遍认可。但是，这项工作离党中央、国务院的要求和人民群众的期望仍有差距，突出表现在政务公开内容不够全面，政务服务水平不高，利用电子政务平台开展有关工作的项目和标准不统一、运行不够规范，实际效果不能满足各方面需要，迫切需要进一步加强和规范。深化政务公开、加强政务服务的重点在基层，难点在基层，县级政府依托电子政务平台开展有关工作，涉及面广，情况复杂，工作难度大，需要通过试点积累经验，逐步规范，循序渐进地推开。各地区、各有关部门要充分认识这项工作的重要意义，扎实开展试点工作，不断推动政务公开和政务服务取得新成效。

二、指导思想、基本原则和目标任务

（一）指导思想。以邓小平理论和“三个代表”重要思想为指导，深入贯彻落实科学发展观，以统一的电子政务平台为载体，推进行政权力公开透明运行，逐步实现政务服务均等化，全面提高县级政府政务公开和政务服务水平。

（二）基本原则。强化为群众服务意识，寓管理于服务之中，突出政务公开和政务服务实际效果；加强电子政务平台建设的统筹协调，实现资源整合和信息共享；针对不同区域和城乡特点，加强分类指导，有计划、分步骤予以推进。

（三）目标任务。在全国选择100个县（市、区）开展试点工作，用一年左右时间，建立和完善统一的电子政务平台，充分利用平台全面、准确发布政府信息公开事项，实时、规范办理主要行政职权和便民服务事项，并实现电子监察全覆盖，为在全国全面推行奠定基础、积累经验。

三、实施步骤

（一）确定试点县（市、区）。各省（区、市）政务公开领导小组会同政府信息公开和政府网站主管部门、工业和信息化等相关部门协商确定试点县（市、区）（名额分配见附件 1），并于 2011 年 10 月底前报全国政务公开领导小组办公室备案。所选试点县（市、区）要具有代表性，具备一定电子政务工作基础，政务公开和政务服务工作开展较好。各省（区、市）可结合实际扩大试点范围。

（二）规范政务公开和政务服务事项。试点县（市、区）要全面梳理、清理并严格规范政府信息公开、行政职权和便民服务事项，编制政务公开和政务服务目录，报市（地）和省（区、市）两级政务公开领导小组审核确认后，于 2012 年 2 月底前向社会公布。编制、公布的目录必须包括《县级政府依托电子政务平台开展政务公开和政务服务事项基本目录》（见附件 2，以下简称《基本目录》）中所列事项，并针对每类事项的不同特点相应明确每个事项包含的具体内容。

清理、规范行政职权要按照职权法定、权责一致的要求进行。要摸清对管理和服务对象行使的行政职权底数，对没有合法依据的行政职权予以取消。将依法确定并审核确认的行政职权编入政务公开和政务服务目录，明确每项行政职权的名称、内容、办理主体、依据、条件、期限和监督渠道。在优化运行流程基础上，针对每项行政职权编制“权力运行流程图”，在办理主体内部明确办理的岗位、权限、程序和时限等，为在电子政务平台上运行、开展电子监察打好基础。行政职权中的行政处罚事项暂不纳入电子政务平台办理，但要进行清理、规范，细化、量化裁量基准，明确裁量范围、种类和幅度，列入目录并予以公布。

发布政府信息公开事项要遵循政府信息公开相关规定，并结合实际细化相关内容，切实增强公开的全面性和实效性。便民服务事项要做到依据充分、主体明确、流程清晰，试点县（市、区）可根据实际情况，充分考虑群众需求，在《基本目录》所列事项基础上进一步扩充。

（三）建立和完善统一的电子政务平台。试点县（市、区）要建立、使用统一的电子政务平台，平台由电子政务网络、政府网站、业务管理系统、应用及数据服务中心和信息安全保障体系等组成。要加强规划设计，整合信息化建设资源，充分利用现有政府网站和政务（行政）服务中心基础设施，结合集约化社区服务信息网络平台建设，对现有电子政务平台进行调整、升级和改造，满足政务公开和政务服务应用需要。没有统一电子政务平台的县（市、区），要统一规划、统一建设。电子政务平台的功能和性能要通过国家专业评测机构的技术评测。监察部、工业和信息化部、国家预防腐败局要联合编制依托电子政务平台加强县级政府政务公开和政务服务实施指南，加强对电子政务平台建设的指导。

（四）加强电子政务平台的应用。试点县（市、区）政务公开和政务服务目录要在电子政务平台的政府网站上公布，同时通过其他多种方式进行公布，使全社会广泛知晓。要在平台上全面、准确发布目录中的政府信息公开事项，将目录所列行政职权纳入平台的业务系统办理，通过平台的乡镇（街道）窗口终端办理便民服务事项，并使电子监察覆盖行政职权和便民服务事项办理流程的各个环节。要加强对平台使用情况的监督检查，防止规避平台，确保平台充分使用。鼓励逐步将行政处罚事项纳入电子政务平台进行监控。

（五）总结评估试点工作效果。各地区要针对试点工作中的薄弱环节，及时提出改进意见和措施，不断完善政务公开和政务服务的工作机制、平台建设和制度规定。要加强电子政务平台运行和办事效能的评估，及时总结经验。全国政务公开领导小组将于 2012 年 8 月前后对试点工作进行评估总结，提出下一步在全国全面推行的意见。

四、有关要求

（一）加强组织领导。试点工作政策性强、涉及面广，各地区要把这项工作作为一项重要任务，纳入议事日程，精心组织部署，加强督促检查，及时研究解决试点工作遇到的问题。各试点县（市、区）人民政府要编制工作计划和实施方案，明确责任单位和任务分工，认真组织实施，确保按时完成试点任务。要加强培训，全面提高行政机关和公务员的政务公开意识、政务服务水平和电子政务应用能力。

（二）明确工作责任。各有关部门要认真指导试点地区梳理、规范本系统政务公开和政务服务事项，编制、财政和法制等部门要加强相关工作指导和项目审核，工业和信息化主管部门要指导协调做好电子政务平台的应用设计、平台构建、运行维护和技术保障。要加强资金保障，全国政务公开领导小组将对中西部地区试点县（市、区）给予补助。

（三）加强统筹协调。全国政务公开领导小组负责试点工作的组织实施，地方各级政务公开领导小组、监察机关、预防腐败机构要加强统筹协调和检查评估，及时报告工作进展情况。要将试点工作与加强业务建设和廉政风险防控有机结合起来，做到相互促进。

附件：1．试点县（市、区）名额分配表（略）

2．县级政府依托电子政务平台开展政务公开和政务服务事项基本目录（略）

12．国务院办公厅关于加快发展高技术服务业的指导意见（国办发[2011]58号）

各省、自治区、直辖市人民政府，国务院各部委、各直属机构：

为落实“十二五”规划纲要、《国务院关于加快培育和发展战略性新兴产业的决定》（国发[2010]32号）和《国务院关于加快发展服务业的若干意见》（国发[2007]7号）相关部署，经国务院同意，现就加快发展高技术服务业提出如下意见：

一、充分认识加快发展高技术服务业的重要性和紧迫性

高技术服务业是现代服务业的重要内容和高端环节，技术含量和附加值高，创新性强，发展潜力大，辐射带动作用突出。加快发展高技术服务业对于扩大内需、吸纳就业、培育壮大战略性新兴产业、促进产业结构优化升级具有重要意义。当前，国民经济各行业对高技术服务的需求日益增长，科技创新对经济社会发展的支撑作用日益体现在服务上，基于高技术和支撑科技创新的新兴服务业态不断涌现，高技术服务业呈现出良好发展势头。但我国高技术服务业尚处于发展初期，存在体制机制不健全、政策体系不完善、创新能力不足、服务品牌匮乏、国际化程度不高、高端人才短缺等突出问题，不能适应经济结构战略性调整的需要。各地区、各部门要从加快转变经济发展方式出发，把发展高技术服务业放在突出位置，加强组织领导，创新工作思路，完善体制机制，营造良好环境，推进高技术服务业快速健康发展。

二、指导思想、基本原则和发展目标

（一）指导思想。以邓小平理论和“三个代表”重要思想为指导，深入贯彻落实科学发展观，按照服务业发展改革的总体要求，重点发展高技术的延伸服务和相关科技支撑服务，加强政府引导，推动体制机制创新，培育市场需求，拓展服务领域，不断提升高技术服务业的比重和水平，推动高技术服务业做强做大。

（二）基本原则。发展高技术服务业要坚持“分类指导、市场驱动、创新发展、开放合作”的原则。

分类指导。根据不同领域、不同发展阶段高技术服务业实际情况，区分公共服务和市场

化服务，有针对性地采取改革试点、政策扶持、规范管理等措施，着力培育服务企业，实现高技术服务业市场化发展。

市场驱动。完善体制机制，进一步发挥市场配置资源的基础性作用，加强专业化分工，培育新兴业态，拓展市场空间，优化发展环境，促进产业集聚，实现高技术服务业规模化发展。

创新发展。营造有利于新技术、新业务开发和推广应用的外部条件，加强技术创新、服务模式创新和管理创新，引导高技术服务业专业化发展。

开放合作。引导高技术服务企业加强对外交流与合作，积极承接全球高端服务转移，整合利用全球创新资源，培育具有国际影响力的服务品牌，推动高技术服务业国际化发展。

（三）发展目标。“十二五”期间，高技术服务业营业收入年均增长18%以上，到2015年，发展成为国民经济的重要增长点，对经济结构调整、发展方式转变的支撑能力明显增强；培育一批创新能力较强、服务水平较高、具有一定国际影响力的骨干企业；形成若干产业特色鲜明、比较优势突出的产业基地和创新集聚区；基本建立高技术服务产业体系、标准体系、统计体系和政策体系。到 2020 年，形成较为完善的高技术服务产业体系，成为服务业发展的主导力量，基本满足建设创新型国家和全面建设小康社会的需要，为经济社会可持续发展提供强有力的支撑。

三、重点任务

当前，要重点推进以下八个领域的高技术服务加快发展：

（一）研发设计服务。突出研发设计服务对提升产业创新能力的关键作用，建立支撑产业结构调整的研发设计服务体系，壮大专业研发设计服务企业。支持高校和科研院所面向市场提高研发服务能力，创建特色服务平台。加强科研资源整合，发展研发服务企业，鼓励企业将可外包的研发设计业务发包给研发设计企业。引导跨国公司和海外高端人才在华设立研发服务机构。鼓励有条件的地区成立工业设计服务中心和实施示范工程，完善工业设计知识产权交易和中介服务体系，建设研发设计交易市场，打造一批具有国际竞争力的研发设计企业和知名品牌。

（二）知识产权服务。积极发展知识产权创造、运用、保护和管理等环节的服务，加强规范管理。培育知识产权服务市场，构建服务主体多元化的知识产权服务体系。扩大知识产权基础信息资源共享范围，使各类知识产权服务主体可低成本地获得基础信息资源。创新知识产权服务模式，发展咨询、检索、分析、数据加工等基础服务，培育评估、交易、转化、托管、投融资等增值服务。提升知识产权服务机构涉外事务处理能力，打造具有国际影响力的知识产权服务企业和品牌。加强标准信息分析和相关技术咨询等标准化服务能力。

（三）检验检测服务。推进检验检测机构市场化运营，提升专业化服务水平。充分利用现有资源，加强测试方法、测试技术等基础能力建设，发展面向设计开发、生产制造、售后服务全过程的分析、测试、检验、计量等服务，培育第三方的质量和安全检验、检测、检疫、计量、认证技术服务。加强战略性新兴产业和农业等重点行业产品质量检验检测体系建设。鼓励检验检测技术服务机构由提供单一认证型服务向提供综合检测服务延伸。

（四）科技成果转化服务。完善科技中介体系，大力发展专业化、市场化的科技成果转化服务。发展技术交易市场，鼓励建立具备技术咨询评估、成果推介、融资担保等多种功能的技术转移服务机构。鼓励社会资本投资设立新型转化实体，发展包括创业投资、创业辅导、市场开拓等多种业务的综合性科技成果转化服务。提升科技企业孵化器、生产力促进中心和大学科技园等机构的服务能力，推动市场化运营。

（五）信息技术服务。充分发挥现有信息网络基础设施的作用，依托宽带光纤、新一代移动通信网、下一代互联网、数字电视网等信息基础设施建设，大力发展网络信息服务和三网融合业务，着力推进网络技术和业务创新，培育基于移动互联网、云计算、物联网等新技术、新模式、新业态的信息服务。加强软件工具开发和知识库建设，提高信息系统咨询设计、集成实施、运营维护、测试评估和信息安全服务水平，面向行业应用提供系统解决方案。推动电子信息产品制造企业由单纯提供产品向提供综合解决方案和信息服务转变，完善电子信息产品售后服务。进一步增强承接软件和信息服务外包能力，着力培育有国际影响力的服务外包品牌。

（六）数字内容服务。加强数字文化教育产品开发和公共信息资源深化利用，构建便捷、安全、低成本的数字内容服务体系。促进数字内容和信息网络技术融合创新，拓展数字影音、数字动漫、健康游戏、网络文学、数字学习等服务，大力推动数字虚拟等技术在生产经营领域的应用。进一步推进人口、地理、医疗、社保等信息资源深度开发和社会化服务。

（七）电子商务服务。重点完善面向中小企业的电子商务服务体系，鼓励相关机构建立可信交易服务平台。加快促进集交易、电子认证、在线支付、物流、信用评估等服务于一体的第三方电子商务综合服务平台建设，培育一批骨干电子商务服务企业。

（八）生物技术服务。大力完善生物技术服务体系，加快培育和发展新业态。重点发展创新药物及产品的临床前研究和评价服务，形成具有特色的研发外包服务体系。积极发展胚胎工程、细胞工程、分子育种等现代生物农业技术服务，加速生物技术成果在农业领域的应用。加快发展生物环保技术服务。以国家生物信息共享体系为载体，开展生物信息技术服务和国际合作。

四、政策措施

国务院各有关部门和地方各级人民政府要在协调落实好国家支持科技创新、高技术产业和服务业发展有关政策的同时，进一步完善高技术服务业发展环境，加强政策创新和试点示范，针对高技术服务业发展的重点领域和重点任务，制定和完善相关政策措施。

（一）加大财税支持。积极发挥财政资金的杠杆作用，利用创业投资引导基金、科技型中小企业创新基金等资金渠道加大对高技术服务企业的支持力度，引导社会资金投向高技术服务业。鼓励有条件的地区设立高技术服务业发展专项资金。发展改革委会同有关部门组织实施高技术服务产业化专项。进一步统筹在岸和离岸高技术服务业发展。针对高技术服务业发展重点，研究完善高新技术企业认定范围，符合条件的高技术服务企业可享受相关税收优惠政策。检验检测、知识产权等高技术服务领域事业单位转制为企业的，可按规定享受有关税收优惠政策。按照增值税扩大征收范围改革总体安排，完善相关制度，解决高技术服务业发展存在的税收问题。

（二）拓展融资渠道。完善知识产权价值评估制度和管理规定，积极推行知识产权质押等融资方式。继续推动高技术服务产业基地发行中小企业集合债和集合票据。推动各类融资担保机构按照商业原则加大对高技术服务企业提供融资担保的力度。引导社会资本设立创业投资企业，支持符合条件的高技术服务企业在境内外特别是境内创业板上市，加快推进全国性证券场外交易市场建设，拓展高技术服务企业直接融资渠道。

（三）完善市场环境。有序开放高技术服务业市场，构建各类企业公平竞争的市场环境。在知识产权、检验检测、信息服务等领域进一步放开市场准入，对能够实行市场经营的服务要动员社会力量增加市场供给，充分发挥非公有制企业的作用。按照营利性机构与非营利性机构分开的原则，引导和推进知识产权、检验检测等领域体制机制改革，加强市场化服务。建立和完善高技术服务业技术体系、服务标准体系和职称评价体系，促进规范化发展。加快制定高技术服务业统计分类标准，完善统计方法和统计目录，加强统计调查和运行分析。加大高技术服务领域知识产权保护力度。完善价格政策，实现高技术服务企业用水、用电、用气与工业企业同质同量同价。实行有利于高技术服务业发展的土地管理政策。健全个人信息和商业数据保护规定，推广电子签名与认证应用，构建网络信任环境，保障信息安全。加强诚信体系建设，推进服务业务社会化。进一步完善高技术服务业市场法规和监管体制，规范市场秩序。

（四）培育市场需求。在信息技术服务、生物技术服务、知识产权服务等领域开展应用示范，培育高技术服务市场需求。切实落实并完善居民小区光纤接入建设等方面技术规范和管理规定，以基础设施升级促进信息服务业务发展。加大政府采购高技术服务的力度，拓展政府采购高技术服务的领域，鼓励政府部门将可外包的信息技术服务、检验检测服务、知识产权服务等业务发包给专业服务企业，实现服务提供主体和提供方式多元化。

（五）增强创新能力。促进服务模式创新，推动高技术服务相关业务融合发展，探索适合新型服务业态发展的市场管理方式。促进高技术服务企业技术中心建设，鼓励集成创新。推动建立各具特色的高技术服务产业创新联盟，完善以企业为主体、产学研用相结合的创新体系。加强关键共性技术和支撑工具研发，完善成果转化中试条件，整合和完善现有公共服务平台，加强必要的软件平台、仿真环境、资源信息库、公共测试平台建设。支持高技术服务企业在国内外积极获取专利权和注册商标，实施标准战略，构建专利联盟。

（六）加强人才培养。鼓励采用合作办学、定向培养、继续教育等多种形式，创新高技术服务人才培养模式。完善高技术服务学科设置，允许部分地区高校根据产业需求自行设置高技术服务相关二级学科。鼓励高技术服务企业加大职工培训投入力度，提高职工培训费用计入企业成本的比例。加强创新型人才的引进和使用。完善技术入股、股票期权等知识资本化激励机制。健全高技术服务业人才评价体系，完善职业资格制度，加强人才科学管理。加快发展人力资源服务业，促进高技术服务业人才资源优化配置和合理流动。

（七）深化对外合作。扩大高技术服务领域对外开放，支持承接境外高端服务业转移，完善外商投资管理制度，引导外商投资我国高技术服务业。支持高技术服务企业“走出去”，通过海外并购、联合经营、设立分支机构等方式积极开拓国际及港澳台市场，鼓励在境外设立研发机构。推动政府间投资保护协定谈判，保护高技术服务企业海外投资利益。进一步完善外汇、出入境等方面管理，提升出入境检验检疫能力，促进高技术服务贸易发展。鼓励国内企业和协会参与制定国际标准，支持高技术服务自主标准国际化。

（八）引导集聚发展。依托优势地区，着力培育一批创新能力强、创业环境好、特色突出的高技术服务业集聚区。完善创新创业服务体系建设，促进创新资源向高技术服务业集聚区汇集。引导形成以龙头企业为核心、中小企业协同发展的高技术服务企业集群。支持建设一批高技术服务产业基地，鼓励在政策扶持、体制创新等方面积极探索、先行先试。引导和支持高技术服务企业与制造企业互动发展，依托优势产业集群，完善配套服务。

五、加强组织落实

发展高技术服务业是培育发展战略性新兴产业和服务业的重要任务，各地区、各部门要高度重视，切实加强组织领导，根据本指导意见的要求抓紧制定具体实施方案和落实措施，加大工作力度，确保各项任务措施落到实处。国务院有关部门要按照职能分工，加强对高技术服务业发展的协调指导，细化政策措施，创新体制机制，加强监督检查，推动我国高技术服务业又好又快发展。

国务院办公厅

2011年12月12日

13. 文化部、中央文明办、教育部、工业和信息化部、公安部、卫生部、共青团中央、全国妇联关于印发《“网络游戏未成年人家长监护工程”实施方案》的通知（文市发[2011]6号）

各省、自治区、直辖市文化厅（局）、文明办、教育厅（教委）、通信管理局、公安厅（局）、卫生厅（局）、共青团委、妇联，新疆生产建设兵团文化广播电视局，北京市、天津市、上海市、重庆市文化市场行政执法总队：

为加强网络游戏综合治理，维护未成年人合法权益，在文化部指导下，2010年2月由部分网络游戏经营单位试点启动了“网络游戏未成年人家长监护工程”（以下简称“家长监护工程”）。各经营单位建立“家长监护工程”服务页面，公布专线咨询电话，开通在线受理渠道和其他受理方式，为家长提供管理未成年人游戏行为的具体措施。该工程实施以来，在有效解决未成年人沉迷网络游戏方面发挥了积极的作用，受到社会欢迎。

为进一步扩大“家长监护工程”覆盖面，巩固和深化企业与社会、家长与未成年人的互动机制，文化部、中央文明办、教育部、工业和信息化部、公安部、卫生部、共青团中央、全国妇联经研究决定，自2011年3月1日起在网络游戏行业全面实施“家长监护工程”。现将《“网络游戏未成年人家长监护工程”实施方案》印发给你们，并提出以下要求：

一、增进协作，落实“家长监护工程”监管责任

各部门要各负其责，增进协作，落实“家长监护工程”监管责任，加大网络游戏未成年人保护力度。

文化行政部门要履行网络游戏主管部门职责，加强对网络游戏经营单位的监督管理，督促其按要求做好实施工作，协调有关部门解决实施中出现的问题，并对实施情况进行核查。

文明办要积极开展各类宣传活动，扩大工程的社会影响，营造有利于防止未成年人沉迷网络的良好社会氛围。

教育、卫生、共青团、妇联等部门要互相配合，开展面向未成年人特别是学生、家长的心理健康辅导工作，引导未成年人科学使用互联网，帮助家长通过“家长监护工程”提高网络干预能力，从预防入手控制未成年人不当使用网络。

通信管理部门要配合文化等部门，对有关部门认定为执行“家长监护工程”不力的网站，根据有关部门要求依法进行处理。

公安机关要配合做好监护人与被监护人身份关系的验证工作，确保既解决实际问题，又不损害网络游戏用户的合法权益。

共青团组织要发挥青年志愿者的帮扶作用，加强对未成年人及其监护人健康上网的指导，结对帮扶有网络沉迷倾向的未成年人。

二、强化监督，提高“家长监护工程”实施成效

为提高实施成效，文化行政部门将开展网络游戏经营单位“家长监护工程”培训考核；对各网络游戏经营单位的“家长监护工程”实施情况进行调查评估；广泛发动社会各界对“家长监护工程”进行监督，继续发挥好 12318 文化市场举报电话的作用，认真办理家长及用户举报，做到有报必查并及时反馈查处结果。对实施“监护工程”不力并造成恶劣影响的网络游戏经营单位，文化行政部门或文化市场综合执法机构责令改正，并视情节轻重依法处理。

特此通知。

附件：1．《“网络游戏未成年人家长监护工程”实施方案》

2．《未成年人健康参与网络游戏提示》

文化部
中央文明办
教育部
工业和信息化部
公安部
卫生部
共青团中央
全国妇联
2011 年 1 月 15 日

附件 1：

“网络游戏未成年人家长监护工程”实施方案

“网络游戏未成年人家长监护工程”是一项在政府部门、人民团体指导下，社会和家长参与，网络游戏经营单位具体实施的社会行动，旨在加强家长对未成年人参与网络游戏的监护，引导未成年人健康、绿色地参与网络游戏，构建和谐家庭关系。该工程自 2011 年 3 月 1 日起全面实施。

一、“家长监护工程”的主要内容

（一）网络游戏经营单位建立专门的服务页面，公布专线咨询电话，开通专门受理渠道，介绍受理方式。

（二）家长需要了解、引导、控制孩子游戏活动的，由家长向网络游戏经营单位提供合法的监护人资质证明、游戏名称账号以及限制措施等信息。限制措施包括：限制每天或每周玩游戏的时间长度，限制玩游戏的时间段，或者完全禁止。

（三）网络游戏经营单位按照家长要求对未成年人的账号采取限制措施，并持续跟踪观察，及时反馈该账号的活动，为家长提供必要协助，制止或限制未成年人的不当游戏行为。

二、实施“家长监护工程”的具体要求

各网络游戏经营单位要做到“四有”，即有专人负责、有专线电话、有专区设置、有季度报告。

（一）专人负责

1．要指定专门的负责人，并将指定负责人及联络方式向所在地省级文化行政部门备案；

2．培训专门服务人员对“家长监护工程”提供专业咨询解答和服务支持；帮助家长了解被监护人游戏行为，提供家长与被监护人进行沟通的建议；

3．服务人员要持续跟踪每个申请，及时与家长沟通情况，反馈该账号的活动，了解未成年人参与游戏的状况，为家长提供必要协助。

（二）专线电话

1．开通单独的专线服务电话（区别于普通服务热线），提供咨询解答和受理服务；

2．在原有的客服电话中提供转接到专线服务电话的链接；

3．要提供多种服务渠道，确保家长可选择最便利的方式提出服务申请（传真、网络申请、电子邮件、信函邮寄、上门申请等）。

（三）专区设置

1．在网站设置“家长监护工程”专区，在主要运营产品网站的显著位置设置进入该工程页面的链接方式；

2．专区要有对工程情况、申请条件、处理流程、可采取的监护结果等事项的说明；

3．要在专区显著位置设置监护服务申请入口、受理方式（家长监护专线）；

4．专区要预设好问题和答案，或展示虚拟案例操作流程及结果，供家长阅览和参考；

5．专区要设置服务申请进度查询；

6．专区要登载《未成年人健康参与网络游戏提示》（附件2），引导未成年人健康地玩游戏、玩健康的游戏。

（四）季度报告

各网络游戏经营单位要在每季度末向所在地省级文化行政部门提交“家长监护工程”情况报告。报告内容包括咨询数量、申请数量、受理与完成情况、重点案例分析、疑难问题说明，对于工程实施过程中出现的问题提出意见或建议。

三、强化信息公开和社会监督

文化部在中国文化市场网设置“家长监护工程”专栏，公布网络游戏经营单位名录、各经营单位“家长监护工程”服务网站主页、热线电话等信息，供家长和社会查询和监督。

附件2：

文化部网络游戏内容审查专家委员会、中国教育学会中小学信息技术教育委员会、中国青少年网络协会《未成年人健康参与网络游戏提示》

随着网络在青少年中的普及，未成年人接触网络游戏已经成为普遍现象。为保护未成年人健康参与游戏，在政府进一步加强行业管理的前提下，家长也应当加强监护引导。为此，我们为未成年人参与网络游戏提供以下意见：

一、主动控制游戏时间。游戏只是学习、生活的调剂，要积极参与线下的各类活动，并让父母了解自己在网络游戏中的行为和体验。

二、不参与可能耗费较多时间的游戏设置。不玩大型角色扮演类游戏，不玩有PK类设置的游戏。在校学生每周玩游戏不超过2小时，每月在游戏中的花费不超过10元。

三、不要将游戏当作精神寄托。尤其在现实生活中遇到压力和挫折时，应多与家人朋友交流倾诉，不要只依靠游戏来缓解压力。

四、养成积极健康的游戏心态。克服攀比、炫耀、仇恨和报复等心理，避免形成欺凌弱小、抢劫他人等不良网络行为习惯。

五、注意保护个人信息。包括个人家庭、朋友身份信息，家庭、学校、单位地址，电话号码等，防范网络陷阱和网络犯罪。

14. 国家外汇管理局关于印发《电子银行个人结售汇业务管理暂行办法》的通知（汇发[2011]10 号）

国家外汇管理局各省、自治区、直辖市分局、外汇管理部，深圳、大连、青岛、厦门、宁波市分局，各中资外汇指定银行：

为促进银行业务电子化、网络化发展，便利外汇指定银行（以下简称银行）和个人办理个人结售汇业务，同时规范电子银行个人结售汇业务管理，国家外汇管理局制定了《电子银行个人结售汇业务管理暂行办法》（见附件，以下简称《办法》）。现将有关问题通知如下：

一、银行应严格按照《办法》规定开办电子银行个人结售汇业务。其中，银行开办境外个人电子银行结汇业务的，技术上应具备自动提取境外个人身份信息、并以“国别代码＋身份证件号码”的形式自动录入个人结售汇管理信息系统的功能。暂不具备技术条件的银行可先开办境内个人业务，待条件具备后再向外汇局报备开展境外个人业务。

二、各银行开办电子银行个人结售汇业务，应严格按照《国家外汇管理局关于进一步完善个人结售汇业务管理的通知》（汇发[2009]56 号）的要求，实现对本行柜台和电子渠道分拆结售汇行为的统一管理。

国家外汇管理局各分局、外汇管理部接到本通知后，应立即转发辖内支局、城市商业银行、农村商业银行、外资银行；各中资外汇指定银行应及时转发所辖分支机构。执行中如遇问题，请及时向国家外汇管理局反馈。

联系电话：（业务）010-68402449　68402152

（技术）010-68402377

附件：《电子银行个人结售汇业务管理暂行办法》

2011 年 1 月 19 日

附件：

电子银行个人结售汇业务管理暂行办法

第一章　总　则

第一条　为促进电子银行个人结售汇业务发展，便利银行和个人办理结售汇业务，规范电子银行个人结售汇业务管理，根据《中华人民共和国外汇管理条例》及《个人外汇管理办法》等有关规定，制定本办法。

第二条　电子银行个人结售汇业务是指通过网上银行、电话银行、自助终端等银行非柜台渠道办理的个人结售汇业务。

第三条　开办电子银行个人结售汇业务的银行总行（包括在境内未设总行的外国银行分

行，下同）及其分支机构应具有个人结售汇业务经营资格。

第四条　银行经国家外汇管理局（以下简称外汇局）验收合格后方可将本行电子银行系统接入个人结售汇管理信息系统（以下简称个人结售汇系统），办理电子银行个人结售汇业务。

第五条　境内个人年度总额以内经常项目非经营性结售汇和境外个人年度总额以内经常项目非经营性结汇可通过电子银行办理；除上述情况以外的个人结售汇业务应按规定通过银行柜台办理，法规另有规定的除外。

第六条　办理电子银行个人结售汇业务的个人，应具有凭以下有效身份证件（不含临时证件）开立的人民币结算账户或外汇储蓄账户：

（一）境内个人的中华人民共和国居民身份证；

（二）外国人（包括无国籍人）的外国护照；

（三）港澳同胞的港澳居民来往内地通行证，台湾同胞的台湾居民来往大陆通行证。

个人办理电子银行个人结售汇业务时，应当遵守有关结售汇年度总额管理规定，不得以分拆等方式逃避限额监管。

第七条　个人应通过本人人民币结算账户和外汇储蓄账户办理电子银行个人结售汇业务。

第八条　银行在为个人办理电子银行结售汇业务时，应核实录入个人结售汇系统的国别代码、身份证件号码与业务办理账户开户国别信息、身份证件号码相符。

第九条　银行和个人办理电子银行个人结售汇业务时，应符合其他有关外汇管理规定。

第十条　外汇局及其分支局负责对电子银行个人结售汇业务进行统计、监测、管理和检查。

第二章　电子银行个人结售汇系统接入管理

第十一条　近2年内无重大违反个人外汇管理规定行为，并符合本办法第一、三章规定及《电子银行系统接入个人结售汇系统的技术要求》（见附）的银行，应由其总行向外汇局报告并开通测试用户，使用外汇局个人结售汇测试系统进行联调测试。

第十二条　银行总行经外汇局确认通过联调测试后，方可向外汇局申请电子银行系统接入个人结售汇系统（以下简称电子银行个人结售汇系统接入），开办电子银行个人结售汇业务。

第十三条　银行申请电子银行个人结售汇系统接入时，应提交以下材料：

（一）系统接入申请；

（二）业务运营方案，应包含分拆结售汇筛查及管理方案；

（三）系统接入技术方案；

（四）内部操作规程；

（五）系统接入测试报告；

（六）外汇局要求的其他材料。

第十四条　外汇局根据银行上报的申请材料，对电子银行个人结售汇系统接入情况及业务管理方案进行验收，并在验收后做出准予接入或不予接入的书面决定。

第十五条　银行电子银行个人结售汇系统接入经外汇局验收合格后，增加网上银行、电话银行、自助终端等不同业务办理渠道，使用相同技术标准的，持本办法第十三条（二）至（五）项规定的材料向外汇局分别申请报备，经外汇局同意后方可办理。银行增加境外个人等电子银行结售汇主体的，也应照此办理。

银行增加业务办理渠道，使用不同技术标准的，应按照本办法的相关规定，另行申请接入个人结售汇系统。

对于同一种业务办理渠道，同一家银行的分支机构应与其总行使用同一电子银行系统开办个人结售汇业务。

第十六条　经验收合格可以办理电子银行个人结售汇系统接入的银行，其省级和计划单列市分行应于总行授权开办电子银行个人结售汇业务后30日内，向所在地外汇局分局备案。

第十七条　银行分行办理电子银行个人结售汇业务备案时，应提交以下材料：

（一）备案申请；

（二）总行电子银行个人结售汇系统接入经外汇局验收合格的文件；

（三）外汇局要求的其他材料。

第十八条　银行总行决定取消电子银行个人结售汇系统接入的，应提前 30 日就取消系统接入的原因及相关问题处置方案等向外汇局报备。

银行省级或计划单列市分行决定取消电子银行个人结售汇系统接入的，应提前 30 日就取消系统接入的原因及相关问题处置方案等向所在地外汇局分局报备。所在地外汇局分局将有关情况上报外汇局。

第十九条　银行总行取消电子银行个人结售汇系统接入后，需要重新接入系统的，应于取消接入 1 年后，按照本办法相关规定向外汇局重新申请。

银行省级或计划单列市分行取消电子银行个人结售汇系统接入后，需要重新接入系统的，应于取消接入 1 年后，按照本办法相关规定向所在地外汇局分局重新备案。

第三章　日常业务管理

第二十条　银行办理电子银行个人结售汇业务，应当实时访问个人结售汇系统，并确保相关交易信息真实、完整、准确地录入个人结售汇系统。

第二十一条　电子银行个人结售汇业务原则上应由其业务办理账户所属分支机构负责具体管理和数据维护，并由所在地外汇局分支局进行监督管理。

通过自助终端办理的个人结售汇业务也可由设备摆放所在分支机构负责具体管理和数据维护。

第二十二条　银行办理电子银行个人结售汇业务，应使用电子银行专用柜员号。电子银行专用柜员号不得与柜台业务的柜员号交叉使用。

第二十三条　银行应建立有效的内部核对和纠错机制，每日核对电子银行个人结售汇业务数据，确保录入个人结售汇系统的信息及时、准确和完整，并留存相关材料 5 年备查。

第二十四条　银行对于以分拆方式办理个人结售汇业务的个人，应纳入“关注名单”管理。根据有关外汇管理法规认定的个人分拆结售汇行为特征，结合柜台业务办理情况，定期筛查涉嫌分拆结售汇业务的客户名单，列入“关注名单”管理。

对于列入“关注名单”的个人，银行应自列入之日起当年及之后 2 年内，拒绝为其办理电子银行个人结汇和售汇业务。银行可根据情况适当延长拒绝办理时限。银行在柜台为列入“关注名单”的个人办理业务时，应严格执行有关规定。

第四章　罚则

第二十五条　未经外汇局验收合格，银行不得擅自将电子银行系统接入个人结售汇系统，违者将根据《中华人民共和国外汇管理条例》第四十七条及其他相关规定予以处罚。

第二十六条　银行在办理电子银行个人结售汇业务时，违反有关个人分拆外汇管理规定及其他个人外汇管理规定的，由外汇局及其分支局根据《中华人民共和国外汇管理条例》第四十一条、第四十七条、第四十八条及其他相关规定予以处罚。情节严重的，由外汇局责令停止电子银行系统接入个人结售汇系统。

第二十七条　个人违反本办法规定的，由外汇局及其分支局根据《中华人民共和国外汇管理条例》第四十一条、第四十八条及其他相关规定予以处罚。

第五章　附则

第二十八条　本办法由外汇局负责解释。

第二十九条　本办法自 2011 年 4 月 1 日起施行。

附：电子银行系统接入个人结售汇系统的技术要求（略）

15. 工业和信息化部关于实施 2011 年通信村村通工程的意见（2011 年 2 月 14 日）

为贯彻落实《中共中央关于制定“十二五”规划的建议》精神，进一步加强农村通信基础设施建设，提升农村信息服务能力，推进通信基本公共服务均等化，在全面实现农村通信“十一五”规划“村村通电话，乡乡能上网”目标的基础上，提出 2011 年村村通电话工程实施意见。

一、指导思想

围绕党中央、国务院关于保障和改善民生、统筹城乡发展的战略部署，“十二五”期间，大力实施通信“村村通”工程，以“宽带进行政村，电话进自然村”为总体目标，以行政村通宽带、20 户以上自然村通电话、信息下乡三方面为抓手，持续推进电信普遍服务和农村信息化工作，以信息通信的发展助力农村经济社会的发展。

二、2011 年主要目标和任务

（一）行政村通宽带比例达到 83%

全国新增近 1.7 万个行政村具备宽带接入能力，行政村通宽带比例由 80%提高到 83%（具体任务分配见附件 1）。

（二）自然村通电话比例达到 94.5%

全国新增近 1 万个 20 户以上自然村通电话，20 户以上自然村通电话比例由 94.1%提高到 94.5%（具体任务分配见附件 1）。

（三）全国 70%以上乡镇开展信息下乡活动

东部省份 95%的乡镇、中部省份 80%的乡镇、西部省份 60%的乡镇，实现“一乡一个信息服务站、一村一个信息服务点，一乡一个网上信息库、一村一个网上农副产品信息栏”的“四个一”目标。各地具体任务分配由各省（区、市）通信管理局根据当地实际情况确定。

三、工作举措

（一）因地制宜建设行政村宽带网络。利用有线网络开通电话的行政村，可结合当地“光进铜退”计划，采用 XDSL 等适用技术开通宽带；利用移动网络开通电话的行政村，可采用 WLAN、3G 等手段开通宽带。

（二）稳步推进自然村电话网络覆盖。一是结合各地 20 户以上自然村的地理环境和经济条件，优先针对具备条件、有电有路的自然村，采用适用技术手段进行电话网延伸覆盖；二是重视对农村交通要道沿线、生产建设兵团、农林场矿区、水利设施等区域的通信覆盖，其完成量纳入通信村村通工程统计范畴。

（三）积极开展信息下乡活动。一是在“一乡一站，一村一点”方面，结合农村电信营销网点、农村党员干部现代远程教育系统、文化信息资源共享工程、农家书屋、社区活动站、学校、村委会等一切可以利用的设施，加快乡村信息服务站点建设；二是在“一乡一库，一村一品”方面，充分利用电信企业农村信息服务网站及其他涉农互联网站，在互联网上开设乡镇网页和行政村信息栏目，将当地农副产品、特色旅游、经贸、资源开发等信息通过互联网打开对外窗口。

（四）加强农村综合信息服务平台的助农效用。中国电信、中国移动、中国联通等已建成的农村综合信息服务平台，一是要加大与信息服务商、技术开发商、各级涉农部门的协作，推进农村物联网应用，提升和完善平台的服务能力；二是增加信息采集渠道，丰富信息内容，重点开展农村劳动力转移、种植养殖、商贸交易、医疗教育、防灾减灾等领域的信息服务，逐步建成种类齐全、经济实用、服务周到、手段多样的农村综合信息服务体系。

（五）推行惠农政策减轻村民信息通信消费负担。紧密结合国家家电下乡等相关惠农政策，利用信息下乡渠道推广家电下乡指定手机、电脑等产品，同时鼓励打包销售经济实用的通话、上网等资费套餐，切实保障农村用户装得起、用得好。

（六）尝试建立多渠道的电信普遍服务投入长效机制。一是部将积极配合国家有关部门，加快推动建立电信普遍服务基金；二是各省（区、市）通信管理局力争取得地方政府的支持，建立地方电信普遍服务投入机制；三是各电信企业进一步加大对通信村村通工程的资金投入力度。

四、有关要求

（一）各省（区、市）通信管理局要高度重视，制定具体实施计划，认真组织落实，确保完成年度的目标和任务。

（二）各相关基础电信企业是通信村村通工程实施主体，企业总部要从资金、技术、设备采购等方面加大对所属地方企业的支撑力度，加强工程的业绩考核和进度跟踪。承担任务的各地电信企业要发扬不畏艰难的优良作风，集中优势资源，保质保量按时完成分配的任务。

（三）各省（区、市）通信管理局要严格执行工程进度月报制度，及时汇总工程完成量，认真核实，并于每月 5 日前向部报送上月工程进展情况（进度月报样表见附件 2）。

（四）部将加强各地工程督查和现场调研，督促进度，协调解决问题；适时召开相关会议，总结经验，交流情况；加强行业内外的媒体宣传，鼓舞士气，弘扬精神。

附件 1：2011 年通信村村通工程任务分配表（略）

附件 2：村村通工程进度月报表（略）

16．国家工商行政管理总局、中央宣传部、国务院新闻办公室、公安部、监察部、国务院纠风办、工业和信息化部、卫生部、国家广播电影电视总局、新闻出版总署、国家食品药品监督管理局、国家中医药管理局关于印发《2011 年虚假违法广告专项整治工作实施意见》的通知（工商广字[2011]46 号）

各省、自治区、直辖市工商行政管理局、党委宣传部、政府新闻办公室、公安厅（局）、监察厅（局）、纠风办、通信管理局、卫生厅（局）、广播电影电视局、新闻出版局、食品药品监督管理局、中医药管理局：

为认真贯彻党的十七届五中全会和中央经济工作会议精神，持续深入推进虚假违法广告专项整治工作，进一步加大整顿规范广告市场力度，努力营造文明诚信的广告市场环境，现将《2011年虚假违法广告专项整治工作实施意见》印发给你们，请各地接此通知后，结合本地区实际情况，及时作出具体部署安排，扎实做好贯彻落实工作。

附件：2011年虚假违法广告专项整治工作实施意见

国家工商行政管理总局
中央宣传部
国务院新闻办公室
公安部
监察部
国务院纠风办
工业和信息化部
卫生部
国家广播电影电视总局
新闻出版总署
国家食品药品监督管理局
国家中医药管理局
2011年2月26日

附件：

2011年虚假违法广告专项整治工作实施意见

2011年虚假违法广告专项整治工作总的要求是：深入贯彻党的十七届五中全会和中央经济工作会议精神，全面落实科学发展观，坚持以人为本，执政为民，紧紧围绕维护人民群众切身利益问题，进一步深入治理损害消费者权益的虚假违法广告，坚持标本兼治，着力治本的工作方针，突出重点，加大源头治理力度，落实各项广告监管制度措施，更加高效加强广告市场监管，努力营造公平竞争、健康有序、文明诚信的广告市场秩序。

一、突出整治重点，加大监管执法力度

（一）继续把直接关系人民群众健康安全的医疗、药品、保健食品广告，危害未成年人身心健康的非法涉性、低俗不良广告，以及扰乱公共秩序、影响社会稳定的严重虚假违法广告作为整治重点，进一步加大整治力度。

（二）继续加大对省级电视台卫视频道、大中城市电视台经济频道、都市类报纸媒体广告的监测检查力度，严格监管电视购物广告，严厉查处各类媒体以新闻报道形式和健康资讯节（栏）目名义变相发布广告的行为。

（三）继续深入清理网上非法“性药品”广告、性病治疗广告和低俗不良广告，做好整治互联网和手机媒体传播淫秽色情及低俗信息工作。

（四）继续加大群众投诉举报集中、广告违法率居高不下的地区的治理力度，对部分地区、部分媒体虚假违法广告屡禁不止、屡罚屡犯的现象，实施综合治理。

二、明确职责，强化措施，增强治理虚假违法广告的整体合力

（一）党委宣传部门要加强新闻媒体广告内容导向管理。大力支持和积极会同广告监管机关、监察机关和纠风办、广播影视、新闻出版行政等部门，建立和落实新闻媒体发布虚假违法及不良广告行为领导责任追究制，指导和督促新闻媒体在广告发布活动中加强自律，承担社会责任，维护媒体公信力。对新闻媒体不履行广告发布审查职责，致使严重虚假违法广告屡禁不止、违法率居高不下、造成恶劣社会影响及后果的，追究主管领导和相关责任人的责任。

（二）工商部门要切实履行牵头职责，及时研究解决工作中遇到的突出问题，积极协调、推动广告专项整治各项措施的落实。要进一步强化广告日常监管，加强媒体广告发布审查的行政指导，指导媒体单位建立健全广告审查等管理制度，把广告发布前审查把关职责落实到位。加强广告监测，以推动建立省、市两级广告监测网络为重点，完善监测机制，提高监测预警能力。要进一步加大案件查办力度，及时查办上级交办、有关部门移送、监测发现、群众举报的违法广告案件。对多次发布虚假违法广告、屡罚屡犯的，依法暂停其广告发布业务，直至取消广告发布资格，并建议、提请有关部门对违法广告涉及的企业和产品采取相应的行政强制措施。

（三）新闻办要发挥整治互联网和手机传播淫秽色情及低俗信息专项行动的总协调作用，深入整治互联网和手机媒体淫秽色情及低俗信息，协调有关部门及时删除和关闭网上非法“性药品”广告、性病治疗广告和低俗不良广告以及非法网站。

（四）公安机关要严厉打击发布虚假广告的犯罪行为，依法惩治利用互联网、手机媒体传播淫秽色情的犯罪行为人，会同工商部门依法查处为淫秽色情网站提供广告代理服务的网络广告商。

（五）监察机关和纠风办要继续将虚假违法广告列为治理行业不正之风的重要内容，加强对有关行政机关依法行政、履行监管职责情况的监督检查，对疏于监管、执法不严等行为，要追究相关责任人的责任。

（六）通信管理部门要配合工商等部门规范互联网广告，对未取得互联网信息服务经营许可证或者未履行非经营性互联网信息服务备案手续，擅自从事互联网信息服务的互联网站，责令当事人关闭网站，同时通知相关互联网接入服务提供商停止为其提供接入服务，并依法追究相关互联网接入服务提供商的责任。对经有关部门书面认定擅自从事药品、医疗器械、医疗保健等互联网信息服务，且备案信息不真实的互联网站，依法注销备案，通知相关互联网接入服务提供商停止为其提供接入服务。

（七）卫生行政、中医药管理部门要加强对医疗机构发布广告的监测，以违法违规医疗广告为线索，加大对医疗机构的综合执法检查力度，及时对发布违法广告的医疗机构进行警告、责令其限期整改。对医疗机构发布违法医疗广告受到两次警告仍拒不改正的，或因违法发布医疗广告使患者受到人身伤害或者遭受财产损失的，责令其停业整顿、吊销诊疗科目，直至吊销《医疗机构执业许可证》。

（八）广播影视行政部门要加强广播、电视广告播放管理，监督播出机构切实履行广播、电视广告发布审查的法定责任，强化对广播、电视播出的药品、保健食品、医疗器械、医疗广告以及电视购物广告的监听监看。对违规违法广告的播出机构，及时进行诫勉谈话，通报批评，下达《违规播放广告整改通知单》，责令停播违规违法广告。对群众多次举报、发布违法广告问题严重的播出机构，依据有关规定，视情节分别给予暂停违规频道（率）商业广告播放、暂停频道（率）播出，直至撤销频道（率）、吊销《广播电视频道许可证》等处理，并追究播出机构主管领导和相关责任人的责任。

（九）新闻出版行政部门要监督报刊单位切实履行报刊广告审查的法定责任，加强报刊广告审读工作，将报刊广告内容纳入报刊出版质量综合评估体系，建立报刊优胜劣汰机制。对发布违法广告问题严重的报刊予以告诫，通报批评、下达警示通知书，责成其主管、主办单位监督整改，停止发布违法广告。对广告违法率居高不下、被监管部门多次公告曝光、刊登虚假违法广告问题严重的报刊，列入报刊违规记录，报刊和报刊出版单位的主要负责人，不得入选政府主办的各类评奖和评优，对拒不整改或整改没有效果、广告违法率居高不下的媒体，依法给予报刊年检缓验。

（十）食品药品监管部门要加大对发布药品、医疗器械、保健食品广告企业的监督检查力度，加强药品、医疗器械、保健食品广告的跟踪监测，强化对严重违法广告涉及企业和产品的监管，对发布严重违法广告的药品、医疗器械、保健食品，一律列入"黑名单"重点监管，一律采取暂停销售行政强制措施；对发布严重违法广告且产品抽验不合格的药品、医疗器械、保健食品生产企业，一律责令停产整顿，一律依法从重查处违法经营行为。

三、健全工作机制，狠抓工作落实

（一）积极争取党委、政府的支持。各地、各部门要经常向当地党委、政府领导汇报虚假违法广告整治工作，及时将媒体广告监测情况及当地广告市场存在的突出问题，报告党委、政府有关领导，积极争取党委、政府、人大、政协以及社会各界的重视、支持，形成整治虚假违法广告的良好氛围。

（二）落实工作责任，加强协作配合。各地工商部门要做好牵头工作，会同联席会议成员单位，研究制定实施方案，积极协调、督促、推动落实整治措施。各部门要加强监管执法联动，整合监管资源和手段，综合运用经济处罚、行政处理、责任追究等多种措施，协同查办严重虚假违法广告案件，进一步做好行政执法与刑事司法衔接工作。

（三）落实监管制度，建立长效机制。各地要建立健全省市两级联席会议工作机制，扎实落实广告监测、违法广告公告、案件查办落实情况报告、广告审查员、暂停广告发布等广告管理制度。各地在整治虚假违法广告工作中要结合当地实际，大胆探索，不断丰富长效机制的内涵。

（四）创新监管方式，提高执法效能。各地、各部门要积极创新监管方式，把预警教育、约见谈话、行政指导、行政告诫等手段融入监管之中，促进广告主、广告经营者、广告发布者完善制度，加强自律。要以经济处罚、信用约束、暂停产品销售、暂停广告业务、责令停业整改、市场退出等多种方式，加大对违法广告主、广告经营者、广告发布者的处罚力度。

（五）落实属地监管职责。各地、各部门要明确职责分工，强化属地监管责任，一级抓一级，层层抓落实，实现监管全覆盖，切实使人民群众反映强烈的违法医疗、药品、保健食品广告得到有效治理，违法广告屡禁不止的现象得到有效遏制，媒体广告发布活动得到有效规范，媒体广告违法率明显下降。

部际联席会议成员单位将对各地开展整治工作的情况进行督导检查，开展考核评估活动，督促整治工作开展不力的地区和部门加强工作，确保整治工作取得明显实效。

17. 国家发展改革委、商务部、中国人民银行、国家税务总局、国家工商行政管理总局关于开展国家电子商务示范城市创建工作的指导意见（发改高技[2011]463 号）

各省、自治区、直辖市及计划单列市、副省级省会城市发展改革委、商务主管部门、人民银行分支机构、国家税务局、地方税务局、工商局（市场监督管理局）：

国务院办公厅《关于加快电子商务发展的若干意见》（国办发〔2005〕2 号）发布后，我国电子商务快速发展，在增强经济发展活力、提高资源配置效率、促进中小企业发展和带动就业等方面发挥了重要作用。为进一步促进电子商务健康快速发展，充分发挥电子商务在经济和社会发展中的战略性作用，国家发展改革委、商务部、人民银行、国家税务总局、国家工商总局决定联合开展“国家电子商务示范城市”创建活动。现就相关工作提出如下意见：

一、深刻认识创建电子商务示范城市的重要意义

（一）创建国家电子商务示范城市是增强城市竞争优势的新选择

创建电子商务示范城市有利于促进区域电子商务的快速发展，加大服务业比重，优化产业结构；有利于突破城市的地理空间和自然资源限制，提高经济影响力和辐射力，增强在全球经济格局中的竞争优势；有利于降低物质资源和能源的消耗，减少环境污染，发展绿色经济；有利于方便百姓生活、改善民生、提高政府管理和服务能力。

（二）创建国家电子商务示范城市是促进战略性新兴产业发展的新举措

创建电子商务示范城市将加快推进资源整合，深化“三网融合”、“两化融合”等试点工作，促进第三代移动通信网络、物联网、云计算、移动互联网、下一代互联网等高新技术的应用；进一步改善电子商务发展环境，壮大电子商务服务业，形成新的经济增长点；有效支撑节能环保、高端制造等战略性新兴产业充分利用“两个市场、两种资源”创新发展，占据国际竞争中的有利地位，掌握发展主动权。

（三）创建国家电子商务示范城市是推进现代市场体系现代化建设的新抓手

创建电子商务示范城市是加速传统商贸服务业转型升级的重要举措，通过鼓励商贸业态和模式的不断创新，加快内贸和外贸的融合联动，促进制造业和服务业的有机结合，助推货物贸易与服务贸易的同步发展，带动形成现代物流业，推动贸易发展方式转变。通过推动全国统一市场的建立和完善，促进商品和各种要素的流动，消除妨碍公平竞争的制约因素，降低交易成本，更好地实现市场对资源的基础性配置作用，整体提高国民经济运行质量和效率。

（四）创建国家电子商务示范城市是促进电子商务健康快速发展的新途径

当前，我国电子商务发展既存在前所未有的重大机遇，也面临规范引导的严峻挑战。城市作为经济社会发展相对发达的行政区域，是各类新兴产业的集聚地，也是电子商务发展的核心地区。开展电子商务示范城市创建工作，将为解决当前制约电子商务发展的关键问题提供实践依据。同时，也可以更好地发挥电子商务的辐射带动作用，在局部取得突破性进展的基础上，开创我国电子商务发展的新局面。

二、指导思想和基本原则

（一）指导思想

以科学发展观为指导，围绕促进电子商务健康快速发展这一核心目标，充分发挥中央和地方的两个积极性，通过创建国家电子商务示范城市，着力解决电子商务发展中的突出矛盾和问题，努力营造电子商务发展良好环境，切实推动电子商务在重点区域和特色领域的创新应用，推广典型经验，形成示范效应，带动电子商务的健康快速发展，促进经济和社会又好又快发展。

（二）基本原则

1．因地制宜、突出特色。结合城市自身的经济结构和人文环境等特点，探索适合的电子商务发展道路，形成各具特色的电子商务应用与服务模式。

2．重点突破、以点带面。集中力量，下大力气解决电子商务发展中的突出矛盾和问题，务求实效；总结经验，不断提炼提升试点成果，形成示范推广机制。

3．统筹资源、协同推进。建立有关部门统筹规划政策环境、支撑体系和公共设施建设的电子商务协调管理机制，充分调动政府、行业、企业等各方积极性，形成共同推进电子商务健康发展的合力。

4．鼓励创新、加强规范。鼓励电子商务的创新发展，不断探索解决新业态、新模式发展带来的新秩序、新规范问题，使电子商务的规制和政策环境适应不断创新发展的需要。

三、总体目标和主要任务

（一）总体目标

创建一批具有典型带动作用的国家电子商务示范城市，推动电子商务的规制与政策在局部地区取得突破性进展；网上信用、电子认证、在线支付和物流配送等支撑体系及相关基础设施基本满足电子商务的发展需求；电子商务在拓展国际国内两个市场、促进经济发展方式转变、方便百姓生活、改善民生、提高政府管理与服务能力等方面取得明显成效。

（二）主要任务

1．完善电子商务政策环境

根据电子商务发展的实际情况与需求，研究制定符合地方特点、有利于电子商务健康发展的法规制度和政策，先行先试为国家制定和完善相关法规政策提供实践基础。积极推进网络消费者权益保护、网络个人隐私和企业商业秘密保护、网络信用评价等方面的制度建设。鼓励开展电子商务交易主体、交易客体及交易行为等方面的标准规范试用与推广，探索建立电子凭证应用的基础与环境。研究制定各类优惠政策，鼓励中小企业、农民专业合作组织、农村居民和残障人士的电子商务应用，扶持电子商务服务企业发展，改善电子商务支撑环境和基础设施条件。建立城市电子商务统计制度。

2．健全电子商务支撑体系

整合利用各种资源，建立适应城市电子商务发展需要的支撑服务体系。大力推进数字证书在电子商务全过程及各环节的深化应用，探索电子认证服务机制和认证模式，突破电子认证应用推广难点。规范发展网上银行、网上支付平台等在线支付资源，满足电子商务对在线支付服务通用、安全、便捷的要求。针对城市特点，优化物流配送布局，发展与电子认证、网络交易、在线支付协同运作的物流配送服务。鼓励电子商务服务企业建立交易诚信档案，加快诚信信息共享机制的形成；发展在线信用服务，逐步改善电子商务的信用环境。

3．加强电子商务基础设施和交易保障设施建设

统筹规划城市电子商务基础设施建设，在示范城市率先实现通信、物流等基础设施与电子商务公共信息服务平台、网络交易保障服务平台等应用基础设施的同步推进、协调发展。示范城市要积极推动宽带接入，加快实施三网融合，促进信息网络向宽带移动、融合泛在、安全可靠方向发展；大力发展现代物流，支持物流、仓储设施的现代化，搭建面向物流中小企业的公共信息服务平台，为电子商务提供坚实的基础支撑。要着力推进电子商务交易保障基础设施的建设，实现对电子商务交易主体、交易客体以及交易行为真实性的在线监测，探索有效的建设、管理模式，实现交易保障服务的可持续发展。

4．积极培育电子商务服务

示范城市要把吸引和培育机制强、业务精、守诚信的电子商务服务企业、构建和完善电子商务公共服务体系放在重要位置。大力支持第三方电子商务交易与服务平台的建设，协调解决网络交易与电子认证、在线支付、物流配送等环节的集成应用问题，发展集交易、电子认证、在线支付、物流配送、代理报关、结汇、检验检疫和信用评价于一体的全程电子商务服务。发挥行业组织等社会中介机构在规范电子商务行为和市场秩序中的作用，形成适于网络交易的行业自律和权益保障机制，培育电子商务纠纷处理、争议调解、法律咨询、技术研究、成果转化等公共服务。

5．深化电子商务应用

示范城市应采取有效措施，开拓电子商务应用领域，提高政府、企业和居民的电子商务应用水平，满足不断增长的应用需求。继续支持大型骨干企业以供应链协同为重点发展电子商务，积极引导中小企业利用第三方电子商务服务平台拓展国内外市场并进行在线销售、采购等生产经营活动，加快推动政府采购电子商务平台建设，努力发展移动电子商务、动漫游戏等互联网产业，大力培育远程维护、数据托管等技术服务，积极推进医药卫生、文化旅游等领域的信息化建设，不断拓展和深化电子商务应用领域。组织开展形式多样的电子商务知识宣传和普及活动，支持开发方便老年和残障人士利用电子商务的软硬件产品，鼓励大专院校毕业生通过电子商务创业、就业，促进电子商务普及应用，在改善民生中发挥更大作用。

四、组织实施

（一）建立协调机制

国家发展改革委、商务部、人民银行、国家税务总局、国家工商总局等部门建立国家电子商务示范城市创建工作的协调机制，制定示范城市创建工作规划，研究提出相关政策，督促检查工作落实情况，协调解决创建中的矛盾、问题。同时，及时总结和推广示范城市创建工作经验，进而推动电子商务规制和政策环境的建立、完善。

（二）加强引导支持

国家发展改革委、商务部、人民银行、国家税务总局、国家工商总局等部门对示范城市创建中的应用基础设施、公共服务平台、支撑体系建设，以及专业市场电子商务应用、中小企业电子商务应用、专业化电子商务服务平台等建设将给予政策支持。对认真开展创建工作，示范效应突出的城市授予“国家电子商务示范城市”称号。各有关部门可充分利用电子商务示范城市创建工作形成的有利条件，在促进产业发展、规范行业管理等方面开展试点示范工作。

（三）落实组织保障

示范城市人民政府要设立创建电子商务示范城市工作领导小组，明确示范城市工作的主管领导和牵头部门，负责协调、决策示范城市创建工作中的重大事项。建立部门间协调推进的工作机制和各部门的考核机制，将示范城市工作纳入相关部门年度工作目标考核体系，充分调动相关部门的积极性和创造性，协调推进示范城市工作。

（四）认真组织实施

示范城市要结合地方电子商务发展状况，根据城市发展定位和经济社会发展需要，制定切实可行的电子商务示范城市创建工作方案。方案应重点部署电子商务政策环境、支撑体系及基础设施的建设，强化电子商务应用与服务，明确保障措施和落实机制，充分调动政府及社会资源。

（五）不断总结提高

建立创建工作定期交流研讨的制度，加强创建工作重大问题研究，为示范城市创建工作提供指导。开展创建工作阶段性成果评估，及时发现和解决问题。定期进行工作总结，大力宣传和推广典型经验，提高创建工作的成效。

电子商务示范城市创建工作将根据实际发展需要分批组织实施，具体工作安排将另行通知。

国家发展改革委
商　务　部
中国人民银行
国家税务总局
国家工商行政管理总局
2011年3月7日

18. 商务部、工业和信息化部、公安部、人民银行、海关总署、工商总局、质检总局、新闻出版总署（版权局）、知识产权局关于进一步推进网络购物领域打击侵犯知识产权和制售假冒伪劣商品行动的通知（商贸发[2011]119号）

各省、自治区、直辖市、计划单列市及新疆生产建设兵团商务、通信、公安、人民银行、工商、质监、新闻出版（版权）、知识产权主管部门、海关总署广东分署、各直属海关，各检验检疫局：

网络购物领域打击侵犯知识产权和制售假冒伪劣商品行动开展以来，各地区和有关部门周密部署、精心组织、上下联动、团结协作、各司其职，破获了一批网络购物领域侵权大案要案，依法严惩了一批犯罪分子，取得了阶段性成果。但网络购物领域违法侵权案件仍时有发生，阿里巴巴供应商欺诈案件、淘宝网等网络购物平台上发生的侵权售假案件影响恶劣。为进一步净化网络购物市场环境，加大对网络购物领域侵犯知识产权和制售假冒伪劣商品行为的打击力度，现就有关事项通知如下：

一、各地工商、通信、公安、人民银行、海关、质检、新闻出版（版权）、知识产权主管部门要积极开展网上巡查，利用本部门投诉举报电话等多种渠道收集网络购物领域侵犯知识产权和制售假冒伪劣商品违法犯罪案件线索。各地要抓紧确定一批网络购物领域重点案件，由本地区专项行动领导小组办公室负责督办，建立办案责任制，落实到人，抓紧时间，限时办结。

二、各地商务、通信、海关、工商、新闻出版（版权）、知识产权主管部门要督促网络购物平台立即开展自查自纠，特别是浙江、上海、深圳等地要立即督促淘宝网、易趣网和拍拍网等大型网络购物平台开展自查自纠工作，加强对涉嫌销售侵权和假冒伪劣商品网店的查处整改工作，并要求网络购物平台每周将违规网店处理情况上报国家和省级专项行动领导小组办公室（具体表格见附件1）。对侵犯知识产权情节严重的网络购物平台，商务、工商、通信、新闻出版（版权）等部门要依法采取约谈、警告、限期整改等多种方式督促其健康规范发展，限期整改不到位且情节严重的要依法从严处理，直至停止其网站接入服务和域名解析服务。

三、各地商务、通信、海关、工商、新闻出版（版权）、知识产权主管部门要立即督导网络购物平台承担市场主办方责任，加强自律机制建设，并将其作为相关考核奖惩的重要依据。主要内容包括严格经营者主体和交易商品市场准入制度，建立商标、专利查询系统，采取技术手段屏蔽侵犯知识产权和制售假冒伪劣商品信息，健全信息发布、身份认证、交易、支付、物流、售后服务、纠纷处理、先行赔付、过程监控等保障机制，建立每日 24 小时网上巡查制度，及时排查隐患，处理违法违规行为，发现苗头性、倾向性、危害性严重的问题及时上报。

四、在各地打击侵犯知识产权和制售假冒伪劣商品领导小组办公室统筹协调下，商务、通信、公安、人民银行、海关、工商、质检、新闻出版（版权）、知识产权等部门要通过新闻发布会、现场会等多种方式曝光一批网络购物领域侵犯知识产权和制售假冒伪劣商品违法违规企业和典型案件，对案件频发的重点地区和重点购物平台加大曝光力度，要通过当地电视、广播、报纸等媒体多形式、多渠道、多角度宣传重点案件，形成行动热点，增强舆论攻势，表明打击决心，展示打击成效，震慑犯罪分子，合理引导消费，扭转网络购物领域侵犯知识产权和制售假冒伪劣商品违法犯罪活动猖獗的不利局面。

五、各地商务主管部门要按照有关要求及时汇总本地区网络购物领域打击侵犯知识产权和制售假冒伪劣商品行动进展情况、阶段性成果及案件查处情况、主要做法和经验、典型案例情况等，以文字材料为主、表格为辅，每周五下班前将地方网络购物领域案件进展情况汇总表报商务部（表格见附件 2），每月 30 日前报月度总结书面材料，7 月 5 日下班前报网络购物领域专项行动工作总结。各地商务主管部门要在 4 月 29 日前将本地区确定的网络购物领域重点侵权案件报商务部备案，并纳入每周进展情况汇总表。

联系人：商务部商贸服务司 祝斌　郝建彬

电　话：010-85093747 85093750

传　真：010-85093749

电子邮件：zhubinsm@mofcom.gov.cn

附件：

1. 重点网络购物平台每周整改情况汇总表（略）

2. 地方网络购物领域案件每周进展情况汇总表（略）

商务部
工业和信息化部
公安部
人民银行
海关总署
工商总局
质检总局
新闻出版总署（版权局）
知识产权局
2011 年 4 月 21 日

19. 国家食品药品监督管理局、工业和信息化部、公安部、国家工商行政管理总局关于进一步严厉打击利用互联网发布虚假药品信息非法销售药品的通知（国食药监稽[2011]222号）

各省、自治区、直辖市食品药品监督管理局（药品监督管理局）、通信管理局、公安厅（局）、工商行政管理局：

近年来，国务院有关部门联合开展了打击利用互联网发布虚假药品信息和非法销售药品的行动，取得了积极成果。由于受互联网复杂性、开放性、无界性和变化迅速性等多方面因素的影响，治理违法发布药品信息和非法销售药品的网站仍然是一项长期而艰巨的任务。为巩固整治成果，持续加大打击利用互联网发布虚假药品信息和非法销售药品的力度，保持监管的高压态势，国家食品药品监督管理局、工业和信息化部、公安部、国家工商行政管理总局就进一步严厉打击利用互联网发布虚假药品信息和非法销售药品的有关工作通知如下：

一、工作重点

（一）加强对已审批的互联网药品信息服务和交易服务网站的日常监管。重点检查网站主页显著位置是否标注资格证书编号；网站资格证书是否超出有效期使用；网站是否违法发布虚假药品信息和广告；未获得交易资格证书的网站是否直接撮合药品网上交易；获得交易资格证书的网站是否超出批准的范围进行交易；向个人消费者提供交易服务的网站是否违法销售处方药。

（二）加强对互联网上发布虚假药品信息、广告和非法销售药品的动态监测。监测内容集中针对发布治疗糖尿病、高血压、肾病、风湿、痛风、性功能障碍、皮肤病等疑难杂症的信息、广告以及冠名"中国"、"全国"、"中华"、"军队番号"等网站；监测重点集中针对搜索引擎和大门户网站；对投诉举报以及监督检查发现问题严重的网站进行追踪监测。

（三）严厉打击利用互联网销售假药违法犯罪行为。认真摸排利用互联网销售假药违法案件线索，收集、固定相关证据，深挖制售假药窝点，集中破获一批利用互联网销售假药的案件。

二、工作分工

（一）食品药品监督管理部门要做好打击利用互联网发布虚假药品信息和非法销售药品工作，积极会同有关部门对违法网站进行重点治理。

对已批准的互联网药品信息服务和交易服务网站违法发布药品信息和进行药品交易的，责令其立即改正，并依法查处；情节严重的，撤销其《互联网药品信息服务资格证书》或《互联网药品交易服务资格证书》，移送通信管理部门依法予以关闭。对涉及违法发布药品信息和进行药品交易的生产经营企业要责令其改正，并列入"黑名单"，纳入重点监管对象。

对未经审批擅自发布药品信息和非法销售药品的网站要做好分类处理。对互联网信息服务提供者（ICP）备案在本省（区、市）的网站，责令其立即改正，并依法查处，对拒不改正、情节严重或备案信息虚假的网站，可书面通报通信管理部门依法予以关闭；对ICP备案在外省（区、市）的网站，按照属地管理原则移送相关食品药品监督管理部门处理；对未取得ICP备案且服务器设在境内的网站，移送同级通信管理部门依法处理；对未取得ICP备案且服务器设在境外的，由各省级食品药品监督管理部门上报国家食品药品监督管理局统一移送有关部门依法处理。

从监测发现的违法网站上查找案件线索，追查制售假药窝点。对构成犯罪的，及时移送公安机关，追究刑事责任；对需要出具有关鉴定意见的，及时出具；对涉及范围广、危害严重的大案要案，国家食品药品监督管理局、公安部将适时挂牌督办。

（二）通信管理部门要组织通信行业，配合有关部门对发布虚假药品信息和销售假劣药品的网站依法予以处理，对违规接入未备案网站的互联网接入服务商依法追究责任；对严重违法的境内网站，根据相关部门的认定意见和要求纳入黑名单管理。

（三）公安机关要加强对利用互联网销售假劣药品犯罪行为的立案侦查，深挖犯罪源头，摧毁产供销犯罪网络。

（四）工商行政管理部门要加强对利用互联网发布药品广告的监督检查，依法查处利用互联网发布的违法药品广告，对涉嫌违法犯罪的移送公安机关查处。

三、工作要求

（一）各地、各部门要充分认识打击利用互联网发布虚假药品信息和非法销售药品的重要性和紧迫性，高度重视，周密部署，认真抓好各项工作的落实。

（二）各地、各部门要结合本地本部门实际，按照工作重点、工作分工，开展有针对性的治理工作，同时加强协作配合，及时互通情况，强化联合治理的威慑作用和打击力度。

（三）各地、各部门要重视宣传打击利用互联网发布虚假药品信息、非法销售药品的重要意义和工作成果，曝光发布虚假药品信息和非法销售药品的网站，引导公众从合法渠道购买药品。

国家食品药品监督管理局
中华人民共和国工业和信息化部
中华人民共和国公安部
中华人民共和国国家工商行政管理总局
2011 年 5 月 18 日

20. 国家工商行政管理总局、公安部、工业和信息化部、国家互联网信息办公室、中国人民银行、中国银行业监督管理委员会关于开展打击网络传销违法犯罪专项行动的通知（工商直字[2011]138 号）

各省、自治区、直辖市工商行政管理局、公安厅（局）、通信管理局、网宣（网管）办、人民银行、银监局：

近年来，网络传销违法犯罪活动日益突出，损害人民群众利益，影响社会和谐稳定，国务院领导对此高度重视。为遏制网络传销违法犯罪活动蔓延的势头，保护人民群众合法权益，维护社会稳定，为建党 90 周年营造良好的社会环境，国家工商总局、公安部、工业和信息化部、国家互联网信息办公室、中国人民银行、中国银监会研究决定，自 2011 年 7 月至 12 月，在全国组织开展打击网络传销违法犯罪专项行动。

一、指导思想

围绕贯彻党中央、国务院关于打击传销工作的一系列重要指示精神，认真落实全国工商、公安机关打击传销工作电视电话会议有关要求，以“净化网络、打击头目、摧毁组织、教育群众”为原则，在各级党委、政府的领导下，充分发挥工商、公安、通信、互联网信息内容主管、人民银行和银监等部门的职能作用，严厉打击网络传销违法犯罪活动，维护人民群众合法权益，促进社会和谐发展。

二、行动目标

查处侦破一批网络传销违法犯罪大要案件，严惩网络传销组织者、领导者，净化网络环境，提高群众抵制和防范传销能力，遏制网络传销违法犯罪活动发展蔓延的势头，建立打击和防范网络传销违法犯罪活动长效机制。

三、工作步骤

专项行动分为三个阶段：

（一）动员部署阶段（从即日起至7月中旬），各地对专项行动进行动员部署，成立协调领导机构，制定工作方案。全面开展调查摸底，掌握本地网络传销违法犯罪的态势，查明打击对象的底数等情况。

（二）集中打击阶段（7月下旬～11月），采取集中行动和专案经营相结合的方式，查处一批大要案件，清理一批窝点，摧毁一批传销组织网络，广泛开展宣传工作。

（三）总结阶段（12月），认真总结专项行动情况，包括案件查办情况、典型案例、工作经验等。

四、工作措施

（一）全面开展调查摸底，积极发现和确定线索。各级工商、公安、通信、互联网信息内容主管、人民银行和银监部门要组织力量，深入开展调查摸底，通过群众举报、网上巡查、可疑资金交易分析等方式，发现和确定涉嫌从事传销违法犯罪活动的网站、网页，获取涉及的单位、人员、银行账户、活动范围、活动地点、服务器及网站所在地及在本地区活动情况等信息。

（二）加大查处力度，实现精确打击。行动中要将传销违法犯罪活动的组织者、领导者作为核心打击目标。对涉嫌从事传销违法犯罪活动的网站、网页，要积极开展线索经营，综合运用网络侦查、可疑资金交易分析等手段，深挖扩线，追根溯源，全力查明组织者和领导者，集中力量予以打击，彻底摧毁传销组织。要充分运用刑事处罚和行政处罚措施，依法严惩组织者、领导者。

（三）适时采取措施，净化网络空间。对涉嫌从事传销活动的网站、网页，由工商机关、通信管理部门、互联网信息内容主管部门或公安机关依法处理。对散播传销内容和信息的网页，要依法查处；对传播传销内容和信息或公开销售传销制度定制版本及网络传销平台源代码的网站，要在深挖线索、确定嫌疑对象、获取证据后及时查处；对涉嫌从事传销违法犯罪活动的网站要根据案件调查进展情况适时予以查处。

（四）加大宣传力度，教育群众自觉抵制和防范。积极利用新闻媒体，采取多种形式，大力开展宣传教育，适时报道专项行动成果和典型案例，营造打击声势。充分宣传网络传销的危害、特点和手法，揭露其本质，提高群众自觉抵制和防范传销的意识和能力。

（五）做好风险评估，确保社会稳定。加强情况沟通，密切关注舆情动态，切实加强苗头性、倾向性情报信息的搜集研判，开展打击、取缔传销网站行动前要充分考虑可能会产生的影响，做好风险评估，制定应急预案，切实把不稳定因素控制在萌芽状态，防止群体性事件的发生。对发生的群体性事件要坚决果断、依法妥善处置在当地。

五、工作要求

（一）统一思想，提高认识。要充分认识当前网络传销违法犯罪活动的严重危害和开展此次专项行动的重要性、紧迫性和艰巨性，紧紧围绕落实党中央、国务院领导重要指示精神，把思想和行动统一到中央的要求和部署上来，下大力气抓紧抓好，切实抓出成效。打击网络传销专项行动工作情况将作为 2011 年打击传销社会治安综合治理考评的重要内容。

（二）明确分工，形成合力。各级工商、公安、通信、互联网信息内容主管、人民银行和银监等部门要在党委、政府的统一领导下，加强协调配合，形成整治合力。工商总局、公安部、工业和信息化部负责打击网络传销违法犯罪专项行动的组织、协调工作。工商、公安机关负责监控发现传销网站和服务器，获取线索和信息，依法做好网上取证、立案查处等工作；通信管理部门要根据工商、公安机关对传销网站的认定、处罚意见，依据《互联网信息服务管理办法》、《互联网站管理协调工作方案》等对相关违法违规传销网站进行处理；互联网信息内容主管部门要加强对论坛、博客、微博客、社交网站等的监管，做好对传销网站、网页内容的查处工作，根据工商、公安机关的认定和处置意见对传销网站依法进行处理；人民银行要协调有关商业银行依法做好对涉嫌传销的银行账户的查询或资金冻结等工作；银监部门对发现有涉嫌非法集资犯罪的，要按照国务院确定的打击和处置非法集资工作机制查处。

（三）强化责任，协同作战。网络传销违法犯罪活动涉及地域广，各涉案地工商、公安机关均负有重要责任，对所发现的线索均要主动出击，深挖源头，延伸打击。其中，公司、网站注册地，服务器所在地，组织者、领导者违法犯罪地和居住地，涉案资金主要流出地及流入地，违法犯罪活动人员集中地的工商、公安机关要积极履行打击及协助责任。工作中，各地工商、公安机关要注重加强部门内和部门间的沟通和协调，妥善解决跨区域管辖及协作问题，形成协同作战的良好局面。各省、自治区、直辖市对涉及人数众多、跨地区的网络传销案件要加强督导，组织涉案地工商、公安机关做好查处工作。对涉及多个省份的特别重大案件，由国家工商总局、公安部指导协调涉案地工商、公安机关联合查办。

（四）加强督导，狠抓落实。各地各部门要采取有力措施，加强检查督导，狠抓责任落实，切实组织好此次专项行动，研究制定打击网络传销的长效机制。国家工商总局、公安部、工业和信息化部、国家互联网信息办公室、中国人民银行、中国银监会将视情况分别或共同派出检查组，对各地专项行动工作情况进行检查督导。各地要及时上报专项行动工作情况和典型案例、事例，认真总结工作经验。对在专项行动中不依法履行职责，造成不良影响并产生严重后果的单位和个人，要予以通报批评，依法追究有关人员责任。

专项行动开始后，遇有重大、突发情况要随时上报，专项行动结束后，各地要于 2011 年 12 月 31 日前将专项行动工作总结分别上报主管部门。

国家工商行政管理总局
公安部
工业和信息化部
国家互联网信息办公室
中国人民银行
中国银行业监督管理委员会
2011 年 6 月 27 日

21．新闻出版总署、中央文明办、教育部、公安部、工业和信息化部、共青团中央、中华全国妇女联合会、中国关心下一代工作委员会关于启动网络游戏防沉迷实名验证工作的通知（新出联[2011]10号）

各省（自治区、直辖市）新闻出版局、文明办、教育厅（教委）、公安厅（局）、通信管理局、团委、妇联、关心下一代工作委员会，各网络游戏运营企业：

2007年4月，新闻出版总署、中央文明办、教育部、公安部、信息产业部、共青团中央、中华全国妇女联合会、中国关心下一代工作委员会等八部委联合发出《关于保护未成年人身心健康实施网络游戏防沉迷系统的通知》（以下简称："防沉迷通知"）。自"防沉迷通知"发出以来，在有关部门、社会各界及全国网络游戏运营企业的共同努力下，网络游戏防沉迷系统实施工作取得了显著成效，网络游戏运营企业保护未成年人身心健康的责任意识明显增强，各项保障措施逐步到位；网络游戏审批管理已将防沉迷系统的设置作为前置审批的必要条件，有力地促进了防沉迷措施在全行业的贯彻落实；网络游戏防沉迷系统的独立监测机制不断完善，增强了对运营企业网络游戏防沉迷系统实施情况的有效监督和对违规行为的及时查处力度；未成年人使用网络游戏的时间得到一定控制，沉迷网络游戏的状况有了明显改善。

为进一步落实"防沉迷通知"要求，切实保护未成年人身心健康，推动网络游戏防沉迷系统实施工作取得更大成效，实施防沉迷实名验证是至关重要的一环，也是十分必要的，有利于防止未成年人盗用或者使用虚假成年人身份信息，规避网络游戏防沉迷系统的限制。经批准，公安部所属全国公民身份证号码查询服务中心（以下简称："身份查询中心"）承担全国网络游戏防沉迷实名验证工作。经与网络游戏运营企业充分协商，广泛征求意见，制定了《网络游戏防沉迷实名验证流程》，并完成了网络游戏防沉迷实名验证系统软件开发工作。目前，实施网络游戏防沉迷实名验证条件已经成熟，各项准备工作基本到位，经研究，决定在全国范围内启动网络游戏防沉迷实名验证工作。现将有关要求通知如下：

一、高度重视网络游戏防沉迷实名验证工作。全国各有关部门、相关机构、网络游戏运营企业，应将实施网络游戏防沉迷实名验证工作作为切实履行保护未成年人身心健康的社会责任的一项重要任务，抓紧抓好所有在线使用的网络游戏（不含手机网络游戏）的防沉迷实名验证工作。

二、"身份查询中心"承担全国网络游戏防沉迷实名验证工作。为保障验证工作合规有序进行，"身份查询中心"应向网络游戏运营企业说明实名验证具体工作要求，按《网络游戏防沉迷实名验证流程》及时有效地验证网络游戏运营企业报送的身份信息，并反馈验证结果。

三、网络游戏运营企业要按规定要求，全力做好网络游戏防沉迷实名验证的各项相关工作。首先，要认真做好本企业应承担的网络游戏用户注册信息识别等工作；其次，按流程及时报送需验证的用户身份信息；再次，严格将经实名验证证明是提供了虚假身份信息的用户纳入网络游戏防沉迷系统。

四、进一步加强对运营企业网络游戏防沉迷系统实施情况的监测。除对运营企业按网络游戏防沉迷系统标准开发和实施网络游戏防沉迷系统进行监督检测外，还要密切跟踪实名验证等实施工作情况，提高检测频率和质量。所有网络游戏运营企业必须严格按照《网络游戏防沉迷系统开发标准》和《网络游戏防沉迷系统实名认证方案》进行开发部署，不得随意更改实施方式，扩大或缩小系统功能权限等，违者，将按照有关法律法规予以查处，并停止其网络游戏出版运营和相关互联网接入服务，直至取消其相关许可。

五、明确分工，加强协作，积极推进实名验证等网络游戏防沉迷系统实施工作。新闻出版行政部门负责协调网络游戏防沉迷系统实施工作；把好网络游戏审批关，坚持将网络游戏防沉迷系统的设置作为前置审批的必要条件；继续开展网络游戏防沉迷系统监测，特别是督促运营企业切实抓好实名验证工作，对存在不达标问题的网络游戏运营企业进行查处。文明办要把实名验证等网络游戏防沉迷系统实施工作纳入净化社会文化环境工作之中，积极协调有关新闻单位做好宣传引导工作。公安部门负责对“身份查询中心”进行督促指导，要求“身份查询中心”增强责任感，精心安排，依法依规、保质保量开展实名验证工作。通信管理部门要协助有关部门做好相关网站的管理工作。教育、团委、妇联、关心下一代工作委员会等部门要加大网络游戏防沉迷系统宣传力度，要继续发挥“五老”网吧义务监督员的作用，配合做好实名验证等网络游戏防沉迷系统实施工作，积极引导教育未成年人科学使用网络游戏，养成文明健康的上网习惯。

自本通知下发之日起启动网络游戏防沉迷实名验证工作，2011 年 9 月 30 日前为试行期，2011 年 10 月 1 日起正式实施。

新闻出版总署
中央文明办
教育部
公安部
工业和信息化部
共青团中央
中华全国妇女联合会
中国关心下一代工作委员会
2011 年 7 月 1 日

22. 中国保险监督管理委员会关于印发《保险代理、经纪公司互联网保险业务监管办法（试行）》的通知（保监发〔2011〕53 号）

各保监局，各保险专业代理公司、各保险经纪公司：

为了促进保险代理、经纪公司互联网保险业务的规范健康有序发展，切实保护投保人、被保险人和受益人的合法权益，我会制定了《保险代理、经纪公司互联网保险业务监管办法（试行）》，现印发给你们，请遵照执行。

中国保险监督管理委员会
2011 年 9 月 20 日

保险代理、经纪公司互联网保险业务监管办法（试行）

第一条 为了促进保险代理、经纪公司互联网保险业务的规范健康有序发展，切实保护投保人、被保险人和受益人的合法权益，根据《中华人民共和国保险法》（以下简称《保险法》）、《保险专业代理机构监管规定》、《保险经纪机构监管规定》等法律法规、规章，制定本办法。

第二条 保险代理、经纪公司开展互联网保险业务，应当具备下列条件：

（一）具有健全的互联网保险业务管理制度；

（二）具有合理的互联网保险业务操作规程；

（三）注册资本不低于人民币1000万元，且经营区域不限于注册地所在省、自治区、直辖市；

（四）中国保监会规定的其他条件。

第三条 保险代理、经纪公司应当在具备下列条件的互联网站上开展保险业务：

（一）依法取得互联网行业主管部门颁发的互联网信息服务增值电信业务经营许可证或者在互联网行业主管部门完成网站备案；

（二）网站接入地在中华人民共和国境内；

（三）有与开展互联网保险业务相适应的电子商务系统，能实现投保人的全部投保信息与保险公司核心业务系统的实时对接；

（四）具备健全的网络信息安全管理体系及安全技术，具有防火墙、入侵检测、加密、第三方电子认证、数据备份等功能；

（五）中国保监会规定的其他条件。

第四条 保险代理、经纪公司通过互联网站开展保险业务的，应当自业务开展之日起10个工作日内，由总公司向中国保监会报告，并提交下列书面材料一式两份：

（一）开展互联网保险业务的报告，包括业务操作规程、运营模式、管理部门及其负责人名单、从业人员配备情况等内容；

（二）互联网保险业务管理制度，包括交易安全保障措施、信息安全管理体系、销售及售后服务管理等；

（三）开展业务的互联网站的基本情况，包括名称、网址、接入地、依法经营资质的证明材料等；

（四）开展业务的互联网站的电子商务系统建设情况，包括基本架构、运营基础设施、安全技术及保障措施等；

（五）中国保监会规定的其他材料。

申请人应将前款规定材料同时报送注册地中国保监会派出机构一份。

第五条 中国保监会自收到保险代理、经纪公司提交的互联网保险业务报告材料之日起20个工作日内，应当根据下列情况分别作出处理：

（一）报告材料不完整的，通知保险代理、经纪公司在10个工作日内补正材料；

（二）报告材料完整齐备或者经补正后材料完整齐备的，中国保监会应当在备案报告上加盖印章，一份存档，一份退还保险代理、经纪公司。

第六条 开展保险业务的互联网站名称、网址变更的，保险代理、经纪公司应当自变更之日起 10 个工作日内向中国保监会及注册地所在中国保监会派出机构报告。

保险代理、经纪公司终止某互联网站上的保险业务的，应当自决定终止之日起 10 个工作日内向中国保监会及注册地所在中国保监会派出机构报告。

第七条　保险代理、经纪公司开展互联网保险业务的，应当集中运营、集中管理。

保险代理、经纪公司的从业人员不得以个人名义通过互联网站销售保险产品。

第八条　保险代理、经纪公司开展互联网保险业务的，应当在相关互联网站页面的显著位置披露自身的相关信息，披露信息包括但不限于下列内容：

（一）中国保监会颁发的业务许可证；

（二）营业执照登载的信息或者营业执照的电子链接标识；

（三）在各省（自治区、直辖市）已依法设立的分公司名称、办公地址、服务电话号码；

（四）保险公司的授权范围及内容。

保险代理、经纪公司设立有网站的，还应当在网站上披露与其合作的网站名称和网址等信息。

第九条　保险代理、经纪公司开展互联网保险业务的，应当在相关互联网站页面的显著位置列明保险产品及服务等信息，列明的信息应当包括下列内容：

（一）保险产品的承保、销售主体；

（二）保险合同全部条款和费率表，其中应当对保险合同中的犹豫期、免除保险公司责任条款、费用扣除、退保、保险单现金价值等事项予以重点提示；

（三）保险费支付方式；

（四）保险合同订立的形式，其中采用电子保险单格式的，应当予以明确说明；

（五）纸质保险单证、保险费发票凭证的配送方式和寄出时间；

（六）保险单查询及投保人咨询、投诉渠道；

（七）保险合同承保、保全、退保、理赔办理流程及退保金、保险金支付方式；

（八）有关投保人（被保险人或者受益人）身份信息、投保交易信息和投保交易安全的保障措施；

（九）中国保监会规定的其他信息。

第十条　保险代理、经纪公司开展互联网保险业务的，应当由具备中国保监会规定的资格条件、取得中国保监会颁发的资格证书的从业人员负责保险产品的销售及服务。

第十一条　保险代理、经纪公司开展互联网保险业务的，应当在相关互联网站页面的投保流程中设置投保人点击确认环节，由投保人确认以下内容："是否已阅读保险条款的全部内容，了解并接受包括免除保险公司责任条款、犹豫期、费用扣除、退保、保险单现金价值等在内的重要事项。"

第十二条　保险代理、经纪公司应当通过柜台、电话、短信、电子邮件、网上在线等方式，及时、全面、准确地回答社会公众有关互联网保险业务方面的咨询，主动向投保人提示承保信息，告知投保人有要求提供纸质保险单证、保险费发票凭证的权利。

投保人要求提供纸质保险单证、保险费发票凭证的，保险代理、经纪公司应当自保险合同成立时起 48 小时内寄出，并于 10 个工作日内送达投保人。因特殊原因不能在约定时间内送达的，应当与投保人协商一致或者及时向投保人说明有关情况。向投保人提供保险单证时，应当附保险合同全部条款。

第十三条　保险代理、经纪公司开展互联网保险业务的，应当妥善保管保险合同生成的全部信息、互联网保险业务账簿、相关原始凭证和资料，保管期限自保险合同终止之日起计算，保险期间在 1 年以下的不得少于 5 年，保险期间超过 1 年的不得少于 10 年。

保险代理、经纪公司应当采取数据备份、故障恢复等技术手段，确保与互联网保险业务有关的交易数据和信息的安全、真实、完整。

第十四条 保险代理、经纪公司开展互联网保险业务，应当遵守《保险法》、《保险专业代理机构监管规定》、《保险经纪机构监管规定》等法律法规和中国保监会的有关规定。

保险代理、经纪公司开展互联网保险业务，违反《保险法》等法律法规及本办法规定的，由中国保监会依法给予处罚，情节严重的，可以责令停止开展互联网保险业务或者吊销业务许可证。

第十五条　中国保监会应当在其互联网站上建立信息披露专栏，及时对符合本办法要求、开展互联网保险业务的保险代理、经纪公司名称及相关互联网站名称、网址等信息进行披露，便于社会公众查询和监督。

中国保险行业协会应当在其互联网站上及时登载中国保监会披露的前款信息。

第十六条　本办法由中国保监会负责解释和修订。

第十七条　本办法自 2012 年 1 月 1 日起施行。

23. 国土资源部关于开展国有建设用地使用权网上交易试点工作的意见（国土资发[2011]118 号）

各省、自治区、直辖市及副省级城市国土资源主管部门，新疆生产建设兵团国土资源局：

《中共国土资源部党组关于国土资源系统开展“两整治一改革”专项行动的通知》（国土资党发[2010]45 号）对推行国有土地使用权网上交易(以下简称网上交易)提出了明确要求，部分地方积极探索推行网上交易，取得了一定成效。为认真总结各地成功经验，积极稳妥推进工作，部决定开展网上交易试点，并提出以下意见。

一、充分认识推进网上交易的重要意义

在坚持国有建设用地使用权招标拍卖挂牌出让制度基础上，通过互联网进行土地交易，是对国有土地使用权出让制度的改革创新。推行网上交易是部“两整治一改革”专项行动的明确要求和重点内容，是运用科技信息手段提高国有土地出让市场管理和监督水平的重要举措，对建立公开、公平、公正的市场环境、降低交易成本、加强内部监督、强化社会监督、推进廉政建设具有重要作用。

二、试点目的和原则

通过开展网上交易试点，研究探索网上交易的技术方法和工作规范，总结实践经验和教训，为在全国范围内全面推行奠定基础，积累经验，创造条件。同时，以点带面，示范引领，鼓励有条件的地区积极跟进，促进市、县土地网上交易工作深入开展。试点工作应坚持改革探索与依法行政相结合、制度创新与科技手段相结合、公开公平公正与便民高效防腐相结合的原则。

三、试点范围

部直接部署的试点，范围确定在已经推行网上交易的地区。其中，宁夏回族自治区作为省级网上交易试点，湖南省长沙市、辽宁省大连市和抚顺市作为地市级试点，湖南省长沙县和宁乡县作为县级试点。

各省（区、市）国土资源主管部门可统一组织，积极支持土地管理工作基础较好、信息化管理水平较高、有相对成熟的网上交易系统、网上交易有第三方监管、有较强的改革创新意识和工作积极性的市、县，开展网上交易试点。市、县开展网上交易试点前，必须制定试点工作方案，报经省级国土资源主管部门批准后，报国土资源部备案。

四、试点内容

承担试点任务的地方，应当建立国有建设用地使用权拍卖和挂牌网上交易系统，应用互联网技术，实现竞买人网上报名、竞价，并实时确认成交结果。工作内容主要包括：

（一）结合网络运行的特点和土地出让信息化工作推进的客观需要，分别开展拍卖和挂牌网上操作可行性研究；

（二）根据土地拍卖和挂牌出让基本程序，分析研究实现网上竞买申请、报价、竞价、成交确认及资格审查等环节信息化技术和方法，确定网上交易指标体系，研发网上交易系统软件；

（三）结合土地出让制度及实践创新情况，制定网上交易规范；

（四）建立网络运行安全和风险防范机制。建立与银行、公安等部门联合工作机制，研究解决资金安全、网络安全和交易过程意外事故处理等问题，建立预控和风险防范机制。在实行网上交易前，要对网络安全和纠纷诉讼等方面进行全面评估，做好预案；

（五）研究建立网上交易监管机制。研究制定网上交易监管办法，建立网上交易监管系统，实现上级国土资源主管部门对下级网上交易的适时监控、监管。

五、试点期限

网上交易试点期限定为 1 年。部确定为试点的地区，试点工作期限自本意见下发之日起算；由省级国土资源主管部门批复的其他试点地区，原则上应当与部直接部署的试点地区同期完成试点工作。

六、试点的组织保障

网上交易试点工作必须坚持以政府为主导，国土资源主管部门具体组织实施，有关部门积极参与的联动机制。在试点工作过程中，要积极争取党委、政府的支持和相关部门的配合，确保试点工作顺利开展。

省级国土资源主管部门负责辖区内试点工作的管理、监督和评估，及时总结试点工作中好经验好做法，发现和研究解决试点工作中出现的新情况新问题，及时将试点工作情况报部。部对全国网上交易试点工作进行跟踪指导，根据推进情况和实际需要，适时组织开展试点评估和检查。

七、试点评估和验收

省级国土资源主管部门在试点工作中期，要组织对试点实施情况进行评估，并形成评估报告报部。试点评估报告应包括试点进展情况、社会反映、主要问题和改进建议等内容。

省级国土资源主管部门要在试点方案确定的试点期限结束后一个月内，组织开展总结验收工作，并形成验收报告报部。试点地区在实施试点过程中形成的规范性文件、自评报告、总结报告等与试点相关的文件，一并报部备案。

国土资源部

2011 年 8 月 15 日

24. 商务部“十二五”电子商务发展指导意见（商电发[2011]第 375 号）

电子商务是网络化的新型经济活动，已经成为我国战略性新兴产业与现代流通方式的重要组成部分。为更好发挥电子商务的推动与引领作用，进一步加快商务领域发展方式转变和结构调整，构建搞活流通扩大消费长效机制，培育参与国际合作和竞争新优势，巩固和扩大应对国际金融危机冲击成果，维护国内外贸易和国际经济合作平稳较快发展，提升对外开放水平，根据《国民经济和社会发展第十二个五年规划纲要》、《2006－2020 年国家信息化发展战略》、《国务院办公厅关于加快电子商务发展的若干意见》，提出以下意见：

一、我国电子商务发展现状和主要问题

（一）电子商务发展环境不断完善

截至 2011 年 6 月 30 日，我国互联网用户已达 4.85 亿，互联网普及率达 36.2%。全社会电子商务应用意识不断增强，应用网络购物、网上支付和网上银行的互联网用户分别达到 1.73 亿、1.53 亿和 1.5 亿，占用户总数的比例分别为 35.6%，31.6%和 31%。2010 年，我国电子商务交易额达 4.5 万亿元人民币。推进电子商务发展的部门协同工作机制初步形成，电子商务相关政策、法律、规章和标准相继出台，电子商务市场逐步规范，电子商务支撑体系不断完善。

（二）电子商务应用日益深化

电子商务在我国各个经济领域的应用不断拓展，应用水平不断提高，正在形成与实体经济深度融合的态势。大型企业网上购销比重逐年上升，部分企业实现了在线交易、支付及物流局部集成应用。中小企业电子商务应用普及率迅速提高，2010 年，应用网上交易和网络营销的中小企业比例达到 42.1%。2010 年，全国网络零售交易额达 5231 亿元人民币，约为社会消费品零售总额的 3.3%，并呈现出加速增长态势，成为拉动消费需求、优化消费结构的重要途径。

（三）电子商务服务业发展迅猛

电子商务服务平台、信用保障、电子支付、物流配送和电子认证等电子商务服务业持续快速发展。2010 年，我国电子商务信息、交易和技术服务企业达到 2.5 万家，第三方支付额达到 1.01 万亿元人民币，社会物流总额达到 125.4 万亿元人民币，全国规模以上快递服务企业业务量达 23.4 亿件，有效电子签名认证证书持有量超过 1530 万张。

（四）我国电子商务发展中存在的主要问题

1．电子商务规制建设相对滞后，市场准入、服务监管体系、信用体系、统计监测体系、产业投融资机制亟待建立。

2．网络购物领域侵犯知识产权和制售假冒伪劣产品等违法犯罪现象时有发生，网络交易纠纷处理困难，可信、安全、便利的网络购物环境还不完备。

3．电子商务应用在地区、城乡和企业间发展还不平衡，农村、中小企业和传统流通企业电子商务应用亟待扶持引导。

4．电子商务服务业尚处成长期，商业模式、服务水平和服务范围有待拓展提高，技术和市场尚不成熟。

二、指导思想、基本原则和主要目标

（一）指导思想

以科学发展观为指导，以促进电子商务健康快速发展为宗旨，以应用电子商务推动现代商贸流通体系建设为出发点，完善发展环境，提高应用水平，加快产业带动，加强示范引导，走出一条既符合国际电子商务发展规律，又具有中国特色的发展道路。

（二）基本原则

促进融合。支持传统流通企业开展网上营销，推动线上、线下资源互补；鼓励网络零售平台企业拓展服务平台，建设物流基础设施，创新商业模式，促进电子商务服务业融合发展。

示范引导。创建电子商务示范城市、示范基地和示范企业，支持引导欠发达地区、行业和企业应用电子商务。

产业带动。鼓励电子商务产业链协同发展，促进企业应用电子商务开拓国内外市场，扩大对外贸易，拉动国内消费需求。

规范发展。建立完善符合我国发展实际的电子商务法规、标准和统计监测体系，规范电子商务健康有序发展。

政策支持。制定科学合理、符合本地区发展实际的电子商务行业管理政策，为支持电子商务健康快速发展创造良好环境。

（三）主要目标

到 2015 年，电子商务法规标准体系基本形成，协同、高效的电子商务管理与服务体制基本建立，规范、诚信的电子商务交易环境逐步完善；电子商务成为企业拓展市场、推动“中国制造”转型升级的有效手段、消费者方便安全消费的重要渠道；电子商务服务业规模化、规范化发展，成为我国现代商贸流通体系建设的重要组成部分。到 2015 年，我国规模以上企业应用电子商务比率达 80%以上；应用电子商务完成进出口贸易额占我国当年进出口贸易总额的 10%以上；网络零售额相当于社会消费品零售总额的 9%以上。

三、工作任务

（一）完善电子商务发展环境

1. 完善电子商务政策支撑体系。支持各地结合本地区电子商务发展实际制订财政、税收政策，吸引电子商务企业聚集发展。

2. 建立电子商务法规标准体系。针对电子商务交易、信用、物流、供应链协同、融资服务等环节，制订一批具有前瞻性、可行性、开放性、兼容性的法规、规范、标准，维护电子商务交易秩序，防范交易风险。

3. 建立电子商务统计监测体系和统计监测网络。定期开展电子商务统计，建立信息发布制度，及时准确反映我国电子商务发展总体规模、结构变化、发展水平、发展趋势和存在问题，为政策制订提供可靠依据。

4. 建立电子商务信用体系。制订电子商务信用规范，指导建立电子商务纠纷投诉与调解机构，加强消费监督；支持建立覆盖电子商务经营主体的全国信用信息数据库，鼓励电子商务信用信息与其他领域信用信息共享；支持鼓励符合条件的第三方机构按照独立、公正、客观原则，对电子商务交易平台和经营主体开展信用评价与认证服务；支持开展行业自律。鼓励电子签名、电子发票在电子商务中的应用。

5. 完善电子商务物流体系。结合城市商贸流通体系建设、“万村千乡市场工程”配送体系建设、乡镇综合商贸服务中心建设，鼓励整合利用现有物流配送资源，建设物流信息协同服务平台和共同配送中心，完善电子商务物流服务体系。

6. 推动企业利用电子商务开展对外贸易，解决报关、结汇、退税等瓶颈问题，支持电子商务运营企业与国际接轨。

7. 加强电子商务国际交流合作。扩大电子商务对外交流合作渠道，参与亚太经合组织、上海合作组织、东盟等国际与区域组织中的电子商务工作，参与国际电子商务规则标准的研究制订，支持跨境合作区的电子商务应用。

（二）重点鼓励发展电子商务服务业

鼓励电子商务交易服务平台、技术服务平台、中介服务平台的发展，培育一批具有行业影响力，提供电子商务咨询、资讯、法律、信息技术、人力资源等专业服务的电子商务服务企业。支持已初具规模的、具有影响力并符合国内外市场需求导向的电子商务服务网站发展，积极推动高附加值的电子商务衍生品的开发与应用。鼓励电子商务服务企业开拓国际市场，加快与国际电子商务市场接轨。

鼓励电子商务服务技术创新和模式创新，推动商业模式、商业业态创新。加强产学研合作，依托高校、科研院所、国家级科研和产业基地等资源，激发企业创新活力。探索电子支付、物流、信用服务、安全认证等支撑体系建设与电子交易的集成创新，促进技术应用与商业模式创新的有机结合。

引导鼓励中小企业应用第三方电子商务服务平台开拓国内外市场。鼓励第三方电子商务服务平台与有条件的省（自治区、直辖市）建立区域性电子商务服务平台。鼓励各地结合产业发展特色，建设行业电子商务服务平台，带动产业集群发展。鼓励第三方移动电子商务服务平台建设。

（三）深化普及电子商务应用

1. 应用电子商务促进商品流通和扩大消费

应用电子商务促进传统流通企业转型升级。鼓励国内商贸集聚区、大型商场、批发市场、连锁超市和专业市场建立电子商务平台，开展网上交易；引导支持网络零售平台向中小流通企业开放；鼓励电子商务平台开展城市旧货交易，向城市社区提供家政与日用消费品服务，促进社区便利消费与循环经济发展。

鼓励电子商务企业到中西部等经济欠发达地区建立采购与物流基地，带动当地经济发展。

鼓励肉类蔬菜、酒类流通追溯体系建设试点城市和企业应用物联网、云计算等信息技术创新追溯模式和流程，提高追溯精度，增强食品安全保障能力。

稳定推动酒类、药品等特殊商品流通应用电子商务，保障消费安全。

2. 发挥电子商务优势，推动对外贸易与经济合作的稳步发展

应用电子商务提高贸易便利化水平，大力推动主要贸易单证的标准化和电子化进程，支持地方建设“单一电子窗口”平台，促进海关、检验检疫、港口、银行、保险、物流服务的电子单证协同，提高对外贸易监管效率，降低企业成本。

支持跨境电子商务平台建设，鼓励中小企业应用跨境电子商务平台拓展海外市场，减少渠道环节，树立中国品牌形象，开展国际合作，解决跨境电子商务中存在的问题。

积极发展网上展会。鼓励会展企业依托实体展会，积极应用信息技术与互联网举办网上展会，创新服务形式和内容，走线上线下相结合的发展道路。实现网上招商招展，服务贸易洽谈与合作的一站式电子商务功能。大力发展贸易撮合、认证征信、网商供需见面会等电子商务增值服务，建立展会型电子商务平台。通过政策扶持，引导鼓励企业积极参加大型展会的网上展会。

充分发挥电子商务在扩大进口中的作用。支持建立服务进口企业的联合采购平台和进口产品分销与直销电子商务平台，进一步增强进口贸易企业的采购和销售能力。

3．利用电子商务服务农业、农村和农民

继续在全国推广农村商务信息服务试点，拓展农村商务信息服务平台功能，实现信息服务、交易撮合、在线支付、物流配送全流程服务；丰富充实新农村商网服务内容，拓展服务渠道，加强网上购销对接，提高信息服务成效；支持涉农电子商务平台与农村专业合作组织、产业化龙头企业开展合作，建设双向互动的综合信息服务平台；推动涉农电子商务平台与农业产业化基地、农产品营销大户、大型超市、农产品批发市场、加工企业、大型餐饮连锁企业及中高档酒店对接，促进大宗农产品网上交易；探索农村商务信息服务的新途径、新模式，加大对农村电子商务应用的支持力度。

加强“万村千乡市场工程”农家店、“农超对接”信息化建设，拓展商业服务、金融服务、通信服务。推动涉农流通龙头企业、农产品批发市场、配送中心和农资流通企业应用电子商务，提高协同效率，降低流通成本。支持涉农流通企业和批发交易市场的电子商务应用，提升农村商贸流通效率和管理水平，实现工业品下乡和农产品进城的双向畅通。探索农村商务信息服务的市场化运作机制，实现可持续发展。

4．支持鼓励企业运用云计算、物联网等信息技术拓展电子商务应用

积极推进新技术、新成果、新模式的应用转化，推动建立电子商务云计算公共服务平台，解决电子商务服务平台企业的计算能力、存储空间和带宽资源等瓶颈问题。建设电子商务与物联网商务整合应用示范平台，推进物联网技术与电子商务模式的融合创新。加快吸收和集成应用新兴移动通信技术、远程控制、无线网络等新型数字技术，发展各类“数字商业”。支持商业企业信息化改造，推广应用企业资源计划、供应链管理、客户关系管理、无线射频识别技术、自动化采购、自动化仓库等先进的信息管理技术。加快支持一些有条件的地区和企业发展数据产业、导航定位系统和商品服务追溯系统等电子商务创新应用。

四、重点工程

（一）电子商务示范工程

创建电子商务示范城市和示范基地。选择电子商务发展快、当地政府积极性高、基础设施条件好的城市，开展电子商务示范城市和电子商务示范基地的创建工作，引导有条件地区加快完善电子商务在线交易、诚信体系、标准法规等支撑体系建设。

做好电子商务示范企业推广和电子商务产业基地建设工作。选择业绩好、信誉高、有发展前景、创新能力强的企业、电子商务产业基地、电子商务应用平台以及综合展会型电子商务平台，给予政策支持，推广成功经验，增强区域引导、行业辐射和产业带动能力。

向外贸企业重点推荐一批运作规范、诚信经营、效益良好、国内外影响力强的对外贸易电子商务平台。

（二）中小城市和中西部地区电子商务促进工程

支持鼓励中小城市和中西部地区加强网络、物流等基础设施建设，加强电子商务宣传，促进电子商务应用，开展电子商务人才培养。

（三）传统流通企业电子商务应用工程

支持鼓励、引导传统商贸流通企业通过自建、合资、合作等方式开展网络零售，探索应用新模式、放大示范效应。

（四）农村流通体系促进工程

选取农村电子商务应用水平较高的省（自治区、直辖市）和重点企业开展农村流通电子商务应用示范工程。

（五）电子商务信用体系建设工程

按照商务信用体系建设总体要求，选取电子商务交易与服务主体，在电子商务领域探索信用建设的有效模式，形成信用建设良好氛围和可持续保障机制。

（六）肉类蔬菜、酒类流通追溯体系建设工程

结合肉菜、酒类流通追溯体系建设试点，选择信息化应用水平较高的试点城市和企业应用物联网、云计算等信息技术改造交易流程、创新交易模式，强化流通追溯体系实效。

（七）城市社区便利店电子商务促进工程

支持有实力的大型商贸流通企业在城市社区设立综合性便利店，推动社区便利店信息化、标准化、连锁化和品牌化建设，运用电子商务与现代物流结合的发展模式，降低流通成本，提高流通效率，增强便利店的竞争能力。

（八）电子商务人力资源发展工程

支持电子商务人才培训与研究基地建设，满足电子商务对专业人才的需求。

（九）国际电子商务交流合作工程

建立跨境合作区电子商务服务平台，推动区域合作领域电子商务交流，探索境外电子商务服务企业利用我国电子商务平台服务其本国企业的有效途径。

五、保障措施

（一）加强组织领导，完善协调机制

各地要建立健全促进电子商务发展的组织保障体系和工作机制，明确责任分工，落实目标任务。协调电子商务发展中的重大问题，强化商务主管部门对电子商务发展的宏观指导作用，完善部门间协调配合机制，及时解决出现的新情况、新问题。

（二）建立电子商务发展促进机制

贯彻落实国家扶持电子商务发展的各项政策，研究制订促进电信、金融与电子商务企业互相支持、协同发展的政策，建立健全适应电子商务发展的多元化、多渠道的投融资机制。充分发挥政府投入的带动引导作用，加大对电子商务发展的支持力度，设立电子商务发展专项资金，向电子商务科研创新、模式创新、产学研成果转化、中小企业电子商务应用、中小电子商务企业融资、农村商务信息服务、电子商务公共服务提供资金支持。

（三）加强宣传教育与人才培训

加大电子商务宣传力度，强化社会各界的电子商务应用意识、信用意识、信息安全意识。多层次、多渠道开展有针对性的培训，提高政府、企业等各行业人员应用电子商务的能力。积极推动和完善电子商务人才服务机制，引导高校电子商务专业学生向重点产业、重点项目及民营企业集聚。支持地方建立电子商务研究与培训基地，加强电子商务理论研究与人才培训。

（四）发挥电子商务中介组织与专家作用

充分发挥各级电子商务协会、学会、产业联盟等中介组织作用，鼓励中介组织开展行业自律，支持中介组织提供电子商务政策与技术咨询服务、开展国内外电子商务学术与科研交流、帮助电子商务企业解决实际困难和问题。鼓励各地建立电子商务专家咨询机制，发挥电子商务专家的指导与咨询作用。

中华人民共和国商务部
2011年10月

25. 电子认证服务业“十二五”发展规划（工业和信息化部 2011 年 11 月）

根据《国民经济和社会发展第十二个五年规划纲要》和《2006—2020 年国家信息化发展战略》的精神，按照《“十二五”工业转型升级规划》和《国民经济和社会发展信息化“十二五”规划》的总体部署，制定《电子认证服务业“十二五”发展规划》。本规划侧重指导第三方电子签名认证服务，是推进行业发展、开展行业管理、组织实施重大工程的依据。

一、“十一五”回顾

（一）《电子签名法》配套政策法规逐步完善

《电子签名法》为电子认证服务奠定法律基础。2005 年 4 月 1 日实施的《电子签名法》确立了电子签名的法律效力。《电子签名法》关于数据电文的书面形式效力、原件效力、证据效力以及数据电文的存档与收发时间、收发地点的规定和由依法设立的电子认证服务机构提供电子签名第三方认证的要求，为电子签名的应用以及相关认证服务奠定了坚实的法律基础。

《电子签名法》配套政策法规逐步完善。依据《电子签名法》，工业和信息化部制定并发布了《电子认证服务管理办法》，对电子认证服务机构的设立、许可、服务、暂停和终止、法律责任以及监督管理作出了规定。相关部门从电子认证服务机构的密码使用及管理要求、电子政务领域的认证服务应用、电子商务领域的认证服务应用等方面制定了《电子认证服务密码管理办法》、《电子政务电子认证服务管理办法》、《电子支付指引》、《电子银行业务管理办法》等相关政策文件。部分省市还出台了规范本地区电子认证服务市场，推进电子认证应用的规范性文件。

（二）电子认证服务市场规模不断扩大

“十一五”时期，电子认证软、硬件和服务市场规模增长明显。数字证书认证系统建设、硬件介质数字证书发放、电子认证相关应用系统集成及服务等领域得到快速发展。截至 2010 年底，电子认证服务业市场总规模超过 20 亿元，“十一五”期间年平均增长速度约为 38%，2010 年的增长率接近 100%。

作为电子认证服务业的主体，电子认证服务机构得到长足发展。截至 2010 年底，获得工业和信息化部许可的电子认证服务机构共 30 家，分布在全国 21 个省、直辖市、自治区，总资产规模达到 20.1 亿元，销售收入达到 13.2 亿元，有效数字证书总量达到 1530 万张，其中机构证书、个人证书、设备证书分别约为 730 万张、790 万张、1 万张。

（三）电子认证应用范围日益广泛

电子认证在公共服务、电子商务等领域应用不断扩大。电子认证在网上报税、报关、工商年检、社保缴纳、公积金管理等公共服务领域获得广泛应用。在网上招投标、在线支付、在线合同等电子商务领域应用迅速增长，并逐步向知识产权保护、物流和供应链管理等领域扩展。

跨地区的电子认证应用稳步推进。2009 年粤港两地电子签名证书互认应用试点工作正式启动，“基于粤港电子签名证书互认环境下的跨境电子报关支撑平台”试点项目的实施效果逐步显现。2010 年，江苏、浙江、安徽、上海三省一市电子认证服务机构联合建设了“长三角数字证书应用互联互通平台”，在电子认证应用层面推进认证资源共建共享取得突破。

（四）电子认证技术稳步发展

电子认证基础技术日趋成熟。基于国产椭圆曲线公钥密码算法的数字证书认证系统研发成功，国产数字证书认证系统技术水平大大提高，数字证书介质不断丰富和完善。

电子认证应用技术快速发展。电子签章系统、电子签名服务器、身份认证网关和时间戳服务系统等一系列电子签名与应用类产品进入市场，为电子认证应用提供了基本保障。可信电子凭证、可信电子记录和可信电子合同等应用技术研究取得阶段性成果。

（五）电子认证标准规范体系初步形成

证书管理、时间戳、密码协议、系统检测等技术类标准基本完善。已制定数字证书格式、在线证书状态协议、公钥基础设施组件最小互操作规范、证书策略与认证业务声明框架等22项技术类标准。

公钥基础设施系统互操作性评估准则等相关的应用支撑类标准开始研究。《电子认证系统证书分级规范》、《电子签名验证通用指南》等6项电子认证应用支撑类标准起草工作基本完成，形成了征求意见稿。

电子认证服务机构运营管理、岗位设置、业务规则等管理规范框架基本形成。已制定《电子认证服务机构运营管理规范》、《电子认证服务机构服务规范》（试行）、《电子认证服务机构从业人员岗位技能规范》（试行）等7项电子认证服务管理类规范。

我们也要看到，电子认证服务业目前仍然处于发展的初级阶段，应用市场有待进一步培育，发展环境有待进一步完善，发展规律有待进一步探索。跨行业、跨地区电子认证服务存在阻力，信息化监管手段亟待建立，身份认证与签名应用有待规范，服务模式单一、能力不足，行业结构仍不够合理，人才队伍建设有待加强，宣传培训力度不够等等。

二、“十二五”面临形势

（一）电子认证服务作用更加凸显

构建可信网络空间的需求日益迫切。身份盗用、交易诈骗、网络钓鱼等各种安全事件频发，与蓬勃发展的网络应用矛盾日益突出。据统计，我国有近1.28亿互联网用户遭遇过上述安全事件影响，初步估计损失超过150亿元，严重打击网络用户的信心，阻碍网络应用的快速发展。构建可信网络空间的呼声越来越高，需求越来越迫切。电子认证服务通过保障网络身份真实、网络行为可溯和数据电文可靠，为维护权益、追究责任、履行义务提供法律保障和技术支持，是构建可信网络空间不可或缺的重要手段。随着网络应用的普及与快速发展，电子认证服务对构建可信网络空间的地位和作用更加凸显。

（二）电子认证服务发展空间日益广阔

截至2010年底，我国有2.78亿个IP地址，866万个域名，191万个网站，网民数量已突破4.5亿，网络购物用户数量1.61亿，电子商务交易额4.5万亿元。据预测，“十二五”期间，网络应用在国民经济和社会各领域将进一步普及深化，到2015年，电子商务年交易额将突破18万亿元，电子认证服务市场潜力巨大。

社保、医疗、保险等诸多公共服务领域将逐步深化电子认证的应用，电子病历、电子保单等更多业务将得到广泛开展。随着社会对电子认证服务的认可程度进一步提高，网络购物用户数量将迅速增长，网上交易活动开展更为频繁，在线招投标、电子合同签署与电子订购等业务将蓬勃发展。

移动互联网的发展使得传统电子商务逐步向移动电子商务转变，手机支付的应用使得商务交易更加便捷，身份认证、授权管理和责任认定必将发挥更加重要的作用。云计算等新模式的产生使得云端数据的安全存储、访问授权、隐私保护问题逐渐凸显，为电子认证服务提供了更广阔的发展空间。物联网、三网融合等新技术新业务的出现势必为电子认证服务的应用和发展带来新的机遇。

（三）电子认证服务资源亟待整合

数字证书互认与认证资源整合的需求迫切。跨地区、跨行业的网络应用需求旺盛，迫切需要实现数字证书互认。电子认证服务多样性的需求渐趋突出，市场竞争激烈程度日益提高，实施淘汰落后的退出机制条件逐渐成熟，对电子认证服务机构综合服务能力的要求越来越高，迫切需要采用多种形式整合认证资源，实现优势互补。

（四）电子认证服务亟待创新与突破

服务方式亟待拓展，服务质量亟待提高，服务能力亟待加强。移动互联网、物联网、云计算等新的应用领域和应用场景不断涌现，对电子认证服务的需求日趋多样化、个性化，迫切需要以用户为中心，围绕用户需求，加强技术研发，创新服务模式，提高服务质量，改善用户体验，提升服务的便捷性和产品的易用性，保护用户隐私，在现有服务基础上，进一步开展电子签名和数据电文可靠性认证服务。

“十二五”时期是电子认证服务业发展的关键时期，要勇抓机遇，大胆创新，充分发挥促进经济和社会发展方式转变的基础性支撑作用。

三、指导思想与发展目标

（一）指导思想

以《电子签名法》为依据，以推进国家网络信任体系建设和规范网络空间秩序为目的，以加速网络身份认证服务体系建设为重点，坚持统筹全局、规范发展，政府引导、市场运作，应用牵引、服务创新的原则，鼓励和引导第三方电子认证服务，推广可靠电子签名应用，为促进经济和社会发展方式的转变提供支撑。

——统筹全局、规范发展。综合运用技术、行政、法律等手段，统筹政产学研用各方力量，加强部门协调与沟通，优化行业结构与布局，整合资源，营造环境，贯彻落实电子认证服务相关法规与标准，加强监督管理，规范电子认证服务，推动电子认证服务业健康发展。

——政府引导、市场运作。率先在公共服务领域应用第三方电子认证服务和可靠电子签名，发挥政府部门带头作用。制定鼓励产业发展政策，大力发展电子认证服务在电子商务领域的应用。注重发挥市场机制的作用，提升企业服务能力和服务水平，形成满足需求、合理有序、公平竞争的电子认证服务业。

——应用牵引、服务创新。紧紧围绕公共服务、电子商务等领域对电子认证服务的需要，创新服务模式，健全服务体系，丰富服务内容，发展便捷、安全、可扩展、个性化的电子认证服务，不断满足市场需求，实现电子认证服务业可持续发展。

（二）发展目标

到“十二五”末期，形成覆盖全国的网络身份认证服务体系，基本形成可靠电子签名认证体系，并在数据电文可靠性认证服务模式探索方面取得积极进展，电子认证服务市场规模突破 80 亿元。

——形成覆盖全国的网络身份认证服务体系

形成完善的网络身份证书策略，规范身份认证服务，满足多样化网络身份认证服务需求。依托合法电子认证服务机构，网络身份认证服务覆盖全国，网点覆盖所有省份、延伸到中东部地区 80%的城镇和西部地区 60%的城市，有效数字证书数量超过 1 亿张，网络身份认证服务在国家网络信任体系中的基础作用明显加强。

——基本形成可靠电子签名认证体系

可靠电子签名相关政策法规基本完善，可靠电子签名标准体系初步建立，建成技术精湛、职责清晰、配置合理的专业检测队伍，具备产品和系统的检测能力，基本形成可靠电子签名认证体系，满足社会对可靠电子签名的应用需求。

——初步建立数据电文可靠性认证服务模式

形成符合法律要求的数据电文检测和认定标准，在电子合同、电子凭证、电子记录等典型应用取得突破性进展，初步形成数据电文生成、传递、接收、保存、提取、鉴定等可靠性认证相关服务模式。

四、重点任务

（一）健全政策法规，完善电子认证服务发展环境

完善政策法规，规范行业运营环境。根据信息化发展对身份认证、授权管理、责任认定等方面的需求，完善网络身份认证管理政策。研究制定电子签名和数据电文可靠性认定规则，为电子取证、司法鉴定和法律诉讼提供支持。进一步贯彻落实《电子签名法》，推动《电子签名法》与《票据法》、《合同法》、《档案法》等法律法规的衔接。促进电子认证服务在电子商务纠纷解决中的具体应用。鼓励采用依法设立的电子认证服务机构提供的服务，加大执法力度，促进第三方电子认证服务行业发展。

（二）规范认证服务，突破重点领域电子认证服务瓶颈

根据数字证书标识对象不同和安全保障等级不同，针对个人、机构、设备、软件代码等分类分级制定证书策略，规范电子认证服务行为，为证书互认奠定基础。重点针对金融领域网站钓鱼、身份假冒和信息窃取等用户重大关切，培育并指导境内骨干认证服务企业，增强能力，取得网络服务器、移动智能终端、可信软件认证服务上的突破，占据网络设备等认证服务市场的主导地位。

（三）拓展应用市场，发展壮大电子认证服务业

扩大证书服务市场，丰富认证服务内容，提高企业服务能力。巩固机构证书服务市场，大力发展个人证书服务市场，重点推进个人证书在电子商务领域、公共服务领域的使用。发展电子凭证、电子合同等数据电文可靠性认证服务市场。鼓励电子签名技术创新、产品开发和应用推广，推动形成电子签名应用中间件开发和经签名电子数据的证据保全、提取、举证等全流程服务。鼓励企业发挥资本和技术优势，通过联合、并购、重组等方式整合资源，提高服务质量，扩大服务规模，降低服务成本，提高市场开拓能力，打造龙头企业。

（四）开展试点示范，推动电子认证服务创新发展

建设网络身份验证门户，选择招标投标、政府采购、跨境电子商务等典型应用，提供接口开放、标准统一、服务规范、安全可信的网络身份验证服务，开展数字证书交叉认证及应用试点。选择有影响力的电子商务交易平台，按《电子签名法》对可靠电子签名和数据电文的相关要求开展试点，探索形成可靠电子签名和数据电文的技术和应用规范。探索建立证书互认长效机制，推动全国范围内的电子认证跨区域互认。继续支持长三角地区的电子认证服务联盟试点，推进医院信息化、居民健康卡等领域的跨地区证书互认。总结粤港电子签名证书互认试点经验，探索建立跨境证书互认模式和机制。针对移动互联网、物联网应用的安全需要，选择用户基础好的移动电子商务和物联网相关领域，开展移动互联网、物联网领域认证服务试点示范。

（五）完善标准规范，加强电子签名技术检测与认证服务监督

健全电子认证标准规范体系。加快完善电子认证服务机构从业人员、业务连续性、风险保障、运营管理等有关管理类规范。组织制定《可靠电子签名指南》，明确对不同格式数据电文进行签名的程序、流程和认定标准。加快制定数字证书分级分类管理、互操作规范等应用支撑类标准。研究制定电子签名设备、系统检测等技术类标准，推动制定电子签名行业应用标准。培育和发展专业化机构，对含可靠电子签名模块相关系统和产品进行检测，对认证服务过程和质量进行监督。

（六）开展合作交流，促进电子签名与认证跨境互认

加强电子签名与认证交流和合作。建立核准境外数字证书法律效力的机制，推动数字证书的跨境互认。总结粤港电子签名证书互认的合作模式和试点经验，积极推进海峡两岸经济合作框架协议（ECFA）下的电子签名互认，积极参与亚太经合组织（APEC）、上海合作组织、中澳自由贸易区、中日韩自由贸易区框架下的电子签名互认谈判。积极参与国际间电子签名与认证交流。

五、重大工程

（一）数字证书交叉认证及应用试点工程

开发数字证书应用接口标准、证书类别和安全等级验证系统、平台综合管理系统等，建立数字证书交叉认证平台，为应用系统提供统一验证接口，为公众开放数字证书查询窗口，为实现各电子认证服务机构的证书在不同应用系统中使用奠定基础。建立境外证书验证系统、出境证书备份系统，响应境内外信赖方的数字证书验证请求，支持数字证书的跨境互认和应用。选择有证书交叉认证应用需求的领域或区域开展应用试点。

（二）可靠电子签名与数据电文应用试点工程

为切实保障交易主体身份真实性、交易行为不可抵赖性和交易资金安全性，实施可靠电子签名与数据电文应用试点工程。建立可靠电子签名和数据电文服务平台。开发可靠电子签名和数据电文检测工具，搭建电子签名和数据电文可靠性认证服务平台，与有条件的电子商务网站对接，以电子合同应用为重点，围绕数据电文生成、传递、接收、保存、提取、鉴定等可靠性认证各环节开展试点，满足电子商务对可靠电子签名和数据电文的应用需求。

六、保障措施

（一）改进行政管理模式

依据《电子签名法》和《电子认证服务管理办法》，指导地方工业和信息化主管部门建立规范电子认证服务、推进电子认证应用的工作机制。建设行业监管信息化平台，发挥专业化检测机构作用，提升监管水平。成立电子认证服务专家组，建立电子认证服务行业重大问题的决策咨询机制。成立行业组织，加强交流，推动行业自律，推广应用，促进行业发展。

（二）加大资金保障力度

将有关《电子签名法》贯彻落实所需的行政资金纳入本级政府财政预算予以保障。争取国家高新技术产业化资金、国家科技成果转化资金以及电子信息产业发展基金、中小企业发展专项资金等对电子认证服务业的支持。鼓励风险投资、民营资本进入电子商务领域电子认证服务。鼓励和支持技术实力雄厚、产品应用前景好、服务和风险保障能力强的电子认证服务企业上市。

（三）加快专业人才培养

编写电子认证专业教材，引导有条件的高等院校开设电子认证专业课程。加强岗位职业培训，开展《电子签名法》等相关政策和专业知识技能培训。明确关键岗位人员职业技能要求，提高电子认证服务机构专业技术和复合型人才比例。

（四）营造良好社会氛围

加强电子认证服务的推广和宣传力度。利用广播、电视、网络、报纸等各类媒体，采取研讨会、论坛、讲座等多种形式宣传《电子签名法》等相关政策法规，进一步普及电子认证相关知识，提高公众利用可靠电子签名保障权益的意识和能力。开展电子签名应用典型案例调查，编辑电子签名优秀应用案例集，大力推广普及电子签名应用。

附件：

术语说明

1．电子认证服务：为电子签名的真实性和可靠性提供证明的活动，包括签名人身份的真实性认证，电子签名过程的可靠性认证和数据电文的完整性认证三个部分，涉及数据电文的生成、传递、接收、保存、提取、鉴定各环节，涵盖电子认证专有设备提供、基础设施运营、技术产品研发、系统检测评估、专业队伍建设等各方面，是综合性高技术服务。

2．电子认证服务机构（CA）：作为第三方向社会公众提供电子签名人身份真实性、电子签名可靠性证明的服务机构。

3．电子签名：是指数据电文中以电子形式所含、所附用于识别签名人身份并表明签名人认可其中内容的数据。

4．可靠电子签名：根据《电子签名法》规定可靠电子签名必须满足四个条件：（1）电子签名制作数据用于电子签名时，属于电子签名人专有；（2）签署时电子签名制作数据仅由电子签名人控制；（3）签署后对电子签名的任何改动能够被发现；（4）签署后对数据电文内容和形式的任何改动能够被发现。

5．证书策略：是一组安全规则，描述了数字证书签发和管理过程中物理安全、网络安全、审计评估、赔偿和责任等方面的规范性要求，为应用方选择证书提供可参考的标准。

6．认证业务规则：电子认证服务机构声明的为满足证书策略中所列各项规范性要求所采取的具体措施。

7．公钥基础设施（PKI）：是集机构、系统（硬件和软件）、人员、程序、策略和协议为一体，利用公钥概念和技术来实施和提供安全服务的、具有普适性的安全基础设施。PKI系统是通过颁发与管理公钥证书的方式为终端用户提供服务的系统，包括电子认证服务机构、注册机构、资料库等基本逻辑部件和在线证书状态协议服务等可选服务部件以及所依赖的运行环境。

8．椭圆曲线公钥密码算法：基于椭圆曲线在有限域上离散对数求解困难而建立的非对称密码算法。

26．移动互联网恶意程序监测与处置机制（工业和信息化部2011年12月9日）

第一条　为净化公共互联网网络环境，保护用户权益，维护网络安全，有效防范和处置移动互联网恶意程序，依据《中华人民共和国电信条例》、《公共互联网网络安全应急预案》，制定本机制。

第二条　移动互联网恶意程序是指运行于包括智能手机在内的具有移动通信功能的移动终端之上，存在窃听用户通话、窃取用户信息、破坏用户数据、擅自使用付费业务、发送垃圾信息、推送广告或欺诈信息、影响移动终端运行、危害互联网网络安全等恶意行为的计算机程序。

第三条　本机制适用于移动互联网恶意程序及其传播服务器、控制服务器的监测和处置。

第四条　工业和信息化部指导、组织、监督全国移动互联网恶意程序的监测和处置工作。工业和信息化部通信保障局负责具体工作。

各省、自治区、直辖市通信管理局（以下简称通信管理局）指导、组织、监督本行政区域内移动互联网恶意程序的监测和处置工作。

国家计算机网络应急技术处理协调中心（以下简称 CNCERT）受工业和信息化部委托，负责对移动互联网恶意程序样本进行认定命名，对移动互联网恶意程序进行监测、分析、通报，协调处置传播服务器、控制服务器和攻击源。

移动通信运营企业负责报送移动互联网恶意程序疑似样本，对 CNCERT 认定通报的移动互联网恶意程序进行监测、处置和反馈，为本单位所服务的用户提供信息提示和查杀技术咨询。

互联网域名注册管理机构和注册服务机构负责对 CNCERT 通报的由自身管理的恶意域名进行处置。

第五条　移动通信运营企业、互联网接入服务提供商、IDC 服务提供商、互联网域名注册管理机构、互联网域名注册服务机构在提供互联网接入服务、托管服务、域名注册解析等服务时，应在与用户签订的服务协议、合同中约定用户承担的网络安全保障责任。

第六条　移动通信运营企业、CNCERT 应不断提高移动互联网恶意程序的样本捕获和监测处置能力，建设完善相关技术平台。移动通信运营企业应具备覆盖本企业网内的监测处置能力，CNCERT 应具备跨不同企业移动互联网的监测能力。

第七条　CNCERT、移动通信运营企业、互联网域名注册管理和服务机构应建立健全本单位的处置机制，加强协同配合，共同做好移动互联网恶意程序的监测和处置工作。

第八条　移动互联网恶意程序事件分为特别重大、重大、较大、一般共四级。

特别重大事件：单个移动互联网恶意程序造成用户通信费用损失累计超过一千万元人民币，或 24 小时内受感染用户规模超过十万个手机号码，对社会造成特别重大影响。

重大事件：单个移动互联网恶意程序造成用户通信费用损失累计超过五百万元人民币，或 24 小时内受感染用户规模超过五万个手机号码，对社会造成重大影响。

较大事件：单个移动互联网恶意程序造成用户通信费用损失累计超过一百万元人民币，或 24 小时内受感染用户规模超过一万个手机号码，对社会造成较大影响。

一般事件：发生移动互联网恶意程序事件，对社会造成一定影响，但未造成上述后果。

工业和信息化部负责对分级规范进行修订。

第九条　样本捕获与认定命名

（一）移动通信运营企业自主捕获或从其他渠道获得疑似恶意程序样本，应于发现后进行初步分析并提出命名建议，在 3 个工作日内将样本和分析结果报送 CNCERT（报送格式见附件一）。

（二）CNCERT 汇总自主捕获、移动通信运营企业报送和从其他渠道收集的疑似恶意程序样本，依据《移动互联网恶意程序描述格式》进行分析、认定和命名，将认定结果和处置建议在5个工作日内反馈各样本报送单位和相关通信管理局（反馈格式见附件二）。

第十条　事件监测和通报

（一）CNCERT、移动通信运营企业负责对移动互联网恶意程序进行监测。

（二）移动通信运营企业按照本机制第八条规定，对监测到的事件进行分级。特别重大、重大事件应在发现后2小时内报工业和信息化部，同时抄报相关通信管理局和CNCERT；较大事件应在发现后4小时内报送工业和信息化部，同时抄报相关通信管理局和CNCERT；一般事件应按约定电子接口方式报CNCERT汇总（较大以上事件报送格式见附件三）。

（三）CNCERT 汇总自主监测、移动通信运营企业报送和从其他渠道收集的移动互联网恶意程序事件，对事件情况开展综合分析、分级。特别重大、重大事件应在发现后2小时内报工业和信息化部，同时抄报相关通信管理局；较大事件应在发现后4小时内报送工业和信息化部，同时抄报相关通信管理局。工业和信息化部认为必要时，组织有关单位和专家进行研判。事件情况及研判结果由工业和信息化部直接或委托CNCERT通报相关单位。一般事件由CNCERT每月汇总，按照互联网网络安全信息通报办法规定通报监测情况（较大以上事件通报格式见附件四）。

第十一条　事件处置和反馈

CNCERT、移动通信运营企业、互联网域名注册管理和服务机构应按如下要求进行处置：

（一）移动通信运营企业通过自有的移动互联网恶意程序监测处置平台采取处置措施。对于特别重大、重大和较大事件，向本单位所服务的用户提供信息提示和查杀技术咨询。

（二）互联网域名注册管理机构和注册服务机构对移动互联网恶意程序控制服务器和传播服务器使用的恶意域名进行处置。

（三）CNCERT对境外注册的恶意域名进行协调处置。

（四）反馈事件的处置情况，特别重大、重大事件的处置情况应在接到事件通报后2小时内向CNCERT反馈；较大事件的处置情况应在接到事件通报后4小时内向CNCERT反馈；一般事件的处置情况应按月度汇总后以电子表格形式向CNCERT反馈（较大以上事件反馈格式见附件五）。

（五）CNCERT 验证处置情况。特别重大、重大事件应在接到处置单位反馈后2小时内向工业和信息化部、相关通信管理局和处置单位反馈验证结果；较大事件应在接到处置单位反馈后4小时内向工业和信息化部、相关通信管理局和处置单位反馈验证结果；一般事件无需验证。

第十二条　CNCERT、移动通信运营企业、互联网域名注册管理机构和注册服务机构应留存所监测和处置的移动互联网恶意程序相关数据或资料以备查验。数据或资料保存时间为60天。

第十三条　CNCERT、移动通信运营企业、互联网域名注册管理机构和注册服务机构应保护用户正当权益，加强用户信息保护，规范处置流程，建立用户投诉机制，妥善解决用户争议。

第十四条　工业和信息化部建立会商制度，组织相关单位和专家研讨移动互联网恶意程序相关问题及应对策略。

第十五条　较大以上事件通报和反馈应按照统一表格以书面方式报送，紧急情况下，可以先通过电话、电子邮件等方式联系，后补书面材料。

第十六条　对于国家举办重要活动等特殊时期，对移动互联网恶意程序监测和处置工作另有要求的，从其规定。

第十七条　相关单位应将本单位移动互联网恶意程序监测和处置工作主管领导和责任部门负责人、联系人、联系方式报送工业和信息化部，抄送 CNCERT。以上信息发生变更，应在 3 个工作日内报送变更情况。

第十八条　对于涉嫌制作、传播恶意程序或利用恶意程序牟利的移动互联网服务提供商及其他合作伙伴等，移动通信运营企业应依据双方签订的合同，对其进行处理，并报当地通信管理局依法处罚。对于涉嫌犯罪的事件，应报请公安机关依法调查处理。

第十九条　各单位开展信息报送应遵循及时、客观、准确、完整的原则，不得迟报、谎报、瞒报和漏报。工业和信息化部定期对各单位信息报送情况进行通报。

第二十条　各通信管理局应依据本机制落实本行政区域内相关工作。

第二十一条　本机制自 2012 年 1 月 1 日起执行。

附件一：移动互联网疑似恶意程序样本报送表（略）

附件二：移动互联网恶意程序样本认定信息表（略）

附件三：较大以上移动互联网恶意程序事件报送表（略）

附件四：较大以上移动互联网恶意程序事件信息通报（略）

附件五：较大以上移动互联网恶意程序处置反馈表（略）

27. 国家测绘地理信息局法规与行业管理司关于进一步加强互联网地图服务资质管理工作的通知（国测管发[2011]60 号）

各省、自治区、直辖市测绘地理信息行政主管部门：

为了进一步加强互联网地图服务资质管理，规范互联网地图服务市场秩序，促进互联网地图服务健康有序发展，现就有关事项通知如下：

一、互联网地图服务资质单位应当使用经省级以上测绘地理信息行政主管部门审核批准的地图提供服务，并将地图审图号、测绘资质证书编号、互联网信息服务增值电信业务经营许可证编号共同标注在网站显著位置。

二、测绘资质年度注册时，互联网地图服务资质单位应当依据有关规定，提供省级以上测绘地理信息主管部门认可的互联网地图新增内容备案的证明材料。

三、有外资进入的互联网地图服务资质单位，应当及时向测绘地理信息行政主管部门报告，并按照《外国的组织或者个人来华测绘管理暂行办法》重新申请资质审查。

四、互联网地图服务资质单位不得提供境外互联网地图服务的链接。

五、互联网地图服务资质单位在互联网上登载实景影像地图，应当按照地图审核相关规定送审。未经审核批准的实景影像地图，一律不得在互联网上公开登载。

六、省级测绘地理信息行政主管部门要利用技术手段开展互联网网站的日常筛查，每季度末向国家测绘地理信息局报送互联网地图服务单位筛查情况。要完善互联网地图服务投诉举报渠道，公布举报电话，并及时处理公众对互联网地图服务的投诉举报。

七、自 2012 年 2 月 1 日起，未申请互联网地图服务资质的单位一律不得从事互联网地图服务；已提出申请、在审批过程中的单位，在取得互联网地图服务资质前，不得提供新的互联网地图服务。对于无资质继续从事互联网地图服务的，测绘地理信息行政主管部门要予以约谈、曝光，并依法给予限期整改直至停止互联网地图服务等处罚。

国家测绘地理信息局法规与行业管理司

2011年12月23日

（工业和信息化部政策法规司　朱秀梅整编）

附录 C　2011 年全国电信业统计公报

2011 年，在党中央和国务院的正确领导下，我国电信业以科学发展观为主导，以“加快推动行业转型升级”为主线，按照“引领发展、融合创新、普惠民生、绿色安全”的指导原则，积极推动 3G 和宽带网络基础设施建设，大力发展移动互联网和增值电信业务，持续优化市场竞争格局，不断推动经济社会信息化应用水平的提升，全行业继续保持健康平稳运行。

C.1　总体情况

经初步核算，2011 年全行业累计完成电信业务总量 11 772 亿元，同比增长 15.5%；实现电信业务收入 9880 亿元，同比增长 10.0%；完成电信固定资产投资 3331 亿元，同比增长 4.2%。2011 年，电信综合价格水平同比下降 4.8%，如图 C.1 所示。

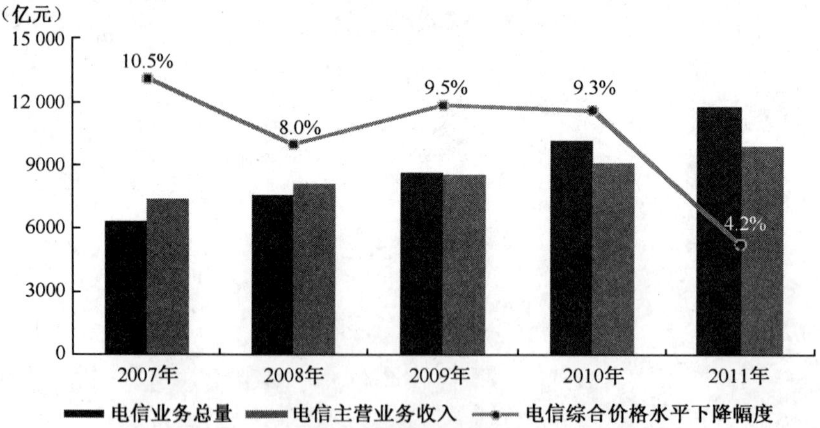

图C.1　2007—2011年电信综合价格水平下降情况

C.2　电信用户

2011 年，全国电话用户净增 11 802 万户，总数达到 127 137 万户。其中，移动电话用户达到 98 625 万户，在电话用户总数中所占的比重达到 77.6%，见表 C.1 和图 C.2。

表 C.1　2007—2011 年电话用户到达数和净增数

	单　位	2007 年	2008 年	2009 年	2010 年	2011 年
到达数	万户	91 273	98 160	106 095	115 335	127 137
净增数	万户	8389	6866	7934	9240	11 802

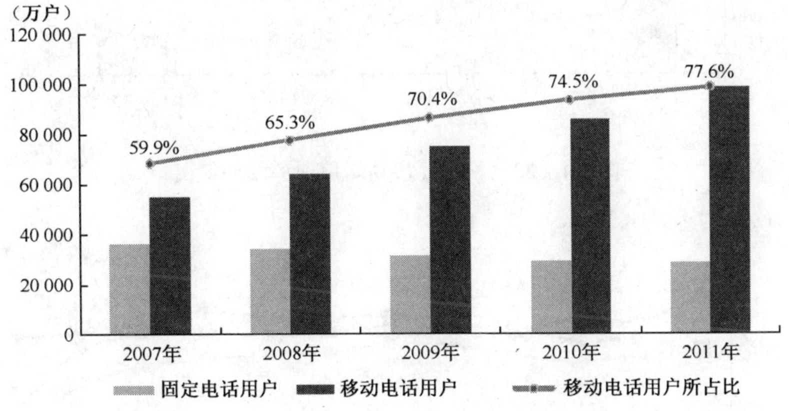

图C.2　2007—2011年移动电话用户所占比重

1．移动电话用户

2011 年，全国移动电话用户净增 12 725 万户，创历年净增用户新高，达到 98 625 万户。其中，3G 用户净增 8137 万户，达到 12 842 万户。移动电话普及率达到 73.6 部/百人，比 2010 年年底提高 9.2 部/百人，如图 C.3 所示。

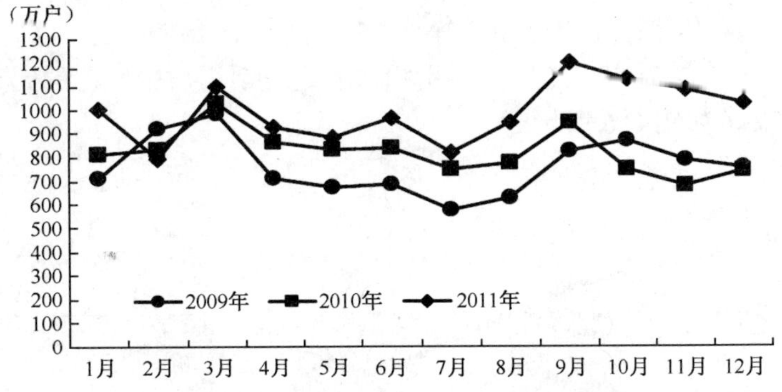

图C.3　2009—2011年移动电话用户各月净增比较

移动增值业务中，移动个性化回铃业务用户达到 61 408 万户，渗透率达到 63.3%；移动短信业务用户达到 77 672 万户，渗透率达到 78.2%；移动彩信业务用户达到 20 757 万户，渗透率达到 21.2%；手机报业务用户达到 16 110 万户，渗透率达到 14.1%，如图 C.4 所示。

2．固定电话用户

2011 年，全国固定电话用户减少 923 万户，达到 28 512 万户。其中，城市电话用户减少 548 万户，达到 19 110 万户；农村电话用户减少 375 万户，达到 9402 万户。固定电话普及率达到 21.3 部/百人，比 2010 年年底下降 0.8 部/百人，如图 C.5 所示。

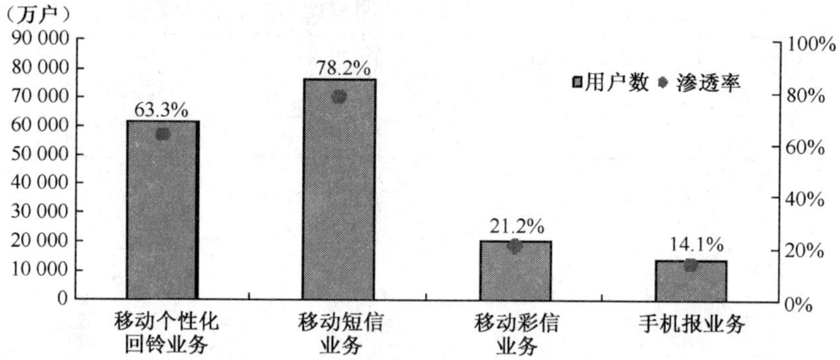

图C.4　2011年主要移动增值业务发展情况

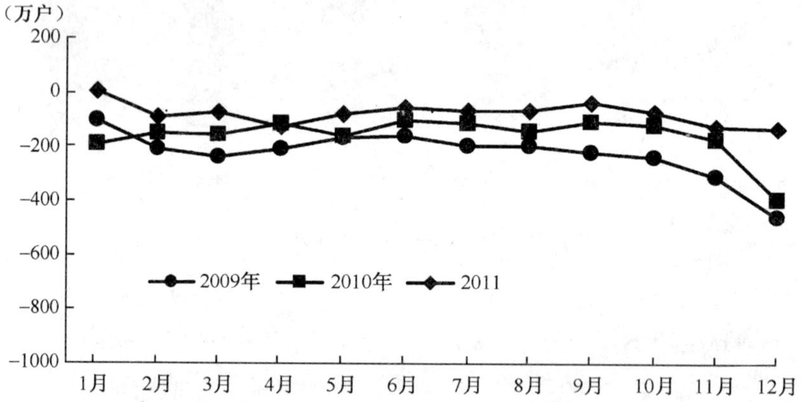

图C.5　2009—2011年固定电话用户各月净增比较

固定电话用户中，传统固定电话用户净增 154 万户，达到 26 725 万户；无线市话用户减少 1076 万户，达到 1787 万户。无线市话用户在固定电话用户中所占的比重从 2010 年年底的 9.7%下降到 6.5%，如图 C.6 所示。

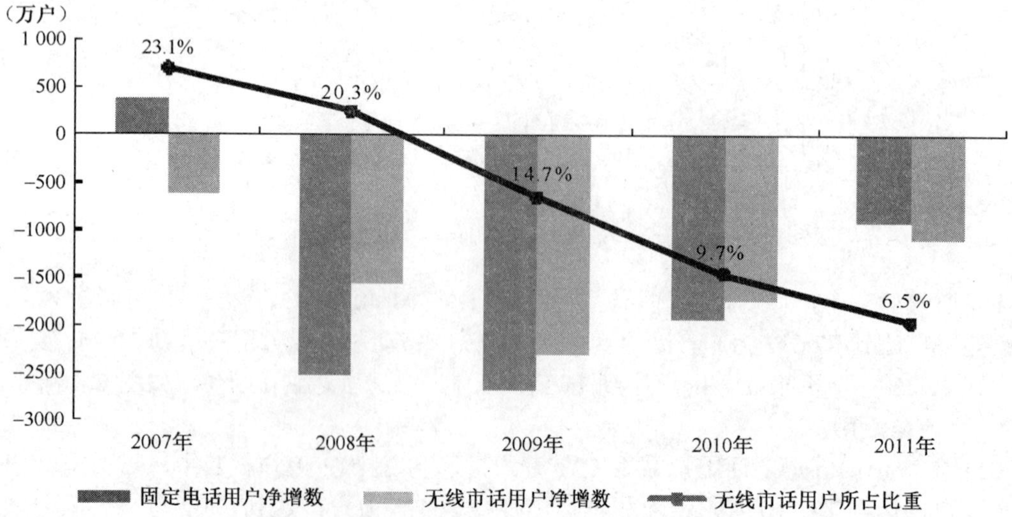

图C.6　2007—2011年无线市话用户所占比重

固定电话用户中，住宅电话用户减少 1011 万户，达到 19 287 万户；政企电话用户净增 217 万户，达到 6756 万户；公用电话用户减少 128 万户，达到 2468 万户。与往年相比，政企电话用户所占比重明显上升，住宅电话用户所占比重持续下降，如图 C.7 所示。

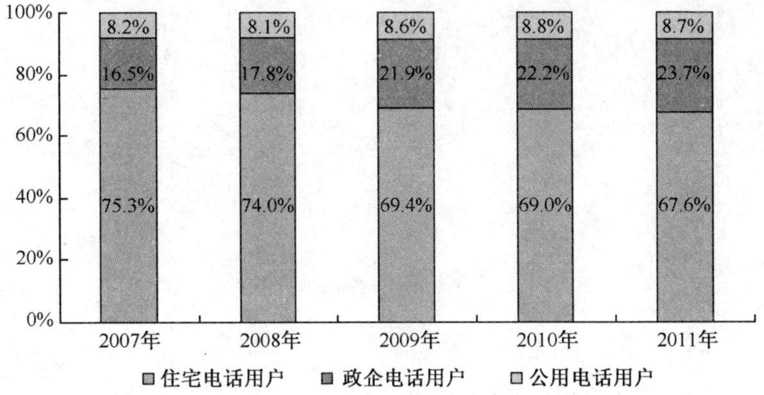

图C.7　2007—2011年公用、政企、住宅电话用户所占比重

3．互联网用户

2011 年，全国网民数净增 0.56 亿人，达到 5.13 亿人。其中家庭宽带网民数净增 0.10 亿人，达到 3.92 亿人，占网民总数的 76.4%；手机网民数净增 0.53 亿人，达到 3.56 亿人，占网民总数的 69.4%；农村网民数净增 0.11 亿人，达到 1.36 亿人，占网民总数的 26.5%。互联网普及率达到 38.3%，比 2010 年年底提高 4.0 个百分点，如图 C.8 所示。

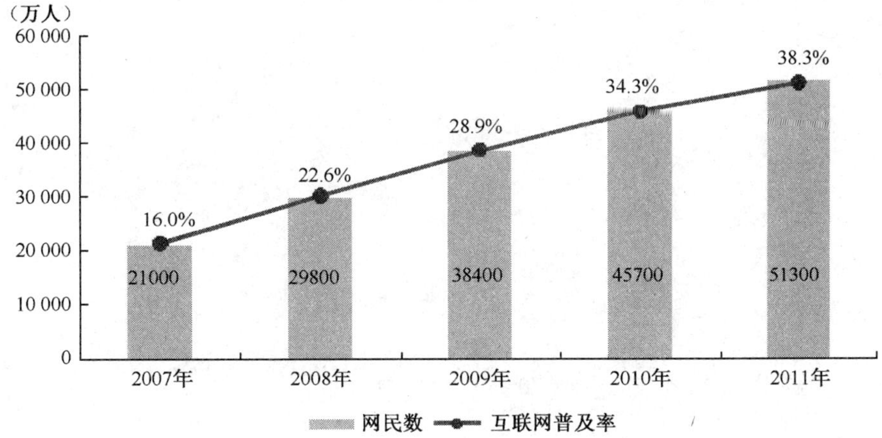

图C.8　2007—2011年网民数和互联网普及率

2011 年，基础电信企业的互联网拨号用户减少 40 万户，达到 551 万户，而互联网宽带接入用户净增 3020 万户，达到 15 649 万户，如图 C.9 所示。

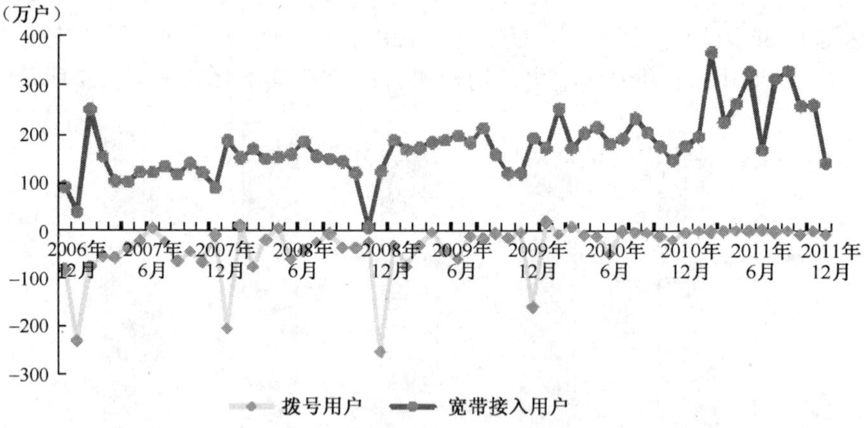

图C.9　2007—2011年各月互联网拨号、宽带接入用户净增比较

C.3　业务使用情况

1．移动电话业务

2011 年，全国移动电话去话通话时长累计达到 24 556 亿分钟，同比增长 16.2%。其中，非漫游通话时长 22 615 亿分钟，增长 14.4%；国内漫游通话时长 1936 亿分钟，增长 42.0%；国际漫游通话时长 2.6 亿分钟，增长 45.6%；港澳台漫游通话时长 2.8 亿分钟，增长 21.4%，如图 C.10 所示。

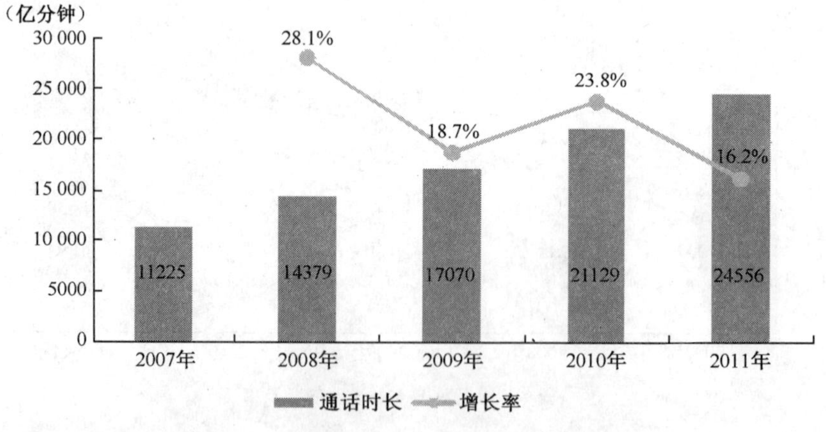

图C.10　2007—2011年移动电话通话时长

2．固定电话业务

2011 年，固定本地电话通话量累计达到 3582 亿次，同比下降 18.0%。其中，本地网内区间通话量 486 亿次，下降 14.6%；区内通话量 3071 亿次，下降 18.2%；拨号上网通话量 24 亿次，下降 48.2%。固定本地通话中，传统电话通话量 3339 亿次，下降 11.5%；无线市话通话量 243 亿次，下降 59.3%，如图 C.11 所示。

2011 年，固定长途电话通话时长累计达到 857 亿分钟，同比下降 20.0%，如图 C.12 所示。

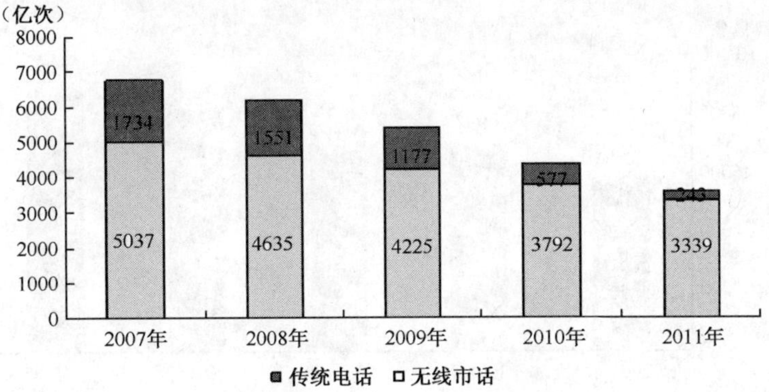

图C.11　2007—2011年固定本地电话通话量

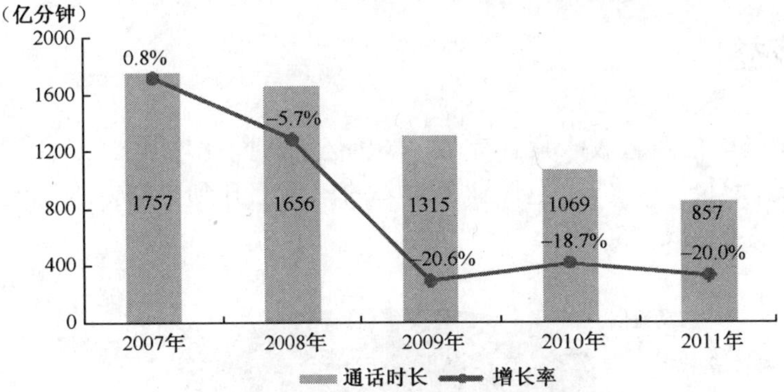

图C.12　2007—2011年固定传统长途电话通话时长

3．IP电话业务

2011年，全国IP电话通话时长累计达到856亿分钟，同比下降14.2%。其中，从固定电话终端发起的通话时长252亿分钟，下降26.3%；从移动电话终端发起的通话时长604亿分钟，下降7.9%。通过移动电话终端发起的IP电话所占比重从2010年的66.2%上升到70.5%，如图C.13所示。

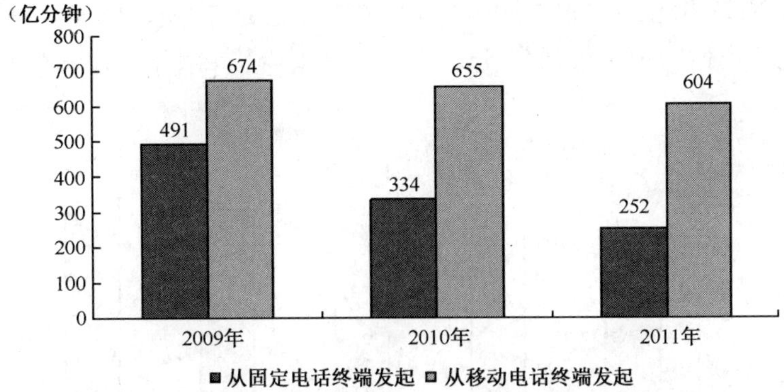

图C.13　2009—2011年IP电话发起方式

4．短信业务

2011年，全国移动短信发送量累计达到8788亿条，同比增长6.5%，如图C.14所示。

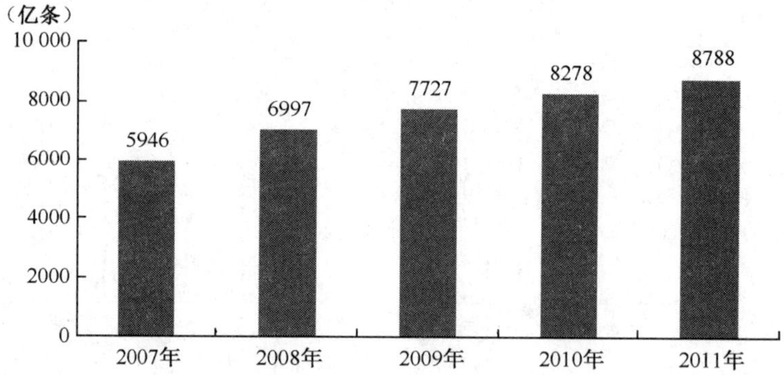

图C.14　2007—2011年短信业务发展情况

C.4　经济效益

2011 年，全国电信业务收入累计完成 9880 亿元，同比增长 10.0%。其中，移动通信业务收入 7162 亿元，增长 13.8%，占电信业务收入的比重上升到 72.5%；固定通信业务收入 2718 亿元，增长 1.0%，如图 C.15 所示。

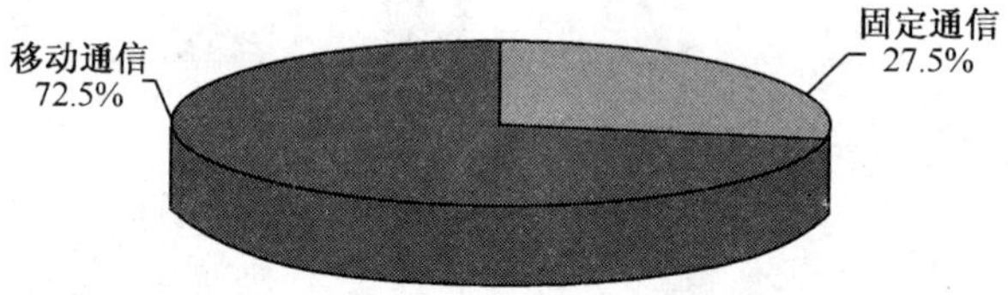

图C.15　2011年电信主营业务收入构成

电信业务收入中，非话音业务收入 4598 亿元，增长 17.9%，占电信业务收入的比重上升到 46.5%；话音业务收入 5282 亿元，增长 3.9%。话音业务收入中，移动话音业务收入 4591 亿元，增长 8.4%；固定话音业务收入 691 亿元，下降 18.3%。

电信业务收入中，增值电信业务收入 1982 亿元，同比增长 9.0%。其中，移动增值业务收入 1744 亿元，增长 10.0%；固定增值业务收入 238 亿元，增长 2.4%。

2011 年，完成电信固定资产投资 3331 亿元，同比增长 4.2%，如图 C.16 所示。

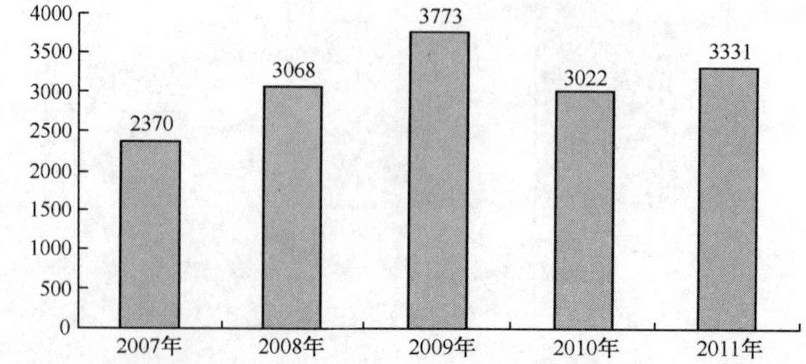

图C.16　2007—2011年电信固定资产投资

C.5　电信能力建设

2011年，全国光缆线路长度净增210万千米，达到1205万千米。固定长途电话交换机容量减少28万路端，达到1616万路端；局用交换机容量（含接入网设备容量）减少3092万门，达到43 467万门。移动电话交换机容量净增20 174万户，达到170 691万户。基础电信企业互联网宽带接入端口净增4406万个，达到23 166万个。全国互联网国际出口带宽达到1 389 529Mbps，同比增长26.4%，见表C.2。

表C.2　2011年主要电信能力指标增长情况

指标名称	单　位	2011年	比2010年年末净增
光缆线路长度	万千米	1205	210
固定长途电话交换机容量	万路端	1616	–28
局用交换机容量	万门	43 467	–3092
移动电话交换机容量	万户	170 691	20 174
互联网宽带接入端口	万个	23 166	4406
互联网国际出口带宽	Mbps	1 389 529	207 268

C.6　村通工程与农村信息化建设

2011年，电信业围绕社会主义新农村建设和城乡统筹发展战略目标，从“两个促进”（促进基础设施建设、促进便农信息服务）、“三项任务”（行政村通宽带、自然村通电话、信息下乡）着手，持续深入实施通信村村通工程。

行政村通宽带方面。在全国已经实现行政村通电话、乡镇通宽带的基础上，继续推进行政村通宽带。全年新增1.7万个行政村通宽带，通宽带行政村比例从80%提高到84%。

自然村通电话方面。全年新增1.2万个偏远自然村（20户以上）开通电话，全国通电话自然村比例从94%提高到94.6%，同时，还为黑龙江和内蒙古890个生产建设兵团连队和农林场矿开通电话。

信息下乡方面。全年新增7413个乡镇实施信息下乡活动，新建乡信息服务站6966个，村信息服务点75 254个，乡级网上信息库4184个，村级网上信息栏目62 755个。

附表：2011 年电信业主要指标分省情况

表 C.3　2011 年电信业务总量、收入、投资分省情况

	电信业务总量		电信业务收入		电信固定资产投资	
	2011 年（亿元）	比 2010 年（%）	2011 年（亿元）	比 2010 年（%）	2011 年（亿元）	比 2010 年（%）
全　国	11771.5	15.5	9879.8	10.0	3331.4	4.2
北　京	435.3	15.6	470.8	9.3	125.6	16.5
天　津	152.9	12.4	145.7	9.8	55.6	12.5
河　北	489.2	11.3	416.3	9.8	140.0	13.6
山　西	279.2	17.7	235.3	9.7	81.6	3.2
内蒙古	258.8	26.9	191.4	14.0	87.1	7.7
辽　宁	433.4	15.5	389.7	8.3	131.2	15.4
吉　林	220.2	13.3	163.9	7.7	58.5	−11.6
黑龙江	277.0	16.7	230.7	8.9	83.2	2.9
上　海	409.8	9.9	471.4	7.0	115.2	−4.7
江　苏	828.8	14.1	749.5	8.9	237.2	11.5
浙　江	747.0	13.2	669.5	8.4	186.7	1.5
安　徽	331.6	16.4	293.8	11.0	101.3	−4.8
福　建	453.8	16.8	383.8	9.6	116.9	3.1
江　西	251.4	12.8	202.5	11.6	67.5	−13.8
山　东	724.1	15.0	585.7	8.7	148.4	−3.8
河　南	540.7	15.2	426.5	11.5	163.4	24.0
湖　北	387.4	16.2	333.6	10.7	100.6	−5.2
湖　南	399.5	17.1	342.6	10.5	109.6	−3.0
广　东	1616.1	14.0	1357.8	7.7	407.1	14.3
广　西	304.4	12.7	237.9	9.9	83.1	−1.7
海　南	86.7	18.5	78.6	16.1	29.3	−8.8
重　庆	218.9	17.0	177.7	11.0	61.2	−8.9
四　川	549.5	17.6	437.1	11.6	148.8	−0.2
贵　州	231.4	37.2	166.0	12.7	63.6	12.8
云　南	299.9	17.2	239.9	13.7	81.5	−2.8
西　藏	25.7	16.3	24.4	10.9	13.9	−25.5
陕　西	319.0	14.4	258.9	11.0	83.6	−5.3
甘　肃	187.9	18.2	129.8	12.6	60.1	10.5
青　海	45.8	26.0	37.3	16.5	21.5	10.7
宁　夏	53.4	16.9	46.5	14.9	19.8	−5.3
新　疆	212.7	16.5	164.0	17.0	76.6	3.2

表C.4　2011年电信用户分省情况表

	固定电话用户		移动电话用户		互联网宽带接入用户	
	2011年（万户）	比2010年（万户）	2011年（万户）	比2010年（万户）	2011年（万户）	比2010年（万户）
全　国	28511.5	-922.6	98625.3	12725.1	15648.7	3019.5
北　京	883.9	-1.7	2576.0	446.2	523.4	25.0
天　津	333.9	-33.0 确良	1235.6	145.8	190.2	17.2
河　北	1242.7	-8.6	5094.5	740.9	846.3	179.3
山　西	682.2	-38.5	2446.9	241.7	437.3	84.2
内蒙古	379.5	-34.6	2316.2	282.2	233.8	43.3
辽　宁	1353.8	-74.2	3836.5	494.7	667.6	72.0
吉　林	579.3	-15.9	2004.1	198.8	310.6	25.6
黑龙江	793.5	-20.0	2376.6	304.5	386.7	60.6
上　海	926.4	-5.3	2620.6	259.1	531.4	44.7
江　苏	2370.9	-127.9	6684.8	761.8	1221.2	172.7
浙　江	1947.9	-37.6	5756.0	708.6	1074.2	204.7
安　徽	1243.9	13.0	3259.4	460.7	457.4	115.5
福　建	1015.0	-30.7	3553.2	531.4	620.4	148.8
江　西	673.9	-35.6	2322.1	510.8	318.3	64.9
山　东	1896.6	-95.6	7118.1	927.7	1246.0	279.1
河　南	1341.4	-85.5	5062.0	660.0	807.1	164.6
湖　北	1020.3	-6.2	3953.7	499.1	592.3	132.9
湖　南	1011.6	-65.4	3749.1	492.1	502.3	127.8
广　东	3147.1	-22.0	10792.8	1168.2	1766.0	366.0
广　西	650.9	-58.0	2532.7	318.2	442.9	112.8
海　南	175.0	-4.9	671.6	77.3	86.6	19.0
重　庆	571.3	-11.4	1801.2	136.7	326.7	63.6
四　川	1382.9	-36.2	4817.9	661.5	682.4	160.6
贵　州	404.0	-27.2	2044.3	243.7	214.5	64.8
云　南	540.1	-22.4	2589.5	345.0	306.5	82.4
西　藏	40.5	-3.3	196.4	38.8	13.0	2.6
陕　西	775.5	-6.4	2907.2	389.0	389.1	80.8
甘　肃	396.4	-15.5	1614.7	224.6	145.6	33.5
青　海	104.2	1.1	463.5	65.7	41.8	6.9
宁　夏	108.5	-3.4	520.5	83.1	58.1	15.1
新　疆	518.3	-9.6	1670.9	311.1	208.8	48.4

表 C.5　2011 年电信能力、电话普及率分省情况表

	光缆线路长度（千米）	互联网宽带接入端口（万个）	局用交换机容量（万门）	移动电话交换机容量（万户）	固定电话普及率（部/百人）	移动电话普及率（部/百人）
全　国	12 053 042	2 3 165.5	43 467.4	170691.4	21.3	73.6
北　京	147 375	801.8	1329.7	4474.0	45.1	131.4
天　津	76991	366.7	485.9	2080.0	25.8	95.5
河　北	524 697	1150.0	1405.5	9435.0	17.3	70.9
山　西	567 438	645.7	957.2	4477.2	19.1	68.5
内蒙古	277 366	408.4	682.6	3832.5	15.4	93.7
辽　宁	400 977	981.3	1857.8	6185.8	30.9	87.7
吉　林	213 334	498.3	797.4	3550.0	21.1	73.0
黑龙江	346 511	638.4	1230.5	4563.2	20.7	62.0
上　海	202 048	705.3	1328.0	3978.0	40.2	113.8
江　苏	1 12 7 038	2041.6	4126.5	9536.0	30.1	85.0
浙　江	800554	1458.2	2985.8	9605.2	35.8	105.7
安　徽	503398	732.8	1443.6	6912.0	20.9	54.8
福　建	484873	906.7	1747.5	7179.9	27.5	96.3
江　西	409804	562.0	851.9	3811.0	15.1	52.1
山　东	530306	1789.6	2471.4	10822.4	19.8	74.3
河　南	517135	1119.4	1860.0	8428.4	14.3	53.8
湖　北	446858	746.1	1575.4	6245.3	17.8	69.1
湖　南	432366	736.2	1551.8	5358.9	15.4	57.1
广　东	888784	2509.2	4791.5	19076.7	30.2	103.5
广　西	378032	590.2	1175.6	3422.1	14.1	55.0
海　南	66991	127.1	289.6	1347.4	20.2	77.5
重　庆	309523	482.7	1100.9	2976.0	19.8	62.4
四　川	695893	943.2	1955.2	12192.5	17.2	59.9
贵　州	264529	424.2	990.6	3601.1	11.6	58.8
云　南	379611	443.8	1034.1	5276.2	11.7	56.3
西　藏	51334	26.7	128.5	225.0	13.5	65.5
陕　西	328939	620.0	1215.4	4306.8	20.8	77.9
甘　肃	249744	250.5	797.2	2399.0	15.5	63.1
青　海	77419	65.0	161.2	649.0	18.5	82.3
宁　夏	46830	76.3	220.6	1035.8	17.2	82.6
新　疆	306342	318.2	916.4	3709.0	23.8	76.6

注：【1】对于本公报所披露的数据，2010 年及以前的数据为年报最终核算数，2011 年的数据为快报初步核算数。2011 年的最终核算数及分省、分企业数据将在 2012 年出版的《中国通信统计年度报告（2011）》中公布。

【2】本公报电信综合指标是基础电信企业的合计数，未包括增值电信企业。增值电信企业年报数据将在 2012 年出版的《中国通信统计年度报告（2011）》中公布。

【3】网民数、互联网普及率、互联网国际出口带宽等数据取自中国互联网络信息中心（CNNIC）发布的《中国互联网络发展状况统计报告（2012 年 1 月）》。

【4】电信业务总量根据 2010 年不变单价测算。

（工业和信息化部运行监测协调局）

附录D　2011年中国互联网发展状况分析报告

D.1　网民规模与结构特征

1．网民规模

（1）总体网民规模

截至2011年12月底，中国网民数量突破5亿，达到5.13亿，全年新增网民5580万。互联网普及率较2010年年底提升4个百分点，达到38.3%，如图D.1所示。

图D.1　中国网民规模与普及率

总结过去五年中国网民增长情况，从2006年互联网普及率升至10.5%开始，网民规模迎来新一轮快速增长，平均每年普及率提升约6个百分点，尤其在2008年和2009年，网民年增长量接近9000万。在2011年，这一增长势头出现减缓迹象。

当前互联网在全民中的普及率不到四成，网民增长还有十分广阔的空间，但考虑年龄、受教育水平和收入水平等种种因素，目前我国居民中具备上网条件和技能的人已经基本转化为网民，接下来网民规模增长的难度加大。

年龄方面，过去五年内10～29岁群体互联网使用率保持高速增长，目前已接近高位，未来在这一人群的提升空间有限；而50岁以上人群的互联网使用率变化幅度很小；30～39岁群体的互联网使用率逐步攀升，目前还有一定增长空间，将成为下一阶段网民增长的主要群体，如图D.2所示。

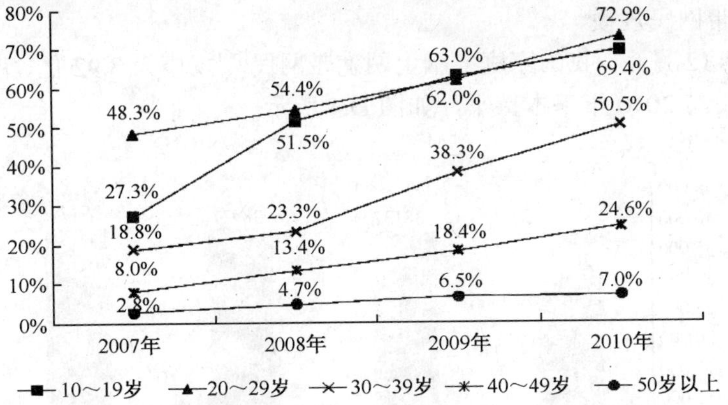

（2011 年统计年鉴暂未公布中国各年龄段人口数，相关数据缺失）

图D.2　2007—2010年中国各年龄段人群互联网普及率

学历方面，大专及以上学历人群中互联网使用率在 2011 年已达 96.1%，目前基本饱和；过去五年内高中学历人群的渗透率增长最为明显，2011 年网民比重也已经超过九成，达到 90.9%；而在小学及以下学历人群中，互联网渗透率增长始终缓慢。总之，过去五年内助推网民规模快速增长的几类人群中，互联网普及率即将触顶，而其他年龄段和教育水平的人群对互联网的接受速度很难达到年轻和高学历群体的水平，未来中国整体网民规模的增速会进入平台期，如图 D.3 所示。

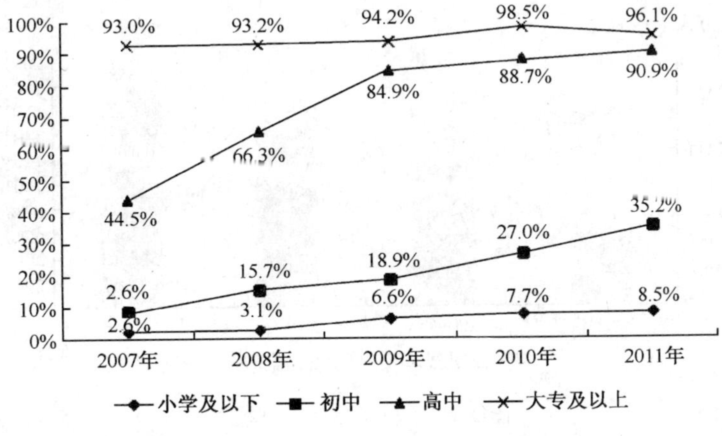

图D.3　2007—2011年各学历人群互联网普及率

由此可见，降低互联网接入和使用门槛，鼓励高龄人群、低学历人群等新技术的晚期接受者尝试使用互联网工具，将是下一阶段推动我国网民规模进一步扩大的重要条件。2011 年，我国政府扎实推进通信业转型发展，在互联网方面，积极推动宽带网络基础设施建设，加快发展新技术、新业态，截至 2011 年 11 月，我国互联网宽带接入用户达到 1.55 亿户，3G 网络已经覆盖全国所有县城和大部分乡镇[65]，硬件设施的不断完备为互联网深入普及提供了良好的外部环境。

[65] 资料来源：工业和信息化部网站，http://www.miit.gov.cn/n11293472/n11293877/n14395765/n14395861/n14396152/14404568.html。

（2）家庭宽带网民规模

截至 2011 年 12 月底，我国家庭电脑上网宽带网民[66]规模为 3.92 亿，占家庭电脑上网网民比例为 98.9%，与 2010 年基本持平，如图 D.4 所示。

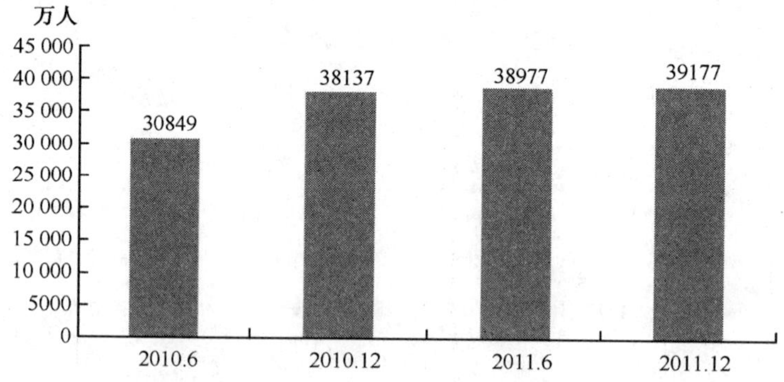

图D.4　家庭宽带网民规模

（3）手机网民规模

截至 2011 年 12 月底，中国手机网民规模达到 3.56 亿，同比增长 17.5%，与前两年相比，增长速度开始放缓。2009 年，手机网民增速高达 98.5%，主要原因是运营商为了抢夺用户，大幅降低无线网络流量资费，刺激手机网民规模爆发增长。到了 2010 年，降低流量资费的推广效应逐渐被市场消化，手机网民增长速度大幅降低，如图 D.5 所示。

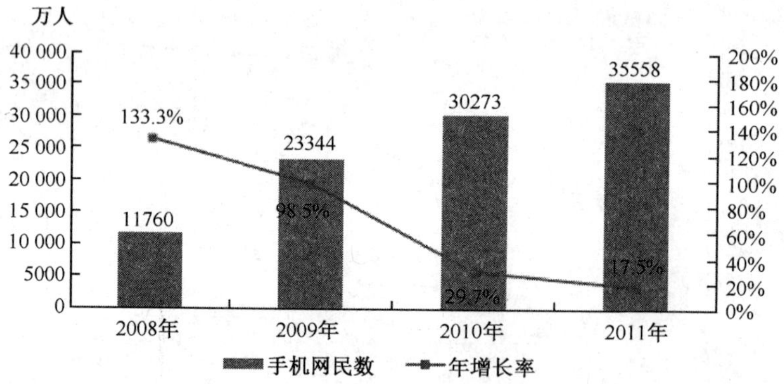

图D.5　手机上网网民规模

2011 年手机网民整体规模增速继续下降，主要因为运营商将市场推广重心放在了终端上，希望通过智能手机的普及获得更多的手机用户。智能手机更友好的上网体验吸引了部分用户使用移动互联网，但由于现阶段价格仍然较高，使用智能手机的人群主要集中在中高端人群和现有网民，对手机网民整体规模来说，智能手机的推动作用不是特别明显。

未来，创新应用将是推动手机网民规模增长的主要力量。目前手机网民在手机用户中的渗透率仅为 36.5%，手机上网需求不足是大部分手机用户未能接入移动互联网的主要原因。

[66] 家庭电脑上网宽带网民，是指在家使用电脑上网的网民中，使用宽带（xDSL、CABLE MODEM、光纤接入、电力线上网、以太网、WIFI）接入互联网的网民，但不限于仅使用宽带接入互联网的网民。

随着智能手机的普及，庞大的智能手机网民规模为移动互联网应用的爆发提供了基础，各大互联网服务商也开始纷纷布局移动互联网，而激烈的竞争必将催生能够满足细分人群需求的创新应用，并进一步推动手机网民进入下一轮高速增长周期。

（4）分省网民规模

2011 年我国各省市网民规模均有明显增长，中国大陆 31 个省（市、自治区）中网民数量超过千万规模的省份达到 21 个。同时，我国互联网发展的地域差异依然延续，北京市的互联网普及率已经超过七成，达到 70.3%，而互联网普及程度较低的云南、江西、贵州等省份互联网普及率不到 25%，具体情况见表 D.1。

与 2011 年全球互联网普及率（30.2%）进行比较，我国超过这一水平的省市数量达到 21 个，相比 2010 年年底增加一个。

在这 21 个省市中，北京、上海、广东、福建、浙江、天津、辽宁、江苏、新疆、山西、海南和陕西 12 个省市的互联网普及程度超过全国平均水平，这些省市大部分集中在东部沿海。其中，由于第六次人口普查数据中上海市和广东省人口数量出现大幅跃升，根据这一数据计算的两地网民数量也出现明显上升，造成 2011 年上海市和广东省的网民规模增速分列全国一、二位。

另有山东、湖北、重庆、青海、河北、吉林、内蒙古、宁夏和黑龙江等九省市的互联网普及率高于全球平均水平，但低于我国互联网整体普及率。宁夏与河北网民增速较快，其中宁夏互联网普及率在 2011 年首次超过全球平均水平。

我国互联网普及率低于全球平均水平的省市共有十个，包括西藏、湖南、广西、四川、河南、甘肃、安徽、云南、江西和贵州，大部分为中部和西部地区较不发达省份。

表 D.1　2011 年分省网民规模及增速

省　份	网民数（万人）	普 及 率	增 长 率	普及率排名	网民增速排名
北京	1379	70.3%	13.2%	1	9
上海	1525	66.2%	23.1%	2	1
广东	6300	60.4%	18.3%	3	2
福建	2102	57.0%	13.7%	4	8
浙江	3052	56.1%	9.5%	5	23
天津	719	55.6%	10.9%	6	17
辽宁	2092	47.8%	9.2%	7	25
江苏	3685	46.8%	11.5%	8	15
新疆	882	40.4%	7.7%	9	28
山西	1405	39.3%	12.4%	10	10
海南	338	38.9%	11.4%	11	16
陕西	1429	38.3%	10.3%	12	22
山东	3625	37.8%	8.8%	13	26
湖北	2129	37.2%	11.9%	14	11
重庆	1068	37.0%	7.9%	15	27
青海	208	36.9%	10.4%	16	20
河北	2597	36.1%	18.2%	17	3

续表

省　份	网民数（万人）	普 及 率	增 长 率	普及率排名	网民增速排名
吉林	966	35.2%	9.5%	18	24
内蒙古	854	34.6%	14.4%	19	6
宁夏	207	32.8%	18.2%	20	4
黑龙江	1206	31.5%	7.0%	21	29
西藏	90	29.9%	10.8%	22	19
湖南	1936	29.5%	10.8%	23	18
广西	1353	29.4%	10.4%	24	21
四川	2229	27.7%	11.6%	25	14
河南	2582	27.5%	6.8%	26	31
甘肃	700	27.4%	6.9%	27	30
安徽	1585	26.6%	13.9%	28	7
云南	1140	24.8%	11.7%	29	13
江西	1088	24.4%	14.5%	30	5
贵州	840	24.2%	11.9%	31	12
全国	51310	38.3%	12.2%	—	—

2．接入方式

（1）上网设备

2011 年，使用台式电脑上网的网民比例为 73.4%，比 2010 年年底降低 5 个百分点，手机上升至 69.3%，笔记本电脑也略增至 46.8%。随着台式电脑使用率走低，手机终端的使用率正不断逼近传统台式电脑，如图 D.6 所示。

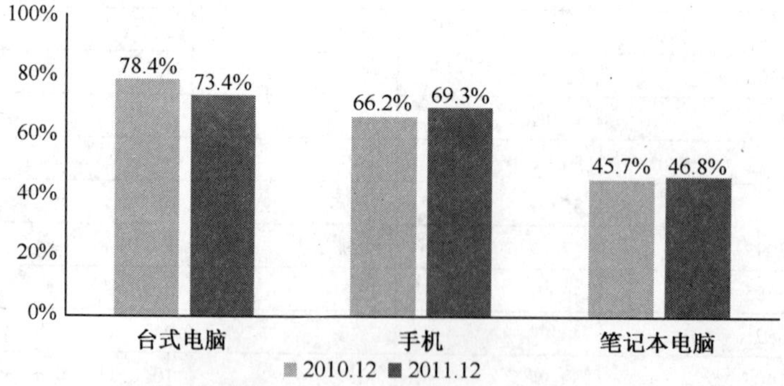

图D.6　网民上网设备

（2）上网地点

2011 年，中国网民在家里和单位接入互联网的比例保持稳定，比例分别为 88.8%和 33.2%，与 2010 年基本持平。

在学校和网吧上网的网民比例明显下降，其中在网吧上网的网民仅占 27.9%，较 2010 年年底下降 7.8 个百分点，如图 D.7 所示。

（3）上网时长

2011 年，网民平均每周上网时长为 18.7 个小时，较 2010 年底增加 0.4 小时，如图 D.8 所示。

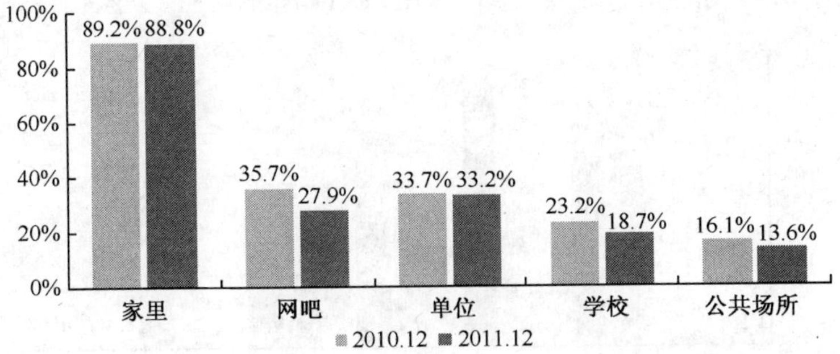

图D.7　网民使用电脑上网场所

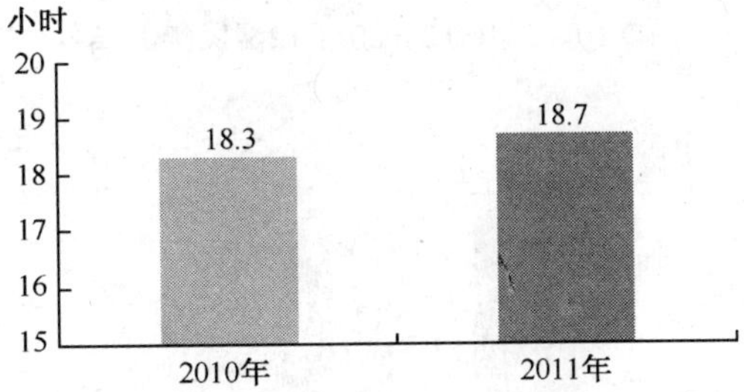

图D.8　网民平均每周上网时长

3. 网民属性

（1）性别结构

截至 2011 年 12 月，我国网民中男性比例为 55.9%，比女性高出 11.8 个百分点，网民性别比例与 2010 年相比基本保持稳定，如图 D.9 所示。

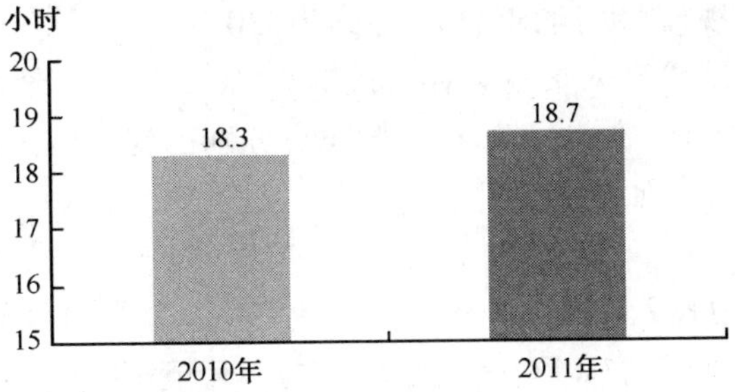

图D.9　2010.12—2011.12网民性别结构

（2）年龄结构

2011 年，网民中 30～39 岁人群占比明显提升，较 2010 年年底上升了 2.3 个百分点，达到 25.7%，近两年来该年龄段占比持续上升。40～49 岁网民增长速度较慢，因而在网民中的占比出现下降。10～19 岁、20～29 岁网民比例与 2010 年底相比基本保持稳定，如图 D.10 所示。

（3）学历结构

网民继续向低学历人群扩散。2011 年，我国网民中初中学历人群延续了 2010 年的增长势头，由 32.8%上升至 35.7%，该学历人群互联网渗透率较低，未来网民比例将进一步提升。高中、大专以上学历网民的比例继续下降，如图 D.11 所示。

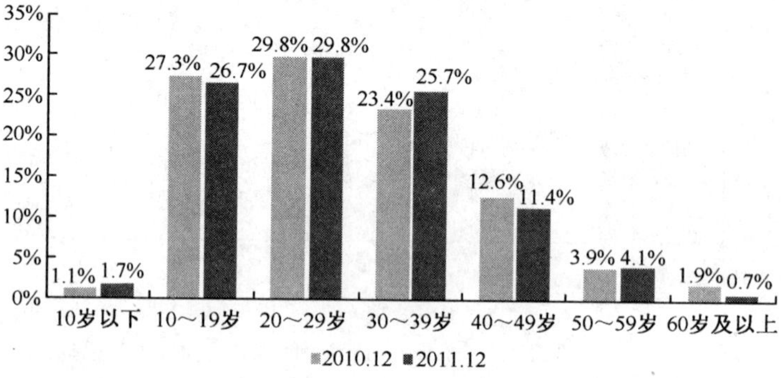

图D.10　2010.12—2011.12网民年龄结构

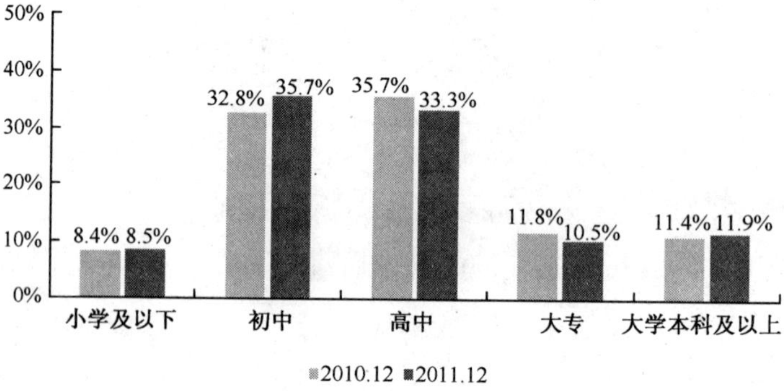

图D.11　2010.12—2011.12网民学历结构

（4）职业结构

学生仍然是网民中规模最大的群体，占比为 30.2%，其次个体户/自由职业者占比为 16.0%。企业公司中，高层管理人员占整体网民的 0.8%，中层管理人员占 3.2%，一般职员占 9.9%。党政机关事业单位中，领导干部和一般职员分别占整体网民的 0.7%和 5.2%。另外，专业技术人员占比为 8.3%，如图 D.12 所示。

（5）收入结构

2011 年，中国网民中收入在 2000 元以上的网民群体占比明显上升，从 2010 年的 33.3%上升至 40.2%。同时，无收入群体网民占比从 4.6%上升至 7.9%，如图 D.13 所示。

（6）城乡结构

2011 年，农村网民规模为 1.36 亿，比 2010 年增加 1113 万，占整体网民比例为 26.5%。与 2010 年相比，农村网民占比下降 0.8 个百分点，其增幅依然低于城镇，如图 D.14 所示。

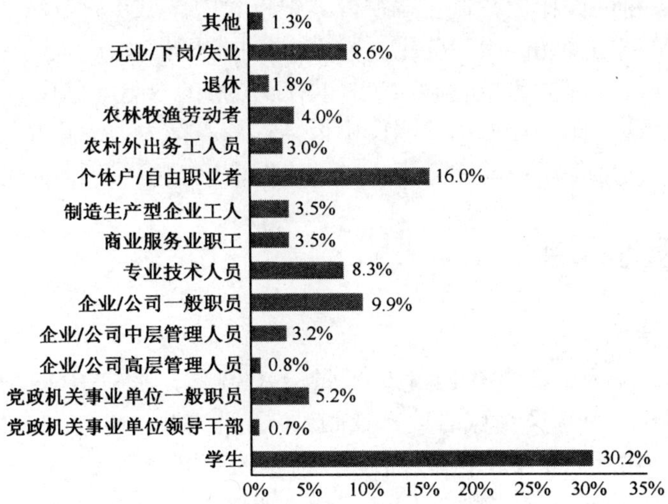

图D.12 2011.12网民职业结构

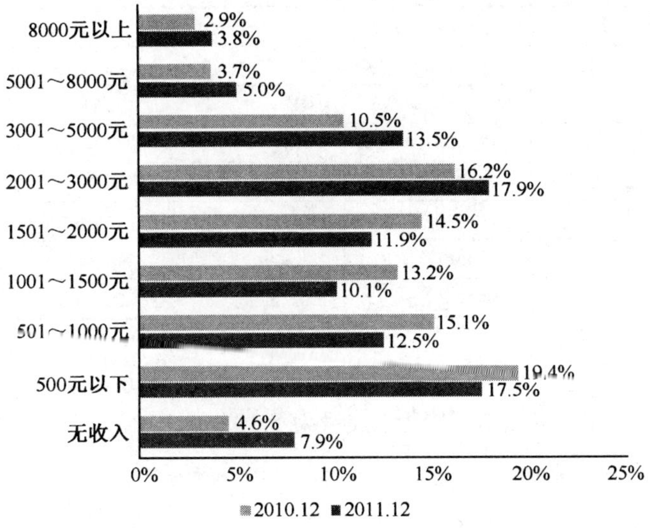

图D.13 2010.12—2011.12网民个人月收入结构

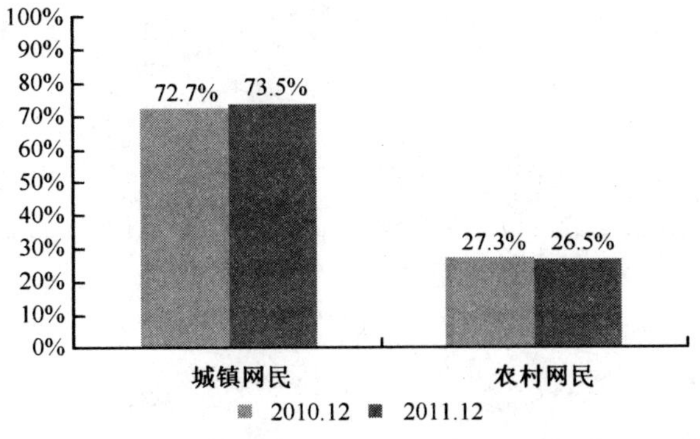

图D.14 2010.12—2011.12网民城乡结构

近年来，我国农村网民比例在低位徘徊，其中包含中国城市化进程加快，大量农村人口涌入城市等整体人口结构变动因素的作用，然而农村居民自身缺乏电脑和网络使用技能是制约我国农村地区互联网发展的重要障碍：2011 年有 57.8%的农村非网民表示“不懂电脑/网络”是其不上网的原因，这一比例在城镇非网民中为 45.7%。在大力改善农村地区互联网接入条件的同时，提升农民网络使用技能和意识也是缩小互联网城乡发展差距的重要手段。

D.2 互联网基础资源

1. 基础资源概述

截至 2011 年 12 月底，我国 IPv4 地址数量为 3.30 亿，拥有 IPv6 地址 9398 块/32。我国域名总数为 775 万个，其中.CN 域名数止跌回升，达到 353 万个，较 2011 年 6 月上涨 0.7%。中国网站总数经历 2010 年的大幅下降之后，目前也稳步回升至 230 万个。国际出口带宽为 1 389 529Mbps，较 2011 年 6 月增加 17.5%，具体情况见表 D.2。

表 D.2 2011.6—2011.12 中国互联网基础资源对比

	2011 年 6 月	2011 年 12 月	年增长量	年增长率
IPv4（个）	331 626 752	330 439 936	–1 186 816	-0.4%
IPv6（块/32）	429	9398	8969	2090.7%
域名（个）	7 861 400	7 748 459	–2941	–1.4%
其中 CN 域名（个）	3 502 288	3 528 511	26 223	0.7%
网站（个）	1 830 100	2 295 562	465 462	25.4%
其中 CN 下网站（个）	931 869	951 609	19 740	2.1%
国际出口带宽（Mbps）	1 182 261	1 389 529	207 268	17.5%

2. IP 地址

截至 2011 年 12 月底，我国 IPv4 地址数量为 3.30 亿，较 2010 年底增长 19.0%，如图 D.15 所示。

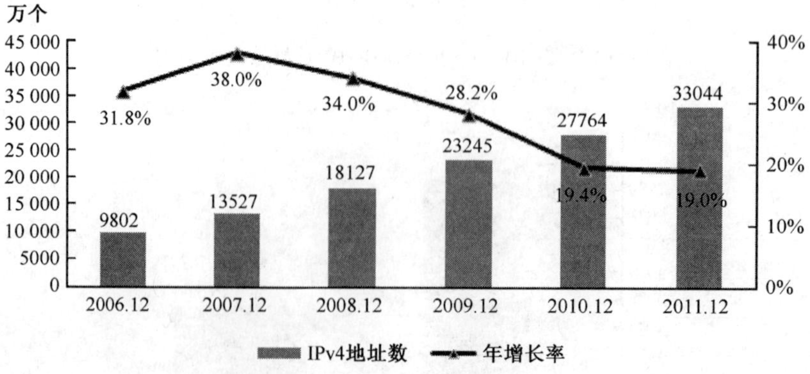

图D.15 中国IPv4地址资源变化情况

截至 2011 年 12 月底，我国拥有 IPv6 地址 9398 块/32，相比 2010 年同期出现大幅增长，如图D.16所示。IPv6是下一代互联网的发展起点，其意义不仅在于解决IPv4时代地址资源枯竭的问题，同时IPv6还将成为其他技术发展的基础，支撑物联网和云计算等新兴互联网产业的发展。面对这一机遇，我国政府极为重视并积极推动相关战略的制定，2011年12月，国务院常务会议研究部署加快发展我国下一代互联网产业，明确了我国发展下一代互联网的路线图，提出将在2013年年底前开展IPv6网络小规模商用，并在2014—2015年开展大规模部署和商用，这一规划将加速我国IPv6及下一代互联网产业的发展步伐，提升我国在一系列新兴互联网产业中的国际竞争力。

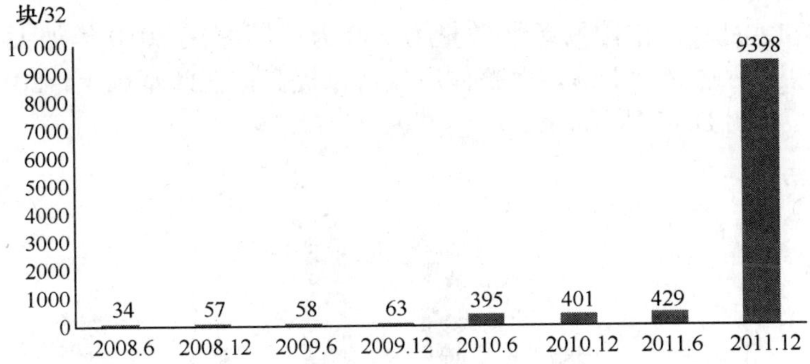

图D.16　中国IPv6地址资源变化情况

3．域名

截至2011年12月底，我国域名总数下降为775万个，其中，.COM域名数量为364万个，占我国域总数比例为47.0%，.CN域名为353万个，占比为45.5%，见表D.3。

表D.3　中国分类域名数

	数　量（个）	占域名总数比例
COM	3 644 147	47.0%
CN	3 528 511	45.5%
NET	467 939	6.0%
ORG	107 862	1.5%
合计	7 748 459	100.0%

CN域名中，.CN结尾的二级域名占比为64.5%，其次为.COM.CN域名，占比达到27.2%见表D.4。

表D.4　中国分类CN域名数

	数　量（个）	占CN域名总数比例
cn	2 275 971	64.5%
com.cn	960 753	27.2%
net.cn	130 913	3.7%
gov.cn	51 185	1.5%
adm.cn	50 961	1.4%
org.cn	51 428	1.5%

续表

	数　　量（个）	占 CN 域名总数比例
edu.cn	3910	0.1%
ac.cn	3364	0.1%
mil.cn	26	0.0%
合计	3 528 511	100.0%

4．网站

截至 2011 年 12 月底，中国网站[67]数量为 230 万。国家在 2010 年加大互联网领域的安全治理力度后，中国网站数量下降，而整体质量得以提高，在此基础上，2011 年网站数量重新开始稳步回升，如图 D.17 所示。

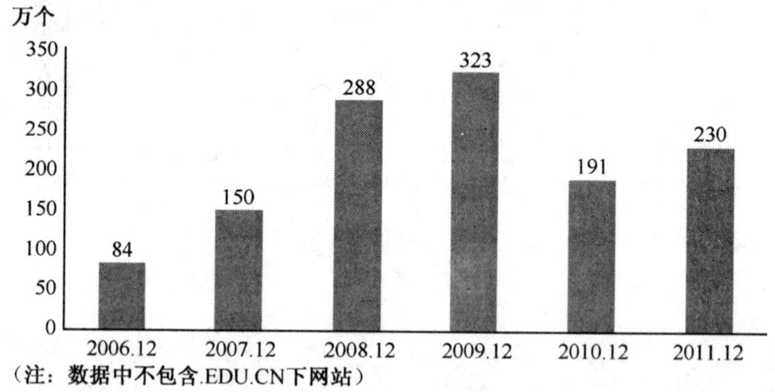

图D.17　中国网站数量变化情况

5．网页

截至 2011 年 12 月底，中国网页数量为 866 亿个，比 2010 年同期增长 44.3%，如图 D.18 所示。

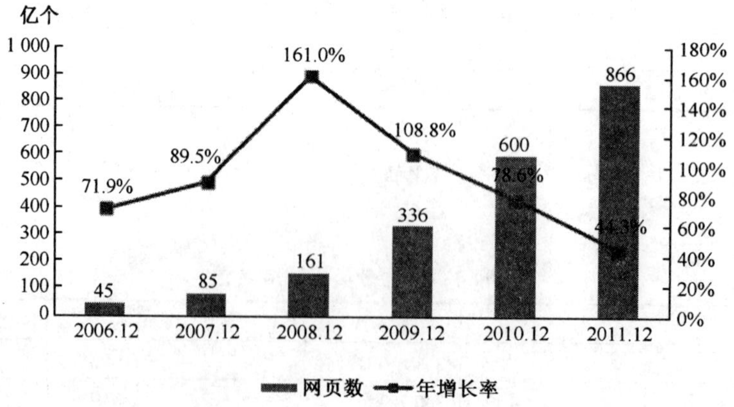

图D.18　中国网页规模变化情况

[67] 指域名注册者在中国境内、包括在境内接入和境外接入的网站。

中国静态和动态网页比例从 2010 年 12 月底的 1.14:1 上升至 2.18:1，见表 D.5。造成这一变化的原因包括：第一，许多网站为了对搜索引擎友好，将动态内容静态化；第二，大量动态页面存在暗网中，对于这些页面搜索引擎很难收录完全。

表 D.5　中国网页数[68]

	单　　位	2010　　年	2011　　年	增　长　率
网页总数	个	60 008 060 093	86 582 298 393	44.3%
静态网页	个	31 908 739 278	59 364 979 522	86.0%
	占网页总数比例	53.17%	68.56%	—
动态网页	个	28 099 320 815	27 217 318 871	–3.1%
	占网页总数比例	46.83%	31.44%	—
静态/动态网页的比例		1.14:1	2.18:1	—
网页长度（总字节数）	KB	1 922 538 540 426	3 313 529 625 009	72.4%
平均每个网站的网页数	个	31 414	37 717	20.1%
平均每个网页的字节数	KB	32	38	18.8%

6. 网络国际出口带宽

中国国际出口带宽数增速稳定，2011 年 12 月底为 1 389 529Mbps，较 2010 年同期上涨 26.4%，如图 D.19 和表 D.6 所示。

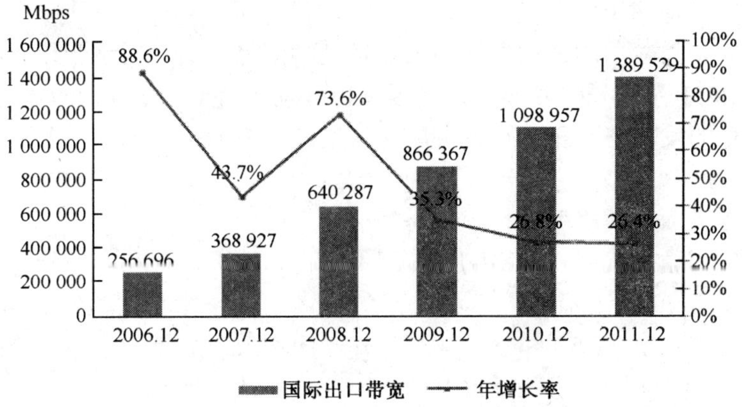

图D.19　中国国际出口带宽变化情况

表 D.6　主要骨干网络国际出口带宽数

	国际出口带宽数（Mbps）
中国电信	809 881
中国联通	466 932
中国移动	82 559
中国科技网	18 500
中国教育和科研计算机网	11 655
中国国际经济贸易互联网	2
合计	1 389 529

[68] 数据支持：网易有道信息技术（北京）有限公司、腾讯搜索技术研发中心

D.3 网民互联网应用状况

2011 年，我国网民的互联网应用习惯出现显著变化，包括新型即时通信和微博等在内的新兴互联网应用迅速扩散，与此同时，一些传统的网络应用使用率明显下滑，显示出互联网发展创新速度之快，见表 D.7。我国网民的互联网应用特征变化总结起来包括以下几点：

（1）网民的互联网沟通交流方式发生明显变化

2011 年中国网民即时通信使用率上升较快，增至 80.9%。同时，许多传统交流沟通类应用的用户规模出现萎缩：电子邮件使用率从 2010 年的 54.6%降至 47.9%，用户量减少 392 万人；论坛/BBS 则由 32.4%降至 28.2%，用户量也略有减少。社交网站使用率在 2011 年上半年出现明显下滑后，下半年人数增长情况有所好转，目前使用率止跌回稳，达到 47.6%。以上数据显示出网民通过互联网进行交流互动的习惯和方式与以往出现较大不同。

（2）网络新闻使用率快速下滑，微博成为网民重要的信息获取渠道

2011 年微博快速崛起，目前有近半数网民在使用，比例达到 48.7%，成为网民获取新闻信息的重要渠道。相比之下，网络新闻用户规模增速仅为 3.9%，使用人数为 3.67 亿，使用率从上一年的 77.2%下降至 71.5%。近年来网络新闻使用率一直在下降，网民通过互联网获取新闻信息的渠道正在发生转移。

（3）娱乐类应用普遍走低，但网络视频用户增幅明显

大部分网络娱乐类应用的使用率在 2011 年延续下降势头，网络音乐、网络游戏和网络文学用户规模在 2011 年增长幅度较小，使用率也分别下滑至 75.2%，63.2%和 39.5%。相比之下网络视频行业的发展势头相对良好，用户规模同比增加 14.6%，达到 3.25 亿人，使用率提升至 63.4%。

（4）电子商务类应用使用率保持上升态势

电子商务类应用稳步发展，网络购物、网上支付、网上银行和在线旅行预订等应用的用户规模全面增长。与 2010 年相比网购用户增长 3344 万人，增长率达到 20.8%，网上支付、网上银行使用率也增长至 32.5%和 32.4%。另外，团购成为全年增长第二快的网络服务，用户年增速高达 244.8%，用户规模达到 6465 万，使用率提升至 12.6%。

表 D.7　2010—2011 年各类网络应用使用率

	2011 年	2010 年			
应用	用户规模（万）	使用率	用户规模（万）	使　用　率	年 增 长 率
即时通信	41 510	80.9%	35 258	77.1%	17.7%
搜索引擎	40 740	79.4%	37 453	81.9%	8.8%
网络音乐	38 585	75.2%	36 218	79.2%	6.5%
网络新闻	36 687	71.5%	35 304	77.2%	3.9%
网络视频	32 531	63.4%	28 398	62.1%	14.6%
网络游戏	32 428	63.2%	30 410	66.5%	6.6%
博客/个人空间	31 864	62.1%	29 450	64.4%	8.2%
微博	24 988	48.7%	6311	13.8%	296.0%
电子邮件	24 577	47.9%	24 969	54.6%	-1.6%

续表

	2011 年		2010 年		
应用	用户规模（万）	使用率	用户规模（万）	使 用 率	年 增 长 率
社交网站	24 424	47.6%	23 505	51.4%	3.9%
网络文学	20 267	39.5%	19 481	42.6%	4.0%
网络购物	19 395	37.8%	16 051	35.1%	20.8%
网上支付	16 676	32.5%	13 719	30.0%	21.6%
网上银行	16 624	32.4%	13 948	30.5%	19.2%
论坛/BBS	14 469	28.2%	14 817	32.4%	-2.3%
团购	6465	12.6%	1875	4.1%	244.8%
旅行预订	4207	8.2%	3613	7.9%	16.5%
网络炒股	4002	7.8%	7088	15.5%	-43.5%

1．信息获取

（1）搜索引擎

2011 年底搜索引擎用户规模达到 4.07 亿，在网民中的渗透率为 79.4%，使用比例基本保持稳定，是 2011 年仅次于即时通信的第二大网络应用，如图 D.20 所示。

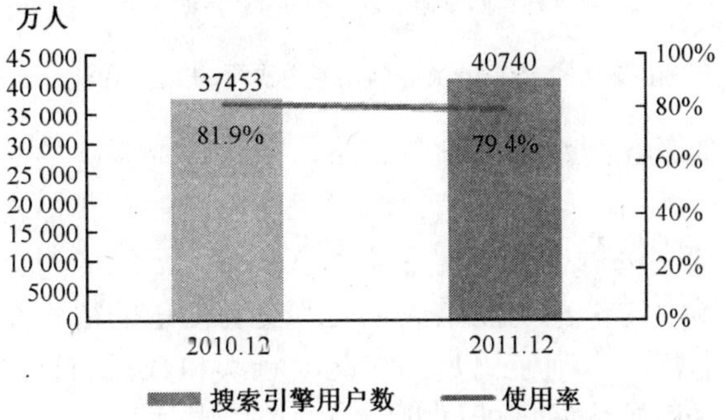

图D.20　2010—2011年搜索引擎用户数及使用率

（2）网络新闻

网络新闻使用率呈现连年下降的态势，已经从 2009 年底的 80.1%下降至 2011 年底的 71.5%，两年间下降了 8.6 个百分点，如图 D.21 所示。

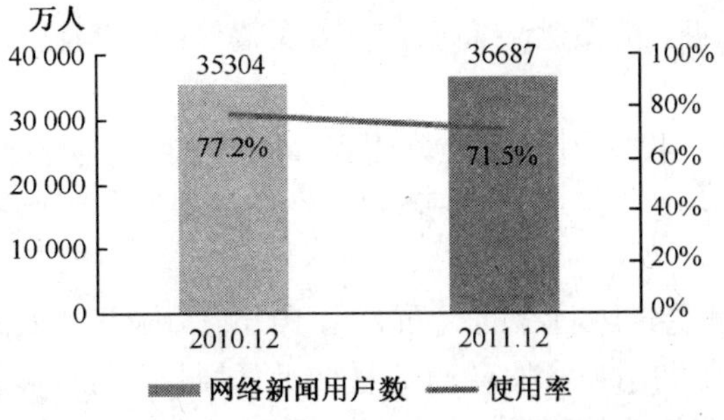

图D.21　2010—2011年网络新闻用户数及使用率

根据 CNNIC 第 29 次调查结果，学历与网络新闻使用率相关性很强，学历越低，网络新闻使用率越低。大专学历网民网络新闻使用率为 87.6%，初中学历网民网络新闻使用率则仅有 62.1%。中国互联网已经走过高学历人群普及阶段，大专及以上学历人群网民普及率已经超过 90%，互联网正在向高中、初中等学历人群扩散，低学历人群的增加，拉低了整体网民的网络新闻使用率。

2. 商务交易

（1）网络购物

截至 2011 年 12 月底，我国网络购物用户规模达到 1.94 亿人，网络购物使用率提升至 37.8%。与 2010 年相比，网购用户增长 3344 万人，增长率为 20.8%，如图 D.22 所示。

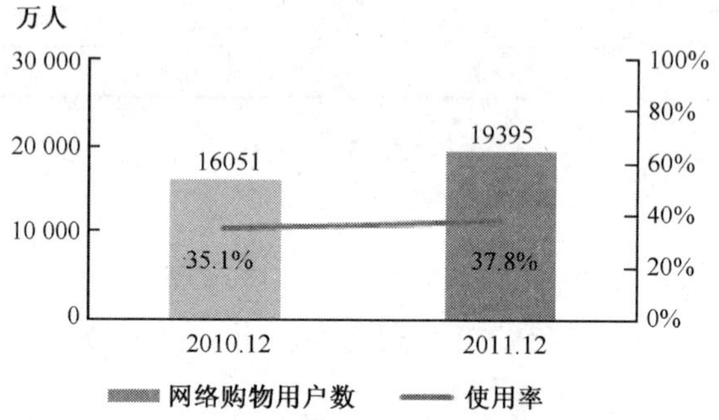

图D.22 2010—2011年网络购物用户数及使用率

在国家拉动内需、刺激社会消费的大背景下，网络购物服务的深化带动了更多网民通过网购实现日常消费，购物网站的频繁促销也激发了网民新的购买需求，带动了网络购物用户规模的稳健增长。2011 年，品牌企业和平台商城（B2C）已经成为市场的绝对主体，传统制造商和渠道商在网购市场中的份额明显增大，网购交易促进的衍生企业繁荣发展，在线交易的商品和服务类型更加丰富，带动了用户网络购物频次和金额的显著提升。

全年网购市场保持平稳较快发展的同时，也面临一些突出问题。物流配送服务能力提升慢，掣肘电子商务服务提速；市场低价竞争成为常态，商户盈利能力不足；资本市场遇冷，后续发展支撑堪忧；购物网站用户信息泄漏，削弱消费者信任等。这些问题已经成为制约网络零售市场持续快速发展的重要因素。随着政府对网络零售市场的扶持和规范力度明显加大，第三方支付牌照发放，物流服务发展规划制定，网购规范性管理条例筹备出台等，未来网络购物市场将迎来更为规范化的行业发展环境。网购从业企业在规模增长的同时，需要从粗放式发展转向精细化挖掘，由做大转向做深，实现整体网络购物行业服务水平的全面提升。

（2）团购

截至 2011 年 12 月底，我国团购用户数达到 6465 万，使用率提升至 12.6%，较 2010 年底上升 8.5 个百分点。团购用户年增长率高达 244.8%，成为全年增速第二快的网络服务，如图 D.23 所示。

2011 年，网络团购呈现先热后冷的局面。由于团购的服务形式迎合了一、二线城市白领群体的消费需求，上半年团购用户和服务商数量均迅猛增长，行业呈现持续高热状态。但团购服务本身存在的低门槛、弱约束等问题，加之团购网站前期投入资金较大，遭遇资本市场整体转冷，市场负面因素在下半年开始显现，团购用户增长速度放缓，团购网站数量也大幅度下滑。

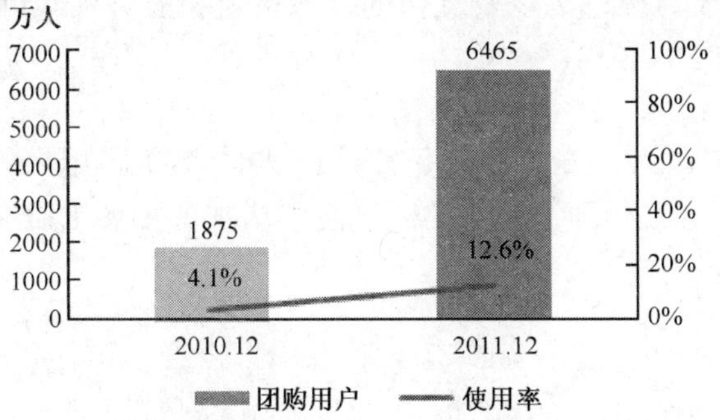

图D.23　2010—2011年团购用户数及使用率

2011 年下半年的行业"洗礼"虽然对团购发展产生了一定的冲击，但经过市场的自调整，有助于整体行业走上更为健康和可持续的发展道路。部分服务商通过定位调整弱化市场风险，行业正在转向新的均衡和稳定。由于实物型团购比例的增大和服务团购的深化，团购服务成为购物网站、旅行预定网站的"标配"，弱化了定位较为模糊的团购网站的竞争力，而一些定位清晰或借助自身优势发展的团购网站往往脱颖而出，受到了资本市场和团购用户的青睐。

（3）网上支付

截至 2011 年 12 月底，我国使用网上支付的用户规模达到 1.67 亿，使用率提升至 32.5%。与 2010 年相比，用户增长 2957 万，增长率为 21.6%，如图 D.24 所示。

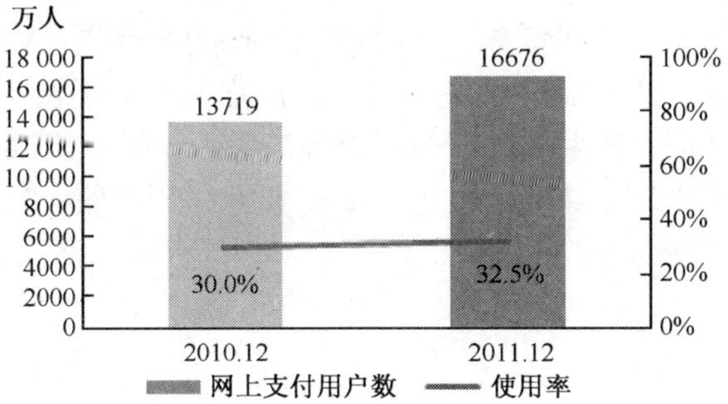

图D.24　2010—2011年网上支付用户数及使用率

2011 年，中国人民银行分别向三批服务企业发放《支付业务许可证》，覆盖了主要的第三方支付服务企业，第三方支付行业地位得到充分认可。支付牌照解决了长期以来支付企业对其服务资质的后续担忧，也为其赢得了较为广阔的市场发展空间，企业通过多样化的合作形式不断拓宽其服务领域，如在快捷支付领域的大力推进，推动创新支付方式发展等，将支付服务覆盖扩大到更多类别的线下交易，带动了更多"边缘人群"向网上支付用户的转化。与此同时，网络购物和团购的快速发展，也带动了网上支付用户的持续增长，尤其是团购的预付费方式和高频交易特点极大地带动了用户网上支付的使用。

支付企业在手机支付的全面布局，也带动了手机在线支付用户的增长，截至 2011 年 12 月，手机在线支付用户达到 3058 万，占手机网民的 8.6%。除第三方支付企业外，运营商和银行在网上支付领域的大力推进，以及支付的技术革新和服务模式创新等，都将推动手机支付业务未来实现快速发展。

（4）旅行预订

截至 2011 年 12 月底，我国旅行预订用户达到 4207 万人，用户年增长 16.5%，用户渗透率提升至 8.2%，网民使用旅行预订服务的深度持续增加，如图 D.25 所示。

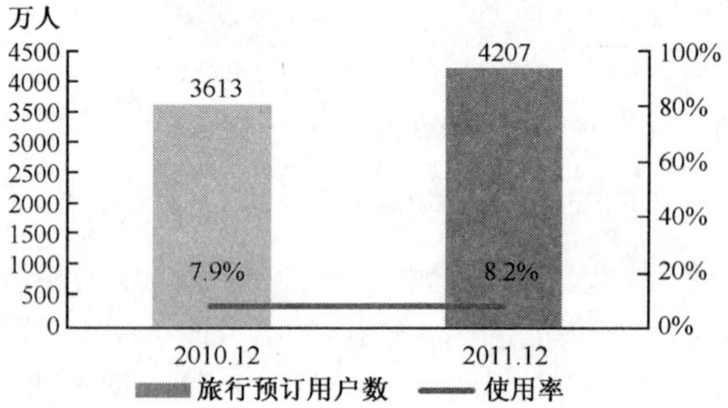

图D.25　2010—2011年旅行预订用户数及使用率

2011 年，整体旅游市场发展迎来诸多利好因素：高铁时代到来，使枢纽城市间的交通条件进一步优化；我国赴台湾个人游开放、海南离岛免税等政策提升了局部地区旅游市场的热度。而 2011 年末，全国火车票在线预订服务的开通，迈出了铁路运输系统利用信息化手段促进游客便利出行的重要一步，这些因素促进了大批非旅行预订网民向旅行预订用户的转化，培植网民使用在线旅行预订的消费习惯。

但与其他商务类应用相比，我国旅行预订的用户还相对高端，旅行预订应用的渗透水平还较低。CNNIC 分析认为，目前我国网民的休闲旅游需求已处于快速增长的轨道，未来几年休闲游需求将持续释放。而随着主要旅行预订服务商发力无线预订服务，航空/酒店官网做大直销业务，酒店行程团购实现持续稳定发展，火车票在线预订服务精细化发展等，未来旅行预订市场将迎来用户规模较快增长的新阶段。

3．交流沟通

（1）即时通信

截至 2011 年底，即时通信用户规模达 4.15 亿，比 2010 年底增长 6252 万人，年增长率 17.7%。即时通信使用率继续提升，增长至 80.9%，如图 D.26 所示。

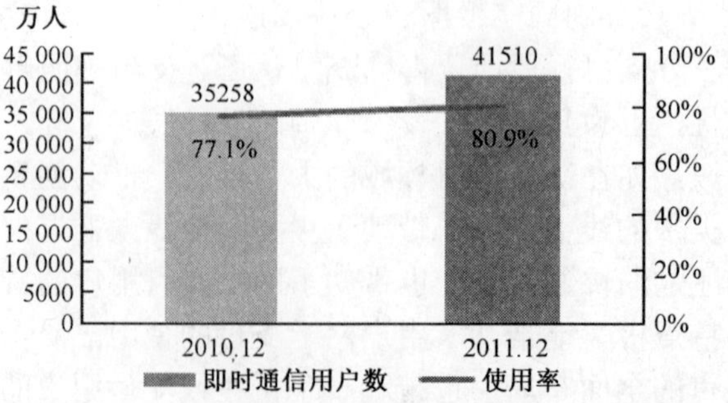

图D.26　2010-2011即时通信用户数及使用率

即时通信使用率以及用户数的上涨主要是由于手机即时通信的发展。手机即时通信是移动互联网应用中使用率最高的服务，高达 83.1%，用户量年增长率达 44.2%。即时通信软件手机预装与智能机手机应用市场的发展，为手机即时通信软件的使用带来便利，从而带动了手机即时通信使用率与用户数的增长。而专为智能手机设计的以语音内容、实时拍照、视频、LBS、位置交友和流量统计等功能为特色，且与其他互联网应用互联互通的新型手机即时通信产品，迎合了用户的新需求，进而提升了手机即时通信的用户量。

新型手机即时通信领域的巨大潜力，使得无论是电信运营商、手机制造商、互联网企业、软件开发商，乃至新进入市场的创业者都欲借助这块市场获得巨大收益，通过掌控即时通信市场进而掌控移动互联网入口。未来，新型手机即时通信用户数仍存在着较大的上升空间。但在市场中，寻求产品差异化、开发垂直领域市场将成为必然趋势。

（2）博客/个人空间

截至 2011 年 12 月底，我国博客/个人空间用户数量为 3.19 亿，较 2010 年年底增长 2414 万，增长率为 8.2%。博客/个人空间的使用率为 62.1%，较 2010 年年底下降了 2.3 个百分点，如图 D.27 所示。

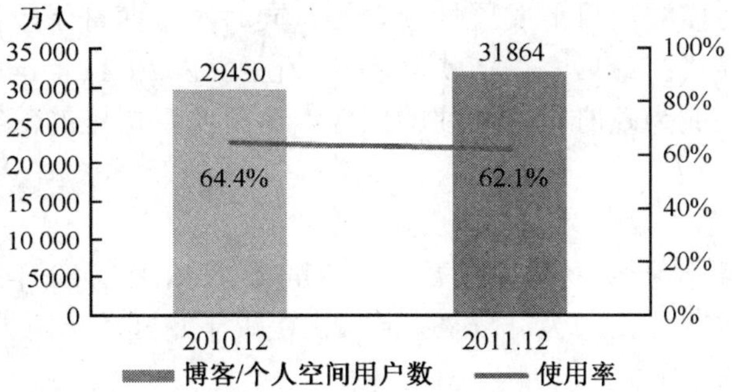

图D.27　2010—2011博客/个人空间用户数及使用率

尽管近年来博客/个人空间用户数量保持增长，但其使用率在 2011 年出现了下降。作为最早的 Web2.0 应用形态，博客却越来越呈现出传统的信息传播特征，一些名人博客依旧受到关注，是意见领袖们传送信息的重要渠道。对于普通网民来说，在微博和 SNS 等新兴应用的影响下，用户越来越习惯于快速、简单、互动性和社交性强的信息互动方式。因而博客必须通过不断创新来为自己注入新的活力，例如 2011 年出现的轻博客形态就是一种有益的尝试。另外，一些博客/个人空间也在不断强化 SNS 属性。

（3）微博

截至 2011 年 12 月底，我国微博用户数达到 2.5 亿，较 2010 年年底增长了 296.0%，网民使用率为 48.7%，如图 D.28 所示。微博用一年时间发展成为近一半中国网民使用的重要互联网应用。

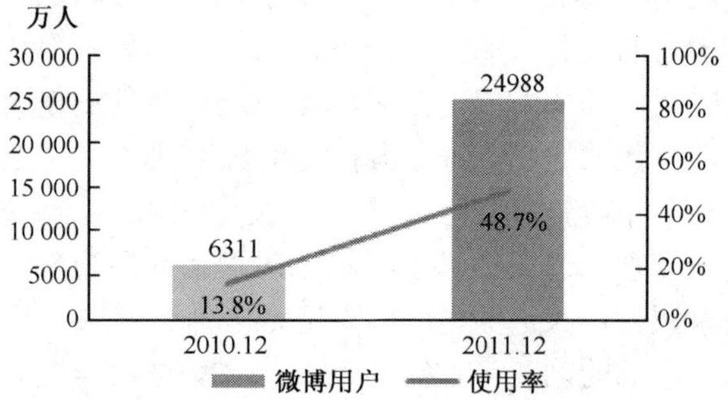

图D.28　2010—2011微博用户数及使用率

分析微博在 2011 年内的增长情况，其用户的爆发出现在上半年，到下半年用户增速回落至 28.2%，可见在微博使用率步入高位后，已经结束了爆发式的增长。

分析未来微博的走向，主要取决于三个要素：首先，由于不同门户发展微博平台的战略意图存在较大差距，所以当前微博的发展道路较为多元化，各大门户均根据自身优势，为微博赋予不同的功能和特性，其突出表现便是微博社交网络功能和社会化媒体功能的侧重；其次，微博盈利模式较为模糊，目前发展情况较好、同时对微博寄予较大盈利期望的网站已经开始尝试多方面盈利模式；最后，微博实名制政策已经在 2011 年年底出台，如何有效规范微博上的信息传播秩序成为政府十分关注的问题，这些监管措施的落实将会对微博客的未来发展产生重要影响。

（4）社交网站

截至 2011 年底，我国社交网站用户数量为 2.44 亿，相比 2010 年底略有增长。在使用率方面，社交网站用户占网民比例为 47.6%，比 2010 年年底回落了近四个百分点，如图 D.29 所示。

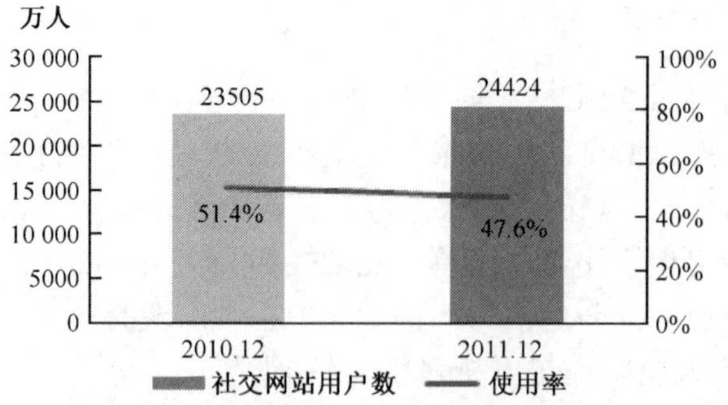

图D.29　2010—2011社交网站用户数及使用率

当前，我国的社交网站正在进行多方面的尝试以解决网站黏性危机，几家主要的 SNS 网站在 2011 年都进行了长期战略上的拓展或调整，如试图探索社会化分享与网络视频相结合后的潜力，在视频分享上寻找新的增长点；或进行“实用化”转型，包括实施社会化电子商务、移动互联等战略。然而这一转型道路并不理想，已经有部分尝试以失败告终，显示出国内 SNS 突围道路的困难。

已经拥有一定用户基础的社交网站正在进行调整和转型，同时不断有新的竞争者加入这一领域，甚至已经改变了实名制 SNS 的竞争局面，由此可见，虽然社交网站的用户规模增长缓慢，发展面临困局，但 SNS 领域的竞争主体依然多元。其原因在于，国外成熟的社交网站呈现出了巨大的发展潜力，然而我国的 SNS 实际上仍然没有出现一个成功的模式，尤其在平台化建设方面还不够成熟，这也意味着 SNS 领域仍有较大机会，但其前提在于结合中国网民的心理特征、交往方式等进行创新，以及长时间的平台化积累与用户习惯培养。就这一点而言，部分后来者在用户和资源上的优势更加明显。

4．网络娱乐

（1）网络游戏

截至 2011 年 12 月底，中国网络游戏用户规模达到 3.24 亿，较 2010 年同期的 3.04 亿增长 6.6%，网民使用比例为 63.2%，如图 D.30 所示。

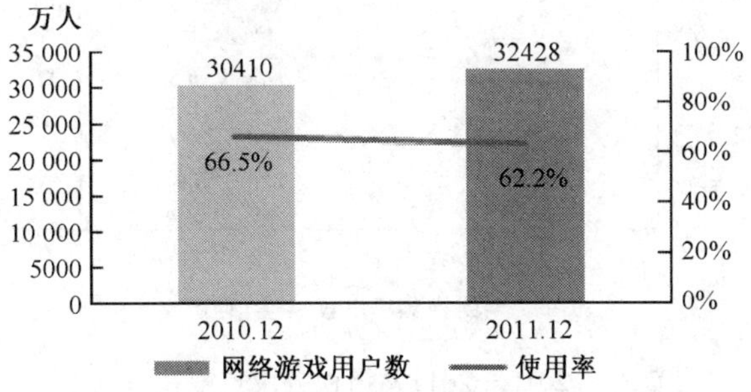

图D.30　2010—2011网络游戏用户数及使用率

用户增速的放缓直接导致各个游戏类型用户增长放缓。尽管各个游戏类型均保持增长，但大多来自不同游戏类型间的相互渗透，新用户贡献不大。从细分游戏类型分析，首先，大型客户端游戏（MMOG）用户规模与 2010 年基本持平，这种状况一方面由于该游戏类型用户主要针对年轻用户，早期 MMOG 用户已经开始流失。另一方面，MMOG 游戏形式依然以打怪升级、赛车、舞蹈、FPS 等游戏形式为主，对于非游戏用户吸引程度有限；其次，小型休闲游戏依然占据主流地位，80%的网络游戏用户使用棋牌休闲小游戏。相比于其他游戏类型，小型棋牌类游戏用户结构更为稳固，在各个年龄段均有较高使用率；最后，手机网游与网页游戏虽然保持较快增长，但其分别受到终端设备以及用户体验影响，很难实现类似小型棋牌游戏、大型客户端游戏的大规模普及。

（2）网络文学

截至 2011 年 12 月底，网络文学使用率为 39.5%，用户规模达 2.03 亿。尽管网络文学用户规模仍在上升，但是使用率却同比降低 3.1 个百分点，显现出网络文学的发展慢于整体互联网，如图 D.31 所示。

（3）网络视频

截至 2011 年 12 月底，中国网络视频用户数量增至 3.25 亿，年增长率达到 14.6%，在网民中的使用率由 2010 年年底的 62.1%提升至 63.4%，如图 D.32 所示。

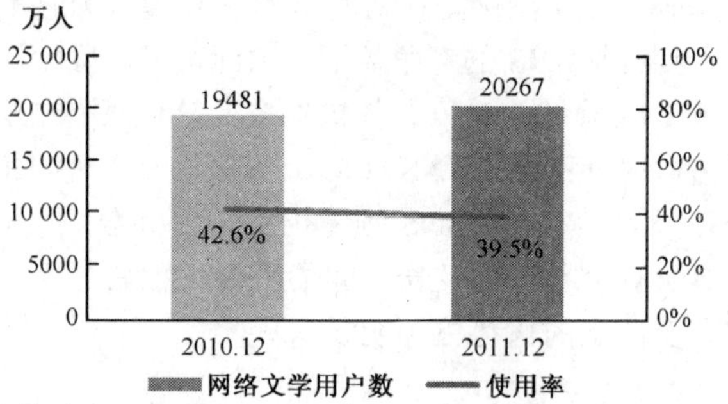

图D.31　2010.12—2011.6网络文学用户数及使用率

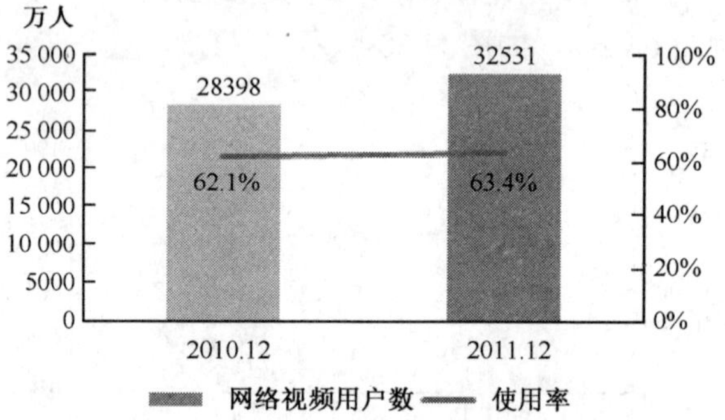

图D.32　2010—2011网络视频用户数及使用率

2011 年网络视频使用率明显走高，主要由用户习惯养成、宽带环境建设等外围因素的推动以及视频网站自身内容建设与视频的社会化分享等行业内原因促成。首先，2011 年各大视频网站为了取得竞争优势，不断丰富网站内容，一方面大量购买热播影视剧和节目，另一方面积极推出自制内容，目前视频网站不仅能够提供大部分热播电视内容，而且由于政策环境相对宽松，网络视频在题材内容和地域来源上自由度更大。其次，微博、SNS 成为重要的视频传播网站，网民视频分享习惯的养成扩大了网络视频的传播范围，极大地拓展了视频传播平台。这些因素推动了网络视频用户规模不断扩大，目前已成为第五大互联网应用。

在行业发展方面，网络视频仍面临着较大考验。由于各大视频网站需要靠聚合数量更多、质量更好的版权内容来获取高流量，使得网络视频业版权价格提高，运营成本大幅攀升，同时视频广告价格较低，其他盈利模式无法在短时间内培养成熟，因而网络视频行业整体处于亏损状态，这一现状目前还很难改变。

D.4　手机网民结构及应用情况

1．手机网民结构特征

（1）性别结构

手机网民中男性占比近六成，达到 58.1%，比女性高出 16.2 个百分点，大于整体网民的男女比例之差，显示出我国男性手机上网使用率明显高于女性的特点。与 2010 年相比，男性手机网民占比还略有上升，如图 D.33 所示。

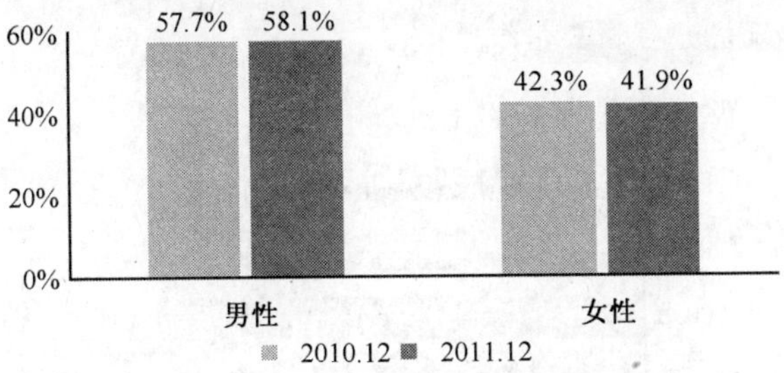

图D.33　2010.12—2011.12手机网民性别结构

（2）年龄结构

与整体网民相比，手机网民用户更加集中在年轻群体，20～29 岁人群占比达到 36.0%，比整体网民中这一年龄段占比高出超过 6 个百分点。然而 30～39 岁人群比例在 2011 年有明显上升，显示出手机网民年龄的成熟化趋势，如图 D.34 所示。

（3）学历结构

手机网民学历结构与 2010 年相比变化不大，小学及初中学历人群比例稍有上升，高中人群则下降至 34.3%，如图 D.35 所示。

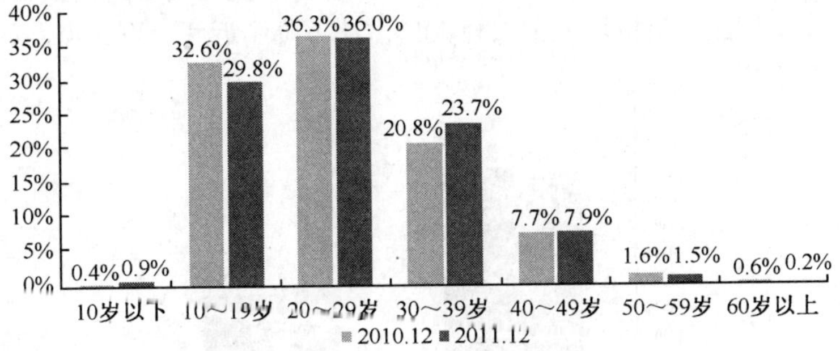

图D.34　2010.12—2011.12手机网民年龄结构

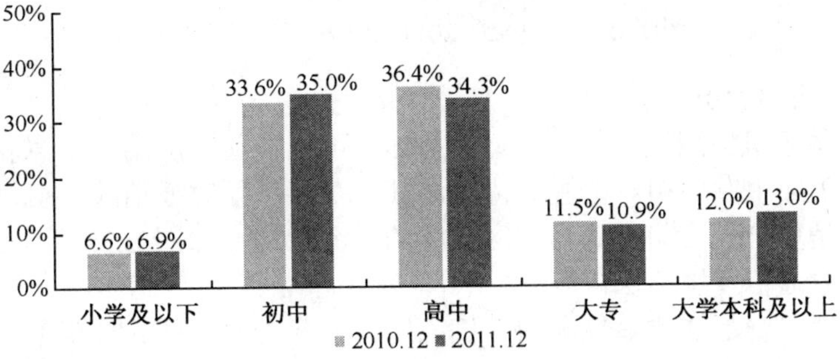

图D.35　2010.12—2011.12手机网民学历结构

（4）收入结构

2011 年，中高收入群体手机上网的使用率增长较快，收入在 2000 元以上的群体占比由 2010 年的 33.0%增长至 41.2%，如图 D.36 所示。

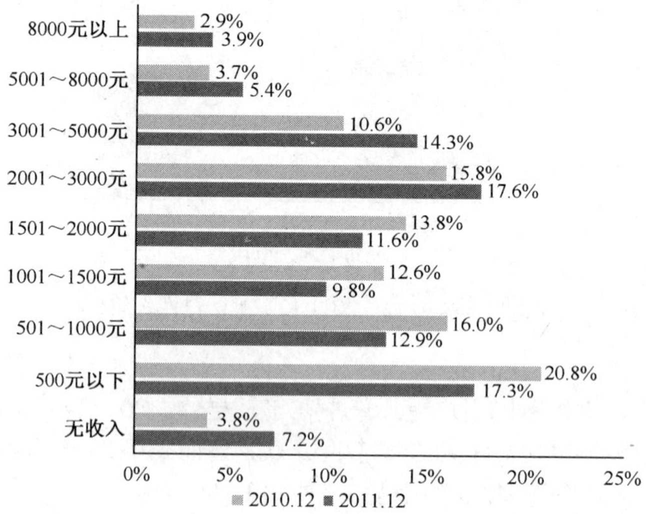

图D.36　2010.12—2011.12手机网民个人月收入结构

（5）城乡结构

手机网民的城乡分布情况与整体网民基本相同，农村手机网民占比为 27.3%；其城乡差距也有所拉大，与 2010 年相比，手机网民中农村人口占比下降了近两个百分点，如图 D.37 所示。

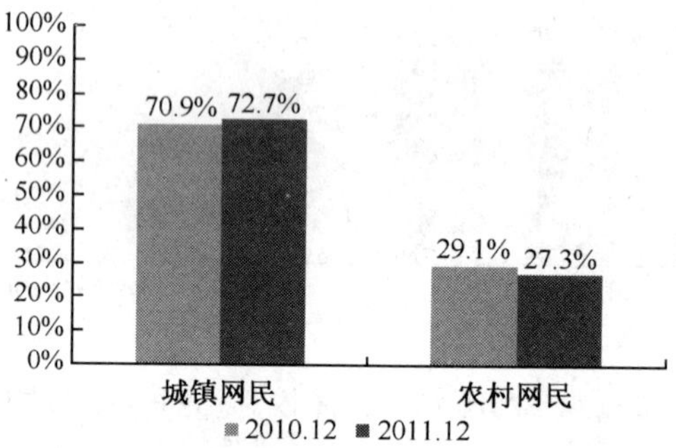

图D.37　2010.12—2011.12手机网民城乡分布

2．手机网民应用状况

2011 年，总体手机应用发展状况良好。总体呈现出沟通类应用与信息获取类应用领先发展，娱乐与商务类应用发展相对缓慢的特点。其中，手机即时通信和手机微博作为交流沟通类应用的代表，是现阶段推动移动互联网发展的主流应用，如图 E.38 所示。

（1）手机即时通信使用率保持领先

手机即时通信尽管是渗透率最高的手机应用，但在 2011 年其使用率仍然有大幅度的增长，同比增幅达 15.4 个百分点，超过了即时通信在整体网民中的使用率（截至 2011 年 12 月，整体网民的即时通信使用率为 80.9%）。这种状况主要由两方面原因造成：一方面使用即时通信是目前很多手机网民使用手机上网的唯一目的，另一方面手机即时通信工具的使用门槛大幅降低。在即时通信服务商的市场推动下，即时通信已经成为手机终端的标准预置产品，产品预置大幅降低了手机用户、尤其是非智能手机用户使用即时通信工具的门槛，即用户无需下载安装，只要开通无线网络便可直接登录使用。

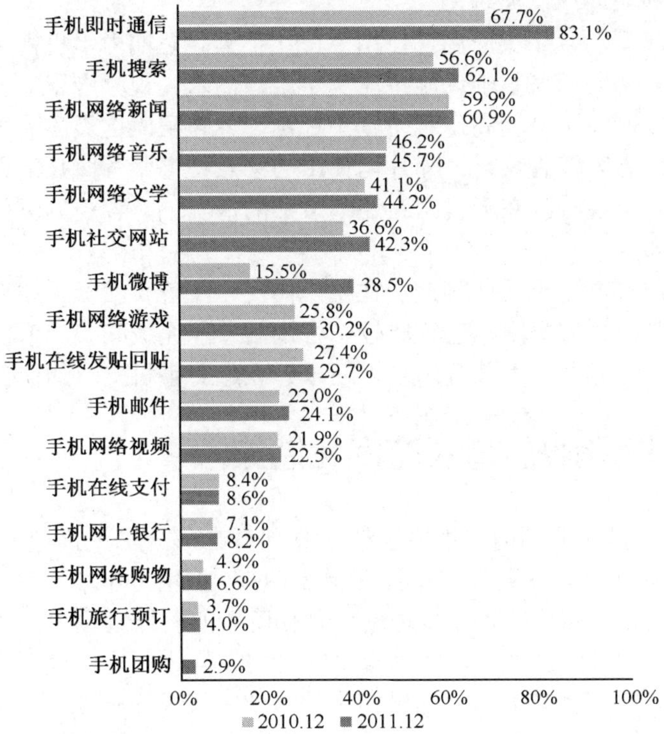

图D.38　2010—2011手机网民网络应用

（2）手机微博是增长最快的手机应用

手机微博 2011 年的使用率同比增加了 23 个百分点，是增长幅度最高的手机应用。CNNIC 分析认为手机微博将是继即时通信之后，又一个吸引网民使用移动互联网的关键应用。

首先，手机微博更能体现微博内容的即时性特点。相对电脑来说，大部分人的手机都是随身携带，这使得人们可以随时随地了解最新发生的事情；其次，手机微博更能发挥微博应用的自媒体优势。微博创新的“关注”机制，不仅使得每个用户都成为一个传播中心，更是大大提升了普通用户使用微博的黏性。具有特色的原创内容是能够吸引更多人关注的关键，如即兴拍摄的图片、视频等，而手机在即兴原创内容方面的能力远远高于电脑；第三，最多 70 个汉字的篇幅，大大降低了屏幕大小对微博体验带来的影响。相对于电脑来说，手机微博的使用并没有给用户带来不友好的阅读体验，相反，随着客户端开发水平的提高，手机微博体验甚至高于电脑微博使用体验。

（3）其他沟通类应用和信息获取类应用稳步发展

手机搜索、手机网络新闻、手机发帖回帖、手机社交网站和手机邮件等应用是与手机即时通信一样的传统手机应用，2011 年同比使用率均有小幅度地提升，主要市场推动力为：

一方面，随着手机上网逐渐进入智能手机时代，各互联网服务商纷纷开始布局移动互联网，主流的互联网应用均推出了相应的 WAP 版本或客户端，大大提升了手机网民的使用体验；另一方面，手机浏览器市场的激烈竞争，推动提供商加大在手机浏览器产品功能及服务上的投入，进而大幅提升浏览器用户的使用体验，尤其是网民能够通过浏览器轻松访问 WEB 网站，提升了网民使用移动互联网应用的深度。

（4）娱乐与商务类应用发展缓慢

手机视频作为典型的娱乐类应用，使用率变化不大。短期内手机视频业务发展主要面临以下困难：一方面，无线网络基础设施不能满足用户需求。视频应用需要消耗大量的无线网络流量，现阶段无线网络资费较高，且带宽不稳定，成为阻碍这类应用发展的瓶颈；另一方面，手机视频相应的内容较为缺乏。碎片化使用的特点使得服务商必须提供适合手机视频用户观看的短视频内容，现阶段在无线网络还不成熟的情况下，各视频服务商并没有开始针对手机网民进行战略布局。

电子商务类应用普遍处于发展初期，在手机网民中渗透率较低，主要原因为，一方面，大部分电子商务产品，均需要用户进行比较、咨询后才能完成购买，手机较小的屏幕使得购物体验相对较差；另一方面，大部分用户，还未建立起对手机支付的信任和使用习惯。

D.5 专题：网络购物的增长空间和制约因素

2008—2010 年，网络购物用户规模连续 3 年保持 50%左右的高速增长。2011 年，网购用户总规模达到 1.94 亿人，网购使用率提升至 37.8%，但用户年增长率降低为 20.8%，用户绝对增长量大幅回落。在网络购物逐步迈向成熟化阶段的发展过程中，对网络购物增长空间的探寻有助于我们理解今天的增长，明确未来的方向。

2009 年以来，以网络购物、网上支付和旅行预订为代表的商务类应用持续快速增长，并引领其他互联网应用发展，成为中国互联网发展的突出特点。2011 年这一态势依然延续，我国网络购物应用依然处于较快发展通道。一方面，团购作为新型商务交易类应用实现了 244.8%的用户高速增长。另一方面，在较多网络应用服务使用率下降的同时，商务类应用渗透率依然保持稳步提升态势，网络购物、网上支付、网上银行用户规模实现较快增长。这离不开国家拉动内需、刺激社会消费的大环境，更得益于购物网站发力营销、网购服务整体提升和网民消费需求的进一步释放。供需两旺共同推动了网络购物用户的增长。

但是，伴随着中国网民增速的放缓，中国网络购物用户增长速度和绝对增长量双双出现回落。从近 5 年网络购物用户增长对比可以发现，自 2008 年开始，我国网络购物用户数一直高位增长，2008—2010 年增长率均达到 50%左右的水平，用户年增长的绝对数量也在持续增大。2011 年，虽然网购渗透率仍在提升，但是网购用户年增长率却下滑至 20.8%，年新增用户绝对数明显下降，为 3344 万人，与 2010 年相比减少 1907 万。在网民网络购物使用深度增加的同时，网络购物的用户增速已有所放缓，如图 D.39 所示。

新网民[69]总量减少和老网民转化乏力是网购用户增长放缓的主要原因。一方面，新网民对网络购物用户增长贡献较低，且在持续下降（2009 年、2010 年、2011 年新网民使用网络购物的比例分别为 11.4%，10.8%和 9.3%），如图 D.40 所示，2011 年新网民规模增量出现下降，进一步弱化了新网民对网购规模增长的促进作用。另一方面，2008—2010 年，政府的大力扶持和电商企业的深化经营有效地推动了老网民的网购行为，释放了较多的消费潜力。而新网民转化为老网民后，需要一定的周期、条件和因素才能成长为网购用户。由于商务类应用相对较为高端，因此网民从接触到使用的培育期更长。对比不同网龄网民使用网络购物的比例，可以看到有两个关键的走势拐点。第一个是 2～3 年，当网民网龄进入 2～3 年时，其

[69] 此处新网民统计口径为上网年限在 1 年以内（包括 1 年）的网民。

使用网络购物的比例为 29.7%，与 1～2 年相比提升了 11.8 个百分点；第二个拐点出现在 5 年之后，渗透率达到 59.2%，与 3～5 年相比提升了 19.6 个百分点，该阶段的用户进入到网购使用的更快速渗透区域。在新网民增长放缓、老网民的转化水平不足时，网络购物的应用人群会遭遇增长小幅放缓的现状，如图 D.41 所示。

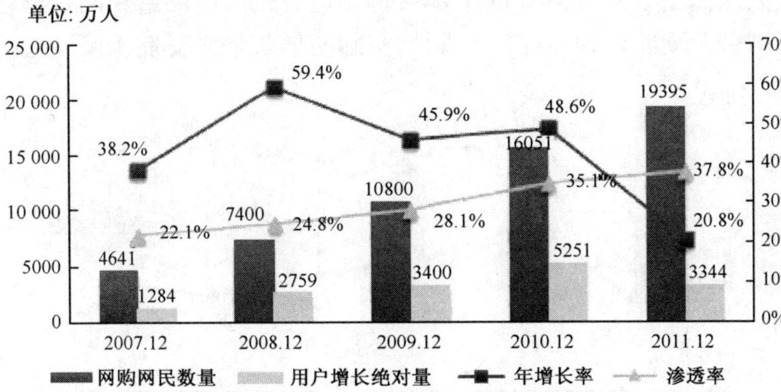

图D.39　2007.12—2011.12我国网购用户数量、增长率及渗透率

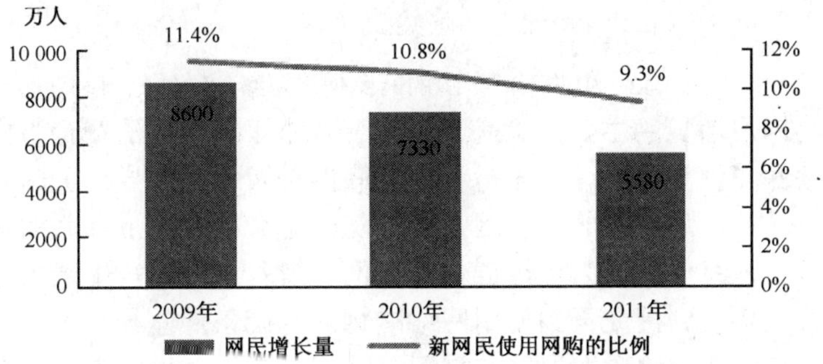

图D.40　网民增长量和新网民使用网络购物的比例

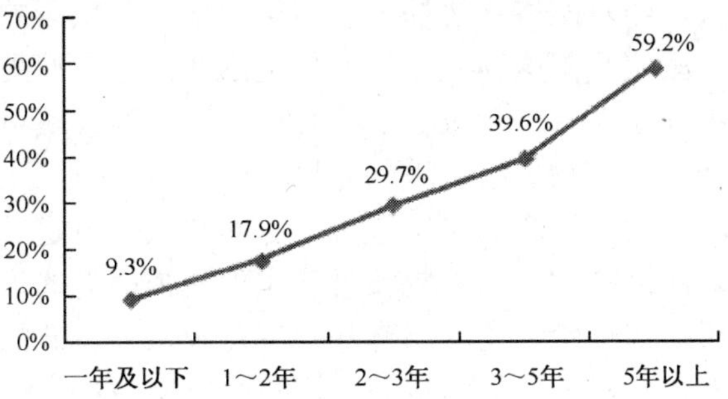

图E.41　不同网龄网民使用网络购物的比例

我国未来网络购物用户和市场增长空间巨大。与发达国家相比，我国网络购物的渗透率较低。2010 年韩国和美国网购用户占全国网民的比例分别为 64.3%[70]和 66.0%[71]。而截至 2011

[70] 数据来源：KISA　http://isis.kisa.kr/

[71] 数据来源：PEW　http://www.pewinternet.org/

年 12 月，中国的网购渗透率仅为 37.8%。对比中美两国不同年龄段的用户网购渗透率发现，中国各个年龄段网民网络购物普及率也均低于美国相应群体 20 个百分点以上，尤其是中年群体差距更为突出，34～45 岁、46～55 岁和 56～65 岁的网民使用网购的渗透率差距分别为 30.1，32.0 和 42.6 个百分点。如图 D.42 所示，我国网络购物的增长还远远没有触顶，尤其是对于将成为未来网民增长重要群体的中年人群，还有较大的渗透空间。但中国的社会经济发展水平和互联网普及现状，决定了网络购物实际的增长势必受制于诸多客观因素。

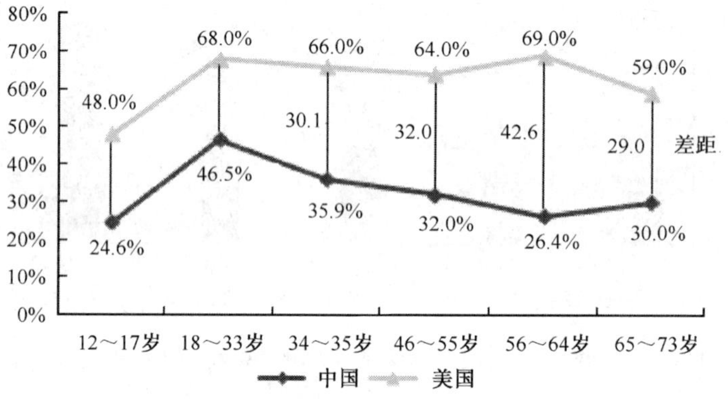

（中国数据来源于 CNNIC，美国数据来源于 PEW）

图D.42　中美不同年龄的网民使用网络购物的比例

制约网络购物用户增长的主要因素是互联网普及水平、人群消费行为模式和商品配送服务能力，即基础条件和供需两面。首先是我国互联网普及水平差异。美国各个年龄段人群互联网普及水平相对均等，而中国的互联网发展伴随着整个社会经济体系的转型，各类群体的互联网渗透差异较大，突出表现为年轻群体互联网普及水平较高，中老年互联网普及水平较低，导致不同人群从接触到接受再到使用网络购物的基础条件差异较大。其二是消费模式转变难度大。随着网络购物的渗透发展，未来网络购物潜在人群里中老年和农村网民占比会越来越大。该群体消费更加依托传统方式，加之对网购安全性的担忧，其消费需求转化为网络购物实际应用的阻碍较大，会对网络购物的下一步用户增长产生影响。其三是物流发展滞后导致市场供给水平不均。虽然我国电商企业的服务范围和能力大幅提升，但是长期受制于物流配送能力不足的客观条件，在城市和农村、核心城市和三四线城市之间网购产品的配送服务差距较大，造成地区间网络购物供给水平的差异。

从未来发展的预期看，我国互联网渗透逐步加深的势头不可逆转，网络购物供需面持续积极向好，这些都将推动网络购物在未来较长时间实现较为稳健的增长。虽然我国互联网渗透速度有所放缓，但渗透动力依然强劲，加速互联网普及水平较低的人群转化；伴随着我国居民收入和购买力的提升，网民的线上消费潜力还将持续释放；电商企业的发展势头旺盛，网络购物供给能力逐步增长，服务水平持续深化，这些都将有力地创造进一步增长的空间，推动网络购物在未来较长时间实现较为稳健的增长。

（中国互联网络信息中心）

反侵权盗版声明

举报电话：（010）88254396；（010）88258888

传　　真：（010）88254397

E-mail：　dbqq@phei.com.cn

通信地址：北京市万寿路 173 信箱

　　　　　电子工业出版社总编办公室

邮　　编：100036

可信网站
KNET中网
一次验证 全网通用
可信网站 中网验证
面向
4亿QQ用户
2亿新浪微博用户
1亿金山毒霸用户
千万阿里云用户
树立可信品牌。
在
浏览器
搜索引擎
微博
官方网站
展现可信形象。
“可信网站”验证管理机构官方网站：www.knet.cn/kexin
咨询电话：010-58813333 新浪官方微博：可信网站验证knet
拉网营问
可信网站